AF223153

Wege zur ökologischen Zeitenwende

Reformalternativen und Visionen für ein zukunftsfähiges Kultursystem

Franz Alt

Rudolf Bahro

Marko Ferst

Edition Zeitsprung

„„...was bei euch Grund und Quelle aller Disharmonie war: das Haben. In eurer Zeit war das ganze Leben der Menschen ein Kampf um das Haben, das Haben von Sachen und das Haben von Menschen. Darin wart ihr unersättlich. Haben ist sich nie genug und will immer mehr. In Utopia ist Nicht-Haben der Reichtum."

ROBERT HAVEMANN
„Morgen. Die Industriegesellschaft am Scheideweg"

„Die Idee, daß den menschlichen Funktionen keine Grenzen gesetzt werden sollten, ist absurd: Alles Leben bewegt sich innerhalb sehr enger Grenzen von Temperatur, Luft, Wasser und Nahrung; und die Auffassung, daß allein Geld oder die Macht, über die Dienste anderer Menschen zu verfügen, keine solche definitiven Grenzen haben sollte, ist eine Geistesverirrung."

LEWIS MUMFORD
„Mythos der Maschine. Kultur, Technik und Macht"

„Zweifel heißt radikale Lernbereitschaft. Der gesellschaftliche Zweifel an den Herrschaftsweisen der Moderne ist ein Mittel gegen die Entfremdung, auch ein Weg aus der Verarmung der Menschenseele. Dieser Zweifel ist aber nicht geübt, er ist für die meisten eine fremde, verdächtige Praxis. Zweifel bohren, schmerzen, machen ratlos, unruhig, wach. Zweifel machen eher still als laut, aber sie machen unverführbar."

CHRISTINA THÜRMER-ROHR
„Verlorene Narrenfreiheit"

Wege zur ökologischen Zeitenwende

Reformalternativen und Visionen für ein zukunftsfähiges Kultursystem

Franz Alt

Rudolf Bahro

Marko Ferst

Herausgegeben von Marko Ferst
mit Unterstützung aus Mitteln der Rosa-Luxemburg-Stiftung Sachsen e.V.
www.rosa-luxemburg-stiftung-sachsen.de

Die Deutsche Bibliothek - CIP Einheitsaufnahme
Wege zur ökologischen Zeitenwende. Reformalternativen und Visionen für ein zukunftsfähiges Kultursystem
Alt, Franz/Bahro, Rudolf/Ferst, Marko
Berlin, 2002
ISBN 3-8311-3419-7

© Edition Zeitsprung, Berlin 2002
Alle Nachdrucke sowie Verwertung in Film, Funk und Fernsehen und auf jeder Art von Bild-, Wort-, und Tonträgern honorar- und genehmigungspflichtig. Alle Rechte vorbehalten. Das Urheberrecht liegt bei den Autoren.

Umschlagkonzept: Marko Ferst Umsetzung: Heike Müller
technische Unterstützung: Firma Thomas Ferst Computer; www.ferst.de
Druck und Bindung: Books on Demand GmbH, Norderstedt

Umschlag: Ökosiedlung in Schöneiche bei Berlin/ schmelzender Gletscher in unmittelbarer Nähe des Großglockner (Österreich)/ Nach Modellen des Deutschen Klimarechenzentrum berechnete Anstiege der mittleren bodennahen Lufttemperatur für den Fall weiter steigender Treibhausgasemissionen (Vorderseite: 2070, Rückseite: 2045). Kräftigeres Rot bedeutet besonders starke Erwärmung. Die dunkelsten Partien der Erde auf der Vorderseite markieren eine Erhöhung der Jahresmitteltemperatur von sechs Grad Celsius.
Grafik: Deutsches Klimarechenzentrum, Bundesstrasse 55, D-20146 Hamburg
http://www.dkrz.de

Inhalt

MARKO FERST
Die ökologische Zeitenwende. Plädoyer für ein zukunftsfähiges Kultursystem

Einleitung

MARKO FERST

Wohin treibt unsere Zivilisation? Immer offenkundiger wird: Wir sitzen mit den hochentwickelten Industriegesellschaften in einer Wohlstandsfalle fest, der geschaffene Reichtum steht auf tönernen Füßen. Unser Beharren, an diesem erfolgsverwöhnten Weg festzuhalten, wird uns sehr wahrscheinlich Kopf und Kragen kosten. Immerhin rechnen 90% aller Menschen in Deutschland mit einer Erwärmung des Klimas, und 86% fürchten, die globale Umweltverschmutzung nimmt zu. Nur 1% meinen dezidiert, dies treffe nicht zu.[1] Man weiß also bescheid oder ahnt doch zumindest, was auf uns zukommt.

Das 21. Jahrhundert muß zu einer Epoche intelligenter, kulturvoller Selbstbegrenzung werden, eine Abkehr von unserer materialistischen Hochstapelei bringen, wenn wir die natürlichen Gleichgewichte unseres Planeten erhalten wollen. Ein zukunftsfähiges Gesellschaftssystem erfordert nicht nur, den expansionistischen Schub der Zivilisation auszusetzen, sondern braucht auch eine ökologische Ethik, eine Wertewende, die zu einer Perspektive führt, die über den gesellschaftlich gebündelten individuellen Egoismus hinausreicht. Jede geistige Erneuerung beginnt im Menschen, dort wird der Boden bereitet für eine Alternative, für einen neuen Kulturentwurf, so sehr die sozialökonomischen Veränderungen nach- und mitkommen müssen.

Die ersten Lebewesen mit Zellkernen erscheinen vor 1,8 Milliarden Jahren auf der Erde. Nach und nach entwickelte sich das Leben von primitiven, meerbewohnenden Einzellern bis hin zu Säugetieren und dem selbstreflektierenden Menschen. Dies geschah keineswegs in kontinuierlichen Schritten. So gab es fünf große Massensterben und eine Reihe kleinerer regional begrenzter Ereignisse. Im Perm vor 245 Millionen Jahren kam es zum bisher größten festgestellten Zusammenbruch. Innerhalb von 10 Millionen Jahren starben 90% aller Meeresbewohner und 70% aller landbewohnenden Spezies aus. Einen derartigen Verlust hatte es nicht mal vor 65 Millionen Jahren gegeben, als die Dinosaurier von der Bildfläche verschwanden.[2] In der Regel brauchte die Evolution 20 bis 30 Millionen Jahre, um sich von diesem Schlag zu erholen und eine neue Artenvielfalt hervorzubringen, im Falle der Permkatastrophe sogar 100 Millionen Jahre. Waren bei den bisherigen erdgeschichtlichen Massensterben Asteroideneinschläge oder sehr starke Vulkantätigkeit die vermutlichen Auslöser, ist es bei dem sechsten Massensterben, in dem wir uns jetzt befinden, die explosive Vermehrung der Gattung Mensch und ihrer Infrastruktur. Machen wir weiter wie bisher, werden wir in wenigen Jahrzehnten die Hälfte aller Spezies ausgerottet haben. Wolfgang Engelhardt schätzt, für rund 370 Tier- und Pflanzenarten pro Tag ist alles zu spät.[3]

Die Totalkrise, mit der wir es heute zu tun haben, setzt sich aus vielen Komponenten zusammen. Das Klima droht uns durchzugehen, die Ozonschicht ist gravierend geschädigt, die Erdbevölkerung verdoppelt sich in immer kürzeren Abständen, etliche Rohstoffe gehen schon in wenigen Jahrzehnten zur Neige, die Wüsten dehnen sich aus, die Wälder schrumpfen auf immer kleinere Inseln zusammen und vieles mehr. Wir brauchen eine globale Umkehr für eine ökologische, soziale und seelische Kultur-Evolution. Alle drei Autoren des Bandes sind sich darin einig, wir führen einen dritten Weltkrieg gegen die Natur. Wie wir darauf als planetarische Gemeinschaft antworten müßten, da wird man bei Alt, Bahro und Ferst unterschiedliche Schwerpunktsetzungen erkennen. Sicher findet man auch den ein oder anderen Widerspruch. Das kann Anregungen zum Weiterdenken liefern.

Die Berliner Republik steckt in Bezug auf die ökologische Herausforderung schwerer in der Krise als die Weimarer Republik auf Grund der braunen Gefahr. Gegen den Nazi-aufstieg hätte eine gemeinsame Kraftanstrengung aller demokratisch-emanzipatorisch gesinnten Menschen eine Chance haben können. Die ökologischen Weltkrise wird durch nichts zu stoppen sein, wenn nur lange genug abgewartet worden ist. Bahro nannte das Schlafen mit offenen Augen. Ihm ist klar gewesen, wir gehen auf eine „dunkle Zeit" zu, wenn wir nicht einen geistig-seelischen Kultursprung wagen. Wenn es zu spät ist, dann wird es nicht mehr ausreichen, unsere Industriegrundlast um eine Zehnerpotenz zurückzunehmen. Nur wenn wir die Tragweite der historischen Aufgabe begreifen und dementsprechend konsequent politisch handeln, haben wir überhaupt eine geringe Chance, einen finalen erdumspannenden Totalitarismus abzuwenden.

Egal ob der Bundeskanzler gerade von der SPD oder CDU/CSU gestellt wird: Die Unterschiede sind marginal. Gut, die CDU/CSU braucht noch einen Atom-GAU mehr zum Umdenken. Aber unter dem herkömmlichen Politikbetrieb mit seinem tönenden Kampfgerassel braut sich längst eine menschliche Tragödie zusammen. Im Staatstheater stellt sich organisierte Verantwortungslosigkeit zur Schau, Reformprozesse bleiben im Anziehungsbereich der alten Ordnung. Eine „grüne Perestroika" mit Erfolgsaussichten kommt nicht in Sicht.

Die Ökologen verschiedener Richtungen, auch solche mit verschiedenen Parteibüchern in der Tasche, müssen in Deutschland, wohl aber auch in anderen Ländern und international sich gegenseitig die Bälle zuspielen. Wir brauchen eine Allianz gegen den Selbstmordkurs, einen Prozeß des Umdenkens und Umhandelns, bei dem die Protagonisten des Wirtschaftswachstum auf eine Position des passiven Widerstands zurückgedrängt werden. Der geistige Stahlbeton der Weiter-so-Fraktion in der Gesellschaft wird aufzubrechen sein. Das Volk und die Vordenker müssen mehr und tiefgründiger ins Gespräch kommen, es wird auszuloten sein, wo die verschiedenen Reformansätze ihre Stärken und Schwächen haben. Das braucht mehr verantwortungsbewußte Unterstützung aus den Medien heraus, da gibt noch viel zu oft die alte Sicht den Ton an. Das Buch „Klimawechsel" von Hermann Scheer und Carl Amery ist ein gutes Beispiel, wie die verschiedenen ökologischen Richtungen in den Disput kommen könnten, wenngleich offene Fragen auch noch eine Spur radikaler angesprochen werden sollten.

Wir brauchen heute an den verschiedensten Orten Menschen, die sich aus den vorgegebenen Strukturen lösen und eine universale Verantwortlichkeit für eine Politik der ökologischen Zeitenwende, für einen ethisch-geistigen Paradigmenwechsel symbolisieren.

Es kommt zunächst mal besonders auf die Minderheit von einem Prozent im Lande an, die mit aller Konsequenz den Weg hin zu einer ökologischen Ordnung vorbereitet. Dazu gehört ein Netzwerk von Menschen, eine ökologische Emanzipationsbewegung, eine Volksbewegung, wie sie sich Herbst 1989 in der DDR manifestierte, aber diesmal geht es um das Ganze, viel mehr steht auf dem Spiel. Scheitern heißt auf einen Abgrund zugehen.

Natürlich sind wir alle nicht perfekt. Jeder hängt noch irgendwo in alten Lebensgewohnheiten fest, oft auch wenn Zwänge schon längst gelöst sind. Allein das Bekanntsein von Problemen schafft nicht immer die Lust zum Umwelthandeln, bis an die Grenzen, die bereits abgeschritten werden könnten. Manchmal geht das dann aber doch viel schneller, wenn wir uns gegenseitig Anregungen, Anstöße verschaffen. Nicht jeder kann alles umsetzen. Natürlich gibt es sehr viele drängende Fragen: Darf man heute noch unbefangen Kinder in die Welt setzen? Hört man dazu den Dauertakt, wie in armen Regionen Kinder sterben, läge für mich nahe, wenigstens einmal diesen Todeston zu unterbrechen über sonstige Hilfe hinaus.

Was wir nicht brauchen können, ist eine neue Hauptabteilung ewige Wahrheiten, die sich anmaßt zu befinden wer „braune" Holzwege beschreitet, um alle möglichen ökologisch ambitionierten AutorInnen anzuschwärzen, ohne jeden ernsthaften Anhaltspunkt. Im Zweifelsfall werden dann auch Zitate gefälscht, wie bei Jutta Ditfurth. Substantielle Kritik bei den verschiedenen schwierigen Problemen muß sehr offen ausgesprochen werden, aber die Runtermache von Kratz, Geden u.a. liegt jenseits jeder Anstandsgrenze.

Wenig hilfreich sind auch jene Bestsellerschreiber, die ihre Schäfchen auf der Antialarmismus-Strecke hüten. Natürlich kann man alle früheren Fehler z.B. der Klimaforscher und alle sonstigen gefahrabmildernden Faktoren schön „wissenschaftlich" zu einer entwarnenden Streitschrift zusammen komponieren. Und die weißen Flecken in unserem Wissen kann niemand negieren. Nur lassen sich am Ende die Naturgesetze nicht hinters Licht führen. Freilich gilt das für alle Seiten. Nur die Datenlage ist doch immerhin so klar, daß der von verschiedenen Seiten offerierte Ökooptimismus und das Zelebrieren von Ökoirrtümern zum erheblichen Teil nichts anderes ist, als skrupellose Schönfärberei oder, wenn man es moderater ausdrücken will, postmoderner Schabernack. Wie anders soll man die gezielte Ausblendung von zwar oft unwägbaren, aber hochgefährlichen Risikofaktoren nennen? Im übrigen wäre es eine höchst anspruchsvolle Aufgabe für die oben genannten Politpolizisten, entsprechende Lektüre gründlich zu „entlarven".

Mit Rudolf Bahro hatte ich mich noch vor seinem zu frühen Tod über die Konzeption des vorliegenden Buches ausgetauscht und insbesondere die Idee des Intensivinterviews mit Franz Alt faszinierte ihn in einer Weise, die mich selbst überraschte. 1994 hielt Alt einen Gastvortrag in Bahros Vorlesungsreihe. Ich hatte das angeregt. Schon lange zuvor war Bahro bei Alt auf Sendung, und Alt schrieb eine Rezension zu Bahros Buch „Logik der Rettung". Bei Alts Buchvorstellung „Die Sonne schickt uns keine Rechnung" diskutierten die beiden im Radio.

Mein Kontakt kam so zustande: Ich hatte im Fernsehen einen der doch sehr unkonventionellen Umweltfilme von Franz Alt gesehen und ihm beim Umwelt-Auftakt-Festival in Magdeburg 1993 daraufhin bei einer Podiumsdiskussion eine Schrift von mir geschenkt. Er schrieb, womit ich gar nicht gerechnet hatte, zurück. Späterhin war ich gut über seine Sendetermine informiert, verfaßte für ihn Filmkritiken und Rezensionen. Von Rudolf Bahro hatte ich aus Robert Havemanns Buch „Morgen" erfahren und besuchte über Jahre hinweg seine Berliner Vorlesungen, Seminare und andere Veranstaltungen, verfolgte das aufgeschlossen, war aber gerne aufgelegt zu kritischen Nachfragen. Die vielen Anregungen und Erfahrungen, die ich durch ihn erhielt, möchte ich nicht missen. Da war viel zu lernen, eben auch dort, wo mir seine Positionen nicht hinzureichen schien. Das befördert ja auch eigene Suchbewegung. Für meine Vorschläge gab er sich immer sehr offen. In jedem Fall agierte er als ein faszinierender Universalgelehrter und zählt gewiß zu den wichtigsten intellektuellen Persönlichkeiten des zu Ende gegangenen Jahrhunderts.

So sind über die Jahre hin viele Anstöße gewachsen, die zu dem vorliegenden Buch führten. Wie schon erwähnt, in einigen Punkten vertreten wir auch sehr unterschiedliche Auffassungen. Mir ist allerdings von Anfang an aufgefallen, wenn man die Stärken in den Konzeptionen von Bahro und Alt neu integriert, führt das zu sehr bedenkenswerten Schlüssen.

Bedanken möchte ich mich bei Sabine Naumann, die den Hauptanteil der drei Vorlesungen Rudolf Bahros von den Tonkassetten abschrieb. Aus dieser Rohfassung arbeitete ich die hier vorliegende Endfassung heraus, die sich soweit wie irgend möglich, am gesprochenen Wort und Sinnzusammenhang orientiert. Einige Begriffserklärungen sind bei den Texten von Bahro zum besseren Verständnis von mir eingefügt worden. Einen herzlichen Dank auch an all jene, die ebenfalls an den Abschriften beteiligt waren, die mich tatkräftig beim Korrigieren des Bandes unterstützten und mir mit technischer Beratung bei der Herausgabe behilflich waren.

Wir wünschen uns natürlich nicht einen passiven Leser, einer der hier und da Kritik hat und das ein oder andere hoffentlich auch richtig findet. Das Angebot lautet: Wer mithelfen will, mit einem eigenen Textbeitrag an der Frage mitzudenken, wie eine ökologischsoziale Weltgesellschaft 2050 oder 2070 aussehen kann, der ist herzlich eingeladen, aktiv zu werden. Die verschiedensten Aspekte würden da in den Blick geraten können. Qualitativ Gelungenes kann man sicher auch öffentlich machen. Mein Kapitel zur ökotopianischen Zukunftsordnung mag einige Anregungen geben, anderseits auch die Filme aus der „Zeitsprung"-Reihe von Franz Alt. Es wäre auch denkbar, in Abständen eine Zukunftswerkstatt nach dem Modell von Robert Jungk zu veranstalten, zur Frage, wie unsere Gesellschaft in Zukunft aussehen könnte, wenn es Menschen gibt, die organisatorisch helfen.

[1] Bundesministerium für Umwelt, Naturschutz und Reaktorsicherheit (Hrsg.); Umweltbewußtsein in Deutschland 2000. Ergebnisse einer repräsentativen Bevölkerungsumfrage, S.31, 77
[2] Neues Deutschland, 8.9.2001
[3] Wolfgang Engelhardt; Das Ende der Artenvielfalt. Aussterben und Ausrottung von Tieren, S.66

Die Prüfung
durch die ökologische Krise

Interviews, Vorlesungen und ein Aufsatz

Rudolf Bahro

Es gibt keine Instanz für das Naturverhältnis

RUDOLF BAHRO

Frage: Warum ist mit unserer Verfassung keine Politik der ökologischen Umkehr möglich?

Bahro: Seit der Mensch in die Städte gezogen ist, und das ist auch die Zeit von geschriebenen Verfassungen, rückt das Verhältnis von Hinz zu Kunz gegenüber dem Verhältnis dieser beiden Leute zu dem was außerhalb der Stadtmauern liegt in den Hintergrund. Das Naturverhältnis ist kein Gegenstand mehr. Die Themen, die wir hier in Europa seit der Revolution von 1789 in den Verfassungen hin- und herdrehen, betreffen immer die Regelung innergesellschaftlicher Kämpfe. Das übrige wird in einem ziemlich umfassenden Sinne als Kolonie behandelt. Amerika zum Beispiel wird in dieser Zeit noch als leerer Kontinent betrachtet. Die Indianer zählen nur für die Neugier. Im Grunde sind auch die Frauen von der Verfassung ausgeschlossen, später hat sich das dann geändert. Sokrates sagte einmal den Satz: „Bäume können mich nichts lehren". Dies zu einer Zeit, als die Verkarstung des athenischen Umlandes schon angefangen hatte: Es fuhren schon sehr viele Bäume als Kaufmanns- oder Kriegsschiffe auf dem Meer spazieren.
Unsere Verfassungen sind für das Verhältnis von Mensch und Natur weitgehend blind. Es ist ein Phänomen der Nichtbehandlung. Ich bin davon ausgegangen, daß nachträglich, und zwar wieder aus gesellschaftlichem Interesse eingesetzte Umweltminister das nicht mehr nachholen können. Die Funktion, die dort wahrgenommen wird[1], nämlich den Katastrophen hinterher zu laufen, hat nichts mit der Persönlichkeit des Umweltministers zu tun, sondern ist programmiert.
Sokrates wollte sich bei seinem Satz damals sicherlich nicht gegen Bäume äußern. Er wollte nur sagen, hier bei unseren innerathenischen Angelegenheiten, wenn es darum geht wie ich Hinz mit dir Kunz umgehe, da können mich Bäume nichts lehren. Das war wahrscheinlich ein Irrtum. Vielleicht hätten die vorsokratischen Philosophen, die der Naturkontakt noch interessierte, diesen Fehler nicht gemacht. Die Indianer mit ihren Baumzeremonien würden nicht auf den Gedanken kommen, daß das für die Verhältnisse zwischen Hinz und Kunz - ich weiß nicht wie sie bei den Indianern heißen - nichts zu sagen hat.

Frage: Wie sieht denn jetzt die Alternative aus? Muß die Verfassung ganz abgeschafft werden und eine völlig neue geschrieben werden, damit die Natur eingebracht werden kann?

Bahro: Das weiß ich nicht. Das hängt davon ab, ob die gesellschaftliche Psyche reformfähig funktioniert oder nicht. Wenn sie reformfähig funktioniert, dann wäre die Verfassung allerdings fundamental zu ergänzen. Das heißt, die Reform würde einen Umsturz der Prioritäten einschließen. Der Punkt ist, daß sich Hinz und Kunz für das Wichtigste im Universum halten. Wenn man jetzt mit ihnen zusammen sitzt und ein philosophisches oder theologisches Gespräch führt, dann kann es sein, daß einer von beiden oder sogar beide für einen Augenblick mal leugnen, das Wichtigste zu sein. Sie verhalten sich aber empirisch so, daß allein schon die Sorge um die Brötchen für den nächsten Tag dazu führt, die Natur, und überhaupt alles, was nicht Ich bin, vornehmlich als Ressource in Erscheinung treten zu lassen. Diese Ressource ist entweder vorhanden oder nicht. Und wenn sie fehlt oder knapp ist, muß um den Zugang zu ihr gekämpft werden. Das wird in den Verfassungen geregelt.

Die Initialzündung für eine Verfassungsdebatte, wie sie mir vorschwebt, ist der Schreck darüber, daß wir uns auf unseren Hinz-und-Kunz-Wegen an den Rand der Natur gearbeitet haben. Wir überwiegen so sehr, daß man, wenn man ein Biolehrbuch aufschlägt, für uns als Gattung im Ökotop Erde nur schwarz sehen kann. Die Frage Mensch-Natur muß gegenüber der Frage Mensch-Mensch Priorität erhalten. Selbstverständlich kann eine Verfassung nur funktionieren, wenn sie beide Verhältnisse integriert.

Die Frage ist nur, von woher die beiden Verhältnisse integriert werden. Bisher herrscht eine Große Koalition, die zuerst auf die Verteilungsfrage in den reichen Ländern achtet und dann auf die Verteilungsfrage im Weltmaßstab, da nicht etwa auf die Ärmsten, sondern erstmal auf die Japaner, auch auf die, die neu kommen, auf andere fernöstlichen „Tiger" sowie auf Brasilien etwa. Auf Afrika zu allerletzt. Das ist die zweite Ebene. Und drittens schließlich wollen wir ja die Gans nicht schlachten, die die goldenen Eier legt, also muß von der Natur noch irgend etwas übrigbleiben. Und so stellt sich die Frage nach Umweltschutz: Wie kann man die Massenproduktion nachträglich mit der Natur versöhnen. So ist auch die Realverfassung gebaut. Eine Verfassung, die uns erlaubt, ins Naturgleichgewicht zurückzukehren, müßte eigentlich umgekehrt integrieren. Ich meine, in der Richtung von der dritten zur ersten Ebene, so daß erst verteilt wird, wenn die Balance gesichert ist. Sie müßte zuerst die Frage stellen, was erlaubt uns - oder besser was erfordert - die Wahrung des Naturgleichgewichtes?

Um die Weltzerstörung zu beenden, müssen allerdings die sozialen Verhältnisse in der Dritten Welt und neuerdings auch im Osten Priorität erhalten: Solange die Frauen in Afrika keine andere Möglichkeit für ihre Kochtöpfe haben, als den letzten Rest Wald zu roden, werden sie das natürlich machen. Die ganze Kalamität in der Dritten Weit ist größtenteils eine Ableitung der hiesigen Verhältnisse.

Frage: Glauben Sie denn an die Reformfähigkeit der gesellschaftlichen Psyche?

Bahro: Ich habe zwar einen Reformvorschlag anzubieten, von dem ich aber keineswegs sicher bin, daß er angenommen wird. Mein Vorschlag ist, daß wir uns ein Oberhaus geben. Eine der Form nach aristokratische Instanz. In den ältesten Verhältnissen waren dort immer Leute vertreten, die einen tieferen Einblick hatten.

Frage: Sie meinen Adel im guten Sinne?

Bahro: Ja, Menschen, die einen tieferen Einblick hatten. Ich rede von den Zeiten, da der Schamanismus uns geführt hat. Und Schamanen hatten Naturkontakt. Durch die Verstädterung ist auch unsere Wissenschaft fern von diesem Kontakt. Sie muß die Maus erst aufschneiden, um zu wissen, was in ihr ist. Sie will Leben begreifen, indem sie tötet. Eine Zerstörungstechnik, um zu erfahren, was die Welt im Innersten zusammenhält. Die Schamanen hatten da andere Zugänge.

Frage: Wie sieht es aus in dem Oberhaus? Sind es die Schamanen, die da bestimmen?

Bahro: Der moderne Geist irrt sich, wenn er meint, auf die Schamanen herabsehen zu können. Andererseits würde sich der Schamane irren, wenn er meint, er könnte den modernen Geist ersetzen. Ich lasse mich da von Jean Gebser leiten, einem genialen Geist der um 1900 geborenen Generation. Er zeigt, daß es eine Stufenleiter von Bewußtseinszuständen gab, eine archaische Verfassung, dann eine dominant magische, das ist wahrscheinlich die schamanische Zeit und dann eine mythische, das ist die Zeit der griechischen Götter. Darauf folgte dann die mentale Zeit, das ist unsere wissenschaftliche Zeit, unsere rationale, die dann aber rationalistisch entartet ist. Die Verstandesherrschaft nimmt überhand. Und er sieht eine neue, eine integrale Zeit voraus. Integral heißt, auch das Schamanische ist eingeschlossen. Da gibt es etwas wiederzuholen, es gibt die Notwendigkeit partieller Regression, wir müssen uns auf solche Erfahrungen wieder einlassen. Aber nicht um dann Schamanen zu sein und zu bleiben, sondern um diese Erfahrungsweisen auch zu teilen. Das wird jetzt auch wieder häufig geübt. Daß dann der eine oder die andere sich in solchen Erfahrungen etwas anachronistisch für immer einhausen möchte und erstmal drei Jahre lang denkt, das ist es jetzt, das ist eine unvermeidliche Nebenerscheinung. Aber dieses Thema, das menschliche Bewußtsein neu zu integrieren, steht zweifellos an. Es verlangt, die Verengung, die mit der Verstädterung verbunden ist, und die Städte selbst wieder aufzubrechen. Ja, die Städte stehen in Frage! Sie stehen schon materialistisch gedacht in Frage, weil der Aufwand pro Kopf in der Stadt ungleich viel höher ist als auf dem Land, zumal in der Summe. Aber zurück zum Oberhaus. Dieses Oberhaus hätte gar keine andere Aufgabe, als dem damit zum Unterhaus erklärten Bundestag, in dem die innergesellschaftlichen Kämpfe ausgetragen werden, ein Korrektiv an die Seite zu stellen. Im Grunde muß es sogar übergeordnet sein.

Frage: Wegen der umfassenden Sorge um das Ganze ?

Bahro: Begreift die Gesellschaft, daß es eine riesige Lücke gibt? Wir haben seit Jahrtausenden, spätestens aber nach der Renaissance, als das Geld zum Regulator des ganzen

Prozesses, zum entscheidenden Machtansammlungsinstrument wurde, eine Instanz verloren, die unsere Einordnung regelt. Die ist einfach ausgefallen, die gibt es nicht mehr. Es gibt keine Instanz für das Naturverhältnis. Es gibt zur Zeit nur nachgestellte Dinge, wie Umweltminister oder einen kleinen Zusatz im Grundgesetz, daß der Staat die Umwelt schützen soll. Noch ist es so, daß zum Beispiel die Freiheit der Wissenschaft vor dem Schutz der Tiere rangiert, denn sie steht als Grundwert drin, der Schutz der Tiere nicht. Also verlieren die Tierschützer gegen den, der im Labor die Mäuse aufschneidet. So eine neue Verfassung wäre auch ein Ausdruck für den Begreifensprozeß, und zugleich würde eine entsprechende Debatte den Prozeß des allgemeinen Umdenkens fördern. Ich denke also, wir brauchen solch ein Oberhaus, mit der Kompetenz, die Entwicklungsrichtung anzugeben, und mit der Kompetenz, uns den Zugriff auf die Naturressourcen zu beschränken. Das ist zunächst ein symbolischer Vorschlag. Eine ursprüngliche Verfassung, eine Stammesverfassung wäre nie auf zwei Häuser gekommen. Zwei Häuser sind nur der Ausdruck dafür, wie weit wir von guten Institutionen abgekommen sind. Es wäre schön, wenn ein Haus ausreichen würde, wenn also der Bundestag zur Verantwortung für das Naturverhältnis erwachte. Die Gewohnheiten, die da vorherrschen, sind völlig andere. Wenn man Gewohnheiten ändern will, ist es ein Vorteil, auch eine institutionelle Zäsur zu setzen. Ich denke da an eine Art Doppelherrschaft, deren Spiegel die verschiedenen Bewußtseinsteile in jedem Menschen sind. Jeder vernünftige Mensch kandidiert tendenziell fürs Oberhaus. Es gibt natürlich welche, die sitzen so im Raffen fest, daß, selbst wenn man ihnen den Auftrag gäbe, das mal für eine Stunde zu vergessen, sie dazu nicht in der Lage wären. Wenn man Wahlen ausschreiben würde für dieses Oberhaus, müßte man für dort auf einen anderer Typus von Frauen und Männern orientieren, als fürs Unterhaus. Das Unterhaus hat ja sein relatives Recht. Was aber unsere Gesamteinordnung betrifft, können wir von dort nicht gut regiert werden. Dieses Prinzip genügt da nicht.

Frage: Die GRÜNEN stellen in diesem Zusammenhang auch keine Alternative zu den großen Parteien dar?

Bahro: Ich habe das damals gelernt, als ich bei den GRÜNEN war. Vom Vorkongreß 1979 bis 1985 war ich dabei und da habe ich gesehen, daß die GRÜNEN die Frage nach dem Naturverhältnis nur in der Phrase stellen, während sie ihre Politik praktisch dem Spiel auf der Verteilungsebene unterordnen. Beschränkt auf diesen Kontext die grünen Werte zu vertreten - sei es auch vehement -, das wird es nicht bringen.

Frage: Es geht also nur noch um kurzfristige Einflußnahmen?

Bahro: Offenbar ist es bei diesem Modell nie wirklich um mehr gegangen. Die kurzfristigen Egoismen haben systematisch Vorfahrt. Dahinter steht ein verdrängtes Projekt der menschlichen Emanzipation. Sein Subjekt ist der Mann als Ritter, der aber jetzt nicht mehr mit dem Schwert kämpft, sondern mit Geld, Produktionsanlagen, Forschungslabors und der als Wissenschaftler zum Beispiel auf Nobelpreisjagd ist. Das hat eine lange

Tradition, aber indem wir auf die Grenzen des Planeten stoßen, zeigt sich, das war nie der Weisheit letzter Schluß. Da war ein Moment von Emanzipation, aber auf individualistischer Grundlage. Individualismus ist etwas anderes als Individualität, eigentlich die Entartung des Individualitätsprinzips. In Wirtschaft und Technik ein besonders verheerendes Konzept. Diese Überlebenskonkurrenz zwischen Individuen tragen wir auf dem Rücken des Planeten aus und fragen uns dann immer hinterher, beim Betrachten des angerichteten Schadens, wie können wir jetzt ein Gesetz formulieren, damit solche Fehler in Zukunft vermieden werden. Aber immer nachträglich, wenn das Kind schon im Brunnen liegt. Das kann man nicht länger machen, und deswegen paßt diese ganze Parteiendemokratie nicht zu dem zweiten, dem umgekehrten Integrationsprinzip. Sie ist der Versuch, von der Seite der inneren Verteilungskämpfe zu integrieren, dann über den Verteilungskampf mit der Dritten Welt - genannt Entwicklungshilfe - und dann erst zur Naturfrage. Daß das nicht gutgeht, macht sich unterschwellig immer fühlbarer, auch Leuten, die es eigentlich nicht wissen wollen.

Frage: Ist die Demokratie die geeignete Staatsform für die Verfassung?

Bahro: Demokratie und Parteienstaat sind nicht dasselbe. Die Demokratie, wie wir sie haben, versagt offenbar vor der ökologischen Krise. Nur sagt das noch nichts über das damit gemeinte Prinzip aus. Das Prinzip der Demokratie ist, daß die Individuen, jedes einzelne, fürs Gemeinwohl verantwortlich sind. Fichte hat es mal so formuliert, er hat den kategorischen Imperativ von Kant übersetzt in: „Und handeln sollst Du so als hinge / von Dir und Deinem Tun allein / das Schicksal ab der deutschen Dinge / und die Verantwortung wär Dein." Das war um 1813 gesagt, wo es gegen Napoleon ging, also um die „deutschen Dinge". Die deutschen Dinge sind etwas sehr Beschränktes, eigentlich müßte dort folgendes eingesetzt werden: Es hinge von Dir und Deinem Tun allein das Menschheitsschicksal ab, also die weitere Evolution. Das ist auch, was Kant mit seinem kategorischen Imperativ gemeint hat. Es impliziert eine Staatsform, wo alle verantwortlich sind. Wir haben es dagegen auf eine Karikatur der Demokratie gebracht. Man wählt Parteien, deren Kandidaten nachher an einen Fraktionszwang gebunden sind. Die Verantwortung gegenüber dem Gewissen ist durch den Fraktionszwang ausgesetzt. Der ist eigentlich ein ständiger Verfassungsbruch. Mit dieser Art von Demokratie bringen wir uns um die Ecke. Sie ist nur der institutionalisierte Kampf der Interessenhaufen. Die Vertreter im Oberhaus dagegen, müssen ihrem Gewissen verantwortlich sein. Dieses Gewissen wiederum kann nur als eine zum Universum offene Instanz gesehen werden, eine Antenne für das, was der Große Zusammenhang verlangt. Zu dem Großen Zusammenhang gehört das Gesellschaftliche genauso wie das Individuelle, das Thema der sozialen Gerechtigkeit gehört zu diesem Horizont. Es muß bloß weltweit gedacht werden. Wir müssen stets daran denken, daß wir hier auf dem Rücken der übrigen Menschheit und unserer Enkel verteilen.
Wenn wir von Verfassung reden, dann sind wir beim Nationalstaat. Eine Ebene, die eigentlich zu hoch liegt. 80 Millionen, das ist pseudodemokratisch. Das ist zu groß für

wirkliche Mitbestimmung. Unsere Diskussion bewegt sich aber auf dieser Nationalstaatsebene. Dieses System des Ober- und des Unterhauses müßte aber eigentlich auf jeder gesellschaftlichen Entscheidungsebene existieren.

Frage: Welche ist da die niedrigste Ebene?

Bahro: Die Gemeinde.

Frage: Was ist die Gemeinde? Wie groß ist sie?

Bahro: Im günstigen Fall ist sie kleiner als der Prenzlauer Berg.

Frage: Der Kiez.

Bahro: Ja, eigentlich müßte das der Kiez oder die Kommune sein. Die Kommune, der Kreis, die Provinz, die Region und dann Nation, EG und UNO wäre die Reihenfolge. Ein Schwerpunkt dieser Verfassungsänderung wäre auch eine Gewichtsverlagerung nach unten. Die Abhängigkeit des Oben vom Unten müßte so geregelt werden, daß Unten ein leichtes Übergewicht bekommt. Es geht nicht darum, der nationalen Ebene oder der EG-Ebene ihre Legitimation abzusprechen, denn es gibt Dinge, die sind nicht lokal zu regeln. Es geht darum, daß dies ein durchgängiges Verfassungsprinzip wird. Daß bei allem, was wir betreiben, die Naturfrage in den Vordergrund rückt. Das ist übrigens eine Sache, die immer häufiger vertreten wird. Al Gore sagt, die Ökologie muß das zentrale Organisationsprinzip sein. Ich habe da nur gedacht, daß das nicht ohne eine institutionelle Veränderung geht. Auch Ernst Ulrich von Weizsäcker vom Wuppertaler-Institut kommt zu dem Schluß, daß das „Jahrhundert der Umwelt" kommt. Wir werden unter dem Diktat der ökologischen Herausforderung leben, meint er. Damit ist nicht eine Ökodiktatur gemeint, sondern der Problemdruck. Ich halte auch die Sache mit den zwei Häusern nicht für die endgültige Lösung dieses Themas, sondern nur für ein Eingeständnis unseres institutionellen Festgefahrenseins.

Frage: Das Oberhaus achtet dann auf die Umweltverträglichkeit?

Bahro: Es würde verfassungsgemäß verhindern, über die Naturinteressen hinwegzugehen.

Frage: In Großbritannien gibt es ja schon ein Oberhaus, deutet denn etwas darauf hin, daß solch eine Struktur in ihrem Sinne tragfähig wäre?

Bahro: Insofern kein House of Lords brauchen wir, sondern ein House of This Lord, wie die Engländer Jesus bezeichnen. Der kann ja auch als ein kosmisches Prinzip gesehen werden: „Kosmokrator", „Pantokrator", obgleich das zugegebene altmodische, patriarchal besetzte Formeln sind. Dieses Haus soll einfach den Bewußtseinsanteil in uns repräsentieren, der mit diesem Naturverhältnis zu tun hat. Es könnte zunächstmal Instanz wenigstens eines vernünftigen Egoismus sein, eines Egoismus, der weit genug denkt, der die langfristigen, die fundamentalen Interessen im Auge hat.

Frage: Können Sie auch eine ganz konkrete Empfehlung geben, was wäre als nächstes zu tun? Die Bedrohlichkeit der Lage ist ja gegeben?

Bahro: Als erstes wäre die Idee eines Oberhauses breit in die Diskussion zu bringen. Vorschläge, die niedriger ansetzen, gibt es schon. Zum Beispiel den, einen Ökologischen Rat einzurichten, der dann aber keine Richtlinienkompetenz besitzt. Dies mit der Begründung, wenn er sie hätte, dann stürzten sich die Lobbyisten darauf und verzerrten die Richtlinien gemäß ihren eigenen Vorstellungen. Ich meine allerdings, das würde heißen, man traut keinem Bundespräsidenten zu, sich vor Lobbyisten einigermaßen zu schützen. Um den ökologischen Gedanken müßte sich eine Bewegung neu formen. Etwas noch über eine Bürgerbewegung hinaus. Das eigentliche Ding der Bürgerbewegung in der DDR war, gegen den SED-Staat zu sein, aber das ist nicht viel. Da definierte sich der Widerstand an einem noch rückständigeren Typus des Industrialismus, der noch nicht mal das Stockwerk Umweltschutz auf die Industrie zu setzen vermocht hat. Denn eine Bürgerbewegung ist schon dem Namen nach eine Bewegung, die eigentlich meint, man müßte ersteinmal das, was man 1789 wollte, verwirklichen: Mehr Demokratie wagen. Der Bürger ist ja gerade das einzelne Mitglied dieser verrückten bürgerlichen Gesellschaft.

Anmerkung: Man muß noch weiter zurück gehen, vor 1789.

Bahro: Ja und nach vorwärts über die heutige Gesellschaft hinaus. Es braucht eine Bewegung von Menschen, die wissen, daß sie sich zu weit aus dem Naturzusammenhang hinaus begeben haben und in ihn zurückfinden wollen.

Frage: Sehen Sie für die Zukunft eine Hoffnung, das noch in Griff zu bekommen?

Bahro: Also ich sag's immer so, daß der Mensch „wie er nun mal ist", ist verloren. Vor allem hat er den Staat, der zu ihm paßt, das heißt seine Beschränktheit in die politische Reputation übersetzt. Nach Hobbes sollte der Staat die menschlichen Egoismen wenigstens kompensieren. Das gelingt aber nicht, wenn man sie erst einmal zur Grundlage der ganzen Konstruktion nimmt. Individualismus bedeutet, daß die Gesellschaft nach den persönlichen Bedürfnissen erst an zweiter Stelle kommt. Das ist ein kulturloser Zustand. Es ist die Frage, ob wir es schaffen können, uns im sozialen Verband, das heißt in grundsätzlicher Rücksicht aufs Gemeinwesen, Autonomie zu verschaffen.

Frage: Individualität also im sozialen Gefüge.

Bahro: Im sozialen Gefüge. In Amerika gibt es zur Zeit eine Kommunitarismus-Diskussion. Dort wird gesagt, wir Amerikaner stehen doch nicht nur für Individualismus. Als wir hierher gekommen sind, haben wir doch in Gruppen den Kontinent erobert, wir waren also gemeindefähig und sind es noch. Die vielen Kirchen in Amerika sind bindender für ihre jeweiligen Mitglieder als unser protestantischer Überbau hier. Es kommt die Erfahrung auf, es geht nicht ohne Gemeinschaft. Eigentlich sind wir dazu fähig, so zu handeln, daß wir den Großen Zusammenhang nicht gleich stören. Daß wir als Teil davon nicht störend wirken. Was wir aber jetzt haben, ist die große Gleichgewichtsstörung, und der Mensch ist der große Störer. Dahinter steckt aber, daß wir die Ichhaftigkeit der menschlichen Existenz nicht bewältigt haben.

Frage: Was meinen Sie damit?

Bahro: Schon das kleine Kind lernt unweigerlich, *Ich* zu sagen und wenn es Geschwister hat, dann fängt es in der Regel an, mit ihnen zu konkurrieren. Christus hat das mit Angst wegen Mangels am Lieben und Geliebtwerden in Zusammenhang gebracht: „In der Welt habt ihr Angst." Angst und die entsprechende Sicherheitspolitik bilden eigentlich das Ich. Die moderne Psychologie ist dann darauf gekommen, zu sagen, das Ich ist die Summe unserer Abwehrmechanismen, unser Verteidigungssystem. Daß wir Ich werden müssen, ist dem Menschen von Natur auf den Weg gegeben, aber wir haben es nie bewältigt.

Frage: Dann meinen Sie, das Individuum ist abgeschnürt und kann deshalb seine Angst nicht überwinden.

Bahro: Das Individuum als abgeschnürtes und gegen andere gestelltes. Es genügt irgendeine Maske, die du an einem anderen siehst, die er vielleicht gar nicht trägt, aber du siehst sie, und sie macht dir Angst. Das ist das Thema der Ichhaftigkeit und diese zu bewältigen, wäre die Aufgabe des Menschen.

Frage: Ist das der Fluch des Selbstbewußtseins?

Bahro: Könnte man sagen. Und zwar das Selbstbewußtsein als auf das Privatschicksal begrenzt. Man muß versuchen, diese Besessenheit von unserem Privatschicksal aufzubrechen. Sonst sucht der Gelehrte immer nur für einen kleinen Augenblick die Wahrheit, sein Antrieb aber ist der zu erwartende Ruhm. Vielleicht hat ihm irgend jemand in der Familie gesagt: „Du bringst es sowieso zu nichts!"

Das Interview führten Dirk Lüneberg und Mathis Weisfeld. Eine Kurzfassung des Beitrags erschien in dem Berliner Universitätsmagazin „happy Uni" in Ausgabe Nr. 3 im Sommer 1994 und die ausführliche Fassung konnte in dem Reader der Ökologischen Plattform „Ökovision" im Band 1" nachgelesen werden, der im Dezember 1994 herauskam.

[1] Die Aussage in diesem Satz bezog sich im Orginalinterview direkt auf den damaligen Umweltminister Klaus Töpfer.

Die Idee des Homo integralis -
oder ob wir eine neue Politeia stiften können

Wir erinnern uns: Platons „Staat" hieß „Politeia". Die Polis steckt darin, d.h. es ist jedenfalls kein bürokratischer, sondern ein gesellschaftlicher, genauer gesagt ein gemeinwesenhafter Begriff, und auch die Gesetze, die Nomoi, sind für ihn notwendiger Rahmen guter Gesellschaft. Mich interessiert hier nicht, wie er das im einzelnen dachte, patriarchaler Aristokrat, der er war, sondern ich finde seine Art, den Staat zu denken als die innere Ordnung, die der gesellschaftliche Mensch, die das zoon politikon braucht, anregend wie je. Er denkt ihn von einer mehr als naturwüchsigen, d.h. zumindest nicht nur naturwüchsigen Bestimmung des Menschen her. Und da ist eine Voraussetzung: daß das Gemeinwesen noch nicht völlig der Herz-Insuffizienz anheimgefallen ist. Die Gesellschaft mit dem kalten Herzen ist erst im Kommen. Im mittelalterlichen Europa ist sie noch einmal aufgehalten, trotz aller Kruditäten. Ja, vor bloß 250 Jahren in den Kantaten Bachs ist noch alle Innigkeit und alles Pochen des liebesfähigen Herzens.

Ich frage mich seit gut dreißig Jahren, seit ich zu erkennen begann, daß wir in der sowjetisierten DDR auf dem Holzwege waren, nach der „neuen Politeia", die der Mensch nötig hätte, um sich unter den selbstgeschaffenen Verhältnissen sozialuniverseller Abhängigkeit ein warmes Haus zu bewahren. Ohne das wird die Erde nicht bewohnbar bleiben, ohne das werden wir unsere Lebensgrundlage nicht schützen können vor uns selbst. Wieviel ersatzweise Panzerung, in die hinein wir Welt verschwenden! Wenn wir die Erde in der Gestalt erhalten wollen, in der sie uns hervorgebracht hat, braucht es um den ganzen Planeten herum inneren und äußeren Frieden, und wenigstens „beinahe die Gerechtigkeit" (Brecht im „Kaukasischen Kreidekreis"), in jedem „Stamme" und weltweit.

Der Gedanke mag verrückt klingen, wo gerade alle möglichen alten und neuen Tiger zum Sprung ansetzen. Aber das wird das Ende, wenn wir die Regeln, die in diesem Zirkus gelten, nicht aussetzen können. Wir laden unsere geistverstärkte artinterne Aggression, unsere unfriedliche Grundeinstellung gegeneinander, die heute bis in die menschliche Kleingruppe hinein regiert, auf die Erde ab. Jetzt zeigt sich, „das Häuschen ist zu klein". So konfliktorientiert wie bisher werden wir nicht überleben. Und noch dazu steuern wir unsere agonistische[1] Praxis durch ein System unbegrenzter Geld- und Machtvermehrung. Damit müssen wir scheitern, weil es gegen die universelle Harmonie verstößt.

Die Kämpfe zwischen den Völkern, und nicht zuletzt die inneren Klassenkämpfe bis „alle genug haben", sind eine Schraube ohne Ende, d.h. der Konfliktaustrag in seiner vorherrschenden Form muß storniert werden. Wir sind jetzt bald 6 Milliarden, um 2050 werden wir anscheinend doppelt so viele sein. Oder ein kleiner Rest findet schon vor der Mitte des nächsten Jahrhunderts „unter einer Eiche" Platz, wie es biblisch prophezeit ist. Wenn aber alles so weitergeht, werden diese den ahumanen Mächten des Weltmarkts ausgelieferten Menschen, und zwar auch hier bei uns, in keinem vollgültigen sozialen Zusammenhang gehalten, von den Standards der westlichen Zivilisation angesteckt und herausgefordert, ein übriges Mal düpiert sein. Johan Galtung hat gezeigt, jetzt schon verbraucht das erste Zehntel von uns hundert mal soviel wie das letzte Zehntel.

Aggressive Eliten werden tausendfach versuchen, die Menschen zu organisieren und aufzurüsten, um in den Kampf um die Verteilung der letzten Ressourcen einzugreifen, von dem Migrationsdruck zu schweigen. Ist es unmöglich, rechtzeitig aus dieser Logik auszubrechen? Die drohenden Engpässe des 21. Jahrhunderts sind nur zu bewältigen, wenn wir uns nicht um jeden Durchgang schlagen. Es gilt den Konflikt so weit wie irgend möglich auf die Ebene der notwendigen Auseinandersetzung um die neue Bewußtseinsverfassung zu transportieren.

Jetzt erschrecken wir in den reichsten Ländern Europas, die das Karussell in diese unaufhaltsame Beschleunigung versetzt haben, unter dem Stichwort der „Globalisierung" darüber, daß uns schließlich ein Rückschlag ins Haus steht. Wenn wir ihn doch anzunehmen wüßten! Schon vor zweihundert Jahren hatte Friedrich Hölderlin eine Vision, die jetzt, so naiv sie klingt, das Programm des Lebens und Überlebens ist: „Versöhnung ist mitten im Streit, und alles Getrennte findet sich wieder ... Von Kinderharmonie sind einst die Völker ausgegangen. Die Harmonie der Geister wird der Anfang eines neuen Zeitalters sein." Die Zurücknahme der eigenen Aggression, das Wagnis in dieser Richtung wird die charakteristische innere Konfliktachse der unmittelbaren Zukunft bestimmen.

Nun leben wir in Massengesellschaften, an der Schwelle zu einer freilich völlig entfremdeten Weltgesellschaft. Die Polis war klein, und praktisch ist Platon selbst in dieser fast noch elementaren Dimension exemplarisch am Politischen und im Politischen gescheitert. Wir haben es mit hunderten Nationen bzw. Staaten, tausenden Ethnien zu tun, in die wir uns als Teilhaber am Menschsein untergliedert finden bei einer Chancenungleichheit, die angesichts der Möglichkeiten ein täglich von uns tolerierter Skandal ohnegleichen ist. Ob es eine Lösung gibt, das dürfte davon abhängen, ob sich die Gattung Mensch eine in ihrer Vielfalt *einige* kulturelle Gestalt geben kann, ob sie auf dieser Grundlage politisch handelndes Subjekt werden kann, vom Lokalen bis zum Planetarischen und zurück, und ob wir Privilegierten dabei nicht am meisten im Wege sein werden.

Wir wissen bis heute nicht wirklich, wo den einen und wo den anderen Individuen natürliche Entfaltungsgrenzen gesetzt sind, wo es die sozialen Umstände sind, die sie auf ein Leben der Subalternität und des Ressentiments festlegen. Wie oft es Verelendung ist, das wissen wir. Es kommt so sehr darauf an, daß sich die Mehrheiten überall zu selbstlosem Urteil und Willen erheben. Zugleich kulminiert die Tragödie der Gegenwart darin, daß so viele Menschen wie nie zuvor durch den Selbstlauf der gefühllosen und asozialen Konkurrenz um Profit und Technologie physisch an den Rand gedrängt, von der Kultur ausgeschlossen und in ihrer Menschenwürde verkürzt werden.

Macht und Gesetz decken genau diejenigen Mechanismen, an die die Menschenmehrheit ausgeliefert ist, nicht nur in den Peripherien, auch in den Metropolen. Was wir bisher an Weltorganisation haben, reicht ja höchstens aus, die verschiedenen Ausbrüche des Weltbürgerkriegs ein wenig zu moderieren. Die Menschheit würde sich im Idealfall durch eine Art allgemeines Kalifat - jeder und jede in der Würde der Stellvertretung für das Ganze - regieren. Um so furchtbarer dieser Ausschlußprozeß, den unsere herrschenden Strukturen gegen die Menschenmehrheit exekutieren. Darin tradiert sich die älteste Schicht sozialen Unheils. Sie muß weggeräumt werden, wenn so etwas wie Homo integralis - erst einmal das Prinzip des Einschlusses! - tatsächlich sich ereignen soll. Sonst ist Diktatur, sonst regiert der Totalitarismus der faktischen Mächte. Deshalb eben muß, gerade angesichts der ökonomischen Globalisierung, auch das Problem einer sanktionsfähigen internationalen Rechtsordnung gelöst werden.

Das heißt, verlangt ist eine ungeheure Kulturleistung. Ich übersehe keineswegs, sondern das gibt mir gerade den Anstoß, daß wir mit unserer riesigen, fast nur noch der Geldvermehrung gesteuerten Bewußtseinsindustrie systematisch und umfassend den Abbau, die Zerstörung der subjektiven Kultur, die Reduktion des Geistes auf die niedrigsten Frequenzen betreiben. Nur noch ausnahmsweise wie als Alibi bietet sie Gehalte. Massenhaft haben wir die Multiplikation von Infantilismus, Dummheit und Gewalt, und dies alles unter dem Namen von Liberalität und Demokratie. Es ist verbrecherisch, und wir sind, sozial gesehen und griechisch gedacht, buchstäblich Idioten, das hinzunehmen. Das Gemeinwesen, in seiner gegebenen Verfaßtheit, erweist sich schon darin als verloren, daß es diese selbstzerstörerische Alltäglichkeit nicht zu unterbrechen vermag.

Und dennoch, vielleicht ist dies ein historischer, ich meine damit ein reversibler Unfall. Wir müssen es erst einmal hoffen. Und ich möchte eben von der genannten Idee her die Ursache ins Auge fassen - falls noch erlaubt ist, doch auch an Kausalität zu denken. Warum zerstört der Mensch Erde und Leben, zuvor und zuletzt sich selbst? Wieso reussiert[2] anstelle des Bewußtseins diese Ersatzindustrie, die in einem durchaus nicht bloß symbolischen Sinne des Teufels ist? Und geben wir erst einmal zu, in welchem Grade wir, wie abhängig auch immer (und um so schlimmer für uns, die wir der Freiheit verlustig gingen), mitspielen, korrumpiert und Komplizen sind. Auch der Zynismus wie die Resignation sind unerlaubt. Wollen wir diesen erneut und verschärft „spätrömischen" Zuständen wirklich nichts entgegensetzen? Ihnen *Uns* nicht entgegensetzen, anstatt sie mit zu zelebrieren, damit unser Ich den Tag überlebt?

Wie gesagt, die Frage nach den Reserven, den Beständen dafür ist prekär. Aber daraufhin will ich mich nun auf die von Jean Gebser in seinem Werk „Ursprung und Gegenwart" entworfene Idee des Homo integralis beziehen. Ich übertrage erst einmal: Es ist in neuem Gewand die alte Idee des vollständigen, alle in ihm angelegten Vermögen realisierenden Menschen. Und ich projiziere diese Idee nicht primär aufs Individuelle, sondern auf unseren Gattungscharakter - und auf institutionelle (soziale, politische) Konsequenzen, die wir ziehen müßten, wenn die Idee nicht eine schöne Chimäre bleiben soll. Das macht die Sache nicht leichter... Doch zunächst will ich die Idee ein wenig referieren.

Angesichts der zivilisatorischen Krise hat Jean Gebser schon in der Zwischenkriegszeit nach den tiefsten Gründen gefragt. Er sah, daß die Gattung Mensch bis hierher verschiedene Bewußtseinsverfassungen durchlaufen hat, die offenbar nicht zufällig aufeinander folgen, man könnte auch sagen Weltzustände, denn die korrespondieren natürlich damit. Er unterschied die archaische, die magische, die mythische und die mentale Daseinsweise des Menschengeistes. Vor allem aber unterschied er in jeder dieser Daseinsweisen eine effiziente und eine defiziente Phase, die letztere gekennzeichnet durch die Inflation der Quantität - in dem Wirrwarr und Mischmasch der Mythen beispielsweise in dem hellenistischen Ausgang der Antike.

Was ihn an der ganzen Sache spezifisch interessierte, weil untergründig entsetzte, das war natürlich die defiziente Phase der in Europa seit den Griechen zur Vorherrschaft aufgestiegenen mentalen Bewußtseinsverfassung, also das Problem der Gegenwart. Ich meine die in Form der kapitalistischen Moderne gesetzte Gewalt der gewinnmultiplizierenden Wirtschaft über das Ganze, die schrankenlose Massenproduktion für die Müllhalde, die Gigantomanie der Technik, die massenhafte Fixierung des Geistes auf seine computerisierbaren technischen Möglichkeiten, kurz den Triumph der Verdinglichung draußen in der Welt und drinnen in der Person. Es ist ein Triumph der Quantität, die auf den lebendigen Geist zurückschlägt, ihn durch Wiederholung, durch Fixierung im persönlichen Zeitplan weitestgehend auf instrumentellen Verstand reduziert.

Gebser spricht zunächst von der brutalen Vergewaltigung der Seele durch unsere technizistische und praktizistische Rationalität. Für noch gefährlicher und gründlich im Gange aber hält er den Rückschlag, nämlich die Rache der Seele an der Ratio. Es fragt sich ja, was eigentlich der letzte, der innerste Antrieb dieses expansionistischen Exzesses von Wissenschaft-Technik-Kapital-und-Staat ist. Wer würde zu behaupten wagen, daß hinter dem primitiven, ebenso „realistischen" wie atavistischen[3] Wettkampfgehabe der Bosse überall in der Welt das Licht der Vernunft angezündet sei?!

Gebser sieht eine Möglichkeit, diese verheerende Struktur zu übersteigen, nämlich das Aufkommen einer weiteren, neuen, der von ihm so bezeichneten integralen Bewußtseinsverfassung, und zwar aus dem unerschöpflichen Ursprung unseres Geistes, unseres Herzens, unserer Seele gespeist. Allerdings, insofern wir uns auf unserem Parforceritt für die Welteroberung feindlich von den je älteren Bewußtseinsverfassungen abgestoßen haben, ohne das in ihnen Errungene mitzunehmen, und insofern wir gekreuzigt und verbrannt haben, was uns je in die Quere kam - insofern meint nun integral nicht zuletzt, daß wir jetzt in allen unseren bewußtseinsmäßigen Daseinsweisen gleichermaßen Wohnung nehmen müssen.

Er sagt, aus der alten, erschöpften Struktur - hier der sich mit Menge statt Güte alles Hervorgebrachten selbstverstopfenden defizienten Mentalität, abstrakten Ratio - geht keine neue hervor, sondern wenn, dann aus dem, was ursprungsgegenwärtig ist. An zahllosen Beispielen aus Europas Kultur der letzten zwei Jahrhunderte, von Hölderlin bis Picasso, aber auch aus den Wissenschaften, zeigt er, daß sich die neue, „aperspektivische", integrale Weltsicht ankündigt. Das heißt erst einmal, sie ist nun menschenmöglich, so überwältigend massenhaft ihr alle alten strukturellen Mächte entgegenstehen.

Diese vertikale, d.h. auf den Evolutionsweg bezogene Integration der menschlichen Bewußtseinskräfte müßte zudem ihr Gegenstück finden in der sozusagen horizontalen Integration der verschiedenen Bewußtseinsfakultäten, die in ihrem Miteinander die menschliche Existenz ausmachen. Das sage ich, indem ich die conditio humana mit einer Universität vergleiche. In einem Buch, das „Ökologik" heißt, hat der deutsche Philosoph Johannes Heinrichs ein Gleichgewicht von sieben solcher Fakultäten angemahnt, die er anthropologisch festgestellt hat.

Den kalten instrumentellen Verstand zum Beispiel ordnet er dem Ort zu, in dem sich Geist und Körper überschneiden bzw. begegnen, ohne daß die Seele, oder, wenn wir an Pascal denken, das Herz mit im Spiel ist. Es handelt sich dann um sozial kontaktlosen oder zumindest neutralisierten Geist, wie er in einer archaischen und selbst noch in einer traditionalen Gesellschaft gar nicht zum Zuge kommt, während er bei uns mit ins Machtzentrum gerückt ist...

Das Übergewicht von Wirtschaft und Technologie hängt damit zusammen, die Unterordnung des Politischen, damit des Sozialen, das Abwerten und Abdrängen der kulturellen Vermittlung, die Annihilation[4] des Wertehimmels...

Soweit das Modell, die Idee. Wo liegt das Problem? Denn es ist ebenso offensichtlich, daß wir die Anlage zu dieser integralen Verfassung anthropologisch besitzen - bewiesen auch durch beispielhafte Exemplare unserer Art -, wie daß wir unendlich weit davon entfernt sind, sie als soziale Skulptur (der Ausdruck von Joseph Beuys) zu verwirklichen. Und das scheint gerade damit zusammenzuhängen, daß wir technisch, technosphärisch versus biosphärisch, so erfolgreich, so verdammt effizient sind mit unserer insgesamt defizienten Mentalität. Der verdinglichte Verstand beschäftigt fast alle energetisch verfügbare Bewußtseinskapazität. Die Wahrnehmung von Daten, charakteristisch für die Wissenschaft, ist eben nicht Weltwahrnehmung, ist eben noch lange nicht Kommunikation mit dem irdischen und kosmischen Zusammenhang, von Kommunion zu schweigen.

Wir laufen gerade im Eigentlichen leer. Und die erste tieferliegende Schwierigkeit, die darin erscheint, ist eine unserer geschichtlichen Psychologie: Wir benutzen unser Gehirn für eine technische Praxis, bei der wir den Rand der Erde berühren, wie es heute schon geschieht, indem wir auch nur ein Auto in Bewegung setzen. Es müßte also im Dienste eines ökologischen Selbst stehen, wie der Norweger Arne Naess das nennt. Aber motivational bleiben wir an vitale Antriebe gebunden, die es uns fast nur als Organ unserer natürlichen Selbstsucht benutzen lassen.

Und es gibt eine zweite, an sich nicht grundlegende, auch jüngere, aber um so massivere Schwierigkeit. Sie hat mit der Frage zu tun, wie es überhaupt möglich ist, bei der anthro-

pologisch gegebenen Gesamtanlage des menschlichen Bewußtseins, daß die Verstandesherrschaft derart überhandnehmen konnte, als hätten wir es da mit einer andern Spezies
Mensch zu tun, und zwar auch praktisch, nämlich erscheinend in dem technischen und
informationellen Gehäuse unserer Hörigkeit.

Geht vielleicht die Evolution mit *denen* weiter, über den an Geister, Götter, Göttin, Gott
gebundenen Typus Mensch hinaus, wo doch einstens jedes Stammesmitglied mehr vom
großen Ganzen wußte, anderen Kontakt hatte als der heutige Spezialist, der häufig so
wenig von der Wirklichkeit seines Gegenstandes weiß? Was müssen wir für Aufwände
treiben, um dann doch nicht zu wissen, wann und wo das Erdbeben kommt?! Manche
Tiere wissen es Tage voraus. Also dürften auch wir einmal durchlässig für die Nachricht
gewesen sein...

Sachlicher lautet die Frage natürlich, ob in dem praktischen Gebrauch, den wir von
unserer Naturanlage machen, etwas liegt, eine überwuchernde Einseitigkeit, die unsere
angelegte Wahrnehmungsfähigkeit für den ganzen uns tragenden Zusammenhang so bis
in die Wurzeln schwächt oder schädigt, daß sie buchstäblich atrophiert[5], vielfach sogar
biographisch ganz verlorengeht.

Es muß ja Folgen haben, wenn wir den ganzen Tag und die halbe Nacht in unserem
„Biocomputer“, unserem klugen Fronthirn, dem Sitz des instrumentellen Verstandes
wohnen. Der lebt zwar immer noch von ein paar Wahrnehmungen. Aber der wird sich
von Jugend auf mehr und mehr, am Ende zu 99 Prozent, mit Gegenständen befassen,
die auch Verstand sind, nämlich Produkte vergangener Verstandesarbeit, toter, nicht
lebendiger Arbeit, toten, nicht lebendigen Geistes. Mit dem Weltganzen steht dieser
durch seinen technischen Erfolg selbst von den eigenen vitalen emotionalen Antrieben
abgeschnittene Verstand in keinem realen Kontakt mehr, nur noch mit abstrahierten
Nützlichkeiten. Diese eine unserer Bewußtseinsfakultäten macht uns zum weithin unbewußten Top-Parasiten an allen Schichten des Lebens, weil wir unsere anthropologische
Gesamtwirklichkeit nicht mehr zur Verfügung haben. Deren Botschaft ist nicht ersetz-
bar durch irgendwelches noch so kluge „neue Denken“.

Evolutionär gesehen hat uns die Natur doch zunächst übers Rückenmark, dann auch
übers Stammhirn und übers Kleinhirn an die Errungenschaften des Neocortex heran, in
die Menschwerdung hineingeführt. Und die kosmische Information, die die Evolution
steuert, spricht mindestens ebenso sehr vom Grunde her wie von oben, vom Geist her
in uns hinein, so daß unsere intelligiblen Fähigkeiten in beiden Richtungen weit mehr als
den instrumentellen Verstand umfassen. Wir gebrauchen sie nur kaum mehr. Das Licht
ist ausgeschaltet.

Und deshalb setzt sich dieser zirkuläre Verstand als die spezielle Naturkraft durch, die
dem entfremdeten Ökonomischen, Technischen und Bürokratisch-Politischen zugrun-
deliegt. Seine kapitalangetriebene Verdinglichungsmacht, nach wie vor hauptsächlich an
die unerleuchtete natürliche Subjektivität gebunden, ist genau die Kapazität, die wir kulturell, also institutionell gesichert wieder einordnen müssen, damit sie sich nicht unaus-
gesetzt selbst verstärkt.

Angesichts der ständig beschleunigten Trägheitskräfte, die sonst mit uns durchgehen, hilft nur ein Zugang, der sich dieser tiefsten Ursache stellt. Die Ratio kann sie erkennen, aber sie ist in sich selbst energetisch zu schwach, als daß sie auch der Weg wäre. Vielmehr brauchen wir systematisch eine solche Kulturveränderung, Praxisveränderung, samt Umwälzung der entsprechenden institutionellen Rahmenbedingungen, z.B. im Bildungswesen, bei der sich das nach wie vor naturgegebene menschliche Potential in der tatsächlichen Erfahrung regenerieren kann, daß die Wirklichkeit wieder zu uns spricht. Weniger reicht nicht hin, als wieder von Grund auf in Kontakt mit der Ordnung der Welt zu kommen.

Dann erst werden auch manche natürlich überaus notwendigen technischen Maßnahmen, Sanierungen usw. stimmig, weil integrierbar sein. Wir sind uns wohl alle darüber klar, daß die Mangelware nicht das technische Ingenium ist, von dem der Mensch im Überfluß besitzt und vornehmlich amoralischen Gebrauch macht. Diese in ihrer bloßen Naturwüchsigkeit verhängnisvolle Kraft von einer höheren Ebene aus zu lenken, d.h. sozial zu lenken, dafür mangelt es an Qualifikation, das ist der Engpaß.

Gesellschaftspraktisch also trägt unser Naturproblem bewußtseinspolitischen Charakter. Noch etwas genauer gefaßt: Es führt uns zu einer institutionellen Herausforderung. Wie schon angedeutet, stoßen wir auf eine für die Moderne typische institutionelle Lücke fast unglaublicher Dimension, die uns die notwendigen materiellen Korrekturen systematisch und grundsätzlich unzugänglich macht. Bestimmte anthropologisch notwendige Institutionen sind de facto amputiert, und zwar die wichtigsten von oben nach unten.

Insbesondere sind die Instanzen für die Einordnung in die umgreifende Große Natur völlig ausgefallen. Es gibt keine Vorabregelung für unser Verhältnis zur Natur als ganzer, und eine fürs soziale Ganze fehlt in immer größerem Umfang auch. Die Menschen sind atomisiert, und kulturell anomisiert[6] (Durkheims A-Nomie, der Nomos[7] ist ausgefallen). Und da das Politische dem Ökonomischen weithin abhängig unterworfen ist, hält uns Ökonomisten, denn damit sind wir auch keine ordentlichen Ökonomen mehr, somit nichts zurück. Im Zweifel „können wir nicht dafür", die Gesetze der Geldanlage und Kapitalverwertung, die sind halt so.

Es ist nicht neu in der Weltgeschichte, daß uns diese Wackersteine der Verdinglichung mitreißen. Aber in der Moderne erst versagt jedes Mahnen, weil die Botschaft infolge Entwöhnung der Bahnen nicht mehr durchkommt. Ich glaube, wir haben nicht wirklich erkannt, was „Industriegesellschaft" heißt, obgleich oder weil wir uns mit unseren immer weiter ausgreifenden Materialisationen um so tiefer hineinbohren. Wir haben verfassungsbildende Entscheidungen getroffen, mit denen wir es uns strukturell unmöglich machen, Industrie zu besitzen statt von ihr und all den anderen inneren Großmächten besessen zu sein.

Es gibt seit Jahrhunderten keine Ordnung mehr in Europa, aus der wir dem Ökonomischen und Technischen einen übergreifenden Rahmen setzen könnten. Religion und Philosophie, Kunst und Sitte sind zu beliebigen Privatangelegenheiten geworden, erklärter-, ja gepriesenermaßen. Statt um den Euro, müßten wir uns um dieses Loch versammeln. Die Gleichgewichtsstörung von Kultur und Natur, die wir vorantreiben, ist nur behebbar, wenn wir diese ubiquitäre[8] Dominanz von Wirtschaft und Technologie aussetzen. Denn was uns zugrunderichtet, ist der kulturelle, ursprünglich spirituelle Zusammenbruch, der in diesem Faktum steckt. Die Rücksichtslosigkeit der Naturvernutzung ist Folge dieses verhängnisvollen Kulturverlusts, der also zuerst behoben werden muß.

Die Herausforderung läßt sich auf den Nenner bringen, daß der Mensch sich institutionell wieder über die Unsichtbare Hand stellen muß, an die er am Eingang der Moderne alle Verantwortung für die gemäße Einrichtung seiner Welt abgegeben hat. Bei aller hochgetriebenen Differenzierung und subjektiven Kreativität haben wir, was die Kulturgestalt und ihren politischen Ausdruck betrifft, ein überaus reduziertes, degeneriertes, verkürztes Modell des Menschen. Es ist eine Große Unordnung. Solange wir dieses Modell der durch keinerlei übergeordnete Autorität aus dem Bereich unserer höheren Bewußtseinskräfte überwölbten, gehaltenen, eingegrenzten technokratischen Ökonomismus stehenlassen, das konstitutiv amoralisch funktioniert und die Grundlagen aller zwischenmenschlichen Solidarität erodiert, ist nicht auf Rettung zu hoffen.

Wir werden nur überdauern, wenn wir ein wieder vollständiges, in den Gewichtigkeiten stimmiges institutionelles System zustandebringen, eines also, das überhaupt den Zusammenhalt der Gesellschaft und den Bezug zwischen Gesellschaft und Natur artikulieren kann. Die Einsetzung eines kollektiven Fürsten gewissermaßen, wie es Gramsci einmal andeutete, wäre erneut zu bedenken. Da kann uns die Idee des Homo integralis als Maßstab leiten. Und geschehen muß das längst nicht mehr nur auf nationaler Ebene, sondern ebensowohl dort als auch „darüber" und „darunter", praktisch auf jeder Ebene gesellschaftlichen Zusammenhangs.

Aussicht besteht erst dann, wenn legitim die weltweit übergreifende Instanz da ist, an jedem Ort in den anwesenden Menschen repräsentiert, vor der die bislang sanktionierte Gier all der partikularen Besitzstände zurückweichen muß, mehr, wenn diese Instanz einen Rahmen zu setzen vermag, der Selbstbegrenzung in das freie Spiel der Bedürfnisse und Interessen hineinträgt. Alles sich verselbständigende „autonome" Dasein, Wissen, Besitzen, Herrschen ist relativ, und wenn es sich hervordrängt, „erbärmliches Großtun von Räubern" (so nennt es das altchinesische Tao Te King). Es ist kosmisch gesehen lächerlich und menschlich gesehen satanisch. Wir haben da überzogen.

Wir haben die Parlamente, die Unterhäuser zum Austrag der je besonderen sozialen Interessen. Aber was wir nur dort miteinander verhandeln, kann dem Umgreifenden nie gerecht werden. Dazu braucht es überall - von dem Pol der einen Menschheit bis zu dem anderen Pol des lokalen Gemeinwesens - eine vorgeordnete institutionelle Ebene ganz anderen Charakters, die im Blick auf das Ganze unserer Existenz und auf unser eben nicht beliebiges Naturverhältnis dem Primat der Versöhnung, der Solidarität und des Friedens Ausdruck und verbindliche Form verleiht.

Das nenne ich die Oberhausfunktion. Im Unterschied zu dem Residuum, das England da noch pflegt, würde ich es natürlich nicht als ein „House of Lords" (Mehrzahl) verstehen, sondern, gewissermaßen, als ein „House of This Lord". In Händels Oratorium „Der Messias" heißt es von dem Christus: „Und ER regiert auf immer und ewig." Ich meine aber das Prinzip so eines Bezuges, nicht die spezifisch christliche Ausdrucksform, auch nicht zwingend das männliche „Er" in der Anrede der Gottheit - und keine Definition, am ehesten einen Namen für das Primat des umfassendsten Zusammenhangs, in dem wir leben.

Schon eine ernsthafte Diskussion über so eine Einrichtung würde zeigen, daß wir uns der Idee der kulturellen Einheit, und damit auch der Möglichkeit der Weltbewahrung nähern. Einem unter solchem Auftrag zusammengerufenen Zug höchster Instanzen könnte die Autorität zuwachsen, uns den Zugriff zu begrenzen und die Richtung des Weges in die Zukunft vorzuzeichnen. Ob der oder die Einzelne nun durch Wahl (ähnlich wie für das Präsidialamt) oder durch Berufung dazugehören soll, müßte erst gefunden werden, sicher in jeder überlieferten Kultur anders. Entscheidend wäre, daß man die Person öffentlich als weniger ichverhaftet kennt und daß sie durch den Fluß der Kommunikation mit den Menschen darin bestärkt wird. Dann könnte die Rangordnung unserer Wichtigkeiten mit der Zeit der tatsächlichen Rangordnung nahekommen, die in dem ganzen Weltzusammenhang wartet. Gibt es dagegen keine Struktur, in der unsere höchsten Bewußtseinskräfte Ausdruck finden und das Maß der Erde und des Menschenwesens halbwegs integriert zur Geltung bringen können, kann es nicht zu der kontraktiven[9] Ordnung kommen, die wir brauchen, um der Endlichkeit der Erde von grundauf gerecht zu werden.

Die zivilisatorische Krise bedeutet nichts als: Wir müssen den Staat neu denken, um ihn auch neu zu schaffen, und zwar jenseits der bisherigen repressiven Muster, jenseits der jahrtausendelangen Tradition der Kämpfe um Machtmonopolisierung. Das Modell Golfkrieg wird nie zu einer Weltordnung führen, die diesen Namen verdient. Die menschliche Gemeinschaft muß zu einer politischen Verfassung finden, souverän genug, um vor allem die größten partikularen Machtinteressen zu unterwerfen und einzubinden.

Der Zugang dazu ist unsere kulturelle Selbstbesinnung, ihrerseits am ehesten vorstellbar, wenn die Kontraktfähigkeit zu dem uns zugänglichen Welt- und Naturganzen wieder erwacht. Das muß gepflegt werden jenseits der „großen Gesellschaft", ihrer seelenlosen Organisation. Wir können die Welt nur bewahren von einer Aufwärtstransformation unserer geistigen Anlage her. Aber die ist kaum anders denkbar als auf dem Grund einer geistig-kulturellen Sezession[10] vom Status quo. Unbesetzten Raum, unbesetzte Zeit dafür läßt uns der Leerlauf der Megamaschine - wenn wir uns nicht beschäftigen lassen, wo sie schon gar nicht mehr nach uns fragt.

Jeder Mensch kandidiert für diese Sezession, nur nicht in seiner Rolle in dem alten Machtsystem. Es ist die alte Frage, die Henryk Sienkiewicz für die spätrömischen Zustände als an den Einzelnen, die Einzelne gerichtet darstellte: „Quo vadis?"[11] Die am meisten an dem Weltzustand leiden, werden Orte des sich Versammelns und sich Vernetzens bezeichnen: Orte, wo sich die Bewußtseinsenergie in den Mustern des Homo integralis konzentriert. Dort mögen sich die Institutionen vorformen, in denen sich die Menschheit verbünden kann. Daß nun die Erde „zu klein" für unser nimmersattes materialistisches Riesenspektakel ist - und fast jede Fernsehsendung ist zu laut für die Welt! -, bedeutet ein völlig neue Erfahrung. Vielleicht bringt uns ja der Aufprall von der machtmotorischen Expansion zur Innenwendung, zu einer kontraktiven Daseinsweise, zum Wiedererwachen der eigentlichen menschlichen Wesenkräfte. Angesichts der Gefahr macht die Idee des Homo intergralis erst Sinn, wenn sie politisch wird, im Hinblick auf die Gestalt einer menschenwürdigen, auf Geist und Herz, nicht auf Geld und Blech, auf Beton und Chips gebauten Ordnung unserer Angelegenheiten auf der einen Erde. Und im Hinblick auf die Männer und Frauen, die das bewußte Doppelleben, die Sezession für nochmals einen neuen Bund riskieren.

erschienen in: Aletheia. Neues Kritisches Journal der Philosophie, Theologie, Geschichte und Politik (1997) Heft 11/12; eine Kurzfassung außerdem in: Neues Deutschland, 13.12.1997

[1] wettkämpferische

[2] ein Ziel erreichen, Erfolg haben

[3] in Gefühlen, Gedanken usw. einem früheren, primitiveren Menschheitsstadium entsprechend bzw. ein entwicklungsgeschichtlich als überholt geltendes und wieder auftretendes geistig-seelisches oder körperliches Merkmal

[4] Vernichtung

[5] schwindet, schrumpft

[6] gesetzlos

[7] Gesetz, Ordnung u.a.

[8] überall verbreitete

[9] betrifft die Verminderung der materiellen und wirtschaftlichen Aktivitäten

[10] Abtrennung

[11] Wohin gehst du?

„Tugend des Unterlassens"
oder von den Erwartungen an die Gesellschaft

Rudolf Bahro

(Die nachfolgenden drei Vorträge stammen aus der Vorlesungsreihe „Die menschliche Natur, die Gesellschaft und der Staat in der Prüfung durch die ökologische Krise" und stehen unter der Überschrift „Über den Ansatz der Studie ‚Zukunftsfähiges Deutschland'". Sie sind weitgehend frei gehalten.)

Im vorherigen Semester befaßten wir uns mit der Frage, in welchen tieferen psychologischen - man könnte auch sagen seelischen - Strukturen diese europäische Zivilisation eigentlich festsitzt. Wir sind dem Kriegertypus, dem Wettkämpfer in uns, nachgegangen durch die verschiedenen Schichten der Zeit, der europäischen Geschichte in den letzten 2500 Jahren, und haben noch weiter zurück geblickt.

Ursprünglich hatte ich vor, im Kontrast zu dieser europäischen Kosmologie von dem Buddha her die indische zu behandeln. Ich muß gestehen, ich habe mich das letzten Endes nicht getraut, und zwar deshalb, weil ich nicht genügend lebensmäßig erfahren habe, was es mit dem Buddhismus auf sich hat. Es geht eigentlich nicht, eine spirituelle Strömung, mit der man sich zwar geistig, also theoretisch, ganz gut vertraut gemacht hat, dann in den Mittelpunkt zu stellen. Ich wagte es nicht.

Außerdem dachte ich, daß es auch gut sein wird, in dem nächsten Semester wieder etwas praktischer zu werden, also etwas dichter heranzugehen an den unmittelbaren Stoff, der uns hier aufgegeben ist.

Wenn ich jetzt die menschliche Natur an den Anfang des Themas gesetzt habe - die menschliche Natur, die Gesellschaft und der Staat in der Prüfung durch die ökologische Krise -, so heißt das einerseits, daß ich ausweite. Ich frage nicht nur nach dem europäischen Menschen, sondern nach dem Menschen überhaupt, ohne zu vergessen, was ich im vorherigen Semester dazu gesagt habe.

Zum anderen bedeutet das die Erinnerung an meine Grundauffassung, daß in der ökologischen Krise neben sehr vielen spezifischeren gesellschaftlichen Strukturen so etwas steckt wie conditio humana oder die Art, wie der Mensch überhaupt verfaßt ist - von Natur oder von Gott, wie immer man das nennen will. Wir kommen nicht daran vorbei, uns im Zusammenhang mit den konkreten Problemen, die uns dabei gegenübertreten, zu fragen, wie wir von diesen Tiefenstrukturen aus an eine politische Praxis gelangen. Wir müssen es uns leisten, auf die conditio humana zurückzukommen.

Wenn ich „die Gesellschaft und der Staat" sage, wenn ich hier extra einen Unterschied mache, dann hat das verschiedene Gründe, zwei Gründe in erster Linie, die ich kurz anreißen will, weil uns beide im allgemeinen eigentlich nicht ganz klar sind. Der eine

Grund bezieht sich auf eine lange Denktradition, die in der Entwicklung nach 1945 immer eine besonders große Rolle spielte. Sie läuft darauf hinaus, die betont zivile Gesellschaft gegen den Staat zu setzen und darauf zu bauen, daß die Gesellschaft, im Ganzen gesehen, wenn wir nur genug Demokratie veranstalten, vernünftiger funktioniert als der Staat. Diese Auffassung ist mir seit längerem zweifelhaft. Es könnte sein, die Gesellschaft hat den Staat, den sie verdient. Diese Sicht der Dinge förderte in meiner eigenen geistigen Entwicklung insbesondere Antonio Gramsci. Das gesamte marxistische Denken im Westen baute auf die zivile Gesellschaft, bis hin zu Althusser, der dann von den Staatsapparaten sprach und damit auch das Bildungswesen und alle diese Veranstaltungen, die von oben kommen, meinte. Er sah, die zivile Gesellschaft wird damit nicht gut bedient, und war der Meinung, es braucht eine Kulturrevolution, die diese Staatsstrukturen über den Haufen rennt, von der zivilen Gesellschaft her.

Die ökologische Krise macht uns einigermaßen endgültig darauf aufmerksam, daß Gesellschaft und Staat zusammen - und zwar von Alters her - ein Syndrom bilden. Das kann nicht so ohne weiteres auseinandergerissen werden. Es gibt eine ziemlich gründliche Komplizenschaft der Gesellschaft mit dem Staat. Da wäre zu fragen: Wer ist die Gesellschaft - von der überwältigenden Mehrheit der Individuen her; mit der Art und Weise, wie das vom Grunde angelegt ist? Wie ist das mit der Schwäche des Staates, der die Autorität, die er in älteren Zeiten mitunter durchaus auch kulturbegründend oder -mitbegründend gehabt hat, in der Moderne ganz verlor?

Damit sind wir an der Übergangsstelle zu dem zweiten Problem, das mit dem Begriff Gesellschaft zusammenhängt. Das erste ist also: Wir haben es mit der Gesellschaft und also auch mit uns selbst zu tun, was unsere gesellschaftlichen Interessen betrifft, wie auch immer sie in puncto ökologische Krise in ihren Gegensätzen situiert sein mögen.

Der zweite Grund ist der Begriff von Gesellschaft, den wir uns überhaupt machen. In der möglicherweise größten, zumindest umfassendsten philosophischen Konzeption, die das Abendland meiner Meinung nach hatte - in Hegels Konzeption -, gab es eine tiefe Einsicht darin, daß Gesellschaft als sozusagen aus dem Staat herausgelöst existiert. Gesellschaft bedeutete in seinem Verständnis genauer gesagt bürgerliche Gesellschaft. Der Staat wird gesehen als der Gesamtzusammenhang, in dem die Menschen ihre Verhältnisse regeln.

Ich will hier nicht darüber reden, inwiefern er in dieser Emanzipation der Gesellschaft gegenüber dem Staat als bürgerliche Gesellschaft auch einen Fortschritt gesehen hat. Nur für Hegel war klar: Das ist die Gesellschaft der Konkurrenz der einzelnen und besonderen Interessen, die die Individuen in Konkurrenz miteinander und gegeneinander ausfechten. Das braucht eine darüber stehende Rahmenordnung. Bürgerliche Gesellschaft konnte er nicht denken, ohne als Korrektiv Staat zu sehen. Er blieb in dieser Gegenüberstellung „bürgerliche Gesellschaft und Staat" nicht stecken. Das läßt sich dann ewig hin und her schieben: Wo ist das Bessere, wo das größere Recht? Und so weiter. Für Hegel war noch klar, was seitdem nicht mehr selbstverständlich gilt: daß dieser gesamte Zusammenhang Gesellschaft und Staat an dem geistlichen Bereich aufgehängt ist. Das heißt, es bedarf einer Religionsphilosophie, einer Theologie und dahinter eines lebendigen Glaubens, um das einigermaßen im Gleichgewicht zu halten.

Diese beiden Probleme wollen wir heute nicht weiter behandeln. Aber das sollen wir uns gegenwärtig halten: Keine Idealisierung von Gesellschaft gegen Staat; das greift zu kurz. Es gibt natürlich das Problem der staatlichen Vergewaltigung von Gesellschaft. Was die ökologische Problematik betrifft, so gilt: Nicht die Gesellschaft idealisieren und vor allem begreifen, daß es in concreto diese bürgerliche Konkurrenzgesellschaft ist, nicht die Gesellschaft schlechthin. Die Gesellschaft war aus dem Staatlichen oder aus dem Politischen, aus dem Ordnungszusammenhang, vor der Neuzeit nie herausgefallen. Früher war das ein völlig anderes Problem als in der Moderne, das hat Hegel gesehen. Wir müssen insofern wissen: Es handelt sich um bürgerliche Gesellschaft und damit auch um bürgerliche Demokratie, das heißt um politische Verhältnisse, die - bei allem Vorzug, den sie gegenüber anderen Politikformen haben - befangen sind in diesem heute nicht mehr spirituell überdachten, nicht mehr spirituell gesehenen gesellschaftlichen Zusammenhang der expansiven Konkurrenz. Das heißt Gesellschaft.

Was den Staat betrifft, habe ich, indem ich über diese Hegelsche Thematik sprach, schon angedeutet, inwiefern er mich besonders interessiert. Ich denke - ich gestehe es auch -, daß es sich eigentlich darum handelt, den Staat in seiner Würde wieder herzustellen. Das ist unmöglich ohne Rekurs auf die Hegelsche Fragestellung: Wo ist der Staat denn aufgehängt? Ob wir dies - wie er - noch christlich formulieren wollen, will ich zunächst dahingestellt sein lassen; wer Christ ist, wird darauf bestehen - ich sehe das etwas breiter. Ohne eine spirituelle Einbindung des gesellschaftlichen Ordnungsgedankens, ohne eine Wiedereinbindung bringt es auch nichts, auf den Staat zu hoffen. Individuum, Gesellschaft und der Staat sind dann einfach dem Stil der Naturmächte der menschlichen Existenz ausgeliefert. Das Suchtverhalten, konventionelle Sicherheiten und materielle Werte bestimmen somit die Arena. Ich sehe dann keine Möglichkeit, das Karussell auch nur zu verlangsamen, jedenfalls nicht als aktiven Akt. Wir überlassen es der Natur. Alles läuft auf diesen Satz hinaus, den der westdeutsche Schriftsteller und Philosoph Carl Amery Anfang der 70er Jahre geprägt hat: Es sei die Frage, ob das ökologische System zuerst bricht oder das Industriesystem - ich sage auch: die kapitalistische Industriegesellschaft.

Nun möchte ich zunächst bei der Studie „Zukunftsfähiges Deutschland" ansetzen, die das Institut für Klima, Energie und Umwelt vorlegte, das unter Leitung von Ernst Ulrich von Weizsäcker in Wuppertal arbeitet - Reinhard Loske und Reimund Bleischwitz als die Hauptautoren. Und zwar deshalb, weil dort der Versuch gemacht wird, der Umwelt- und erst recht Ökologievergessenheit, bei der die Gesellschaft nach 7 Jahren Vereinigung angekommen ist, etwas entgegenzusetzen.

Die Studie hält erst einmal fest: Die ökologische Krise ist nicht Platz 12 in der Liste der Prioritäten, wie der „Spiegel" neulich zu berichten hatte. So ist das Thema jetzt in den Umfragen gelandet. Es scheint, daß sich gerade in diesem Punkt Politik und Gesellschaft - also Staat und Gesellschaft - wieder ausgezeichnet verstehen und zusammen-

spielen. Es ist alles Mögliche wichtig angesichts dieser globalen Gefährdung des Wohlstands in den Metropolen. Es ist alles wichtig - die Ausländerproblematik zum Beispiel,
nicht bloß die Arbeitsplätze. Es ist alles wichtiger als dieses ökologische Thema, das
Thema der Versöhnung mit der Natur.

Es ist gut, daß diese Studie erst einmal die Realitäten festhält, mit denen wir es jetzt
zu tun haben; auch in Anbetracht beflissener Ideologen verschiedener Couleur und verschiedenen Ranges, die inzwischen ökologischen Optimismus verbreiten angesichts ein
paar verbesserter Schadstoffwerte in Flüssen und im Boden - irgendwo gemessen, wo
das Geld da ist, Umweltschutz zu betreiben, in den reichen Ländern - und im Vertrauen
auf die Wissenschaft, die uns so heftig mit hineingerissen hat.

Zum Beispiel ist Nanotechnik so eine Wunschvorstellung. Nanotechnik soll einschließen, daß wir die natürlichen Ressourcen, die in ihrem Grundumsatz den großen Schaden machen, gar nicht mehr brauchen werden, sondern uns die materielle Grundlage
des zivilisatorischen Wohlstands in der Retorte herstellen. Irgendwelche Grundstoffe
wird man sicher noch brauchen, aber vielleicht Wüstensand oder was weiß ich, es ist
dann jede Materialumwandlung möglich. Der eigentliche materielle Zusammenhang der
jetzigen expansiven Industriezivilisation und ihrer sozialen und geistigen Hintergründe
fällt dabei aus der Betrachtung heraus.

Gut ist, die Studie hält fest, was ist; auch wenn ich sie kritisieren will. Es hat seinen Wert,
daß die Autoren kenntlich machen: Wir sind dabei, die Erde fundamental mit unseren
selbstmörderischen Intentionen zu überfordern.

Thilo Bode von „Greenpeace international" schrieb kürzlich in einem „Spiegel"-Essay,
der Umweltschutz sei mit atemberaubender Geschwindigkeit von der Tagesordnung der
Politiker verschwunden. Angesichts der Verantwortungslosigkeit von Gesellschaft und
Politik geht es darum, die geistige Verantwortung aufrechtzuerhalten - erst einmal bei
denen, die das wollen. Es kann nicht anders sein, als daß eine Minderheit erst mal durchhalten, der Sache wenigstens ins Auge sehen muß.

Mit der gegebenen Bewußtseinsverfassung, den gegebenen Gesellschafts- und Staatszu-
ständen werden wir die Prüfung nicht bestehen. Diese Prüfung findet statt, ohne daß
eine Wiederholung möglich sein wird. Die Erde kann nur einmal auf ihre Belastungsgrenzen hin getestet werden. Wir leisten uns das, ohne an die künftigen Generationen
zu denken. Vorwärts in den Abgrund - unter mehr oder weniger bewußtem Wegsehen!
Was an Umweltbewußtsein, manchmal auch schon ökologischem Bewußtsein - an
einem Bewußtsein, daß das im Ganzen mit der Natur nicht gut geht - bereits angesammelt war - ich glaube nicht, daß das ganz vergessen worden ist, weder bei Politikern
noch bei den Leuten, einschließlich den einfachen Leuten. In den späten 70er Jahren
und in den 80er Jahren war das schon mal vorhanden gewesen. Dieses „Vater, vergib
ihnen, denn sie wissen nicht, was sie tun!" ist nicht die ganze Wahrheit, obwohl die Verdrängung aus dem Wachbewußtsein wahrscheinlich in manchen Fällen noch ganz gut
funktioniert. Geistig gesehen ist es nicht völlig verzeihlich, obwohl es verständlich ist
und es nichts bringt, sich über diese Situation aufzuregen. Man kann eben nur selbst die

Verantwortlichkeit aufrechterhalten. Es geht darum, diesem Trend des Vergessens und Schönredens entgegenzutreten. Die Studie „Zukunftsfähiges Deutschland" stellt sich dem entgegen.

Was bedeutet das Wort „zukunftsfähig"? Das ist eine spezielle Übersetzung von *sustainable development*, meint dauerhafte Entwicklung, nachhaltige Entwicklung. Die Bezeichnung stammt aus der Studie der Brundtland-Kommission. In der Studie befand man es nun für richtiger, von zukunftsfähiger Entwicklung zu sprechen, wobei aber die Themen Naturverträglichkeit und Entwicklung gekoppelt bleiben; dies allerdings mit einer sehr günstigen Umdefinition des Begriffs Entwicklung, der in dem Sinne im Brundtland-Bericht noch nicht zugegen war. In der Brundtland-Konzeption war noch festgeschrieben: Entwicklung heißt, daß die übrige Menschheit den Weg der westlichen bürgerlichen Gesellschaft nachholen und mitgehen muß.

Das wird von dieser Studie nun nicht absolut bestritten. Es wird nicht gesagt: Nachdem wir euch also dieses Beispiel gegeben haben - ihr so nicht - sondern es wird statt dessen ein Entwicklungsbegriff vorgeschlagen, der konsensfähig sein soll, im Norden wie im Süden - mal verkürzt gesagt. Die Autoren sind sich bewußt, wie schwer das mit dem Begriff Entwicklungsländer ist. Manche sind schon jetzt ganz schön fortgeschritten, und man hat fürchterliche Angst vor den Newcomern, z.B. in Südostasien, aber auch Brasilien und so weiter. Es kommt hinzu, daß in diesen Entwicklungsprozeß auch eingeschlossen ist - und es wird immer klarer - daß dies die Armuts- und Reichtumsverhältnisse neu verteilt. Der Dritte-Welt-Begriff, der einmal üblich war, hält mit diesem Differenzierungsprozeß nicht mehr Schritt.

Was ist dem Wuppertaler Institut als Definition eingefallen? Entwicklung ist - und das finde ich auch vernünftig - Erwerb ökologischer und sozialer Lebensfähigkeit, nicht einmal Überlebensfähigkeit. Das ist nicht festgemacht an Pro-Kopf-Verbräuchen, sei es an Material oder an dem, was über den Supermarkt oder über die Subsistenzfelder bei den Leuten ankommt. Es geht nicht darum, Menschen, die unter weniger entwickelten Verhältnissen - im bisherigen Sinne von Entwicklung - leben und weniger haben, daran hindern zu wollen, nach unserem Reichtum zu streben, weil uns das nicht zusteht. Dieser Versuch, eine Formel für Entwicklung zu finden, macht es übrigens nicht leichter, mit der Sache umzugehen, denn was ist ökologische und soziale Lebensfähigkeit? Das ist die große Frage. Aber es ist ein verhältnismäßig vernünftiger Begriff, um im Weltmaßstab denken zu können.

Interessant ist, wer die Auftraggeber der Studie waren. Das ist einerseits der BUND (Bund für Umwelt und Naturschutz Deutschland). Von dorther kommt das Thema Naturverträglichkeit, das in der Studie manchmal schon recht angepaßt an das diskutiert wird, was hier so möglich ist. Andererseits ist es Misereor, die größte katholische Entwicklungshilfe-Organisation. Von den beiden Auftraggebern her ist klar, daß es um eine Kopplung dieser Themen geht, der Naturverträglichkeit und der sozialen Gerechtigkeit - soziale Gerechtigkeit zwischen Nord und Süd, aber auch Fairneß in den reichen Ländern. Darauf legt die Studie großen Wert, und das ist realpolitisch auch vernünftig.

Die Autoren diskutieren unter diesem Gesichtspunkt die Probleme Arbeitsplätze, Flexibilisierung und all die Dinge, die nun mal wichtig sind. Das Fairneß-Problem in den reichen Ländern ist meiner Meinung nach insofern nicht ganz gelöst, als man beim Wohlstand der bürgerlichen Gesellschaft bleiben will - gekoppelt mit dem Versprechen riesiger Einschränkungen, was den Material- und Energieverbrauch, den Flächenverbrauch, den Wasserverbrauch usw. betrifft. Ich fürchte, dies ist eine Illusion und insofern wahrscheinlich auch für den Süden eine Zumutung. Aber das ist jedenfalls nicht die Absicht dieses Konzeptes, zumal ich im einzelnen sehe, welch große Mühe sie sich geben, nicht auf die Überheblichkeit der entwickelten Länder und der Oberklassen in den reichen Ländern hereinzufallen. Das ist mit der Kopplung von Naturgerechtigkeit und sozialer Gerechtigkeit im Nord-Süd-Verhältnis wie in den reichen Ländern mit gemeint.

Die Auftragsfrage, die diese beiden Organisationen an das Wuppertaler Institut gerichtet haben, lautet: Wie kann sich ein demokratisch verfaßter Industriestaat so verändern - und dies ist gar nicht so schlecht gefragt -, daß ökologische Grenzen eingehalten werden, die Verhältnisse zwischen Nord und Süd gerechter werden? Welche politischen und wirtschaftlichen Rahmenbedingungen sind dazu nötig?

Der Hintergrund für diese Studie ist also, wenn auch nur in moderater Form angesprochen: Der Erfolg der Naturbeherrschung durch den weißen Mann vermehrt die Verelendung der Menschheit, ehe er ihren Untergang herbeiführt. Klar ist, die Art und Weise, wie wir hier in den reichen Ländern den Wohlstand herbeigeführt haben, spitzt das Verelendungsproblem im Süden zu und löst es nicht etwa.

Ich weiß genau, wir haben auch in der DDR diesem materialistisch verstandenen Fortschrittsbegriff, der Industrie und Glück verbindet, angehangen. Ich glaubte, er wird schon der anthropologischen Notwendigkeit - dem, was der Mensch bedarf - letztlich gerecht. Daß es kein Fehler ist, über Wohlstand zu verfügen, ist schon richtig. Aber daß dies als Gesellschaftskonzept reichte, war zwar nie voll bewußt meine Überzeugung, aber schon allein, indem ich den real existierenden Sozialismus doch weitgehend mitgetragen habe, hat das geheißen, daß ich im Großen und Ganzen mit dieser Auffassung einverstanden war. Ich glaube, gerade diese Konzeption ist zu revidieren, denn wir sehen, daß sich die Verelendung der Menschheit ständig fortzeugt und es auf den Untergang des ganzen Projekts unserer Zivilisation hinauslaufen könnte.

Es ist schon paradox, daß diese abendländisch-christliche Zivilisation mit ihrer Vorstellung vom Fortschritt gescheitert ist. Die Hegelsche Philosophie war eigentlich der letzte Moment, in dem dies regulär festgehalten war. Christliche Philosophen, die sich der Frage so gestellt haben, hat es auch danach gegeben. Aber die Hegelsche Philosophie war sozusagen noch einmal offiziell anerkannt. Die Gesellschaft Europas, des Abendlandes hat sich - zwar nicht mehr in England und Frankreich, aber gerade noch in Deutschland, das zum Sprung ansetzte - noch einmal darauf geeinigt, das gelten zu lassen, indem Hegel als der bedeutendste Philosoph angesehen war und seine Philosophie als gerade noch gültig. Das brach erst nach ihm ab.

Wir sollen uns darüber klar sein, daß dieser Glücksmaterialismus ein verhältnismäßig junger Irrtum in der Geschichte des menschlichen Bewußtseins ist. Daran glaubten die Völker der Erde vor dem 18./19. Jahrhundert nicht. Während man - wohlgemerkt - wußte, daß der Mensch essen muß, sich kleiden muß, haben sie das nicht geglaubt. „Ihr sollt euch nicht Schätze sammeln auf Erden, seht die Vöglein unter dem Himmel und die Lilien auf dem Felde" - es war nicht nur Jesus, der es so ausgedrückt hat, sondern die spirituellen Konzeptionen sowohl des früheren Menschen als auch der Hochkulturen sind immer davon ausgegangen, daß es zuerst um anderes geht und daß diese anderen Dinge die Vermittlung dafür sind, daß Wohlstand überhaupt gut funktionieren kann - wenn er denn erreichbar sein sollte. Ich denke, darin liegt viel Wahrheit. Wir haben zu leicht diese Ausflucht genommen, daß der Hinweis auf den mitgelieferten Verderb von Religionen etc. uns von den Problemen, die dort gestellt sind, entlasten könnte.

Das ist auch das Problem, mit dem es diese Studie zu tun hat, wie wir noch sehen werden. Aus realpolitischen Gründen und um nicht zu schnell von der Gesellschaft ausgelacht zu werden, ist - wie ich meine - gerade deshalb eine Schranke in die Studie eingebaut. Obwohl, auf diese Weise wird sie jetzt fast nicht wahrgenommen, sie wird gar nicht nach Verdienst rezipiert, weder von der Politik noch von der Gesellschaft.

Aber um nicht zu früh zu erschrecken, kapituliert die Studie auch vor diesem Glücksmaterialismus und sagt: Wir brauchen nur einen anderen Wohlstandsbegriff. Wir brauchen *Wohlstand light.* Von der Zigarette über die Ernährung - überall *light!* Das heißt, wir brauchen einen geringeren materiellen Aufwand. Um dieses besseren Wohlstands willen und damit das mit dem glücksmaterialistischen Projekt doch noch klappt, trauen die Autoren der Gesellschaft eine Tugend des Unterlassens zu. Das heißt, man muß kurzum weniger verbrauchen; man muß das Produkt, mit dem wir uns den Wohlstand genehmigen, dematerialisieren. Man muß mit der Energie, die wir verausgaben, und mit dem Material mehr Wohlstand herbeiproduzieren. Der Grundstoffverbrauch soll nachhaltig sein.

Über den Begriff der Ressourceneffizienz und Ressourcenproduktivität - also der Natur als Ressource, auf die wir nun einmal angewiesen sind und die wir pfleglich behandeln müssen - sind sie möglicherweise wissentlich nicht hinausgegangen. Es gibt Formulierungen, die anzeigen, daß die Autoren sich schon Gedanken gemacht haben und nicht nur auf den materialistischen Schwerpunkt der Kultur setzen - ich komme noch auf die betreffenden Stellen. Aber zunächst einmal entschieden sie sich, der Frage nachzugehen: Was wären eigentlich die Maßstäbe im Sinne der Ressourceneffizienz? Wie müßten wir mit den erneuerbaren und nicht erneuerbaren Ressourcen umgehen, und wie müssen wir den Verbrauch minimieren? Im nächsten Kapitel der Studie wird dann ausführlich behandelt: Wo steht das vereinigte Deutschland in Bezug auf diese Maßstäbe?

Es stellt sich heraus: Man muß in der Größenordnung um den Faktor 10 reduzieren. So hatte ich es in meinem Buch „Logik der Rettung" auch schon geschrieben. Die Grundlast des Industriesystems im Naturzusammenhang und im internationalen Zusammenhang ist viel zu hoch. In der Studie steht nicht, die Schadstoffbelastung ist zu hoch - das ist schon wichtig. Die Schadstoffbelastung ist nur der Anzeiger, der Indikator für das Problem. Unsere zu hohe Grundlast kommt daher, daß wir viel zu viel Material und Energie umsetzen. Das müßte man um den Faktor 10 erleichtern.

Dazu haben die Autoren ein Konzept des *Umweltraums* entwickelt, der allen gehört - also Gerechtigkeit im Weltmaßstab und für die künftigen Generationen. Nicht nur der Verbrauch in Deutschland, sondern auch das, was mit der übrigen Menschheit in den nächsten Jahrzehnten passieren wird, muß in diese Größenordnung eingerechnet werden.

Besonders sichtbar ist das an einer Zahl, die angibt, wieviel Fläche pro Kopf zur Ernährung der Menschheit zur Verfügung steht. Das sind im Moment im Durchschnitt ungefähr 0,25 Hektar. Als Folge absehbarer Bevölkerungsentwicklung, die Bodenerosion ist dabei noch gar nicht mitgerechnet, werden es bald nur noch 0,17 Hektar pro Kopf sein. Dies einer zukunftsfähigen Entwicklung in Deutschland zugrunde zu legen, ist erst einmal nicht schlecht, denn der Wohlstandsbürger kommt normalerweise nicht darauf, daß man im eigenen Lande praktische Konsequenzen daraus ziehen muß, aus dem, was weltweit passiert. Es genügt also nicht, zu fragen: Wie können wir die notwendigen Lebensmittel aus der jetzigen Fläche herausholen? Dabei ist übrigens mitgerechnet worden, daß wir mehr importieren als exportieren. Die Studie weist auch auf den Wahnsinn des Exports überhaupt hin, auf die ungeheuren Transporte, die damit verbunden sind.

Ich will damit nur andeuten, daß sich die Autoren das Problem, um das es sich da handelt, wirklich umfassend angesehen haben. Es ist sehr viel Stoff für Diskussion enthalten. Es lohnt sich und ist notwendig, daß wir uns mit der Studie auseinandersetzen, obwohl sie einen auch langweilen kann. Die Autoren sind sich auch selbst darüber klar, daß es noch nicht der Weisheit letzter Schluß ist, Feststellungen über die materiellen Größenordnungen zu treffen. Sie haben für die verschiedensten Materialien und Schadstoffe, für den Materialaufwand insgesamt, Maßzahlen festgelegt: Um wieviel Prozent, bis zu welchem Grad müßte reduziert werden? Für das Jahr 2050 haben sie eine Gesamtreduktion um 80 bis 90 Prozent ins Auge gefaßt - also die Größenordnung des Faktors 10.

Sie fragen: Was müßte man bis zum Jahr 2010 erreichen? 2010 deshalb, weil daran Forderungen geknüpft sind, die in der jetzigen Realpolitik eine Rolle spielen müßten. Soweit ich das überblicke, kann man allerdings nur pessimistisch sein, was die Aufnahme dieser Anregung durch die deutsche Realpolitik, die Realpolitik der meisten reichen Länder, betrifft. Vielleicht sind die Holländer etwas weiter, in der Fragestellung wenigstens. Aber in der Studie ist gut gezeigt, in welchen Schritten etwas realisiert werden müßte, wenn das funktionieren sollte.

Den Autoren ist auch klar, für die Erleichterung des Wohlstandes, für den Abbau der Grundlast, wäre es notwendig, über Technologisches und Organisatorisches und auch über die Erneuerung der Regierungsformen weitere Überlegungen anzustellen. Es ist nicht damit getan, für die verschiedensten Material- und Energieeinsätze, für die Bodenfläche usw. immer wieder zu zeigen, was erreicht werden müßte, wie man etwa den zusätzlichen Bodenverbrauch auf Null bringen könnte. Wir verbrauchen in Gesamtdeutschland jetzt immer noch 120 Hektar pro Tag. Das sind rund 450 km² pro Jahr, die neu betoniert wurden. Doch der Flächenverbrauch nimmt nicht etwa ab, er nimmt in Deutschland gegenwärtig wieder zu! Wir sind jetzt bei ungefähr 13 Prozent der Flächenbelegung. Die Forderung ist, das zu bremsen.

Als nächstes komme ich auf die gesellschaftlichen Leitbilder zu sprechen, die die Studie weiterbewegen will. Es ist schon interessant, wie weit die Autoren gehen - und wo sie aufhören. Dabei ist es nicht nur plausibel, sondern auch wünschenswert, daß man sich auf diese Herausforderungen eines dematerialisierten Wohlstandes einläßt. Es soll ja eine schöpferische Aufgabe, eine Herausforderung sein, die in der Umstellung auf die Leitbilder eines dematerialisierten Wohlstandes, eines auf der Tugend des Unterlassens und auf Vermeiden von selbstschädigendem Herangehen beruhenden Wohlstands liegt.

Ich will etwas ausführen, welche Leitbilder die Studie behandelt, damit man sich ein Bild davon machen kann, welche Fragen gestellt werden und wo auch Lücken sind. Insgesamt behandelt sie acht Themen. Die Autoren sagen selbst, daß dies nicht vollständig ist. Es sind Schnitte in einen Prozeß, durch den die Erleichterung des Wohlstandes erreicht wird, wohlgemerkt immer orientiert an der Frage: Wie werden damit Schadeffekte, insbesondere der CO_2-Ausstoß, gemindert? Auf der Konferenz in Rio einigte man sich, ihn zu senken, und Deutschland hat sich verpflichtet, bis zum Jahr 2005 um 25 Prozent die Emissionen zu vermindern - wovon bisher wenig zu spüren ist. Das müßte aber erreicht werden, wenn man international anständig bleiben will. Insofern werden die jeweiligen Vorschläge von den Autoren zurückgerechnet auf solche Maßzahlen - mal mehr, mal weniger, weil die Daten nicht immer zur Verfügung stehen. Für den Energiebereich zum Beispiel rechneten sie aus, wie man von fossilen Brennstoffen weg kommt, ohne deswegen zur Atomenergie übergehen zu müssen, und so fort. Die Leitbilder zusammen sollen die Reduktionsforderung abdecken und zeigen, daß es möglich ist, bis 2010 überhaupt dahinzukommen und später dann auf die Halbierung des Naturverbrauchs.

Ein Leitbild betrifft dann den Verkehr unter der Überschrift „Rechtes Maß für Raum und Zeit". Dann springt man auf eine „Grüne Marktagenda". Da ist der Clou der Sache die ökologische Steuerreform, von der alle wissen, sie wäre eigentlich gut, aber niemand im politischen Bereich will sie veranstalten. So käme es unvermeidlich zu einer Verringerung des Energie- und Ressourcenverbrauchs. Künftig müßte der Produktionsprozeß bereits so anlegt sein, daß wenig Abfälle entstehen.

Wie das alles behandelt wird in dem Zusammenhang „Gut leben statt viel haben", finde ich eigentlich erstaunlich, denn letzten Endes kommt nicht mehr heraus als ein grünes Konsumtionsmodell. Auch der Verbraucher soll mitwirken an der Durchsetzung der Konzeption, weniger zu verbrauchen. Obwohl vorher anderes behandelt wird! Man könnte fast denken, gut leben kann auch etwas anderes heißen und muß sich nicht auf die Orientierung beschränken: Was verbrauche ich vernünftigerweise? Aber es ist hier zugespitzt auf die Konsumtionsfrage. Dann geht es um eine lernfähige, leichte und flexible Infrastruktur. Das betrifft auch die Stromversorgung - Kraft-Wärme-Kopplung wäre besser als die zentralisierten Stromversorgungsunternehmen, die wir jetzt haben - bis hin zu den Fragen des Wohnens mit weniger Umweltverbrauch usw. Alles Fragen, die die Infrastruktur betreffen.

Weiter geht es um die Landwirtschaft, um die Städte als Lebensraum und zuletzt um internationale Gerechtigkeit in globaler Nachbarschaft - also Punkte, die das zukunftsfähige Leben so schildern, daß man sich wenigstens vorstellen kann, es könnte eigentlich so gehen.

Ich glaube allerdings, daß dies alles - bis auf das Thema „Gut leben statt viel haben" und wie es behandelt wird (darauf komme ich noch) - so spannend nun doch nicht ist. Wenn es nur darum geht, die gröbsten selbstschädigenden Fehler zu vermeiden, damit wir weitermachen in der Grundrichtung der Zivilisation, so ist das noch kein positives Versprechen.

Um mal nur eines dieser Leitbilder zu charakterisieren - den Verkehr. Dort geht es um Verkehrsvermeidung statt um die besten Straßensysteme und um die richtige Struktur, um Verkehr überhaupt vermeiden zu können. Es wird eine Flächenbahn als Konzept gepriesen, also ein flächendeckender Bahnverkehr. Da soll man es auch auf dem Lande nicht weiter als sechs Kilometer mit dem Fahrrad zur nächsten Bahnstation haben. Ein sehr schöner Fortschritt vielleicht gegenüber der Auto-Gesellschaft - aber ein verdammt dichtes Eisenbahnnetz, das die Natur zerschneidet! Wenn man daran denkt, was die Artenvielfalt verlangen würde, so kann dies kaum als akzeptabel gelten.

Weiterhin geht es den Autoren um eine Entschleunigung und Entflechtung des Verkehrs. Entschleunigung heißt, sich auf Tempobeschränkungen zu einigen, selbst was die superschnellen Züge betrifft. Denn man hat gesehen, daß sich der Energieverbrauch bei einer Geschwindigkeit von über 250 km/h noch einmal verdoppelt. Auch muß über Flugverkehrsvermeidung nachgedacht werden, eine Rücknahme der Autoanzahl und so weiter. Geschwindigkeit ist eine dieser Suchtkrankheiten, die mit der technologischen Zivilisation verbunden ist. Alldem will dieses Dematerialisierungskonzept für den Verkehr beikommen.

Die Autoren verallgemeinern, was mit den Leitbildern gemeint ist. Es sind normative Vorstellungen über eine lebenswerte Gestalt bestimmter Teilbereiche der Gesellschaft. Aber es bleibt sektorenhaft gedacht. Die Gesellschaft soll überzeugt und auch ein bißchen verführt werden: Das wäre doch schön, das müßte doch so gehen, und wir müssen vor allem nicht auf Mobilität verzichten!

Hinten im Buch steht eine Annonce für ein Buch von Rudolf Petersen und Karl Otto Schallerböck. Da geht es um „Mobilität für morgen". Das Buch ist ein Plädoyer für eine „umweltgerechte und wirtschaftlich vertretbare Mobilität für alle". Wenn man das ernst nimmt, dann heißt das: auch für alle Chinesen! Dieses Herangehen soweit wie möglich effizient zu machen, ist eigentlich das Konzept. Ich weise noch mal darauf hin: Das rückt irgendwie unter die Menschenrechte - diese Mobilität für alle, und das setzt natürlich diese materialistische Grundkonzeption voraus. Ich erinnere daran, daß im Daudesching unter anderem steht: Nicht aus dem Hause gehn und doch das Dau des Himmels sehn. Mit dem Ganzen im Einverständnis gut leben, ist damit eigentlich gemeint. Das war noch eine andere Weltsicht. In dem Dematerialisierungskonzept ist enthalten, daß der Glücksmaterialismus aufrecht erhalten werden soll. Das sieht man gerade an dieser Stelle - dem Verkehrssystem - besonders deutlich.

Weiterhin sagen die Autoren: Es reicht natürlich nicht aus, daß man lediglich vorzeichnet: Wie müßte denn das integrativ verlaufen mit den Leitbildern, wenn die einzelnen Materialverbräuche wirklich eingespart werden sollen? Es geht ihnen auch darum, wie man in den nächsten anderthalb Jahrzehnten mit der Umsetzung anfangen kann.

Man schrieb Wendeszenarien in die Leitbilder. Die Flächenbahn ist so ein Wendekonzept: Wie kommt man vom Autoverkehr zur Flächenbahn? Wie kommt man zu Autos, die nur noch drei Liter verbrauchen? Wie kommt man zu weniger Autos? Wenn sich die Leute entschließen würden, in einem solchen Verkehrs-Wendeszenario beispielsweise Car-Sharing zu betreiben oder die Autos gemeinsam zu besitzen, dann würden es nicht mehr so viele sein - und viele dieser Überlegungen.

Es geht in einem nächsten Abschnitt um solche praktischen Übergänge in einzelnen Politiksektoren. Das wird in der Studie untersucht für Energie, Industrie, Verkehr sowie Land- und Forstwirtschaft, also für ein paar solcher Grundbereiche. Die Autoren untersuchen, wie diese Umstellung begonnen werden könnte, als Anleitung - falls man sich denn auf diese Leitbilder geeinigt hat.

Sie sagen, daß es ihnen um die Diskussion von Lebensstilen geht. *Lebensstile* ist der höchste Begriff für Gesellschaftsveränderung, den sie haben. Was damit gemeint ist, das wird kenntlich an einem Satz wie diesem - ich zitiere: „Sind die festgestellten Trends zur Individualisierung, zur größeren Wohnung, zur Zunahme des Freizeitverkehrs, zum Fernurlaub wirklich unumkehrbar?" Und das heißt - natürlich gefragt, da niemand gezwungen werden soll: Könnt ihr euch das denken? Könnt ihr euch einen Lebensstil denken ohne so viel Fernurlaub und Freizeitverkehr und ohne so große Wohnungen und dergleichen?

Das wird dann auch schmackhaft gemacht. Sie fragen: „Kann nicht unbefangen über eine gesunde Ernährung, eine kindgerechte Umwelt oder die Fülle von Produktangeboten gesprochen werden?" Weiter heißt es: „Neben technischen sind es soziale Veränderungen, die aus der viel beschworenen Zukunft eines Industriestandortes einen Lebensoder Umweltstandort machen." Hier wird die These vertreten, daß erst soziale Innovationen das geeignete geistige Umfeld für erforderliche technische Innovationen und ihre Anwendung machen. Dann werden diese sozialen Innovationen angesprochen, darunter auch weitreichende: neue Lebensgemeinschaften, Car-Sharing, Nachbarschaftshilfe, Mitwohnbörsen, organisierte Eigenarbeit, also nicht bloß Arbeit im Betrieb, Freiräume für Eigeninitiative und Tauschgemeinschaften, wo man sich gegenseitig informiert: Was kann ich machen, was kann ich anbieten? Es geht dann gar nicht mehr alles über den großen Markt, sondern es ist viel lokal organisiert. Das sind Anfänge, die in verschiedenen gesellschaftlichen Zusammenhängen auch laufen; in den reichen Ländern eigentlich als Überschuß der sozialen Phantasie, in den armen Ländern dort, wo noch Subsistenz übrig ist. Vorschläge in einzelnen Bereichen - das ist gemeint mit sozialen Innovationen. Ich kann nicht entdecken, daß dies auf eine Umkehr des ganzen gesellschaftlichen Zusammenhangs abzielt. Es wird auch noch konkreter, daß das nicht gemeint ist.

Die Autoren sagen aber: Allein diese Sachen durchzusetzen, setzt politische Einsicht voraus, solche politische Einsicht, wie sie beispielsweise Kurt Biedenkopf gezeigt hat, indem er das Projekt „Lebensgut" in Pommritz (Sachsen) unterstützt hat. Es wird vorausgesetzt, daß der politische Wille stark genug ist, um beispielsweise eine ökologische Steuerreform einzuführen - das ist schon eine Art Zumutung an die politische Klasse - oder eine Wende in der Verkehrspolitik einzuleiten im Sinne dessen, was ich erwähnte, und den Anteil erneuerbarer Energieträger zu erhöhen und so weiter. Da ist der politische Wille gefragt. Ökologischer Strukturwandel - das ist die weitestgehende politische Forderung - muß Chefsache werden in Wirtschaft und Politik. Das heißt also, nicht bloß der Umweltminister nimmt sein Ressort wahr, sondern der Wandel müßte überall Chefsache werden. Das 21. Jahrhundert wird das Jahrhundert der Umwelt, oder wir gehen den Weg der Selbstvernichtung, sagt die Studie.

Die Autoren umreißen schließlich, wie das insgesamt gesehen gehen kann. In dem letzten Kapitel, überschrieben mit „Zusammenhänge", wollen sie den weitesten gesellschaftlichen Rahmen spannen. Da geht es um soziale Fairneß im Lande - das erwähnte ich schon. Da geht es um die Wirtschaft in dem Sinne, ob dieses Wendeszenario auch wirtschaftsverträglich, mit dem Standhalten im Wettbewerb vereinbar ist. Und es wird gesagt, daß man damit auch verdienen könnte, und zugleich, daß das Verdienen, wenn es denn ums Überleben geht, nicht der allerletzte Gesichtspunkt sein muß, man um andere Werte als um den höchsten Profit konkurrieren könnte und so weiter.

Ein weiteres großes Thema ist die Partizipation. Hier muß das Problem „Politik - Gesellschaft" natürlich wirklich positiv gewendet werden, denn wenn nur politische Maßnahmen eingesetzt werden, die nicht mit der Gesellschaft diskutiert werden - und es sitzen dort die Ängste -, dann sind die Überlegungen zur Entfaltung eines demokratischen Meinungsbildungsprozesses über solche Veränderungen natürlich berechtigt.

Schließlich nimmt die Studie Bezug auf den Süden. Es ist viel dazu enthalten, auch darüber, daß eine ökologische Wende, zum Beispiel massive Rohstoffeinsparung im Norden, große Probleme im Süden schaffen kann. Die große Schwierigkeit, die in der Studie fast gar nicht behandelt wird und mit der sie eigentlich nicht fertig wird, ist, daß man es im Süden in erster Linie mit herrschenden Schichten und Klassen zu tun hat, die die Entwicklungshilfe erst mal für sich kanalisieren. Es steht zwar drin, daß das hausgemachte Schwierigkeiten sind. Aber man schiebt das weg, indem man sagt, diese herrschenden Klassen im Süden, die sogenannten Eliten, sind durch das Weltsystem gedeckt.

Wenn man diese kapitalistische Weltwirtschaft aufrecht erhält, ist es kein Wunder, daß diejenigen, die die Macht haben, erst einmal gucken, wie sie sich den Reichtum sichern können; zumal dort die Spanne zwischen Reichtum und Armut viel weiter ist und man größere Angst hat, nichts mehr abzukriegen. Das ist kein Vorwurf an die Studie, das konnte sie von ihrer Anlage her wohl auch nicht bewältigen.

Was die große Problematik des sozialen Gesamtsystems betrifft, würde ich sagen, es gibt zwei Gesichtspunkte, unter denen man die Studie befragen kann und die von den Autoren auch im engen Zusammenhang behandelt werden. Das eine ist die Frage des Wirtschaftssystems im Ganzen. Diese Frage werfen sie immerhin auf und geben eine taktische Auskunft darüber, warum sie den Kapitalismus als System eigentlich nicht zur Debatte stellen. Und dann kommt die Frage des geistigen Zusammenhangs, dieses Glücksmaterialismus, wie ich das genannt habe, die sie immerhin besprechen. Wie sie die beiden Punkte behandeln, das ist schon interessant.

Ich will zunächst dieses Kapitalismusproblem umreißen und versuchen, sogar ein wenig Verständnis dafür zu wecken, daß die Autoren es nicht so behandeln, wie ich die Sache verstehe: Es geht im Kapitalismus bestimmt nicht, es wird nicht zu machen sein. Diese Feststellung ist erst mal nicht besonders teuer, vor allem, wenn man in der marxistischen Tradition aufgewachsen ist. Worin die Autoren sicher recht haben, ist zunächst einmal dieser Gedanke: Wieviel Feststellungen darüber auch schon getroffen worden sind (und ich kann meine hinzufügen und jeder von uns kann seine hinzufügen, daß das nicht gehen kann) - zunächst einmal muß man unter den bestehenden Verhältnissen versuchen, an das Problem heranzukommen.

Der Hintergrund - ich weiß das von Ernst Ulrich von Weizsäcker insbesondere - bei diesen materialistischen Konzepten, die sie hier entwickeln (ich meine jetzt nicht einmal den Glücksmaterialismus, sondern den, am Material anzusetzen und an den materiellen Schäden, die das Ganze verursacht), ist doch eigentlich der: Das müßt ihr doch, das müssen wir doch alle begreifen! Können wir nicht einen Konsens darüber finden, eine Wende zu probieren?

Was nun den Kapitalismus, das System betrifft, sagen sie: Wir wissen, viele sagen, das geht gar nicht; es liegt in der Logik des Systems, daß immer mehr Natur verbraucht wird, es ein unaufhaltsamer Expansionismus ist. Aber sagen wir doch mal folgendes: „Ob die Systemlogik des marktwirtschaftlichen Systems tatsächlich mit Zukunftsfähigkeit unvereinbar ist oder ob sie überwunden werden muß - und kann", steht in Klammern, „wissen wir nicht." Das ist, glaube ich, ein taktisches Nichtwissen. Sie haben sich darauf geeinigt, das nicht wissen zu wollen, sich nicht festlegen zu wollen.

Sie gehen sogar noch weiter und meinen: „Wir können es auch nicht wissen." Da habe ich mir ein dickes Fragezeichen an den Seitenrand gemacht. Sie meinen: „Aber wir wissen mit relativer Sicherheit", und jetzt kommt eine ihrer Überlegungen, warum sie es so sagen, „was notwendig ist, um Zukunftsfähigkeit zu erreichen." Gemeint ist: Wir wollen mal testen, ob das mit diesem kapitalistischen System wirklich nicht geht. „Erst wenn sich in der Zukunft herausstellt, daß eine Verbrauchsreduktion von Energie und Stoffen mit der Systemdynamik der Marktwirtschaft nicht vereinbar ist, müssen andere Regeln des Wirtschaftens überlegt werden." Nun gut, das kann verdammt spät werden! Mein Argument, sich auf ein Verständnis für diese Position einzulassen, ist dieses: Es kann verdammt spät werden, aber wir kommen sowieso nicht an diesem Test vorbei. Einstweilen haben wir aber das Problem, die Mehrheit der Gesellschaft will gar nicht testen.

Ich glaube, bis zum Jahr 2010 wird verdammt wenig passiert sein von dem, was die Studie für unbedingt notwendig hält. Dennoch könnte es sein, das gesellschaftliche Klima radikalisiert sich wenigstens erst einmal geistig, das heißt, der Konsens, an dem wir in den 80er Jahren zumindest in Westdeutschland schon mal dichter dran waren - daß das im Ganzen nicht aufgeht -, sich verschärft wiederholt.

Gezeigt sei, die Autoren sind sich so unbewußt über diese Schwierigkeiten offenbar nun wiederum auch nicht. Es steht zum Beispiel auf Seite 171 das Folgende: „Wenn bestimmte Marktinteressen sich mit ökologischen Anliegen decken", was ja vorkommt; sie sprechen auch davon, daß es ein gewisses Bündnis zwischen Ökologen und Gewinnern der Umweltindustrie gibt, und wenn sich das nun deckt, schreiben sie ehrlich, „dann ist das eine glückliche Fügung, die dem aktuellen Meinungsstreit mit Apologeten des Status quo von Nutzen ist."

Man muß auch nicht leugnen, man kann mit ökologischer Innovation was verdienen, und man mag es stark herausstreichen - übrigens oft mit Recht -, daß dort Geld zu verdienen ist. Nur es gibt nicht nur Gewinnerindustrien. Die chemische Industrie zum Beispiel denkt, das Energieeinsparungsszenario wird sie zuviel Geld kosten, und ist nicht einverstanden.

Weiter heißt es in der Studie: „Daraus folgt nicht, daß das, was gut für den Markt (oder gar den Weltmarkt) ist, auch gut für die Ökologie ist." Sie verhalten sich also kritisch zu dieser Globalisierung; sie sagen, die nationalen Regierungen müssen schon noch etwas tun. Das wissen sie also! Man kann sich nicht darauf verlassen, daß diese „glücklichen Fügungen" manchmal eintreten. „Der Expansionsdrang der heutigen Wirtschaft ist mit dem Prinzip natürlicher Zyklen, denen grenzenloses Wachstum fremd ist, ebenso wenig vereinbar, wie es ökonomischer Globalismus und kulturelle wie ökologische Vielfalt sind." Das geht nicht auf, das sehen sie!

Und weiter: Auf Seite 172 beklagen sie, wie groß der faktische Verlust an Gestaltungsfähigkeit für die Nationalstaaten heute ist: „Wer politische und gesellschaftliche Handlungsspielräume wiedergewinnen möchte, wird unweigerlich mit der Ideologie des totalen Freihandels kollidieren, die in Differenzen zwischen Regionen oder Staaten nur Wettbewerbsverzerrungen zu sehen vermag." Na gut - aber das sind die Grundgesetze des Kapitalismus! Man leistet sich nur angesichts der Konkurrenzerschwernisse für die reichsten Länder, weil die anderen auch wollen, diesen Neoliberalismus pur zu vertreten. Nur - das sind die Grundprinzipien des Kapitalismus, und wer das hier geschrieben hat, weiß eigentlich, es geht nicht mit dieser Struktur. Den Widerspruch lassen sie stehen.

Und schließlich auf Seite 174 wiederum so eine Sache, die einfach zum Kapital gehört: „insgesamt erscheint die Substitution von menschlicher Arbeit und menschlichem Miteinander durch Material und Geld, durch Technik, Technologie und Geld, als sekularer Trend, der noch kaum gebrochen ist. Eine differenzierte Auseinandersetzung mit dem allumfassenden Kommerzialisierungstrend ist nach wie vor die Ausnahme" Das würde heißen, unter der Geldherrschaft, unter dem Geld als Steuerungsinstrument, das sich ins Unendliche vermehren will, ist es wohl nicht aufzuhalten.

Sie sind der Meinung, unsere Gesellschaft muß entscheiden, welche Mischung aus individuellen Freiheiten und kommunitären Pflichten, selbstorganisierten und kommerzialisierten Sozialbeziehungen ihr gut bekommt. Das heißt eigentlich: Welche Mischung aus kapitalistischer Freiheit und kommunitären Pflichten? Sie fordern die Diskussion darüber.

Es ist also nicht so, daß sie sich das Problem verbergen. Sie sagen nur - und ich lasse das erst einmal als ein Argument gelten: Wir wollen nicht darauf bestehen, der Kapitalismus muß weg, denn dann würden diejenigen, die das nicht wollen und davor Angst haben, unsere Studie gar nicht erst lesen. Die Realität der ökologischen Krise läuft objektiv darauf hinaus, daß es mit dem kapitalistischem Antrieb wohl nicht aufgehen wird; man muß das - sagen sie sich wahrscheinlich auch - nicht extra betonen.

Am aufschlußreichsten für das Dilemma - und das ist der letzte Punkt, den ich behandeln will und über den ich einleitend andeutungsweise schon etwas gesagt habe - das ist der Abschnitt „Gut leben oder viel haben". Sie fangen wirklich spannend an, indem sie zitieren: „Es ist und bleibt der Zweck jeder Wirtschaft", schrieb Ludwig Ehrhard 1957, „die Menschen aus materieller Not und Enge zu befreien. Darum meine ich auch, daß, je besser es uns gelingt, den Wohlstand zu mehren, um so seltener werden die Menschen in einer nur materiellen Lebensführung und Gesinnung versinken. Ich vertraue auch darauf, weil in meiner Schau die Menschen nur so lange materialistisch gebunden sein werden, als sie in den Kümmernissen des Alltags gefangen sind." Das war kein schlechter Gedanke, das war durchaus ein humanistischer Gedanke, der ihn bei seinem Thema „Wohlstand für alle" geleitet hat. Ich nehme an, daß selbst der Ökonom Ehrhard, dieser Wirtschaftswissenschaftler Ehrhard, einfach noch darin befangen war, nicht sehen zu können oder zu wollen - auch aus Angst vor dem Kommunismus im Osten -, daß diese Art Befriedung nicht gerade systemtypisch für die kapitalistische Expansion sein dürfte.

Die Autoren der Studie schreiben jedenfalls wenig später - und das ist die weitestgehende politische Fragestellung, die in dem ganzen Buch steht - sie beantworten sie nicht, sie stellen sie als Frage in den Raum: „Könnte es sein, daß eine Gesellschaft, die ihre ganze Energie in die Erzeugung von Reichtümern investiert, kulturell nicht zukunftsfähig ist?"

Das ist die Frage nach dem Glücksmaterialismus als solchem. Das betrifft auch den Gedanken: Hängt Kommunismus, eine kommunistische Demokratie und die allgemeine Emanzipation des Menschen an Überflußgesellschaften, an materiellem Überfluß - oder nicht? Die konventionelle Vorstellung ist dabei nicht verschieden von der Vision Ehrhards, daß wir den materiellen Reichtum als Zugang, als Schlüssel zu einem guten Leben brauchen würden.

Weiter wird in der Studie reflektiert: „Es hat ganz den Anschein, als ob bei den oben zitierten Mutmaßungen der aufgeklärte Konservative mit Ludwig Ehrhard durchgegangen ist." Der humanistische Wertkonservative ist hier gemeint, nicht der Strukturkonservative. Sie sagen, daß das den sozialistischen Hoffnungen gar nicht so unähnlich war. Schlau sagen sie, an dieser Stelle sind sie schlau gegenüber Erhard: „Der Wirtschaftswissenschaftler Ehrhard aber mußte wissen, daß das Prinzip der Nichtsättigung den Eckstein des ökonomischen Denkgebäudes darstellt." So dürfte es sein, weil es das Gebäude der ökonomischen Praxis ist. Das Nichtsättigungsprinzip, das Nimmersattprinzip ist eingebaut als ökonomische Notwendigkeit!

„Von der Aufklärung hatte die Wirtschaftswissenschaft die Grundannahme geerbt, daß die Bedürfnisse des Menschen erstens unendlich", und zwar materiell unendlich, ist jetzt hier gemeint, „und zweitens auf Nutzenmehrung gerichtet seien. Damit stellte sie sich in einen polemischen Gegensatz", die Aufklärung, meinen sie, „zur klassischen Konzeption des Menschen, welcher es auf die Einbettung der Bedürfnisse in eine Gestalt des gelungenen Lebens ankam."

Also *gut leben* muß geschieden werden vom *viel haben*. Als Beispiel führen sie u. a. an, wer zuviel Werkzeuge um die Hausfrau in der Küche versammelt - am Ende sind sie dann kein Gewinn mehr. Alles sehr schön, aber das hat mit der Frage nach dem gelungenen Leben noch verhältnismäßig wenig zu tun, wenn auch offenbar mit dem Gedanken, Zeit zu gewinnen für etwas anderes.

Wir kommen nicht an der Frage vorbei, mit der ich mich in meinem Buch „Logik der Rettung" anhand von Überlegungen Kurt Biedenkopfs so ausführlich auseinandergesetzt habe. Kann man diesen Haifischteich, der die bürgerliche Gesellschaft ist (Hegel sagt, daß es der Kampf aller gegen alle ist, oder drücken wir es mit Fichte aus: Es handelt sich um das Reich der vollendeten Selbstsucht), kann man also diesen Haifischteich durch eine politische Rahmenordnung einzäunen? Die müßte dann aber stärker sein als der ökonomische Selbstlauf. Aber so weitgehend sind die Forderungen und Fragen, die die Autoren in dem Buch „Zukunftsfähiges Deutschland" stellen, nicht.

Als Schlußfolgerung empfehlen sie den grünen Konsumismus. Den malen sie auch schön aus. Aber wie stark sind die Argumente, wenn hier steht: „Wer erwartet, daß die Konsumgesellschaft doch eines Tages eine Sättigungsgrenzung erreicht haben muß", das ist ja das, was Ehrhard dachte: dann kommen die anderen Bedürfnisse zum Tragen, „der unterschätzt allzu leicht die symbolische Macht der Waren." Der Werbungsmechanismus erzeugt immer neue künstliche Bedürfnisse, auch Konkurrenzbedürfnisse zwischen den Individuen: Welche Marke habe ich vorzuzeigen? Und so fort. Es ist nicht wahrscheinlich, daß genug irgendwann einmal genug sein wird bei dieser Struktur der Ökonomie und - das steckt in dem Satz mit drin - bei der dazu passenden gesellschaftlichen Struktur und individuellen Bewußtseinsstruktur der kompensatorischen Bedürfnisse.

Mein letzter Gedanke gilt den kompensatorischen Bedürfnissen. Ich schrieb in meinem Buch „Die Alternative", den Gegensatz zu den kompensatorischen Bedürfnissen stellen die emanzipatorischen Bedürfnisse, die auf Befreiung gerichteten Bedürfnisse dar.

Kompensatorische Bedürfnisse, das ist, wenn ich, statt an Befreiung und weiteren menschlichen Aufstieg zu denken, gucke: Was habe ich noch nicht, was ein anderer schon hat? Wo ist noch eine Sicherheitslücke für mein Rentensystem? Das war im Osten nicht ganz so schlimm wie im Westen, da wurde nicht so viel und so Differenziertes geboten. Aber die Jagd nach Kompensation und Sicherheit hält uns natürlich von dem ab, was ich damals emanzipatorische Bedürfnisse genannt habe.

Am Ende unseres heutigen Themas will ich gestehen, daß ich zu einem Schluß gekommen bin, den ich so formulieren will: Ich glaube, daß der Atheismus - und zwar speziell der konkrete Atheismus, den wir uns im Osten geleistet haben und der weniger darin bestand, Gott zu leugnen, als auf die Sachen zu setzen, auf das, was wir mit unseren Händen gemacht haben, also in dem Punkt die Entfremdung anzuerkennen -, daß dieser ganze Atheismus, den Marx stark mit zu verantworten hat, eine geistige Verwerfung war.

Der eigentliche Gegenpol zu diesem Glücksmaterialismus - Gegenpol, das meint, es ist eine extreme Forderung, die ich formulieren will, und eine problematische zudem, wenn man weiß, daß Augustinus ein sehr patriarchaler Kirchenvater war - und dennoch: Der eigentliche Gegenpol zu diesem Glücksmaterialismus ist eine Aussage von Augustinus. Ich glaube, daß sein Satz richtig war - ich meine ihn als Schlüssel, um diese Fixierung an den Glücksmaterialismus loszuwerden. „Es ist", sagt er, „die einzige Aufgabe des Menschen in diesem Leben, im Auge des Herzens die Gesundheit wiederzuerlangen, durch die er Gott schauen kann."

Spinoza erklärte: Gott gleicht der Natur. Andere sagen noch dazu - und Spinoza war wohl auch der Meinung - man muß es nicht personalisieren, nicht patriarchalisieren. Gott kann auch der Begriff für die Fähigkeit zur Wahrnehmung des Ganzen sein, in dem wir aber aufgehoben sind. Dann gäbe es eben nicht diese angstvolle Physik, wo die Hauptfrage ist: Wann wird uns der nächste kosmische Unfall die nächste „Dinosaurierkatastrophe" bringen?

Man könnte doch sagen: Der Mensch ist, unabhängig davon, ob wir wissen, wie lange uns der Kosmos Zeit läßt, eine wunderbare Erfindung der Natur. Wir sollten lernen, uns angstlos in das Ganze einzuordnen und die Frage stellen: Wie müßte dann Gesellschaft organisiert sein? Und auch: Was haben wir an Staat nötig, um unsere Süchte zu kontrollieren?

Hegel nannte den Staat „die Wirklichkeit der sittlichen Idee". Damit war der preußische Staat natürlich viel zu schön beschrieben. Es blieb ihm nichts, als auf eine zukünftige Verwirklichung zu setzen. Aber der Grundgedanke, daß man auf dieser Ebene etwas braucht, ist richtig. Zutreffend war vor allem auch die Orientierung auf die Entfaltung der menschlichen Wesenskräfte, die erschlagen und erdrückt werden könnten durch die unablässige Jagd, das Notwendige herbeizuschaffen, das immer mehr wird.

Die Tiefenökologie sagt, der Mensch soll sich nichts von der Natur nehmen - dem Sinne nach -, als das, was seine vitalen Bedürfnisse ausmachen. Aber die vitalen Bedürfnisse des Menschen in einer konkurrenzgetriebenen Klassengesellschaft schließen dann offenbar das Auto ein. Und Arne Naess, der die Tiefenökologie erfunden hat, muß eingestehen: Zum Beispiel in Norwegen, wo er zu Hause ist, gibt es Leute, die ohne Auto gar nicht die Möglichkeit haben, zu ihrem Lebensunterhalt zu kommen. Wir vermehren diese sogenannten vitalen Bedürfnisse ins Unendliche und schneiden sie der Mehrheit der Menschheit in Wirklichkeit radikal weg, indem wir es so organisieren, dass das Auto usw. „vital" ist.

Deshalb halte ich den Hinweis von Augustinus für so bedeutend, es geht eigentlich darum, daß wir lernen, Gott zu schauen - oder die Göttin, denn Gott ist die Formulierung des Mannes für das Thema. Man müßte eigentlich gesellschaftlich der Angstlosigkeit, die von den kompensatorischen Bedürfnissen wegführt, den Weg bahnen. Das wäre der Zugang für die Einsichten, die in der Studie durchaus berührt sind, ich denke, ich konnte das zeigen. Die Autoren sind so gut atheistisch und positivistisch erzogen, daß sie es nicht wagen, solche Akzente zu setzen. Sie fürchten natürlich das Gelächter, die Studie soll eben alle erreichen. Einige Momente in dieser Richtung stecken aber doch in den Veränderungsvorschlägen. Das hat auch Ehrhard mitgedacht, er war nicht zufällig auch Christdemokrat. Das Schlimme ist, nicht alles ist gelogen an diesen Identifikationen; da steckt eine alte verbogene und verdorbene Wahrheit drin.

Wenn die Menschen sich in einem gemeinsamen Glauben treffen könnten, der noch etwas mehr als humanistisch ist, so könnte man zu besseren Verhältnissen kommen. Das ist meiner Meinung nach das große Thema der ökologischen Krise. Gute Gesellschaft und der Staat, der zum Menschen paßt - das kann nur dann gefunden werden. Die Studie beschränkt sich darauf, den Angstdruck zu mobilisieren, und zwar aus den Ängsten heraus, die uns schon in die zivilisatorische Krise hineingetrieben haben. Das geht nicht auf. Wir müssen eine frugalere Lösung finden, eine Lösung, die - ob man es eingesteht oder nicht - mit einer ganzen Menge Verzicht zu tun hat. Und wer das negativ bewertet, der versteht Glück als: „Du mußt so viel wie möglich haben."

Holt uns die ökologische Krise ein oder kommen wir noch mal davon? Diese Angst wird dem Thema, um das es hier eigentlich geht, nicht gerecht. Das ist der Grund, weshalb ich im zweiten Abschnitt dieses Semesters über „Die ökologische Krise und die Natur des Menschen" sprechen will. Da wird es dann auch noch konkreter werden, was es zum Beispiel mit solchen Begriffen wie „Gott schauen" auf sich hat. Ich denke, die weisen Leute und Lehrer der Jahrhunderte haben über diesen Stoff einiges gesagt. Wir mögen der Meinung sein, es ist falsch ausgedrückt worden, es ist mißbraucht worden. Aber da war schon etwas, das möchte ich festhalten.

(Vorlesung im Auditorium maximum der Humboldt-Universität zu Berlin am 14.10.1996)

„Subsidiarität und Äquivalenz" oder von den Erwartungen an den Staat

Rudolf Bahro

Zu Beginn will ich noch einmal an unseren Einstieg beim vorigen Mal erinnern. „Zukunftsfähiges Deutschland" ist, glaube ich, ein glücklicher Name für eine Fragestellung, die international unter *sustainable development* diskutiert wird, das heißt soviel wie erhaltungsfähige, dauerhafte, auch nachhaltige Entwicklung. Das Thema geht auf die Debatte in der Brundtland-Kommission zurück, in der vor einigen Jahren das Ökologie- und das Entwicklungsthema im Zusammenhang behandelt worden ist. Die Studie stellt also die Frage nach einem zukunftsfähigen Deutschland als Beitrag zu einer globalen nachhaltigen Entwicklung, nach der Zukunftsfähigkeit des eigenen Landes im internationalen Kontext. Das ist auch die größte Schwierigkeit, mit der es die Studie zu tun hat. Wir werden das heute auch kurz berühren.

Es ist kompliziert genug, angesichts der Tendenz zur kapitalistischen Globalisierung innerhalb der nationalstaatlichen Entwicklungen Pflöcke gegen die Expansionslogik des Weltsystems eingeschlagen zu bekommen - also Wissenschaft, Technik, Kapital und Staat als einem Antriebszusammenhang Einhalt zu gebieten. Die Frage zu stellen, wie man im nationalen Zusammenhang Gesellschaft und Staat so konstituieren kann, daß noch etwas aufzuhalten ist, das verlangt schon etwas. Wenn man das aber im internationalen Maßstab zur Debatte stellt, also ein Beitrag zur globalen nachhaltigen Entwicklung angestrebt wird, so ist das noch anspruchsvoller und in der Beantwortung, glaube ich, auch sehr viel schwieriger.

Deshalb habe ich diese internationale Fragestellung für die heutige zweite Vorlesung indirekt in den Vordergrund gestellt, indem ich die Überschrift „Subsidiarität oder Äquivalenz" aus der Studie herauszog. Der Akzent liegt darauf, daß es nicht nur um die regionale oder nationale Ebene geht, sondern um die übernationale Ebene. Der Begriff der Region kann manchmal übernationale Momente einschließen, also über die nationalen Grenzen hinausgehen, besonders dann, wenn von Bioregionen die Rede ist, weil Flußtalzusammenhänge den Ausgangspunkt für die Konzeption gebildet haben. Aber im Ganzen ist diese Frage nach Subsidiarität und Äquivalenz - zwei ganz unübliche Begriffe, was den ökologischen Zusammenhang betrifft - darauf gerichtet, daß man es nicht nur mit dem nationalen Problem, sondern mit einem Problem der übernationalen, der internationalen, der globalen Entwicklung zu tun hat.

Das Erstaunliche an der Studie ist, im Grunde wird keine inhaltliche, sondern nur eine formale Bestimmung dessen gegeben, was an Regierungsfähigkeit im Weltmaßstab erforderlich wäre. Es ist offensichtlich schon schwierig genug, im eigenen Lande gesellschaftliche und staatliche Macht im Hinblick auf das Abbremsen dieses expansiven industriellen Prozesses in die Natur hinein zusammenzubringen, daraufhin Kräfte zu formieren. Der Kampf um die letzten Ressourcen, die es im Weltmaßstab für Entwicklung - in dem kapitalistischen Sinne - noch gibt, hat sich nach dem Zusammenbruch des sozialistischen Weltsystems international noch einmal zugespitzt. Man sieht überhaupt keine Machtkonzentration, die dem in irgendeiner Weise begegnen könnte.

Die Konferenz in Rio und die Fortsetzungskonferenz hier in Berlin über Klimafragen sind Konferenzen gewesen, in denen Gesichtspunkte ausgetauscht wurden und in denen insofern verbindlich Erklärungen abgegeben worden sind, als man im Weltsystem insbesondere auf die Klimafrage, wo es u.a. um die CO_2-Reduzierung geht, Wert legen will. Aber die nationale Umsetzung ist bisher überhaupt nicht erfolgt.

Vor diesem Hintergrund und um einen Einstieg in die politische Betrachtungsweise auf das Staatsproblem, auf das Regierungsproblem in Weltmaßstab zu finden, ist nun zu fragen: Was meinen die Verfasser dieser Studie mit Subsidiarität und Äquivalenz? Da geht es erst einmal um die folgende nur formale Festlegung. Es wäre nicht gut, sagen die Autoren, wenn man alle Hoffnung auf den Staat legen würde und auf die höheren Ebenen wie übernationale Zusammenhänge, zwischenstaatliche Verträge, EG oder gar UNO, Weltregierung usw., sondern man müßte darauf achten, daß Umweltprobleme auf der Ebene behandelt werden, auf der sie jeweils aufgeworfen sind. Das meint zunächst das Prinzip Äquivalenz.

Wenn es also darum geht, an irgendeiner Stelle der Welt ein agrarökologisches Problem zu lösen, das meistens zunächst lokal situiert ist, muß man der Region, dem jeweiligen Nationalstaat die Prärogative (das Vorrecht) überlassen, mit dem Problem umzugehen. Wenn es zum Beispiel um die Verteilung der Wasserressourcen eines Flusses geht, dann ergibt das vielleicht zwischenstaatliche Probleme. Wenn es um Klimaprobleme geht, ist das der Weltmaßstab. Unter Äquivalenz wird nun verstanden, die jeweilige umweltpolitische Problematik wird auf der Ebene behandelt, auf der sie vordergründig greifbar ist.

Die Autoren legen in diesem Zusammenhang Wert auf die Feststellung, es gibt global wichtige Probleme, wie zum Beispiel das Ozonloch. Über den Rückbau des FCKW-Ausstoßes und ähnlich wirkender Stoffe müßte man sich auf der internationalen Ebene mit Erklärungen verständigen. Aber die Entscheidungen sind auf nationaler Ebene zu treffen. Wo wären dabei die umweltpolitischen Kompetenzen angesiedelt? Diese formale Überlegung ist mit dem Äquivalenzbegriff gemeint.

Der Subsidiaritätsbegriff bezeichnet den dazugehörigen Innenakzent: Kompetenz ist tatsächlich auch dort anzusiedeln, wo sie von dieser Zuordnung her hingehört. An diesen Stellen ist genügend Macht zu lokalisieren, auch um Eingriffe der oberen Ebenen nicht überhand nehmen zu lassen, also Raum für lokale Möglichkeiten offen zu halten. Nun muß ich feststellen, daß unter diesem Gesichtspunkt der Subsidiarität und Äquivalenz in Bezug auf die Erwartungen an den Staat auf den verschiedenen Ebenen - über die wirklichen Handlungsmöglichkeiten - überhaupt nichts gesagt wird. Wenn auf der internationalen Ebene und mit Zustimmung der machtvollsten Staaten Vereinbarungen in die

Papiere geschrieben worden sind (zum Beispiel über die CO_2-Reduzierung), so ist doch die Frage, was auf der nationalen Ebene für Politiken daraus gemacht werden und ob dort etwas umgesetzt wird.

Wenn sich die reichsten Länder noch Investitionen großen Stils leisten können oder wollen - selbst das steht inzwischen in Frage -, so muß man sagen: In der überwältigenden Mehrzahl der Staaten, die der Kolonialismus hinterlassen hat, sind wenig Möglichkeiten vorhanden, um dem Industrialisierungsprozeß, der von den reichen Ländern ausgeht, ökologische Schranken anzulegen, wenig an politischer Macht und noch weniger an ökonomischer Macht. Praktisch ist es so: Je weiter weg vom Zentrum, das aber die eigentliche Ursache für Weltzerstörung ist, um so größer sind die Zerstörungspotentiale, die losgelassen werden.

Das hängt nicht zuletzt auch damit zusammen, es handelt sich in den meisten Ländern der Dritten Welt um Prozesse, die nicht einfach ökologische Destabilisierung genannt werden müssen, sondern eigentlich sozial-ökologische Destabilisierung größten Stils sind. Aus verschiedenen Gründen haben die Menschen dort - ökologisch gesehen, also von der Zerstörung der biologischen Lebensvoraussetzungen her - gar nicht mehr die Möglichkeit, ihre eigenen Lebenschancen wirklich zu kontrollieren. Das ist der Grund, weshalb beispielsweise in Afrika, im ganzen Umkreis der Sahel-Zone die Wüste immer weiter vordringt oder warum sich in Südamerika eine Bauernschaft, die von Land enteignet ist, in die Amazonas-Gebiete hineinbrennt, um auf dem gewonnenen Stück Acker jeweils für drei Jahre ihre Lebensmittel zu produzieren.

Ich finde, daß die Studie in diesem Punkte ihren Grundgedanken, der an sich überaus vernünftig ist, nicht einlösen kann - nämlich den vom Zusammenhang zwischen ökologischer und sozialer Entwicklung im Weltmaßstab. Die Autoren sprechen von Umweltraum und meinen damit, alle Menschen können auf dieser Erde gleiche Ansprüche an die Erde, an ihre Ressourcen stellen, also an Erde, Feuer, Wasser, Luft, an Bodenschätzen, an allem, was zur Verfügung steht. Diese Grundbedingung des gleichen Umweltraums für alle ist mit dem politischen System, mit dem wir es international zu tun haben, nicht zu bewältigen.

Die Studie ist voll von Erwartungen - nicht bloß an die Gesellschaft, sondern auch an den Staat, nicht nur im nationalen, sondern auch im internationalen Maßstab, gerade weil die Fragen von Umwelt und Entwicklung im Zusammenhang behandelt werden. Dabei gibt es überhaupt keine politische Struktur auf der internationalen Ebene, die dort die elementarsten Probleme, die die Menschen gegen die Naturgrundlagen treiben, behandeln könnte.

Die internationale Szene ist von etwas ganz anderem bestimmt: vom Ringen der Nationalstaaten um den Zugriff auf die Ressourcen der Erde, weil die nationale Sicherheit, hauptsächlich die innere Sicherheit der jeweils herrschenden Klasse, davon abhängt, ob noch Versorgungsgrundlagen vorhanden sind. Von einem Kampf der nationalstaatlichen Machtkomplexe und der damit verbundenen politischen Klassen um ihr Überleben ist die Weltsituation gekennzeichnet. Durch diesen Kampf ums politische und damit soziale Überleben, um den gerechten Anteil nicht der Völker, sondern der herrschenden Klassen und Schichten an dem zu Verteilenden, wird die Natur bei wachsender Bevölkerung und wachsenden Ansprüchen pro Kopf unweigerlich überfordert.

Das ist eine Problematik, die die Studie sieht, aber nicht wirklich bewältigen kann. Ernst Ulrich von Weizsäcker hat ein Buch über Erdpolitik geschrieben. Dem Thema eines vernünftigen Weltregiments, eines „Weltregiments der Vernunft", hat er sich auf politischer Ebene nicht gestellt. Auch diese Studie denkt gar nicht daran, die Frage nach so einer internationalen Verfassung für den Umgang mit der einen Erde zu stellen.

Neulich las ich ein Interview mit Ludger Vollmer, einem der Hauptsprecher der Grünen im Bundestag. Er wird spaßeshalber gefragt: Was würde er tun, wenn er Vorsitzender einer Weltregierung wäre? Abschaffen würde er sie, war seine Antwort. Ich frage mich, ob das nicht ein erheblicher Kurzschluß ist. Dahinter mag das Entsetzen darüber stehen, was nationalstaatliche Politik in ihrem Gegeneinander, in den Ausscheidungskämpfen der Mächte in der europäischen Geschichte, die zur Weltgeschichte geworden ist, bisher angerichtet hat. Das läßt natürlich die Frage stellen, ob es nicht besser wäre, da wäre überhaupt kein Staat, weil damit in der Regel nur Unheil verbunden gewesen ist. Aber ich denke, das ist aus doppeltem Grunde ein Kurzschluß.

Zum einen würde eine internationale Regierung, die man sich nicht unbedingt wie eine nationalstaatliche vorstellen muß, jene Reserve für Despotismus, die mit dem Hinweis auf den Feind im Nachbarstaat gegeben ist, nicht mehr zur Verfügung haben. Sie wäre durch die heutigen Umstände übrigens auch viel stärker gezwungen, die allgemeinen Interessen der Menschheit in den Vordergrund zu stellen, weil keine Alternative zu diesem Regiment mehr vorhanden wäre.

Der andere Punkt - der Hauptgrund dafür, warum dies ein Kurzschluß sein dürfte - ist: Ein politisches Regiment unter den Bedingungen der ökologischen Krise, die eine Krise der Existenz der Menschheit auf dieser Erde ist, würde eigentlich die einzige Möglichkeit bieten, dem rücksichtslosen Konkurrenzkampf um die natürlichen Ressourcen, der die Erde kaputt macht, eine Schranke zu setzen. Wie die ganze innenpolitische Diskussion über die Globalisierung jetzt zeigt, ist auf der nationalen Ebene keine Möglichkeit mehr abzusehen, um mit den entfesselten kapitalistischen Strukturen irgendwie auch nur ins politische Geschäft zu kommen. Dann fragt es sich natürlich, wie man dem im Weltmaßstab frei flottierenden Kapital anders begegnen könnte als politisch.

Es ist nicht ehrlich, auf der internationalen Ebene von Politik zu sprechen, wenn man nicht vom Staat spricht, das heißt auch von Sanktionsmöglichkeiten, von der Möglichkeit, vernünftiges Verhalten auch zu erzwingen. Die Staatsfrage ist in Wirklichkeit die Frage danach, ob dem Selbstlauf der miteinander konkurrierenden wirtschaftlichen Mächte überhaupt in irgendeiner Weise Grenzen gesetzt werden können. Nur auf der politischen Ebene kann dies gelingen, und es muß von einer vernünftigen Weltregierung ausgehen. Man sollte allmählich wagen, diese zumindest zu denken.

In der Studie drücken sich die Autoren um diese Frage eines internationalen Regiments auf folgende Weise herum, die ich doch sehr charakteristisch finde. Es heißt: „Die Globalisierung der Ökonomie und die Globalisierung von Umweltproblemen wie Treibhauseffekt, Ozonabbau oder Meeresverschmutzung werden oft als Indizien dafür genommen, daß dem Nationalstaat wirtschafts- und ökologiepolitische Gestaltungskompetenz entwachsen ist."

Sie stellen fest, es gibt auf der nationalen Ebene keine Möglichkeit mehr, dem Verkehr der großen ökonomischen Mächte in irgendeiner Weise ernstlich zu begegnen. Das geht nicht einmal unter den innenpolitischen Interessen im engeren Sinne.

Seit der Renaissance, und ich meine damit auch seit dem Durchbruch der modernen Wissenschaft, dreht sich das ganze innenpolitische Spiel in den reichen Ländern darum, die sozialen Kämpfe dadurch zu mildern, abzupuffern, daß man mit wissenschaftlicher Hilfe immer größere Massen Natur in diesen Reproduktionsprozeß einbezieht. So versucht man, die schlimmsten sozialen Widersprüche zu dämpfen. Wenn die Abfederung der sozialen Widersprüche schon jetzt nicht mehr gelingt, um wieviel weniger kann dann der Nationalstaat die natürlichen Ressourcen decken, wenn eine wachsende Zahl von Menschen im Weltmaßstab an dem Wohlstand teilnehmen will? Das geht immer nur so weit, als der Nationalstaat „Spinne im Netz" ist, also eine Nation vertritt, die im internationalen Konkurrenzkampf noch gut besteht. Treten dabei Schwierigkeiten auf, dann wurden bislang die nötigen Ressourcen in Beschlag genommen, denn wenn sie ausbleiben, kann das den sozialen Frieden gefährden.

Wie gesagt, die Autoren stellen fest, dem Nationalstaat ist die wirtschafts- und ökologiepolitische Gestaltungskompetenz entwachsen, und sie sagen dann: „Das bedeutet aber keineswegs, daß sich statt dessen quasi naturwüchsig internationale Regelungsinstitutionen oder -verfahren herausbilden." Das ist richtig. Aber diese Feststellung hat hier nicht den Zweck zu fragen: Wie könnte man zu solchen internationalen Regelungsinstitutionen kommen? Gemeint ist vielmehr: Wir stellen fest, sie sind nicht vorhanden, und bescheiden uns darauf zu fragen, ob nicht unterhalb dieser Ebenen noch etwas möglich ist. Und dann kommen sie auf das Äquivalenzprinzip und sagen, was die internationale Ebene betrifft: Dort geht es sowieso nur um Vereinbarungen; Vereinbarungen als zwischenstaatliche Verträge. Diese sind aber denselben Prinzipien wie Krieg und Frieden unterworfen. Die Nationalstaaten erweisen sich als absolut ungeeignete Instanzen, um miteinander einen wirklichen Schutz der Ressourcen auszumachen. Sie werden sich immer nur über die Verteilung der Ressourcen unterhalten, also darüber, wer wieviel bekommt. Die weltpolitische Ebene ist bisher sozusagen das Null-Summen-Spiel der Nationalstaaten miteinander und mehr ist auch die UNO einstweilen nicht.

Die Nationalstaaten verfügen global über keinen Zugriff mehr - nach dieser Feststellung kommt nichts mehr zu dieser Frage in der Studie. Es steht dann zu lesen: „In der Regel wird argumentiert, bei der Kompetenzverteilung für die internationale Steuerung von Umweltproblemen solle eine strikte Orientierung am sogenannten Äquivalenzprinzip stattfinden."

Die Kompetenzen, sagen die Autoren, sollen auf den verschiedenen Ebenen gelagert sein. Wir sahen aber bereits, daß die Kompetenzen, was Umweltpolitik und Schonung der Ressourcen betrifft, auf nationaler Ebene an das Ende der Agenda rutschen, sobald die soziale Sicherheit ins Wanken kommt. Soziale Sicherheit wird dabei natürlich diskutiert unter dem Gesichtspunkt der Bewahrung der bestehenden Machtverhältnisse, also nicht nur um der sozialen Sicherheit selbst willen. Schon national rutscht also die Umwelt ab, und das heißt, die globalen Zukunftsinteressen auf der Erde werden nicht berücksichtigt.

Auch auf der über- bzw. internationalen, auf der UNO-Ebene, rücken in Wirklichkeit ganz andere Probleme in den Vordergrund. Es ist heute schon so, in nicht weniger als einem Viertel der Staaten der Erde herrscht Bürgerkrieg, und zwar fast immer verbunden mit ökologischen Zusammenhängen, mit sozial-ökologischer Destabilisierung. Sei es, daß die Möglichkeit, Naturkatastrophen noch zu kompensieren - selbst im Vergleich zum Mittelalter - nachgelassen hat, das heißt, die sozialen Ressourcen, um noch etwas auszugleichen, sind nicht mehr vorhanden. Sei es, daß um der Wettbewerbsfähigkeit willen neue Eingriffe in den Naturzusammenhang gestartet werden und bewußt gesagt wird: Menschen, die in der Nähe eines Staudamms siedeln oder dort, wo neue Bodenschätze zu heben sind, haben im nationalen Interesse Opfer zu bringen. Oder sei es die Tragödie der Allmende, die so ausgelegt wird, daß der Einzelne immer noch ein bißchen mehr braucht als für jeden auf der Weidefläche an Vieh unterzubringen ist. Alle diese Probleme haben sich mit der Vermehrung der Menschheit, dem wachsenden Anspruchsniveau pro Kopf und der sozialen und politischen Stabilität, die wiederum daran hängt, immer nur zugespitzt. Mit Institutionen unterhalb der Ebene eines wirklichen internationalen Regiments über das, ich möchte mal sagen Gesamtpatrimonium der Menschheit ist eigentlich nichts mehr zu machen.

Ich habe hier im Audimax schon einmal verhältnismäßig ausführlich über die Perspektive von Norbert Elias gesprochen. In seiner Analyse über den Prozeß der Zivilisation zeigte er, daß eine Logik der Ausscheidungskämpfe im Gange ist, die eigentlich auf ein Weltregiment zuläuft. Zu beschreiben versuchte er, welche Prozesse bis zum Nationalstaat führten, was dann als Folge spätestens im zweiten Weltkrieg die Frage aufwirft, welche übernationalen Koalitionen miteinander in Kämpfe geraten. Er sagt, es wird erst dann ein Ende der Ausscheidungskämpfe geben, wenn es zu einem Weltregiment gekommen ist.

Diese Ausscheidungskämpfe sind selbst kontinental, was Europa betrifft, nicht abgeschlossen - die Einigung Europas ist nicht vollendet. Sie sind in Asien mitten im Gange; die verschiedenen Tiger konkurrieren dort beinahe schon um das Überholen Europas. Wenn man nun der Perspektive von Elias folgt, wie der Weg zu einem Weltregiment beschaffen sei, dann kann man eigentlich sicher sein: Was bei diesen Auseinandersetzungen zwischen Nord und Süd und den Konzentrationskämpfen auf den einzelnen Kontinenten an biologischen Ressourcen verloren geht, was an Rohstoffen und Material umgesetzt, was dabei an Welt zerstört wird, das kann nicht mehr abgefangen werden. Es scheint mir jedenfalls recht unwahrscheinlich zu sein. Durch die Weltgeschichte ist also die Frage aufgeworfen: Kann man sich das Zustandekommen so eines vernünftigen

Weltregiments anders vorstellen als durch den Abschluß dieser Art von Ausscheidungskämpfen? Wir wissen das bisher nicht.

Die EG ist ein Versuch, zumindest Westeuropa zu einigen, ohne die Politik der kriegerischen Machtmonopolisierung fortzusetzen, also in einem als Wirtschaftskrieg verhandelten Unternehmen. Die EG kam allerdings unter dem Druck der Existenz des Ostens zustande. Ich würde sagen, daß dieser Versuch - bei aller Problematik, die mit der Enteignung der jeweiligen einzelnen nationalen Souveränitäten verbunden ist - im Vergleich zu dem, was Elias angeführt hat, auch als Fortschritt empfunden werden kann. Aber ich sehe bisher keinen anderen Kontinent, der auch nur einen ähnlich unzulänglichen, aber immerhin unternommenen Versuch wie in Europa wagt. Jedoch glaube ich, es gibt keine furchtbarere Perspektive, als auf die Durchsetzung eines Machtmonopols im Weltmaßstab auf den bisher üblichen Wegen, nämlich der militärischen Auseinandersetzung, zu warten.

Könnte die ökologische Krise - die eine neue Erscheinung ist, zumindest in der Wahrnehmung der Weltwirklichkeit im Ganzen - uns in die Lage versetzen, ein vernünftiges Weltregiment des Ausgleichs mit der Natur und zudem des sozialen Ausgleichs zustande zu bringen ohne die Fortsetzung des Weges der Machtmonopolisierung auf militärische Weise? Das ist die Herausforderung, vor der wir stehen.

Wie gesagt, in einem Viertel der Länder ist es Bürgerkrieg, aber nicht Weltkrieg. Meistens steht ein Zusammenhang zwischen Unterentwicklung und Naturzerstörung dahinter, was ich sozial-ökologische Destabilisierung nenne. Der Begriff Unterentwicklung ist natürlich abgelesen an den jetzt allmählich auch prekär werdenden sozialen Verhältnissen in den reichsten Ländern der Welt. Der weltweite Entwicklungsprozeß, wie er bisher konzipiert gewesen ist, hat gar keine Aussicht darauf, doch noch zu solch idyllischen Verhältnissen zu kommen, wie sie in Deutschland etwa 1970 oder 1975 bestanden haben.

Der Bürgerkrieg in Jugoslawien hatte auch mit Unterentwicklung zu tun und der Vergleichsdruck mit Westeuropa spielte dabei eine ungeheure Rolle. Das ist u.a. daran sichtbar, daß viele Kriegsflüchtlinge aus wirtschaftlichen Gründen nicht zurückkehren wollen; nicht allein aus wirtschaftlichen Gründen, auch aus Angst vor dem Wiederaufbau, vor den Folgen des unbewältigten nationalen Hasses usw. Aber es ist, auch in der Rückführungsfrage, ganz offensichtlich, es geht letzten Endes um ökonomische Zusammenhänge und nicht nur um die politischen.

Auch was in verschiedenen amerikanischen Ländern an Bürgerkriegen vor sich geht, ist nicht Weltkrieg. Der Golfkrieg - das berührte die Dimension Weltkrieg. Das heißt, es könnte noch eine Chance geben, unter dem ökologisch-sozialen Druck, von dem die ganze Menschheit betroffen ist, wie sie von der Atombombe betroffen ist, eine internationale Ordnung zustande zu bringen, und daß es nicht zur ganz großen Auseinandersetzung kommt. Bei einer solchen Ordnung würde ich es auch für denkbar halten, daß die Bürgerkriegsproblematik gedämpft wird.

Ein internationales Regiment könnte in der Lage sein, unmittelbar lebensbedrohende Situationen für ganze Stämme zu mildern, wie sie beispielsweise in Afrika existieren. Der

Ogoni-Fall, die Ermordung Ken Saro-Wiwas hing mit der sozial-ökologischen Destabilisierung in einem Stammesgebiet zusammen. Weil es um Erdöl ging, war die nationale Regierung nicht bereit, auch nur den geringsten Kompromiß zu Gunsten der Überlebensbedingungen der Menschen dort zu machen. Das ist in sehr vielen analogen Gebieten auch der Fall.

Häufig entscheidet sich die jeweilige nationale Regierung für die sogenannten Entwicklungsgebiete, und in den sogenannten Ungunstgebieten, die sich profitmäßig nicht so entwickeln, überläßt man eine Millionen-Bevölkerung einfach dem Verhungern und dem gegenseitigen Köpfeinschlagen.

Nachholende nationalstaatliche Entwicklung durch die überwältigende Mehrheit der Menschheit - es sind drei, vier Milliarden Menschen, die in der oder jener Weise in dieser Entwicklung begriffen sind - könnte nur fürchterlich werden und würde höchstwahrscheinlich schon im Durchgangsprozess die Erde überfordern.

Es fragt sich wirklich, ob diese andere Möglichkeit der Konstituierung eines internationalen Regiments denkbar ist, das Frieden mit der Natur und soziale Gerechtigkeit miteinander verbindet; denn das ist die Bedingung für Frieden zwischen den Menschen, von dem wiederum der Frieden mit der Natur abhängt.

Die gegenwärtigen Verhältnisse der nationalstaatlichen Strukturen sind noch so beschaffen, daß die Menschen unweigerlich gegeneinander getrieben werden. Ich glaube, daß sehr viele konservative Überlegungen - die jetzt natürlich fröhlich Urständ feiern, weil erst einmal der Nationalstaat der Globalisierung nicht gewachsen ist und man, in den entwickelten Völkern am meisten, versuchen möchte, im nationalen Rahmen Ordnung zu halten - einfach zu kurz greifen. Es gibt keine nationale Lösung mehr, man kann in dieser Sache höchstens noch etwas hinausschieben.

Das heißt übrigens nicht, die nationale Ordnungsstruktur dürfte aufgegeben werden. Das heißt es ganz und gar nicht. Sondern es muß über diese nationalstaatliche Ebene hinaus eine menschheitliche Souveränität hergestellt werden. Darin liegt das Problem. Die nationale Souveränität kann in diesem Rahmen nur eine untergeordnete Position einnehmen. Das ist auf der Ebene der Weltpolitik bisher überhaupt nicht gelöst. Es sieht so aus, als ob die verfluchte Logik des Kapitals, die hinter der Globalisierung steckt, ein indirekter und höchst unerfreulicher Hebel ist, was die Art der Durchsetzung des Prozesses betrifft. Kann es gelingen, diese Kapitalentwicklung selbst wieder politisch unterzuordnen? So sieht mir die Fragestellung der Gegenwart aus.

Es ist der Widerstand der verschiedenen Besitzstände, der mächtigsten Besitzstände vor allem, aber auch der Gewohnheiten, die die Konsumtion der Massen betreffen, weshalb der notwendige Wandel nicht in Gang kommt. Die Frage nach der Veränderung des Lebensstils ist in der Studie als eine Frage an einen neuen Wohlstand formuliert. Die Aufgabenstellung, um die es bei einem zukunftsfähigen Leben geht, heißt dort: Wie können wir es so formulieren, daß niemand denkt, es ginge gegen seine besonderen Interessen, das sei nicht vereinbar mit den Hoffnungen, die jeder an seinen gewohnten Lebensstil knüpft?

Dabei ist die Frage, was der Wohlstandsbegriff bedeutet. Über die Forderung nach einem gleichen Umweltraum für alle Menschen wird der Wohlstandsbegriff der westlichen Moderne der ganzen übrigen Menschheit mit zugesprochen. Was aber als tiefere Grundangst irgendwie mit dahinter steckt, das kommt - scheint mir jedenfalls so zu sein - gerade in der Vorsicht in puncto eines vernünftigen Weltregiments mit zum Ausdruck. Wie immer der Wohlstand auch erleichtert sein mag - man spricht dann von „Wohlstand light", man gebraucht geradezu diesen Reklameausdruck „light" - es ist die Frage, ob die Erde für alle ausreichen wird, wenn die Menschheit nach den Ansprüchen des westlichen Wohlstandsbegriffs lebt, um letzten Endes Gerechtigkeit für alle zu verwirklichen. Aber das ist sozusagen die halb ausgesprochene, halb stillschweigende Voraussetzung der Studie. Diese scheint mir zumindest der Nachfrage bedürftig zu sein, ob wir mit unserer Art Wohlstandsbegriff - und das Entscheidende ist, mit der dahintersteckenden geistigen Konzeption - weitermachen können.

Die geistige Konzeption, die damit verbunden ist, hat niemand klarer auf den Punkt gebracht als vor nun fast vierhundert Jahren Francis Bacon in seiner Utopie „Nova Atlantis". Was er dort sagt und was auch der Einstieg in die ökonomische und technische Moderne - geistig gesehen - ist, ihn zudem ideologisch auf den Punkt bringt, das läßt sich etwa so fassen: Unter diesen immer unzulänglichen ökonomischen und technischen Bedingungen und gestützt auf menschliche Handarbeit und tierische Kräfte, die uns ergänzt haben, haben wir bis jetzt versucht, den allgemeinen Wohlstand herzustellen. Dabei herausgekommen ist immer nur, eine kleine herrschende Schicht hat im Wohlstand und damit angenehm gelebt. Aber es war nicht Wohlstand für alle.

Jetzt haben wir aber diese wunderbare Wissenschaft und Technik gefunden! Noch lange ehe die Dampfmaschine erfunden wurde, fast 150 Jahre davor, hatte Bacon alle diese Möglichkeiten ins Auge gefaßt und sagte: Wissenschaft und Technik - und jetzt kommt der für die christliche Kultur wirklich spannende Gedanke - Wissenschaft und Technik könnten uns, wenn nicht von der Erbsünde selbst, dann zumindest von den unangenehmen Konsequenzen der Erbsünde befreien und uns in einen allgemeinen Glückszustand versetzen, in dem es nicht mehr nötig ist, daß der Mensch gegen den Menschen vorgeht, weil für alle genug da ist.

Friedrich Schlegel hat dann wieder zweihundert Jahre später, um 1800 herum, diesen Gedanken von Bacon aufgegriffen. Ich weiß nicht, ob er sich auf ihn bezog. Schlegel meinte: Dieses Reich Gottes - das nach der christlichen Konzeption immer *nicht* von dieser Welt sein sollte - dieses Reich Gottes sollte jetzt mit Hilfe von Wissenschaft, Technik und Produktionsfortschritt auf die Erde gebracht werden. Und zwar mit der Konsequenz der Gleichheit aller Menschen vor Gott, das heißt also, alle sollen an diesem Wohlstand teilhaben. Deshalb würde man es nicht mehr nötig haben, sich um des Wohlstands willen gegenseitig die Köpfe einzuschlagen. Wissenschaftlich-technische Vernutzung der Natur sollte für den allgemeinen Wohlstand sorgen und uns von der Kalamität der ganzen bisherigen Geschichte befreien.

Was damals aber eben noch nicht wirklich sichtbar war, ist, daß es empirisch nicht aufgeht - obwohl die Freunde von Friedrich Schlegel, die deutschen Romantiker, die Frage eigentlich schon am Wickel hatten, sicher nicht in der Form der Studie „Zukunftsfähiges Deutschland". Aber jedenfalls mit der Frage, ob die Natur überhaupt mitspielen wird, waren sie schon befaßt. Daß es ein Problem ist, derart technisch-wissenschaftlich abstrakt mit der Natur umzugehen, man dabei möglicherweise numinose Kräfte gegen sich aufbringt, das sah die Romantik. Aber daß die Natur für so viele Milliarden Menschen für diese Art Wohlstand nicht reicht, diese Entwicklungslogik konnte noch nicht klar sein. Vor diese Fragen sind wir heute gestellt.

Es ist die Vorsicht der Studie „Zukunftsfähiges Deutschland", an diese Frage nicht wirklich heranzugehen. Meiner Meinung nach steckt dahinter: Wenn wir uns wirklich ein Weltregiment leisten würden und es würde wirklich die Interessen der überwältigenden Mehrheit der Menschheit von heute zum Ausdruck bringen, dann wäre als aller Erstes der Wohlstand gerade dieser reichen Länder gefährdet. Dann würde sich herausstellen - das sagen sie übrigens auch in der Studie -, daß wir mindestens zehn Mal so viel verbrauchen oder - im Umkehrschluß -, daß wir zehn Mal so viel von der Erde verlangen müßten (wenn das überhaupt ausreicht), damit dieser Wohlstand auf alle übertragen werden kann.

Die wirkliche Fragestellung ist, ob die Art und Weise, wie wir den Wohlstand entwickelt haben und wie wir unsere Ansprüche an die Erde stellen, nicht eine Ersatzlösung darstellt. Das ist die eigentliche Frage, die sich aus der bisherigen Geschichte ergibt. Ob diese Ersatzlösung für die - ich sage es erst einmal unspirituell - psychische Entwicklung des Menschen genügt, wird man zu bedenken haben. Ist nicht der Gedanke falsch, die volle Entfaltung der wissenschaftlich-industriellen Produktivkräfte wäre die Bedingung dafür, daß alle Menschen ihre geistig-seelischen Wesenskräfte voll entfalten können (oder daß alle Menschen gleich nah zu Gott sein können) - das Ganze eingewoben in eine Wohlstandsjagd, die nie zum Abschluß kommen kann? Letzteres ist die Erfahrung der letzten vierhundert Jahre seit der Renaissance. Die Wohlstandsjagd kann nie zum Abschluß kommen, weil es, wie wir beim vorigen Mal in puncto Warenästhetik kurz erwähnt haben, dabei gar nicht darum geht, alle haben genug zu essen, sondern welchen Standard und welchen Status wir gegeneinander auszuspielen bevorzugt haben.

Das ist der Hintergrund, und ich denke, die reiche Wohlstandsgesellschaft hier zu einem Kürzertreten überreden zu wollen, ist klug, aber doch nicht weise - weil wir um die Entscheidung, von diesem Glücksmaterialismus abzurücken, doch nicht herumkommen werden. In dem Festhalten an dem Konzept des Glücksmaterialismus - das ist, glaube ich, der Kern - liegt die Ursache dafür, wie die Autoren der Studie konkret mit dem Staatsproblem umgehen. An einen Staat der bürgerlichen Gesellschaft, an einen Staat also, der an diesem auf Wissenschaft, Technik und Ökonomie gegründeten Konzept hinten dranhängt, stellen sie den Anspruch, den wissenschaftlich-technischen Glücksmaterialismus aufzuhalten.

Das wird in letzter Instanz nicht aufgehen. Mir scheint es nicht sehr wahrscheinlich, daß der Staat das, was jetzt an Anforderungen an ihn gestellt wird (und was man in der Studie konkret vom Staat der Bundesrepublik erwartet), ohne eine Revision des Grundkonzepts der ganzen Gesellschaft hergeben könnte. Dazu brauchte man Staat in einer ganz anderen Funktion und Würde, als in der, die er jetzt hat: lediglich diesen Zugriff im Sinne jenes Menschenkonzeptes, das Gottesreich auf die Erde zu bringen, vernünftig zu rationieren. Wenn man an dem Konzept der Befriedigung materieller Bedürfnisse als Glücksweg festhält, wird's das nicht bringen.

Die Forderung, die Zukunftsfähigkeit der Gesellschaft zu gewährleisten, ist an sich die elementare Anforderung, die man an jedes Staatswesen stellen muß. Insofern ist es logisch, daß die Studie nicht bloß sagt, wie die Gesellschaft jetzt mit dem Energieproblem umgehen sollte. Aber die Gesellschaft kann das nur mit einer bestimmten Organisation, die den verschiedenen subjektiven Interessen, die verbandsweise ihre Konkurrenz miteinander austragen, eine Schranke von der Einheit des Ganzen her auferlegt. Von dort her ist unweigerlich vom Staat zu sprechen.

Wir können nicht bei der marxistischen Konzeption bleiben, wonach der Staat nichts ist als das Kampfinstrument der einen Klasse zur Unterdrückung der anderen Klasse. Es geht hier um mehr. Es geht um eine Logik, in die alle Klassen dieser Gesellschaft verwoben sind und die alle auf einen strengen Expansionismus aus sind. Das zu begrenzen - Selbstbegrenzung - war immer ein Problem von Staat. Dies ist keine Frage, die sich auf besondere Klasseninteressen reduziert. Die kommen störend dazwischen, das ist schon richtig, aber wir dürfen uns daran nicht festhalten.

Soweit hat die Studie also völlig recht. Nur sie stellt die Frage nach den Grundproblemen, nach dieser Koppelung von Wissenschaft, Technik, Industrie und Glück, nicht wirklich. Das wird schon daran kenntlich, daß die Autoren über das Verhältnis Erste und Dritte Welt zum Beispiel sagen, es ginge bei der erwünschten Veränderung, nach der vor allem gesucht wird, um die Entwicklung und den Transfer zukunftsfähiger Technologien.

Wenn man das liest - „zukunftsfähige Technologien" -, dann sollte man sich darüber klar sein, dies ist das Konzept von Francis Bacon, das Problem mit Wissenschaft und Technik zu lösen. Es fehle uns also an zukunftsfähiger Technologie, und das stelle die Einheit von Umwelt und Entwicklung her. Zukunftsfähige Technologien sind dann solche, die einerseits die Natur hinlänglich schonen und andererseits nach wie vor das Glück herbeiproduzieren; also Anschluß an die Wohlstandsentwicklung, die der Westen erreicht hat, nur ohne diese überschießende Naturzerstörung. Die Technologie dazu wird hauptsächlich der Westen liefern. Das ist der Zirkel, in dem diese Frage gestellt ist.

Da die ganze Sache übrigens auch am Westen hängt, ist dann in der Studie folgende Diskussion abgehandelt: Was passiert, wenn dieser Ressourcen schonende Verbrauch dazu führt, daß die westliche Nachfrage nach Rohstoffen in der Dritten Welt sinkt? Davon lebt bis jetzt der Welthandel, soweit er nicht überhaupt durch die Verschuldungsproblematik lahmgelegt ist. Die Antwort fällt folgendermaßen aus: Es mag wohl sein, daß dadurch die Preise dort sinken werden. Aber erst einmal muß an einer Stelle, und zwar an der schlimmsten Stelle - also bei uns - die Reduzierung des Materialverbrauchs erfolgen, auch wenn das die Handelsinteressen der Dritten Welt, des Südens noch zusätzlich schädigt. Wir können, sagen die Autoren in der Studie und ziehen noch Stimmen aus der Dritten Welt mit heran, von der westlichen Wohlstandsgesellschaft nicht erwarten, daß sie auch noch bereit ist, von Ökosteuern die Dritte Welt zusätzlich ausgleichend für diese Schädigung zu bezahlen. Im Prinzip ist hier noch einmal gesagt: Das Wohlstandsmodell in der westlichen Welt muß schon deshalb, damit es hier nicht zu sozialen Zusammenstößen kommt und dann ökologisch gar nichts mehr geht, aufrechterhalten werden. Wir werden auf diese Weise nicht davon kommen.

Wenn man dann auf die innenpolitische, die innenideologische Seite der Sache schaut, dann gibt es einen schönen Satz, ich lese ihn mal vor: „Im Design behutsam motorisierter Fahrzeuge und Antriebsaggregate findet so die Utopie des 21. Jahrhunderts ihren technischen Ausdruck, mit Eleganz in der Lage zu sein, innerhalb von Grenzen zu leben." Das soll nach der Studie zukunftsfähig im Weltmaßstab sein! Das ist der Renaissancefürst - was auch Bacon thematisiert hat -, der sich aber im Zugriff auf die Natur weise beschränkt. Das wird dann aber nicht für eine kleine Elite in irgendwelchen englischen Stadtstaaten oder am englischen Hofe reichen, sondern für die ganze Menschheit, und der Durchbruch muß erst einmal in den reichsten Ländern erzielt werden.

Unter diesem Gesichtspunkt, von diesen unzulänglichen Voraussetzungen her, ist in der Studie das Problem der Rekonstituierung des Staates als Instrument, mit dem man den ökonomischen Prozeß regulieren könnte, gar nicht gestellt. Man erwartet die Einschränkungen, die jetzt nötig sind, von der Staatsveranstaltung, die wir uns bisher leisten, und von der ich meine - jedenfalls habe ich es in meiner „Logik der Rettung" so gesehen - daß es sich um ein einziges Syndrom handelt: Wissenschaft, Technik, Kapital und Staat, der hinten dran hängt.

Wie man jeden Tag an den politischen Spardebatten sehen kann, wo es auch darum geht, ob die Staatskasse ihre eigene Existenz noch bezahlen kann, ist der Staat schon allein in puncto Finanzen an diesem Wachstumsprozeß beteiligt. Der Staat, der hinten dran hängt, soll also das Huhn, das die goldenen Eier legt, nun hegen, um es nicht zu schlachten, er soll es dazu bringen, nur noch jeden dritten Tag ein Ei zu legen, nachdem alles, was die westliche Zivilisation die letzten vierhundert Jahren betrieben hat, darauf hinausläuft, daß das Huhn eigentlich zwei Eier, drei Eier am Tag und so weiter legen soll.

Diese Expansion beinhaltete die Möglichkeit, die sozialen Widersprüche wenigstens zu dämpfen. Im Weltmaßstab klappt das nun überhaupt nicht. Aber im Lande soll der Staat, der in der Moderne eigentlich nur dazu da gewesen ist, im wachsenden Maße diesen Wettbewerb um immer größere industrielle Leistungen - also Leistungen auch im Naturverbrauch - dafür sorgen, der Krieg aller gegen alle wird in Grenzen gehalten. Das war das Konzept von Hobbes. Jetzt soll der Staat dazu da sein, die bisherige soziale Versicherung, die wir uns fraglos aus der Natur genommen haben, einzuschränken. Mit ihrem Indikatorsystem gibt die Studie vor, wieviel an Material, Energie, Fläche usw. wir verbrauchen sollten. Es soll also darum gehen, daß unsere Staatsveranstaltung eine - wie sie sich ausdrücken – „präventive Kopfsteuerung" hergibt in Wirklichkeit des ganzen materiellen Produktionsprozesses. Das ist eine Aufgabe, die sich der sozialistische Staat z.B. nicht gestellt hatte. Er hatte sich die Aufgabe vorgenommen, alle Ressourcen an die Front zu werfen, um einzuholen, ohne zu überholen, um die Entfaltung der kapitalistischen Produktivkräfte noch zu übertreffen.

Diese Entfaltung in Grenzen zu halten, das soll eine „präventive Kopfsteuerung" bewirken, die sich an den beschriebenen Indikatoren festmacht. Es wird also gesagt: Wir wollen jetzt den Kohlenstoffverbrauch um so und so viel senken. Das ist bis jetzt nicht geschehen; bisher sollte das durch indirekte Steuerung gehen. Dazu müßte entweder eine Ökosteuer so genau bemessen sein, daß sie das Kapital und die Technologie rückwärts in eine Kurve zwingt, oder es muß mit Verboten gearbeitet werden - teils mit Verbrauchsverboten, zumindest mit einer Rationierung, was den Rohstoffverbrauch betrifft. Oder es muß mit einer Einschränkung der Konsumtionsmengen gearbeitet werden: Wir leisten uns nicht so viel Autos wie die Nachfrage hergibt, sondern wir steuern eigentlich die Nachfrage rückwärts. Wir steuern sie rückwärts über einen Prozess, der nicht anders vorstellbar ist als durch eine Kopplung von Ökosteuer einerseits - also einem ökonomischen Steuerungsmechanismus - und durch Verbote andererseits, weil der Ökosteuermechanismus allein in einer Geldwirtschaft nicht hinlänglich greifen wird.

Die Autoren freuen sich dann darüber, daß Reduktionsziele bereits teilweise in staatliche Aktionspläne umgesetzt worden sind, aber bisher eben ohne Ökosteuer. Ihre Forderungen beziehen sich bestenfalls auf Forschungssteuerungspolitik. Diese oder jene Technologie soll gefördert werden, damit auf solche Weise beispielsweise weniger Energie umgesetzt wird, um dieselbe technische Leistung zu bringen. Das ist die Grundkonzeption. Über solche vom Staat teils über Steuerung, teils über Forschungspolitik und auch über Verbote umgesetzte Richtlinien sollen die Reduktionsziele erreicht werden. Das ist also die politische Steuerungsform, einstweilen überhaupt nur nationalstaatlich denkbar. Darüber hinaus ist es möglich, im EG-Rahmen vorsichtig Positionen vorzuschieben.

Aber über das Problem Nord-Süd etwa, über diese Schranke Nord-Süd hinweg kann man natürlich auf diese Weise allerhöchst wahrscheinlich nicht durchkommen. Es zeigt sich schon, daß die EG in Südeuropa mit ihrer Höchstwertpolitik in Schwierigkeiten gerät. So funktioniert die dortige Gesellschaft und Bürokratie bisher einfach nicht. Aber es lohnt sich natürlich, in Deutschland wenigstens die Frage nach diesem Thema aufzuwerfen.

Die Richtlinie, die die Studie ethisch durchsetzen möchte und wozu sie politische Zustimmung in der Gesellschaft und damit in Verbindung über den Staat durchsetzen will, das nennen die Autoren Risikominimierung. Diese Formulierung meint, daß nicht auf einem gerade noch tragbaren Risiko gefahren wird, was in den Konkurrenzbezügen das industrielle Interesse wäre, sondern daß der Staat bei den Reduktionszielen Werte durchsetzt, die eine Minimierung des Risikos bedeuten.

Bloß das muß politisch durchgesetzt werden, und natürlich nicht über den Abstimmungsmechanismus wie bei Wahlen - dort wird nach der Einzelheit gar nicht gefragt.

Darüber hinaus steht das Problem, wie die verschiedenen organisierten Verbands- und Lobbyinteressen bei der politischen Konsensfindung mitspielen. Wenn man genauer hinsieht, geht es in Wirklichkeit dabei nicht um Wahrheitsfindung über die notwendigen Reduktionsziele, sondern es geht um die politische Kompromißfindung über diese Risiken. Das heißt, es bleibt der politische Prozess mit der Konsequenz: Was unternimmt der Staat? Bleibt er der um Konkurrenzfähigkeit ringenden Wissenschaft-Technik-Kapital-Kombination letzten Endes doch unterworfen?

Über die Reduktionsforderungen der Studie sagte ich schon in der vorhergehenden Vorlesung einiges: beispielsweise die Senkung des Primärenergieverbrauchs um ein Drittel bis zum Jahr 2010, oder die Senkung des abiotischen Rohstoffverbrauchs um 80 % bis 90 % bis 2050. Es ist rein fiktiv, weil diese Forderungen an einem politischen Verbindungsmechanismus hängen in einer Situation, in der die Politik absolut nicht souverän gegenüber dem technisch-ökonomisch-sozialen Prozess ist, den wir mit der Moderne in Gang gesetzt haben.

Sicher sind einige Restriktionen möglich. Eine charakteristische Forderung der Studie ist zum Beispiel: Ab 2010 keine Neubelegung von Fläche mit Infrastruktur, also Wohnungen, Industrie, Verkehr usw. Das Kapital soll also gezwungen werden, stets nur noch auf regenerierten Flächen zu arbeiten. Es ist denkbar, daß in einzelnen Punkten Einschränkungen erzwungen werden können, indem man nicht bloß mit Restriktion, sondern auch mit Subventionen arbeitet. Das könnte es dann spannend machen: Eine von der Industrie schon bis fünf Stockwerke unter die Erde verdorbene Fläche wieder herzustellen, um dort beispielsweise Wohnungen zu bauen. Das wird ungeheuer teuer, das heißt, das kostet natürlich erneut viele Ressourcen.

Ich komme noch einmal auf dieses Design zurück, was die leicht angetriebenen Fahrzeuge betrifft. Eine zukunftsfähige Gesellschaft muß auf eine neue Generation von Automobilen drängen, die maßvollen Leistungserwartungen genügen, Spartechnologien zum Einsatz bringen und zunehmend erneuerbare Antriebsenergie nutzen. Das sei vorstellbar - offenbar wieder im Weltmaßstab. Die Autobesitzer als solche sind nur insofern in Frage gestellt, als man sagt: Wenn wir jetzt wieder in Flächenbahnen investieren würden, wenn wir das Eisenbahnnetz ausbauen würden, nachdem wir es jahrzehntelang zurückgebaut haben, dann könnte man in einer irgendwie absehbaren Zeit den Autoverkehr vielleicht auf die Hälfte reduzieren - in den reichen Ländern. Im Weltmaßstab bedeutet das natürlich immer noch eine Vervielfachung.

Ich glaube aber, daß das in diesem ganzen Rahmen, in dem die Frage bisher gestellt wird, noch nicht ausreichen kann. Der Staat wird diese Umgestaltungskapazität nur aufbringen können, wenn man ihn wieder völlig anders als im Nachgang zu diesem technisch-ökonomischen Prozeß einordnet, der das Glück herbei produzieren soll. Wenn die Autoren sagen, eine zukunftsfähige Wirtschaftsweise solle unter den gegebenen Voraussetzungen einschließen, die Natur zur Lehrerin nehmen, dann sieht man hier, daß in Wirklichkeit der Naturbegriff, von dem sie ausgehen, nur von bestimmten Negativeffekten abgeleitet ist, die sich inzwischen aus dem Industrialisierungsprozess deutlich als Verstöße gegen den Naturzusammenhang abzeichnen. Es geht nur um die Natur als solche: Zum Beispiel die Natur kennt keine Abfälle. Das wäre ein Ratschlag an uns. Schön, aber das bedeutet zunächst immer noch, dieser Hinweis auf die Natur soll nur zum Anlaß genommen werden, industriell etwas kürzer zu treten. Die Natur arbeitet auf solarenergetischer Grundlage, also sollten wir das auch tun. Die Natur kennt nicht nur Wettbewerb, sie kennt auch Kooperation, also sollten wir das auch tun. Die Natur funktioniert auf der Grundlage von Vielfalt, also sollten wir nicht nur mit Superkonzernen arbeiten, sondern eine sehr große Vielfalt von kulturellen Strukturen haben, wir sollten die Kulturen im Weltmaßstab nicht plattmachen. Wir sollten uns sozusagen am Naturvorbild orientieren.

Aber das ist hier nur in den technokratischen Prozeß hineingedacht. Es bedeutet überhaupt nicht, der Mensch soll sich fragen, welchen eingeordneten Platz er in der Natur einnimmt. In der Studie wird diese tiefenökologische Fragestellung überhaupt nicht thematisiert: Ob man nicht der Natur einen eigenen Wert zusprechen sollte; ob man die Grundbegriffe der Ethik nicht ausdehnen sollte - nicht bloß auf Tiere im Zusammenhang mit Tierschutz, sondern auf den ganzen natürlichen Zusammenhang, der uns trägt, weil wir uns mit unserer Praxis eben dafür insgesamt verantwortlich gemacht haben und daraus vorgegangen sind. Ethik auf die Natur bezogen und von dort aus das Ganze neu zu überdenken - diese Frage wird gar nicht gestellt. Es geht nur um den Zusammenhang im technischen Kontext. Es ist auch deswegen ein ganz seltsamer Kopfstand, obwohl vordergründig erst einmal völlig richtig. Die Autoren schreiben: „Die Defizite liegen offensichtlich weniger in Wissenschaft und Technik als vielmehr in der Politik."

Damit meinen sie aber nicht diese Grundentscheidung darüber, mit Wissenschaft und Technik das Glück herbeiproduzieren zu wollen, sondern sie meinen die Hinweise von Wissenschaft und Technik, wir können mit der Natur so nicht weiter machen, wenn wir es überstehen wollen. An solchen Hinweisen mangelt es nicht - das ist damit gemeint. Es liegt nicht daran, daß wir darüber zu wenig wüßten, sondern es liegt vielmehr an der Politik; es liegt an der zaghaften Umsetzung. Zu fragen ist also nach den Kontexten organisierter potentieller Widerstände, nach sozial-politischen und ökonomischen Konflikten eines zukunftsfähigen Deutschlands. Es geht ihnen darum - und das zeigen sie auch im Einzelnen - wie sich die vielen gesellschaftlichen Sonderinteressen über den politischen Mechanismus den Konsequenzen entgegenstellen, die uns Wissenschaft und Technik nachträglich nahelegen. Aber der Grundkonsens dafür, daß der Mensch sich praktisch über Wissenschaft und Technik definiert, steht gar nicht zur Debatte. Zur Debatte steht nur, daß man dem ökonomischen Prozeß ökologische Leitplanken setzen muß, damit von der Natur noch etwas übrig bleibt. Das heißt, es bleibt unverändert anthropozentrisch gedacht.

Die Frage eines „vernünftigen Regiments für die Erde" - sie wird geradezu verleugnet, indem man sagt, man könne sich den Wandel nicht als Ergebnis einer umfassenden, rational ins Werk gesetzten Strategie vorstellen. Und man meint damit diesen Detailrationalismus, der immer mit den einzelnen wissenschaftlich-technischen Maßnahmen verbunden ist. Ihnen ist gar nicht klar, es geht in Wirklichkeit darum, ob die Gesellschaft als Ganze einen vernünftigen Zugang zu ihrem Stabilitätsproblem finden kann.

Wer es so formuliert - man könne sich den Wandel nicht als Ergebnis einer umfassenden, vernünftig ins Werk gesetzten Strategie vorstellen -, der sagt: Es geht gar nichts. Denn dieser Wandel ist gar nicht denkbar ohne ein Wiedereinschwenken auf Vernunft im Ganzen, auf einen Kurs also, der sich diese Aufgabe überhaupt stellt (die früher theologisch behandelt worden ist und dann im späteren Humanismus philosophisch). In der vordergründig so verständlichen und berechtigten Kritik am Rationalismus sagen sie, man kann sich keine rational ins Werk gesetzte Strategie vorstellen. Aber bei dem Begriff rational sind der jagende Verstand und die naturversöhnliche Vernunft in einen Topf geworfen. Das ist, glaube ich, verhängnisvoll.

Und dann ist da die Angst vor der ohnehin erschrockenen Gesellschaft. Es wäre abwegig, sagen sie, sich den Wandel allzu staatszentriert vorzustellen. Das ginge gegen jeden Stolz und das Interesse des Bürgers, doch selber etwas beigetragen zu haben zum Wandel. Aber damit hat man einen Staatsbegriff, der im Gegensatz zur Gesellschaft steht, wo der Bürger nicht Citoyen ist. Wenn der Bürger Citoyen ist - im Sinne der Französischen Revolution wirklicher Vernunftbürger -, dann wäre es kein Fehler, sich die Sache staatszentriert vorzustellen. Denn der Staat - das ist die Versammlung der freien Bürger, die darüber entscheiden, wie wir die Vernunft im Ganzen ins Werk setzen wollen, wo Ökonomie und Technik wieder unterworfen, subordiniert werden unter den gesamtgesellschaftlichen Zusammenhang.

So aber wagt die Studie unter dem Druck der aktuellen Angst vor diesem entarteten versagenden Staat nicht, sich die Frage zu stellen. Alles bleibt dann praktisch der Teilrationalität der verschiedenen Ministerien überlassen. Es wäre dann schon ein Hohes, steht hier, wenn der Finanzminister Vorschläge zur ökologischen Steuerreform machte, statt daß der Umweltminister sie machen muß; wenn der Wirtschaftsminister über Energieeinsparung sprechen würde usw. Irgendwo tritt sogar der Gedanke auf, Ökologie müßte Chefsache, Kanzlersache werden - aber im Rahmen einer Richtlinienkompetenz, die den gesellschaftlichen Verstandeszusammenhang, nicht Vernunftzusammenhang, bestehen läßt.

Und dann kommt in der Studie die äußerste Zuspitzung des Festhaltens an diesem abwegigen Zustand, in den die Gesellschaft der Moderne hineingeraten ist. Sie sagen: Was bleiben wird im Hinblick auf die Staatsfrage und um für den Zusammenhalt der Gesellschaft zu sorgen (aber unter den Bedingungen dieser expandierenden Einzelteilbereiche, wo jeder nach Seinem strebt), das sei der demokratische Rechts- und Verfassungsstaat, auf den man gesetzt hat, „eine ökologisch zukunftsfähige Gesellschaft ist eine pluralistische Gesellschaft". Diese Teilbereiche der Jagd, der Zerfall in die einzelnen Teilstrukturen der Gesellschaft, das wird unter dem Gesichtspunkt „pluralistisch" meiner Meinung nach erst einmal bejaht. So kann man dann lesen: „Das weist dann aber positiv einen Reichtum menschlicher Möglichkeiten aus"

In der Mitte der sechziger Jahre waren wir in der Bundesrepublik auf dem Höhepunkt des Selbstverständnisses, wie herrlich weit wir es denn nun eigentlich gebracht haben. „und räumt unterschiedlichen Menschen die Freiheit ein, die ihnen zusagenden Möglichkeiten zu leben, und verbindet diese Freiheit, indem sie sie allen gewährt, mit sozialer Fairness und Gemeinsinn."

Das heißt also, einen übergreifenderen Ordnungszusammenhang, der vom Grund her arbeitet, stellt man sich nicht vor, sondern nur, daß der demokratische Rechtsstaat oben drüber reguliert und gewissermaßen das Schlimmste verhindert. „Er verbindet diese Freiheit, indem er sie allen gewährt"; das ist wieder diese Illusion, im Weltmaßstab „die ihnen zusagenden Möglichkeiten zu leben" und nicht die, die uns der große Zusammenhang der Natur auf diesem Erdkreis ermöglicht. Es bleibt vielmehr dabei, daß wir testen. „indem sie sie allen gewährt und mit sozialer Fairneß verbindet"; das ist das Konzept: alle haben das gleiche Anrecht auf diese Umwelt. Der Staat muß nun garantieren, daß es dabei auch noch gerecht zugeht - bei nicht mehr wachsendem Naturkapital.

Dann steht dort, meiner Meinung nach als Gipfel der Unvernunft - Vernunft in dem Sinne, den ich vorhin gebracht habe: „Diese Fairneß und dieser Gemeinsinn im gesellschaftlichen Zusammenhang entstehen nicht durch die Forderung einer sozial verpflichteten Moral, sondern durch die gesellschaftlich-ökonomische Praxis selbst.", also durch den Selbstlauf von Wissenschaft, Technik, Kapital und Staat, auf den wir uns in der Moderne eingelassen haben. Es ist immer noch die Illusion von der unsichtbaren Hand, die das wohl machen wird und der der Staat nachregelnd zu Hilfe kommt. *Das* soll er nun inzwischen.

Nachdem man also wohl das Gefühl hat, schon ein bißchen zuviel gesagt zu haben über die Notwendigkeit, eine Ordnungsfrage, eine „präventive Kopfsteuerung" durchzusetzen, muß man schnell hinterher schieben, es entsteht nicht durch das Postulieren einer Moral. Das heißt, wir wollen nicht zurückfinden in ein Gefühl, daß der Mensch sich der Natur gegenüber - oder Gott gegenüber, wie immer man es nennen will - Grenzen setzen muß. Sondern die gesellschaftlich-ökonomische Praxis, also die Technik in ihrem Selbstlauf, wird es wohl machen. Ergänzend schreiben sie dann: „...und durch rechtlich und politisch gesetzte Rahmenbedingungen."

Das meint also: Was heute vor sich geht, das wird wohl so weiter laufen, aber wir setzen rechtliche und politische Rahmenbedingungen. Nachdem wir Recht und Politik nicht mehr *über* dem technisch-ökonomischen Prozeß angeordnet haben - wie das in jeder traditionellen Gesellschaft der Fall war, sondern nachgeschaltet haben.

Das ist ein Offenbarungseid! Wir werden uns wundern, sage ich, wenn wir glauben, daß wir mit rechtlich und politisch gesetzten Rahmenbedingungen weiterkommen, während die gesellschaftlich-ökonomische Praxis ihre bisherige Autonomie behält und nicht wirklich einer politischen Neuentscheidung unterworfen wird. Das wird nicht gehen. Ohne ein neu erfundenes strukturelles Primat der Politik wird es nicht gehen.

Weiter sagen die Autoren, sie wollen eine Marktwirtschaft, die wieder eingebettet ist in ein größeres Ganzes, das wir Gesellschaft nennen. Aber das ist inkonsequent formuliert! Es ist richtig, wir brauchen eine Marktwirtschaft oder überhaupt eine Wirtschaft, die wieder eingebettet ist in ein größeres Ganzes, das wir Gesellschaft nennen. Aber das kann nicht dieser selbstlaufende gesellschaftlich-ökonomische Prozess sein. Es hilft auch nicht, nachträglich über rechtliche und politische Rahmenbedingungen Einschränkungen setzen zu wollen.

Das letzte worauf ich hinweisen will ist, was sie unter politischer Reform verstehen. Die politische Reform ist ihre Konsequenz aus den Rückwirkungen ins Gesellschaftliche hinein, die die Sprengung des natürlichen Rahmens zur Folge haben. Aber die politische Reform folgt nicht daraus, daß wir uns in den Naturzusammenhang, ins Ganze geistig zurückfinden müssen, sondern politische Reform müsse dort, wo es überschießt, wo wir zuviel kaputt machen, Reduktionsziele setzen. Deshalb brauchten wir eine politische Reform. Diese politischen Reformen sollen sich nun darauf beziehen, der Kurzzeitorientierung, die im Wahlrhythmus liegt, etwas gegenüber zu setzen. In diesem Zusammenhang braucht man so etwas wie einen „Ökologischen Rat"; aber im Sinne von Sachverständigenräten, die die Frage des Naturverbrauchs gut betrachten - und nicht den gesellschaftlichen Zusammenhang. Experten, die jeweils von der Einzelstörung des Naturzusammenhangs etwas wissen, sind gefragt - das soll die politische Reform bringen.

Wenn sich die Autoren hier auf einen „Ökologischem Rat" beziehen, meinen sie nicht eine Ordnung, die das Naturverhältnis für die gesamtgesellschaftliche Organisation zur Debatte stellt, also für eine „Gesamtvernunft", sondern sie meinen das im Hinblick auf eine Langfristorientierung, weil die gewählten Parlamentarier immer nur auf vier Jahre festgelegt sind. Präsident Clinton denkt dann erst einmal an seine Wiederwahl; und dann hat er wieder vier Jahre Zeit. Man wird sehen, daß der Opportunismus gründlicher eingefärbt ist als daß vier Jahre weiterer Regierungszeit ihm den abgewöhnt. Denn der Staat ist in seiner Funktion und Würde nicht wieder eingesetzt. Das müßten die Gesellschaften im Ganzen leisten.

Die Studie fordert bei politischen Reformen Bürgerbeteiligung; auch die müsse zunehmend professionell werden. Der Punkt „professionell" weist darauf hin: Es geht immer um die technischen Einzelheiten der Naturbeherrschung; hier müßten wir uns etwas vernünftiger bewegen. Es ist also ein technokratischer, nicht ein philosophischer oder gar spiritueller Kompetenzbegriff gemeint, wenn die Bürger gefragt sind.

Bei der Regierungsform geht es demnach auch um solche Grundfragen wie Aufwertung des Umweltministeriums und darum, daß der Kanzler auch von allen anderen Ministerien ökologische Kompetenz verlangt - aber immer im gegebenen Rahmen. Der Verkehrsminister würde sich dann um Verkehrsvermeidung sorgen, also prüfen, ob es nicht möglich ist, statt des Ausbaus der Autobahn vielleicht die eine oder andere gar zurückzubauen. Aber an dem Grundkonzept wird nicht gerüttelt.

(Vorlesung im Auditorium maximum der Humboldt-Universität zu Berlin am 28.11.1996)

Ökologisch-soziale Landeskultur als Prüfstein

Rudolf Bahro

Heute will ich über ökologisch-soziale Landkultur sprechen - im Unterschied zur Land- und Forstwirtschaft, das ist noch einmal etwas anderes. Ehe wir an das konkretere Material der Studie „Zukunftsfähiges Deutschland" herangehen, steht die Frage nach dem historischen Hintergrund für die heutige Kalamität, der im allgemeinen aus dem Blickfeld gefallen ist und auch in der Studie kaum eine Rolle spielt.

Vielleicht ist es doch ganz gut, wenn man sich einleitend und überhaupt noch einmal daran erinnert: Es ist noch keine zweitausend Jahre her - das ist eine historisch ganz kurze Zeit -, da gab es in Germanien hauptsächlich Urwald und eine verhältnismäßig primitive Landwirtschaft, nicht so entwickelt wie die griechische oder römische gewesen war, sie war nur eingestreut in diese riesigen Wälder. Sie stellte alles andere als ein schon zusammenhängendes Netzwerk dar. Es gab natürlich keine deutsche Landwirtschaft, sondern es gab die Anstrengungen der verschiedenen mehr oder weniger miteinander kommunizierenden Stämme.

Ich will auch daran erinnern - das war der Stoff meiner Vorlesungsreihe im vorigen Semester -, daß hinter der ganzen Entwicklung des Umgangs mit der Landschaft in Germanien die hirtennomadische kriegerische Struktur stand. Als dann in der Römerzeit im Süden eine kulturelle Herausforderung vorhanden war, bezog sich der größere Teil der germanischen Stämme auf diese Grenze. In großen Überfällen, in Eroberungszügen und dadurch, daß die Germanen zum Teil auch Hilfstruppen der Römer wurden in deren imperialem Prozeß, der allerdings am Auslaufen war, wurde Germanien noch ein Stück aus seiner ursprünglichen Situation herausgerissen. Erst die Begegnung zwischen der germanischen und der im Untergang des Reiches sich befindenden römisch-christlichen Kultur hat den ganzen kulturellen Prozeß in Nordeuropa, also in Germanien, angestoßen und richtig in Bewegung gesetzt.

Wichtig ist, sich in Erinnerung zu behalten: Erst in dem Zeitraum vor 2000 bis 1500 Jahren begann die Agrikultivierung Deutschlands, die landwirtschaftliche Nutzung unserer Flächen hier. In der mittelalterlichen deutschen Geschichte kann man in Verbindung mit der Politik der verschiedenen Kaiserhäuser, aber auch der Territorialfürsten, immer wieder Hinweise darauf finden, daß Land urbar gemacht wurde. Urwald wurde umgelegt, und die Dörfer wuchsen aufeinander zu. Eine große Rolle spielte dabei natürlich das Ausbeutungsinteresse des Adels, der von der Landwirtschaft lebte. Die Kultivierung geschah in einem aristokratisch-feudalen, patriarchalen Kulturzusammenhang. Ungefähr 1500 Jahre lang blieb die Lage stabil, bis etwa 1800. Um diese Zeit lebten noch 75 % der deutschen Bevölkerung bäuerlich, von der Landwirtschaft. Das war nicht einfach bloß die Landbevölkerung, die war noch etwas größer - es lebten nicht 25 % in den Städten, sondern die bäuerliche Bevölkerung machte ungefähr 75 % aus. Praktisch ist also nur ein Viertel der Bevölkerung von dieser primären Formation mit getragen worden. Um 1800 war Deutschland noch nicht industrialisiert, wenn es auch schon die eine oder andere Manufaktur gegeben hat. Insofern war es - jedenfalls von der kulturellen Grundausstattung her - mittelalterlich.

Diese Feudalstruktur des Mittelalters war im großen und ganzen - äußerlich gesehen jedenfalls - in Takt, wenn auch die Geldwirtschaft schon seit ein paar 100 Jahren daran zehrte. Die nächste Formation, die dann auf dem Verhältnis von Bourgeoisie und Proletariat beruhte, und die die nächsten 150 bis 200 Jahre bestimmte, diese neue Formation drückte nicht nur die bäuerliche, sondern auch die feudale Struktur via Geldwirtschaft allmählich weg.

Im Weltmaßstab machte man die Erfahrung, Landwirtschaft kann kapitalistisch nicht wirklich konkurrenzfähig produzieren; in puncto Profitraten bleibt sie immer zurück. Das ist das Geheimnis dafür, warum die EG so teuer ist. Man hat bisher den kompromißhaften Versuch gemacht, die Bauernschaft dafür etwas auszugleichen - trotz dieser ökonomischen Logik, die im Kapital liegt und gegen eine gleichmäßige Entfaltung in diesem Sektor arbeitet. Dadurch wollte man auch der nationalen Komponente, die in der Bauernschaft in Folge dieser kulturellen Tiefenstrukturen noch liegt, Rechnung tragen. Man alimentierte damit die überlieferte kulturelle Identität der verschiedenen Bauernschaften, versuchte aber auch die Unterschiede zwischen den nationalen Bauernschaften auszugleichen. Die französische Bauernschaft war z.B. nach dem Krieg zunächst sehr viel schlechter gestellt als die deutsche in ihrem Anteil am Kuchen. Darüber hinaus stellte die EG-Agrarpolitik den Versuch dar, die in der Industrialisierung begriffene landwirtschaftliche Produktion gegen die sonst zu überlegene industrielle Produktion zu schützen. Das ist der Grund dafür, warum so riesige Haushaltsbeträge in Brüssel nach wie vor in diesen Bereich gesteckt werden. Das ist ein Tribut, der gezahlt wird, weil er aus weltpolitischen Gründen opportun ist.

Wie gesagt, um 1800 lebten noch drei Viertel der Bevölkerung auf dem Land. Um 1900 waren in der Landwirtschaft noch 40% beschäftigt. 1945, nach dem Krieg, waren ungefähr 25% in der Landwirtschaft tätig. Die Agrarproduktion in der Bundesrepublik heute wird von 3 - 4% der Bevölkerung bewältigt.

Die Bauernschaft ist also ganz gewaltig reduziert worden, im Westen stärker als im Osten, und zwar nicht bloß aus den allgemeinen Produktivitätsdifferenzen - obwohl in der DDR die Industrialisierung der Landwirtschaft im gleichen Maß betrieben wurde. Aber über die LPG sind sehr viele nicht unmittelbar agrarische Tätigkeiten - kulturelle Dinge wie Kindergärten, die handwerkliche Betreuung des agrarischen Sektors, die Reparatur der Landmaschinen usw. - eingegliedert gewesen in diesem Zusammenhang. Das Verhältnis ist also in der DDR trotz aller ebenso zerstörerischen Kapazität noch ein bißchen organischer gewesen, was den Bezug der Landbevölkerung zur Erde betrifft, auch wenn manche nur indirekt damit zu tun hatten. Deswegen reduzierte sich die Beschäftigung in der Landwirtschaft nach der Wende so enorm; es wurden - abgesehen von dem Zwang zur Produktivität in der Agrarproduktion, die mit dem Kapitalismus verbunden ist - noch viele angelagerte Bereiche mit ausgegliedert. Die Menschen fallen dann großenteils in die Arbeitslosigkeit, und das bringt natürlich wieder weitere Auflösungstendenzen in der Agrarstruktur wie in der Agrarkultur mit sich.

Jedenfalls hatten wir nach dem letzten Krieg eine Landwirtschaft in Deutschland, wo immer noch der bäuerliche Familienbetrieb vorherrschte und damit - kulturell gesehen - nicht der Unternehmer. Ernst Jünger schloß in den Begriff des Arbeiters die technische und wissenschaftliche Intelligenz ein, und alle zusammen stellen den großen Arbeiter auf der Erde dar. Wo die Produktion als solche, ihre technische und ökonomische Seite, der Marktmechanismus, ganz das Profil des Produzenten bestimmt, ergibt dies kulturell eine völlig andere Figur als den Bauern bzw. die bäuerliche Familie, die nach 1945 gerade noch vorgefunden wurde.

Eigentlich ist die Landwirtschaft ein kultureller Bereich, der noch einer vorkapitalistischen Formation angehörte - wenn auch die Familienbetriebe längst mit dem Markt kommunizierten und nicht mehr auf Subsistenz ausgerichtet waren. Subsistenz, das heißt Produktion für die eigene Familie; nur der Überschuß wird verkauft. Sie war noch um 1800 gängig gewesen, als 75% der Bevölkerung in der Landwirtschaft tätig waren. Später gab es dann keine Subsistenz mehr, aber die kulturellen Strukturen des Familienbetriebs waren noch vorhanden.

Ich erlebte das selbst noch, wie die bäuerlichen Strukturen Zusammenhalt gaben, ich stamme aus einer bäuerlichen Familie; man war verwandt und verschwägert über das eigene Nest hinaus. Das war noch ein eigener Kulturbereich. In den brandenburgischen Gegenden, wo ich her bin, galt z.B. das Leben in Berlin, einschließlich dessen was Kaiser Wilhelm II. bot, eigentlich schon als Sündenbabel. Das war eine kulturelle Reaktion auf die Modernisierungsprozesse, wie immer man die auch beurteilen mag.

Was mich hier interessiert, ist: Es gibt einen Einschnitt, der erst im 20. Jahrhundert voll zum Tragen gekommen ist, und zwar in zwei Schüben. Der erste Schub war der Erste Weltkrieg, der zweite nach 1945, durch den die Bevölkerung, die sich mit Landwirtschaft befaßte, eigentlich minimiert worden ist. Heute ist es in manchem insbesondere westdeutschen Dorf praktisch so: Die zwei oder drei Vollerwerbsbauern, die in der Gemeinde noch übrig sind, müssen aufpassen, daß es den anderen Dorfbewohnern nicht zu sehr stinkt, sie bei ihrer Arbeit nicht zuviel Krach machen. Zwar sind oft noch kulturelle Reste erhalten worden, es sind Rechte gewahrt worden, aber die Bauernschaft gerät heute in ihren eigenen Dörfern unter Druck.

Die kulturelle und auch nationale Identität, die immer mit dem bäuerlichen Leben verbunden war, ist im Grunde genommen - massenhaft gesehen - nicht mehr vorhanden. Was die Mentalitäten betrifft, so ist das natürlich nicht in einer einzigen Generation ausgelöscht, das mag so sein für ein bestimmtes Dorf, aber nicht für die Landwirtschaft als Ganzes. Das kann zwei oder drei Generationen dauern, bis sozusagen die letzten Reserven dieses Naturverhältnisses verbraucht sind. Die Formel, die hier in Ostdeutschland ideologische Losung war „Ohne Gott und Sonnenschein", also ohne den Naturzusammenhang „bringen wir die Ernte ein", hat eigentlich nichts mit Sozialismus zu tun, sondern das ist der Geist der wissenschaftlich-technischen Revolution. Der Mensch bildet sich ein, er könnte auf die Schenkungskraft der Erde verzichten, während in Wirklichkeit nach wie vor nichts wächst, wenn die biologischen Kräfte nicht vorhanden sind.

Das ist übrigens wichtig zu sehen für den Charakter der ökologischen Krise in der Landwirtschaft. Die ökologische Krise in der Landwirtschaft bezieht sich nicht in erster Linie auf die physiko-chemische Ebene, sondern was wir dort sehen, ist das Ausbeutungsverhältnis des Menschen zur Biosphäre. Stickstoff und andere Düngemittel, alles, was an Chemie hineingeworfen wird, das sind Mittel in diesem Ausbeutungsprozeß, dem wir die Biosphäre unterworfen haben. Diesen Unterschied zu sehen ist, glaube ich, sehr wichtig.

Das heißt also: Vor allem in der Landwirtschaft machen sich die Folgen der Industriegesellschaft - der Gesellschaft, die auf wissenschaftlich-technischer und ökonomischer Ausbeutung der Natur beruht - unmittelbar bemerkbar, vor allem wenn sie die physikalisch-chemische Ebene berührt. In der Landwirtschaft handelt es sich um den Umgang mit der Biosphäre selbst, wir machen sie uns zum Untertan. Deswegen ist die Situation in der Landwirtschaft auch signifikanter, um zu erkennen, was wir eigentlich veranstalten.

Die Land- und Forstwirtschaft belegt in Deutschland immer noch ungefähr 83 % der Fläche. Sie reduziert sich zwar ständig durch Bebauung verschiedenster Art, und es werden auch Flächen, die eigentlich zur landwirtschaftlichen Nutzfläche gehören, in immer größerem Maße herausgenommen aus der landwirtschaftlichen Produktion, weil die Grundrente nicht mehr stimmt, also der Grenznutzen überschritten ist, von der Differenzialrente ganz zu schweigen. Da wird dann sehr viel still gelegt. Der Mensch verzichtet also noch zusätzlich auf das, was die Sonnenenergie, was Photosynthese auch auf diesen Flächen bieten könnte, nur weil die technisch-ökonomische Gesellschaft sich davon keine Profite mehr ausrechnet. Während der Mensch früher mit seiner Muskelkraft, unterstützt durch die Muskelkraft der Tiere, produzierte, wird die Biosphäre heute einem industriell-technologisch-wissenschaftlichem Produktionsprozeß unterworfen. Dieser Prozeß ist voll im Gange und fast zu seinem Ende gekommen.

In diesem Durchgang von der Urwaldhaftigkeit Deutschlands vor etwa 1800 bis 1500 Jahren zu einer chemisch angetriebenen Industrieproduktion in der Landwirtschaft sind verheerende kulturelle Auflösungsprozesse vor sich gegangen - Auflösungsprozesse die nicht aufgefangen worden sind! Das muß man erst einmal erkennen. Dieser Prozeß ist nicht neu integriert worden, sondern es ist nur abgebaut und zerstört worden. Die Alimentierung der Bauernschaft durch die EG-Agrarpolitik verhinderte nicht, daß die Menschen, die noch in der Landwirtschaft tätig sind, an Selbstbewußtsein schwer geschädigt worden sind. Das beschleunigt den Verlust an Identität, die noch vorhanden war, und wird durch nichts ersetzt - „Wozu noch Bauer sein?"

Wenn die Globalisierung wirklich zum Zuge kommt, dann werden auch die osteuropäischen landwirtschaftlichen Flächen kapitalistisch ins Spiel gebracht - in Ostdeutschland ist das auch geschehen. Die Auseinandersetzung in Deutschland heute hat damit zu tun, daß die Flächen in Ostdeutschland verhältnismäßig zu groß sind. Das ist ein schlechtes Erbe der DDR-Landwirtschaftspolitik, und es stört jetzt die Interessen der Bauern im Westteil. Hier zeigt sich nur noch einmal, was insgesamt im Gange ist. Die politischen Streitigkeiten um die Frage - revidieren wir die Auflösung der Genossenschaften oder nicht - ist ein Epiphänomen[1]. Es zeigt nur etwas und ist keine wesenhafte Auseinandersetzung.

Im Weltmaßstab gesehen muß man von einer ganz kurzfristigen Vernichtung der Bauernschaft reden, die in zwei Schritten vor sich ging. Zunächst haben sich die weißen Kolonialnationen riesige Gebiete unter den Nagel gerissen, und im Zuge der Entkolonialisierung nach dem 2. Weltkrieg enteigneten die neuen nationalen Bürokratien dann Ländereien, um zu ihrem Mercedes zu kommen. Zuerst setzte sich also der europäische Grundbesitz in den Kolonialgebieten fest und dann betrieben die nationalen Bürokratien Enteignung größten Stils.

Was übrig geblieben ist, das sind einerseits landwirtschaftliche Unternehmer, und andererseits führte das zu einer Verelendung der Subsistenzlandwirtschaft, die durch die Art, wie sie zustande kam, kein Vorbild sein kann. Sie ist Folge eines Verelendungsprozesses. Hinzu kommt heute, daß sich durch die Bevölkerungsentwicklung beispielsweise in den zentralafrikanischen Ländern in kurzer Zeit - in ein bis zwei Generationen - die Pro-Kopf-Anteile je Hektar derart verringern, daß es zum Leben zu wenig und zum Sterben zu viel ist. In Afrika gibt es Gebiete, wo für jeden nur noch 0,1 Hektar zu Verfügung stehen. Das treibt auch die sozialen und ökologischen Auseinandersetzungen dort an.

In den europäischen Ländern dauerte der Auflösungsprozeß der urspünglichen Bauernschaft über 200 Jahre und lief parallel zum Industrialisierungsprozeß. Aber in der übrigen Welt - Japan vielleicht ausgenommen - war das ein Prozeß, der erst nach 1945 diesen massenhaften Maßstab angenommen hat, und in Folge dessen die Menschen von ihrer bäuerlichen Existenz in erster, zweiter oder dritter Generation enteignet worden sind. Es gibt jetzt schon in verschiedenen Gegenden der Erde eine ganze Generation, die noch von der Landwirtschaft unterhalten wird, aber in der Landwirtschaft gar keine Perspektive mehr hat und dann natürlich die Slums der Städte vermehrt.

Das ist die Gesamtsituation. In den entwickelten Ländern in Europa, in Amerika, in Australien - da sind wir gerade erst im Begriff, die sozialen Ordnungsmaßstäbe und Ordnungsmöglichkeiten endgültig zu verlieren; noch steht die Katastrophe erst in der Tür. Vor diesem Hintergrund muß man sich ansehen, was die Studie „Zukunftsfähiges Deutschland" über die unmittelbaren ökologischen Folgen für die Biosphäre in Deutschland mitteilt. Man darf die Situation in Deutschland - so kritisch sie von der Studie dargestellt wird - nicht verwechseln mit der Lage der Bauern und der Landwirtschaft im Weltmaßstab, die ungleich unglücklicher ist. Dort hat der Output pro Hektar, also die Ernte, viel größere Schäden an der Bodenfruchtbarkeit zur Folge als bei uns. Beim Faktor Bodenerosion wirtschaften wir in den reichen Ländern in einem Verhältnis von ungefähr 0,6 zu 1. Das heißt, mit einer Tonne Ernte verlieren wir 0,6 Tonnen an

Boden durch Erosion, die mit dem industriellem Bearbeitungsprozeß, mit der Anwendung von Düngemitteln usw. zusammenhängt. Im Weltmaßstab sind das aber sechs, zehn und zwölf Tonnen im Verhältnis zu einer Tonne Ernte - in sehr vielen Regionen jedenfalls.

Bei uns hat die kapitalistische Normalität, die sich in der EG-Agrarpolitik durchsetzt (obwohl das auch etwas gepuffert worden ist) dazu geführt, daß die größeren Betriebe den Sieg davon tragen. Deswegen auch der Ärger über die verhältnismäßig großen Betriebe, die im Osten noch übrig geblieben sind. Der Bauernverband, der in erster Linie die größeren Besitzer repräsentiert, die sich dadurch natürlich mehr Geltung verschaffen können, die Lebensmittel- und Chemieindustrie - diese Kräfte zusammen genommen sorgen dafür, daß die Landwirtschaft auf langem Wege trotz der Subventionen international nicht mehr Stand halten kann, und zwar weder dem allgemeinen Industriepotential gegenüber noch den Landwirtschaften anderer, weniger entwickelter Länder, wo die Bevölkerung stärker ausgebeutet werden kann.

Das ist auch der Grund, weshalb man heute fragt, ob es überhaupt noch Sinn macht, hierzulande Lebensmittel anzubauen. Ein Kurzschluß erster Güte ist diese Annahme. Denn die Entwicklung der Bodenfruchtbarkeit geht einerseits abwärts und die Bevölkerungsentwicklung andererseits aufwärts. Um die Bevölkerung zu ernähren, werden wir den letzten Hektar Fläche, den wir aus ökonomischen Erwägungen jetzt noch aus der Produktion rausziehen - in einigen reichen Ländern ist die Landwirtschaft offenbar im relativen Sinne zu teuer geworden -, doch wieder reinnehmen müssen. Denn im Weltmaßstab gesehen brauchen wir die Erde natürlich. Dieser Entwöhnungsprozeß wird zurückschlagen. Da wird kulturelle Substanz abgebaut, auf die wir noch einmal angewiesen sein werden. Das gesellschaftliche Ansehen der Bauernschaft ist völlig ruiniert worden in dem Prozeß der Industrialisierung, im Westen noch viel schneller als das im Osten aus mancherlei Gründen der Fall gewesen ist. In diesem Niedergang liegt eigentlich die größte Katastrophe. Denn ohne einen subjektiven Faktor, der die ökologischen Erfordernisse umsetzen kann und das mit Selbstbewußtsein tut, ist all den Dingen nicht beizukommen, die für die Verfasser der Studie so interessant sind.

Eine Folge der EG-Agrarpolitik ist der Rückgang der landwirtschaftlichen Nutzfläche von 1970 bis 1990 um 50 Prozent. Man rechnet damit, daß sich das in den nächsten zehn bis zwanzig Jahren auf ein Drittel (33-35%) reduzieren wird. Es lohnt sich nicht, auf dieser Fläche zu produzieren, denn man kann profitmäßig nur auf sogenannten Gunstgebieten mithalten - selbst unter Einrechnung der EG-Subventionen. Die Subventionspolitik der EG wird von der Studie mit Recht in Frage gestellt. Sie fragt, ob man damit nicht etwas anderes anfangen könnte.

Jedenfalls verlieren wir genutzte Fläche in einem Umfang, der demnächst fast an die Hälfte der verfügbaren Fläche heranreicht. Auf der anderen Seite nutzen wir ungefähr die Hälfte der Fläche, die Deutschland überhaupt agrarisch belegt - und das meint nicht nur das Inland, auch das Ausland, also auch die Export-Import-Bilanz - für unseren Fleischkonsum. Pro Kopf nehmen wir 0,26 Hektar in Anspruch, das meint nicht nur

Fläche in Deutschland, sondern auch anderswo in der Welt. Von diesen 0,26 Hektar pro Kopf mögen ungefähr 0,12 Hektar importierte Futtermittel sein, die anderswo wachsen und die wir in unsere agrarische Produktion mit einbeziehen. Je stärker aber die Viehbestände konzentriert sind, desto größeren ökologischen Schaden richtet das natürlich an - abgesehen von den Transportkosten, die dabei entstehen, und von den ökologisch-materiellen Folgen, die der Massentransport von landwirtschaftlicher Produktion hat. Ansonsten ernähren wir uns von einem Drittel der Fläche im eigenen Land. Und auch hier gibt es neben dem erwähnten Import von Futtermitteln einen riesigen Export von sogenannten „veredelten" Lebensmitteln. Das bedeutet, ganze Kolonnen von LKW müssen fahren, erst mal hergestellt sein, auch die Straßen müssen gebaut sein usw. Das alles sind Kosten, die übrigens von der Landwirtschaft externalisiert werden. Die Landwirtschaft selbst macht die Transporte nicht, das ist dann die Agroindustrie. Es ist im Grunde genommen ein Effekt des Gesamtsystems; schon die Kooperation im Produktionsprozeß selbst lastet unsinnig auf der Erde.

Für Fleisch benötigt man eine verhältnismäßig große Nährstoffmenge, das Zehnfache im Durchschnitt gegenüber den Getreidekalorien. Es spricht auch unter diesem Gesichtspunkt viel dafür, den Fleischverbauch zurückzufahren. Die Studie weist auch darauf hin, der hohe Fleischverbrauch ist kein Produkt der Agrarlobby, sondern der gängigen Bevölkerungsgewohnheiten. Diese ganze Situation resultiert nicht auf Manipulation, sondern wir denken wenig darüber nach, was der hohe Fleischkonsum bedeutet. Günter Rohrmoser, ein konservativer Philosoph, beklagt sich darüber, wir nehmen gar nicht mehr wahr, was wir den Tieren antun in unserem Reproduktionsprozeß. Seine Überlegung ist nicht so sehr, daß wir Fleisch essen, sondern wie wir beispielsweise auf Transporten mit den Tieren umgehen, er sieht die Probleme der Massentierhaltung u.a.

Dieser Zustand wurde durchgesetzt über ökonomische Steuerungsmechanismen, die Futtermittel aus dem Ausland sind eben billiger. Das bewirkt die Konzentration der Viehbestände an bestimmten Stellen, während Wiesen stillgelegt werden, weil sie vom ökonomischen Denken her nicht produktiv genug sind. Durch die Subventionspolitik von Brüssel aus, die die Großbetriebe unterstützt, fallen die einen Flächen raus, und auf den anderen Flächen konzentriert sich die gesamte Menge von Düngemitteln. Es gibt nur ein ganz leichtes Abfallen des Verbrauchs von Düngemitteln und Pestiziden in den letzten zehn Jahren. Die gesamte Menge von Düngemitteln kommt auf einer immer kleineren Fläche zur Anwendung, damit aus den Gunstgebieten, wie man das nennt, das Maximum herausgeholt werden kann - Gewinnmaximierung um jeden Preis! So wie der Reproduktionsprozeß angelegt ist, werfen selbst die teuren Düngemittel immer noch Gewinn ab. Das hat in den reichen Ländern eine Überproduktion an Lebensmitteln zur Folge; große Subventionsbeträge gehen in die Lagerhaltung und in den billigen Verkauf auf den Weltmärkten. Das ist wiederum der Grund dafür, daß man noch mehr Flächen stilllegt.

Diese Gunstproduktion, die Konzentration von Düngemitteln und Herbiziden und die Standortnivellierung - das alles hat zahllose negative Folgen auch für die Artenvielfalt.

Aus Brüssel wird auch noch von Jahr zu Jahr erneut vorgegeben, was angebaut werden soll. Mit dem Naturprozeß, mit dem, was der Bauer von seiner Erde weiß, hat das gar nichts mehr zu tun. Das wird dem Bauern dann egal; er wirtschaftet so, daß es ihm noch am ehesten etwas einbringt. Die Bauernschaft will mit der Entwicklung des Lebensstandards halbwegs mithalten können; mehr setzen die Bauernverbände nicht durch, für die mittleren und kleinen Bauern schon gar nicht.

Der Gesamtprozeß der ökonomischen Steuerung hält den Naturzerstörungsprozeß in Gang. Durch die Mechanismen, die im Argrarbereich dann vorgegeben werden, wird dieser noch gesteigert und gefördert. Das wirft die Frage auf, ob nicht die Grundorientierung für die Agrarpolitik fundamental geändert werden muß. Das fragen auch die Autoren der Studie.

Die Studie zieht das Fazit, man hat es nicht mehr nur mit einzelnen negativen Schadeffekten zu tun. Ihre Berechnungen zeigen vielmehr, die Pufferkapazität, die Aufnahmefähigkeit der Böden, der Wälder, der Biosphäre überhaupt für Schadelemente ist erschöpft. „Ihre Stabilität als solche ist gefährdet. Intensiv bewirtschaftete Agrarökosssteme, auch Waldsysteme, haben Filterfunktionen für Luft und Wasser verloren, transformieren statt dessen Stickstoff in gesundheits- und klimaschädlicher Form."

Das heißt also, sie stellen keine Reserve mehr dar, um die Biosphäre zu regenerieren; die Gefahr schaukelt sich bereits auf. Hinzu kommt die Erosion, das heißt der Verbrauch der Bodenfruchtbarkeit in die Zukunft hinein. Das sind Hinweise darauf, daß das gesamte System auf diesen gut 80 % der Fläche in absehbarer Zeit verhältnismäßig riesige Kosten verursachen wird, um es in seiner natürlichen Weise funktionsfähig zu halten. Die Studie schätzt ein:

„Bei den heutigen Erzeugerpreisen, bei der heute erzwungenen Intensivproduktion," (Monokultur ist gebongt - als Zwang einfach) „bei dem Verfall der Weltmarktpreise und auf Grund von Holz- und Nahrungsmittelimporten zu Dumpingpreisen aus nichtnachhaltiger Bewirtschaftung ist den meisten Land- und Forstwirtschaften eine ökonomisch rentable Produktion bei gleichzeitiger Berücksichtigung ökologischer Belange nicht mehr möglich."

Das meint: Um ökonomisch Schritt halten zu können, muß man über die ökologischen Belange hinweg gehen. Nimmt die Ökonomie ihren Lauf - heißt das unterm Strich -, dann geht die Erde unweigerlich kaputt. „Wir haben eine Produktionsweise, die grundsätzlich nicht zur Erde paßt. Ihr Ergebnis ist Denaturierung auf der ganzen Linie."

Das sieht die Studie, auch wenn sie es offenlassen will, ob das mit Kapitalismus zu machen ist. Aber es scheint für die Autoren offenbar, mit dieser technisch-ökonomischen, expansiven Produktionsweise überfordert man die Erde unweigerlich.

Das Schlimme ist: Die EG macht weiter wie bisher, wie an ihrer jüngsten Agrarreform von 1992 zu sehen ist: Wer mehr hat - wer auch mehr stillzulegen hat -, bekommt noch etwas dazu; abgesehen von der Subventionierung solcher Flächen, auf denen eben nichts wachsen soll, ist das alles ein verrückter Zusammenhang. Hinzu kommt dann noch, die EG orientiert sich deutlich darauf, in der internationalen Konkurrenz um die

Agrarpreise mitzuhalten - sie zu senken -, während zugleich der Bauernstand erhalten bleiben soll. Die Einkommenspolitik der EG fordert die Bauern dazu auf, zusätzlich zu melden, wo ihnen etwas fehlt, um im Lebensstandard mithalten zu können - aber abgekoppelt von den Preisen.

Es gibt Aufsätze, die darauf aufmerksam machen, die Bauern haben natürlich einen gewissen Informationsvorteil über ihren eigenen Bereich. Sie sind damit in der Lage, die Bürokratie in Brüssel auch zu beschummeln. Wenn sie dabei erwischt werden, kommen Kontrollen und Demütigungen auf sie zu. Es ist also auch ein moralisch degenerativer Prozeß, der durch diese Agrarpolitik aufrechterhalten wird.

Die Autoren kommen zu dem Schluß: Die Rahmenbedingungen müssen von Grund auf geändert werden, weil Ökonomie und Technik sonst über die Erde hinweggehen. Das ist ihnen klar. Auch der bisherige Naturschutz reicht nicht aus, sagen sie. Wir haben inzwischen erfahren, kleinflächige Biotope können in letzter Instanz doch nicht gehalten werden, weil die Gesamtausrottung durch das Industriesystem, auch der Agrarwirtschaft, auf diese Stellen übergreift, sie meist auch zu klein sind für die Erhaltung der Artenvielfalt usw.

Deswegen ist die Forderung, zunächst einmal zu bewahren, was an Resten natürlicher, halbnatürlicher und naturnaher Ökosysteme vorhanden ist. Reste von Wildnis gibt es in Europa sowieso nicht mehr, vielleicht noch in Nordschweden oder Nordnorwegen, das ist aber alles. Die Autoren drücken sich so aus: Die bisherige Praxis des „Käseglocken-Naturschutzes" bringt es nicht. Man muß Naturerhaltung, Naturschutz, Nutzung und Entwicklung möglichst integrieren - so die Forderung. Es wird davon gesprochen, die Biosphärenreservate, eine Einrichtung, an der in Deutschland Michael Succow großen Anteil hat, bringen einen relativen Vorteil, denn dort will man Naturschutz damit verbinden, daß die Menschen auf der ganzen Fläche Land- und Forstwirtschaft betreiben - mit wenigen Ausnahmen, nämlich dort, wo reine Naturschutzgebiete sind. Das müsse so geschehen, daß die Natur nicht weiter kaputt gemacht wird; die ökonomischen Rahmenbedingungen müssen total geändert werden.

Zugleich stellen sie aber fest, die Brüsseler Agrarpolitik - und zwar letztlich mit Zustimmung der nationalen Regierungen - macht wie bisher weiter. Die Interessen der Industrie und der großen Bauern, die sich gewohnheitsmäßig auf diese Weise reproduktionsfähig halten, setzen sich weiterhin durch. Ihre prinzipielle Forderung lautet: Man braucht eine Umstellung auf ökologischen, umweltverträglichen Landbau auf der ganzen Fläche, nicht nur auf drei, vier und fünf Prozent Bioland. Nichts spricht dagegen, daß dies existiert - aber es muß eine Gesamtregelung in Richtung Umstellung auf ökologischen Landbau geben.

Im EG-Maßstab werden heute 800 Mark pro Hektar ausgegeben, um die Überschüsse zu verwalten. Es würde nur 200 Mark mehr kosten, sagen die Autoren, um den Bauern einen gleichen Lebensstandard zu sichern, wenn sie ökologisch produzierten, was etwas geringere Erträge oder etwas mehr Arbeitskräfteeinsatz bedeuten würde. Faktisch würde dieser Betrag von 200 Mark aber sinken, denn bei ökologischem Landbau würde Überschußproduktion nicht zustande kommen. Sie wollen damit sagen: Es steht eine politisch-ideologische Praxis, angewachsen in Jahrzehnten, dagegen; ökologische und ökonomische Vernunft spielt keine Rolle.

Genauso könnte man auch in der Forstwirtschaft zu einer naturnahen Bewirtschaftung übergehen. Je nach Standortbedingungen sollte ein möglichst reicher Mischwald aufgebaut werden, und auf das System der Altersklasseneinschläge sollte verzichtet werden. Denn dadurch werden auf einen Schlag ganze Altersklassen von Bäumen vollständig weggeräumt. Auch dafür sind in der Studie Alternativen ausgearbeitet worden.

In beiden Bereichen - im Land- und Forstbau - sollte man zu einer Regionalisierung kommen. Im Landbau könnten viele LKW-Transporte überflüssig werden. In der Forstwirtschaft sollte man den Wald nicht schon am Anfang kaskadenmäßig vernutzen, sondern man könnte ihn in allen Stufen nutzen. Das würde auch Arbeitsplätze bringen, heißt es in der Studie. Man sollte die zum Teil hochenergieintensiven und hochmaterialintensiven Werkstoffe chemischer und metallurgischer Art durch Holz ersetzen. Der deutsche Wald verfügt über mehr Holz, als im Augenblick verkaufbar ist. Das hängt natürlich damit zusammen, nicht nur Futtermittel, sondern auch Hölzer werden zum Teil aus Regionen importiert, wo überhaupt keine nachhaltige Waldwirtschaft betrieben wird, sondern Urwald ersatzlos abgeholzt wird. Außerdem kommt die Verschmutzung der Biosphäre durch Verbrennungen hinzu. Dieser ganze Zusammenhang ist mit im Spiel. Wir brauchen zum Beispiel inzwischen sechsmal so viel Papier (Kilogramm pro Kopf) wie 1950 in Deutschland - ein Wahnsinn.

Der Gedanke ist also eine Umstellung des ganzen Arbeits-, Produktions- und Lebensregimes. Damit ist klar - die Autoren behandeln das auch -, daß dies das Verhältnis von Stadt und Land mit einschließen muß. Man muß sich überlegen, ob die Stadt nicht in großen Teilen ländliche Ressourcen unbezahlt nutzt. Berlin beispielsweise kassiert jetzt bei Brandenburg für die S-Bahn, die bis in die Außenbezirke hinaus verbindet. Aber umgekehrt soll Brandenburg nicht kassieren für das Straßensystem, nicht kassieren für das Zur-Verfügung-Stellen der Erholungslandschaft. Jedes Wochenende fahren Kolonnen von Autos dort hin, und die Erholungssuchenden verbrauchen dabei jedenfalls nicht nur Essen in der Gastwirtschaft.

Die Autoren fassen den Zusammenhang eines Stadt-Land-Ausgleichs ins Auge. Ökologisch-soziale Landkultur ist ihr Leitbild, und sie wollen erreichen, daß in großem Stile umsubventioniert wird. Nur zeichnet sich in der Studie eigentlich nicht ab, wie wir diese Veränderung in Richtung ökologischer Landbau, gesunde Ernährung usw. erreichen können. Wie erreichen wir, daß die Bevölkerung dabei mitzieht, beispielsweise weniger Fleisch und weniger Zucker essen will? Nach einem sozialen Subjekt für diese Sache fragt die Studie nicht. Im Grunde genommen stellt die Studie an die politische Klasse die Forderung, Bedingungen für eine solche Umstrukturierung zu schaffen. Sie fordert auch, daß die Bevölkerung - nicht nur die ländliche, sondern auch die städtische - etwas von diesem Problem begreift und Druck auf die politisch Klasse ausübt. Das sind ihre Vorstellungen.

Was den Übergang zu einer ökologischen Landwirtschaft betrifft, die regional arbeitet, was die Verkürzung der Transportwege von 1000 Kilometer in der EG auf 50 Kilometer, den Aufbau und die Nutzung des eigenen Waldes anbelangt, finden sich in der Studie viele gute Ideen. Aber es bleibt die Frage, wie man es wirklich in Gang setzen könnte.

Im Ganzen geht die Studie davon aus, die wichtigste Auswirkung eines Öko-Land- und Forstbaus wäre ein weit geringerer Material- und Energie-Input. Bisher ist der Energieinput schon allein bei der Düngemittelauswahl hoch; Stickstoff ist ungeheuer energieintensiv. Alles in der Studie läuft auf die Einsparungseffekte hinaus - in puncto CO_2, in puncto Bodenvergiftung usw., denn das war der Ausgangspunkt ihrer Fragestellung. Ihr Ausgangspunkt ist nicht Agrar-Kultur, also nicht die Frage, wie die Menschen miteinander und mit der ganzen Gesellschaft gut leben könnten. Sondern ihre Fragestellung ist: Wie kann die Biosphäre geschützt werden?

Folglich geht es dann eben um weniger Material- und Energieumsatz und die Folgen, die Belastungen für die Biosphäre. Außerdem soll die Aufspaltung in großräumige Tierhaltung und Ackerbau überwunden werden, zu kleinräumiger Tierhaltung muß übergegangen werden. In der Studie gibt es eine ganze Reihe von Hinweisen darauf, die Konzentration von Großvieheinheiten hat sehr viele ökologisch ungünstige Effekte. Man hätte, wie gesagt, weniger Nahrungsmittel- und Tiertransporte. Die Chemie würde nicht mehr wie bisher auf pflanzliche und tierische Produkte drücken. Klimaschädliche Emissionen würden um ungefähr die Hälfte sinken, die Artenvielfalt würde wieder steigen, wenn es gelänge, über ökonomische Regelungen auch dafür zu sorgen, daß die Bauern ein Stückchen Fläche für Hecken freihaben. Damit entstünden geschonte Biotope, die Bauern würden von sich aus etwas stehen lassen und nicht auch noch den letzten Quadratmeter umpflügen. Es gäbe unbewirtschaftete Flächen, die Biotope verbinden. Man weiß heute, die Vielfalt der Tier- und Pflanzenarten ist auf ökologischen Flächen wesentlich größer, und das wäre ein Vorteil.

Vieles sind alte Vorgehensweisen, so war die Landwirtschaft mal. Man will zurück von dem industriellen Wahnsinn, der auf der Landwirtschaft abgeladen worden ist, auch bei der Gestaltung der Humuswirtschaft, steht hier. Denn damit ist die Bodenfruchtbarkeit von 1850 bis 1950 vervierfacht worden, hauptsächlich mit biologischen Mitteln. Ich selbst habe noch erlebt, daß Pferde im Kreis liefen und die Dreschmaschine angetrieben haben. Der Pflug ist vom Pferd gezogen worden, und die Räder haben Pferdekraft dann in eine mechanische Technologie umgesetzt. Das hat natürlich auch den Druck auf den Boden geringer gehalten.

Es gäbe eine Vielfalt von Dingen, die die Erosion reduzieren würden, sagen die Autoren. Wenn die Erträge ein Stück weit sinken würden und die Zahl der Arbeitskräfte steigen, dann müßte das kein Nachteil sein, wenn man bedenkt: es gibt einerseits Überschüsse an Agrarprodukten und andererseits eine große Nachfrage nach Arbeitsplätzen. Wir leisten einen großen Teil der gesellschaftlich notwendigen Arbeit weder in den Städten noch auf dem Lande, weil sie unter dem ökonomischen Regime nicht finanzierbar ist. Das möchten die Autoren gern überwinden. Rückläufig wäre natürlich auch die Verarbeitungsindustrie und die Konzentration des Handels, sagen sie, wenn die Regionalisierung zustande kommt.

Es soll also tendenziell zurückgenommen werden, was der Landwirtschaft erst in den letzten 50 Jahren, nach 1945, durch die Industrialisierung aufgedrückt worden ist. Um das zu realisieren, meinen die Autoren, könne man nicht auf Dauer wie bisher einfach Menge und Fläche honorieren und die Einkommen ohne konkrete ökologische Gegenleistungen festlegen. Allerdings haben sie selbst die Sorge, daß das ein ungeheures bürokratisches Kontrollsystem erfordern würde.

Ihre Hauptfrage, die sie stellen, aber nicht beantworten, ist: Wie könnten die Agrarpreise wieder die ökonomische und ökologische Wahrheit sagen? Wie könnte all das, was die Agrarproduktion wirklich kostet, in die Preise gelegt werden? Die Gesellschaft müßte sich dann dazu entschließen, eine solche Umproportionierung in den Ausgaben hinzunehmen. Beispielsweise verbrauchen wir 13 Prozent des Materialinputs, der in unsere Kultur eingeht, inzwischen für Freizeit.

Wahrscheinlich ist es der Erde nicht zuträglich, daß wir den Aufwand, den wir in die Verteidigung des Einkommens legen, der sich auch in den Preisen ausdrückt, in diesem Maße auf die Natur abwälzen. In der Studie formulieren sie es so: „Die Verbindung der ökologischen und sozialen Leistungen der Land- und Forstwirtschaft sollte daher nach einer angemessenen Übergangsphase..." - in der für ökologische Leistungen und Naturschutz noch extra bezahlt wird - „... durch höhere und angemessene Nahrungsmittel- und Erzeugerpreise erfolgen."

Das heißt, wir müßten einen Zustand wiederfinden, in dem die Landwirtschaft sich von selbst ökologisch verhält. Im Großen und Ganzen ist mit dem Aufbau der Kulturlandschaften bis in dieses Jahrhundert hinein bewiesen worden, daß das geht, und man müßte dort wieder hinkommen. Aber es gibt in dem Buch hier gar keine Vorstellungen, wie man angesichts der Globalisierung der kapitalistischen Struktur die Preise mit der Ökologie und der wirklichen Ökonomie in Übereinstimmung bringen könnte.

Ich erinnere noch einmal daran, die Autoren gehen davon aus, der Lebensstandard der Bauern könnte unmittelbar gesehen erhalten werden, wenn man die Subventionen darauf ausrichtet. Nur ist das keine langfristige Perspektive, wenn man statt Überschüsse zu subventionieren eine geringere, aber dann insgesamt ökologische Produktion und die entsprechenden Verfahren in der Landschaftspflege subventioniert. Es gibt in der Studie keinen Hinweis darauf, wie man das System dazu bewegen soll, zumal sich über die aufgesetzte Bürokratie in Brüssel immer nur der Druck der Realitäten durchsetzt. Eine geistige Umstellung in ganz Europa müßte der Zugang sein, um diese Sache in Gang zu bringen. Soweit ich sehe, ist der Denkprozeß in Deutschland bis etwa 1990 etwas weiter gewesen als etwa in Frankreich, insbesondere aber auch in England. Aber ich glaube, die EG ist nicht rückgängig zu machen, und man wird deshalb in diesem Gesamtrahmen auch denken müssen - ohne zu verkennen, daß die Möglichkeit nationaler Einflußnahme, auch nationaler Alleingänge, was regionale und lokale ökologische

Verhältnisse betrifft, gewaltig unterschätzt wird. Wenn man nicht so beschränkt in der finanzpolitischen Orientierung wäre und es wagen würde, in die Zukunft zu investieren, es wäre sehr viel möglich.

Wenn ich versuche, die Studie im Ganzen zu bewerten, was die Möglichkeiten einer Umstellung auf ökologisch-soziale Landkultur betrifft, einer „Regeneration der Land- und Forstwirtschaft", wie die Autoren sagen, dann will ich daran erinnern: Die Studie ist so aufgebaut, daß sie das Schadverhältnis der modernen Industriegesellschaft zur Biosphäre auflistet - was geht dort materiell gesehen kaputt? Da wird in der Landwirtschaft besonders deutlich: Lauter ökonomische Entscheidungen stehen dahinter. Es sind keine antiökologischen Entscheidungen als solche getroffen - wir wollen die Natur kaputt machen - sondern es ist ein ökonomischer Mechanismus, der das mit einiger Notwendigkeit zur Folge hat.

Es ist ganz eindeutig, die Bauern sind die letzten, die darauf Einfluß haben. Ich habe kürzlich eine Studie des Landwirtschaftsministeriums in Bonn gesehen, da war klar: Wichtig ist die EU, wichtig ist Bonn, wichtig ist die Landesregierung, wichtig ist selbst ein Kreis in der Festlegung von Rahmenbedingungen, wichtig ist die Chemie- und die Lebensmittelindustrie - der Bauer ist der Kleinste! Das heißt, wenn man den Strich ziehen will unter die Betrachtung, die ich einleitend über die kulturelle Degradation vorgenommen habe, dann ist das Ergebnis: Der Bauer hat auf seine eigene Produktionsweise gar keinen ausschlaggebenden Einfluß mehr. Im Gegenteil, er wird dazu gebracht, zu schummeln und sich zu demütigen, um zu ebenso viel Geld zu kommen wie das im Gleichgewicht der Industriegesellschaft die Konkurrenz der Individuen verlangt.

Das ist die Grundlage, auf der die ökologische Reform, von der in der Studie gesprochen wird, eigentlich nicht zu herzustellen ist. Der Übergang zu ökologischer Land- und Forstwirtschaft - der Wieder-Übergang dazu - muß über den Weg des kulturellen Wiederaufbaus führen, denn die gegenwärtige naturzerstörende Land- und Forstwirtschaft ist mit einem Prozeß der Kulturzerstörung einhergekommen. Den kulturellen Wiederaufbau werden die Brüsseler und Bonner Bürokratien nicht leisten.

Das heißt nicht, daß der Staat - und das ist auch Bürokratie - darauf überhaupt keine Einfluß hätte, daß nichts von ihm gefordert werden sollte. Sondern das heißt: Wenn das weiter so geht - als Trichter auf den Bauern runter, wir manipulieren mal an den Bedingungen - das kann nicht reichen. Man muß sich darüber klar sein, daß die ökonomischen Entscheidungen, die fehlgelaufen sind, nicht fehlgelaufen sind vom Standpunkt des Gesamtinteresses der kapitalistischen Industriegesellschaft. In Klammern: Insofern sie sich einbilden, die Natur ist vorhanden, darum brauchen wir uns nicht zu kümmern. Das ist eine Fortsetzung der Kapitallogik, der man nach dem 2. Weltkrieg noch eins draufgesetzt hat, und die dann im Kompromiß mit den Interessen der großen Landwirte und der Verarbeitungsindustrie durchgesetzt worden ist, aber eben im Rahmen dessen, was für die Konkurrenzfähigkeit ihrer Produkte günstig war. Durch diese kapitalistische Konkurrenzlogik ist am Schwanz, am Ende mit Notwendigkeit diese Landwirtschaft herausgekommen.

Es ist in keiner Weise abzusehen, daß die Grundentscheidungen, die 1992 von der EU nochmals bestätigt wurden, revidiert werden könnten. Weitergehend formuliert: Der Kulturzustand nicht der Landbevölkerung, sondern der europäischen Gesamtgesellschaft reicht bis jetzt überhaupt nicht aus, um die notwendigen Veränderungen konkret und ernsthaft ins Auge zu fassen. Die Wende in der Agrarkultur kann nur erreicht werden, wenn die Industriegesellschaft überhaupt neu mit sich zu Rate geht. Denn die Agrarkultur, die wir de facto haben (auch wenn man sie Unkultur nennen möchte), ist ein Sektor der Industriegesellschaft geworden. Es ist nicht wahrscheinlich, daß man im Bereich der Landkultur etwas sektoral wieder herstellen kann. Davon geht die Studie eigentlich auch aus, aber sie stellt die Land- und Forstwirtschaft als Sektor für sich hin und sagt dann: Wir müssen nur mit dem Haushalt einerseits, also mit der Nachfrage durch die Bevölkerung, und andererseits mit der Energie- und Verkehrspolitik und vor allem mit der Verarbeitungsindustrie klar kommen. Aber es ist nicht wahrscheinlich, daß das geht über Verbandsverhandlungen mit der chemischen oder sonstigen Industrie, wenn nicht ein anderer Konsens die Gesellschaft regiert. Das wird ein endloser Interessenkampf, bei dem die Landwirtschaft wahrscheinlich immer den Kürzeren ziehen wird, denn es ist nun mal Gesetz in dieser kapitalistischen Ökonomie, die Naturkomponente fällt hinten runter.

Jedenfalls liegt der Schlüssel zu einer ökologischen Wende - das scheint eine ganz wichtige These zu sein - nicht dort, wo der Anstoß herkommt. Der Anstoß kommt in der Studie von den Naturzerstörungsprozessen her, ohne etwas dazu zu sagen, womit das zusammenhängt. Die Logik der Naturzerstörung ist nicht Technologie für sich genommen, sondern ist Ökonomie und Technologie in diesem Ausbeutungszusammenhang, der die ganze Gesellschaft regiert. Die offensichtlichen Störungen des Naturgleichgewichts sind gesellschaftlich veranlaßt. Das wird nicht in dem Gewicht gesehen, wie das eigentlich nötig wäre. Es geht um eine soziale Umkehr gegen sämtliche in der Agrarpolitik etablierten Gewohnheiten und Machtinteressen, die aber dem Argarsektor nicht spezifisch eigen sind, sondern nur die Umsetzung dieser Gesamtverfassung darstellen, die mit der Naturgrundlage der Menschheit auf Dauer nicht vereinbar ist. Zu diesen Machtinteressen kommt nun noch in ihrer Trägheit diese ganze juristische und institutionelle demokratische Sphäre mit ihrer Bürokratie dazu. Eine Wende ist dann, wenn sie vermittelt werden muß über Brüssel, noch schwerer, weil der ganze Kampf der nationalen Interessen noch störend dazwischen kommt. Inzwischen gibt es jedoch keinen anderen Weg mehr.

Es war kulturell stimmig, den Weg der wissenschaftlich-technischen Revolution und der Ökonomisierung nach 1945 fortzusetzen, der Bauernstand als Formation in der feudalen Gesellschaft war bereits durch die kapitalistische Entwicklung zerschlagen. Die Bauern sind diesen Weg mitgegangen, sie hatten keine Widerstandskraft in ihrem Selbstbewußtsein mehr. Es gab kein umfassendes Konzept, keine umstürzende Idee, die besagte, so dürft ihr das nicht machen. Es sprach eigentlich die ganze Logik des 19. und 20. Jahrhunderts dafür, mit Hilfe der Düngemittel, der Konzentration der Produktion und der modernen Mechanisierung und Technologie den maximalen Ertrag aus dem Land herauszuholen. Die Biosphäre verlangt Gleichgewichtsverhältnisse, und wir gehen mit Maximierungsbedürfnissen, was das Geld betrifft, daran. Aber das war kulturell stimmig. Wenn diese Stimmigkeit nicht durchbrochen wird, darauf weist allerdings die ökologische Krise hin, daß sich das aufzwingen könnte, dann wird nichts mehr zu machen sein. Die Bauern als ein bereits prinzipiell an den Rand des historischen Prozesses gedrängter Stand reagierten zwar mit mancherlei Ängsten und Minderwertigkeitskomplexen, aber sie hatten natürlich nicht mehr das Selbstbewußtsein, sich gegen das Paradigma der modernen Industriegesellschaft und ein grundsätzlich beherrschendes Naturverhältnis zu stellen.

Es muß primär die ganze moderne Gesellschaft, deren untergeordneter Teil die Land- und Forstwirtschaft ist, eine neue Kulturentscheidung treffen, die dann das Land einbezieht. Aus der Wahrnehmung der Krise in unserem Naturverhältnis muß es zu einer Wiederausrichtung der gesamten sozialen Subjektivität, ihrer kulturellen Muster auf Verbundenheit und Kooperation mit der Biosphäre kommen.

Das Konkurrenzprinzip in der Gesellschaft als vorherrschendes Prinzip - nicht das menschliche Konkurrieren, sondern daß Konkurrenz den gesellschaftlichen Zusammenhang bestimmt - ist unvereinbar mit Verbundenheit und Kooperation, was die Biosphäre betrifft. Denn die gesellschaftliche Konkurrenz kann gar nicht anders, wenn sie dominiert, als auf dem Rücken der Natur und der übrigen Menschheit ausgetragen werden.

Land- und Forstwirtschaft für sich allein - so sehr ihre letzten kulturellen Reserven auch noch gefragt sind und zugleich der Unterstützung durch den Staat bedürfen - wird diese kulturelle Integrationsleistung gar nicht mehr erbringen können. Das muß man einfach wissen. Die Land- und Forstwirtschaft eignet sich allerdings besonders als Beispiel einer Umkehr, weil uns die Herausforderungen in ihrer ganzen Komplexität nirgends direkter erfahrbar sind. Die Erde verliert praktisch ihre Regenerationsfähigkeit, wenn wir so weitermachen, das sehen wir an der Landwirtschaft besonders deutlich.

Der Zusammenstoß mit der Biosphäre ist aufgrund einer hybriden[2] Fehlentwicklung im gesamtgesellschaftlichen Prozeß der Moderne zustande gekommen, die auf mehrere hundert Jahre zurückgeht. Ich glaube, das ist ein Versagen des Menschen in seiner Bewußtseinsnatur, das sich in entsprechenden gesellschaftlichen Verhältnissen umsetzt. Da ereignete sich noch mal etwas über die feudalen Ausbeutungsverhältnisse hinaus. Wir hatten die Hoffnung, daß die sozialen Widersprüche der kapitalistischen Gesellschaft durch Rückgriff auf die Naturreserven ausgeglichen werden können. Das ist durch eine Mentalität der ausbeuterischen Flucht nach vorn zustande gekommen, und zwar der ganzen Gesellschaft. Es gab eine Komplizenschaft der unteren Klassen, ein Einverständnis, eine Stimmigkeit mit dem kulturellen Entwurf. Die Bauern haben sich eben auch dieser Verfügung angeschlossen - verständlicher Weise, denn es ist eben ein Gesamtprozeß.

Die sozialen Widersprüche sind nicht bewältigt worden, und vor allem der kulturellgeistige Aufstiegsprozeß, den die besten Aufklärer konzipiert hatten - bei allen Schranken, die die Aufklärung auch hatte - ist ausgewechselt worden durch eine Strategie der Ersatzbefriedigung. Die sozialen Widersprüche sind dadurch schrittweise eher verdrängt als bewältigt worden, eben auf Kosten der Naturgrundlage und der kolonisierten Völker. Wir werden der Selbstzerstörung nur entgehen, wenn wir das Geschick aus diesem wirklichen Ursachenzusammenhang zu wenden verstehen. Ich denke, daß all das, was in der Studie an Richtigem über eine Regeneration von Land, Landkultur und Waldwirtschaft, über die Umstellungserfordernisse gesagt wird, nur zur Wirkung kommen kann - und bei der Landwirtschaft ist das noch deutlicher als in irgend einem anderen Bereich -, wenn wir uns befragen nach der subjektiven Grundeinstellung sowohl zu den gesellschaftlichen Verhältnissen (ob man also durch endloses Auskämpfen der Interessensgegensätze etwas erreichen kann - dann bleibt es Konkurrenz) als auch, was die Kooperation mit der Natur betrifft. Müßten wir nicht von dem anthropozentrischen und egozentrischen Angelegtsein des ganzen historischen Prozesses weg, wenn eine ökologische Wende gelingen soll?

Das ist eine Ebene der Fragestellung, die in der Studie überhaupt nicht auftaucht, weil die Landwirtschaft als Sektor lediglich von den schlimmsten Übeln entlastet werden soll. Was in Hunderten von Jahren an Abbau erfolgt ist, das wird mit ein paar ökonomischen Steuerungen - die berichtigt werden müssen, das ist schon wahr - nicht einzuholen sein. Ökonomische Steuerungen werden nur beschlossen und sich als politisch durchsetzbar erweisen können, wenn der gesamte Stoff, um den es dabei geht, gesellschaftlich durchgearbeitet wird. Damit sind wir bisher überhaupt nicht beschäftigt. Bis jetzt gibt es für meine Begriffe keine reale Chance für diese Regeneration der Land- und Forstwirtschaft. Es wird höchstwahrscheinlich so weitergehen, man orientiert auf Gewinnmaximierung, und man wird Schritt für Schritt, und soweit Geld übrig bleibt - das ist ja inzwischen etwas zweifelhaft geworden - Naturschutz-Bauern alimentieren. Das ist eine künstliche Maßnahme, die natürlich nicht einholen kann, was gesamtgesellschaftlich falsch angelegt ist.

Das Konzept der Studie geht einen Schritt weiter, indem es die Umsteuerung der Subventionen, der Ressourcen auf ökologischen Landbau fordert, aber ohne den kulturellen Zugang zu dieser Sache wirklich zu betrachten. Man nimmt die Biosphäre, die wird zerstört; aber es liegt an sozialen Verhältnissen. Das ökonomische Verhältnis - eines der wichtigsten sozialen Verhältnisse - ist in den Kulturzusammenhang eingeordnet. Die Gesellschaft hat die Ökonomie, die sie sich kulturell verdient. Da die Kultur im Wesentlichen durch den ökonomischen Prozeß der Zerstörung ausgesetzt wird, ist das selbst aus dem Bewußtsein verschwunden. Vor 100, 150 Jahren war davon noch etwas vorhanden, während jetzt alles auf diese technisch-ökonomische Betrachtungsweise reduziert ist. Insofern muß etwas vom Grunde her durchbrochen werden. Ich glaube, wir brauchen die Geduld, uns in dieser Auseinandersetzung zu engagieren. Sonst werden die probaten Ummanipulationen nicht genügen, und der ganze Prozeß bleibt zum Scheitern verurteilt.

Wenn ich im Verlauf der Vorlesungsreihe über die menschliche Natur sprechen werde, statt über das Naturproblem, dann deshalb, weil sich an dieser Stufenfolge zeigt, daß es nicht um die Natur und die Biosphäre für sich genommen geht, sondern um den gesellschaftlichen, bewußtseinsmäßigen Schlüssel dazu. In der Bewußtseinsentwicklung muß etwas schiefgegangen oder gründlich unbewältigt geblieben sein, so daß wir über die Jahrhunderte in so eine Zwangslage geraten sind, wie es jetzt der Fall ist. Dieser Frage - die ökologische Krise und die Natur des Menschen - will ich mich zuwenden, nachdem ich erstmal geprüft habe: Was haben die Leute vom Wuppertal-Institut bis dahin schon zu sagen, um nicht vorbei zu gehen an dem besten Material, das die heutige Realität zu bieten hat.

(Vorlesung im Auditorium maximum der Humboldt-Universität zu Berlin am 11.11.1996)

[1] Begleiterscheinung
[2] übersteigerten

Die Tektonik des Verderbens

Rudolf Bahro

Arno Bammé: Ihr Buch[1], „Rückkehr" enthält das Protokoll einer Diskussion an der Berliner Humboldt-Universität, in deren Verlauf ein Teilnehmer argumentiert, man müsse sich, um die Welt vor der Zerstörung zu bewahren, vor allem mit Ökonomie und Politik befassen, man müsse die Ökonomie in den Vordergrund der Analyse rücken. Und Sie haben daraufhin geantwortet, daß Sie der Ökonomie, ohne sie ignorieren zu wollen, nicht mehr den Vorrang im Weltverständnis zukommen lassen, den sie bislang innehatte. In Ihrem Brief vom 16.7.1991, den Sie mir geschrieben haben, steht, daß die Beschäftigung mit Ökonomie, selbst mit „alternativer", keinen Ausweg aus unserer Zivilisationskrise eröffnet. Und Sie äußern die Befürchtung, daß wir mit unserem Projekt einer Sache „kritische" Energie zuführen, die man sterben lassen sollte, einer Sache, die sich selbst überlebt und ihre Legitimität schon lange verloren hat. Ich möchte beide Äußerungen zum Anlaß nehmen für unsere erste Frage, in der es um die Stellung der Ökonomie geht, einmal als Wissenschaft, zum anderen als gesellschaftliches Subsystem. Bei Marx war ja die Kritik der politischen Ökonomie noch Gesellschaftstheorie in einem emphatischen[2] Sinn, mit dem Anspruch, Gesellschaft zu erklären, Gesellschaft konstituierende Mechanismen zu kritisieren. Meine Frage lautet: Warum hat die ökonomische Theorie einen solch emphatischen Stellenwert Ihrer Ansicht nach heute nicht mehr? Erklärt sie wenigstens noch, etwa im Sinne Luhmanns, ein gesellschaftliches Subsystem, eines unter mehreren anderen?

Rudolf Bahro: Ich wüßte nicht, wem ich ferner stünde als Luhmann.

Frage: Oder anders formuliert: Wie müßte man heute Gesellschaft erklären, mit dem Anspruch von Marx, um Fehlentwicklungen kritisieren und, darauf aufbauend, begründet Alternativen entwickeln zu können? Spielt Ökonomie dabei noch eine solch bedeutende Rolle, wie sie zum Beispiel Ernest Mandel ihr nach wie vor einräumt?

Bahro: Vielleicht ist ja das, was wir mit europäischem Hintergrund Zivilisation nennen, hauptsächlich eine einzige Fehlentwicklung? Ich glaube, daß unsere Schwierigkeit mit der Ökonomie, mit der Bedeutung, die wir ihr zukommen lassen, historischen Charakters ist. Der Platz, den Marx der Ökonomie im System der Gesellschaftswissenschaften zuweist, zuweisen konnte, in dem er das Besondere der kapitalistischen Produktionsweise auf den Punkt brachte, dieser Platz kommt ihr nur im Kapitalismus zu. Daß man überhaupt auf den Gedanken kommen konnte, Gesellschaft primär aus ihrer Ökonomie heraus zu verstehen, darin drückt sich für mich geradezu schlaglichtartig die Perversion der europäischen Formation aus, ich könnte auch sagen, die Perversion des Patriarchats in Europa. Jede ursprüngliche Gesellschaft versteht sich selbst vom Bewußtsein her. Geschichte ist Psychodynamik. Das hat Marx auch einmal so gesehen, 1844 in den Pariser Manuskripten, auch später noch, wo er Biene und Baumeister vergleicht. Alles, was Kultur ist - Kultur jetzt verstanden in einem sehr, sehr weiten Sinne, zu der ich auch die Ökonomie dazuzählen würde, den Staat usw. - all das ist ja durch den Kopf des Menschen hindurchgegangen, also nur sekundär materiell.

Weil ich nicht mehr Rationalist bin, spreche ich heute lieber von menschlicher Psyche als vom Kopf. Denn es ist unser ganzer Körper, der denkt, zumindestens ist er maßgeblich daran beteiligt. All das, wie gesagt, ist ein Ausfluß unserer menschlichen Existenz. Wie man auf den Gedanken kommen kann, das auf Ökonomie zu reduzieren und zum grundlegenden Erklärungsansatz zu machen, das hängt sicher mit dem gigantischen Ausmaß an Entfremdung zusammen, dem sich der Mensch in seiner Geschichte in zuvor nicht gekannter Weise unterworfen hat. Indem sich Marx so intensiv darauf einläßt, nach der verlorenen Revolution von 1848, wird er zwar nicht der Ökonom der Bourgeoisie, das heißt, der Kapitalisten, des Kapitals im Sinne einer Klasse, aber er wird zum Ökonomen der kapitalistischen Formation, und, weit wichtiger, er stellt etwas in den Mittelpunkt, was gerade nicht über diese Formation hinausführt.

Marx steht auf dem Boden der europäischen Zivilisation, einer Zivilisation, die zu einem von weit her vorbestimmten Zeitpunkt kapitalistisch wird. An ihr ist etwas problematisch von Anbeginn, und das hat viel mit ihrer formativen Periode zu tun. Engels sah da eine „Produktionsweise" des Raubes und des Krieges, politisch ausgedrückt sehr bezeichnend in dem Begriff „militärische Demokratie".

Ich will einmal versuchen, mich dem spezifisch Kapitalistischen von Grund her anzunähern, am Beispiel der Inder mit ihrer Kasteneinteilung, und zwar idealtypisch genommen: Wir haben da die Sudras als die Leute, die die Arbeit machen, weiter die Vaisyas, Kaufleute, dann die Ksatryas, Krieger, Politiker bis hinauf zum König, schließlich die Priester, die Brahmanen. In dieser Einteilung steckt, abgesehen von der Subsumtion der Individuen unter Kasten, eine Anthropologie. Die Wahrheit, die darin zum Ausdruck kommt, ist, daß der Mensch eigentlich die Einheit dieser „Fakultäten" ist. Er arbeitet, um sein Leben zu reproduzieren. Er ist Ökonom im Sinne des Austauschs von Produkten; das ist ihm mit seiner Arbeitsteilung gegeben. Er ist politisch, muß mit dem Gemeinwesen umgehen; die Gründe, daß er Krieg führt, kommen früh hinzu. Und schließlich ist dieses ganze Geflecht geistlich eingehängt und verankert. Die geistliche Ebene, die Ebene der Brahmanen, dient - wie schlecht auch immer - der Vermittlung des gesellschaftlichen Zusammenhangs mit der Natur, mit dem kosmischen Ganzen. Und nun Europa: Kulturell gesehen, bedeutet es eine Katastrophe unvorstellbaren Ausmaßes, wenn diese Einheit der Funktionen verloren geht, wenn später der Mantel des ohnehin schon nicht mehr gesalbten Königs auf die Kaufmannsschultern fällt und das Ganze nun von dort aus regiert wird.

In den alten, den archaischen Zeiten war Ökonomie, war Produktion noch nicht so mit Hybris[3] identisch wie das der Fall wird, wenn die innere Souveränität auf die Verwertungsinteressen übergeht. Dann können Hunderttausende von Tonnen irgendeines Zeugs produziert werden, ohne die Große Natur zu fragen. Paracelsus hatte gelehrt: „Die Dosis macht das Gift". In hunderttausenden von Tonnen ist die harmloseste Chemikalie Gift. Das heißt, sie stört das Naturgleichgewicht. Wenn die Steuerung des gesellschaftlichen Ganzen auf die Verwertungsebene übergeht und die konfuzianischen Versuche der Selbstkontrolle der Macht, also durch irgendein patriarchales Ethos, auch noch ausfallen, dann muß es zwangsläufig zu einer solchen Entfesselung kommen, wie sie in Europa erfolgt ist. Der westliche Freiheitsbegriff ist im Grunde genommen eine Ableitung des machtorientierten Geldvermehrungsunternehmertums. Er birgt in sich das Grundgeheimnis und die Wurzel der Katastrophe. Wir haben es hier mit einer Verzerrung im gesellschaftlichen Wesen des Menschen zu tun.

Ich glaube schon, daß innerhalb der Ökonomie gegenwärtig Zweige im Entstehen begriffen sind, die sich mit der Korrektur dieser Entwicklung befassen, aber die sind völlig marginalisiert, und keine Spezialdisziplin kann es als solche bringen, sich in den kulturell verlorenen Zusammenhang wieder einzufügen, ihn für ihr Teil neu zu schaffen, zu regenerieren. Das grundlegende Werk, das ich kennengelernt habe, mühsam englisch lesend, weil nicht übersetzt, ist von Georgescu-Roegen. Das Spannende ist ja, daß Georgescu-Roegen zwei Argumentationslinien verfolgt. Bekannt geworden ist er durch sein zweites Buch: „Entropy Law and the Economic Process". Das ist aber nicht eigentlich der Ausgangspunkt seiner Argumentation gewesen. Seine grundlegende Aussage ist, daß die kapitalistische Formation, wo immer sie hinkommt, die bäuerliche Mehrheit der Menschheit vergewaltigt. In dieser These hat er seine Balkanerfahrungen verarbeitet, die Auswirkungen des Frühkapitalismus in Rumänien. Ein Physiker, der Ökonom geworden ist, hat hier Vorgänge theoretisch antizipiert[4], die sich dann massenhaft ereignet haben, nach dem zweiten Weltkrieg, in der Dritten Welt. Irgendeine Kompradorenklasse[5], meistens Bürokraten, gar nicht mal so sehr Kapitalisten, muß, um ihre air conditioned Büros zu bauen und ihren Mercedes zu kaufen, die Bauern enteignen und deren Subsistenzwirtschaft vernichten. Georgescu-Roegen bestand auf der Selbstverständlichkeit, daß erweiterte Reproduktion auf einer endlichen Erde ein in sich selbst verrücktes Konzept ist, ein Konzept, das die Menschheitsgeschichte unerhört verkürzen muß. Er hat gesehen, was es ökologisch bedeutet, daß die bäuerliche Formation, die ja viel älter als die feudale ist, durch die kapitalistische, die keine Begrenzung kennt, vernichtet wird.

Die Kapitalakkumulation bedeutet erst einmal, daß der sekundäre Sektor, also das industriell produzierende und verarbeitende Gewerbe, die Führung übernimmt gegenüber dem primären Sektor, der Land- und Forstwirtschaft, und zwar in einem parasitären Sinne. Dann kommt der „tertiäre"[6] Sektor (das Reich der weißen Kittel) in Führung. Heute feiern wir nun den Vergnügungsbereich aller Arten als „quartären" Sektor. Ich habe deshalb in meiner „Logik der Rettung" den Menschen als Top-Parasiten bezeichnet. Zwar gibt es auch eine, abstrakt gesehen, gleichfalls parasitäre natürliche Hierarchie auf Mineralbasis von den Pflanzen über die Tiere zum Menschen, aber das ist zunächst ein negentropischer Prozeß. Dabei wird etwas aufgebaut, das, was wir heute Gaia nennen, das System „belebte Erde". Der Mensch aber, indem er sich von der Erde losreißt in seinem auf subjektiven Geist gestützten praktischen Vulgärmaterialismus, verkehrt diesen Aufbauprozeß und produziert sich schließlich via exponentieller Entropie aus der Welt hinaus.

Die Alternatividee, um diesen Trend zu brechen, kommt von den Frauen, und sie ist alternativ insofern, als sie von vornherein lebensweltlich im ursprünglichen Sinne konzipiert, also nur „unter ferner liefen" auch ökonomische Theorie ist. Sie ist keine Theorie, die von zwecks Geldvermehrung erzeugten Waren handelt, sondern sie handelt von der Überwindung dieser Art Warenproduktion. In ihrer Arbeit „Was haben die Hühner mit dem Dollar zu tun?" beschreibt Claudia von Werlhof, die zunächst die Bauernfrage ähnlich sieht wie Georgescu-Roegen, am Beispiel Mittel- und Südamerikas, daß die Subsistenzproduktion der Frauen die sozialstrukturelle Voraussetzung ist, um die Männer kapitalistisch ausbeuten zu können, nicht nur als Lohnarbeiter, sondern auf durchaus unterschiedliche Weise. Dem Kapital stehen verschiedene Möglichkeiten zur Verfügung, Menschen von sich abhängig zu machen, aber alle setzen die subsistenzorientierte Tätigkeit der Frauen voraus. Genetisch ist die Subsistenzproduktion an die Strukturen vorpatriarchaler Völker gebunden. Wie fundamental sie ist, wird daran deutlich, daß die Subsistenz auch dann noch funktioniert, wenn man die Männer kapitalistisch aus ihr abzieht. Freilich wird beim Übergang zur Marktproduktion auf dem Boden, von dem sich die Familie ernährt, leicht der eigene Mann zum ökonomisch ärgsten Feind der Frau und der Kinder.

Um zu Geld zu kommen, nachdem schon die Bank dazwischen sitzt, muß man cash crops anbauen statt Lebensmittel. Im Ergebnis stellt sich heraus, man kann von zehn Hektar Erde nicht mehr leben, wo man vorher, unter subsistenzwirtschaflichen Bedingungen, mit einem Hektar überleben konnte. Die kapitalistische Formation zerschlägt die beiden sozialen Rückverbindungen zur Natur, die in den Bauern und den Frauen bestehen. Subsistenzproduktion wird zwar nicht abgeschafft, sondern immer wieder neu produziert, weil das Kapital Peripherien braucht, die noch nicht durchkapitalisiert sind, also neuen Stoff, sei es Erde, seien es Menschen, seien es Kolonien, aber eben in depravierter[7] Form. Es passiert das, was Marx für das indische Dorf im neunzehnten Jahrhundert beschrieben hat. Durch die englische Baumwollverarbeitung wurde die weibliche Hälfte der dörflichen Produktion, die textile, zerstört, und dadurch der originale Organismus ganz aus dem Gleichgewicht geworfen.

Frage: Gut, das mag so sein bis zu einem bestimmten historischen Zeitpunkt. Es gab immer die Peripherie, also das, was wir das Außen nennen, und die war notwendig zur Stabilisierung des kapitalistischen Systems. Das kann man bei Rosa Luxemburg nachlesen. Nun aber sind wir fast schon in der historischen Situation, daß es dieses Außen kaum noch gibt. Wir haben, zumindestens potentiell, die Weltgesellschaft, und die ist durchkapitalisiert. Das heißt, das Kapital hat dieses Außen langsam aufgesogen, und die

Frage ist: Wenn ein Außen im klassischen Sinn nicht mehr existiert, zur Stabilisierung des kapitalistischen Systems aber gleichwohl notwendig ist, müßte dann nicht dieses Außen, von der Peripherie nach innen geholt, jetzt im System selbst wirksam sein, und wie wären die dadurch entstehenden Widersprüche dann zu formulieren?

Bahro: Genau das ist der Punkt, den ich bei den „Bielefelderinnen" anfangs nicht verstanden habe, damals, als ich die ersten Aufsätze las. Es ist die Frage, wie lange die innere Reproduktion von Subsistenz, und insbesondere in den reichen Ländern mit „Zweidrittel-Gesellschaft", noch stabilisiert, ob da nicht eine postkapitalistische Kultur auftaucht. Claudia von Werlhof, Maria Mies und Veronika Bennholdt-Thomsen sind von Beginn an davon ausgegangen, daß es dieses Außen nicht mehr gibt, daß die Widersprüchlichkeit im System stattfindet. Da ist allerdings die Tatsache, daß Lohnarbeit insgesamt nur einen Bruchteil (etwa zehn Prozent) der insgesamt verausgabten Arbeit ausmacht. Ich habe das anfangs deshalb nicht verstanden, weil ich dachte, der Rest ist zwar subsumiert, aber nicht integriert, es gehe immer noch um eine andere Formation. In ihrem neuen Buch hat es Claudia von Werlhof am konzisesten[8] entwickelt. Sie geht davon aus, daß der Kapitalismus, um zu überleben, sich seine Peripherie selbst produziert.

Entscheidend ist, Subsistenz nicht ökonomistisch, sondern ähnlich wie bei Ivan Illich am Alltagsleben orientiert, zu verstehen. Nehmen wir ein Beispiel: Ich nähe meiner Tochter einen Knopf ans Kleidchen. Das dauert seine Zeit, aber werde ich rechnen? Oder ich treffe mich abends mit Freunden. Der Zeitraum dafür muß verfügbar sein, eingebettet in die tatsächlichen Lebenszusammenhänge, das ist Subsistenz, und dazu gehört natürlich auch Ökonomie im engeren Sinne, im Sinne der Produktions- und Austauschverhältnisse in und zwischen Gemeinwesen. Im Gegensatz zu den üblichen ökonomistischen Verkürzungen zielt Subsistenz auf das Ganze der Lebenszusammenhänge. Man könnte sich ein schöneres Wort wünschen, jedenfalls ist der Begriff lebensweltlich gemeint.

In Ostdeutschland haben wir jetzt eine Situation, die Subsistenzwirtschaft begünstigt, weil der interne Kolonialismus die Hälfte der Bevölkerung dort aus der Arbeit wirft und zweitens das Land freisetzt. In Brandenburg, mit der Bodenwertklasse 25 oder 30, ist kein Landwirt auf dem Weltmarkt konkurrenzfähig. Man kann höchstens noch Bauland verhökern rund um Berlin. Die Gebäude, die die Genossenschaften hatten, sind größtenteils „moralisch verschlissen", ebenso die Werkzeuge und Maschinen. Das stellt den Fiskus vor die Frage, ob er die Bevölkerung für die nächsten zehn oder zwanzig Jahre einfach bloß alimentieren will, so daß die Leute bei Aldi einkaufen können. Und ob er ABM- und Qualifizierungsmaßnahmen für nichts und wieder nichts finanziert - denn High-Tech-Investitionen sind teuer und lösen die Arbeitsmarktprobleme natürlich nicht. Oder ob es nicht sinnvoller ist, diese Gelder so zu investieren, daß zwar nicht direkt profitable Geschäfte daraus werden, aber doch vielleicht sich selbst versorgende, selbsttragende Lebenszusammenhänge herauskommen. In dieser Frage bin ich einig geworden mit Kurt Biedenkopf. Er vertritt von sich aus die Idee der kleinen Lebenskreise. Natürlich hat er zugleich den politischen Auftrag, Sachsen zu „sanieren". Aber er ist bereit, alternative Projekte zu prüfen und durch Anschubfinanzierung zu unterstützen, wenn sie selbsttragend zu werden versprechen.

Es geht darum, die „doppelt freie Lohnarbeit" wieder abzuschaffen, nach vorwärts sozusagen, jedenfalls den Menschen wieder mit der Erde und den Werkzeugen zu verbinden. Der Staat kann in der ökologischen Krise der kapitalistischen Formation die alte Enteignung revidieren helfen, etwas wie ein Recht auf Allmende, wie indirekt auch immer, wiederherstellen. Da gibt es also einen ganz praktischen Zugang zu dem Konzept der Claudia von Werlhof. Darüber stehen wir in Diskussion miteinander.

Frage: Ist das nicht ein Widerspruch zu dem, was Sie mir damals geschrieben haben? Sie äußerten Vorbehalte, weil Ihnen unser Projekt[9] als ökonomisches in seiner Kritik nicht radikal genug formuliert ist. Auf der anderen Seite haben Sie im Rahmen der Biedenkopfinitiative jetzt subsistenzwirtschaftliche Thesen formuliert, die in ein zwar alternatives, aber doch immerhin ökonomisches Projekt übergehen.[10] Worin besteht da der Unterschied?

Bahro: Gegenstand von politischer Ökonomie ist konventionell vor allem die kapitalistische Warenproduktion, und alle sonstige Ökonomie wird von dort her als historisch rückständig analysiert und abgeleitet. Demgegenüber hat Claudia von Werlhof einen übergreifenden Begriff, wonach sich Geldwirtschaft, Patriarchat und Staat von früh an zu einem einzigen äußerst dynamischen Komplex verschränken. Ein Konzept, das mir sehr zugänglich ist, hatte ich doch die Verhältnisse der vertikalen Arbeitsteilung und des Staates als die ältesten herrschaftlichen aufgefaßt. Sind die einmal gegeben, haben wir es dann auch bald mit der Geldwirtschaft zu tun, selbst im alten China, wo von Kapitalismus noch gar keine Rede sein kann. Auch in den europäischen Formationen scheint das ein ziemlich dichter Zusammenhang zu sein, so daß wir Mühe haben, überhaupt zu begreifen, warum die Griechen nicht zum Kapitalismus durchgebrochen sind. Denn es gab bei ihnen ja schon so etwas wie kapitalistische Formen. Na gut, die Sklaverei stand dem entgegen. Sie fußte noch auf sozialen Bedingungen, die mit dem eigenen und fremden Stamm zu tun hatten. Aber sonst war alles schon da, ein riesiger Zusammenhang, den George Thomson und Sohn-Rethel unter dem Thema der Ersten Philosophen und der Realabstraktion Geld diskutieren. Subsistenzwirtschaft heute - da geht es darum, diese historische Herausdifferenzierung auf gewinnorientierte Ökonomie hin wieder ein Stück weit zurückzunehmen. Natürlich nicht total. Wenn wir noch einmal an der Katastrophe vorbeikommen, dann bleibt das Ökonomische natürlich ein notwendiger Gesichtspunkt. Aber die Ökonomie ist von untergeordneter Bedeutung, weder ist sie ein dominantes Subsystem noch Leitwissenschaft. Meine von Ihnen erwähnten Thesen sind eine Art Denkschrift an Biedenkopf, auch in seiner Eigenschaft als Ministerpräsident, der über Fonds zu entscheiden und das vor der politischen Klasse zu rechtfertigen hat. Der weiche Kern, die Prinzipien einer neuen Kultur und die Frage, wie eine solche kommunitäre Praxis aussehen würde, steht innen. Worauf das hinausläuft, ist so etwas wie weltliches Kloster, jetzt ohne Katholizität gedacht. Und Leute, die Klöster gegründet haben, die haben am Anfang zumeist noch selber Kohl angebaut, so wenig das der Zweck war, zu dem sie da zusammenkamen, waren also unter anderem auch Ökonomen.

Anmerkung: Das ist verständlich. Aber über diese subkutane[11] Strategie hinaus gibt es von Ihrer Seite durchaus eine theoretische Affinität[12] zu dem, was Kurt Biedenkopf geschrieben hat. In der „Logik der Rettung" setzen Sie sich sehr präzise damit auseinander und nehmen ihn, wie mir scheint, als einen der Wenigen im bürgerlichen Lager ernst in dem, was er sagt.

Bahro: Ja sicher. Und auch der Dresdener Staatssekretär für Landwirtschaft, Hermann Kroll-Schlüter, mit dem ich mich jetzt getroffen habe, der mußte nicht dazu verdonnert werden, mit mir über diese Sache zu reden. Dieselbe Einstellung nehme ich von dem sächsischen Finanzminister Milbradt an. Die beiden kommen aus einem langjährigen Arbeitszusammenhang mit Biedenkopf, in dem die Idee der kleinen Lebenskreise seit fünfzehn Jahren mitläuft.

Anmerkung: Überhaupt fällt mir auf, daß Sie nach einem allgemeinen Erklärungsmuster unserer gegenwärtigen Misere suchen, einem Rahmen, der Sachverhalte bezeichnet und auf den Begriff bringt, ein Unterfangen, das sich in anderen Theorieentwürfen fast zeitgleich, wenn auch oft in anderer Diktion und mit anderen Schwerpunktsetzungen, wiederfinden läßt. Sie rekonstruieren die menschliche Geschichte als psychodynamischen Prozeß, um zu den Wurzeln dessen, was wir auf der Erscheinungsebene als drohende Katastrophe wahrnehmen, vorzudringen. Die Symptome unseres Weltzustandes belegen Sie mit dem Begriff des Exterminismus: die Menschheit sei auf dem Wege, sich selbst auszurotten.

Bahro: Ja. Vielleicht zunächst ein paar Worte zur Vergleichbarkeit verschiedener Theorieansätze, die versuchen, dem gegenwärtigen Phänomen des Exterminismus begrifflich gerecht zu werden. In der „Rückkehr" habe ich drei nebeneinandergestellt. Anhand dieses Schemas, das drei Betrachtungsweisen vergleicht, will ich versuchen, unser Problem plausibel zu machen. Zunächst gibt es die Ebene der Erscheinungen. Galtung spricht hier relativ wertfrei von den Produkten, den Ergebnissen eines strukturellen Zusammenhangs, seien es Brötchen oder Atombomben. Ich nenne das, den negativen Aspekt akzentuierend, die Symptome der Selbstausrottung. Bei Heidegger gibt es verschiedene Kategorien, die die Erscheinungsebene unserer Zivilisationskrise bezeichnen, Vernutzung, Berechnung unter anderem. In puncto Entfremdung und Historizität des Denkens gibt es zwischen Heidegger und Marx erstaunliche Parallelen. Um sie zu erkennen, kommt es mir darauf an, von der Ebene der Bezeichnungen und Bewertungen loszukommen und das Augenmerk auf das Bezeichnete, das heißt auf jene *Sachverhalte*, um die es geht, zu richten. Sodann gibt es die Ebene der gesellschaftlichen Vermittlung. Galtung akzentuiert ihr Funktionelles. Deswegen verwendet er hier den abstrakteren Begriff des Prozesses. Ich hingegen spreche von Industriesystem und Kapitalbewegung. Galtung denkt hier auch das politische System mit. Er versteht unter Prozessen die ganze Art und Weise, wie die Megamaschine technisch, ökonomisch und politisch funktioniert. De facto ist Politik heute eine dienstbare Unterfunktion der Megamaschine. Heideggers Denken konzentriert sich, was diese Analyseebene angeht, auf das Problem der Technik, allerdings in einem umfassenden Sinn, der Geld und Politik mit einschließt. Er hält die Technik, das heißt unsere Obsession am „uns Zustellen" von Gegenständen, für die umfassendste Kategorie, die es erlaubt, alles zusammenzudenken, was ich unter Megamaschine, Kapitaldynamik, europäischer Kosmologie, ja selbst Patriarchat abhandle. Im Gegensatz zu mir geht er nicht den Weg von der Oberfläche, von der Erscheinungsebene zu den tieferen, inneren Problemschichten. Er denkt direkt von der dritten Ebene ausgehend, also von der elementarsten philosophischen Problematik her, und kommt auf diesem Wege zur Technik als Ausfluß einer geistigen Grundentscheidung (nämlich für nutzbares „Seiendes" statt für „Seinserfahrung").

	GALTUNG	BAHRO	HEIDEGGER
1. Erscheinungsebene	Produkte, Ergebnisse	Symptome (der Selbstausrottung)	Vernutzung, Berechnung
2. Gesellschaftliche Vermittlung	Soziale Prozesse	Industriesystem, Kapitaldynamik, Politik	Technik (im weiteren Sinne)
3. Tiefenstrukturen	Kulturelle Selbstverständlichkeiten bezüglich Raum, Zeit, Wissen, Naturverhältnis, Mensch-Mensch-Verhältnis, Transzendenz („Gott", „Tao")	Europäische Kosmologie, Patriarchat, menschlicher Gattungscharakter	Griechische Verkehrung des Verhältnisses von Sein und Seiendem; „Gestell" statt „Geviert"

Parallelogramm einiger Struktur-Tektoniken

Die dritte Ebene nenne ich in Anlehnung an Galtung die Ebene der „Tiefstrukturen", aus denen sich bei ihm die vermittelnden Prozesse steuern und zu den Resultaten und Produkten wie Umweltnutzung und -zerstörung führen. Das Hauptcharakteristikum der Galtungschen „Tiefstrukturen" ist, daß es sich dabei um unhinterfragte Selbstverständlichkeiten handelt. Galtung hebt sechs Dimensionen hervor: Raum, Zeit und Wissen, die Verhältnisse zwischen Mensch und Natur, Mensch und Mensch, Mensch und Gott (Transzendenz). Heidegger geht als Philosoph unmittelbar von dieser Ebene der Tiefenstrukturen aus, freilich nicht in der Galtungschen Einteilung. Meinerseits siedle ich hier auf dieser Ebene die Frage nach dem Menschen selbst an, also die nach der conditio humana als der tiefsten Ursachenschicht. Was ich als europäische Kosmologie und als Patriarchat bezeichne, fällt bei Galtung unter die „Tiefstruktur". Es tritt zwar nicht als selbständige Strukturebene in Erscheinung, aber er sagt zum Beispiel explizit, grundsätzlich stehe in der westlichen Kosmologie der Mann über der Frau, das Weibliche sei in dieser Weitsicht untergeordnet und werde nicht gewahrt. Heidegger setzt sich auf der Ebene der Tiefenstrukturen vornehmlich mit der europäischen Kosmologie auseinander, und zwar von den Griechen her. Das patriarchalische Prinzip reflektiert er kaum, obwohl der Weg, den er dabei zurücklegt, mehr und mehr in die Richtung eines „weiblichen", empfängnishaften Denkens führt. In allen Denksystemen, mit denen er sich auseinandersetzt, hat die „weltgeschichtliche Niederlage des weiblichen Geschlechts" (Engels) ihre Spuren hinterlassen, aber seine Aufmerksamkeit geht daran vorbei. Gleichwohl ordnet er die Modi des Verhaltens, die Daseinsweisen des erkennenden Menschen, etwa in der Kategorie der Besinnung, de facto so an, daß dem „weiblichen" Element ein Übergewicht zukommt.

Was mich an Heidegger fasziniert, ist folgendes: Indem er die Grundpositionen der griechischen Philosophie und damit der griechischen Art und Weise, in der Welt zu sein, analysiert und ihre Selbstverständlichkeiten zerstört, gewinnt er eine Offenheit der Weltsicht, die es uns ermöglicht in eine Korrespondenz einzutreten mit dem Geist von Zen bzw. Tao. Im Grunde genommen ist Heideggers ganzes späteres Werk nach „Sein und Zeit" eine anhaltende Meditation zur Überwindung der Selbstverständlichkeiten abendländischen Denkens, eine Meditation, die durch die Destruktion der überkommenen griechisch-abendländischen Grundmuster der Philosophie den Raum freimacht für einen neuen Anfang.

Mit dem Beginn der Massenproduktion im alten Griechenland läutet sich die „Ökonomie der Zeit" ein. Der Übergang zur Massenproduktion, der Übergang zur Philosophie, in dem Sinn wie Heidegger sie als schon seinsabgewandt kritisiert, und der Übergang zur Geldwirtschaft - das ist alles ein und derselbe Prozeß. Wo das Seiende, insbesondere als Produziertes, dem Sein gegenüber eine Vorrangstellung einnimmt, etabliert sich die Herrschaft der Realabstraktionen. Massenproduzierte Trinkbecher oder Ziegel sind Realabstraktionen. Hinter ihnen muß ein allgemeiner Begriff des Bechers und des Ziegels stehen. Sie mögen zwar noch nicht das Gemeinwesen beherrschen, aber spätestens mit dem *Geld* tritt eine Realabstraktion in Erscheinung, die dahin tendiert, sich das Gemeinwesen, seine Sitten und Gebräuche, zu unterwerfen. Es stellt sich ein anderer Bezug des Menschen zur Welt ein. Feststellen, Sicherstellen, Herausstellen, Herstellen, alle diese Begriffe kennzeichnen seitdem immer mehr den großmächtigen Umgang des Menschen mit der Natur. Das Entbergen der Wahrheit ist nun nicht mehr ein Vorgang wechselseitiger, mythisch vermittelter Ein- und Abstimmung, sondern eine Herausforderung der Welt. Dieses herausfordernd herrschaftliche „Stellen der Natur" als eines Gegners macht Heidegger am Übergang fest von den Vorsokratikern zu Sokrates und Platon, einem Übergang, der natürlich Entwicklungssprünge in der allgemeinen gesellschaftlichen Praxis der Polis wiederspiegelt. „Gestell" ist das Wort, das Heidegger prägte, um dieses vielfältige „Stellen der Natur" als neuzeitliches Wesen der Technik zu charakterisieren. In dem „Gestell" verborgen sieht er eine grundlegendere seinsgeschichtliche Struktur, die er „Geviert" nennt. In den frühesten Zuständen der Geschichte steckt das große Geheimnis, der Hintergrund, der Ursprung der abendländischen Entwicklung, der zwar vergessen und verlassen ist, aber seine grundlegende Gültigkeit nicht verloren hat. Vom Ursprung her wirkt im Wesen der Technik als dem „Gestell" verborgen das „Geviert", und es erscheint möglich, daß sich mit dessen vier Momenten Himmel und Erde, Göttliche und Sterbliche - eine neue Gestalt der Kultur vorbereitet.

Die Parallelen zum Tao Te King sind erstaunlich. Das „Geviert" und die Ordnung im Tao Te King sind beide am Gegenpol des objektbeherrschenden Subjektivismus angesiedelt, bei dem sich alles um das Ich statt um das Ewigdauernde dreht. Nur durch Besinnung, durch Meditation, die den Weg frei macht, zu sehen, was uns da hat und treibt, was uns in unseren Verhaltensweisen beherrscht, kann uns das Sein, so Heidegger, neu zugesprochen werden, neu im Sinne von anders, im Sinne eines anderen Anfangs. Das menschliche Sein, sofern es überhaupt noch eine Geschichte vor sich hat, wird mit einer neuen Bewußtseinsverfassung einhergehen. Sie wird sich in den tiefsten Gründen unserer Existenz ereignen, wird die Selbstverständlichkeiten unserer Kultur redefinieren, Selbstverständlichkeiten, die in der Frühzeit am klarsten zutage liegen. Um von dort aus neu zu begreifen, was es eigentlich ist, das mit uns heute durchgeht, ist Heidegger in die frühe griechische Philosophie eingetaucht.

Anmerkung: Auch wenn Japan, der „westlichste" Vorposten Asiens, Heideggersches Denken mit Sympathie zur Kenntnis genommen hat, den Bezug zu Zen halte ich für begründungspflichtig.

Bahro: Es ist eine Wahrnehmungsfrage. Lesen Sie irgendwelche fünfzig Seiten Heidegger über einen Vorsokratiker, sagen wir Heraklit - und legen Sie z.B. Ernst Schwarz' „historisch-materialistische" Übersetzung des Tao Te King daneben - Sie werden es *sehen*. Was wir letztlich brauchen, ist eine raum-, zeit- und ich-freie Verfassung in dem Sinne, daß uns die Kategorien, in denen wir denken, nicht mehr besitzen, sondern Momente unserer Existenz sind, Momente, die uns nicht mehr beherrschen. Die Korrespondenz dieser Einsicht zu Zen bzw. Tao ist ganz erheblich, also zu dem, was dort in den Übungen passiert. Es bräuchte eine Praxis der Entkrampfung, weil wir, wie Wilhelm Reich gezeigt hat, bis in die Physiologie hinein verpanzert sind. Auch unsere Begriffe sind Teil dieses Krampfsystems. Zu beklagen ist dabei nicht, daß es sie überhaupt gibt, sondern *wie* sie in einer rationalistischen Kultur funktionieren. Wir werden zum Götzendiener unserer eigenen Abstraktionen. Das aufzulösen, dazu gibt insbesondere Jean Gebser

Übungswege an. Auch er ist ganz unabsichtlich „asiatisch". Er geht, in europäischem Geist nachvollziehbar, einen Schritt über die Verfassung unserer klassischen Philosophie hinaus, sie im Hegelschen Sinne aufhebend. Rationalität wird nicht verworfen. Sie behält durchaus ihren Platz, verliert aber ihre Dominanz. Descartes ist umgekehrt, nämlich unterdrückerisch, mit seiner Unterwelt umgegangen. Friedrich Heer hat das ja sehr schön gezeigt in seinem „Wagnis der schöpferischen Vernunft": wie wir uns abgeschottet haben gegen die Verunsicherungen, die der „Teufel" für uns bereit hält, wenn wir, gut christlich, die Natur und die Frau nicht mögen.

Frage: In der Persönlichkeit Newtons ist diese Widersprüchlichkeit ebenfalls sehr schön nachvollziehbar als innerer Kampf zwischen rationaler und okkulter Weltsicht. Ich stimme Ihnen darin zu, daß der Mensch über verschiedene Möglichkeiten, die Welt zu sehen, sie sich anzueignen, verfügt. Diese Möglichkeiten hat er schon immer gehabt. Als Sozialwissenschaftler interessiert mich die Frage, warum werden einige Möglichkeiten in einer bestimmten sozialhistorischen Situation relevant, andere aber nicht? Warum wird zu einem bestimmten Zeitpunkt genau das und nichts anderes realisiert? Warum wird gerade Newtons rationaler Persönlichkeitsanteil zum gesellschaftlichen Durchschnittscharakter? Warum passiert das nicht tausend Jahre früher oder fünfhundert Jahre später? Sie hatten zu Beginn unseres Gesprächs erwähnt, Sie wundern sich, daß die alten Griechen nicht gleich zum Kapitalismus durchgebrochen sind. Das ist um so verwunderlicher, als es ja tatsächlich eine tiefgreifende Affinität zwischen bürgerlicher Kultur und altem Griechentum gibt.

Bahro: Der Kaufmann ist der Schlüssel. Seine Position ist das Bindeglied zwischen beidem, natürlich vor dem Hintergrund aus der historischen Tiefe verwandter Stammesdispositionen, also Abläufen in der spezifischen Gestaltung des Gattungscharakters.

Frage: An Ihren Ausführungen fasziniert mich, daß Sie weggehen von der eigentlichen Ökonomie als zentralem Formungsmechanismus unserer heutigen Sozial- und Charakterstruktur und auf die abendländische Dimension, die das hat, hinweisen, ohne gleich anthropologisch zu werden. Vieles, sagen Sie, gibt es bei den Griechen schon. Und Sie beschreiben das auch, und das ist auch nachvollziehbar. Was mir aber ein bißchen fehlt, ist die Klärung der Ursachen. Warum ist das bei den alten Griechen passiert? Warum nicht vorher, warum nicht später? Sie argumentieren mit dem Patriarchat, mit den Frauen. Sie argumentieren mit den Griechen. Welchen Stellenwert hat der Ansatz Sohn-Rethels für Sie?

Bahro: Wegen der Ursachen müßten wir, wie eben angedeutet, vergleichende indogermanische Stammesgeschichte betreiben und etwa die Matriarchatsforschungen von Heide Göttner-Abendroth hernehmen. Liest man z.B. das, so wird spannend, *was* Ursachen sind, genauer gesagt, sozusagen „letzte" Ursachen. Die sozialen, die Sie im Auge haben, -

bei Göttner-Abendroth sind es gravierende geo-soziale: die Austrocknung Zentralasiens treibt zu Völkerwanderung, also bei bereits besetzter Erde zu Krieg, also zu Patriarchalisierung der Kultur - *scheinen* entscheidend zu sein. Aber wofür? Für die Differenzierung von gattungsmäßigen Dispositionen, Anlagen. Aber diese selbst sind die gewichtigere Ursache. Es ist *sehr viel* vorausgesetzt, damit diejenigen Ursachen, nach denen Sie vor allem fragen, *diese* Resultate hervorbringen. Wir pflegen hier - Carl Amery meint, pseudomaterialistisch, indem wir sozusagen die „Materialität" des Menschen nicht ernst nehmen - die Gewichtung zu verkehren. Das *Ich* z.B. muß nicht nur angelegt, sondern in einem frühen psychohistorischen Prozeß herausgekommen sein, ehe Geld eine archaische Sozialstruktur zerstören kann.

In der Frage der Geldabstraktion beziehe ich mich durchaus auf Sohn-Rethel, auch auf George Thomson und R.W. Müller. Ich halt's allerdings nicht für so zentral. Abgesehen von dem antikommunistischen Trauma, das Wittfogel mit sich herumtrug, glaube ich, daß er in seiner „Orientalischen Despotie" den im Vergleich zu Sohn-Rethel elementareren soziologischen Zugang hat, wenn er der Frage nachgeht, ob und wann historisch die Sozialstruktur den Kaufmann freigibt, wann nun wiederum die sozialhistorischen Bedingungen dafür entstehen, daß bestimmte Erfahrungen überhaupt gemacht werden können. Klar, in dem Maße, wie in der Antike von der kaufmännischen Seeherrschaft her Gemeinwesen umstrukturiert werden, entstehen die Bedingungen dafür, daß die dabei gemachten Erfahrungen der Vergleichbarkeit und des Warentausches verallgemeinerbar werden.

Solange der Warentausch noch an den Ort und der Ort wiederum an die Gens[13] gebunden bleibt, kann es zu einem solchen Typus von Verallgemeinerung nicht kommen. Das heißt vor allem, es kommt nicht zu jener gesellschaftlichen Bedeutsamkeit, die für die weitere historische Entwicklung prägend wurde. Die chinesische Ökonomie zum Beispiel hat zur gleichen Zeit wie die griechische ebenso mit Geld gearbeitet. Bloß, immer wieder wurden die Ergebnisse der Akkumulation politisch geschleift. Und alle paar hundert Jahre gab's einen Aufstand von unten; darin hat sich sozusagen der ursprüngliche Kern der Gesellschaft, gestützt auf die einfachsten, die ältesten Gerechtigkeitsvorstellungen, gegen die oben, die sich anmaßten, das Gemeinwesen zu repräsentieren und auszubeuten, durchgesetzt. Kein Klima für die Emanzipation des Kaufmanns auf einem Felde, das noch von der Spannung her zwischen Volk und Führung im Stamm geprägt war.

Also, die sozialen Verhältnisse wirken formativ mit, aber als Momente eines Zirkels von Ursachen. Und die größere oder vielmehr grundlegendere Bedeutung kommt meiner Ansicht nach eben doch der gattungsmäßigen Psychodynamik des Geschehens zu. Denken Sie zum Beispiel daran, daß es ein paar hundert spanischen Desperados gelungen ist, das aztekische Großreich zu vernichten. Gegen die rücksichtslose, abstraktivistische Psychologie der weißen Räuber waren die in ihrem eigenen Milieu mächtigen Medizinmänner der Azteken machtlos. In Wirklichkeit müßte unsere Frage immer erst einmal lauten: Wie werden bestimmte soziale Verhältnisse möglich? Das menschliche

Bewußtsein ist naturwüchsig, ich vulgarisiere jetzt, das Bewußtsein eines Herdentieres. Das ist schon wahr. Insofern ist Soziologie von Anfang an in eine solche Betrachtung eingeschlossen. Aber sie muß sich grundlegend vom Bewußtsein her, von der Psychodynamik her entfalten. Die Institutionen, die sozialen Verhältnisse sind lediglich Ableitungen davon. Je mehr materielle Macht in ihnen institutionalisiert ist, desto mehr Erstarrung gibt es, desto weniger beeinflußbar werden die sozialen Verhältnisse, desto mehr gerät der lebendige Geist; die Psyche, in ihre Abhängigkeit. Das ist ganz unbestritten und hinlänglich als Entfremdung beschrieben worden. Der Faustkeil besetzt wenig Zellen im Kopf, Gesellschaft als Megamaschine hingegen kann den ganzen Kopf zu ihrem Funktionär machen. Aber Entfremdung sagt eben, daß all das, sonst ist der Begriff sinnlos, Sekundäreffekte sind, die erst nachträglich ihre Übermacht gewinnen. Herrschaft der toten Arbeit, sagt Marx; ich ziehe es vor, verallgemeinernd von der Herrschaft des toten Geistes zu sprechen. Das ist, so gesehen, gar nicht weniger materialistisch. Allerdings finde ich diese ganze Entgegensetzung von materialistisch und idealistisch unsinnig. Wenn man bloß das Wort nimmt, ohne seine Theorie dazu, so hat Lenin recht: das Bewußtsein ist die stärkste objektive Realität. Es ist das Bewußtsein, das den Menschen prägt und mit dem er Geschichte macht. Die Sozialstruktur ist sozusagen bloß eine erste und die Technosphäre, die Produktionssphäre, eine zweite Ausstülpung davon.

Lassen Sie mich, um diesen Zusammenhang systematischer zu entwickeln, auf meine „Logik der Rettung" zurückgreifen. Nehmen wir unten stehende Graphik zum Ausgangspunkt der Überlegungen. Ich habe darin eine aufsteigende Linie von „N" nach „I" gezeichnet, die das menschliche Bewußtsein in seiner historischen Entwicklung wiedergeben soll, und zwar unter dem Gesichtspunkt, das sich in ihm das Ensemble der gesellschaftlichen Verhältnisse bündelt. Insofern dieser Ensembleaspekt, bei mir anders als bei Marx unter psychologischem Blickwinkel betrachtet, im Vordergrund steht, bewegen wir uns im Bereich der Sozialpsychologie bzw. der sozialen Tiefenpsychologie. Auf der Linie von „N" nach „I" hebe ich fünf Punkte hervor unter der Fragestellung: In welcher Weise institutionalisiert sich das menschliche Bewußtsein im historischen und, weiter zurück, im naturhistorischen Prozeß der Menschwerdung?

Mit „N" meine ich die Natur in ihrem intelligiblen Aspekt, der im Menschen zu seinem selbstreflexiven Höhepunkt kommt, also die Naturkraft menschlichen Bewußtseins, wie es mit unserem Großhirn als Organ gegeben ist. Sozial artikuliert es sich zunächst archaisch. Der Mensch fühlt sich mit dem kosmischen Zusammenhang zu dieser Zeit noch so verbunden, wie das für kleine Kinder charakteristisch ist. Für das archaische Bewußtsein ist die Welt, das Leben noch wohl geregelt. Die Menschen haben sich damals noch nicht radikal von älteren Bewußtseinsformen abgestoßen, wie es zum Beispiel am Ausgang des Mittelalters geschah, als die Hexen verbrannt wurden, um eine ältere, offenbar stabile Schicht menschlichen Bewußtseins zu verdammen, vor der die Mönche Angst hatten. Demgegenüber hat die Stammesgesellschaft, etwa der Indianer, noch bis in entwickeltere Zustände hinein ein Gefühl für die tiefere Wahrheit ihres kosmischen Zusammenhangs bewahrt. Das war bereits ein reflektiertes Bewußtsein, reicht also hinauf bis zu dem

Punkt, den ich mit „B" bezeichnet habe, obwohl wir dazu neigen, es abzuwerten, indem wir es bei „U" dem Un- und Unterbewußten zuordnen. Das tun wir deshalb, weil wir es rückwirkend, von unserem rationalistischen Vorurteil her, betrachten. In der Aufstiegsrichtung genommen, bedeutet es eine wesentliche Stufe der Bewußtseinsentwicklung von außerordentlicher Stabilität.

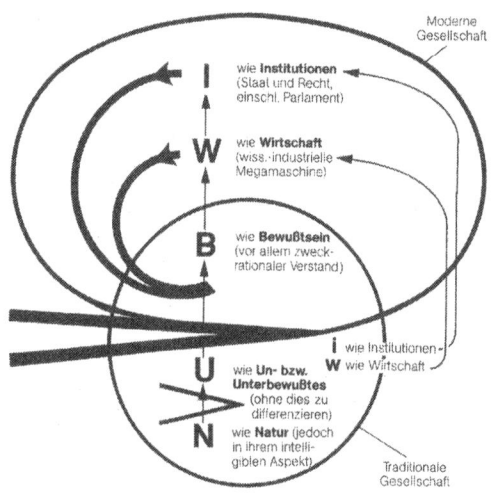

Weil uns der Aufstieg zum Bewußtsein eine besondere Identität verschafft, indem er uns der Natur gegenüberstellt gibt es zwischen „N" und „U" schon früh einen ersten Einschnitt, der uns von dem Naturzusammenhang abtrennt. Auf dieser Ebene gibt es außer der archaischen Komponente bereits auch magische und mythische Vorstellungen, die zumindestens ausschnittweise auf Weltbeherrschung gerichtet sind. Das ist Heideggers Thema. Im Gegensatz zur Moderne hat diese Möglichkeit aber damals die Geschichte noch nicht negativ bestimmt. Mit der größeren Komplexität des entwickelten Stammeswesens wird die Steuerung bewußter, jetzt schon im Sinne dessen, was wir dann später Vernunft nennen. Das meiste davon existiert in Form von Priesterwissen. Allerdings gibt es eine lange Auseinandersetzung darum, etwa im Tao Te King, ob diese Aufgabe von einem Weisen wahrgenommen wird, der noch in der Lage ist, das Ganze, den kleinen Kreis in der Skizze, intuitiv-vernüftig zu integrieren, oder von Priestern, die herrschaftlich mit den sozialen Widersprüchen umgehen. Und hier, zwischen „B" und „U", kommt es dann zu einem weiteren, viel tieferen Einschnitt. Eine abgesonderte Elite wacht sehr interessiert darüber, daß alles stabil bleibt, daß Macht und Einfluß gewahrt bleiben. Der Weg dahin ist nicht das Ergebnis einer Planung oder Verschwörung, sondern das passiert zunächst naturwüchsig. Erst später kommt mehr repressive Strategie ins Spiel, um die sozialen Spannungen und die Ungleichgewichte zwischen Mensch und Natur zu bewältigen, werden die Widersprüche bewußter und machen andere Formen der Reflexion notwendig.

In dem kleinen Kreis der Skizze ist all das, was Institution ist („i"), der Rat, das, was der Schamane und der Häuptling zu sagen haben, die Einteilung der Geschlechter, der Austausch der Tätigkeiten usw., diesem archaischen Bewußtseinsprozeß untergeordnet. Es ist offenbar, daß die soziale Struktur, soweit von sozial überhaupt schon gesprochen werden kann, psychisch bedingt und geschaffen ist. Auch die Wirtschaft („w"), also das, was produziert wird, wie man mit den Tieren umgeht usw., ist rituell geregelt. Institutionen und Wirtschaft sind Teilbereiche, Teilaspekte des Ganzen. Innerhalb des kleinen Kreises der Skizze sind die mit dem ersten und zweiten Einschnitt angedeuteten sozialen Probleme in der Regel noch zu bewältigen. Sozialpsychologisch gesehen, setzt sich die Naturentfremdung noch nicht als Konstante durch, die Konfrontation des sozialen *Logos* mit dem *Bios* fixiert sich noch nicht. Was die Bäume und Tiere sagen, wie die Flüsse sich äußern, ist wichtiger, einfach auch im Zeitplan der Menschen, als das, was die Werkzeuge verlangen. In der Wahrnehmung, in der Repräsentanz im Gehirn dominiert noch nicht das Werkzeug, solange es ein Angelhaken oder ein Wurfspieß ist.

Anders bei uns heute. Wenn ich eine Universität absolviere und dann zehn Jahre in der Industrie arbeite, dann hat sich mein Gehirn ungefähr dreißig Jahre lang mit Wissen auseinandergesetzt, das sich auf Künstliches, Unnatürliches, manchmal direkt auf Widernatürliches bezieht. Im Verlauf der historischen Entwicklung konzentriert sich der Geist immer mehr auf strategische Überlegungen, die nicht mehr auf die Natur gerichtet sind, sondern auf das andere Hirntier, auf die Fremden, die nicht zum eigenen Stamm gehören. Wenn an den Grenzen des eigenen Stammes immer häufiger ein Fremder zu sehen ist, wenn es zu kriegerischen Verwicklungen kommt, dann muß, um mithalten zu können, um nicht schon technisch zu unterliegen, das Werkzeugsystem geschärft werden. Man muß auch studieren, was die Fremden machen. Auf solchen Wegen wird ein immer größerer geistig-sozialer Zusammenhang aus der Natur herausgelöst, durch den Verstand geleitet und zu einem Werkzeug gemacht. Der Stamm wandelt sich schließlich zur Gesellschaft. Wenn diese dann in die Stadt eingezogen ist und wie im Gilgamesch-Epos die Mauer von Uruk lobt, so sind wir nicht mehr weit von der athenischen Weisheit entfernt, daß Staatsgeschäfte und Philosophie die einzig würdigen Beschäftigungen für den Mann der Polis sind. Das Philosophieren richtet sich auf die Polis. Der Geist ist nicht mehr auf die große Natur gerichtet, sondern auf die große Stadt. Man beginnt, wie im Gilgamesch-Epos geschildert, die Naturgeister zu erschlagen. Der Geist, der die Zedern im Libanon hütet, ist dem Zugriff auf die Ressourcen im Wege. Zugleich wendet sich das Bewußtsein von der Natur ab und der sozialen Frage, der innergesellschaftlichen Kampfarena zu. Die schützende Mauer, gegen konkurrierende Feinde errichtet, trennt das Gemeinwesen auch von der Natur. Gleichzeitig beginnen sich die Institutionen und die wirtschaftlichen Aktivitäten, die ursprünglich Aspekte des allgemeinen Bewußtseinsprozesses waren, mehr und mehr zu verselbständigen.

Daß wirtschaftliche Interessen, wie bei uns, stärker als die allgemeinen sind, war etwas vom Ursprung her völlig Unerlaubtes, eine Perversion. In meiner Skizze steht für die Moderne alles Bewußtsein in der großen Ellipse, die ich die Megamaschine nenne. Die Wirtschaft, ursprünglich „w", steht nun als „W" über dem Bewußtsein, dem lebendigen

Geist. Die Institutionen, ursprünglich „i", gehorchen nun als „I" dem ökonomischen Prozeß.

Wenn der Aufstieg des Bewußtseins geschehen, der Weg, den ich geschildert habe, gegangen ist, dann nimmt der Einschnitt dort, wo die Ellipse ihre Grenze hat, eine neue Qualität an. Alle Rückverbindungen sind nun abgeschnitten. Wir schlagen unser eigenes Archaisches, unser eigenes Unbewußtes, unsere ganze psychophysische Lebensenergie gedanklich und faktisch der „objektiven" Natur zu. Einschließlich der Wissenschaft ist das Bewußtsein völlig dem Dienst der Megamaschine unterworfen. Die Wirtschaft und die Institutionen schreiben dem lebendigen Geist vor, wie er funktionieren soll. Die dreißig Lebensjahre, von denen ich sprach, sind dazu da, daß wir qualifizierte Funktionäre werden, um diesen Selbstlauf der Multiplikation von immer mehr Sachen, immer mehr Wissen, immer mehr Geld fortzuzeugen. Darum, diese verheerende Abspaltung des Bewußtseins von der Natur in uns und außer uns zu überwinden, kümmern wir uns nicht. Wenden wir unsere Energie, etwa infolge der ökologischen Krise, einem der zahllosen Krebsgeschwüre zu, die innerhalb der großen Ellipse in Erscheinung treten, um etwas zu ändern, ohne das Grundproblem des Abgespaltenseins, der Entfremdung zu berühren, so spielen wir mit im vorgeschriebenen Text. Wenn wir unsere Energien hauptsächlich dort einsetzen, wo unter dem Druck der Trägheitskräfte die Dämme brechen und wo die wissenschaftlich-industrielle Beschleunigung die materiellen Lasten herumwirbelt, dann plazieren wir uns selbst in die Todeszone. Ich will nicht sagen, daß man sich um die Symptome gar nicht kümmern soll, denn es hängt wirklich alles mit allem zusammen. Aber die Kraft ist massenhaft verschwendet, nährt und legitimiert gar noch den großen Drachen, solange wir sie nicht hauptsächlich darauf konzentrieren, diesen Spalt zwischen unserem lebendigen Geist und der Natur zu überwinden.

Anmerkung: Es gibt Theorien, es gibt Denker oder Philosophien oder Religionen, vereinzelt, die in sich völlig konsistent sind, die aber im Zeitpunkt ihres Entstehens keine soziale Tragweite bekommen. Für mich ist Gotthard Günther ein schönes Beispiel dafür. Er hat sich an Hegel abgearbeitet, hat versucht, eine mehrwertige Logik zu entwickeln. Und die Fachkollegen haben mehrheitlich gesagt, ach Gott, das ist ein Spinner. Es gab eine kleinere Diskussion um ihn in den sechziger Jahren. Das war's dann schon. Und plötzlich wird dieser Mensch aktuell, weil wir Computer haben, die ihre Grenze finden in der zweiwertigen Logik, nach der sie funktionieren. Plötzlich wird das ein zentraler Denker, wahrscheinlich einer der zentralen dieses Jahrhunderts überhaupt. Seine Auseinandersetzung mit Heidegger, mit östlichen Religionen ähnelt in vielem dem, was Sie sagen, aber seine Zielrichtung ist natürlich eine technologische. Er interpretiert die Technologieentwicklung nicht als eine Verengung und Bedrohung des menschlichen Daseins und will auch nicht zurück zu Hegel und zu den östlichen Denkern. Vielmehr fordert er das genaue Gegenteil: eine komplexere Technologie. Das hat er sich ausgedacht vor fünfzig Jahren. Es gibt andere Beispiele, die noch länger zurückliegen, Leonardo da Vincis technische Konstruktionsentwürfe zum Beispiel, die damals überhaupt keine soziale

Bedeutung erlangten. Jetzt sind die Verhältnisse anders, und plötzlich heißt es, ein genialer Mensch, das hat der damals schon alles gewußt. Ich bin sicher, der Mensch mit all seinen Möglichkeiten hat im Prinzip alles schon mal gedacht, aber nur selten bekommt es eine soziale Relevanz. Plötzlich jedoch entstehen soziohistorische Konstellationen, in denen man sich dieser vorgedachten Sachen erinnert, und sie erhalten eine Bedeutung, die sie vorher nie hatten.

Bahro: Aber das paßt völlig in den Hegelschen Grundgedanken, daß über die Objektivierung der an sich seiende Geist nachher zu sich kommt. Das ist die mittlere Phase, die Objektivierung. Klar, im Grunde genommen könnte Günther natürlich sagen, Hegel hat am absoluten Wissen partizipiert, er ist ein Stück weit durch diese ganze Sache durch. Und was Wunder, wenn wir das heute wiederfinden, in dem Augenblick, wo's noch einmal durch die Objektivität hindurchgeht. Ich glaube, der Punkt von Hegel her gesehen, was den praktischen Materialismus betrifft ist einfach, daß wir uns in der Objektivität todlaufen. Die europäische Entwicklung, seit der Renaissance, ist ein Ersaufen in der Objektivität, in dieser Phase der Realisierung des subjektiven Geistes im Materiellen. Die Megamaschine *hat* uns. Daß wir - im Sinne Heideggers - Techniker sind, heißt ja zunächst nichts anderes, als daß der Mensch kulturschaffend ist. Die Frage ist, ob heute noch *„konviviale“* Werkzeuge möglich sind. Wir versuchen, mit Milliardenbeträgen schwere Atomtechnologien zu entwickeln und bauen für ebenfalls Milliardenbeträge unterirdische Tunnel, damit die Elementarteilchen hochenergisch aufs Target treffen. Wenn wir nur ein Drittel dieser Mittel und dieser Intelligenz darauf verwenden würden, „die Hacke zu automatisieren“, also intelligent den Boden zu bebauen, könnte ich mir vorstellen, daß dreihundert oder fünfhundert Leute eine Subsistenzwirtschaft zustandebringen, bei der sie wieder so wenig arbeiten müssen wie manche glücklichen Stämme in grauer Vorzeit, die eine gut wachsende Natur vorfanden.

Anmerkung: Das ist eine Denkfigur, die finden Sie heute auch schon bei Technikern und Ingenieuren. Die können sich fürchterlich darüber aufregen, daß wir nach wie vor Atomkraftwerke bauen, aber es nicht schaffen, einen Auspuff für's Auto rostfrei hinzukriegen, was technisch ja durchaus möglich wäre.

Bahro: Na gut, aber das Problem liegt tiefer. Es geht nicht einmal darum, ob der Mensch Auto fahren soll oder nicht. Das geht ohnehin irgendwann nicht mehr bei zehn Milliarden Menschen auf der Erde. Das Problem ist, finde ich, bei Dschuang Dsi grundlegend und endgültig formuliert: Der Meister lehnt es ab, den Göpel zu benutzen, um Wasser aus dem Brunnen heraufzuholen, weil: er weiß schon, wohin das führt.

Anmerkung: Das ist Heideggers Thema.

Bahro: Da ist schon ein Mißtrauen dem Menschen als Techniker gegenüber, ein erstes

Mißtrauen in die Fähigkeit des Menschen, eine Entwicklung, die er in Gang setzt, *in Grenzen zu halten.*

Anmerkung: Darin besteht der historische Unterschied. Der eine, Dschuang Dsi, lehnt es aus prophylaktischen Gründen ab, Technik überhaupt zu benutzen, weil er schon ahnt, wohin das führt, und der andere, Heidegger, sieht, was passiert ist und resigniert: Nur ein Gott kann uns noch retten, der Mensch schafft es nicht mehr.

Bahro: Weder blickt Dschuang Dsi skeptisch *vorwärts.* Auch seine Parabel blickt schon angesichts *geschehener* zivilisatorischer Katastrophe *zurück.* Noch bedeutet Heideggers dem Menschen seinen rettenden Gott entgegenstellender Satz diese Resignation. Ja, „der Mensch, wie er nun mal ist", schafft es nicht mehr. Aber in jenem rettenden Gott überstiege gerade der *Mensch* sich selbst. Was ist „ein Gott"? Hölderlins kommender Gott, was ist das? Julian Jaynes, ein Amerikaner, hat ein aufschlußreiches Buch geschrieben über den „Ursprung des Bewußtseins im Zusammenbruch der bikameralen Psyche". Er entwickelt das Thema am Beispiel akustischer Halluzinationen, wie sie typisch waren für die Griechen der Ilias. Er argumentiert, daß es die Athene *für den Achilles wirklich gab,* und zwar in der Weise, daß sozusagen die rechte in die linke Gehirnhälfte hinein sprach, also eine Art Realhalluzination. Achill will den Agamemnon erschlagen, weil der ihm die Briseis weggenommen hat. Athenes Stimme fällt ihm in den Arm. Achill zögert, er hört, das darf ich nicht, obwohl ich so sehr recht habe in meinem Zorn. Aber er befolgt den Rat der Göttin. Wenn Heidegger nun sagt, allein ein Gott könne uns noch retten, dann ließe sich das durchaus in diesem Sinne als Metapher lesen, daß die Rettung nicht einfach erdacht wird, sondern daß sich um dieser Rettung willen in unserer Bewußtseinsverfassung etwas Neues ereignen muß. Wir müssen etwas Neues halluzinieren, etwas, das historisch durchaus jenseits des Rationalismus, nicht vor ihm, sein kann. Die deutsche Frühromantik hat nach einer „neuen Mythologie der Vernunft" gefragt.
Ich habe es Ihnen schon geschrieben und ich kann es nicht oft genug wiederholen: Geschichte ist Psychodynamik. Die Logik der Selbstausrottung, die uns unabweisbar zu vernichten droht, ist ein Gebrechen der menschlichen Seele, besonders ihrer Geist-Fakultät. Unsere selbstmörderischen Mittel, unsere technischen und sozialen Strukturen haben ihre Wurzeln in uns selber. Sie sind nicht erster Natur. Beton ist nicht in dem Sinne materiell wie Fels es ist. Es ist alles *Kultur,* von uns geschaffene zweite Natur, woran wir scheitern. Es ist das Unbewältigte unserer menschlichen, unserer psychischen Existenz. Daß das Sein, vor allem das gesellschaftliche Sein unser Bewußtsein bestimmt, daß wir das Ensemble dieser Verhältnisse sind, wie Marx einst lehrte, ist empirisch nur allzu wahr. Es ist die Wahrheit unseres Untergangs. Es ist, philosophisch gefaßt, der Rahmen der Selbstausrottungslogik. Es lehrt uns, ja zu sagen zu jener Dialektik von Produktivkräften und Produktionsverhältnissen, die uns die Freiheit materiell begründen sollte, statt dessen aber die Megamaschine gebracht hat. Der materielle Lebensprozeß als Praxis des Sachenmachens, von dem wir unser Dasein immer abhängiger rückbestimmen

lassen, ist die Todesspirale. Der Mensch, bloß „wie er nun mal ist", mit dieser suchtartigen materiellen Interessiertheit als Mitte seiner empirischen Existenz, ist verloren. Wenn wir das nicht begreifen, gibt es keine Rettung.

Wer ahnte inzwischen nicht, daß die Ursache hinter den Ursachen mit einer Ambivalenz in unserer natürlichen Konstitution, unserer damit korrespondierenden sozialen Psyche und Organisation zusammenhängt? Wahrscheinlich ist die Wahrheit so ärgerlich einfach und immer wieder von Weisen, Propheten, Heiligen, Dichtern ausgesprochen, von pessimistischen Konservativen und vom konservativen Volksmund wiedergekaut worden, daß wir uns nicht trauen, sie anzunehmen, zumal wir die Konsequenzen fürchten: Die ökologische Krise ist vor allem eine Krankheit des menschlichen Geistes, dieser im Rahmen unserer gesamten Psychodynamik gesehen. Deshalb müssen wir das Verhängnis in uns selbst aufsuchen, ohne unseren vornehmsten Teil zu schonen, jene faustische Unersättlichkeit und Hungerleiderei nach dem Unerreichlichen.

Von der Ebene der exterministischen Symptome an abwärts, wie sie so zahlreich heute beschrieben werden auf einer mehr phänomenologischen Ebene, lassen sich fünf weitere Strukturen ausmachen, die in der Logik der Selbstausrottung untereinander liegen, analog zu geologischen Formationen, in deren Aufbau ein Schub von unten nach oben wirkt. Jede höhere Schicht in dieser Tektonik der Selbstzerstörungsursachen ist ein Ausdruck, eine Modulation, eine Spezialisierung, ein Transformationsergebnis der je tieferen. Zusammen bilden sie das Getriebe der Todesspirale, das Getriebe des rationalistischen Dämons. Für mich stellt es, wie gesagt, Formation um Formation in erster Linie eine subjektive Kraft, eine Bewußtseinsgestalt dar. Daß sie sich zunächst in sozialer und dann mehr und mehr auch in technischer Form manifestiert, ist sekundär. Dieses Getriebe ist einerseits Geschichte. Die einzelnen Formationen traten historisch nacheinander ans Licht. Andererseits sind seine Elemente innen wie außen hier und jetzt präsent. Wir alle reproduzieren sie mehr oder weniger intensiv täglich. Die Tektonik des Verderbens, die Logik der Selbstausrottung stellt sich mir in folgendem Schema dar:

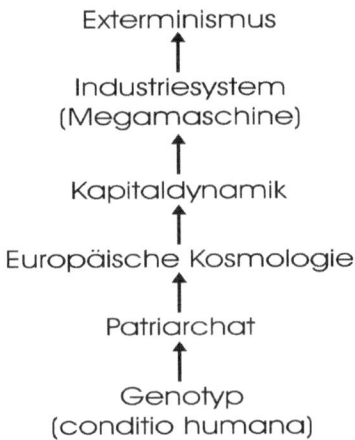

Exterminismus

↑

Industriesystem
(Megamaschine)

↑

Kapitaldynamik

↑

Europäische Kosmologie

↑

Patriarchat

↑

Genotyp
(conditio humana)

Wenn man das Schema als Spirale zeichnet, auf eine Perspektive der Rettung, auf eine Antwort aus dem Genotyp hin, der sich mit dem Exterminismus selbst unter Druck setzt, so ergibt sich folgendes Bild:

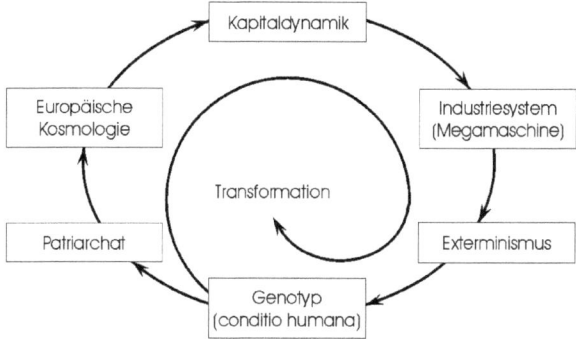

Natürlich geht insbesondere der Genotyp immer wieder neu in den formativen Vorgang ein, so daß sich im Grunde folgende Bewegung ergibt:

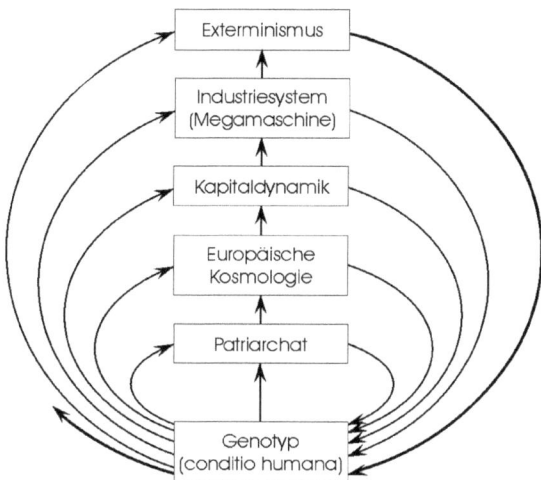

Edward P. Thompsons Satz von der „zunehmenden Bestimmtheit des exterministischen Prozesses", von der „letzten Disfunktion der Menschheit, ihrer totalen Selbstzerstörung" kennzeichnet die gegenwärtige Situation insgesamt. Mit der Verbreitung der Industriezivilisation hat die Zahl der Verdammten und Verelendeten weltweit unglaublich zugenommen. In der bisherigen Geschichte hat es nie so viele Opfer von Hunger, Krankheit, vorzeitigem Tod gegeben wie heute. Nicht nur ihre Zahl, auch ihr Anteil an der Menschheit insgesamt wächst. In dem damit untrennbar verbundenen militärischen und wirtschaftlichen Vormarsch sind wir dabei, das nichtmenschliche Leben, die Biosphäre, die uns hervorgebracht hat, in irreversibler Weise zu schädigen. Wollte man die Exterminismus-These in Begriffen von Marx reformulieren, so könnte man sagen, daß das Verhältnis zwischen Produktiv- und Destruktivkräften sich völlig verkehrt hat. Wie andere auch, die die Geschichte der Zivilisation überblickten, hatte Marx die Blutspur gesehen, die sich durch sie hindurchzieht, und daß „die Kultur Wüsten hinter sich zurückläßt." Aber in Mesopotamien haben sie 1.500 Jahre gebraucht, um das Land zu versalzen. Die destruktive Seite gab es immer, seit der Mensch seinen Stoffwechsel mit der Natur betreibt. Doch heute sind wir gezwungen, apokalyptisch zu denken, nicht aus Kulturpessimismus als Ideologie, sondern weil sie überhand genommen hat. Der Exterminismus ist sowohl letzte Auswirkung als auch Inbegriff unserer Destruktivität, um deren Tiefenstaffelung wir wissen müssen.

Unterhalb der exterministischen Symptome ist die moderne, die industrielle Megamaschine die erste, immer noch oberflächliche Wesensschicht in der Geologie der Ursachen. In Anlehnung an Heidegger ist darauf zu insistieren, daß das Industriesystem keineswegs identisch ist mit dem traditionellen Verständnis von Werkzeug- und Maschinengebrauch zur Arbeitsverkürzung und -erleichterung. Es ist mehr als ein bloßes Kompositum aus Anlagen, Kommunikationen, Institutionen. Tatsächlich ist es identisch mit der Industriegesellschaft. Es ist die Integration all der menschlichen Kräfte und Tätigkeiten, die ja die eigentliche Substanz seiner Erscheinungsformen sind. Was einst für die Maschinerie einer einzelnen Fabrik galt, daß der Arbeiter zu ihrem untergeordneten Bestandteil wird, das gilt jetzt für den Bürger der industrialistischen Gesellschaft. Der einzelne Mensch ist zerteilt nach ihren Unterfunktionen. Er gehört ihr als Fernsehzuschauer, der in den Einschaltquoten mitgezählt wird, nicht weniger an denn als Monteur. Und selbst noch der Großbankier ist Diener und Funktionär der Kapitalströme und ihrer Gesetzmäßigkeiten. Die Megamaschine hat unseren gesamten Alltag nach ihren verschiedenen Aspekten aufgeteilt. Freie Bewußtseinsanteile, die es wohl gibt, existieren von ihr aus gesehen nur wie die bedeutungslos gewordenen Götter Epikurs: in den „Intermundien", den für das System nicht relevanten „Zwischenwelten". Für den Notstandsfall der ganzen Maschine sind sie schon vorerfaßt. Diese Maschine ist das direkte Subjekt des Exterminismus. Noch ist die Kolonialisierung der individuellen Existenz nicht dicht, aber das Prinzip ist zuverlässig installiert und bloße Umbauten können daran nichts ändern.

Die Kapitaldynamik ist das nächste Glied in der Ursachenkette des Exterminismus. Sie liegt zweifellos dichter an seinen Wurzeln, aber auch sie ist nicht der letzte, ursprüngliche Antrieb. Das vergißt allzuleicht, wer *alles* auf den Kapitalismus schiebt, als hätte der nicht auch erst einmal entstehen müssen und bedürfte nicht seinerseits der Erklärung. Doch ist das Kapital nach wie vor das mächtigste Triebrad der Expansion. Das Industriesystem ist *kapitalistisches* Industriesystem. Die Megamaschine ist kapitalgetrieben. Gestützt auf die Realabstraktion des Geldes hat der Kaufmann die Verlagerung des Schwerpunktes von konkreten auf abstrakte Werte, von der Steuerung des sozialen Ganzen durch überlieferte Autorität auf die Vermittlung der Synthese durch individualistische Konkurrenz eingeleitet. Die erste industrielle Revolution, die die exterministische Tendenz schon enthielt, ist der Niederschlag einer Entfesselung gewesen. War die Moderne von der Renaissance her auf *menschliche* Emanzipation angelegt, so erweist sie sich heute tatsächlich vor allem als eine Emanzipation des *Geldes* bzw. des *Geldbesitzers* von allen Rücksichten, die in traditionellen Gesellschaften der Plusmacherei, etwa in Form des Zinsverbotes, entgegenstanden. Heute sind selbst die Kaufleute der Maschine subsumiert. Während das Mana wie das Schwert in der Regel traditionell ordnungsgebunden blieb, hat sich das Kapital von seiner dienenden Rolle freizumachen gesucht, und in beiden europäischen Kulturanläufen, dem antiken und dem abendländischen, ist es ihm auch gelungen. Mehr noch! Der Geist des Kapitalismus, die Geldabstraktion scheint ausschlaggebend für die Art unserer Rationalität und Wissenschaft, ihres objektbeherrschenden und manipulierenden Charakters zu sein. Münzen, bits, Begriffe, Individuen, Arbeitskräfte, Atome, Quanten aller Art - all unsere Welt- und Verhaltensmodelle stehen unter der Vorherrschaft dieser abstrakten Einheiten, die sich alle bis ins schlecht Unendliche massieren lassen. Wir sind der Geldwirtschaft und ihren Konsequenzen viel tiefer verhaftet, als sich nach unserer Bereitschaft zur Kapitalismuskritik erwarten ließe. Der Geist des Kapitalismus ist formativ für unsere Kultur.

Doch auch das losgelassene Kapital ist, wie bereits angedeutet, nicht die Endursache des Exterminismus. Es ist eine Erfindung, die zuerst die alten Griechen gemacht haben und dann, *nicht* der Kontinuität von ein bißchen Warenproduktion zuliebe, sondern wegen tiefgehender Verwandtschaft der Stammesdisposition, erneut die neuzeitlichen Europäer. Die Renaissance hat nur so intensiv daran anknüpfen können, weil das Abendland an dieselbe Schwelle gelangt war: nicht aufgrund der römischen Tradition, die spielte nur mit, sondern vor allem autochthon[14]. Die Geschichte hat später, indem sich ihr Epizentrum immer mehr zu den Rom-fernsten, nordwestlichsten Europäern verschob, deutlich gemacht, daß ein ganz bestimmter völkischer Impuls in dem industriellen Durchbruch steckt: nicht eine besondere technische und wissenschaftliche Begabung, sondern ein besonderer Typus von psychischer Energetik und von entsprechendem geistigen Zugriff auf die Welt. Gewiß hat der voll entfaltete Kapitalismus den asozialen, egoistischen Individualismus forciert, mit dem unsere Zivilisation wie keine andere glänzt. Aber das ist ein Sekundäreffekt. Tatsächlich geht es darum, zu begreifen, warum ausgerechnet die Nordwest-Europäer diese äußerst expansionistische, kapitalistische Produktionsweise hervorgebracht haben. Johan Galtung hat die Kosmologien der heute dominierenden Zivilisationen strukturalistisch verglichen. Mit Kosmologie ist jene kollektive Tiefenpsychologie, jene unbewußte Grundeinstellung zur Welt gemeint, die sich in den kulturellen Verhaltensmustern verwirklicht. Der westliche Mensch, der homo occidentalis, bekommt dann folgende Charakteristik zugeschrieben: Er setzt sich selbst als zentral, die anderen an die Peripherie. Die Initiative geht vom Zentrum aus und bezieht sich expansiv auf die fernsten Grenzen des sozialen und natürlichen Kosmos. Der *Raum* wird also scharf perspektivisch vom Interesse des eigenwilligen Subjekts aus geordnet. Die *Zeit* verläuft in eine Richtung. Entwicklung ist Fortschritt vom Niederen zum Höheren, und der Ablauf ist dramatisch. Das *Wissen* ergreift die Welt, indem es einige wenige, möglichst mächtige Parameter abfragt, um möglichst alles auf ein einziges Axiom, irgendeine „einheitliche Feldtheorie" zurückzuführen. Wir konstruieren binär wie ein Computer und deduktiv.

Wir lieben den theoretischen Pyramidenbau auf einen einzigen Punkt hin, etwa die Ware als Tauschwert in der Politischen Ökonomie. Der Mensch steht über der *Natur* als ihr Beherrscher. Die Sozialstrukturen, die Beziehungen zwischen den *Menschen,* sind vertikal und individualistisch, so daß wölfische Konkurrenz die Norm ist. Im transpersonalen Bereich ist Gott autokratisch, eifersüchtig und dualistisch über der Welt und dem Menschen, als Über-Ich unser großer Spiegel, vor dem wir zwischen Allmacht- und Ohnmachtempfinden schwanken. Der homo occidentalis ist Welteroberer par excellence, ist homo conquistador. Die europäische Volkspsychologie läßt sich zurückverfolgen in ihrer Anwendung bis in die olympische Konkurrenz der Griechen und noch weiter bis zu dem von Homer überlieferten Motto, „immer der Erste zu sein und vorzustreben den anderen", um welches Gebiet, um welchen Gegenstand der Konkurrenz es sich auch handle. Wie schon die Griechen so hatten auch die Germanen aus ihren Wanderzeiten eine spezifische kosmologische Disposition mitgebracht, die dem Kapitalismus zugute kam, ja gewissermaßen zu ihm führen mußte. Wir haben die ökonomische Formation, die um das Geld rotiert, geschaffen. Doch indem er sich so vordrängt, verbirgt der Kapitalismus nur allzu leicht die Tatsache, daß wir wenig Aussicht haben, diese objektive Struktur loszuwerden, solange wir ihre subjektive Disposition bloß als Folge betrachten. Das westliche Ich als der Träger dieser europäischen Kosmologie und des daraus geschaffenen Weißen Imperiums rund um die Welt hat einen fundamentaleren Stellenwert in der Logik der Selbstausrottung als das kapitalistische Werkzeug. Vom schöpferischen Herrn zum subalternen Knecht der Megamaschine geworden, bleibt es doch deren eigentliches Subjekt.

Aber auch diese Ursachenebene bedarf vertiefender Ergänzung. Nicht nur vom Menschen allgemein, sondern zugespitzt vom Mann muß die Rede sein, wenn es um die Logik der Selbstausrottung geht. Wohl nicht der Tausch, aber Krieg, Handel und Piraterie, Geld und Kapital, Staat und Kirche, rationalistische Wissenschaft und Technik sind männliche Erfindungen und Veranstaltungen. Keine Amazone, keine Marketenderin, keine Königin, keine Heilige, keine Curie kann dagegen zeugen. Die Rollen sind vorgeschrieben und vorverteilt, die Frauen dabei mitspielen können. Der Geist und die Methode sind männlichen Wesens. All unsere gesellschaftlichen Einrichtungen und Technostrukturen sind das Resultat von ein paar tausend Jahren Entwicklung, in denen die Balance zwischen weiblichem und männlichem Weltverhalten bei der Gestaltung der Kultur gefehlt hat. Mit Mann und Frau standen die Welt des Logos und der Götter hier, des Bios und des Eros dort, entzweit einander gegenüber. Der Mann hat der Gesellschaft Schritt für Schritt andere Schwerpunkte, ein anderes Zentrum gegeben als die Reproduktion des Lebens und die Beherrschung des nahen Lebensraumes, um die die mutterrechtliche Sippe kreise.

Mag sein, daß der Mann die Frau ursprünglich gar nicht des Ihrigen beraubt und enteignet hat, daß er seine Macht um Tätigkeitsbereiche und mit Kräften aufbaute, mit denen sich die Frauen nicht befaßten. Mag auch sein, daß der rationalistische Dämon auf der kompensatorischen Machtpolitik des verängstigten männlichen Ichs beruht. Am Ende jedenfalls sind die Frauen so oder so zur ersten Peripherie der Zivilisation herabgesunken.

Das Patriarchat als Bewußtseinsverfassung ist eine sehr fundamentale, aber immer noch nicht die letzte, tiefste Ebene in der „Geologie" des Exterminismus. Mit dem Patriarchat bricht der Mensch aus der *zyklischen* Verlaufsform seiner „Vorgeschichte" aus. Der Mann bzw. das Männliche fungiert vorübergehend als privilegiertes Organ der Gattung. Im Patriarchat überlappen sich Geschichte und Anthropologie. Wie der Mensch über das Tier, siegt der Mann über die Frau. Wenn dieser zweite Sieg schon eine ungeheuer folgenreiche Tatsache ist, die in alle höheren exterministischen Strukturen tragend hineinwirkt, fundamentaler noch ist der erste Sieg, die conditio humana selbst: Der Mensch, Mann und Frau, siegt über das Tier, macht sich die Erde untertan, indem er sich auf die geistige Seite verlegt. Es ist in der menschlichen Natur, in der gesamten Art und Weise, wie der Mensch funktioniert, wie er mit seiner Ausstattung in den Weltzusammenhang hineingestellt ist, ein Verhängnis angelegt und nicht erst in spezifisch bösen Verhaltensweisen. Indem der Mensch handelt, kommt diese Ambivalenz zum Tragen, absichtlich oder unabsichtlich. Nur wer schläft, sündigt nicht. Sobald wir wach sind, müssen wir bewußt sein, nicht nur um die beabsichtigten, sondern auch um die unbeabsichtigten Folgen unseres Handelns zu bedenken.

Katastrophen, die der Mensch verursacht, hängen nicht mit dem Tier in ihm zusammen, sondern mit der Dynamik der Großhirnprozesse und ihrer zunehmenden Objektivierung in Sprache, Sozialstruktur, Staat usw. Um dem Fluch, dauernd aufmerksam sein zu müssen, zu entgehen, sind die ältesten Weisen zu dem Schluß gekommen, am besten wäre es, wir werden nichts oder doch so wenig wie möglich tun. Tatsächlich hat der Mensch zwei Möglichkeiten, dem durch sein Großhirn verursachten Dilemma zu entrinnen. Entweder müssen wir allesamt Yogis werden, fähig und bereit, sobald wir wach sind, voll bewußt zu sein. Oder wir müssen uns solche Institutionen schaffen, eine solche Kultur einrichten, die uns von der Notwendigkeit dieser Daueraufmerksamkeit, dieser Hellwachheit entlastet.

Selbstverständlich liegt das Problem in der Gesamtverfassung unserer Gattung, nicht im Großhirn für sich. Es *ist* aber die Natur des Menschen, dieses übergewichtige Organ zu besitzen. Der Geist war von Anfang an ein kompensatorisches Machtinstrument und wir *mußten* die Flucht nach vorn antreten. Wir stehen unter Aktionszwang, und so sind Kultur und Zivilisation zu einem Prozeß wachsender Aufrüstung gegen alle Risiken des Lebens geworden. Die Stufen dieser Pyramide der Selbstausrottung, die sich die Menschheit auf ihrem Weg installiert, lauten: Mann, Weißes Imperium, Kapital, Megamaschine. Die Basis aber all dessen ist die conditio humana selbst. Die exterministischen Tendenzen lassen sich nur von hier aus unter Kontrolle nehmen. Am Ursprung ist das Gehirn Organ des fühlenden Körpers. Zugleich ist in ihm angelegt, Geist, der sich materiell verselbständigen *kann*, zu produzieren, also die Hauptaktivität der jeweils den Kulturprozeß bestimmenden, führenden Kräfte auf abgehobene Ebenen zu verlagern und von deren Sekundärinteressen her die primären zu vergewaltigen und auszubeuten. Das ist übrigens Luhmanns eigentliches Thema. Der Gruppengeist ist die eine massenhafte objektive Manifestation des menschlichen Geistes. Er stützt sich, und das legt die weitere Entwicklung fest, auf Symbole und Sprache. Aus dieser Sphäre erst und sehr spät arbeitet sich, ungleichzeitig und besonders in Krisenzeiten lange noch rückfallbereit, allmählich das reflexive, selbstbewußte Ich geschichtlich heraus.

Das Resultat, der Geist, ist empirisch unfrei, bestimmt durch Phylogenese und Geschichte, Ontogenese und Sozialisation. Schon gar nicht kann er frei werden durch Unterdrückung seiner Gewordenheiten. Alles deutet darauf hin, daß er bislang nicht fertig wird mit Traumatisierungen, die zur Folge haben, daß ihm die Welt nicht freundlich oder wenigstens neutral, sondern gefährlich bis feindlich erscheint. Das ist das unvollendete Thema der Psychoanalyse. All das läßt sich zusammenfassen zu drei evolutionär grundlegenden Faktoren, mit denen wir gewohnheitsmäßig so identifiziert sind, daß wir sie gar nicht hinterfragen, die uns aber mit dem zunehmenden Gattungserfolg immer gefährlicher werden: der projektive Charakter des Bewußtseins, der anthropozentrische Charakter des Bewußtseins und der egozentrische Charakter des Bewußtseins. Das Gehirn macht uns zur mächtigsten besonderen Ursache im Maßstab der ganzen Erdoberfläche und ihrer Atmosphäre. Diese Macht aber wird nicht von den allgemeinen Interessen der irdischen Evolution und des Erhalts ihrer Ergebnisse geleitet, obwohl wir alles das mit unserer globalen Praxis berühren, sondern von unseren unmittelbaren, kurzfristigen Interessen und Willenszielen. Diese anthropozentrische, egozentrische Ausrichtung ist normal gerade unter dem Gesichtspunkt, daß sie sich genau entlang dieses unmittelbaren Zwecks entwickelt hat, uns als Selbstbehauptungsinstrument zu dienen. Aber in *dieser* Machtposition die Sophokles schon zum Thema machte, als wir noch keinen Bruchteil unserer heutigen Reichweite und Störkapazität besaßen, mit denen wir um unserer menschlichen Interessen willen eine planetarische Praxis betreiben - kann es nicht gut gehen, wenn sie aus dem Parallelogramm der Ich-Kräfte heraus gesteuert wird. Das Ich erweist sich dann nicht nur spirituell als Gefängnis, sondern materiell als eine Rüstung, die den Helden mit in die Tiefe zieht.

Frage: In der „Rückkehr" stellen Sie drei Theoriegebäude nebeneinander: das von Heidegger, das von Galtung und Ihr eigenes. Wir haben vorhin davon gesprochen. Sie wollen zeigen, daß unser Verfallensein an die Technik, die Gefahr des Exterminismus, in ganz unterschiedlichen Theorieansätzen ähnlich gedeutet wird. Mich hat daran fasziniert, daß eigentlich in allen drei Versuchen, unsere gegenwärtige Situation auf den Begriff zu bringen, anthropologisierende gegenüber historisierenden Betrachtungsweisen an Boden gewinnen. Für einen Sozialwissenschaftler kündigen sich in einer solchen Begriffsverschiebung gesellschaftliche Umbrüche an: die überlieferten Kategorien treffen in weiten Bereichen die gesellschaftliche Realität nicht mehr, die Theorie löst sich von den aktuellen Problemkonstellationen ab und nimmt Zuflucht zu den langen Zeithorizonten, der Mensch an sich, das Abendland seit den alten Griechen, fernöstliche Mythen etc. Hält die Theorie die Realität nicht mehr aus?

Die Kritik der politischen Ökonomie wäre ein Gegenbeispiel. Sie erklärt nur einen ganz kurzen Abschnitt menschlicher Geschichte, die bürgerliche Gesellschaft, den aber richtig. Allerdings, ihre Erklärungskraft stößt heute an eine historische Grenze. Scheinbar konnte die bürgerliche Gesellschaft soziologisch angemessen mit ökonomischen Kategorien erklärt werden, weil und solange sie ihre Synthese, ihre Vergesellschaftungsfunktion tatsächlich über ökonomische Mechanismen, den Markt, realisiert hat. Das geht offensichtlich in die Brüche. Verteilungskonflikte, Klassenkampf, all das wird zwar noch über die klassischen Mechanismen gespielt, aber Baudrillard zum Beispiel sagt, das seien historisch überlebte Rückzugsgefechte, verkommen zu bloßen Simulationen. Die Ökonomie sei am Ende, heißt es.

Anders Heidegger. Er sagt, unsere Gegenwart wird bestimmt durch die Technologie. Technologie ist Metaphysik mit anderen Mitteln. Sie fängt an bei den alten Griechen, auf Basis einer zweiwertigen Logik, ja/nein, entweder/oder, ein Dazwischen oder ein Drittes gibt es nicht. Und das wird durchgespielt in Europa, Feudalismus, Kapitalismus und jetzt die technologische Zivilisation. Die Technologie ist das Basissystem, auf dem sich die Weltgesellschaft erhebt, in der dann, das ist die Kehrseite der Medaille, postmoderne Unübersichtlichkeiten, kommunikative Lebenswelten, regionale Lebenskreise entstehen können. Weil Vergesellschaftungszwänge, die die Menschen bislang an sich selber vollziehen mußten, zunehmend von Informations- und Kommunikationstechnologien realisiert werden, entstehen plötzlich Freiräume, in Ansätzen das, was Marx das Reich der Freiheit nannte. Die Frage ist: Was machen wir mit diesen Freiräumen? Werden sie konsumistisch vereinnahmt, reden die Leute über Belangloses? Oder entwerfen sie gesellschaftliche „Zukünfte", engagieren sich in Umwelt- und Sozialfragen?

Bahro: Erst einmal würde ich sagen, daß das, was Marx hinreichend erklären konnte, nur eine Modulation tieferliegender Strukturen war. Ich meine damit erkenntnistheoretisch Folgendes: Wenn wir in der bürgerlichen Gesellschaft sind und wir stoßen in einer bestimmten Situation, etwa der Verteidigung einer Dissertation, zusammen und Sie stellen da, was weiß ich, einundzwanzig Thesen auf, und ich lese die und denke, oh ja, ja, ja, ja, ja, und dann komme ich an die siebzehnte These und da bin ich völlig anderer Meinung und dann lege ich antagonistisch los. Das ist aber nur ein kleiner Teil der ganzen, viel umfassenderen Sache, um die es eigentlich gehen sollte. Das Ganze wird hier sozusagen auf das Besondere hin orientiert, auf ein Besonderes, wo sich Individuen unterscheiden, wo sich Theorien unterscheiden. Dabei ist das Ganze das Ewigdauernde. Wenn für einen Moment lang die historische Konstellation so ist, daß die tieferen Dilemmata der menschlichen Existenz nicht so in den Vordergrund treten oder sich in einem Bereich artikulieren, der historisch neu hinzukommt, dann sieht es so aus, als wenn dieser Bereich das Ganze wäre, und wir analysieren das und nichts anderes. Marx hat das mit der bürgerlichen Gesellschaft gemacht, und er hat hundert Jahre lang recht gehabt. Aber was er analysiert hat, ist letztlich nur ein Epiphänomen[15] gewesen. Mir ist das aufgefallen am Beispiel Roms. Die Marxschen Klassenkampftheorien gelten zum Beispiel für das Rom der Republik, ein Rom, das noch nicht Weltreich ist, das Rom der Patrizier, Plebejer und Sklaven. Der Spartacusaufstand ist nicht der Anfang, sondern das Ende dieser Formation. Die immanenten Klassenkämpfe hatten deren Aufstieg gekennzeichnet. Sie haben die Formation nicht gesprengt, sondern im Gegenteil gerade entwickelt. Von solchen Entwicklungsbereichen ausgehend, wird dann theoretisiert. Das gilt dann auch als aktuell. Der Weise hingegen will nicht hauptsächlich Neues sagen. Er stellt in den Vordergrund, was immer schon ist. Anders in der Wissenschaft. Hier geht es um Neuigkeiten, um Prioritätsstreitigkeiten. Das ist das eine. In diesem Sinne, glaube ich, hat Marx das Grundlegende mit der Zeit immer mehr aus den Augen verloren. Er hat es sozusagen mit dem Einzug ins Britische Museum vergessen. Er weiß noch darum in den Frühschriften. In der Deutschen Ideologie steht, abwehrend allerdings schon, geschrieben, der Mensch ist die Grundlage aller kulturellen Äußerungen.

Und das andere, die Sache mit den Freiräumen, da glaube ich nicht, daß systeminterne Freiräume zur Befreiung führen, eher zur Dekadenz. Ins römische Bad führen sie, zumindestens zunächst einmal. Es ist die Krise, die Erschöpfung, die neue Entwicklungen einleitet. Also wenn Augustus da ist, also mit Augustus ist schon Romulus Augustulus sozusagen da. Das heißt, da entwickelt sich, da wächst nichts mehr. Da breitet sich dann diese hellenistische Kultur aus. Damit kündigt sich an, was danach kommt. Das Christentum ist die Auflösung der römischen Welt. Von nun ab passieren ganz andere Dinge, vergleichbar jenen, die Baudrillard für die Jetztzeit skizziert. Die Sklaverei existiert zwar noch, aber die Römer beginnen eine große Juristerei aufzubauen, die die Sklaven fast schon zu Proletariern macht, zu armen Mitbürgern. Du sollst die nicht totschlagen, heißt es jetzt. Ich denke mir, der Zustand, in den wir jetzt hineingeraten sind, kann, wenn man etwas Rettendes sucht, eigentlich nicht unzweckmäßiger beschrieben werden als bei Gorz. Der beschreibt diesen Zustand in solch einem nachholindividualistischen Kurzschluß. Gramsci würde sagen, er ist der organische Ideologe von Imperialproletariern, die einen Jahreswagen beziehen. Sicher, immer trifft eine solche Beschreibung wie die von Gorz gebotene auch ein Stück Wirklichkeit ... Anthropologie nun ist die Hinwendung zur menschlichen Wirklichkeit vom Grund her und auf ihr Ganzes hin. Es ist schon so wie Marx formuliert: Der Mensch ist die Grundlage seiner Produktion. Produziert er die Apokalypse, liegt der Rückschluß nahe auf ihren „Täter", wie umgekehrt die apokalyptische Aussage auf der Fähigkeit bestimmter Leute beruht, tiefer in die menschliche Substanz hineinzusehen. Da war eine Wahrnehmung, die über den Menschen das Ganze, den Kosmos, in den Blick nahm. Damit umzugehen, das ist uns wieder aufgegeben. Und plötzlich stellen wir fest, das wir so, wie wir damit umgehen, schon verdammt arme Würstchen sind. Der Kessel wird explodieren. Das sieht der Weise. Und sieht in sich selbst hinein und weiß, wieviel Machtgier in ihm gesteckt hat, mindestens soviel gibt er sich noch zu, nämlich soweit er's jeweils erkannt hat für früher, jetzt ist er ja ein Stück weiter und wird erst nächstes Jahr sehen, was dieses Jahr seine Schranke war ... Von dort her kann man die Apokalypse voraussagen, bloß daß es jetzt kein kontemplatives Problem mehr ist; es ist zu offensichtlich, daß wir sie real produzieren.

Anmerkung: Der Ärger, den man als Sozialwissenschaftler mit der Schulphilosophie hin und wieder hat, ist diese jegliche, neue Erkenntnis tötende Standardformulierung, daß alles schon einmal gesagt worden sei. X finde man bei den Griechen schon, Y bei Fichte und Schelling. Und das stimmt ja auch. Das steht tatsächlich dort. Trotzdem, denke ich, muß es einen Unterschied geben zwischen philosophischen Allgemeinplätzen und einer konkreten Analyse unserer heutigen Situation. Für mich wäre spannend, wie diese grundsätzlich anthropologischen Einsichten, die die Weisen, die Philosophen, jetzt nicht die Schulphilosophie, haben, bezogen werden können auf eine konkrete historisch-soziale Situation also etwa in der Art, wie Marx das im „Achtzehnten Brumaire des Louis Bonaparte" macht. Weil, sonst wär's ja einfach. Da könnte ja jeder Philosoph, der sein Grundstudium absolviert hat, sagen, ja, das steht schon bei Aristoteles, oder das haben die alten Inder schon gewußt. Das spannende Moment, das ist ja wirklich der sozialwissenschaftliche Fortschritt bei Marx gegenüber philosophischen Allgemeinplätzen, ist, daß er sich um's konkrete Hier und Jetzt kümmert.

Bahro: Und was genau ist das Konkrete? Was ist konkret in solchen Umbruchzeiten? Die Praxis, die aus Rom hinaus geführt hat damals, war nicht im Geist des „Achtzehnten Brumaire" faßbar, war nicht hauptsächlich soziologisch oder ökonomisch beschreibbar, dominiert hat etwas ganz Anderes. Sie haben da nicht erweitert reproduziert, der Reingewinn hat sie nicht interessiert, die christlichen Gemeinden in ihrem Austausch untereinander. Was sie wollten, war, Zeit frei zu haben, um sich auf das Reich Gottes vorzubereiten. Das war es, was aus Rom hinausführte. Dieses „Reich" wird bekanntlich „innen" verortet, meint also vor allem eine andere Bewußtseinsverfassung. Und ich denke, wenn man den Begriff der Praxis darin ernst nimmt, daß der Mensch die Grundlage aller seiner kulturellen Äußerungen ist, dann ist doch die Praxis in erster Linie eine Sache des Geistes oder, besser, der Psyche. Die Zen-Meister sagen, ein Meister ist wie ein Tischler, nur daß er nicht mit Holz umgeht, sondern mit Geist. Er weiß bestimmte Sachen, aber er sagt dir nicht, so und so ist das, und formuliert dir den Satz und du sollst den dann lernen, sondern er sagt, mache die und die Übungen. Ich werde darauf achten, daß du sie richtig machst in dem Sinne, wie wir es vereinbart haben. Du willst dieselben Erfahrungen machen, von denen ich dir erzählt habe. Wenn du diese Erfahrungen machen willst, dann kann ich dir sagen, du mußt die und die Übung machen. Und dann setzen sie sich hinterher im Kreis zusammen, und die Schüler erzählen die Erfahrungen, die sie gemacht haben. Und wenn die Erfahrungen von denen des Meisters abweichen, dann fragt der Meister weiter, um zu erfahren, wie der Schüler geübt hat, im einzelnen, und er weiß auch die genauen Fragen, um das herauszubekommen. Und dann sagt er ihm, also an der und der Stelle hast du die Sache nicht laufen lassen wie vereinbart, sondern du hast das und das gemacht, du wolltest zum Beispiel dieses, und jenes war dir wahrscheinlich im Wege. Versuch's noch mal.
Ich denke, auf diese Weise kann es gelingen, sich von Konzepten zu befreien, in denen der vergangene Weltzustand geronnen ist. Das geht bis in die eigene Physiologie hinein.

Ansatzweise habe ich das selber erfahren, in verschiedenen Übungen. Leider habe ich zu wenige gemacht. Plötzlich aus einer bestimmten Verfassung heraus, findet man Sachen, die einem vorher sehr viel bedeutet haben, nicht mehr so wichtig. Man beachtet sie zwar noch, aber nimmt sie nicht mehr so wichtig. Sie verlieren sozusagen an Energie. Sie rücken an die dritte, vierte oder fünfte Stelle - zunächst vielleicht bloß in der Wahrnehmung, noch gar nicht in der eigenen Existenz. Ich bin gegenwärtig ziemlich zerrissen, weil ich in Berlin arbeite, Frau, Kind und Kommune aber hier habe. Das ist nicht leicht. Die Kleine ist erst drei.

Anmerkung: Da kenne ich einige, denen es so geht. In bestimmten Berufssparten ist das schon ein Normalzustand, vor allem wenn sowohl die Frau als auch der Mann berufstätig sind und beide Spaß an ihrer Arbeit haben.

Bahro: Ja, aber es ist eine böse Geschichte. Das gehört zu dem zu überwindenden Weltzustand, darüber bin ich mir völlig im klaren. Es ist für den Arbeitszusammenhang in Berlin nicht gut: Ich müßte ganz dort sein. Und es ist für die kleine Hannah und für die Frau und für die Kommune hier nicht gut: Ich müßte ganz hier sein.

Anmerkung: Theorien, in denen die gegenwärtigen Widersprüche und Ungerechtigkeiten artikuliert werden, bewegen sich weniger auf der Ebene traditioneller Klassenkampfstrategien, sondern eher auf einer allgemeineren des Überlebens der Gattung Mensch. Die innerabendländische Klassenauseinandersetzung als zentrales Konfliktmoment hat sich stark relativiert durch den an Bedeutung zunehmenden Nord-Süd-Konflikt.

Bahro: Das Abendland ist, wenn wir überhaupt von Klassen reden, nahezu eine einzige herrschende Klasse. Und ich füge hinzu, in Bezug auf Sozialhilfeempfänger, arme Burgfräuleins hat's immer gegeben, auch im Mittelalter, beim Feudaladel, also das wäre kein Gegenargument zu meiner Charakterisierung der Gesamtsituation, in einer Zeit, in der wir rund um die Erde touren und es selbst mit Arbeitslosenhilfe noch schaffen, auf die Inseln zu fliegen. Nicht alle, es fallen schon einige heraus. Aber insgesamt ist das, was man die Zweidrittel-Gesellschaft nennt, ist das, was in den Metropolen passiert, konstitutives Moment des Gesamtparasitismus an der Natur und an der übrigen Menschheit. So gesehen, wird der gewerkschaftliche Kampf in den Metropolen immer unverschämter, weniger, was die Kumpels betrifft, bei ihnen ist sozusagen noch unmittelbarer Lebensvollzug vorhanden, ich brauche ne' Mark mehr, und so, aber was da an Apparat vorhanden ist, der das trimmt, und die linken gewerkschaftlichen Ideologien dazu, das ist wirklich unverschämt. Wenn Mitterand als sozialistischer Kaiser aller Franzosen möglichst viel Kriegsmaterial in die Dritte Welt verkaufen will, ist das für mich der Gipfel der Verkommenheit.

Anmerkung: In dieser Hinsicht hat Baudrillard sicher recht. Traditionelle Verteilungskonflikte vorkommen zur Simulation und werden zynisch. Kommen wir zum gegenwärtig alles beherrschenden Thema, zum Gegensatz von Plan und Markt. Der Markt habe weltweit gesiegt, die Planwirtschaft habe sich historisch verabschiedet, wird gesagt. Wie soll Ihrer Meinung nach eine zukünftige Ökonomie aussehen, die sozial- und umweltverträglich ist?

Bahro: Ja, vordergründig alles beherrschend, aber das ganze Gerede über den Markt ist pure Ideologie. Im Kapitalismus von heute wird effektiver geplant, als es im Osten der Fall war. Das Problem ist für mich verhältnismäßig einfach zu formulieren. Von den Grenzen her, von der Notwendigkeit, Grenzen zu setzen, und von meiner mittelfristigen Perspektive her wäre es wünschenswert, ein rettendes Regiment einzusetzen. Insofern muß Planung her, und zwar eine Planung nicht der Proportionalitäten, also wieviel Toilettenpapier und wieviel Klosettbrillen müssen produziert werden, sondern eine Planung, die die Investitionen in Wissenschaft, Technik und Produktion reglementiert in Richtung auf Abbau der schweren Material- und Energieverbräuche. Wir müssen uns bis auf die Naturverträglichkeit zurückrationieren. Naturale Kennziffern müssen her. Wenn das wirklich machbar wäre über finanzielle Kennziffern, also die naturalen Verbräuche über Steuern in den Griff zu kriegen, hätte ich überhaupt nichts dagegen einzuwenden. Ein ökonomischer Mechanismus ist unabdingbar, realistischerweise, aber er darf nicht das Kriterium sein, nach dem die Richtung des gesellschaftlichen Prozesses festgelegt wird. Deshalb müßte, wenn man den Ressourcenverbrauch über finanzielle Kennziffern steuern will, nicht von irgendwelchen subjektivistischen Höchstwerten ausgegangen werden, sondern der Verbrauch wäre von Grund auf zu besteuern, das heißt, zu verteuern. Allerdings, denke ich, immanent-ökonomische Maßnahmen reichen nicht aus. Das ökonomische System wird sich ohne Schwierigkeiten an solche neuen Existenzbedingungen adaptieren und alle Maßnahmen rekupierieren, für sich erobern, sei es über Konkurrenz, Inflation etc. Da die Bodenpreise für alle steigen, nimmt die Betonfläche zu, egal wie teuer das wird. Mit anderen Worten: Ohne existentielle Eingriffe wird sich Grundlegendes nicht ändern. Die ökonomischen Mechanismen mögen dann anders funktionieren, wenn erst einmal existentielle Zwänge die weitere gesellschaftliche Entwicklung bestimmen, wenn es also nicht mehr des Staatsanwalts bedarf, um im Betrieb die Erzeugung bestimmter Produkte unmöglich zu machen, weil das Grummeln im Bauch der Belegschaft und weil die Zahl der Verräter zu groß ist, die es im eigenen Hause gibt, Verräter im Dienste des Naturgleichgewichts, im Dienste der Wirklichkeit.

Frage: Allen ist klar, so geht es nicht weiter, es muß etwas geschehen.[16] Zwei Möglichkeiten werden genannt: Entweder die Katastrophe muß erst einmal eintreten, damit die Menschen willens sind, auch tatsächlich etwas zu verändern. Oder es muß ein Subjekt der Geschichte her, das den Primat der Politik gegenüber der Ökonomie durchsetzt, das politische Rahmenbedingungen gegenüber der Ökonomie verbindlich vorgibt. Die Frage ist immer nur: Wer macht das?

Bahro: Daß die Katastrophe passiert, dafür brauchen wir uns nichts einfallen zu lassen. Die kommt automatisch. Insofern ist die erste Möglichkeit kein echtes Thema. Das wirkliche Thema lautet: Subjekt der Geschichte. Und da bin ich nun ziemlich sicher, daß sich das nicht klassenmäßig formiert. Vielmehr wird es darum gehen müssen, die Sonderinteressen kurz zu halten. Ich bin mir ziemlich sicher, daß in diesem Diskussionszusammenhang das Totalitarismusargument der große subjektivistische, individualistische, egoistische Abwehrmechanismus der reichen Intelligentsja sein wird. Und ich bin mir noch sicherer, daß der reale Totalitarismus gerade dann am meisten droht, wenn wir den Katastrophenkurs einfach beibehalten. Dafür, daß das Notstandsregiment eintritt, dafür brauchen wir nichts zu tun. Das kommt von ganz allein. Deswegen müssen wir historische Subjektivität riskieren. Nur so läßt sich wenigstens denken, daß wir etwas verhüten können. Meine Formel lautet, zum Entsetzen und Schrecken der Lehrstuhlinhaber, der Journalisten usw., es muß eine politische Sphäre her, die stärker ist als die der Ökonomie. In der Subjektivität der Gesellschaft muß der Kapitalismus an die zweite Stelle rücken. Diese Art von Freiheit, die - zumindestens empirisch - mit dem Exterminismus verheiratet ist, der Freiheitsbegriff der französischen Revolution, das ist historisch am Ende. Das steht so nicht bei Kant, und nicht bei Voltaire, und nicht bei Diderot, aber empirisch ist das so: der Freiheitsbegriff der französischen Revolution ist mit Extermination verheiratet. Der Freiheitsbegriff hingegen, der in Evangelien steht, ist ein völlig anderer. Johannes, der sich dem Jesus anschließt, steigt ein Stück weit auf, geistig, Aufstieg zur Freiheit, Hegelsch gedacht. Ich sage das jetzt nicht zugunsten des Guru-Prinzips. Das meine ich damit nicht. Die Hegelsche Wahrnehmung oder Feststellung, daß Freiheit eigentlich das Müssen des Wahren ist - womit nicht festgelegt ist, wir wissen das Wahre, sondern nur die Richtung; Gebser sagt deshalb auch Wahrnehmung, Wahrgebung, Wahrung, also Begriffe, die ganz der Heideggerschen Diktion analog sind - dem muß der Geist sich wieder verpflichten. Das ist etwas ganz anderes, als einen Absolutismus daraus zu machen. Aus den paar hundert Jahren europäischer Geschichte können wir sehen, daß daraus keineswegs unter allen Umständen Diktatur folgt, daß Diktatur, also das Hinweggehen über den Bewußtseinsstand anderer Menschen, kontraproduktiv ist, *mindestens* kontraproduktiv, wenn nichts Schlimmeres, erst recht für die ökologische Frage, daß das nur die innersozialen Kämpfe anheizt und sogar den Klassenkampf zurückholen kann. Was wirklich verlangt wird ... das ist jetzt schwierig zu formulieren, ich bin mir darüber noch nicht voll im klaren ... es gibt eine Stufenfolge von Bewußtseinsverfassungen und -zuständen, und es ist einfach nicht wahr, daß Demokratie der höchste Begriff politischer Kultur ist. Wenn die Stimmen der Weisen und die Stimmen der Gierhälse, wenn die einfach gleich wiegen, so ist das kulturlos. Das ist eher aus dem Standpunkt der Entfremdung heraus gedacht, eine Vorstellung, die kehrseitig aus dem Despotismus folgt. Worum es eigentlich ginge, wäre, auf der modernen Stufe unserer Zivilisation zurückzufinden in eine solche Situation, von der Engels gesagt hat, daß jeder moderne Produktionskommandeur den Sippenältesten archaischer Zeiten um seine Autorität nur beneiden könnte, wobei Autorität noch der Einfluß und das Ansehen des Ratgebers ist, Resultat

114

aus dem Kontakt des Ratgebenden mit dem Wahrseienden, mit den Gleichgewichten der Wirklichkeit, ein Gefühl der Richtigkeit. Sobald der Sippenälteste gesprochen hatte, wußten die anderen, ja, das stimmt, im großen und ganzen. Gewiß, da war ein sozialer Mechanismus der Verfestigung mit im Spiel. Ich bin nicht gegen die Gewaltenteilung. Instanzen müssen sich korrigieren können. Auch wenn überall Weisheit Platz hat, kann es nur besser sein, sie kontrollieren sich gegenseitig. Weisheit ist nie perfekt und jeder hat sein Stück Egoismus und Machtgier, auch der Weise. Das soll sich auswiegen. Aber wir müssen aus diesem minoritären Anteil aufgestiegenen Bewußtseins heraus die Institutionen neu formen. Es geht nicht darum, den Marktmechanismus jählings abzuschaffen; es geht darum, eine geistige Machtkonzentration herbeizuführen, die so konsensstark ist, daß sie über die Sonderinteressen hinaus geht, daß sie die allgemeinen, die fundamentalen, die langfristigen Notwendigkeiten als unentrinnbar ins Blickfeld nimmt, eine Macht, die den Schwerpunkt verschiebt von der großen Koalition derer, die mehr vom Kuchen haben wollen, hin zu der *anderen* großen Koalition, die die Welt bewahren will. Dahin umschalten, das halte ich gar nicht für so aussichtslos. In den Umfragen vor der „Wende" war die Erhaltung der Umwelt schon an den ersten Platz der Bedürfnisse gerückt. Wenn's doch begriffen wäre, was das heißt! Wenn nicht im konkreten Fall dann doch ganz andere Ängste und Interessen maßgebend würden! Das lädt sich ja auf. Ich weiß nicht, ob wir noch zurecht kommen. Denn die Konstituierung eines solchen Subjekts, der Prozeß dahin, liegt im Wettlauf mit der Katastrophe.

Frage: Auf jeden Fall ist das eine Diskussion, die viel grundsätzlicher geführt werden muß. Auch das, was uns so selbstverständlich ist, die Gewaltenteilung zum Beispiel, muß völlig neu diskutiert werden. In diesem Zusammenhang fand ich sehr hilfreich, was Sie in der „Logik der Rettung" noch einmal abgedruckt haben, die Auseinandersetzung mit dem Begriff der Ökodiktatur und in der „Rückkehr" auch die Position Galtungs, seine Geschichtsinterpretation Mitteleuropas, und die neuere Diskussion über Nationalsozialismus und Modernisierung, daß das gar nicht zusammengehen muß, Demokratie und Modernisierung, daß das durchaus unterschiedlich gesehen werden kann, daß wir uns da überhaupt erst einmal öffnen müssen für das, was gesellschaftlich der Fall war und, mit Galtung, noch (wieder) möglich ist, weil wir vieles, gerade als Deutsche, als Deutschsprachige, verdrängt, überhaupt nicht aufgearbeitet haben. Verständlich ist das schon, diese bloß moralischen Abwehrhaltungen, aber es schützt in Krisensituationen nicht vor Wiederholungen oder noch Schlimmerem. Wenn Sie formulieren, Sie wüßten nicht mit Bestimmtheit, wie Sie sich 1933 verhalten hätten, so denke ich, müßte sich das heute eigentlich jeder fragen, wenn er ehrlich wäre. Wenn ich mir Lebensläufe von Leuten anschaue, die damals nationalsozialistisch gewählt haben, Menschen, die vorher völlig integer waren, die von ihrer Herkunft und ihrem Selbstverständnis eher KP hätten wählen müssen, die noch gar nicht so klar entscheiden konnten, worauf das Ganze dann tatsächlich hinauslief ...

Bahro: Es ist heute nicht einmal mehr sicher, ob es richtiger gewesen wäre, KP zu wählen statt der Nazis. Ich meine damit nicht, daß es richtig war, die Nazis zu wählen. Was ich meine, ist etwas ganz anderes. Ich mache einfach mehr und mehr die Nacherfahrung, daß die Nazi-Bewegung oder die Bewegung auf das Jahr 1933 hin dichter am Stoff war. Das andere Projekt war schon gegessen, das Projekt mit der Unterklasse der Metropolis. Das führt ohnehin bloß zum Cäsarismus. In Rom war es auch so. Die Popularen haben Cäsar an die Macht gebracht, und Brutus, Cassius, also die Republikaner, waren die Aristokraten. Wilhelm Reich hat in seiner Massenpsychologie des Faschismus eindrucksvoll erklärt, was da so fürchterlich losging, was die Antriebe waren. Ich habe mir vergegenwärtigt, was 1913 auf dem Hohen Meissner war. Das war eine Mischung von grün und braun, von Lebensreform und nationalistisch. Natürlich hat die imperialistische Epoche dafür gesorgt daß das Ressentiment, die Totschlägerei, das Braune - daß das in Vorhand kam. Aber wenn man sich einigermaßen sensibilisiert anschaut, worauf das heute hinausläuft, mit der Genmanipulation zum Beispiel, so haben die Nazis Konsequenzen historisch nur vorgezogen. Ich habe neulich eine Biographie gelesen, über Heydrich, Reinhard Heydrich, der Mozart spielte, als Könner, und Technokrat war, der die Tschechen keineswegs massakrieren wollte. Im Gegenteil, er wollte mit der Sache so umgehen, daß die Tschechen möglichst viel für die Kriegsmaschinerie des Dritten Reichs produzierten, ein faschistischer Technokrat, der die Welt reglementieren wollte mit der Wahrheit, die aus der Maschine kommt. Zu dieser Charakterstruktur kann Musik ganz vorzüglich passen. Und heute sind sich dieselben Sachen wieder verdammt nahe. Was Sie erzählen über Gotthard Günther, hat damit zu tun. Ich sage das jetzt nicht, um mit Heydrich den Günther totzuschlagen, überhaupt nicht, sondern nur um anzudeuten, daß unter den beiden etwas ist, mit dem man so und so umgehen kann. Wir haben hoffentlich etwas gelernt aus der Geschichte, was den Umgang mit diesem Stoff betrifft. Das ist eigentlich mein Motiv.

Frage: Sie führen hier in der Eifel Seminare in Form einer Lernwerkstatt durch. Ihre Berliner Seminare sind interdisziplinär besetzt und gut besucht. Gibt es Verständigungsschwierigkeiten, Sprachprobleme?

Bahro: Nein. Aber wahrscheinlich haben wir jetzt ein Verständigungsproblem. Wahrscheinlich halten Sie mich für ahnungslos, auf welchem Glatteis ich mich bewege, wenn ich sage, bei uns ist Kommunikation so angelegt, daß Übersetzungsprobleme, treten sie auf, fast von selber verschwinden. Sie können solche Seminare, die von ganz anderen Interessen und Zielsetzungen getragen werden, nicht mit Veranstaltungen im Wissenschaftsbetrieb und den dort artikulierten Interessen und Zielsetzungen vergleichen. Inkompatible Diskurse weisen in Wirklichkeit auf die Wesenlosigkeit ihres Stoffes hin, auf ihre Anlage innerhalb dessen, was Heidegger Seinsvergessenheit nennt. Spezialisten haben da Probleme, Menschen, insofern sie bei sich sind, können sich verstehen wie Leute, die im Stamm um das gleiche Feuer sitzen.

Frage: Das mag stimmen für ein Seminar, das Sie hier über eine oder zwei Wochen veranstalten. Aber wie sähe es zum Beispiel aus, wenn Sie ein Projekt bekämen in Sachsen, irgend einen Bereich zu rekonstruieren, landwirtschaftlich, und Sie brauchten dazu Limnologen[17], Agrarwissenschaftler, meinetwegen auch Soziologen, da hätten Sie doch gleich ganz handfeste Probleme, denn Sie müssen am Schluß ein Projektergebnis vorweisen. Nachher müßte ein saniertes Gebiet vorhanden sein, das Modellcharakter hat, wo der Biedenkopf sagen kann, das ist ein Modell für die Zukunft, das wollen wir jetzt vervielfältigen. In einem solchen Fall bekämen Sie doch sofort handfeste Probleme, Sprachprobleme. Ein solches Projekt hätte doch einen ganz anderen Charakter als ein Reflexionsseminar über eine Woche hier in der Eifel. Wie würden Sie so etwas angehen?

Bahro: Könnte es sein, daß Sprachprobleme gerade nicht „handfest" sind? Ein Projekt, bei dem sich die Dinge so darstellen, würde ich nicht machen. Wären die Spezialisten aus der Ex-DDR und hätten wir uns aufeinander bezogen, fiele gewissermaßen nebenbei hinlänglich „gemeinsamer Zeichenvorrat" mit ab. Aber mein Projekt geht davon aus, daß die Menschen, die Limnologen und was weiß ich wer alles, auch erst einmal *menschlich* in Kontakt miteinander kommen, von innen heraus. Die Klöster, die Benediktinerklöster, sind ja deshalb etwas geworden, weil sie fünfmal am Tag im Gebet versammelt waren, auch wenn ihre Kirche noch gar nicht stand. Mir geht es ja nicht um ökologischen Landbau für sich genommen. Es geht überhaupt nicht um Projekte in diesem Sinne, sondern eben um den Neuanfang von menschlicher Gesellschaft, also um die fundamentale Motivation dafür. Ich würde Motivationsforschung betreiben, das heißt, Interviews durchführen (a) mit den Leuten, die das andere Leben wollen und damit anfangen; (b) mit Leuten, wo man eigentlich nicht weiß, warum machen die das nicht auch, die wären eigentlich prädestiniert dazu und machen das nicht, was steht dem entgegen? (c) mit Leuten, in den Dörfern und in der Gegend, die es schwierig finden, sich auf ein postkapitalistisches Milieu einzustellen, und (d) mit Leuten in den Ämtern, mit denen man in diesem Zusammenhang zu tun hat, deren motivationale Einstellung zu der ganzen Sache. All das, um herauszubekommen: Was zieht Euch dahin und was hält Euch davon ab? Was behindert Eure Initiative? Das will ich machen. Und dann will ich dieses Thema „Subsistenz" bis in die ökonomische Konsequenz hinein verfolgen, hierbei ein bißchen Vermittlungsarbeit leisten, ideologische Dienstleistung. Damit verknüpft sind eigene Beobachtungen in den Projekten, mit der Orientierung, wenn es zu Konflikten kommt, auf der psychologischen Ebene helfen zu können. Angenommen, man hört, wir kommen mit unseren Ideen bei der Verwaltung nicht durch - in Wirklichkeit mag die Frage sein: läßt sich der und der Mann, die und die Frau im institutionellen Bereich gewinnen? Denn wenn es eine gemeinsame persönliche Neigung gibt, relativieren sich Sprachprobleme weitgehend, lassen sich institutionelle Widerstände umgehen; wenn nicht, so wäre zu klären, wo die bessere Einflugschneise ist.

Wenn es Konflikte gibt? Also wir sitzen hier früh immer in diesem Raum, um acht Uhr, eine Viertelstunde lang erst einmal schweigend, dann ist eine nächste Viertelstunde

Befindlichkeitsrunde, so, wie geht's uns heute, damit man weiß, wo wer steht, da wird nichts diskutiert oder so, das hat keine große Erkenntnisbedeutung, außer so gegenseitige Wahrnehmung, dann werden zwei, drei Sachen besprochen, Organisatorisches, wer fährt heute wann mit dem Auto weg, wer muß mitfahren, was müssen wir besorgen, wann steht ein Termin an, wo wir hinfahren müssen, und dann ist Frühstück. Das ist ungefähr von acht bis Viertel nach neun, also das ist so unser Start hier. Wenn's nun Konflikte gibt, dann sitzen vier zusammen, noch zwei mit denen, die den Konflikt haben, und organisieren sich eine Art Austausch, gar nicht professionell; es ist kein Psychologe dabei.

In dieser Richtung würde ich weiter arbeiten. Alles andere ist schlicht eine Frage der Allgemeinbildung. Ich glaube, der größte Teil unserer Verständigungsschwierigkeiten hängt mit falschem Leben zusammen, nicht mit der Schwierigkeit der Worte. Fachsprachen sind Abgrenzungsmechanismen. Wenn sich das von dort her, wie ich's skizziert habe, löst, dann ist auf einmal auch der Spezialist in der Lage, sich verständlich zu machen.

Frage: Fachsprachen haben sicher auch mit Angstabwehr zu tun. Die eigene Disziplin verleiht Sicherheit. Zweifellos. Die Universität als Institution erzeugt solche Verhaltensmuster. Insofern handelt es sich hierbei nicht um triviale Sprachprobleme, sondern um Resultate langjähriger Sozialisationsprozesse, die persönlichkeitsprägend sind.

Bahro: Ja, aber ich würde den Aspekt der Verknüpfung daran hervorheben. Ich bin sicher, und ich habe auch die Erfahrung gemacht, daß all diese Schwierigkeiten sich auf fast nichts reduzieren, sobald man von innen kommt, vom „inneren Oben" her sozusagen. Meditation wäre angesagt, wobei es im einzelnen gar nicht darauf ankommt, nach welchen Praktiken man verfährt. Meditation ist nur ein Mittel, kein Selbstzweck, auch kein Glaube. Es ist eine Technik der Entidentifizierung von dem, was in dem ganzen Begriffsnetz die Spinne ist, das Ich nämlich, also das Selbstinteresse. Wie verhält sich der Spezialist? „Ich gebe nicht zu, daß ich mit Wasser koche, und die anderen haben Gottseidank keine Ahnung von meinem Metier." Wenn das wegfällt, dann handelt es sich nur noch um verschiedene Beschreibungen der einen Wirklichkeit, und wie relativ jede Beschreibung ist, weiß man dann.

Das Gespräch führte Prof. Dr. Arno Bammé am 17.2.1992 in der Lernwerkstatt „Ökologische Akademie für eine Welt" in Niederstadtfeld (Vulkaneifel). Es wurde zuerst veröffentlicht in: Der kalte Blick der Ökonomie. 30 Gespräche, Band I, München, Profil Verlag, 1993

Literatur, auf die im Gespräch Bezug genommen wird

Abd al-Qadir as-Sufi; Der Pfad der Liebe, Bern und München, 1982
Bahro, Rudolf; Logik der Rettung, Stuttgart und Wien, 1989
Bahro, Rudolf; Rückkehr, Berlin und Frankfurt am Main, 1991

Bahro, Rudolf u.a.; Apokalypse oder Geist einer neuen Zeit, Berlin, 1995

Biedenkopf, Kurt H.; Die neue Sicht der Dinge, München und Zürich, 1985

Binswanger, Hans Christoph; Geld und Magie, Stuttgart, 1985

Chargaff Erwin; Vorläufiges Ende, Stuttgart, 1990

Deppert, Wolfgang; Zeit, Stuttgart, 1989

Galtung, Johan; Hitlerismus, Stalinismus, Reaganismus, Baden-Baden, 1987

Galtung, Johan; Occidental Cosmology, Development and Developmentalism (hektographiertes Manuskript)

Gebser, Jean; Ursprung und Gegenwart, München, 1988

Georgescu-Roegen, Nicholas; Energy and the Economic Myth, New York-Toronto-London, 1976

Giegerich, Wolfgang; Psychoanalyse der Atombombe, zwei Bände, Zürich, 1988 und 1989

Göttner-Abendroth, Heide; Das Matriarchat I, Stuttgart, Berlin, Köln, 1988 und 1989

Gorz, André´; Kritik der ökonomischen Vernunft, Berlin, 1989

Govinda, Anagarika: Buddhistische Reflexionen, Bern und München, 1986

Grof, Stanislaw; Geburt, Tod und Transzendenz, München, 1985

Günther, Gotthard: Idee und Grundriß einer nicht-Aristotelischen Logik, Hamburg, 1978

Heer, Friedrich; Das Wagnis der schöpferischen Vernunft, Stuttgart, 1977

Heidegger, Martin; Vorträge und Aufsätze, Pfullingen, 1954

Hempel, Hans-Peter; Heidegger und Zen, Frankfurt am Main, 1987

Hübner, Kurt; Die Wahrheit des Mythos, München, 1985

Illich, Ivan; Selbstbegrenzung, Reinbek, 1978

Jaynes, Julian; Der Ursprung des Bewußtseins durch den Zusammenbruch der bikameralen Psyche, Reinbek, 1988

Laotse; Tao Te King, Düsseldorf und Köln, 1979

Laudse (Laotse); Daudedsching, Leipzig, 1970

Lenin, W.J.; Werke, Band 38, Berlin, 1964

Luxemburg, Rosa; Gesammelte Werke, Band 4, Berlin, 1974

Marx, Karl; Engels, Friedrich; Werke, Band 4, Berlin, 1959

Mies, Maria; Patriarchat und Kapital, Fulda, 1990

Müller, Rudolf Wolfgang; Geist und Geld, Frankfurt am Main und New York, 1977

Neumann, Erich; Ursprungsgeschichte des Bewußtseins, Frankfurt am Main, 1984

Padrutt, Hanspeter; Der epochale Winter, Zürich, 1990

Rajneesh, Bhagwan Shree: Intelligenz des Herzens, Berlin, 1979

Richter, Horst Eberhard; Der Gotteskomplex, Reinbek, 1979

Schubart, Walter; Eros und Religion, München, 1978

Sohn-Rethel, Alfred; Geistige und körperliche Arbeit, Frankfurt am Main, 1970

Thompson, Edward P.; „Exterminismus" als letztes Stadium der Zivilisation, in: Befreiung 19/20, Berlin, 1980

Thompson, William Irving; Der Fall in die Zeit, Stuttgart, 1985

Thomson, George; Die ersten Philosophen (Band 2), Berlin, 1961

Toynbee, Arnold J.; Der Gang der Weltgeschichte, zwei Bände, München, 1979

Vivekananda; Jnana-Yoga. Der Pfad der Erkenntnis, erster Band, Freiburg, 1977

Werlhof, Claudia von; Was haben die Hühner mit dem Dollar zu tun? München, 1991

Werlhof, Claudia von; Mies, Maria; Bennholdt-Thomsen, Veronika; Frauen, die letzte Kolonie, Reinbek, 1983

Wilber, Ken; Halbzeit der Evolution, Bern-München-Wien, 1984

Wittfogel, Karl; Die orientalische Despotie, Frankfurt am Main, 1977

[1] „Ihr neuestes Buch" heißt es im Originalinterview

[2] eindringlich

[3] Selbstüberhebung, Übermut

[4] etwas [gedanklich] vorweggenommen

[5] Der Begriff stammt aus dem Portugiesischen und bezeichnete ursprünglich den chinesischen Vertrauensmann ausländischer, in China ansässiger Handelshäuser im Verkehr mit einheimischen Kaufleuten.

[6] an dritter Stelle stehende

[7] in wertgeminderter Form

[8] am gedrängtesten, am kürzesten

[9] die Interviewbände

[10] Gemeint ist die Projektplattform „Über kommunitäre Subsistenzwirtschaft und ihre Startbedingungen in den neuen Bundesländern" vom Herbst 1991. Die Thesen sind abgedruckt in dem Band „Apokalypse oder Geist einer neuen Zeit" von Rudolf Bahro u.a., S. 173-187

[11] unter der Haut befindlich

[12] Verwandtschaft

[13] Geschlechterverband, Sippe, Stamm gemeinsamer Herkunft, vater- oder mutterrechtlich organisiert mit exogamen Heiratsvorschriften

[14] alteingesessen, bodenständig

[15] Begleiterscheinung

[16] Im Originalinterview steht vor diesem Satz: „Aus den Gesprächen, die ich bisher geführt habe, wird deutlich:". Die Aussage macht nur Sinn im Kontext der anderen Interviews.

[17] Wissenschaftler, die sich mit den Binnengewässern und ihren Organismen befassen

Ökologisches Umhandeln ist möglich

Ein Interview

FRANZ ALT

Die ökologische Herausforderung

Marko Ferst: Eine ökologische Zeitenwende steht, so scheint es, in Deutschland noch lange nicht auf der Tagesordnung. Jahr um Jahr läuft die Frist ab, die uns noch bleibt, immer kürzer wird der verbleibende Bremsweg für ökologisches Umsteuern. Nur Minderheiten wagen die Konsequenzen weitreichend zu überdenken, und oft spielt auch bei ihnen noch viel Selbsttäuschung mit hinein. Das erforderliche Ausmaß der Veränderungen wird oft gravierend unterschätzt. Unsere Besitzstände und Gewohnheiten scheinen wichtiger als eine Gesellschaft mit menschlichem Antlitz. Warum fällt es in der Politik so schwer, diesen Paradigmenwechsel zu vollziehen, warum bleibt es, wie in der Ära Kohl geschehen, bei großen Versprechungen, siehe CO_2-Reduktionsziele, denen kein analoges Umhandeln folgte? Auch die Rot-Grüne Regierung scheint sich mit Millimeterschritten zufrieden zu geben. Worin liegen die tieferen Gründe dafür?

Franz Alt: Wirkliche Änderungen kommen selten von Regierungen, sondern zunächst von einzelnen Menschen oder von gesellschaftlichen Gruppen - auf jeden Fall immer von qualifizierten Minderheiten. Die entscheidenden Veränderungen in der deutschen Gesellschaft in den letzten 50 Jahren mußten der Politik aufgezwungen werden: die Veränderungen in der alten DDR 1989 ebenso wie die Veränderungen im Westen. Im Osten waren es die Friedens-, Umwelt- und Bürgerrechtsgruppen und im Westen die Antiatom-, Friedens-, Dritte-Welt-, die Umwelt- und die Frauenbewegung. Auch die 68er Bewegung war eine antiautoritäre Minderheit. Diese Analyse unserer gesellschaftlichen Verhältnisse ist tröstlich, weil menschlich und demokratisch. Sie zeigt, was einzelne Menschen, die ihrem Gewissen folgen und entsprechend handeln, erreichen können.
Die Minderheit, die heute die ökologischen Veränderungen versteht und tatsächlich will, ist noch nicht stark genug. Es fehlt uns nicht an ökologischer Technik. Manchmal fehlt es nicht mal an politischen Rahmenbedingungen. Durch die Liberalisierung des Strommarktes zum Beispiel kann jede und jeder seinen persönlichen Atomausstieg organisieren, aber nur 0,1% haben es getan. Einer Regierung die Schuld dafür zu geben, ist reine Projektion - typisch für obrigkeitsstaatliches Denken.
Die technischen Voraussetzungen für die solare Energiewende, die ökologische Verkehrswende, den biologische Landbau, für ökologisches Bauen sind vorhanden. Doch die Technik allein rettet uns nicht. Im Wesentlichen fehlt eine ökologische Ethik und eine ökologische Spiritualität. Daß wir einen Spitzenpolitiker haben, der ungeniert sagt, er sei „der Bundeskanzler aller Autos", sagt fast alles über das herrschende politische Niveau. Die eigentlichen Gründe, die tieferen Ursachen für die rasante Fahrt in die ökologische Katastrophe liegen im Seelischen. Wir wissen zwar, was wir tun, aber wir tun nicht, was wir wissen. Das war Rudolf Bahro schon vor 20 Jahren klar. Ich habe erst nach Tschernobyl zu ahnen begonnen, daß wir über den Verstand allein nicht zur Vernunft kommen. Die tieferen Gründe: Wir in den Industriestaaten sind Weltmeister in Technik und in Materiellem geworden, zugleich aber sind wir psychisch infantil und verkrüppelt. Wir

nennen uns zwar selbst „Homo sapiens sapiens", in Wirklichkeit benehmen wir uns aber wie „Homo Dummkopf". Keine Tier- oder Pflanzenart bereitet ihren Untergang vor, wir aber tun das! Auch bei Bundes- und Landtagswahlen stimmen wir zu 90% für unsere eigenen Metzger. Es ist einfach lächerlich, dafür die Gewählten verantwortlich zu machen. Die Zauberworte heißen Gewissen und Verantwortung. Wahrscheinlich war unsere Spezies materiell noch nie so reich, aber seelisch noch nie so arm wie heute.

Frage: Steht es um das Umweltbewußtsein der Bürgerinnen und Bürger in Deutschland besser als um das tatsächliche Handeln, vielfach aber eher Nichthandeln, das in der Politik zu beobachten ist? Langfristig halten die ökologische Krise etwa 80 Prozent der Menschen für das wichtigste Problem, schreibst du. Zu sehen ist aber auch, in den neunziger Jahren nahm die öffentliche Bedeutung des Themas zumindest bezogen auf die westdeutsche Republik doch deutlich ab.

Alt: Vorübergehend und aktuell sind immer andere Themen wichtiger als die ökologische Krise. Wenn die Demoskopen aber nach der Dringlichkeit langfristiger Probleme fragen, steht Umwelt neben Arbeitslosigkeit ganz oben. Tief innen ahnen wir fast alle, daß ein 10-Liter-Auto kein Zukunftsmodell für 10 Milliarden Menschen ist und der Treibhauseffekt eine globale Katastrophe schon heute, aber erst recht morgen bewirken wird. Die Menschen wissen im Kopf, daß wir immer ernten, was wir sähen. Aber wir sind nicht bereit, uns psychisch auseinanderzusetzen. Unsere Verdrängungsmechanismen und unsere Anpassungsfähigkeit an katastrophale Lebensqualitäten funktionieren besser als unsere psychischen Wahrnehmungsfähigkeiten. Deshalb ist das Motto „Nach uns die Sintflut" vorherrschend und faktisch mehrheitsfähig. Auch das wäre nicht weiter schlimm, wenn wir die tatsächlichen Zustände wenigstens erkennen wollten. Am schlimmsten ist immer der Selbstbetrug. Am schlimmsten ist, daß wir „Wohlstand" nennen, was in die Katastrophe führen muß. Es ist kein Fehler, daß wir Fehler machen, aber es ist der größte Fehler, aus Fehlern nichts lernen zu wollen.
Hinzu kommt: Meine Berufszunft, der Journalismus, versagt jämmerlich, wenn es um journalistische Aufklärung der eigentlichen Probleme unserer Zeit geht. Jeder private Skandal ist wichtiger als ökologische Aufklärung. Selbst die Aufklärung über die technischen ökologischen Alternativen kriegen wir nicht hin. Deshalb können die Herrschenden in Politik und Wirtschaft schamlos behaupten, es gäbe gar keine Alternativen. Das erzeugt Lähmung, Angst und Hoffnungslosigkeit in der Gesellschaft, vor allem bei jungen Leuten. Die Politik des „There is no alternative", die Margret Thatcher einst als Maxime des real existierenden Kapitalismus ausgab, ist das eigentliche politische Verbrechen an den künftigen Generationen. Dieses Verbrechen wird von der heutigen Journalisten-Generation weitgehend abgedeckt und ermöglicht. Das ist unser eigentliches Versagen. „There is no alternative" ist der perfekte Ausdruck intellektueller Einfalt und moralischer Verantwortungslosigkeit.

Frage: Wie können wir erreichen, daß die ökologische Thematik wieder einen stärkeren Stellenwert im öffentlichen Bewußtsein erhält? Darüber hinaus wäre zudem wichtig, daß auch eine kritischere Reflexion mit ins Spiel käme. Sehr oft kann man auch sehen, wo mit Umweltschutz geworben wird, ist die gesellschaftliche Vorsorge nicht der wirkliche Anlaß. Der Unterschied zwischen grünem Mäntelchen auf der einen Seite und dem Erkennen, daß wir es mit einer Grundlagenkrise der menschlichen Entwicklung zu tun haben, wird gerne ignoriert. Wie kann man das aufbrechen und stärker gewichten im gesellschaftlichen Aufklärungsprozeß?

Alt: Spätestens bei dieser Frage wird deutlich, von oben ist nichts zu erwarten. Politiker sollten seelische Entwicklungsprozesse auch gar nicht verordnen wollen. Gerade weil wir beide die ökologische Krise - ganz in der Schule von Rudolf Bahro - als „Grundlagenkrise der menschlichen Entwicklung" analysieren, können wir realistischerweise den Beginn der Umkehr nur über die individuelle Psyche erwarten. Nach dem Motto: Wenn jede und jeder vor seiner eigenen Haustüre kehrt, dann wird eines Tages die ganze Welt sauber. Für eine linke Politik, die das Kollektive immer wichtiger nahm als die individuelle Entwicklung, wird diese „konservative" Erkenntnis besonders schmerzhaft sein. Sie wird reflexartig von „Entpolitisierung" und „Privatisierung" sprechen. Dabei wird übersehen, die Seele ist die einzig wirkliche Großmacht in dieser Welt. Nur von dort und auf dieser Ebene finden die wirklichen Revolutionen oder Veränderungen oder Fortschritte statt. Das heißt: Das Hören auf das Gewissen, das Betrachten meiner Träume oder ein bewußter meditativer Blick in die Unendlichkeit des nächtlichen Sternenhimmels, kann eine wesentlich tiefere „Revolution" bewirken als die sattsam bekannten gewalttätigen Revolutionen.

Wir haben im 20. Jahrhundert zu häufig erlebt, daß die klassischen Revolutionen - meist mit viel Gewalt, Unterdrückung und Unfreiheit verbunden - nichts anderes als ein Austausch der Machteliten waren. Danach gingen die Repressionen und Regressionen weiter: in China, in Rußland, in Rumänien, in Kuba. Und am schlimmsten war die „braune Revolution" in Deutschland. Wenn Freiheit sich nicht mit Fortschritt verbindet, gibt es keinen wirklichen gesellschaftlichen Fortschritt. Wirklicher Fortschritt in Politik und Gesellschaft ist wie die Liebe immer ein Kind der Freiheit. Was wir brauchen, ist eine neue Balance zwischen Erkennen und Fühlen, zwischen Wollen und Sollen, zwischen Sein und Tun. Diese Einsicht und daraus folgendes Handeln sind die Basis jedes jetzt notwendigen gesellschaftlichen Aufklärungsprozesses. Das ist der Weg zur *inneren* neuen Mitte. Die ökologische Krise bekommt erst dann einen neuen gesellschaftlichen Stellenwert, wenn sie in ihren individuellen Rückwirkungen erkannt wird. Das heißt: Es kann mir nicht wirklich gut gehen, solange wir einen dritten Weltkrieg gegen die Natur führen, solange die reichsten drei Männer der Welt mehr besitzen als die eine Milliarde der Ärmsten, solange Millionen Menschen verhungern. Kollektives Wohlergehen kann es ohne milliardenfaches individuelles Wohlergehen nicht geben und umgekehrt. Wir brauchen neue Wege zu mehr Gleichgewicht.

Frage: Schaut man im Fernsehen Nachrichten oder Informationssendungen auf den verschiedenen Kanälen, so kann man kaum den Eindruck gewinnen, wir steuern auf eine ökologische Weltkrise zu. Auch wenn man sich durch die Zeitungswelt liest, versichert die Masse der Artikel den Status quo. Sicher gibt es einige Ausnahmen, zu denen u.a. auch deine Sendungen zählen, aber im Gesamtbild erscheint eine gigantische Täuschungsmaschinerie. Die Werbelawine macht den Schwindel dann perfekt. Wie kommen wir zu einer Medienlandschaft, die die Probleme der ökologischen Selbstbedrohung der Gattung Mensch ernster nimmt und aktiver mithilft, mögliche Alternativen aufzuzeigen?

Alt: Auch hier gilt: Nur die individuelle seelische Entwicklung von Journalisten führt weiter. Aber auch hier bitte keine Projektionen auf „die" Journalisten. Wir Journalisten sind nur ein Abbild der Gesellschaft. Alles andere sind Wunschvorstellungen. Wir werden unserer Aufklärungsverantwortung so wenig gerecht wie die Politiker oder die Gesellschaft. Es ist doch kein Zufall, daß die Bild-Zeitung die meistgekaufte Zeitung Deutschlands ist. Dieses Blatt wird einerseits von Journalisten so gemacht, wie es gemacht wird, andererseits aber täglich von Millionen Deutschen gekauft und gelesen. Es gibt auch hier immer eine doppelte Verantwortung: die der Macher und die der Leser.
Keinem Bild-Leser ist es verboten, meine Sendung „Grenzenlos" auf 3-sat anzuschauen, aber nur jeder Zwanzigste tut es. Das ist keine Klage - ich habe mehrere hunderttausend Zuschauer, aber ich weise auf die Fakten hin und möchte nicht die so beliebten einseitigen Schuldzuweisungen. Schuldzuweisung hat viel mit Feindbild-Projektionen zu tun. Wir alle sind Teile des Problems und Teile möglicher Lösungen. Das ist die Botschaft solch maßgeblicher Menschen wie Buddha, Sokrates, Lao Tse oder Jesus. Was das konkret und praktisch heißt, haben uns im 20. Jahrhundert Mahatma Gandhi und Albert Schweitzer, Mutter Teresa und Nelson Mandela, aber auch Michail Gorbatschow als Realpolitiker vorgelebt. Gorbatschow gehört als Politiker neben Nelson Mandela zu den großen Ausnahmen der vorhin aufgezeigten Regel, daß insgesamt von der Politik zu wenig geistige Führung ausgeht.

Frage: Wenn man versucht, sich sehr genau mit den Fakten auseinanderzusetzen, wie wir die verschiedenen globalen Gleichgewichte stören, so stößt man mit der Zeit auf Zusammenhänge, die einem die Vielfalt der Unwägbarkeiten vor Augen führen. Bedrohlich ist vor allen Dingen, an wie vielen Stellen Entwicklungen entstehen können, die uns aus den gewohnten Bahnen schleudern. Nehmen wir die Klimafrage. Die riesigen Vorkommen an Methanhydraten in den Tundren und den Festlandsockeln der Antarktis vermögen die herkömmlichen Klimaprognosen schnell in Makulatur zu verwandeln. Nicht ausschließen kann man, das Treibhausgas Methan könnte uns hier gar einen Super-GAU in Sachen Klima bescheren. Über die Hälfte des anthropogenen Kohlendioxids wird von den Ozeanen gespeichert. Wird es wärmer, können die Ozeane viel weniger davon speichern. Wir wissen höchst wenig darüber, wie lange diese und andere sogenannte Senken stabil bleiben und ob sie nicht plötzlich große Teile unserer CO_2-Altlasten freigeben. Die Studie „Zukunftsfähiges Deutschland" geht z.B. davon aus, wir müßten bis 2050 die CO_2-Emissionen um 90 Prozent in Deutschland reduzieren, damit in der Welt wenigstens die größte Armut abgebaut werden kann und auch das Bevölkerungswachstum in der CO_2-Bilanz mitgerechnet wird. Unterm Strich soll eine globale Reduktion um 50-60% herauskommen. Dafür können wir uns angeblich über ein halbes Jahrhundert Zeit lassen. Trifft die Klimakatastrophe dann nur einige Jahre später ein? Wieviel an CO_2 schlucken die Ozeane und die Biomasse dann wirklich und wie lange? Ist das nicht ein Spiel mit dem Feuer? Ist nicht ein sehr viel kritischerer Blick auf die ganze Rechnerei bei den zerstörerischen Wirkungen unserer industriellen Praxis erforderlich? Muß man dabei nicht auch die Grenzen unserer Wahrnehmungsmuster grundlegend mit thematisieren?

Alt: Ich stimme dir zu, Marko! Es ist ein Spiel mit dem Feuer. Die Pyromanen - also die Lobbyisten von Erdöl, Erdgas, Kohle und Benzin - existieren von diesem alles Leben bedrohenden Spiel, und die meisten Menschen lassen sich von diesem Feuerspiel blenden. Die herrschende Politik - zumindest die Vertreter der alten Parteien - hängen am Tropf der alten Energiewirtschaft wie ein Junkie an der Nadel. Es geht um Groß-Dealer und Suchtverhalten. Nun wissen wir, daß das Aufregen und das Schimpfen bei Süchtigen oft das Gegenteil des gewünschten Effekts bewirkt. Zum geduldigen Aufklären, zum guten Beispiel, zum Umschichten der Geldströme gibt es wirklich keine Alternative. Wer Realist ist, weiß, daß viele Katastrophen nicht mehr aufzuhalten sind. Das sieht auch Klaus Töpfer, der bislang nachhaltigste deutsche Umweltminister, jetzt im Dienst der Vereinten Nationen, so. Sein letzter Bericht über den Zustand der Umwelt trägt die Überschrift: „Es ist bereits zu spät".

Andererseits gehört zu einer realistischen Betrachtung auch: Keine Energiequelle entwickelt sich zur Zeit so dynamisch wie die Windenergie, besonders in Deutschland. Wir produzierten im Jahr 2000 über 9,5 Milliarden Kilowattstunden Windstrom - gegenüber 1999 eine Steigerung um 70 Prozent. *Wenn* diese Entwicklung so weiterginge, dann würden schon in weniger als 10 Jahren in Deutschland die heutigen Stromverbräuche ausschließlich über umweltfreundliche Windanlagen produziert werden können. Das brauchen wir aber gar nicht. Denn wir haben einen Mix aus erneuerbaren, ökologischen Energiequellen: Neben Wind die Sonne, das Wasser, die Erdwärme, das Biogas, die Biomasse, Wellenenergie, Gezeitenthermie, Strömungsenergie, solarer Wasserstoff. Das alles sind realistische Alternativen. Zuwächse im Jahr 2000: Biomasse 25%, Solarstrom 400% (freilich auf noch sehr niedrigem Niveau), Solarthermie 30%. Da circa 70% aller Umweltprobleme Energieprobleme sind, sehe ich gerade in der Energiewende die größte Hoffnung. In Verbindung mit größerer Energieeffizienz ist bereits klar, wohin die Energiereise gehen kann und gehen wird. Da ist das 1-Liter-Auto oder das Brennstoffzellen-Auto, das mit solarem Wasserstoff gefahren wird, und zur Zeit werden die ersten Solarenergie-Plus-Häuser in Deutschland gebaut. Die Sonne schickt uns täglich 15.000mal mehr Energie, wie zur Zeit alle sechs Milliarden Menschen verbrauchen. Die Mythen der alten Energiewirtschaft sind lächerlich. Umweltfreunde müssen mehr lachen lernen - die Gegner einfach auslachen - diese Waffe haben wir noch gar nicht entdeckt. Lachen selbst ist umweltfreundlich, weil gesund. Die Gewinner stehen schon fest und die Verlierer auch. Es macht einfach Freude, zu den Gewinnern zu gehören. Die alte Energie rechnet sich einfach nicht mehr, Solarenergie ist nicht nur umweltfreundlich und kostenlos - die Sonne schickt uns nie eine Rechnung - sie scheint noch vier Milliarden Jahre. Aber Öl, Gas, Uran und Kohle sind in wenigen Jahrzehnten zu Ende. Die Natur setzte auch dieser Umweltzerstörung natürliche Grenzen.

Frage: Rudolf Bahro spricht davon, wir müßten aus der heutigen Megamaschine aussteigen, wenn man sie erhält, läuft das auf ein Vorgehen hinaus, das dicht unterhalb der Selbstzerstörung entlang balanciert. Wir müßten Abschied nehmen von der Industriegesellschaft und zu einer konvivialen Wirtschaftsweise gelangen, Handwerk und Hochtechnologie sollten in neuer Weise zusammenkommen. Zu berücksichtigen hätten wir, die Grundlast unseres Industriesystems ist um etwa den Faktor Zehn zu hoch. Erich Fromm hat den Begriff Megamaschine, der von Lewis Mumford stammt, sehr treffend zusammengefaßt. Er schreibt, die Gesamtgesellschaft ist zu einer Maschine organisiert, „... in der das einzelne Individuum zum Teil der Maschine wird, programmiert durch das Programm, das der Gesamtmaschine gegeben wird. Der Mensch ist materiell befriedigt, aber er hört auf zu entscheiden, er hört auf zu denken, er hört auf zu fühlen, und er wird dirigiert von dem Programm. Selbst jene, die die Maschine leiten ..., werden vom Programm dirigiert." Wenn zumindest die letztere Problemstellung richtig formuliert ist, dann kann es nicht hinreichen, die heutige Megamaschine ökologisch zu modernisieren, ihr eine ökoeffiziente Funktionsweise zu installieren, wenn ich es recht sehe? Wie mir scheint, ist das jedoch der Zugang, der dir am sinnvollsten erscheint? Müßten wir versuchen, in den Ansatz ökologischer Wendepolitik nicht hineinzunehmen, wie wir uns von jenem Programm der Megamaschine emanzipieren könnten? Dabei räume ich ohne weiteres ein, mit dem Stoff, der hier aufgezeigt ist, bin ich keineswegs fertig. Auch in meiner Konzeption sind die megamaschinellen Strukturen noch zu schwach berücksichtigt.

Alt: Der Ausstieg aus der Megamaschine ist unerläßlich. Das gilt für die Energieketten, die uns weltweit fesseln, das gilt für die 10-Liter-Autos, das gilt für Häuser, die 10mal mehr Energie verbrauchen wie nötig, weil zum Beispiel Architekten noch nicht gelernt haben, wo Süden ist. Die BSE-Krise macht uns darauf aufmerksam, daß die Megamaschine auch die Landwirtschaft in den Industriestaaten erfaßt hat. Wir lernen eben am ehesten durch Krisen, und diese werden zunehmen, also werden wir schneller lernen. Die Agrarwende werden wir dann schaffen, wenn viele Verbraucher ihrer Verantwortung sich selbst gegenüber klar werden und ihre Geldmacht bewußt einsetzen. Alle Macht den Verbrauchern, und dann kommt die Agrarwende fast von selbst. Wir leben einfach weit unter unseren Möglichkeiten. Statt dessen jammern wir leidenschaftlich gerne. Und das ist gar nicht „sexy" und hilfreich.

Frage: Immer wieder steigen Steuerreformen in der Politik zu zentraler Bedeutung auf. Ein zukunftsfähiges Deutschland kommt in ihren Koordinaten nicht vor. Es geht um Minimalien, wo bestimmte Gruppen in der Gesellschaft mehr, andere weniger belastet werden. Dabei mag die eine Lesart sozialer ambitioniert sein als die andere oder konventionelles Wirtschaftswachstum besser fördern oder nicht. Ansonsten bleibt alles beim alten, oder täusche ich mich?

Eigentlich sollte es doch um einen ökologischen Umbau des gesamten Steuersystems gehen, also auch nicht nur darum, einen kleinen Teil der Steuereinkünfte des Staates in Ökosteuern umzuwandeln? In einer deiner Diskussionssendungen argumentierte José Lutzenberger in genau diese Richtung, die ich teile, allerdings mit der Einschränkung, auch den sozialen Ausgleich muß ein solches neues Steuersystem fördern, den Abbau der Extreme zwischen Reichtum und Armut. In deinen Sendungen kamen im Laufe der Jahre unterschiedliche Modelle steuerlicher Änderung in den Blick. Auf welche Weise sollte die Politik die ökologische Steuerreform weiterführen, und wenn wir einen Zeitsprung etwa ins Jahr 2030 unternehmen, wie könnte ein neues ökologisches Steuersystem in seinen Grundzügen dann aussehen?

Alt: Ich bin kein Steuerfachmann und kann lediglich ein Modell aufzeigen, das wir mal von Fachleuten haben ausrechnen lassen. Wenn wir 20 Jahre lang jährlich auf Energieverbäuche, Wasserverbräuche, Bodennutzung und Luxusgüter 5% Ökosteuer erheben würden, dann hätte der Staat danach pro Jahr 450 Milliarden Mark Einnahmen aus der Ökosteuer. Das wäre schon der wesentliche Steueranteil. Unser Vorschlag lautete: die Hälfte des Geldes für das ökologische Umsteuern nutzen und die zweite Hälfte zum Senken der Lohnnebenkosten und zur Finanzierung von ehrenamtlicher Arbeit für Millionen Engagierte. Das wäre im Ansatz eine sozialökologische Steuerreform mit doppeltem Effekt: Das Senken der Lohnnebenkosten und Anreize für freiwillige ehrenamtliche Arbeit würden spürbar in Richtung Vollbeschäftigung führen, und zum zweiten würden durch ökologische Arbeit Millionen neuer Arbeitsplätze entstehen.

Frage: Ernst Ullrich von Weizsäcker meinte in der Sendung „Drei Länder - ein Thema", es wäre sinnvoll, in beinahe einem Vierteljahrhundert allmählich den Benzinpreis auf fünf Mark zu erhöhen und im Gegenzug die Kosten der Arbeit zu verringern, damit die Wirtschaft auch mitkommt. Können wir uns auf ein derartiges Schneckentempo einlassen, nur um ein paar Steuern umzuverteilen?

Alt: Realisten wissen, daß Wunder etwas länger dauern. Realisten wissen aber auch, daß unvorhergesehene Ereignisse häufig mehr Schwung in Reformen bringen als absehbar war. Die BSE-Krise hilft dem Ökolandbau mehr als viele Reden. Die Chancen von Krisen sind immer die spannendste Seite. Das gilt im persönlichen Leben, aber auch im Beruf und in der Politik. Für mich ist diese Erkenntnis *die* Lebenserfahrung schlechthin. Ohne Tschernobyl kein Atomausstieg, nicht mal ein halber, wie jetzt in Deutschland beschlossen. Ich wünsche mir, daß wir in 10-12 Jahren bei fünf Mark pro Liter Benzin sind. Auch das kommt schneller, als viele vermuten, weniger aus ökologischen Gründen, sondern wegen der immer knapper werdenden Ölvorräte. Der Markt wird's richten. Wirkliche Marktpreise, „welche die Wahrheit sagen" (Ernst U. v. Weizsäcker) sind immer die besten Helfer der Ökologie. Ach, wären die sogenannten „Marktwirtschaftler" im Energie- und Verkehrssektor doch wirkliche Marktwirtschaftler! Übrigens: Laut einer Berechnung des ADAC kostet ein Kilometer mit dem Pkw in Deutschland zur Zeit zwischen 60 und 80 Pfennig, ein Kilometer mit der Bahn zwischen 20 und 30 Pfennig.

Frage: Schon heute zeigst du in deinen Sendungen viele Beispiele, wie intelligente Verkehrspolitik aussehen, wie man mit dem Umsteuern beginnen kann. Wo liegen die Lernorte für die Verkehrswende?

Alt: Positive Beispiele dafür, daß kluge Verkehrspolitik mehr sein kann als nur stupide Autopolitik, kann man eine Menge aufzeigen. In der Schweiz gibt es nicht nur eine nostalgische Zuneigung zum öffentlichen Verkehrsmittel Bahn, die Schweizer benutzen die Bahn sogar! Und fahren dreimal mehr Bahnkilometer als wir in Deutschland - trotz schwieriger geographischer Voraussetzungen: Wo in der Schweiz mehr als zehn Häuser zusammen stehen, gibt es einen Bahnhof. Die Züge fahren in jedes Gebirgstal hinein. Wo sie nicht mehr weiter kommen, schlängelt sich anschließend eine Schmalspurbahn an Hängen entlang. Und wo sie steckenbleibt, wird eine Zahnradbahn gebaut, und wo selbst das nicht mehr geht, gibt es eine Seilbahn. Wenn es in der Schweiz ein Referendum zur Verkehrspolitik gibt, entscheidet sich das Volk meist gegen Straßen und gegen noch mehr Lkw und Pkw und für den Ausbau der Eisenbahn. Deshalb hat die Schweiz die größte Modelleisenbahn der Welt. Die Schweizer fahren am liebsten mit dem Zug. Hauptsächlich deshalb, weil es in der Schweiz eine gute Eisenbahnpolitik gibt: Der Service stimmt, der Takt stimmt, die Vernetzung zwischen Bahn und Bus, zwischen Regionalbahn und Straßenbahn stimmt, und der Preis stimmt - hauptsächlich der für Familien.
Die Stadt Karlsruhe betreibt seit Jahrzehnten die effektivste Straßenbahnpolitik in Deutschland. In Karlsruhes Hauptgeschäftsstraße fährt die Straßenbahn im Takt von 50 Sekunden. Deshalb sieht man in der Innenstadt der badischen Metropole weniger Autos als anderswo. Seit einigen Jahren fahren Karlsruhes Straßenbahnen auf den Schienen der Bundesbahn bis zu 100 Kilometer nach Nord und Süd und Ost und West aus Karlsruhe hinaus ins Umland. Die Nutzungsraten stiegen in drei Jahren um bis zu 600 Prozent. Ab September 1997 wird in einigen Karlsruher Straßenbahnen den Gästen ein Frühstück angeboten. Vorbild für intelligenten Schienenverkehr mit gutem Service.
Die Stadt Lemgo hat 1994 ihre alten Busse ausrangiert und durch moderne und bequeme Niedrigflurbusse ersetzt. Die Zahl der Haltestellen wurde versechsfacht. Die Busse fahren jetzt im Zehn-Minuten-Takt statt wie früher im Stundentakt. Eine gute Agentur übernahm die Werbung. Ergebnis nach drei Jahren: Die Automobilität ist stark rückläu-

fig. Die Teilnehmerzahl am öffentlichen Verkehr hat sich verdreißigfacht! Aus 80.000 Teilnehmern am öffentlichen Verkehr jährlich wurden jetzt 2,4 Millionen!

In der österreichischen Stadt Dornbirn hat sich die Kundenzahl mit demselben System in sechs Jahren sogar verfünfzigfacht. Aus 100.000 Benutzern des Bussystems wurden fünf Millionen. Ganz offensichtlich gibt es nicht nur Millionen autoverrückte Deutsche und Österreicher, sondern auch eine Riesensehnsucht nach intelligenten Lösungen der Verkehrsprobleme.

Münster hat die meisten Radfahrer Deutschlands. Gelungene fußgängerfreundliche Planungen gibt es in Wismar. In Berlin und München floriert Car-sharing, das heißt, mehrere Menschen oder Familien unterhalten gemeinsam ein oder mehrere Autos. Car-sharing spart Geld und schont die Umwelt! Freiburg hat ein gut funktionierendes Verbundsystem von Fußgänger-, Fahrrad- und öffentlichem Verkehr.

Die schöne Bodenseestadt Lindau drohte am Autoverkehr zu ersticken. Es gab nur Regionalbusse. Da hat sich die Stadtverwaltung ein neues Stadtbussystem geleistet mit dem beinahe unvorstellbaren Ergebnis, daß die Fahrgastzahlen um das hundertfache gestiegen sind: von 30.000 auf drei Millionen. Solche Erfolge sind nur möglich, wo sie wirklich gewollt werden und wo die Verantwortlichen daran glauben.

Nordrhein-Westfalen hat schon in den 80er Jahren 1.600 Hauptverkehrsstraßen stadtverträglich umgestaltet - ohne Tunnelbau oder Umgehungsstraßen. Durch Tempolimits, das Pflanzen von Bäumen, Mittelinseln und viele Fußgängerüberwege wurden von Autos zerstörte Räume wieder menschengerecht zurückgebaut.

In Holland werden 50 Prozent aller Wege mit dem Fahrrad zurückgelegt, in Deutschland sieben Prozent. Bei unseren holländischen Nachbarn ist ein Fahrradfachgeschäft eine Mobilitätszentrale. Die Fahrräder der Zukunft müssen, um attraktiv zu sein, weitgehend wartungsfrei und wesentlich komfortabler sein. Das Zweit- und Drittfahrrad wird ebenso selbstverständlich werden wie Elektrofahrräder. Zum Einkaufen werden wir in Zukunft das City-Bike, für die Reise den Elektrotourer mit eingebautem Elektromotor benutzen.

Fahrradpolitik ist in den Niederlanden Bestandteil der Regierungspolitik. Die Regierung will, daß bis zum Jahr 2010 70 Prozent aller Fahrten per Fahrrad zurückgelegt werden. „Freie Fahrt für freie Bürger" gilt zum Beispiel im holländischen Groningen für Radfahrer. Wer den Fahrradverkehr dort studiert hat und in Deutschlands Städte zurückkommt, hat den Eindruck, in einem Entwicklungsland zu leben. In Holland gibt es überall Fahrrad-Parkhäuser mit integrierter Werkstatt. Arbeitgeber stellen Dienstfahrräder zur Verfügung. So sparen sie Parkraum fürs Auto, viel Geld und bekommen gesündere Mitarbeiter. Das ist mehr als Verkehrspolitik. Dahinter stecken ethische Überlegungen. Hollands Regierung hat beschlossen, bis 2010 die Treibhausgase gegenüber 1986 um 30 Prozent zu reduzieren - und tut etwas dafür.

Doch diese positiven Erfahrungen werden insgesamt viel zu wenig nachgeahmt und von uns Journalisten auch viel zu wenig beschrieben oder gefilmt. Die meisten Verkehrspolitiker planen blindlings mehr Parkraum und mehr Straßen und ernten so noch mehr

Staus. Es ist ein verkehrspolitisches Grundgesetz: Wer Straßen baut, wird noch mehr Autos ernten. Man kann Alkoholismus nicht mit Schnaps bekämpfen. Wer aber Straßenbahnen und Radwege baut, reduziert den Autoverkehr. Geld ist genügend vorhanden - es wird nur an den falschen Stellen für die veralteten automobilen Systeme ausgegeben. Kommunalpolitiker zögern nicht, alle paar Jahre 70 Millionen Mark in einen neuen Tunnel oder 15 Millionen in neue Parkhäuser zu investieren. Wenn aber Hunderttausend Mark für Rad- und Fußgängerwege gebraucht werden, verweigern sie dieses Geld häufig mit dem Hinweis auf die „knappen Kassen". Japans Metropolen machen eine weit intelligentere Verkehrspolitik als die Deutschen. Dort beträgt der Anteil der Autos am Gesamtverkehr heute noch 18 Prozent, in Deutschland 55 Prozent. In Tokio ist 95 Prozent allen Verkehrs öffentlicher Verkehr.

Ständig wird behauptet und von willfährigen Journalisten brav publiziert, der öffentliche Verkehr sei leider defizitär und ökonomisch unrentabel. Richtig ist, daß die 100 neuen Stadtbussysteme in Deutschland Steigerungsraten bis zu 500 Prozent erreichen - in Lemgo noch viel mehr - und jährlich nur noch Zuschüsse von je etwa 1,5 Millionen Mark benötigen. Das ist ein sehr geringer Betrag, gemessen am 10- bis 100fachen für Tunnels, Parkhäuser und Kreuzungen für Autos. Der Verkehrsplaner Professor Heiner Monheim: „Die riesigen Defizite des Autoverkehrs werden von den Kassenwarten in Ländern und Kommunen blendend kaschiert."

Frage: Wenn ich von meinem Heimatort nach Berlin fuhr, bezahlte ich für eine Busfahrt bis Anfang 1990 20 Pfennig. Wenige Jahre später kostete die gleiche Fahrt 4,20 DM, der Preis für eine Fahrt ist also 21fach teurer geworden. Die nächste Erhöhung kommt bestimmt. Zugfahren gerät heute zunehmend zum Privilegium für Besserverdienende. Immer mehr Regionalbahnstrecken werden stillgelegt, nicht zuletzt im Osten Deutschlands findet ein dramatisches Streckensterben statt. So bleibt zukunftsfähiger Verkehr doch in weiter Ferne?

Alt: Ich möchte kein öffentliches Verkehrsmittel benutzen, das 20 Pfennig kostet. Auch das wäre nicht Marktwirtschaft. Mobilität kostet. Es gilt dies ganz realistisch zu sehen. Da gibt es bei hoffentlich steigendem Service hohe Personalkosten und Umweltbelastungen - auch im öffentlichen Verkehr - man hat auch Flächenverbrauch usw. Das alles kostet seinen Preis. Ich möchte, daß wir in Deutschland in den nächsten 20 Jahren den öffentlichen Verkehr verfünffachen. Das bedeutet: Die Menschen brauchen insgesamt etwa ein Drittel weniger Geld wie heute für den individuellen Autoverkehr. Das Ergebnis wäre eine Mobilität, die diesen Namen verdient und endlich das Ende der Staugesellschaft. Der individuelle Autoverkehr belastet allein durch immer mehr Staus die deutsche Volkswirtschaft mit jährlich 70 Milliarden Mark - sagt der ADAC. Das zahlen wir alle. Mehr öffentlicher Verkehr und weniger Autos bringt Vorteile für alle - gerade für die sozial Schwächeren, die den heutigen Autowahnsinn in unserer real existierenden Auto-Diktatur zwangsweise mitfinanzieren müssen.

Frage: Noch wird etwa die Autobahn A 20 u.a. gebaut, statt mit dem Rückbau der Autobahnen zu beginnen ... Darüber hinaus muß natürlich gefragt werden, wieviel Verkehr verträgt die Erde? Welche nachhaltige Mobilität ist global verallgemeinerbar und welche eine selbstbetrügerische Insellösung der reichen Staaten?

Alt: Die jetzige Mobilität der Industriestaaten auf die ganze Erde mit 10 Milliarden Menschen übertragen bedeutet den Kollaps für unseren Planeten. Alles was nicht mindestens um den Faktor 8-10 umweltverträglicher ist als heute bei uns, ist kein Zukunftsmodell für eine, für die ganze Welt. Noch fahren etwa 800 Millionen Menschen in den Industriestaaten mit Zehn-Liter-Autos. „Aber das Drei-Liter-Auto ist doch schon auf dem Markt", werden wir beruhigt. Natürlich ist das Drei-Liter-Auto gegenüber dem Zehn-Liter-Auto ein Fortschritt, aber keine Lösung auf Dauer. Wenn im Jahre 2025 vier Milliarden Menschen mit Drei-Liter-Autos fahren statt der heute 800 Milliarden Menschen mit einem 10-Liter-Auto, ist die Umweltbelastung für den ganzen Planeten die gleiche wie heute.
Aber die ganze Welt will mobil sein. Also muß die Politik über den Preis, das heißt über Ökosteuern die Rahmenbedingungen ändern. Jede Marktwirtschaft ohne sozial-ökologischen Ordnungsrahmen pervertiert zu einem primitiven Brutal-Kapitalismus. Das lernte ich in der Schule von Ludwig Ehrhard und Müller Armack.
Es ist ja nicht nur ein ökologischer Skandal, daß Flug- und Schiffs-Treibstoff noch immer nahezu steuerfrei sind. Dadurch gehen den Volkswirtschaften jährlich ca. 600 Milliarden Dollar verloren - gemessen an der deutschen Benzinbesteuerung. Eine realistische Besteuerung der internationalen und interkontinentalen Mobilität reduziert die Fernreisen schon um 50 Prozent. Die Fernreisenden sind selten die Ärmsten. deine Vorschläge sind bei politischem Willen alle realisierbar.

Frage: Du sprichst davon, die heutigen Flugzeuge könnten durch Luftschiffe ersetzt werden. Nun sind die Reisekilometer des gewöhnlichen Europäers einigermaßen unvertretbar - auch mit umweltschonenderen Verkehrsmitteln nicht. Aber welche ökologischen Vorzüge hätte denn so ein Luftschiff, mal angenommen, es käme nur sparsam zum Einsatz?

Alt: Die Renaissance von Zeppelinen bedeutet bis zu 99% Treibstoffersparnis. Das geht bei Urlaubsreisen und bei Gütertransporten. Das ist immer noch schneller als das Auto - aber gemütlicher als das Flugzeug. Das Urlaubsabenteuer im Zeppelin beginnt schon in der Luft. Die Luftschiffe werden wiederkommen. Ich freue mich darauf - das wird innereuropäisch eine neue Qualität des komfortablen, gepflegten und lustvollen Reisens werden. Im übrigen werden wahrscheinlich auch die interkontinentalen Flieger in spätestens 20 Jahren mit solarem Wasserstoff betrieben. Das bedeutet Null Gramm Treibhausgas.

Frage: Warum die großen Energiekonzerne keine solare Energiewende wollen, ist immerhin noch nachvollziehbar. Warum aber die CDU an der Atomwirtschaft hängt wie die SPD an der Kohle und sie sich von Japan die solaren Zukunftsmärkte wegerobern lassen, ist dann schon nicht mehr ganz so eindeutig erklärbar. Da wurde in den vergangenen Jahren etwa in der Lausitz noch ein neues Braunkohlekraftwerk eingeweiht. Ist es mehr Unwissenheit oder der bequemere Weg, der solch antiquierte Technik befeiern läßt mit dem Hintergrund: Arbeitsplätze, Wirtschaftswachstum. Manfred Stolpe, Kurt Biedenkopf und Helmut Kohl waren bei der Einweihung damals dabei. Oder welche Rolle spielt dabei auch politisch-ökonomischer Filz, also ist die Politik enger mit den Energiegiganten verstrickt, als sie es sein sollte?

Alt: Es ist politische Abhängigkeit, gepaart mit Denkfaulheit und Angst vor jeder neuen Idee. Meine jetzt 30jährige Erfahrung als Journalist mit Politikern: Sie denken zu kurzfristig und haben Angst vor politischer Führung. Sie halten ihre Wählerinnen und Wähler für ziemlich doof. Deshalb die zunehmende Parteienverdrossenheit - hauptsächlich der jungen Leute. Bürgerinnen und Bürger spüren sehr genau, daß die heutige Politik ihre Zukunft verspielt. Das gilt zum Teil auch schon für die grünen Parteien. Sie scheinen sich schon nach kurzer Regierungszeit zu Tode zu regieren. Die Ökologie wird für die Grünen immer mehr so platonisch wie für die CDU/CSU das „C" im Parteinamen.
Der politisch-ökonomisch Filz spielt in Deutschland eine wesentliche Rolle. Im Düsseldorfer Landtag stehen circa 30 Prozent der Abgeordneten im Dienst und Sold der nordrhein-westfälischen Energiewirtschaft. Die CDU/CSU und FDP hängen am Tropf der Atomlobby und die SPD am Tropf der Kohlelobby. Verfilzt und zugenäht! Viele Landespolitiker und Kommunalpolitiker sitzen in den Aufsichtsgremien der großen Energiekonzerne. Was haben die dort verloren?

Frage: Die solare Energiewende und das Energiesparen kann aber auch, von jedem und jeder einzelnen ausgehend, Impulse bekommen über die Auswahl des Stromanbieters, Energiesparlampen oder die Photovoltaikanlage auf dem eigenen Dach. Wie sieht bei dir zu Hause die Energiewende aus?

Alt: 1993 begann für meine Familie und für mich persönlich das Solarzeitalter. Eine 4,8-KW-Photovoltaikanlage und Sonnenkollektoren kamen aufs Dach, im Frühjahr 2001 nochmals weitere 4-KW-Photovoltaik. Wir produzieren jetzt - auf einem Fertighaus, das wir 1972 gebaut haben - etwa doppelt so viel Strom, wie eine deutsche Familie im Durchschnitt verbraucht. Sieben bis acht Monate lang im Jahr macht die Sonne unser Wasser warm. Wir ersparen mit unserer Solaranlage der Umwelt jährlich etwa sechs Tonnen CO_2-Treibhausgase. Und seit wir vor einem Jahr unseren Wintergarten eingeweiht haben, brauchen wir zusätzlich weit weniger Heizenergie. Wir nutzen jetzt die Sonne auch über viel mehr Fensterfläche als früher und haben eine weit höhere Lebensqualität. Garten und Wintergarten werden mit Regenwasser versorgt.

Frage: Wenn die Energieeffizienz künftig den Bedarf an Strom und Wärme etwa um den Faktor vier reduzieren soll, populären Aussagen zufolge, so dürfte es doch möglich sein, in 30 bis 35 Jahren vollständig auf fossile Energieträger zu verzichten. Warum willst du zu diesem Zeitpunkt immer noch auf ein Drittel an fossiler Energie zurückgreifen? Im Grunde braucht bis dahin nur noch 25-30 Prozent der jetzigen Kapazität überhaupt erzeugt werden, die unnötigen Überlastreserven an Elektroenergie in Deutschland ließen sich außerdem abrechnen. Gewiß, man würde auch von den Phantasien über ein ständiges Wirtschaftswachstum ablassen müssen.

Und der zweite Punkt ist der, im Energiebereich hätten wir die Möglichkeit, sehr weitgehend Kohlendioxidausstoß zu vermeiden. In anderen Bereichen, etwa bei der Produktion unserer industriellen Infrastruktur, kann dieses Vermeiden zunächst durch bessere Effizienz unterstützt werden, aber ein wenn auch reduzierter CO_2-Ausstoß bleibt trotzdem unvermeidbar erhalten. Jedes produzierte Stück Metall, Glas, Zement oder Kunststoff u.a. hilft mit, das Treibhausfenster in unserer Stratosphäre zu schließen. Ist es da nicht höchst notwendig, die Sparpotentiale an Kohlendioxid im Energiebereich vollständig auszuschöpfen?

Alt: Du hast recht: In 30 Jahren ist der komplette Umstieg zu schaffen. Ich zitiere, weil ich ein politischer Realist bin, oft ein Szenario der EU, das bis 2050 den kompletten Umstieg will. Jürgen Trittin sagt wie Angela Merkel: Wir wollen bis 2050 die Hälfte aller Energie regenerativ gewinnen. Technisch ginge das alles viel schneller. Ob es politisch-praktisch geht, weiß ich natürlich nicht. Ich bin Journalist und kein Prophet.

Frage: Die circa 20 Millionen Hektar Landwirtschaftsfläche, die in der Europäischen Union brachliegen, mögen erst mal nahe legen: Der Anbau von C4-Schilfgras und anderen Energiepflanzen, um daraus dann Strom, Wärme und Fahrzeugsprit zu gewinnen, macht Sinn.

Auf der anderen Seite nimmt Deutschland aber zwei- bis dreimal mehr Umweltraum in Beschlag, als ihm aufgrund seiner eigenen Fläche eigentlich zustünde. Pro Kopf nutzt z.B. im Durchschnitt jeder Deutsche 24 Quadratmeter Plantagenanpflanzungen in Brasilien für Orangensaft. Selbst wenn man in Betracht zieht, man und frau könnten hierzulande den Fleischkonsum drastisch einschränken, so bleibt aber dennoch die Frage, ob es angesichts begrenzter Ackerflächen nicht zu kurz gedacht ist, die „Energie" vom Acker zu holen? Hat es nicht viel mehr Sinn, Schilfgras, Hanf etc. ausschließlich für „solar" hergestellte Produkte zu nutzen? Die Palette reicht ja von Kleidung über Lacke bis hin zu Karosserieteilen u.v.a. Würde dies nicht helfen, die begrenzten Rohstoffvorkommen zu schonen?

Wenn man dann noch mitbedenkt, endliche Rohstoffe, wie Erdöl, Erdgas, die verschiedenen Metallerze, müssen innerhalb weniger Dekaden auf ein winziges Minimum des heutigen Globalverbrauchs beschränkt werden, damit sie nicht nur für wenige Jahrzehnte noch verfügbar sind, sondern, selbstverständlich in geringen Mengen, für alle folgenden

Menschengeschlechter, dann könnte die Fläche für nachwachsende Pflanzenrohstoffe schnell knapp werden. Wie schätzt du die Problematik ein?

Alt: Hier bin ich der gleichen Ansicht wie die EU, daß wir langfristig etwa 30 Prozent unserer Energie von Acker und Wald holen können, wenn wir gut sind in der Effizienz und im Energie sparen. (Gemessen am hohen heutigen Energieverbrauch in Deutschland wären das nur 15 Prozent.) Was ist effizienter? Aus Pflanzen Energie zu gewinnen oder zum Beispiel Kleider, Papier oder Baustoffe? Das ist von Pflanze zu Pflanze verschieden. Die am schnellsten wachsenden Pflanzen der Welt, die C4-Schilfgräser, sind die effektivsten Energiepflanzen. Hanf ist effizienter für Papierproduktion und zum Herstellen von umweltfreundlicher Verpackung oder auch zur Produktion von Stoffen. Rapsöl ist bestens geeignet als Heizöl oder als Autosprit, ähnliches gilt für Leinöl. Die Natur schenkt uns alles, was wir brauchen in Vielfalt. Es gibt Hunderte und Tausende weiterer Beispiele.
Umdenken müssen wir in jedem Fall: Der Weltenergierat geht davon aus, daß in 42 Jahren die bezahlbaren weltweiten Ölreserven ausgeschöpft sein werden. Die entsprechenden Zahlen für Erdgas lauten: 50 bis 60 Jahre; für Uran 60 bis 70 Jahre; für Kohle etwa 120 bis 150 Jahre. Diese Entwicklung macht die alten Energieträger notwendigerweise immer teurer.

Frage: In der vorhergehenden Frage setzte ich stillschweigend voraus: Jede nutzbare Ackerfläche könnte künftig landwirtschaftlich bewirtschaftet sein. Auch wenn wir flächendeckend ökologischen Landbau annehmen, so können wir kaum davon ausgehen, ein solches Verhalten würde den Artenschwund in seiner Rasanz umfassend aufhalten, insbesondere mit Blick auf die globale Situation.
Unzählig viele Tier- und Pflanzenarten, die in der jetzigen Erdzeitperiode existierten, hat der Mensch ausgerottet. Wie wir wissen, sind Naturreservate zwar sehr nützlich, aber zumeist viel zu klein, um den Aderlaß zu stoppen. Unsere Verkehrsstränge, natürlich auch die vielen neuen Bahnstrecken, die du angelegt sehen möchtest, zerschneiden den natürlichen Raum in immer kleinere Inseln, in denen viele Arten nicht mehr überleben können. Diese Indizien müßten doch Folgen in unserem ökologischen Umhandeln haben? Sicher bergen der Regenwald und die Korallenriffe die üppigste Vielfalt an Tieren und Pflanzen. Die Zerstörungen ließen sich dort bei entsprechendem politischen Willen von allen Seiten relativ schnell zumindest eingrenzen, der zahlenmäßige Schwund von Tier- und Pflanzenarten am deutlichsten bremsen.
Im Ganzen gesehen ist aber auch unser zivilisatorisches Netz zu dicht geknüpft, die reichen Industrieländer bieten das schlechte Vorbild, der Rest der Welt macht es nach. Müssen wir nicht unsere Übermacht gegenüber der übrigen Schöpfung wenigstens so weit zurücknehmen, daß der Mensch nicht für täglich etwa 300 bis 400 Arten als Killergattung in Erscheinung tritt? Ohnehin bleibt zu befürchten, dieser Ausrottungsprozeß schlägt auf den Menschen zurück, es trifft irgendwann eine Artenkette, auf die der

Mensch angewiesen ist, ohne daß es von ihm zunächst erkannt wird. Muß eine zukunftsfähige Weltordnung, die diesen Namen verdient, nicht dafür Sorge tragen, daß uns keine Art mehr abhanden kommt? Wäre es u.a. deshalb nicht erforderlich, auch bei den für zukunftsfähig gehaltenen Perspektiven zu prüfen: Greifen sie nicht zu massiv in das Erdenganze ein, erliegen wir nicht erneut anthropozentrischem Größenwahn, auch wenn uns manche Alternativen zunächst als der ideale Ausweg erscheinen mögen?

Alt: Solange wir sechs und demnächst zehn Milliarden Menschen sind, herrscht anthropologischer Größenwahn. Und der ist nicht von heute auf morgen zu stoppen. Es sei denn mit Hilfe riesiger Katastrophen. Eine sehr entscheidende Größe, um den Schwund der Tier- und Pflanzenwelt aufzuhalten, ist die Besiedlungsdichte des Menschen. Je mehr Individuen wir auf dem Globus werden, desto weniger Raum bleibt der übrigen Natur. Voraussetzung dafür, den Bevölkerungszuwachs zu stoppen, ist ökonomische Entwicklung. Und Voraussetzung dafür ist mehr Energiepotential für die Dritte Welt. Die Potentiale sind ja da - bei den Erneuerbaren tausendfach für alle Zeit. Wenn aber auch die Dritte-Welt-Länder sich ökonomisch entwickeln können, werden auch sie - wie wir in den Industriestaaten - weniger Kinder bekommen und in vielleicht 50 oder 80 Jahren wird die Bevölkerung „rückwärts wachsen" - wie heute bei uns. Ich kann mir gut vorstellen, daß unter den genannten Voraussetzungen ab etwa 2050 sich die Weltbevölkerung bei etwa 10 Milliarden Menschen stabilisieren und zum Ende des Jahrhundert wieder zurückgehen wird. Vielleicht sind wir in 200 oder 300 Jahren noch drei oder zwei oder eine Milliarde Menschen. Also auch hier ist der Faktor zehn vielleicht die Lösung - langfristig.
Bevölkerungssoziologen sagen voraus: Heute 82 Millionen Deutsche - 2100 noch 22 Millionen Deutsche, wenn die Entwicklung der letzten 20 Jahre sich fortsetzt. Warum soll diese Entwicklung nicht auch weltweit denkbar sein? Ich denke, die Fortsetzung der heutigen linearen Entwicklung ist nicht wahrscheinlich.

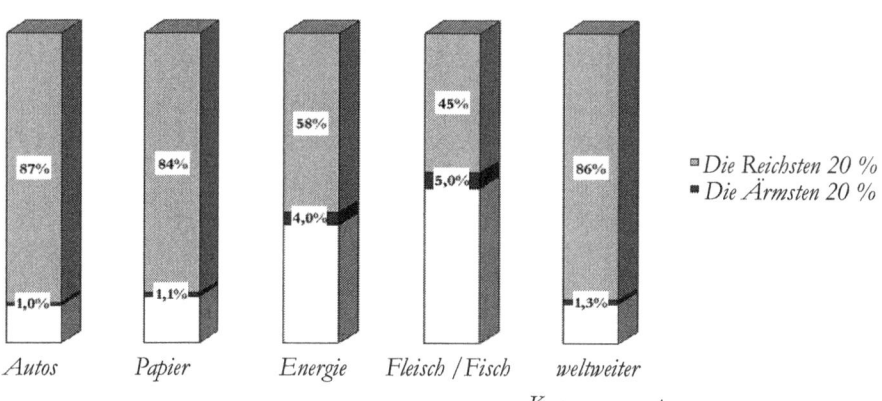

Konsum des reichsten und des ärmsten Fünftels der Weltbevölkerung

Autos   Papier   Energie   Fleisch / Fisch   weltweiter
Konsum gesamt

⬚ *Die Reichsten 20 %*
■ *Die Ärmsten 20 %*

137

Als ich vor 30 Jahren zum ersten Mal in Bangladesh war, hatte eine Bagladeshi-Frau im Schnitt 6-8 Kinder, heute im Schnitt noch 3 bis 4. Eine ähnliche Entwicklung sehe ich in Indien, das ich vor kurzem besuchte. Meine vielen Freunde in der „Dritten Welt" haben nahezu alle noch ein Drittel soviel Kinder wie ihre Eltern.

Das Problem der Überbevölkerung ist für den Planeten weit weniger dramatisch als das Fehlverhalten der 20% Menschen in den Industriestaaten. Schau dir die Statistik an: Sie macht deutlich, warum die Bevölkerung in der Dritten Welt immer noch viel zu rasch wächst. Erst die Befriedigung der ökonomischen Grundbedürfnisse wird das Bevölkerungswachstum stoppen: Die Reichen sind die Last der Erde.

Die globale Entwicklung in ein gutes neues Jahrtausend kann gelingen, wenn erneuerbare Energiequellen genutzt werden und eine bessere Energieeffizienz umgesetzt wird. Gebraucht wird eine globale ökonomische Entwicklung, der eben besprochene Rückgang des Bevölkerungswachstums, gebraucht wird zukunftsfähiger Wohlstand und zukunftsfähige Arbeit für alle in demokratischen Verhältnissen. Neben der solaren Energiewende ist die ökologische Verkehrswende freilich Voraussetzung für diese positive Zukunftsvision. Hinzu kommt: Die Dritte-Welt-Länder benötigen ein effizienteres Wassermanagement.

Auch die Flucht in die Megastädte ist zu stoppen. Für einen Fernsehfilm haben wir das am Beispiel des argentinischen Dörfchens Balde de Seyes gezeigt. Das Freiburger Frauenhofer-Institut hat hier und in einem weiteren Dutzend Dörfer „Solar Home Systems" errichtet und Strom ins Dorf gebracht. Früher gingen viele arbeitfähige Erwachsene und fast alle Jugendlichen in die nächst größere Stadt. Dort gab es Arbeit und Elektrizität. Die gibt es jetzt auch im Dorf. Und deshalb funktioniert die alte Wasserpumpe wieder, abends gibt es Fernsehprogramme und im Sommer kalte Milch aus dem Kühlschrank. Die Kinder können am Abend mit Hilfe von Solarstrom ihre Hausaufgaben machen und besuchen deshalb die Schule im Dorf. Seither ist keine Familie mehr weggezogen. Diese Entwicklung führte auch dazu, die Leute bekommen jetzt weniger Kinder.

Frage: Die Begrenzung unserer Anzahl auf dem Planeten ist zweifellos eine existentielle Herausforderung und ein wichtiger Parameter beim Artensterben. Für viele Mitgeschöpfe ist es bereits zu spät. Ihre Refugien sind in Beschlag genommen durch unsere Gattung. Die Perspektive sieht nicht sehr günstig aus. Etwa der Raubbau an den Wäldern scheint nicht zu stoppen zu sein?

Alt: Die Vernichtung des Tropenwaldes hat ein atemberaubendes Tempo erreicht. In den letzten 40 Jahren wurden bereits 60 Prozent der Regenwälder zerstört. Nochmals 30 Jahre in diesem Tempo, und unser grüner Planet war einmal grün. Er ist dann nicht mehr wiederzuerkennen. Die Erde ohne ihre grüne Lunge droht zu ersticken. Die Klimakatastrophe wird dann endgültig unumkehrbar. Der Restregenwald ist heute noch einer der größten CO_2-Speicher. Zur Zeit verschwinden aber jede Minute 29 Hektar Wald, eine Fläche von 40 Fußballfeldern. Kahlschlagmethoden werden nicht nur in Drittweltländern, sondern auch in den USA, Kanada und Sibirien angewandt. Der Wald stirbt, und die Wüste lebt. Diese Entwicklung beschleunigt die Klimakatastrophe. Flächenbrände vernichten mit dem Wald einen der wichtigsten Kohlenstoffspeicher der Biosphäre. Wälder haben eine entscheidende Bedeutung für das Weltklima und für unsere Gesundheit. Das spüren wir bei jedem Waldspaziergang, wenn uns der Unterschied zum Spaziergang auf einer von Autos befahrenen Straße deutlich wird.

Europa bleibt von der Verwüstung des Planeten natürlich nicht verschont. Die Wüste marschiert von Süd nach Nord. Das macht sie schneller, als jede Baumart mitwandern kann. In Portugal und Spanien, in Sizilien und Griechenland, aber auch in Bulgarien und Rumänien sind weite Teile des Landes bereits verwüstet. Sehr symbolträchtig: Die ehemalige Bundeshauptstadt Bonn wurde Sitz des Wüstensekretariats der Vereinten Nationen. Liegt die Wüste schon in Bonn? Noch nicht. Aber vielleicht schon in 50 oder 100 Jahren! Hurrikans über Kalifornien, Wolkenbrüche in Chile, Buschbrände in Australien, Überschwemmungen in Mexiko, Sturmschäden in Milliardenhöhe in Süddeutschland, Nordfrankreich, Österreich und in der Schweiz. Die Katastrophe und ihre Auswirkungen auf Gesundheit und Wirtschaft, auf die Natur und unsere Geldbeutel werden global. In Mexiko peitscht der Wind zehn Meter hohe Wellen an den beliebten Stand von Acapulco, und in Chile fliehen hunderttausende Bauern vor den Fluten. Die gesundheitlichen Folgen: Durchfälle, Hautentzündungen, ja sogar Cholera. In Neuguinea versiegen Brunnen, riesige Riffe klaffen im Boden. Und in Europa steigen die Preise für Kaffee, Tee, Kakao. Ökologie wäre intelligentere Ökonomie. Wem die Ohren nicht verstopft und die Augen nicht verklebt sind, der hört und sieht die Zeichen der Zeit.

Frage: In der Europäischen Union muß alle 2 Minuten ein landwirtschaftlicher Betrieb aufgegeben werden. Im Subventionspoker kann nur die Intensiv-Landwirtschaft mithalten. 20 Prozent der Landwirte bekommen 80 Prozent der Gelder. Überdies halten die Lebensmittelindustrie, die Exporteure und Lagerhalter die Joker in der Hand. Zwei Drittel der EU-Agrarsubventionen fließen in ihre Kassen. Ökologischer Landbau ist in Deutschland bislang ein Exotikum. Die intensive Landwirtschaft trägt heute in Deutschland etliche Prozent zum Treibhauseffekt bei, gefährdet immer mehr die Trinkwasserreservoire. Die Hochleistungssorten, ganz zu schweigen von Gentech-Anpflanzungen, können die biologischen Gleichgewichte ins Wanken bringen. Per Volksentscheid, wie in der Schweiz, werden wir in Deutschland eine ökologischere Landwirtschaft einstweilen nicht bekommen. Wie könnte in Deutschland die Ökolandbauwende Einzug halten? Wird die EU-Bürokratie dabei zur Bremse? Und vor allen Dingen: Wie kann der Bauer wieder Kulturträger auf dem Lande werden, ohne eine Geisel zu sein, abhängig von den Sonderinteressen der von ihm belieferten Industrie?

Alt: Die BSE-Krise hilft dabei. An diesem Beispiel sehen wir, daß Veränderungen meist ganz anders verlaufen, als wir uns das rationalistisch vorstellen. Der Weltgeist oder der Heilige Geist wägt und macht es viel besser. Es ist zum Lachen - das müßten wir viel mehr tun, anstatt zu jammern. Und die Ökobauern müssen endlich aus ihrer Müsli- und Wollsocken-Ecke heraus. Sie brauchen ein moderneres Management. Solange Ökobauern so tun, als ob sie nur für Alt-68er, Esoteriker und Ökofreaks produzieren, schaffen sie den Durchbruch nicht. „Genuß statt Askese", „Lifestyle statt Verzicht" muß die Devise sein. Solange den Ökos das Müsli aus den Ohren tröpfelt, kommen sie auf keinen grünen Zweig.

Das alles ist deshalb so wichtig, weil BSE ja mehr als ein Problem der Landwirtschaft ist. BSE ist in der Gesamtwirtschaft. BSE ist überall. Der Rinderwahn ist ein Fanal für eine Wirtschaftsweise, die grundsätzlich sofort höchste Effektivität verlangt - koste es, was es wolle. Demgegenüber ist ökologisches Wirtschaften ein langfristiges Wirtschaften, das auch an die Folgen denkt. Ökologie ist intelligente Langzeitökonomie.

Seit 1950 hieß das Motto der deutschen und der europäischen Landwirtschaftspolitik: „Bauern brauchen wir eigentlich gar nicht - wir haben ja Aldi!" Kein Berufsstand wurde von der Politik so hoch subventioniert und zugleich so in die Irre geführt wie die Landwirte. 50 Prozent des gesamten EU-Haushalts sind heute Subventionen für die Landwirtschaft. Erst wurde die Überschußproduktion subventioniert und dann deren Vernichtung. Und schließlich - damit der Wahnsinn, der zum Rinderwahnsinn führte, komplett ist - bekommen die Bauern noch Geld für die Flächenstillegung. An einem Wirtschaftssystem stimmt vieles nicht, wenn ein Bauer vier Liter Milch verkaufen muß, um in seiner Dorfkneipe ein Glas Mineralwasser bestellen zu können.

Seit 1950 erlebte Europa das größte Bauernsterben in seiner Geschichte - zugleich wurden der Boden, das Wasser, die Luft und die Tiere in einer Weise traktiert, daß es zur Katastrophe kommen mußte. Die Mythen der alten Landwirtschaftspolitik stehen jetzt zur Debatte. Die alte Landwirtschaft machte Millionen Menschen durch schlechte Ernährung krank, und die Volkswirtschaft wurde allein in Deutschland mit jährlich 110 Milliarden Mark an Krankheitskosten belastet.

Was ist aber die Chance dieser Krise? Das Geld, das heute in die alte Landwirtschaft gesteckt wird, reicht aus für die ökologische Agrarwende. Ich zeige in meinem Buch „Agrarwende jetzt - Gesunde Lebensmittel für alle" Wege für eine zukunftsfähige Landwirtschaft, die im Einklang mit Natur und Mitgeschöpfen arbeitet. Die neue Landwirtschaft ist machbar und finanzierbar. Das Szenario - basierend auf einem Gutachten von Professor Arnim Bechmann (Zukunftsinstitut Barsinghausen): Bis 2030 gibt es in der EU nur noch Ökobauern. Sowohl EU-Landwirtschaftsminister Franz Fischler wie auch die französische Umweltministerin halten diesen Szenario für realisierbar. Voraussetzung: Landwirte, Verbraucher und Politik nutzen die jetzige Krise als einmalige Chance - Bauernverbände signalisieren erstmals Wendebereitschaft.

Am Beispiel von Dänemark, Neuseeland, der Schweiz und Österreich sowie an vielen Einzelbeispielen in Deutschland (Schweisfurth, Wulksfelde, Demeter, Baukhöfe) zeige ich, daß die neue Vision erstmals in ganz Europa umgesetzt werden kann. Das alte Vorurteil, kleine Bauernhöfe seien grundsätzlich gut, große Bauernhöfe aber grundsätzlich schlecht, muß überwunden werden. In Thüringen gibt es ökologische Höfe mit 2.000 Hektar, die beispielhaft biologischen Landbau betreiben - außerdem noch ökonomisch erfolgreich! Dasselbe gilt für Supermarktketten, die ausschließlich ökologisch erzeugte Lebensmittel verkaufen.

Die Instrumente, mit deren Hilfe die 100prozentige Agrarwende möglich wird, sind:
- ein Max-Planck-Institut für ökologischen Landbau,
- neue Lehrstühle und Studienfächer für ökologischen Landbau,
- eine Bundesforschungsanstalt für ökologischen Landbau und entsprechende Landes-
forschungsanstalten,
- Fachhochschulen für ökologischen Landbau,
- günstige Darlehen beim Umstieg in den ökologischen Landbau,
- Verbot der Einfuhr von Kraftfutter aus der Dritten Welt
- Verbot unwürdiger Formen der Tierhaltung
- neue Vermarktungsstrategien für Biolebensmittel
- verstärkte Verbraucheraufklärung
- die Demokratisierung der Landwirtschaftskammern
- lernfähige Journalisten, die sich wieder für den Urberuf und die Basisproduktion einer
Gesellschaft interessieren.
Was kostet das alles? Auf jeden Fall weit weniger als die katastrophale bisherige Landwirtschaftspolitik. Richtiges Wirtschaften ist immer preisgünstiger als falsches Wirtschaften.

Frage: Wo liegen die Defizite der alten Landwirtschaft?

Alt: Die herkömmliche, chemie-orientierte Landwirtschaft überdüngt ihre Felder, bedroht
die Trinkwasserversorgung, produziert 15 Prozent aller Treibhausgase und setzt mit
Antibiotika in der Tiermast die Gesundheit von Millionen Fleischessern aufs Spiel.
Zudem trägt die Chemie-Landwirtschaft wesentlich zum Artensterben von Tieren und
Pflanzen bei. Die Verwendung von Kunstdünger in der Landwirtschaft, die Überdün-
gung der Böden insgesamt und die Massentierhaltung sorgen dafür, daß die Böden weit
mehr Nährstoffe bekommen, als die Pflanzen aufnehmen können. Die Stickstoffver-
bindungen sickern ins Grundwasser und in die Flüsse und fördern zum Beispiel explo-
sionsartiges Algenwachstum, welches Fische ersticken läßt und den Gewässern Sauer-
stoff entzieht. 35.000 Tonnen „Pflanzenschutzmittel" werden jährlich auf Deutschlands Äcker gesprüht. Anfang der neunziger Jahre ging der Pestizidverbrauch kurzzeitig
zurück, steigt aber seit 1995 wieder an. In Deutschland sollen „Pflanzenschutzmittel"
überhaupt nicht ins Trinkwasser gelangen, tatsächlich aber weist jede dritte Kontrolle
Spuren der chemischen Keule auf.
30 Milliarden Subventionen erhält die Landwirtschaft in Deutschland jährlich: das sind
durchschnittlich 40.000 Mark Zuschuß für jeden Landwirt. Dieselbe Landwirtschaft produziert jährlich mindestens 50 Milliarden Mark volkswirtschaftliche Schäden. Für dieses
Wahnsinns-System ist die Politik in Brüssel und in Berlin noch mehr verantwortlich als
die Bauern selbst. Das System funktioniert nach dem Motto: verschwenden, vergiften,
vernichten.
Wegen falschen Wirtschaftens hat ein „Atlas der Erosionsgefährdung" schon 1986 zwei
Drittel der Anbaufläche in Bayern und ein Drittel der Äcker in Niedersachsen als ero-

sionsgefährdet eingestuft. Das Wirtschaften mit möglichst großen Maschinen und möglichst wenig Menschen ist ein Teil des allgemeinen Wahnsinns-Systems. Doch auf diesen Weg hat die Politik die Bauern getrieben. Sie sind die wahren Totengräber einer bäuerlichen Landwirtschaft.

Das Ergebnis der bisherigen Landwirtschaftspolitik ist verheerend: Der „Bund für Naturschutz" sieht in Bayern ein Viertel aller auf das Ackerland spezialisierten Pflanzen bedroht - aber auch 50 Prozent aller heimischen Säugetiere, 80 Prozent der Reptilien und alle Vogelarten, die auf Mager- und Trockenrasen leben. Inzwischen beherbergen Großstädte eine größere Artenvielfalt als die landwirtschaftlich genutzten Flächen.

Frage: Zum Beispiel hochsubventioniertes Getreide aus den Industrieländern zerstört in der „Dritten Welt" die heimische Landwirtschaft. Im Würgegriff der Agrarmultis sollen die Bauern nicht mal ihr eigenes Saatgut verwenden dürfen. Die Liberalisierung der Agrarmärkte über das Welthandelsabkommen wird zum größten Bauernsterben in der Menschheitsgeschichte führen. Bald könnten über eine Milliarde Menschen, die einst vom eigenen landwirtschaftlichen Anbau lebten, das Flüchtlingsheer von morgen stellen. Von den Entscheidungseliten des Nordens und der Agrarlobby wird diese Menschheitstragödie offenbar billigend in Kauf genommen. Wie kann man diese Unrechtspolitik stoppen, die zugleich hochgradig antiökologisch ist? Ökologischer Landbau weltweit - wie kann das gehen?

Alt: Große Konzerne wollen Patente auf Saatgut. Sie spielen Gott. Das ist pervers. Leben ist grundsätzlich nicht patentierbar. Das Leben ist keine technische Erfindung. Gegen diese und andere Perversionen der Agrochemie formiert sich weltweit Widerstand. Mir gefiel sehr gut, was mir indische Bauern erzählt haben. Dort hatte „Monsanto" gentechnisch veränderten Mais angepflanzt. Die Bauern haben einfach die Felder angezündet. Das läßt hoffen. Endlich lassen sich die Menschen nicht mehr alles bieten! Erst eine neue zukunftsfähige ökologische Land- und Forstwirtschaft zeigt der gesamten Wirtschaft, wie nachhaltiges Wirtschaften funktionieren kann: Denken in Generationen, Wirtschaften in Kreisläufen, Verantwortung für Mensch und Tier, Einkommensorientierung statt Gewinnmaximierung. Voraussetzung zum Gelingen dieser agrarischen Kulturrevolution ist das ökologische Gewissen der Verbraucher.

Deshalb: Alle Macht den Verbrauchern! Auf den Konten der deutschen Sparer schlummern zur Zeit 7.000 Milliarden Mark. Wenn nur ein Bruchteil davon ethisch investiert wird, erreichen wir weit mehr als nur die ökologische Agrarwende. Dann wird die Ökologie die Ökonomie des 21. Jahrhunderts. Es zeigt sich: Moderne Landwirtschaft ist zukunftsfähig, wenn sie sich an ökonomischen, ökologischen, sozialen, kulturellen *und* ethischen Prinzipien orientiert. Diese neue Kulturrevolution hat im ländlichen Raum schon begonnen. Eine ökologische Ethik wächst - sogar an der Börse. Boris Becker ist in die Vermarktung ökologischer Lebensmittel eingestiegen.

Wer sich gesund ernährt, gewinnt mehr Gesundheit und eine bessere Lebensqualität. Der Zusammenhang von gesunden Böden, gesunden Tieren, gesunden Lebensmitteln und gesunden Menschen kann jedem einleuchtend sein. Die Agrarwende ist mehr als eine Berufswende für die Bauern. Sie ist Gesundheitspolitik und betrifft *alle*. Deshalb führt die Agrarwende zu einer wirklichen Agrarkultur, das heißt zu einer vertieften Verbindung von Ökonomie, Ökologie, neuer Arbeit und neuer Schöpfungsspiritualität. Bauern werden wieder Kulturträger auf dem Land. Kultur auf dem Land heißt auch wieder Kult auf dem Land - also Gemeinschaft allen Lebens mit Gott. Landwirte werden wieder Lebenswirte - denn die Landwirte von morgen sind Wassermanager, Kulturträger, kreative Unternehmer, Landschaftspfleger, Tourismusexperten, Lebensmittel-, Rohstoff- und Energieproduzenten. Sie sind keine „dummen Bauern" mehr, sondern Hoffnungsträger und Zukunftsmenschen.

Frage: Hermann Scheer thematisiert in seinem Buch „Solare Weltwirtschaft", wir müßten unsere Ökonomie weitgehend auf eine solare Rohstoffbasis gründen. Die Richtung des Anliegens teile ich, jedoch darf man es sich auch nicht zu einfach machen. Hätten wir in der Welt gerechte Handelsverhältnisse, so würde sich zeigen: Auf einer begrenzten Fläche kann man auch nur begrenzte Erträge über die Versorgung mit Lebensmitteln hinaus für solare Rohstoffe nutzen. Wenn man noch den Belangen des Naturschutzes wenigstens annähernd Rechnung tragen will, ökologischen Landbau betreibt, wird die Situation noch offensichtlicher. Einstweilen wird zu befürchten sein, wir beziehen dann auch aus Mexiko, Brasilien oder Indien etc. unsere solaren Rohstoffe, wo eigentlich Lebensmittel für die dortige Bevölkerung angebaut werden müßten. Wie kann man erreichen, daß die ökologische Absicht im toten Winkel nicht zusätzliche Unterernährung produziert?

Alt: Die Antwort auf die Globalisierung ist eine Stärkung der Regionen. Bauern im österreichischen Kärnten haben mir das mal klar gemacht. Dort beschlossen 18 Bürgermeister zusammen mit ihren Bauern: In 15 Jahren wird alle Energie vom Acker geerntet und aus dem Wald geholt einschließlich dem Fahrzeugsprit. Heute sind sie schon bei 50% angekommen. In manchen Dörfern wird kein Tropfen Öl mehr verbrannt. Auf meine Frage, warum sie das machen, sagten die Bauern: 1. Wir wollen Energie aus der Region, 2. das Geld bleibt in der Region, und 3. die Arbeitsplätze entstehen in der Region.
Es gibt kein Land und keine Gesellschaft auf diesem Planeten, in der nicht alle Energie selbst erzeugbar wäre und alle Menschen satt werden können. Dafür gibt es viele Beispiele und überwiegend ideologische Vorbehalte. Die Natur stellt uns alles zur Verfügung, was wir brauchen - auf je verschiedene Weise: in Indien anders als in China und dort anders als in Afrika und dort anders als in den USA oder Lappland oder Mitteleuropa. Die Landwirtschaft ist weltweit so vielfältig und voller Reichtum wie die Menschen, nur unsere mitteleuropäische Sicht ist beschränkt. Im Laufe meines Lebens lernte ich in fast allen Gegenden das Angebot an Reichtum und Vielfalt kennen. Bei ökologischem Landbau weltweit muß niemand hungern. Eine vernünftige ökologische Steuerreform würde den weltweiten Güterverkehr um etwa zwei Drittel reduzieren, der Umwelt helfen und die Regionen stärken. Ein Drittel der heutigen Güter sollten wir vielleicht noch um

den Globus schicken - daran können wir uns alle erfreuen: Gewürze, Kaffee, Orangen, Bananen, Tee usw. in den Norden und einiges vom Norden auch in den Süden.

Frage: In deiner Sendung „Querdenker: Haben Tiere eine Seele?" kam für meine Begriffe sehr überzeugend herüber, eigentlich wäre es besser, wir würden uns vegetarisch ernähren oder wenigstens doch mit weit weniger Fleisch als heute. Auf jeden Fall sollten wir dafür sorgen, daß der zuweilen barbarische Umgang mit den Mitgeschöpfen strikt unterlassen wird. Auf der anderen Seite lese ich bei Dir, eine Luxussteuer auf Fleisch zeige die Hilflosigkeit der Politik. Klar, eine substantielle ökologische Steuerreform wird auch am Schnitzelpreis mit ein paar zusätzlichen Pfennigen nicht vorbeigehen. Dennoch kann ich mir vorstellen, daß man Fleisch extra steuerlich belastet, ähnlich wie bei Benzin oder Zigaretten. Anderswo muß das Geld selbstverständlich an die Bevölkerung wieder zurückgehen. Dennoch kann dies den Vorwurf eintragen, künftig können sich das nur noch die Reichen leisten. Aber die extremen sozialen Unterschiede in der Bundesrepublik sind für jegliches ökologische Umsteuern eine Herausforderung. Diese Einkommensunterschiede müssen für eine ökologische Gesellschaft deutlich abgebaut werden. Was ich sehe, ist: Wenn künftig das Schnitzel vielleicht 3 Pfennig mehr kostet, weil der hohe Energieverbrauch, der damit zusammenhängt, ins Gewicht fällt - davon wird der durchschnittliche Fleischverbrauch ebenso wenig wie von Verzichtspredigten sinken. Angesichts dessen, wie schwer es auch mir immer wieder fällt, noch weniger Fleisch zu essen, fände ich es schon gut, wenn der Preis etwas ökonomischen Anstoß gäbe. Auf der anderen Seite kennt man auch viele vegetarische Alternativen zu wenig. Ist am Ende die Ökosteuer auf Fleisch doch nicht so verkehrt, oder wie könnte man sonst unseren hohen Fleischkonsum drosseln?

Alt: Wenn Reiche unvernünftig viel Fleisch essen wollen, sollen sie das tun dürfen. Sie schaden sich selbst. Daran soll sie niemand hindern. Dadurch, daß ich meinen Fleischkonsum um 90% reduziert habe, erlebe ich nur Vorteile und Gewinn. Ich kann nicht einsehen, worin da das Unsoziale liegt und was das mit Verzicht zu tun haben soll. Wir müssen völlig anders argumentieren lernen. Ich will überall ehrliche Preise, dann regeln sich die meisten Probleme von selbst. Nicht jeder Fleischexport über jede europäische Grenze ist unsinnig. Aber argentinisches Rindfleisch in Mitteleuropa ist es mit Sicherheit. Auch hier helfen manchmal Skandale etwas nach: Heute früh lese ich in meiner Lokalzeitung „Badisches Tageblatt", daß England wegen der Maul-und-Klauen-Seuche jetzt überhaupt kein Fleisch mehr exportieren darf! Gut so. Warum sollte England zum Beispiel nach Deutschland Fleisch exportieren, wo wir selbst zuviel haben? Die gesamte EU-Landwirtschaftspolitik muß von Grund auf erneuert werden. Eine realistische Steuer auf Transporte würde den größten Unsinn schon beenden.
Zu bedenken ist auch: Das World-Watch-Institute hat errechnet, daß tierische Nahrungsmittel für die Menschen zehnmal so viel Energie verschlingt wie pflanzliche Lebensmittel. Zur Produktion von einem Kilogramm Rindfleisch seien acht Kilogramm Getreide nötig.

Frage: Wir müßten in jedem Fall mehr dafür tun, damit Tiere nicht unnötig leiden müssen und artgerecht gehalten werden?

Alt: Ein deutscher Mensch verspeist im Laufe seines Lebens durchschnittlich sieben Rinder, 20 Schafe, 22 Schweine, 600 Hühner sowie zusätzlich Wildtiere, See- und Meeresfische. Der Fleischhunger des Menschen scheint so unersättlich, wie seine Respektlosigkeit gegenüber dem Tier grenzenlos ist. Die meisten Tiere, die wir uns einverleiben, werden heute künstlich erzeugt, maschinell gemästet und am Fließband geschlachtet. „Artgerechte" Tierhaltung ist zwar gesetzlich vorgeschrieben, doch Hunderte Millionen Tiere werden auch in Deutschland geboren, gefoltert und getötet für „ökonomische Sachzwänge". Die meisten Hühner und Schweine kennen nur diesen Lebensrhythmus: aufstehen, fressen, hinlegen, aufstehen ... sterben.

Was aber ist, wenn der Mensch tatsächlich ist, was er ißt? Nur die zwei Prozent Biobauern, die es heute in Deutschland gibt, haben sich zu artgerechter Tierhaltung verpflichtet. Für die Tiere heißt das: Stroh statt Spaltböden aus Beton, Tageslicht statt künstlicher Beleuchtung, im Stall Bewegungen und Auslauf statt lebenslanger Isolation oder Käfighaltung, langsame Mast statt Hormone und Antibiotika, Verzicht auf Tier- und Knochenmehl sowie weitgehend auf Importfutter, schonende Transporte ins nächste Schlachthaus statt tierquälerischer Fahrten durch halb Europa oder nach Nordafrika zu dem einzigen Zweck des billigeren Geschlachtetwerdens.

An deutschen Hochschulen gehören neben Insekten, Krebsen und Ratten auch Tauben, Kaninchen, Hunde und sogar Pferde noch immer zu den Versuchstieren. Frösche sind trotz jahrelanger Proteste und gerichtlicher Auseinandersetzungen als Demonstrationsobjekte in Biologie- und Medizinpraktika noch immer beliebt. Der „Tierverbrauch" für die Grundlagenforschung ist 1999 gegenüber dem Vorjahr um 60.000 Tiere gestiegen. Die Zunahme betrifft Hunde, Katzen, Affen und vor allem Mäuse und Fische. Lebenden, nicht betäubten Fröschen wird der Kopf abgeschnitten und das Rückenmark aufgebohrt, um das Funktionieren des zentralen Nervensystems zu zeigen. Nach dem Versuch landen die verstümmelten Tiere im Mülleimer. Auch ansonsten aufgeklärte Menschen geben sich dabei ganz abgeklärt: die Wissenschaft brauche solche Versuche, heißt es. Tierliebe sei sentimental und kitschig.

Diese entsetzliche Tierquälerei ist nicht nur unverantwortlich; es ist erwiesen, daß sie auch unnötig ist. Der Dachverband der Europäischen Wissenschaftsgesellschaften hat sich soeben erst eindeutig für die Förderung und Anwendung von Alternativen zum Tierversuch ausgesprochen. Mit Hilfe von interaktiven Computerprogrammen könnten die bisherigen Tierversuche ersetzt werden. Daß alternative Methoden ausreichen, beweist zum Beispiel die Philipps-Universität in Marburg seit Jahren.

Der Artikel 20a des Grundgesetzes schreibt den „Schutz der natürlichen Lebensgrundlagen" fest. Er sollte als Konsequenz aus dem BSE-Skandal jetzt ergänzt werden durch eine Bestimmung wie: „Tiere werden als Mitgeschöpfe geachtet. Sie werden vor nicht artgerechter Haltung, vermeidbaren Leiden und in ihren Lebensräumen geschützt."

Warum das? Auch deshalb: In England hat BSE bislang etwa 100 Menschenleben gefordert. Die Universität Oxford schätzt, daß es in 40 Jahren bis zu 136.000 sein können.

Frage: Deine Perspektive: Bis zum Jahr 2030 werden zwei Drittel aller Energie aus Solarzellen, Wasser- und Windkraft sowie Biomasse gewonnen. In Deutschland fahren noch 5 Millionen solar betriebene Autos. Bahn, Bus und Schiff sind die Hauptverkehrsmittel. Die neuen Zeppeline schweben am Himmel. Energie und Material wird weit effizienter eingesetzt als heute.
Mein Verdacht: Du unterschätzt die zerstörerische Potenz der Stoffströme, die wir durch die Industriegesellschaft hindurchpumpen. Jedes Produkt oder Bauteil etc., in dem Glas, Beton, Metalle aller Art, Kunststoffe, Erdölfolgestoffe überhaupt verarbeitet sind, also fast die komplette materielle Infrastruktur, ist mit Kohlendioxidemissionen bei der Herstellung verbunden. Allein die Weltzementproduktion wird bald 10 Prozent des CO_2-Ausstoß bewirken.
Zudem geht nur etwa die Hälfte der Treibhauswirkung auf CO_2 zurück. Methan bekommt wachsenden Einfluß auf das Weltklima. Es entweicht unseren Müllkippen, entsteht zusätzlich durch die heutige Massentierhaltung und den Reisanbau etc. FCKWs bleiben uns als Supertreibhausgase z.T. über ein ganzes Jahrhundert erhalten, auch wenn die Emissionen jetzt zurückgehen. Einige Alternativstoffe für FCKWs sind ebenfalls hochwirksame Treibhausgase. Würde nicht auch gefragt werden müssen, ob eine solare Energie- und Verkehrswende etc. ausreicht, den ökologischen Holocaust abzuwenden? Könnte es uns nicht wie vor einigen Jahren passieren, die Wissenschaft stellte keinen Ozonschwund durch die FCKWs fest, obwohl das antarktische Loch bereits riesige Ausmaße angenommen hatte? Die Computer hatten die richtigen Satellitenbeobachtungen einfach „herausgerechnet“. „Rechnen“ wir uns die Daten bei der notwendigen Veränderung unserer Lebensweise nicht auch zu oft schön, wenigstens doch so, daß man uns nicht gleich für komplett verrückt hält? Wirkt hier nicht auch ein enormer Anpassungsdruck, den man kritisch unter die Lupe nehmen müßte?

Alt: Natürlich reicht eine solare Energie- und Verkehrswende nicht. Wir müssen lernen, ökologisch zu bauen und mit dem Wasser anders umzugehen, völlig anders zu produzieren, zum Beispiel in der Chemie. Eines ihrer Hauptprodukte ist Öl. Die heutige Chemiewirtschaft nutzt erst 10% ihrer Rohstoffe aus der Landwirtschaft. Sie wird in einigen Jahrzehnten viel mehr natürliche Produkte vom Acker nutzen, das, was Hermann Scheer solare Rohstoffe nennt. Deshalb werden künftig zehn und mehr Prozent der Menschen in der Landwirtschaft beschäftigt sein: in der Produktion, im Vertrieb, im Marketing, im Banking usw.

Frage: Jede neue intelligentere Wärmedämmung, wenn in den Autofabriken künftig Eisenbahnwaggons etc. statt Autos hergestellt werden, die neuen Fabriken, in denen die Massenproduktion der Solarzellen ablaufen wird, viele Effizienzverbesserungen führen in Folge wieder zu neuen ökologischen Rucksäcken. Etwa das Haus ist zwar jetzt optimal gedämmt, je besser die Technologie dabei, um so mehr Heizenergie sparen wir ein, aber die Schäden, die dafür anderswo angerichtet wurden, fehlen in unserer Bilanz? Was wir vorn ökologisch aufbauen, reißen wir hinter unserem Rücken wieder ein, weil wir es nicht unmittelbar sehen?

Alt: Ich empfehle dir, mal Nullenergie-Häuser anzusehen. All die Probleme, die du siehst, sind längst lösbar. Damit sage ich nicht, daß sie überall auch gelöst sind. Seit 10 Jahren weihe ich zwei- und drei Liter-Häuser ein, das heißt Häuser, in denen pro Quadratmeter noch ein Zehntel der Energie verbraucht wird gegenüber konventionellen Bauten. Die Probleme, die du schilderst, gibt es dort nicht. Die Ökobilanzen beim Bauen sehen heute weit günstiger aus als noch vor zehn Jahren.

Frage: Die heutigen kapitalistischen Wettbewerbsökonomien beruhen auf dem Prinzip des Nimmersatt. Wirtschaftliches Wachstum ist ihre unhinterfragte Voraussetzung. Dieser außerordentlich dynamische Drang bringt natürlich jeden ökologischen Fortschritt ins Schwimmen. Mit dem Zuwachs an Wirtschaftskraft wird jede Einsparung von Energie und Ressourcen wieder zunichte gemacht. Offenbar müssen die Antriebsschübe, ob wir wollen oder nicht, zurückgenommen werden. Wie könnte das aussehen? Ohne es offenbar recht zu merken, sind wir Zauberlehrlinge. Ist eine selbstgenügsame Ökonomie überhaupt denkbar?

Alt: Nichts ist so schwer zu ändern wie Suchtverhalten. Da gibt es spirituelle, religiöse und therapeutische Wege. Doch das wird immer sehr individuell sein. Die Massen ändern sich primär über Katastrophen. Siehe Zigarettenraucher. Die ökologische Ordnung kennt natürliche Grenzen und kein grenzenloses Wachstum. Das einzige, was in der Natur „grenzenlos" wächst, ist der Krebs - er wächst bis zum Tod. Die heutige Ökonomie mit ihrem Wahn des grenzenlosen Wachstums ist eine Krebswirtschaft, genau genommen eine Todeswirtschaft. Sogar Ökonomen werden irgendwann begreifen, daß die Wirtschaft nicht unendlich wachsen kann, einige müssen gerade begreifen, auch Aktienkurse können nicht unendlich steigen. Jedes Wirtschaftssystem ist ein Untersystem der Erde, und auf der gelten Naturgesetze.

Frage: Süßwasser gehört zu den knappen Gütern auf unserer Erde, die klimatischen Veränderungen könnten an diesem Punkt sehr existentiell eingreifen, um Wasserreserven könnte künftig Krieg geführt werden. Welche Konsequenzen drohen uns, wenn wir weiter so mit dem Lebensgut Wasser umgehen, wie wir umgehen?

Alt: Weltweit sind zwei Milliarden Menschen von Wasserknappheit bedroht. Jedes Jahr sterben zehn Millionen an Wassermangel und an verseuchtem Wasser. Jeden Tag sind das 25.000 Menschen. Die meisten Hungerkatastrophen sind Wasserkatastrophen. „Ohne Wasser ist kein Heil", schrieb Goethe im Faust II. Heute schleicht sich die Wasserkatastrophe von Süd nach Nord. In Andalusien (Südspanien) hatte es in der ersten Hälfte der 90er Jahre nicht mehr richtig geregnet. Ende April 1995 prügelten sich deutsche Urlauber und spanische Bauern an der Costa del Sol um Brunnenwasser. UNO-Experten sagen voraus: Wasser wird bald kostbarer als Gold. Und im Sommer 1995 stritten Ägypten und der Sudan so heftig um Nilwasser, daß Schlimmes zu befürchten ist. Der ehemalige UN-Generalsekretär Butros Gali hat als ägyptischer Außenminister gesagt: „Der nächste Krieg im Nahen Osten wird ums Wasser geführt." Der Jordan führt heute nur noch ein Drittel seiner früheren Durchlaufmenge ins Tote Meer. In Syrien, Jordanien, Irak und in ganz Nordafrika trocknen weite Gebiete aus. Vor allem an den Flußläufen werden die Konflikte zunehmen.

Wir wissen heute, daß in der Dritten Welt Wassermangel und Wasserverseuchungen tödliche Folgen haben:
- Zwei Millionen Menschen leiden an Malaria;
- 4,6 Millionen Kinder unter fünf Jahren leiden an schweren Durchfallkrankheiten;
- 50 Millionen Afrikaner sind von der Flussblindheit Onchozerkose bedroht;
- 200 Millionen Menschen leiden an der Wurmkrankheit Bilharziose;
- eine Milliarde Menschen leiden an schweren Durchfallkrankheiten.

Ein Teil unseres Trinkwassers wird - zum Beispiel in München - bereits aus Tiefengrundwässern gewonnen, die sich nur alle 10.000 (!) Jahre erneuern. Einmal eingetretene Verunreinigungen sind nur schwer oder gar nicht sanierbar. Vor allem unser oberflächennahes Grundwasser ist fast flächendeckend starken Belastungen durch Schadstoffe ausgesetzt. Nitratbelastungen aus der Landwirtschaft stellen neben den Schadstoffemissionen durch den Autoverkehr das größte Wasser-Gefährdungspotential dar. Hinzu kommen viele andere Agrarchemikalien, wie Pestizide und Phosphate.

Wir leben zum Teil schon von unserer eisernen Reserve. Wie kommt das? Steht Wasser nicht unbegrenzt zur Verfügung? Wasser gibt's doch genug. Doch wir verschwenden und vergiften unseren Wasserschatz systematisch und zerstören das Leben in Wäldern und Seen.

Vor 100 Jahren mußte das Wasser in Deutschland und Österreich einmal gefiltert werden. Heute setzen wir, um das verschmutzte Wasser wieder zu reinigen, zunehmend auf Großtechnologie und auf die Chemie. In Deutschland sind zur Zeit neun Behandlungsstufen notwendig, damit das Wasser wieder trinkbar wird. Wasser wird gechlort, gefiltert und UV-bestrahlt. Das Aufbereiten des Trinkwassers ist bald aufwendiger als Bierbrauen. Und das heißt etwas in Deutschland!

Die chemische Industrie produziert heute 116.000 verschiedene Chemikalien, deren langfristige Auswirkungen auf Wasser und Böden wir zum großen Teil noch gar nicht kennen. Eine Wasserschutzpolitik wird dafür sorgen, daß nur noch Stoffe produziert werden dürfen, die biologisch abbaubar sind oder in die Produktion neu integriert werden können. Wasserkreisläufe müssen sich schließen. Die Zukunftsfähigkeit der Wirtschaft wird nicht zuletzt davon abhängen, ob sie lernt, in Kreisläufen zu produzieren.

Die deutsche Industrie verbraucht jährlich 16 Milliarden Kubikmeter Wasser; die österreichische Industrie etwa zwei Milliarden Kubikmeter. Auch die Landwirtschaft verseucht Grund- und Oberflächenwasser mit Pestiziden und Düngemitteln. Jeder von uns verbraucht heute achtmal soviel Wasser wie seine Großeltern vor 80 Jahren. Unser Wasser ist qualitativ, aber auch quantitativ bedroht. Wasser wird heute verschmutzt, verschwendet und vergiftet. Wasser wird bald zur knappsten natürlichen Ressource. Wir werden Kriege ums Wasser erleben - sie drohen nicht nur in Nahost und Afrika, sondern auch auf dem indischen Subkontinent und im nachkommunistischen China.

Kein Tier und keine Pflanze produziert „Abwasser" - nur der sogenannte „homo sapiens" kann sich zur Zeit nicht anständig benehmen. Wir werden, wenn wir uns nicht ändern, mit Sicherheit nicht als „homo sapiens" in die Geschichte eingehen, sondern eher als „homo müllensis", als einziges müllproduzierendes Wesen des Planeten.

Eine Vision für die Zukunft: Wenn Parlamente und Regierungen ein Wasserspargesetz verabschieden, das Bauherren vorschreibt, sparsame Armaturen zu installieren, private Nachrüstungen wie Sparduschen, Wasserspar-Toiletten, Wasserspar-Waschmaschinen und Wasserspar-Spülmaschinen fördert und Großverbrauchern einen Wasserpfennig abverlangt, dann werden wir schon 2010 nur noch halb soviel Wasser verbrauchen wie heute. Es darf nicht mehr Wasser genutzt werden, als sich während einer Generation erneuern kann.

Frage: Michael Succow sprach sich in einem Interview dafür aus, die Windkraft maßvoll zu nutzen. Etwa in Industriegebieten oder auf ökologisch wenig wertvollen Flächen sei eine Konzentration sinnvoll. Dagegen sind sie in für den Naturschutz wichtigen Gebieten ein Fluch und nicht verantwortbar. Zudem meinte er, wir bräuchten in unserem verrückten Mitteleuropa auch weite Räume in denen Ruhe und Stille erhalten wird, sie seien eine große Kostbarkeit. Eine gründliche Umweltverträglichkeitsprüfung müsse bei neuen Standorten vorgenommen werden. Ist das windiger Protest oder ein berechtigtes Anliegen? Wäre nicht ein wenig Augenmaß des öfteren ganz sinnvoll?

Alt: Wir haben in Deutschland 8.000 Windräder und 280.000 Strommasten. Je mehr Windräder wir bekommen, desto weniger Strommasten brauchen wir. Bei 8.000 Windrädern mehr Augenmaß zu fordern halte ich für einen schlechten Witz.

Frage: Die atomare Energieerzeugung gehört zu den riskantesten Technologien, die sich der Mensch hat einfallen lassen. Wie bist du zu deiner atomkritischen Position gekommen?

Alt: Es hat lange gedauert, bis ich aufwachte. Die Katastrophe von Tschernobyl war mein energetischer Big Bang. Bis dahin war ich braves CDU-Mitglied und vertraute den „Experten", die uns damit beruhigten, daß nur „alle 10.000 Jahre in einem AKW etwas passieren" könnte. Nach Tschernobyl erst begann ich intensiver zu recherchieren: vorher passierte - schon in den fünfziger Jahren - der Atomunfall im englischen Sellafield, danach Tscheljabinsk im Ural und Harrisburg in den USA. Alle 10.000 Jahre ein Unfall? Alle 10 Jahre hatte es einen gegeben. So schnell vergeht die Zeit, wenn man sich nicht mehr länger ein X für ein U vormachen läßt. Mir wurde klar, daß atomares

„Restrisiko" jenes Risiko ist, das uns jeden Tag „den Rest" geben kann. Diese neuen Erkenntnisse vermittelte ich auch in meinen „Report"-Sendungen. Und ich spürte die Mechanismen der Angst, der Lüge und des Verdrängens bei den Atom-Parteien, hauptsächlich bei meiner eigenen Partei. Journalisten sollen aufklären. Aber ständig versuchten die Atomfreunde, die aufklärerischen Filme meines Kollegen Wolfgang Moser und meine jetzt atomkritische Position zu diskreditieren und zu verhindern. 1988 bin ich aus der CDU ausgetreten. Es war eine Gewissensentscheidung. Helmut Kohl hatte zuvor im Bundestag den unverantwortlichen Satz gesagt: „Atomenergie ist moralisch vertretbar." „Was", so fragte ich den Bundeskanzler in einem „Offenen Brief" im „Spiegel", „sagen Sie nach der nächsten Katastrophe? Was sagen Sie schwangeren Frauen, und was sagen Sie im Anblick von tausenden mißgebildeter Kinder?"
1995 lernte ich Wladimir Tschernousenko kennen. Michail Gorbatschow hatte den Professor für Atomphysik zum Direktor der Aufräumarbeiten in Tschernobyl berufen. Als wir Freunde wurden, war er total verstrahlt. In einer Fernsehsendung sagte er mir: „Tschernobyl wird Millionen Folgetote haben." Auch sein Damaskus hieß „Tschernobyl". 1996 starb Wladimir Tschernousenko an seinem Krebs, einst Atombefürworter, dann überzeugter und überzeugender Atomkritiker.

Frage: Jahrelang wurde quer durch Europa deutscher Atommüll kutschiert, eine riesige Polizeiarmada mußte Transporte nach Gorleben und Ahaus absichern und durchprügeln. Mich haben manche Szenen vor Ort beim dritten Castortransport auch an die DDR-Verhältnisse 1989 erinnert, als noch nichts entschieden war. Inzwischen wissen wir auch, wie leichtfertig Atomindustrie und insbesondere CDU/CSU-Politiker mit der atomaren Fracht umgingen. Strahlengrenzwerte wurden bis zum 3.300-fachen überschritten. Niemand weiß, was noch alles beim atomaren Dealen unter den Teppich gekehrt wurde. Rot-Grün braucht offensichtlich mehrere Jahrzehnte für den Ausstieg. Wäre es angesichts der vielen Skandale nicht allerhöchste Zeit für den sofortigen Ausstieg aus der Atomenergieerzeugung? Auf Grund der enormen Überlastkapazitäten im deutschen Kraftwerkspark dürfte dies doch kein Problem sein?

Alt: Ich weiß nach 30 Jahren intensiver Politikbeobachtung und Politikbegleitung, wie Realpolitik funktionieren kann. Jeder Sofortismus ist politisch unsinnig. Ein kompletter Ausstieg wäre aber in 10 bis 12 Jahren realisierbar. Nach (!) dem nächsten GAU wird es sogar etwas schneller gehen. So sind wir halt.

Frage: Die Endlagerung des Atommülls gehört zu den ungelösten Folgen der Kerntechnik. Hierzulande will man den hochradioaktiven Abfall in den Gorlebener Salzstock verschwinden lassen. Daß er dort für unzählige Jahrtausende sicher verwahrt werden kann, ohne zur Zeitbombe für nachfolgende Generationen zu werden, ist sehr unwahrscheinlich. Überhaupt scheint eine sichere Lagerung über so lange Zeiten nicht möglich. Wenn von den alten Ägyptern die Pyramiden blieben, so wird es von der heutigen Zivilisation der Atommüll sein. Wenn alle Kernkraftwerke vom Netz genommen sind, muß man nicht für den hochradioaktiven Atommüll eine Lagerstätte schaffen, wo er im Notfall auch wieder zurückgeholt werden kann, einen unterirdischen bunkerähnlichen Sarkophag weit weg von menschlichen Wohnstätten? Ist es nicht sehr riskant, das Zeug einfach in einem Salzstollen verschwinden zu lassen, der in sich arbeitet und wo im Laufe der Jahrtausende immer mal Wasser einbrechen kann?

Alt: Ich bin zwar Mitglied des Magischen Zirkels seit 40 Jahren, aber wegzaubern kann ich den Atommüll nicht. Wir müssen circa 100.000 Jahre lang mit dem riskanten Stoff leben. Das ist und bleibt das eigentlich unlösbare Problem der unverantwortlichen Atomenergienutzung.

Frage: Gegenüber dem zentralen Veränderungsweg von solarer Energiewende, ökologischer Steuerreform usw. gibt es auch die Möglichkeit, ökologisch-alternative Lebensformen bereits heute zu fördern. Das Lebensgut Pommritz, auf Initiative von Rudolf Bahro und Kurt Biedenkopf entstanden, mag ein Hinweis auf die vorhandenen Freiräume sein. Boden und Gebäude bieten die Grundlage für alternatives Leben und Arbeiten, bei dem man sich bei allen inneren Widersprüchen und Problemen bereits heute in der Tugend des Unterlassens übt. Könnte es nicht Sinn machen, allen, die verantwortlich handeln wollen, die Möglichkeit von seiten des Staats in die Hand zu geben, solche oder ähnliche alternative Lebenswege zu beschreiten?

Alt: Je mehr solch alternative Modelle, desto besser für die Gesellschaft.

Frage: Angesichts der ökologischen Weltkrise, die auch Ausdruck der Krise gesellschaftlicher Systeme und der Art des In-der-Welt-Seins des Menschen überhaupt ist, steht die Frage nach weitreichenden Alternativen immer mehr auf der Tagesordnung. Ökologische Zukunftsforschung als konkrete und systematische Suche nach rettungsfähiger Gesellschaft in all ihren Aspekten stünde an. Dies müßte von den seelisch-kulturellen Grundlagen als dem inneren Zentrum einer zukunftsfähigen Ordnung über gesellschaftliche Strukturen und Institutionen bis hin zu der materiellen Neugestaltung reichen. Diese Forschung würde dort beginnen, wo deine Zeitsprungsendungen ins Jahr 2030 schalten. Erwähnt sei hier auch Ernest Callenbachs „Ökotopia" oder Robert Havemanns Sozialutopie in seinem Buch „Morgen", die vor anderthalb Jahrzehnten auf je verschiedene Art die Konturen einer ökotopianischen, Zukunftsgesellschaft aufzeigen wollten. An manche ihrer Ideen kann man anknüpfen an andere eher nicht. Insgesamt bedarf es wohl eines weiten visionären Horizonts, der die vielfältigen Analysen für die notwendigen Änderungen in eine reale Utopie umschmilzt. Dabei werden immer wieder auch unterschiedliche Optionen in Augenschein zu nehmen sein. Wohl verfügen wir in Deutschland über Ökoinstitute, aber ökologische Zukunftsforschung in dem umfassenden Sinne, wie hier angedeutet, ist wohl eine zu exotische Unternehmung, als daß sie in konventionelle Institutsrahmen paßt. Wäre es nicht sinnvoll, so eine „Denkfabrik" in Deutschland in Gang zu bringen? Wie könnte man so etwas zum Leben erwecken?

Alt: Es gibt insgesamt zu wenig Zukunftsforschung in Deutschland. Wir haben zur Zeit ca. 1.500 wissenschaftliche Institute, die sich in Deutschland mit der Vergangenheit beschäftigen - aber nur sechs Institute, die sich vergleichbar mit Zukunft beschäftigen. Diese Situation ist eine Schande für Deutschland und eine Katastrophe für die junge Generation. Unser Land ist auch deshalb nicht zukunftsfähig. Wir sind gegenwartsversessen und zukunftsvergessen.

Radikale Abrüstung - das Gebot der Stunde

Frage: Gorbatschow setzte ab 1985 die westlichen Regierungen mit immer neuen weitreichenden Abrüstungsvorschlägen unter Druck. Wäre es nicht jetzt, nach dem Wandel des Ost-West-Konfliktes, an der Zeit, die Atomwaffen vollständig abzurüsten und anderes Kriegsgerät so weit wie möglich zu reduzieren? Warum handeln die westlichen Nationen dabei im Kriechgang?

Alt: Weil an der Spitze fast aller Staaten Männer stehen, die von Angst geprägt sind und seelisch zerfressen von Machtgier. Das „Neue Denken", das von Michail Gorbatschow ausging, hat bei kaum einem Politiker bisher zu neuem Handeln geführt. Wozu brauchen wir in Deutschland im elften Jahr nach dem Ende des kalten Krieges noch 320.000 Soldaten und einen Verteidigungshaushalt von beinahe 50 Mrd. Mark? Wir sind doch von Freunden umstellt!

Frage: Wie könnten deutsche Abrüstungsinitiativen denn aussehen?

Alt: Mein Vorschlag: Der Bundeskanzler, der Außenminister und der Verteidigungsminister schlagen bei der nächsten OSZE-Konferenz vor: *Alle* Mitglieder rüsten jährlich um 10% ab. In zehn Jahren sind wir dann bei Null Soldaten, Null Waffen und Null Kriegsgefahr. Wenn wir als starkes mitteleuropäisches Land konsequent und ernsthaft damit anfangen, machen die meisten anderen liebend gerne mit. Sie brauchen das Geld so dringend wie wir auch für soziale und ökologische Aufgaben. Würde die CDU, meine frühere Partei, ihren Slogan „Frieden schaffen mit immer weniger Waffen" ernst nehmen, dann müßten sie diesen Vorschlag aufgreifen. Analoges gilt für Rot-Grün. Der wahre Grund dafür, daß diese realpazifistische Politik nicht gemacht wird, ist ein Übermaß an Angst und Mißtrauen. Deshalb wird es künftig Krieg um Öl geben, wenn wir nicht ganz rasch die solare Energiewende organisieren.

Frage: Du orientierst dich in deinem Buch „Frieden ist möglich" an den Aussagen der Bergpredigt im „Neuen Testament". Nimmt man sie ernst, so gelangt man unwiderruflich zu dem Schluß, Militäreinsätze unter Blauhelmen sind kein Weg. Mit welchen Mitteln kann man dann in Krisenregionen Frieden stiften?

Alt: Solange es Waffen und militärische Auseinandersetzungen gibt, können Situationen entstehen, wo von außen durch militärische Drohung oder mit militärischen Mitteln

Menschenleben gerettet werden müssen. Das kann aber nur glaubhaft und erfolgreich sein, wenn *zugleich* intensiv an einer Politik der konsequenten Abrüstung gearbeitet wird. Das ist leider nicht der Fall. Deshalb werden die nächsten Kriege schon vorbereitet. Der zivile und ökonomische Wiederaufbau im ehemaligen Jugoslawien, humanitäre Hilfe und praktische Abrüstung ist Friedensdienst an der Zukunft. Nur unter diesen Voraussetzungen ist militärische Friedenssicherung vorübergehend moralisch vertretbar. Die Feindesliebe der Bergpredigt heißt nicht: Laß dir alles bieten. Feindesliebe heißt konkret und praktisch: Sei klüger, phantasievoller und mutiger bei der wirklichen Friedenssicherung als dein Feind, versuche ihn zu verstehen. Feindesliebe ist nicht zuletzt das intelligente Verhalten kluger Egoisten. Es nützt meinem Gegner und mir, wenn wir einen friedlichen Ausweg aus einer Gewaltspirale und einem scheinbaren Teufelskreis finden. Die Bergpredigt ist kein Heimatroman!

Das Produzieren und Exportieren von Waffen ist niemals mit der Politik der Bergpredigt zu vereinbaren. An diesen Mordgeschäften darf sich kein religiös empfindender Mensch beteiligen. Leider sind aber die Hälfte der derzeit geführten Kriege religiös-fundamentalistisch unterfüttert. Jeder religiöse Fundamentalismus und Dogmatismus widerspricht der wahren Religion. Im Sinne Jesu oder im Sinne von Buddha ist Religion per se pazifistisch. Alles andere sind dumme und primitive Ausreden von Männern, die religiöse Lippenbekenntnisse als ideologischen Unterbau für ihre perversen Machtspiele mißbrauchen und im Namen einer angeblichen Religion über Leichen gehen.

Auch das NATO-Bombardement in Serbien bewies erneut, daß mit militärischen Mitteln keine politischen Lösungen herbeigebombt werden können. Es war eine Illusion, zu meinen, die NATO hilft dem Frieden, wenn sie mit Bomben ein ganzes Volk, die Serben, traumatisiert. Das wird sich rächen.

Anmerkung: Deutschland ist drittgrößter Waffenexporteur. Militäreinsätze im UNO-Rahmen in Ländern, in die man früher Waffen lieferte, scheinen ethisch reichlich problematisch ...

Alt: Waffenexport ist Beihilfe zum Massenmord. Aber es wird ihn geben, solange Waffen produziert werden. Wer Waffen exportiert, wird Kriege ernten. Ich habe 1993 das „Komitee für eine zivile Gesellschaft" mitgegründet. Dabei soll deutlich werden: Nur eine Politik der vorbeugenden Konfliktverhütung bringt uns einer friedlichen Welt näher. Rüstungsexporte mit der „Sicherung von Arbeitsplätzen" zu begründen, ist ein politischer Skandal. Die reichen Länder verkauften z.B. Millionen Minen in die armen Länder. Diese Politik kostet jetzt Millionen Menschen in der Dritten Welt, z.B. in Angola und Somalia, in Afghanistan und in Kambodscha, das Leben oder die Gesundheit.

Ich sah und filmte in somalischen Krankenhäusern durch Minen verkrüppelte und sterbende Kinder. Sie sind Opfer unserer verbrecherischen Waffenexport-Politik. Ich wünsche den Vorstandsherren von Dynamit Nobel, die immer noch ihre Minenproduktion rechtfertigen, einen Besuch bei den zerrissenen und verkrüppelten Opfern. Vielleicht könnte ein solcher Besuch sie zur Umkehr bewegen. Nur weil sie zu feige sind, ihnen ins

Gesicht zu schauen, können sie „guten Gewissens" ihre blutigen Geschäfte weiterbetreiben. Unter den heutigen politischen Voraussetzungen sind Militäreinsätze in Krisengebieten unverantwortlich. Somalia ist das beste Lehrbeispiel, ein politischer Flop, der dem deutschen Steuerzahler 500 Millionen Mark kostete. Mit kriegerischen Mitteln läßt sich kein Frieden schaffen. Das lernte ich in der Schule des Bergpredigers.

Frage: Wie bewertest du den militärischen Kampf der Sowjetunion und der Alliierten gegen den Hitlerfaschismus im Blick der Forderungen der Bergpredigt?

Alt: Das ist eine äußerst schwierige Frage. Ich antworte nur aus einer beklemmenden Unsicherheit: Im Vorfeld von 1933 wurden schreckliche politische Fehler gemacht. Der Versailler Vertrag brachte keine Befriedung, und das alte militaristische Denken feierte Urständ. Der Krieg galt noch immer als ein Naturereignis. Mein Großvater und mein Vater lernten noch wie selbstverständlich: Die Franzosen sind unsere Erbfeinde, und Kommunisten sind ohnehin vom Teufel! Auf der anderen Seite galt die Philosophie vom Klassenkampf und der Weltrevolution. Dieses schrecklich inhumane Gemisch mußte zur Katastrophe führen. Die Sowjetunion und die Alliierten befreiten Deutschland vom Faschismus. Aber ihre Mittel waren oft so grauenhaft und inhuman wie die Mittel der Nazis. Ich halte das, was 1945 in Dresden geschah, für ebenso unmoralisch wie Hiroshima und Nagasaki. Gewaltlose Formen für Befreiungsarbeit und sozialen Widerstand gegen Militarismus müssen wir erst lernen. Soweit waren die Menschen 1939 noch nicht. Heute wissen wir: Nur wenn wir den Anfängen wehren, können wir das Schlimmste verhindern. Das haben wir im Kosovo nicht gemacht, und deshalb glaubte die NATO militärisch eingreifen zu müssen. Der Kosovokrieg war unverantwortlich.

Zukunftsfähiges Leben und Arbeiten

Frage: Du schlägst vor: die 25-Stunden-Arbeitswoche als Zukunftsoption. Sie könnte in 15 Jahren vielleicht schon Wirklichkeit sein. Angesichts der Millionen von Arbeitslosen und der Tatsache, daß weiteres Wirtschaftswachstum nicht erwünscht sein kann, scheint mir dieser Weg höchst notwendig, ebenso wie der Verzicht auf bezahlte oder unbezahlte Überstunden. Auf der anderen Seite heißt dies aber auch, es wird weniger verdient werden, und gerade dort, wo ohnehin nicht viel Geld in die Lohntüte gelangt, stellen sich schnell gravierende Engpässe ein. Aber die Mieten u.a. erklimmen immer höhere Stufen, und die Rente könnte für manchen zur Durchhängepartie am Lebensabend geraten.
Muß bei solch einer radikalen Arbeitszeitverkürzung nicht auch darüber nachgedacht werden? Wie kann man die hier im Schlepptau liegenden Konflikte entschärfen? Es reicht wohl nicht hin, zu lernen, weniger Geld auszugeben, auch wenn ich sofort einräumen will, dieser Lernprozeß ist notwendig. Die materielle Grundausstattung, mit der sich viele hier in Deutschland umgeben können, ist global nicht verallgemeinerbar.

Alt: Im zweiten Teil deiner Frage liegt der eigentliche Lösungsansatz, den ich sehe.

Wir brauchen nicht, was wir verbrauchen. Bei preiswertem öffentlichen Verkehr, der ausgebaut werden soll, brauchen Millionen Menschen kein Auto mehr und sparen viel Geld. Für Energie brauchen wir langfristig weit weniger Geld als heute, wenn die solare Energiewende kommt. Weniger Fleischkonsum heißt weniger Geldausgaben und bessere Gesundheit bei preiswerteren Krankenkassen. Und schließlich bedeutet die 25-Stundenwoche auch, daß wir viel Arbeit wieder selber machen können und noch mal Geld sparen.

Meine Devise heißt: Weniger verbrauchen und mehr genießen. Dafür mehr Zeit haben. Und Geschmack für das Einfache. Den Geschmack für die wunderbare Vielfalt von Brotsorten, den Geschmack an Erde, Sonne, Wind, Gras und Bäumen, die alle von der liebenden Fülle eines Gottes erzählen. Der schwierigste Lernprozeß, der uns bevorsteht, wird sein, wieder die Geschenke der Natur anzunehmen. Da wartet wirklicher Reichtum. In stillen Stunden wissen wir das noch.

Frage: Frauen leisten weltweit im Schnitt etwa zwei Drittel der Arbeit, erhalten aber nur ein Zehntel des Einkommens und besitzen nur ein Prozent des Eigentums. Diese UN-Statistik stützt deine Aussage, Männer wären heute noch das „faule", aber im Verhältnis zu den Frauen überbezahlte Geschlecht, fundamental. Dennoch scheint mir etwas Differenzierung angebracht. Zwar ist die familiäre Arbeitsteilung zwischen den Geschlechtern hierzulande patriarchal geprägt, dennoch ist mein Eindruck, jeder trägt ein ähnliches Quantum an Arbeit bei, zumindest wenn ein eigenes Grundstück zu erhalten ist. Wahrscheinlich unterscheidet sich die Situation zwischen Stadt und Land tendenziell. In jedem Fall sorgt die eigene Firma oder das männliche Karrieremachen dafür, daß den Frauen schnell viele zusätzliche Lasten entstehen. Könnte es also nicht Sinn haben, mit dem Begriff vom „faulen" Geschlecht differenzierter umzugehen?

Alt: Ja. Du hast wohl auch meine Anführungszeichen übersehen.

Frage: Häufig verdienen Frauen weit weniger als Männer. Vielfach arbeiten sie auch in schlechter bezahlten Berufen. Allein mit einer stärkeren Beteiligung der Männer an der Kindererziehung etc. sind doch die patriarchalen Muster unserer Gesellschaft nicht aus der Welt geschafft. Kürzere Arbeitszeiten mögen ein Zugang dafür sein, aber haben nicht Jahrtausende patriarchaler Herrschaft noch an vielen anderen Stellen ihr „modernes" Signum hinterlassen?

Alt: Es gibt eine interessante neuere Entwicklung des Feminismus. Vor 30 Jahren noch war es für viele Frauen erstrebenswert, zu werden wie die Männer. Golda Meir, Indira Gandhi und später Maggi Thatcher waren Ausdruck dieses Denken und Verhaltens, weil sie Politik machten wie Männer, wurden sie von Männern gewählt („Die eiserne Lady", „Der einzige Mann im Kabinett ist eine Frau"). Eine ganzheitlich, männlich-weiblich ausgewogene Politik, die ohne Gewaltanwendung auskommt, gibt es auf der ganzen Welt noch nicht wirklich. Michail Gorbatschow hat mir gesagt, er konnte seine Politik der gewaltfreien Weltveränderung hauptsächlich deshalb durchhalten, weil seine Frau Raissa ihn dazu inspirierte. Mahatma Gandhi und Nelson Mandela hatten Ansätze für eine solche neue Politikqualität. Ich sehe sie auch beim neuen Präsidenten von Taiwan, Chen Shui-bian. Er saß vor einigen Jahren noch aus politischen Gründen im Gefängnis. Nur Frauen, die das Männliche in sich entwickeln (ihren „Animus", sagt C. G. Jung) und Männer, die ihre weiblichen Seelenanteile (ihre „Anima") entwickeln, werden so ganzheitlich, daß sie reif sind für eine neue Politik-Qualität, die ohne Feindbilder auskommt. Gorbatschow hat schon mal damit begonnen, weltweit Feindbilder zu zerstören. Das ist seine größte Leistung. Vorbilder für diese „neuen" Männer und Frauen sind Jesus, Buddha und Lao Tse. Die Alternative zum Patriarchat ist also nicht das Matriarchat, sondern ganzheitliches Leben, mehr Menschlichkeit und Partnerschaft zwischen ganzen Männern und ganzen Frauen.

Frage: In einem Artikel vor ein paar Jahren schrieb ich, Lohn- und Profitverzicht wären für eine ökologische Gesellschaft unausweichlich, jede erarbeitete Mark trägt eben auch ein Quantum der zivilisatorischen Todesbotschaft in sich. Im Hinterkopf hatte ich auch, gegenüber der Mehrheit der Weltbevölkerung nimmt der Durchschnittsarbeiter hierzulande einen absolut privilegierten Stand ein. Obendrein fußt der heutige Normalreichtum immer wahrscheinlicher auf dem Leid und der Verzweiflung zukünftiger Generationen.

Dennoch kritisiere ich die Forderung nach Lohnverzichten und die Forderung nach einem Niedriglohnsektor, wie sie in deiner Querdenker-Sendung „Ist der Sozialstaat noch zu retten?" aufgemacht wurde, als Mittel gegen die hohe Arbeitslosigkeit. Warum? Ich sehe, und in Ostdeutschland ganz besonders, wie niedrige Löhne eben auch zum Sprungbrett für extra hohe Gewinne werden. Ganz konkretes Beispiel: Wenn man etwa Zulieferer ist für ein großes Kaufhaus, so will dieses daran sehr gut verdienen. Wenn 55 Prozent und mehr des Verbraucherpreises im Kaufhaus hängen bleiben, dann kann dies kaum als Beleg für eine rechtschaffene Ökonomie gelten. Ich sehe einfach nicht ein, warum sich das Kaufhaus auf Kosten niedriger Löhne von Arbeitnehmern und der Geschäftbilanz der kleinen und mittleren Unternehmen am Ende große Gewinne ergaunern darf. Wäre nicht zu überprüfen, wenn die Forderung nach maßvolleren Löhnen gestellt wird, wie gesichert werden kann, daß Aktionäre sich nicht im Namen der Wettbewerbsfähigkeit im Übermaß bereichern? Ist nicht das Prinzip der ökonomischen Globalisierung überhaupt so disponiert? Wenn Wertschöpfung im faulen Bauch der Aktienmärkte versickert, ist doch für eine gerechte Gesellschaft nichts gewonnen, der Reichtum ist nur einmal mehr nach oben verteilt worden? Ob unterm Strich damit wirklich mehr Arbeitsplätze geschaffen werden, als durch sinkende Massenkaufkraft wieder vernichtet werden in der Gesamtbilanz, halte ich für zweifelhaft. Ohnehin rücken doch dann die 25-Stunden-Woche oder ähnliche Arbeitszeitverkürzungsmodelle in weite Ferne, wenn dann erneut der Lohn heruntergesetzt wird? So oder so, dort wo der soziale Puffer am dünnsten ist, reicht es irgendwann für die Miete und die notwendigsten Aufwendungen nicht mehr...

Alt: Deine 55 Prozent, die „im Kaufhaus hängen bleiben" kommen zustande durch die Steuern, die zu bezahlen sind, durch die Investitionen und die Löhne, die in diesem Kaufhaus bezahlt werden und natürlich auch den Gewinn. Meine Frau ist Buchhändlerin. Im Buchhandel bleiben „40 Prozent hängen". Ich kann dir sagen, damit wird kein Buchhändler reich. Da gibt es viel ökonomische Unkenntnis und ideologische Vorurteile. An Steuern auf Aktiengewinne kommen wir nicht vorbei. Aber zur Zeit sehe ich mehr verzweifelte als glückliche Aktionäre in Deutschland. Niemandem wachsen die Bäume in den Himmel.

Frage: Du schlägst ein Bürgergeld von monatlich 1.000 Mark vor. Es soll 155 Sozialleistungen ablösen, für die 38 verschiedene Behörden zuständig sind, also auch viel Bürokratie und ihre Kosten. Damit können u.a. das Arbeitslosengeld, die Arbeitslosenhilfe und die Sozialhilfe ersetzt werden. Das Prinzip „Gleiches Geld für gleiches Nichtarbeiten" scheint mir plausibel. Ein Zustand, wo manche so viel Arbeitslosengeld erhalten, wie andere in der Summe nur in der Lohntüte haben, ist nicht unbedingt zu begrüßen. Eine solche Veränderung würde sicher auch die eine oder andere Arbeitslosenzeit verkürzen. Dennoch frage ich mich, ob das für eine große Anzahl von Menschen nicht doch ein Ruhekissen über Jahre wird, ohne daß dabei andere sinnvolle nichtbezahlte Tätigkeit befördert wäre. Schon lange denke ich darüber nach, wie man produktiver mit solch einem garantierten Existenzeinkommen umgehen könnte. Eine moderate Abstufung der Bezugshöhe des Geldes nach gearbeiteten Jahren und der Dauer der Inanspruchnahme scheint mir in den meisten Fällen geboten. Alles vielleicht nicht der Weisheit letzter Schluß. Wie ist deine Sicht in diesem Punkt?

Alt: Auch ich habe kein Totalrezept - auch Ulrich Beck nicht, der vielleicht am meisten darüber nachgedacht hat. Ich kann mir - wie gesagt - auch ein angemessenes Bürgergeld von 1.500 Mark vorstellen. Es würde den Arbeitsmarkt und die Arbeitslosenkasse in Nürnberg wesentlich entlasten. Aber unsere Einstellung zur Arbeit, hauptsächlich zur Handarbeit, die weiterhin mißachtet ist, müßte sich ändern. Vier Millionen offizielle Arbeitslose in Deutschland, und zugleich finden Bauern in Baden-Württemberg und Bayern für ihre Saisonarbeit bei der Erdbeer- und Spargelernte nur ausländische Arbeiter. Das ist keine gute Voraussetzung für die Arbeitsgesellschaft von morgen. Wer in Dänemark Arbeitslosengeld bezieht, muß auch für die Gesellschaft etwas leisten. Zumindest gilt das für die jüngeren Leute. Das ist nur gerecht und sozial.

Frage: Künftig sollen Unternehmer wie selbstverständlich ihre Mitarbeiter am Gewinn des Unternehmens beteiligen. Perspektivisch stimme ich diesem Anliegen zu, würde mit dieser Logik eher noch umfassendere Schritte weitergehen wollen. Unmittelbar jedoch kann es schnell passieren, daß man nicht nur den Job los ist, sondern wenn das Unternehmen in die Brüche geht, auch noch die eigene Beteiligung. Der persönliche finanzielle Schaden maximiert sich dann. Siehst du Möglichkeiten, wie man diese negative Folge abwenden kann?

Alt: Nein, das Leben bleibt gefährlich! Es gibt - künftig noch mehr als heute - keine absoluten Sicherheiten. Das wäre spießig, langweilig und absolut unsozial.

Frage: Der Weg vom Mitarbeiter zum Mitunternehmer ist kein Katzensprung. Sicher, subjektiv kann er schnell vollzogen sein, einfach, um den eigenen Arbeitsplatz möglichst gut zu sichern und bei der nächsten Entlassung nicht dabei zu sein. Gewissermaßen eine Scheinbeteiligung. Aber ginge es nicht auch um demokratische Entscheidungsstrukturen im Wirtschaftsleben? Ohne Frage eine Zumutung für westliches Ökonomieverständnis, und gewiß ist dies auch kein Allheilmittel, nur fürchte ich, unter dem ist der Werktätige als tatsächlicher Mitunternehmer eine Fiktion. Die Beteiligung an allen Belangen des Unternehmens stünde doch an, ohne hier negieren zu wollen, für manche Entscheidungen ist spezifisches Fachwissen nötig, das nicht jeder Beschäftigte ohne weiteres mitbringt. Würde *Mitunternehmer sein* nicht heißen, wenn es nicht nur darum gehen soll, dem Arbeitnehmer eine kleine vermögensbildende Leistung an bei zugeben, das ganze Wirtschaftssystem in seiner sozialökonomischen Grundstruktur zu wandeln?

Alt: Bei vielen Firmen in der IT-Branche läuft die Veränderung ohnehin in die Richtung von mehr Mitbestimmung. Die jungen Leute können sich das kaum noch anders vorstellen. Erfolgreich sind in Zukunft vor allem jene Firmen, bei denen die Kreativität der Mitarbeiter gekoppelt mit selbstverständlicher Mitbestimmung sein wird. Die „old economy" wird sehr umlernen müssen - auch die Gewerkschaften. Die alten Männergewerkschaften mit alten Männern an der Spitze, die ihre wesentliche Daseinsberechtigung in der klassischen Geldverteilung sehen, haben ebenfalls keine Zukunft. Die Wirtschaft von morgen wird sehr viel bunter und lebendiger, als sich das die meisten Gewerkschaftsfunktionäre heute vorstellen können.

Frage: Für die spätstalinistischen Systeme hatte Rudolf Bahro in seinem Buch „Die Alternative" gesehen, daß der Mensch insbesondere als Facharbeiter oder ungelernte Hilfskraft im gesellschaftlichen Arbeitsprozeß hochgradig subaltern verbleibt. Dies dürfte für die westlichen Gesellschaften ebenso zutreffen. Wenn die Arbeit spirituelles Ereignis werden soll, so müßte man doch erneut fragen, wie die alte Arbeitsteilung aufgehoben werden könnte oder wenigstens zurückgedrängt? Welche neuen Formen bzw. Ansätze wären denkbar?
Im heutigen Arbeitsleben kümmert sich der Mensch weniger um sein Leben und sein Glück, sondern um seine Verkäuflichkeit, schreibt der Sozialpsychologe Erich Fromm. Der Mensch wird zu einer Ware auf dem Persönlichkeitsmarkt, er ist ein bloßes Werkzeug der Wirtschaftsmaschinerie. Er wendet sich so, wie er gebraucht wird, und verliert darüber die eigene Identität. Scheitert der Wunsch nach einer spirituellen Arbeitswelt nicht an diesem gesellschaftsweiten Marketing-Charakter? Wenn der Mensch nur noch als Arbeitszombi funktioniert, muß da nicht gefragt werden, wie er zu einem unverfälschten Selbst gelangen kann und wie gesellschaftliche Strukturen dies stützen können? Bleibt ohne gravierende Änderungen an der jetzigen Verfaßtheit marktwirtschaftlicher

Realität eine spirituelle Sinngebung der Arbeit, so sehr ich dem Anliegen zustimme, größtenteils nicht blanker Hohn, wenn man sich den realen Alltag besieht?

Alt: In dem Augenblick, wo die Frage nach dem *Sinn* von Arbeit gestellt wird, sind die alten Strukturen passé! Die Philosophie der klassischen Industriegesellschaften hieß: „Hauptsache Arbeit". Arbeit um jeden Preis, egal mit welchen Folgen. Arbeit auch um den Preis von Kriegen, Umweltzerstörung und kaputten Familien. Vor allen Dingen wir Männer haben uns wesentlich über Erwerbsarbeit definiert. Die klassische Arbeit von Frauen wurde weitgehend ausgeklammert vom Arbeitsbegriff. Aber all die unsinnige, das Leben gefährdende Arbeit für Kriege und Waffenproduktion, Atomenergie und andere falsche Energiegewinnung, die hauptsächlich von Männern geleistet wird, rechtfertigt man noch immer. Die Fabriken des Todes können jedoch niemals sinnbringende Arbeit bieten.

Zukunftsfähige Arbeitsplätze, welche den Menschen Glück und Sinn vermitteln, werden - bildlich gesprochen - dadurch geschaffen, daß wir Bäume pflanzen, und nicht dadurch, daß wir künstliche Blätter an künstliche Baumstämme kleben. Es gilt zu unterscheiden zwischen Job und Arbeit. Die Jobs werden immer wieder eintrocknen und abfallen, wie Blätter von einem sterbenden Baum. Eine Spiritualität der Arbeit ist möglich: Die Welt ist voller sinnvoller Arbeit und voll von segensreichen Arbeitsplätzen. Die Natur hat Vollbeschäftigung und nicht Arbeitslosigkeit vorgesehen. Ein Arbeitsplatz ist dann sinnvoll, wenn von meiner Arbeit ein Segen für alles Leben ausgeht.

Der US-amerikanische Theologe Matthew Fox wagt den Begriff „heilige Arbeit". Das klingt nur auf den ersten Blick kitschig und fremd. „Heilige Arbeit" ist ein anderes Wort für sinnvolle, heil-machende, heilende Arbeit. Der libanesische Mystiker Khalil nennt Arbeit „sichtbar gewordene Liebe".

Im Foxschen Sinne ist die Arbeit der Ökobauern „heilig", weil heil und gesundmachend. Ohne die Arbeit von Bauern ist niemand „heil". Auch nicht ohne die Arbeit von Köchinnen und Köchen, von Ärzten und Förstern, Müllmännern und LKW-Fahrern, die unsere Lebensmittel transportieren. Erst durch die Frage nach dem Sinn der Arbeit wird die sogenannte einfache Arbeit zur segensreichen Arbeit. So konkret und praktisch ist die „Spiritualisierung" der Arbeit. Produktion im Einklang mit der Schöpfung ist nachhaltiges Wirtschaften. Und nachhaltiges Wirtschaften führt zu schöpfungsgemäßer Arbeit und zu vielen neuen, segensreichen Arbeitsplätzen. Dabei wird die Devise einer zukunftsfähigen Arbeitswelt und Wirtschaft nicht „Zurück zur Natur" sein. Sie wird aber heißen: „Vorwärts mit der Natur". Die Natur kennt keine Massenarbeitslosigkeit. Ein Frosch, ein Grashalm oder ein Baum werden niemals arbeitslos. Nur so macht Ökospiritualität einen Sinn.

Massenarbeitslosigkeit ist immer und grundsätzlich ein Zeichen für schlechtes Wirtschaften. Der alte Marxismus wollte die spirituellen Hintergründe unserer heutigen Probleme so wenig sehen wie der alte Kapitalismus. Nur ein ökosoziales marktwirtschaftliches Modell zeigt den Weg in eine gute Zukunft. Der Traum von Vollbeschäftigung kann wahr werden. Er führt zu weniger Erwerbsarbeit, aber zu einer „Arbeit für alle".

Die Welt ist voller Arbeit, aber Deutschland finanziert lieber vier Millionen Arbeitslose, als die Menschen zur Arbeit zu ermuntern. Nicht zu arbeiten, ist gegen die Natur des Menschen. Aber eher drücken wir einem Bettler ein Mark-Stück in die Hand, als ihn zur Arbeit zu befähigen. Wir hätten zum Beispiel ganz rasch Vollbeschäftigung, wenn Männer und Frauen das Prinzip halbe-halbe lernen würden: Jeder und jede übernimmt einen Teil des Haushalts und einen Teil außerhalb. Das hieße aber: Eine radikale Verkürzung der beruflichen Arbeitszeit. Die heutigen männlichen Gewerkschaftsfunktionäre können sich aber ein so einfaches und menschenfreundliches Konzept so wenig vorstellen wie die Unternehmer-Funktionäre. Das alte männliche Prinzip der Arbeit als Erwerbsarbeit wird noch immer völlig phantasielos verteidigt - und das auch noch mit angeblich sozialen Argumenten. Unsere soziale Phantasielosigkeit ist beinahe unbeschreiblich! Wir definieren alles über Geld - auf der Strecke bleiben Kreativität, Spiel, Liebe und Lebensfreude.

Frage: In einer deiner „Querdenker"-Sendungen wurde z.B. gezeigt: Daimler Benz entließ von 1990 bis Februar 1997 92.000 Arbeitskräfte. Auf der anderen Seite stieg der Wert der Daimler-Benz-Aktien allein zwischen Januar 96 bis Februar 97 um 75%. Generell scheint es so zu sein, je mehr Arbeitskräfte entlassen werden, desto günstiger die Resultate für die Aktionäre. Bleibt dabei der Mensch nicht auf der Strecke, die Ökologie sowieso? Werden dabei die effektivsten Formen der Raffgier nicht zum Maß aller Dinge? Wo liegen mögliche Auswege?

Alt: Der Dinosaurier Daimler Benz ist wirklich kein Zukunftsmodell. Entweder solche „Global Players" ändern sich, oder sie werden verschwinden. Der Raubtier-Kapitalismus, wie du ihn beschreibst, hat sowenig Zukunft wie der alte inhumane Sozialismus. Small ist beautiful und small wird powerful. An der Börse herrscht der reine Wahnsinn - das Börsen-BSE ist dramatischer als BSE in der Landwirtschaft. Das wird sich rächen.

Frage: Jeden Tag wechseln im Schnitt 1,5 Billiarden Dollar an Währungsbeständen den Besitzer. Die Umsätze bei Aktien, Kapitalanleihen, staatlichen Schuldtiteln und Derivaten belaufen sich noch einmal auf dieselbe Höhe. Die Spekulation treibt immer virtuellere Blüten. Manche meinen, dies könne auch mal zu einem Absturz des ganzen Finanzsystems führen, ähnlich wie im Oktober 1929. Längst ist es vorbei mit der Souveränität der Staaten, sie werden immer abhängiger vom Wohlwollen der Anleger. Nun kann man diese anarchische Finanzschieberei bremsen, indem jeder Devisenhandel und jede Leihe von Währungen besteuert würde. Aber ist dieser von jeglicher Ethik abgekoppelte Finanzhandel überhaupt zukunftsfähig? Braucht es nicht auf lange Sicht grundsätzliche Alternativen zu diesem System der Plutokratie?

Alt: Die Alternativen wachsen ja schon. Wir haben bereits 2.000 Komplementärwährungen weltweit, das heißt Währungen, die völlig anders funktionieren und die aus der Gesellschaft heraus organisiert werden - als Konkurrenz zu den nationalen Zwangswährungen. Das sind die Rettungsanker bei bevorstehenden weltweiten Finanzkatastrophen, die ja immer schneller kommen. Allein in den letzten zehn Jahren hatten wir die Mexiko-, die Rußland- und die Ostasien-Finanzkrise. Wann kommt die Euro- und dann die Dollarkrise? Kein Banker, den ich darauf anspreche, widerspricht meiner Analyse, daß das heutige System nicht zukunftsfähig ist, sondern nur noch virtuell, längst nicht mehr durch wirtschaftliche Werte gedeckt, sondern ausschließlich auf Spekulation gebaut. Die große Krise wird heilsam werden müssen. Wir brauchen sie. Katastrophen sind nicht mehr zu vermeiden. Es wird wahrscheinlich schlimmer als 1929. Niemand weiß freilich, wann das sein wird. Nur eines kann man beinahe vorhersagen: Der Auslöser wird unscheinbar und nichtig sein. Wahrscheinlich wird es ein Schabowski-Effekt!

Frage: 358 Milliardäre sind gemeinsam etwa so reich wie die Hälfte der Weltbevölkerung. Fast zwei Billionen Dollar Schulden lasten auf dem Rücken der armen Länder. Jedes Jahr verhungern in der „Dritten Welt" mehr als 20 Millionen Menschen. Viele Ursachen dieser Verelendungsspirale finden ihre letzte Ursache in der von Europa aus verbreiteten Weltordnung, selbst da, wo man zunächst den nationalen Eliten viel Schuld zuweisen muß. Wie kommen wir zu sozial gerechten Verhältnissen im globalen Maßstab? Offenkundig drängt derzeit alles dahin, die soziale Schere immer weiter auseinanderzureißen. Ohne einen grundsätzlichen Bruch mit den gegenwärtigen Weltwirtschaftsstrukturen ist globale Gerechtigkeit doch aussichtslos?

Alt: Ich stimme deiner Analyse zu. Mehr Angst als das europäische Modell macht mir das US-amerikanische. Dem Turbo-Kapitalismus können wir das Modell der westeuropäischen sozial-ökologischen Marktwirtschaft entgegenstellen. Wir haben einiges zu bieten, allerdings auch noch zu verbessern.

Politik, Demokratie und Zukunftsfähigkeit

Frage: Die europäischen Parlamentarier sitzen auf den Zuschauerrängen der politischen Szenerie. Die EU-Kommissionen und der Ministerrat bestimmen die Europapolitik. Die Lobbyisten verfügen über mehr Einfluß als die Parlamentarier. Die nationalen Parlamente müssen sich immer mehr europäischen Richtlinien beugen, unabhängig davon, ob diese vernünftig sind. Besiegelt diese Entwicklung nicht ein schleichendes Ende demokratischer Politikmuster? Wie kann es zu einem Europa der Bürger und Bürgerinnen kommen? Wie kann die Gefahr gebannt werden, daß die eurobürokratische Diktatur zum Vorläufer schlimmerer gesellschaftlicher Verwerfungen wird? Beachtenswert ist auch: Von allen ökologischen Fragen, die besondere ökonomische Tragweite haben, ist das Parlament in der Entscheidung ausgeschlossen.

Alt: Ich sehe die Notwendigkeit von drei strukturellen Veränderungen:
1) Deutschland und andere Staaten brauchen mehr direkte Demokratie. Eine Verschweizerung der Bundesrepublik täte uns gut. Außerdem muß endlich die Gegenmacht der

Verbraucher effizienter organisiert werden.

2) Das europäische Parlament muß endlich mehr Rechte bekommen.

3) Die UNO muß demokratisiert werden. Eine Weltregierung freilich kann die Probleme schon gar nicht demokratischer lösen. Indien, Afrika und Lateinamerika müssen auf Weltebene einen stärkeren Einfluß erhalten, allerdings erst selbst sich intensiver auf den Weg der Demokratisierung machen - wie auch das nachkommunistische China.

Frage: Alles sieht danach aus, die demokratische Garnitur unserer Gesellschaft könnte an der ökoglobalen Herausforderung scheitern, mehr noch: Sie erweist sich als integraler Bestandteil des Selbstmordprogramms der Moderne, so wie sie in die Wohlstandsprivilegien schutzsuchend eingebettet ist. Den Parteien liegt ohnehin eher der kurzfristige Vorteil am Herzen, das schnelle Handeln für je verschiedene metropolitane Interessen, wo immer nebenher auch schon die Wahlprozente mitgerechnet werden können. Macht geht vor Wahrheit, Wahrheit interessiert nur so weit, wie sie politikabel ist. Wäre es nicht sinnvoll, darüber nachzudenken, wie das parlamentarische System in eine höherentwikkelte Form gegossen werden könnte, die auf integrale Weise die Interessen zukünftiger Generationen und des Naturzusammenhangs wahrt vor dem parasitären Zugriff herrschender Weltvernutzung? Jens Reich, Ernst Ulrich von Weizsäcker und Rudolf Bahro haben sich sehr ausdrücklich für solch eine ökologisch-ethische Institution ausgesprochen mit umfassender Vermittlungsmacht im Staat. Auf einige Engstellen und Möglichkeiten des Konzepts habe ich versucht hinzuweisen. Wie ist deine Sicht auf solch einen Umbau des Regierungssystems, bzw. welche Alternativen wären möglich? Ganz offensichtlich wird es allein die Hoffnung auf besseres politisches Personal kaum richten, auch angesichts der innerparteilichen Filter. Welche Änderungen würdest du in der politischen Sphäre begrüßen?

Alt: Das wichtigste ist immer das Empowerment von unten. Alles ändert sich oben, wenn die Menschen unten nicht weiter schlafen. Das beginnt in der Wahlkabine. Auch unter Rot-Grün wäre einiges hoffnungsvoller, wenn die Grünen 42 Prozent und die SPD 7 Prozent der Stimmen bekommen hätten.

Jetzt haben wir ja einen „Rat für Nachhaltigkeit" mit respektablen Persönlichkeiten. Wenn da in Zukunft bei den Beratungen auch die Rechte künftiger Generationen und die Rechte der Tiere und Pflanzen mitbedacht werden, kommen wir wohl einen Schritt weiter. Aber die Regierenden müssen das auch umsetzen, was diese „Räte" vorschlagen, oder sie müssen abgewählt werden. Dabei weiß ich sehr wohl: Geduld ist eine wichtige Tugend für politischen Erfolg, aber ebenso wichtig ist der Mut zu etwas Neuem!

Frage: Hermann Scheer würdest du gerne als Bundeskanzler sehen. Dabei sind wir einer Meinung. Einstweilen jedoch ist nicht mal z.B. ein Ministeramt in Reichweite. Aber nehmen wir mal an, das scheinbar Unmögliche würde wahr. Viele Ökobewegte unterstützen eine solche Kandidatur öffentlichkeitswirksam, das Klima politischer Reflexion in der Republik würde sich wandeln. Wieviel Spielraum hätte denn ein Ökokanzler, wenn er nicht schon beim Wählervotum durchfällt? Wie sollten die Ecksteine seines politischen Handelns aussehen? Wie kann er wirkliche Alternativen anschieben, ohne beim nächsten Urnengang abgewählt zu werden bzw. auf der anderen Seite nur Minimalien und schöne Worte bewegt zu haben?

Alt: Ein Ökokanzler allein kann gar nichts bewegen, wenn keine gesellschaftlichen Mehrheiten ihn unterstützen. Hermann Scheer initiierte immerhin das 100.000-Solardächer-Programm und auch das „Erneuerbare-Energien-Gesetz" zusammen mit einigen anderen. Auch Klaus Töpfer wäre ein möglicher Öko-Bundeskanzler. Immerhin hat ihn Gerhard Schröder in seinen Nachhaltigkeitsrat berufen.

Frage: Nun hätte man annehmen können, daß die Grünen mit an der Regierung mehr ökologischen Strukturwandel in die Gänge bringen. Im Bereich der erneuerbaren Energien gibt es auch kleine Fortschritte, in den meisten anderen Punkten kann kaum Begeisterung aufkommen. Der Atomausstieg wird vorgetäuscht, Bombenteppiche werden in Menschenrechtsfragen ummanipuliert. Paul Tiefenbach spricht in seinem Buch zu den Grünen, sie seien verstaatlicht worden, er beschreibt die Verparlamentarisierung der Ökopartei sehr zutreffend, wie ich finde. Auf welchem Weg siehst du die Grünen?

Alt: Die Grünen stecken in der Glaubwürdigkeitsfalle. Sie wollen Pazifisten sein und haben dem Krieg im Kosovo zugestimmt. Eine Munitionsfabrik wurde in die Türkei verkauft. Sie wollen eine Umweltpartei sein und regieren mit einem Autobundeskanzler. Sie wollen eine Anti-Atom-Partei sein und lassen jetzt auch noch zu, daß die Bundesregierung den Verkauf der Hanauer Plutonium-Fabrik an Rußland genehmigt. Kann soviel „Realpolitik" langfristig gut gehen?
Wenn Gerhard Schröder die Grünen vorführen will, dann ruft er sie „zur Vernunft". Doch immer dringender stellt sich die Frage, wie „vernünftig" der Kosovo-Krieg war und wie „vernünftig" es ist, daß die Türkei mit deutschen Kugeln Kurden töten darf, oder wie „vernünftig" es ist, einem Land die gefährlichste Technologie der Welt zu verkaufen, dessen U-Boote sich gerade mit eigenen Torpedos selbst versenken.
Ist die Export-Erlaubnis hochbrisanter Plutonium-Technologie nicht Beihilfe zum nächsten Super-Gau? Nichts gelernt aus der Tschernobyl-Tragödie? Die alten Parteien machen solche Geschäfte ohne jeden Skrupel, bei denen gilt der Terror der Ökonomie - wir aber, die Grünen, haben wenigstens noch Skrupel, ein schlechtes Gewissen und moralische Bedenken, wir streiten immerhin noch über unsere Grundsätze. So antworten pragmatische Grüne auf entsprechend kritische Fragen.
Auch die Grünen streiten immer weniger - je länger sie regieren. Wo ist ein ehrliches Aufarbeiten des Kosovo-Debakels zu spüren? Wo bleibt der große Streit um den Verkauf der Plutonium-Fabrik, deren Betrieb Joschka Fischer einst als hessischer Umweltminister noch verhindert hatte?
Der Charme der Grünen war einst ihre Streitkultur. Noch zu Beginn des Kosovo-Krieges war es einzig die Grüne Partei, die den großen Streit auch öffentlich gewagt hat.

Ein Großteil der Sympathien für Joschka Fischer hat hier seine Wurzeln. Doch der Streit nach dem Krieg über Sinn und Unsinn dieses Krieges ist überfällig. Das nächste „Kosovo" wird vorbereitet. Es ist gerade die moralische Grundlage ihres Politik-Verständnisses, welches die Grünen so attraktiv, aber auch so verwundbar macht. Diesen Schatz preiszugeben, heißt aber die eigene Identität zu verlieren. Jürgen Möllemann kann kein Vorbild für die Grünen sein. Das Land braucht eine grüne FDP zuletzt.

Wenn die Grünen so wenig grün werden, wie die CDU christlich ist, dann ist die Partei schlicht überflüssig. Die Grünen müssen sich neu erfinden, hat Joschka Fischer soeben gefordert. Mit dem Verdrängen ihrer ureigensten Themen aber regieren sie sich eher zu Tode. „Wählt uns trotzdem - wir sind noch immer das kleinere Übel" - damit kommen die Grünen wohl eine Weile durch, aber nicht auf Dauer. Dafür sind ihre Wähler und Wählerinnen zu anspruchsvoll. Das Wichtigste ist Glaubwürdigkeit - für die Grünen weit mehr als für andere Parteien. Sein oder Design? Das ist jetzt die Frage. Für die Grünen ist das die Existenzfrage. Sie haben noch eine Chance, wenn sie sich nicht verlieren im Einheits-Grau der alten Parteien. Grün ist die Farbe des Werdens und Wachsens und Wandels.

Frage: Volksabstimmungen könnten doch ein Weg sein, die Abgehobenheit und das Cliquenwesen in der heutigen Politik zurückzuschneiden. Der schweizerische Weg weist uns darauf hin, die Wirkungen in bezug auf eine zukunftsfähige Entwicklung können sehr ambivalent sein. Auf der einen Seite wird etwa Waffenexport befürwortet, andererseits ökologischerer Landwirtschaft der Weg geebnet. Über die Verfahrenstechnik wird man reden müssen. Zum Beispiel kann es nicht sein, daß die Industrie mit Plakataktionen Einfluß nimmt. Aber so oder so: Hat mehr Demokratie über Volksabstimmungen auf Bundesebene nicht auch in Deutschland Sinn?

Alt: Ja natürlich. Aber eine Garantie für ständige Entscheidungen in deinem oder meinem Sinn gibt es natürlich nicht. Wenn Demokratie berechenbar wäre, würde sie keine mehr sein. Freiheit ist Freiheit, wer dafür ist, muß zu den Konsequenzen stehen.

Die In-Weltkrise und der spirituelle Weg

Frage: Brauchen wir eine neue, eine ökologische Ethik, in der wir das Natur-Mensch-Verhältnis in den Mittelpunkt stellen? Klaus Bosselmann spricht von einer ökozentrischen Weltsicht ...

Alt: In Deutschland fehlt es zur Jahrtausendwende nicht mehr am Umweltbewußtsein, es fehlt aber am ökologischen Verhalten. Wir tun nicht, was wir wissen. Alle sind umweltbewußt, und der Natur geht es immer schlechter. Woher kommt diese Diskrepanz? Besteht noch eine Chance, die Kluft zwischen Wissen und Tun zu schließen?
Die Umwelt-Psychologin Sigrun Preuss sagt zurecht: „Die wirkliche Umweltkatastrophe sind wir selbst." Die Ursachen der Krisen sind nicht einfach in einer „falschen

164

Wirtschaftspolitik" oder an „machtbesessenen Politikern" auszumachen. Die eigentliche Ursache unserer Krise reicht tief in die individuelle und kollektive Psyche. Unsere einzige Chance zum Überleben liegt in der Überwindung des jahrtausendealten Dualismus Mensch - Natur.

Alle heutigen politischen Parteien, die mehr oder weniger überzeugend „Umwelt"-Politik verkünden, meinen eine Politik, in deren Mittelpunkt wie selbstverständlich „der Mensch" steht. Dieses Bekenntnis fehlt in keiner Sonntags- oder Wahlkampfrede, in keinem Regierungs- oder Grundsatzprogramm. Und genau hier liegt die Wurzel des Übels. Aus dieser rein anthropozentrischen Weltsicht, die uns noch immer so anrührend fortschrittlich scheint, resultieren die bisherigen und erst recht die bevorstehenden ökologischen Katastrophen. Ein neues ethisches Grundverständnis meint nicht mehr das bisherige „Umwelt"-Bewußtsein mit uns Menschen im Mittelpunkt, sondern ein „Mitwelt"-Bewußtsein, das uns Menschen als Teil im ökologischen Ganzen versteht. Juristisch formuliert: Menschliches Denken und Handeln sollte immer auch anwaltschaftliches, treuhänderisches Denken und Handeln für die Natur, also für die Tiere und Pflanzen sein. Diese „Tiefen-Ökologie" wird so zur Schlüsselerfahrung menschlicher Erkenntnis.

Auch die heutigen Umweltbewegungen - weitgehend großstädtisch geprägt - gehen noch überwiegend von einer Politik aus, in deren Mittelpunkt wir Menschen stehen. Die Mitwelt interessiert uns insofern nur, als sie menschliche Interessen, menschliche Werte, menschliche Rechte und menschliches Wohlbefinden tangiert. Die heutige Politik auf der ganzen Welt ist noch weit davon entfernt, der natürlichen Mitwelt eine eigene Würde und eigene Werte zuzugestehen.

Das egozentrische Weltbild ist am Anfang des 21. Jahrhunderts ähnlich antiquiert wie vor 450 Jahren das geozentrische Weltbild. Daß die Erde Mittelpunkt der Welt sei, war damals ein Dogma so wie heute die Formel: „Der Mensch steht im Mittelpunkt der Politik." Bis weit in die Grüne Partei und in die Umweltschutzbewegungen hinein scheint eine radikalere Umkehr nötig, als wir bisher vermuteten. Die sogenannte Umweltkrise ist nur der sichtbare Teil unserer Innenweltkrise. Die rot-grüne Bundesregierung versprach zwar einen Wechsel der Personen, was wir aber wirklich brauchen, ist ein Wandel. Nur ein Wandel in der Gesellschaft wird zu einer wirklich neuen Politik führen, die diesen Namen auch verdient. Die Naturwissenschaft hat im 16. Jahrhundert damit begonnen, die alten religiösen Weltbilder abzulösen. Genau dasselbe macht heute eine ganzheitlich-ökologische Wissenschaft mit dem bisherigen mechanistisch-mathematischen Weltbild.

Allerdings: Die bereits wahrnehmbaren Umrisse des neuen ganzheitlich-ökologischen Weltbildes bedeuten noch nicht die Rettung aus der ökologischen Krise. Nicht nur die bisherigen Weltwirtschaftsgipfel und die deutschen Wahlkämpfe, sondern auch die Umweltgipfel von Rio und die folgenden Klimagipfel haben deutlich gemacht, daß die politischen Führer das Ausmaß der Krise nicht einmal im Ansatz begreifen. Arbeitsplätze sind ihnen immer noch wichtiger als Lebensplätze für Mensch, Tier und Pflanzen. So wird am globalen Selbstmord-Programm munter weitergearbeitet. Politik und Wirtschaft forcieren die allgemeine Zivilisationsneurose nach dem Motto: Wachstum, Wachstum, Wachstum. Und fast niemand fragt nach dem SINN des Wachstums. Oder nach dem Sinn von Arbeit. Arbeiten wir, um zu leben, oder leben wir, um zu arbeiten? Der Unterschied zwischen politischen Phrasen und politischen Taten ist riesig. Auch bei dem oft gehörten Hinweis, daß das „Mitwelt"-Bewußtsein unten doch viel weiter entwickelt sei als „bei denen da oben", bleibe ich skeptisch. Bei einer ARD-Umfrage haben über 80 Prozent unserer Zuschauer gesagt, sie würden sich gerne mit biologisch angebauten Lebensmitteln ernähren. Bei der Nachfrage erfuhren wir dann, daß es nur fünf Prozent tatsächlich auch tun.

Menschen, Tiere und Pflanzen sind eine Schicksalsgemeinschaft. Unsere heutige Beziehung zur Natur gleicht unserem Privatleben. Viele sagen: „Ich liebe dich" - und scheitern. Es gibt keine Automatik zum Guten. Das Gegenteil von „gut gemacht" ist „gut gemeint". Der pausbäckige Optimismus von Wahlkämpfern reicht sowenig für die Rettung der Spezies Mensch auf diesem Planeten wie das Schüren der Angst durch Apokalyptiker. Das 21. Jahrhundert wird nur dann ein lebensfreundliches, wenn die Ökologie zum neuen Organisationsprinzip der gesamten Politik wird. Das wird aber nur möglich sein, wenn von unten von vielen einzelnen Menschen nicht nur umgedacht, sondern auch umgehandelt wird.

Was also tun? Der Weg vom Kopf zur Hand ist weit. Die Ökologisierung der Politik wird nur von unten und nur von innen gelingen. Wir haben alle technischen Voraussetzungen für eine radikale solare Energiewende, eine ökologische Verkehrswende sowie für eine neue Wasser- und Erdpolitik. Wir brauchen aber nicht nur Naturschutzgebiete, sondern auch Seelenschutzgebiete, wo von innen eine neue ökologische Mitwelt-Kultur wachsen kann. „Glückliche Menschen machen weniger kaputt. Unglückliche Menschen können weder sich selbst noch der Umwelt helfen", schreibt die Theologin Beate Seitz-Weinzierl.

Frage: Ist nicht eine ruhevolle Kultur, die auf inneren Frieden gebaut ist, überhaupt der entscheidende Schlüssel für eine zukunftsfähige Perspektive? Paul Lafargue wußte schon im vergangenen Jahrhundert zu sagen, es gäbe nicht nur ein Recht auf Arbeit, sondern auch ein Recht auf Faulheit. Liegt nicht in einer Gesellschaft, die nicht mehr so auf Arbeit zentriert ist, auch eine Chance für neue innere kulturelle Räume, für eine andere Art von Lebensgestalt? Unser jetziger Arbeitszwang äußerlich wie innerpsychisch birgt eine fatale Entfremdung des Menschen von sich selbst. Unsere Gesellschaft ist vielfach von einer lebensfrohen Existenz abgewandt. Unablässiges Tun hat einen höheren Wert als das Sein. Brauchen wir nicht eine neue Vision vom guten Leben?

Alt: Über das Hören und Beachten unserer Träume zum Beispiel. Von ihnen „erfahren" wir alles, was wir „wissen" müssen. Aber genau das haben wir weitgehend verlernt. Aber das kann jede und jeder immer wieder neu lernen. Mehr Bewußtsein führt über das Unbewußte. Hier lernen wir auch, daß eine vertiefte Sinnlichkeit eine neue Langsamkeit voraussetzt. Das führt auch zum Ende der Wegwerfmentalität.

Frage: Du sagst, nichts ist so gesellschaftsverändernd wie stille Arbeit an sich selbst. Wie könnte die Erfahrung, die damit gemeint ist, stärker in die Gesellschaft und die Politik eingewebt werden? Wie könnte das „erkenne dich selbst" mehr Gewicht bekommen?

Alt: Das ist wohl bei jeder und jedem anders. Meine spirituellen Lehrmeister sind meine Träume, Jesus von Nazareth, Buddha und Carl Gustav Jung. Die zentrale Botschaft Jesu findest du in der Bergpredigt: Liebe, Feindesliebe, Gewaltverzicht, Barmherzigkeit. Alles, was allen Menschen wirklich hilft und damit gesellschaftsverändernd wirkt.

Frage: Den wirklichen Jesus würdest du gerne als Vorbild für die innere Befreiung sehen, weit weg vom Gefängnis der kirchlichen Gebote und Verbote. Statt christlicher Werte herrscht in der heutigen Industriegesellschaft eine ganz andere Religion, gerade auch dort, wo Parteien sie sich auf die politischen Fahnen geschrieben haben. Das wirkliche Heiligtum ist unser mörderischer Wohlstand. Unsere Götzen sind die technische Wundertäterei, die Wachstumsdaten, der schnelle Gewinn.

Jesus als charismatischen Vorboten für ein neues, aber auch mögliches Zeitalter zu sehen, hätte ich keine Schwierigkeiten. Allerdings scheint es mir nicht ganz unproblematisch, ihn erneut in den Dienst von Religion zu stellen, verstanden als eine bewußte Bereitschaft, die Abhängigkeit von Gott als Glück zu empfinden. Hat es nicht seine Grenzen, Gott auf die heutige Erfahrungswelt anzupassen? Kann das höhere Selbst im Menschen nicht gefördert werden, ohne an Religion gebunden zu sein? Oder noch mal anders gefragt: Ist Religion in ihren bisherigen Strukturen noch bewahrenswert, bzw. was lohnt sich an ihr noch?

Alt: Religiöse Strukturen und kirchliche Organisationen sind zweitrangig. Früher hatten sie für viele Menschen eine starke Bedeutung. Doch das verblaßt immer mehr. In den Niederlanden verschwinden die Kirchen bereits, aber nicht Religion und Spiritualität. Ich meine die Botschaften derer, die die alten Religionen überwinden wollten, die das aber bis heute nicht geschafft haben, weil wir zu institutionenfixiert sind. Wirkliche Spiritualität ist nicht institutionell, sondern individuell. Jede und jeder hat den „Stein der Weisen" oder den „göttlichen Kern" in sich. Wir nennen es Gewissen oder Seele oder Herz. Das wird heute deutlicher als früher. Das ist die eigentlich aufregende und spannende Entwicklung unserer Zeit. Was aus den Institutionen wird, weiß ich nicht. Sie werden sich auf jeden Fall ändern müssen oder verschwinden. Der Dalai Lama hat viel intensiver verstanden als der Papst, daß religiöse Fremdbestimmung ein Auslaufmodell ist, aber religiöse Selbstbestimmung attraktiver und wichtiger wird. Mir geht es um den wirklichen Jesus, den wir heute besser erkennen können als noch vor 30 Jahren - dank der neu-testamentlichen Forschung und dank der Tiefenpsychologie. Hier geht es um Wahrheiten, die jedem Menschen helfen können, in Würde zu leben und einen Sinn für das Leben zu finden.

Zu den maßgebenden Menschen des 20. Jahrhunderts, die als Wegweiser in eine neue Zeit hilfreich sein können, gehört sicher auch der indische Weise Sri Aurobindo. Er ist ähnlich wie Mahatma Gandhi der große Prophet einer gewaltlosen Politik von gewaltfreien Menschen. Sri Aurobindo erkannte als „integraler Yogi" das in uns angelegte wahre Menschentum und lebte vor, wie unsere Welt zu unserer Zeit eine neue Bewußtseinsebene in der Evolution erreichen kann.

All diese maßgebenden Menschen hörten konsequent auf „ihre innere Stimme" und sind dann *ihren eigenen Weg* gegangen. Das kann jede und jeder von uns auch. Einige wenige Vorbilder reichen heute allerdings nicht für die jetzt notwendigen Veränderungen. Die Vorbilder brauchen jetzt endlich Millionen Nachfolgerinnen und Nachfolger. Schon Jesus sagte vor 2000 Jahren seinen Freundinnen und Freunden: „Alles, was ich kann, könnt ihr auch - und noch mehr."

Die Kirchen hingegen machen zwar noch immer einen Heiden-Lärm, verlieren aber immer mehr an religiös wegweisender Substanz. In Amsterdam zum Beispiel sind nur noch 5 Prozent der Stadt Mitglied einer Kirche, aber zugleich wurden in den letzten Jahren vier neue christliche Meditationszentren errichtet. Viele alte Kirchengebäude werden zur gleichen Zeit abgerissen oder verkauft.

Worum es heute geht, formuliert Sri Aurobindo so: „In der Spiritualität müssen wir das leitende Licht und das harmonisierende Gesetz sehen, aber in der Religion nur insoweit, als sie sich mit der Spiritualität identifiziert. Solange sie hinter der Spiritualität zurückbleibt, ist sie nur eine menschliche Aktivität neben anderen, und selbst wenn man sie für die wichtigste und machtvollste hält, kann sie andere doch nicht voll leiten. Wenn sie die Menschen ständig in die Grenzen eines Credo, eines unveränderlichen Gesetzes oder eines bestimmten Systems zu bannen versucht, dann muß die Religion darauf gefaßt sein, daß die Menschen gegen ihren Bann revoltieren. Spiritualität respektiert die Freiheit der menschlichen Seele, denn sie erfüllt sich selbst durch Freiheit, und die tiefste Bedeutung der Freiheit ist diese: Sie ist die Macht, zur Vollendung hin zu entfalten und ihr entgegen zu wachsen, entsprechend diesem Gesetz der eigenen Natur oder dem eigenen inneren Dharma."

Was Aurobindo hier sagt, ist die Summe der Bergpredigt. Man könnte auch sagen: Freiheit statt kirchlicher Religion. Nur wirklich gelebte Freiheit führt uns aus unserer gegenwärtigen Bewußtseinskrise heraus. Und was ist das Vorbild wirklich menschlicher Freiheit? Gottes unendliche Freiheit, die identisch ist mit grenzenloser Liebe.

Frage: Also müssen Ökologie und eine offene Spiritualität miteinander verbunden werden?

Alt: Die bisherige Umweltpolitik und die heutige Umwelttechnik werden uns nicht retten. Woher aber sollen Rettung und Heilung kommen? Wer im Angesicht der ökologischen Krise mit wachem Geist und offenem Herzen die Geschichte und die Geschichten Jesu im Neuen Testament liest, wird den ökologischen Jesus, eine jesuanische Öko-Ethik und die Jesus-Strategie zur Überwindung der ökologischen Krise entdecken. Eine globale ökologische Ethik als Überlebensprogramm der Menschheit finden wir in allen Schriften der Menschheit. Ich nenne Jesus auch deshalb ökologisch, weil er ein großer Naturbeobachter und ein noch größerer Naturpoet ist. Die Evangelien sind voll von ökologischen Jesus-Worten, voll von ökologischen Jesus-Bildern und voll von ökologischen Jesus-Geschichten.

Die meisten Christen und Theologen haben aber offensichtlich vergessen, was Jesus über das Säen und Ernten, das Essen und Trinken, über Nahrung und Natur, über Wurm und Wolf, über die Vögel des Himmels und die Lilien des Feldes und über die Perlen, die man nicht vor die Säue werfen soll, gesagt hat. Der ökologische Jesus bringt neue Bilder in die Welt. Seine Theologie ist Vita-logie und Öko-logie. Im besten Sinne des Wortes. Jesu „Vater" ist verliebt in die ganze Schöpfung - auch in Tiere und Pflanzen, in Wasser, Luft und Erde.

Bei Jesus finden wir, wenn wir nur genau und sensibilisiert durch die heutige Öko-Krise hinschauen, die ethische Begründung für das Solarzeitalter. „Unser himmlischer Vater läßt seine Sonne scheinen auf böse wie auf gute Menschen", das heißt für alle, sagt Jesus mitten in der Bergpredigt. Für alle: Das bedeutet, daß es keine E.on-, keine RWE- oder Preußen-Elektra-Sonne gibt, sondern nur unser aller Sonne. Mit seinem ewig gültigen Bild von der Sonne des Vaters und dem Vater als der Sonne hinter der Sonne legt Jesus den ethischen Grundstein für das Solarzeitalter.

Wir könnten lernen, Jesu Anliegen heutig zu machen, seine Bilder zu übertragen mitten in die Probleme und Bedrängnisse unserer Zeit und ihn heimholen in unsere Wirklichkeit am Beginn des 21. Jahrhunderts. Die äußere Energiekrise spiegelt unsere innere Energiekrise. Heilung und Rettung kann nur von innen kommen, meint Jesus: „Das Reich Gottes ist inwendig in euch."

Vor 2000 Jahren lehrte der junge Mann aus Nazareth: Wer staunen, lieben und lernen kann, gehört zu den gesegneten dieser Erde. Er verwies darauf, daß es dank der Schöpfung des „Vaters" auf dieser Erde für jedermanns Bedürfnisse reicht, nicht aber für jedermanns Habgier. Nicht anders ist seine „wunderbare Brotvermehrung" zu verstehen. Die Basis und Tiefe jesuanischer Öko-Ethik ist sein Vertrauen in die gute Schöpfung des guten Vaters für alle. Was uns Jesus lehrt, sagen uns alle Wahrheitslehrer und alle Religionsstifter. Die Sonne ist *allen* Religionen ein göttliches Symbol.

Jesus lebte und entwickelte vor 2000 Jahren in seinen Geschichten vom Sämann und Acker, vom „Wasser des Lebens" und vom „Wunder des Wachsens" eine spirituelle Ökologie. In dieser Jesus-Strategie sehe ich *das* Überlebensprogramm für das neue Jahrtausend. Jesus war so sehr Ökologe wie Theologe - seine Ökologie ist eine Tiefenökologie, die heute endlich viele technische Umweltfortschritte mit einer zeitgemäßen Überlebensethik verbinden und einzig dadurch den Durchbruch zu einer ökologischen Wirtschaft schaffen könnte. Die Umweltbewegung und Umweltpolitik bedürfen einer ökologischen Ethik, und die Ethik muß endlich ökologisch werden.

Die bisherige christliche Theologie hat 2000 Jahre darauf geachtet, daß ihr nie ein Huhn durch die Wissenschaft tippelt oder auch nur ein einziger Baum darin herumsteht. Im Zeitalter der ökologischen Krise wird aber jede Religion ohne ökologische Ethik so langweilig wie die Ökologiebewegung ohne ethische Dimension letztlich erfolglos bleiben muß und über Modelle nicht hinauskommt. Gelebte Spiritualität und erfolgreiche Umweltpolitik bedingen einander.

Wir sind heute wohl die erste Generation, die keinen Brutinstinkt mehr hat. Wir leben auf Kosten künftiger Generationen. Wir verbrennen die Zukunft unserer Kinder und zerstören die Seele unseres Planeten. Wir verbrennen heute an *einem* Tag so viel Kohle, Gas und Erdöl wie in 500.000 Tagen „gewachsen" sind. Wir benehmen uns energetisch 1: 500.000mal gegen die Gesetze der Natur.

Die Jesus-Strategie aber sieht Auswege selbst in scheinbar ausweglosen Situationen. Der verlorene Sohn wird von seinem Vater voller Freude aufgenommen. Das heißt: Umkehr und Wandel sind immer grundsätzlich möglich. In der größten Krise liegt zugleich die größte Chance, lehrt der ökologische Jesus: „Wer Gott vertraut, dem ist alles möglich." (Markus 9, 23) Nach Jesus verbirgt sich hinter jedem Schleier der Nacht ein strahlender Morgen. Welch ein Hoffnungspotential für eine bessere Zukunft. Hoffnung, so kann man lernen vom ökologischen Jesus, ist die wichtigste Zukunftsressource. Allerdings: Jesu „Vater" hat nur unsere Hände.

Jesu Hinweis, daß wir immer nur ernten können, was wir säen, heißt für die heutige Landwirtschaftspolitik: Wer Chemie sät, erntet das Gift in seinen Produkten. Wer aber ökologische Landwirtschaft betreibt, dem gehört die Zukunft. Oder auch: Wer Atomkraftwerke baut, wird Atomunfälle ernten. Wer aber Sonne, Wind, Wasser und nachwachsende Rohstoffe als Energieträger nutzt, wird sichere, preiswerte, umweltfreundliche und klimaverträgliche Energie ernten.

Jesus spricht von Blumen und Brot, vom Backen und Bauen, von Erde und den Engeln, von Frucht und Frieden, von Geburt und Geld, von Gott und Gras und Geist, von Hecken und den Herden, von Leben und Licht, von Nahrung und Nattern, von Sonne, Sand und Senfkorn, von Regen, Reben und Reifen, vom Sämann, von Samen und Sauerteig, vom Schaf und Säugling, vom Sterben und den Strömen lebendigen Wassers, von der Umkehr, vom Verstehen und Versöhnen, vom Verwüsten und von den Vögeln, vom Wachsen und Wundern, von Wein und Weiden, von der Weisheit und vom Weizen, von der Wurzel und von der Wüste.

Und dieser Jesus, der in diesen Bildern sprach, soll nicht ökologisch sein? Das können bis heute nur eine total von der Natur und dem Leben entfremdete und verkopfte Theologie und eine fast belanglos gewordene Kirche behaupten. Kirchen als Folklore-Vereine sind überflüssig! Der ökologische Jesus macht deutlich: Gott spiegelt sich in seiner Schöpfung. Die Natur ist die wahre Offenbarung seines schöpferischen Vaters. Die Natur wird denen treu sein, die dem ökologischen Jesus und seinem Vater vertrauen. Jesus macht uns auf materielle, psychische und geistige Naturgesetze aufmerksam, die heute zu Überlebensgesetzen geworden sind. Religion im Sinne des ökologischen Jesus ist kein Buchstabenglaube und keine Gesetzestreue, sondern hochgradig empfänglich gewordenes Bewußtsein des Göttlichen in uns und Offenheit für das Göttliche um uns.

Von Jesus und von Buddha können wir lernen: Eine neue Epoche, ein Jahrtausend der Ökologie beginnt, wenn wir die Metaphysik der Religionen verbinden mit den neuen Technologien für eine bessere Umwelt. Es geht um die Integration von Ethik und Technik. Der pazifistische Jesus der Bergpredigt ist ein ökologischer Jesus. In einer Zeit, in der wir Krieg gegen die Natur führen, gilt es die doppelte Botschaft der jesuanischen

Ökologie zu erkennen: Kein Frieden mit der Natur ohne Frieden unter den Menschen; aber auch: Kein Frieden unter den Menschen ohne Frieden mit der Natur. Spätestens jetzt, im Zeitalter der globalen ökologischen Krise, im Zeitalter der Klimazerstörung, des Artensterbens und des Waldsterbens, des Ozonlochs, der Ausbreitung der Wüsten und des weltweiten Korallensterbens, wird deutlich: Frieden ist mehr als das Schweigen der Waffen. Es gibt keinen Frieden ohne Frieden mit der Natur. Die Jesus-Strategie ist eine Natur-Strategie. Wer von dieser Erkenntnis tief in seiner Seele erfaßt wird und nach dieser Analyse eine Therapie in der Bergpredigt sucht, wird eine begeisternde Wirkung und Erfahrung erleben. Und diese Begeisterung wird sich auswirken auf Mitwelt und Umwelt. Die Politik der Bergpredigt ist wegweisend für eine sozialökologische, friedliche und gerechte Politik im 21. Jahrhundert. Erst eine konsequente Umweltpolitik schafft die Voraussetzung für eine Welt ohne Armut.

Ein tieferes Verstehen des ökologischen Jesus wird revolutionäre Folgen haben. Seine Lehre und sein Leben handeln von der Heiligkeit der Schöpfung, das heißt vom Heil-Sein und Wieder-Heil-Werden der Natur. Die heilige, das heißt unbeschädigte Schöpfung: das sind Schweine ohne Schweinepest, Rinder ohne Rinderwahn, Menschen ohne umweltbedingte Allergien und ohne Hautkrebs durch das Ozonloch. Heilige Schöpfung: das ist reines Wasser und saubere Luft, gesunde Wale und wirklicher Wald.

Jesus redet und handelt in der Überzeugung: Wer Menschen Vertrauen zu sich selbst schenkt, verzehnfacht ihre Kraft und ihren Mut, ihre persönliche, gesellschaftliche, aber auch ihre politische Kraft. In der Spur des ökologischen Jesus lernen wir zu fragen: Wer soll überhaupt etwas ändern, wenn nicht ich? Wann, wenn nicht jetzt? Und wo, wenn nicht hier?

Im Markus-Evangelium sagt Jesus: „Mit der neuen Welt Gottes ist es wie mit der Saat des Bauern: Hat der Bauer gesät, legt er sich nachts schlafen, steht morgen wieder auf - und das viele Tage lang. Inzwischen geht die Saat auf und wächst; wie, das versteht der Bauer selber nicht. Ganz von selbst läßt der Boden die Pflanzen wachsen und Frucht bringen. Zuerst kommen die Halme, dann bilden sich Ähren, und schließlich füllen sie sich mit Körnern. Sobald das Korn reif ist, fängt der Bauer an zu mähen; dann ist Erntezeit." (Markus 4, 26-29) Das hier so selbstverständlich gesprochene „von selbst" ist der entscheidende Beweger aller Naturvorgänge. Dieses schöpferische Geschehen ist das Gegenteil des menschlichen Machens und Müssens. Hier herrscht göttliche Souveränität und nicht menschlicher Wille oder menschliches Wollen. Gottes Ordnung ist vollkommen.

Die Sonne scheint „von selbst", der Wind weht „von selbst", Bäume und Pflanzen wachsen „von selbst" - wir müssen nur empfangen lernen, was uns die Natur weitgehend kostenlos zur Verfügung stellt. Sonne, Wasser und Wind schicken uns keine Rechnung. Diese eher weibliche Tugend des Empfangens fällt uns Männern besonders schwer. Und Männer bestimmen noch immer die Entwicklung der Industriegesellschaften. Wir Männer wollen aber eher machen, machen und nochmals machen! Jedoch die kostenlosen Energieträger Sonne, Wind und Wasser, die wir wie „von selbst" empfangen können, liefern uns Energie von einer ganz neuen Qualität - nämlich ohne Folgeprobleme, wie nicht entsorgbaren Atommüll, verpestete Luft, vergiftetes Wasser, saure Böden und sterbende Wälder.

Diese neue und ganz andere „jesuanische Energiepolitik" sorgt „wie von selbst" für eine ökologische Wirtschaft, für Millionen zukunftsfähige neue Arbeitsplätze und für eine gesunde Umwelt. Jesus war kein Verzichtsapostel. Im Gegenteil, er postulierte die „Fülle des Lebens" und ein „Leben im Überfluß" (Johannes 10, 10). Sein ganzes Wollen läßt sich so zusammenfassen: Liebe das Leben und lebe die Liebe, dann erfährst du die Fülle des Lebens. Wenn bisher galt: Macht euch die Erde untertan, so soll jetzt gelten: Macht euch *der* Erde untertan!

Mitfühlen mit *allem* Leben ist der Kern der jesuanischen Botschaft. Sein „Seid barmherzig" heißt: Fühlt mit dem Leben - selbstverständlich auch mit den Tieren und Pflanzen. Alle Kultur ist für Jesus Erweiterung und Vertiefung des Bewußtseins für *alles* Leben. Ohne innere Transformation wird technischer Fortschritt nicht viel nützen. Erst wenn wir die ökologische Krise von innen verstehen, werden Umwelttechnik und Umweltethik zwei Seiten derselben Medaille. Und dann kommen rasch:

- die solare Energiewende
- die ökologische Verkehrswende
- der biologische Landbau
- artgerechte Tierhaltung
- ökologisches Bauen
- eine lenkungswirksamere ökologische Steuerreform und nachhaltiges, an den Naturgesetzen orientiertes Wirtschaften.

Frage: Mich bewegt schon länger die Frage, ob der innergesellschaftliche Raum, der einst mit Religion besetzt war, wie gut oder schlecht auch immer, und der eigentlich völlig weggebrochen ist, nicht auf heute sinnvolle Weise zurückgewonnen werden kann. Zurückgewonnen im Sinne innerer Evolution des Menschen auf so etwas hin wie eine Kultur, die auf Herz und Geist gebaut ist?

Alt: Menschen, die an solchen Entwicklungen arbeiten, werden nie arbeitslos - weder bei sich selbst noch in der Gesellschaft. Alles bewegt sich, panta rhei, und alles bleibt spannend. Die größte Krankheit unserer Zeit ist die Gott- und Geistlosigkeit. Mein Vertrauen auf den Geist ist grenzenlos. Vonnöten sind Gelassenheit und Fröhlichkeit. Das wirkt immer ansteckend. Entscheidend dafür ist freilich das Anerkennen und die persönliche Erfahrung einer transzendenten Realität, die in allen Kulturen zu allen Zeiten diesen Namen hat: Gott. Im Deutschen und Englischen heißt das Gott verwandte Wort ganz einfach gut oder good! Der größte Irrtum der Kirchen ist, zu meinen, daß Gotteserfahrung lehrbar sei. Wir können nur lernen, Gotteserfahrung ist ein dynamisches Gegenüber von Ich und Du.

Die ökologische Zeitenwende

Plädoyer für ein zukunftsfähiges Kultursystem

MARKO FERST

Epochenschnitt

Erst vor wenigen tausend Jahren begann der Siegeslauf patriarchaler Gesellschaften, begleitet von der systematischen Verdrängung und Zerstörung der matriarchalen Kulturen in vielen Teilen der Welt. Offenkundig gelangten manche Stämme des Homo sapiens über den Gebrauch von Jagdwerkzeugen auch zu räuberischen Überfällen auf andere Stämme. Unwirtliche Lebensbedingungen oder Naturkatastrophen mögen dies befördert haben. Räuberische Nomaden, die matriarchale Gesellschaften kriegerisch unterwarfen und mit dem patriarchalen Machtgefüge überzogen, zerstörten deren ursprüngliche Gentilordnung. Patriarchale Lebensmuster kamen auch zum Tragen, wenn die Überfallenen sich erfolgreich verteidigten. Auch hier führte die Abwehrsituation zu einer männlichen Elite, die das matriarchale Gefüge auflöste.[1] Aus dieser Kettenreaktion heraus dürften die ersten patriarchalen Reiche mit Zentralgewalten entstanden sein. Der Mann baute seine Macht über Tätigkeiten aus, von denen die Frau mehr und mehr ausgegrenzt wurde, und je komplexer die gesellschaftlichen Hierarchien wurden, desto mehr stärkte dies das Gewebe des Patriarchats. Am Ende erntete natürlich die männliche Oberschicht die Früchte solchen Erfolgs.

Diese Veränderung in der großen Ordnung des irdischen Menschseins ist, gemessen an der Gesamtgeschichte, ein zeitlich kurzer, aber entscheidender Abschnitt in der Evolution unserer Gattung vom sozialkulturellen Aspekt her. Der Aufstieg der Männerbünde mit dem Machtzuwachs durch Waffengewalt und die zugehörige Ausbeutung, effektivere Technik u.a. führten zu schwerwiegenden und tragischen Verwerfungen auch in allen nachfolgenden Geschichtsepochen, sosehr diese auch immer Teilfortschritte und begrüßenswerte Innovationen mit sich brachten. Mit der zivilisatorischen Krise droht diesem schiefen Bauwerk jetzt der Einsturz, zumindest die westliche Luxusvariante geht in die Brüche.

Aus der europäischen Feudalordnung wuchs das kapitalistische Syndrom endgültig als effektivere Form des Kolonialismus heraus. Die Macht der Hierarchien und Waffen, als bewährte Wegbereiter seit dem Aufstieg des Patriarchats, erweisen sich wiederum als hilfreiche Geburtshelfer. Alle nutzbaren natürlichen und menschlichen Ressourcen geraten unter die Kuratel der kommerziellen Gewinnvermehrung bei stetig erweiterter Reproduktion der industriellen Basis. Die Metamorphosen der Herrschaftsgefüge führten zu einem System, das universell vom Finanzkapital abhängig ist. Mit dem neunzehnten Jahrhundert gerann Kapital, Technik, Staat und Gesellschaft immer mehr zu einer „modernen" Megamaschine[2], deren Eigengesetzlichkeiten sich zu einem Programm verdichten, das sich gegen den Menschen verselbständigt.

Die Menschen richten ihr Augenmerk immer mehr auf einen ständig wachsenden Wohlstand aus. Auch wenn dieser Zug schon in der ursprünglichen gesellschaftlichen Basis angelegt ist, so erhält er doch eine viel stärkere Dynamik. Die Kehrseite dieser Entwicklung zeigt sich in einer pathologischen Arbeitsgesellschaft, so milde diese heute der Ausprägung nach in den westlichen Industriestaaten erscheint, gegenüber den offenkundigen Ausbeutungszusammenhängen in der Vergangenheit und jenseits der reichen Areale auf dem Erdball. Die wirtschaftlichen Erfolge und anderen Siegesdaten der imperialen Metropolen bilden den Nährboden für den westlichen Fundamentalismus, das ideologische Firmament, das den Blick für einen konsequenten Rettungsweg verbaut. In dieser übermütigen Siegeraura moduliert sich der westliche Machtwahn zur Heilsbotschaft. Nur der eigene Weg ist der einzig richtige, alle anderen sind mehr oder minder zu bekämpfen. Mit diesem aggressiven ideologischen Krebsgeschwür wird die ganze übrige Welt überzogen.

Carl Amery spricht davon, unsere derzeitig herrschende Wirtschaftsreligion sei im Grunde ein System der Entrückung, ein geschlossenes System ohne wesentliche Berücksichtigung der Lebenswelt. In dieser abgehobenen Sphäre hat der wichtigste der heutigen Fundamentalismen sein Zuhause.[3] Hermann Scheer spricht von einer Selbstideologisierung des westlichen Systems. Es sei von sich selbst besessen, darin liege seine fundamentalistische Anlage. Es geht um eine gezielte Ausdehnung der Einflußnahmen und Ausweitung seiner Operationsräume.[4]

Längst steht die Menschheit an einer weltgeschichtlichen Wendemarke, rast die Zivilisation auf eine ökologische Richtstatt zu. Die extrem widersprüchliche Emanzipation des Menschen von den naturgegebenen Lebensverhältnissen verwandelte sich in einen bislang gut getarnten grandiosen Vernichtungskrieg gegen das gesamte Leben auf der Erde. Allerdings zeigt die ökologische Krise nur das auffälligste Symptom für das Scheitern gesellschaftlicher Systeme, die auf Kolonialismus, Gewinnsucht und „Männerbündelei" beruhen.

Die Staatengemeinschaft auf dem Planeten Erde gerät immer tiefer in einen Strudel politischer Dynamik, der in totalitäre Ökodiktaturen münden und bis in tyrannische Despotien auswachsen kann. Gerade in den armen, weniger begüterten Ländern der Welt sind Menschenrechtsverletzungen häufig Normalität. Von dort ist es kein allzu großer Schritt, daß Menschen unter unsäglichen Bedingungen sich selbst überlassen werden oder mit verschiedenen Formen von Vernichtung menschlichen Lebens konfrontiert werden. Darin eingeschlossen ist auch kalkulierte Massenvernichtung. Die aktuellen Brandherde in der Welt und die Geschichte der letzten Jahrtausende zeigen unzählige Ebenbilder dafür. Vielgestaltiger Weltbürgerkrieg erwartet uns, mit beinahe unlösbaren Verstrickungen um lebensnotwendige Ressourcen. Geraten die natürlichen Gleichgewichte gänzlich aus den eingepegelten Kreisläufen, werden künftige Generationen über Jahrhunderte unter unermeßlichem Elend und Siechtum dahinvegetieren, bis die Menschheit unter Umständen endgültig ausgelöscht ist.

Mit Unverständnis, berechtigter Verachtung und Haß werden nachfolgende Generationen auf unser heutiges Tun blicken, weil wir ihnen jegliche Lebensperspektive verbaut haben. Konzernmanager und die heutige Politikerschar wird man und frau als hauptschuldige Schwerverbrecher outen.

Aber auch der einzelne Bürger, die einzelne Bürgerin in den reichen Ländern besitzt ein Schuldkonto. Unsere hochprivilegierte Lebensweise, die auf tönernen Füßen steht, ist organisierte Verantwortungslosigkeit. Das wird zunehmend ins gesellschaftliche Bewußtsein dringen. Derzeit belastet z.B. jeder Bundesbürger die Atmosphäre mit jährlich etwa 11 Tonnen Kohlendioxid im Schnitt.

Die historische Herausforderung, die heute vor uns steht, ist um ganze Dimensionen gewaltiger und schwieriger, als es die Verhinderung des deutschen Hitlerfaschismus gewesen wäre. Damals hätte vermutlich ein starker gemäßigter Konservatismus zum richtigen Zeitpunkt und ein kooperativerer Umgang zwischen Sozialdemokraten und Kommunisten genügt, um die meisten braunen Auswüchse im Keime zu ersticken. Heute steht eine völlige Neugestaltung so ziemlich aller gesellschaftlichen Bereiche an. Nichts wird mehr so bleiben können, wie es war. Ein alternativer Kulturaufbruch ist unausweichlich.

Kein Politiker sollte heute noch wagen, Sonntagsreden auf die Tragik nationalsozialistischer Verbrechen zu zelebrieren, ohne im gleichen Atemzug von den Verbrechen zu reden, die unsere Generation mit dem ökologischen Overkill anrichtet. Danach wird es keine neue Stunde Null geben. Insofern stellt unsere heutige Praxis die Nazibarbarei in den Schatten. Hitler kann übertroffen werden, in der Dimension menschlicher Tragik für die Erdenvölker, ohne daß eine analoge Figur auf die welthistorische Bühne tritt. Der dritte Weltkrieg ist längst entfesselt. Die große Mehrheit bemerkt es nur noch nicht. Es ist unser Kreuzzug gegen die zukünftigen Generationen.

Zweifelhafter als je zuvor scheint, ob der Mensch zu einer lebensfrohen dauerhaften Gesellschaftsverfassung gelangt. Der Modus, einen Pol auf Kosten des anderen Pols zu entwickeln, der eine Voraussetzung für unsere „moderne" Industriegesellschaft ist, untergräbt immer massiver die eigenen Grundfesten. Im kapitalbestimmten Bann reißen wir mit unserer Lebensweise die Gleichgewichte der Natur aus den Fugen. In der Wirtschaft bestimmt nicht der Gebrauchswert und seine Herstellung mit niedrigster Belastung der Biosphäre die Perspektive, sondern die Vermehrung von Profit und Lohn. Konkurrenz treibt die materielle Expansion ins Nimmersatte.

Begriffen werden muß: Mit jedem Artikel, den ich im Geschäft kaufe, ob es sich dabei um Lebensmittel, Haushaltsgeräte, den Fernseher oder das neue Auto handelt, ist ziemlich gleichgültig, fördere ich durch den darin geronnenen Verbrauch an Elektroenergie und Fahrkilometern die Treibhauskatastrophe und das Waldsterben. Allein die Posten Kraftwerke und Verkehr tragen mit über 50 Prozent zu den CO_2-Emissionen in der BRD bei. Dazu kommt die Summe aller sonstigen ökologischen Schattenlasten. Jedes industrietechnische Wirtschaften erzeugt also seinen spezifischen Anteil an der universellen Krise zwischen den Ökosystemen und dem Menschen. Die Gesamtlast an Kilowatt pro Kopf bzw. pro Quadratkilometer Erdfläche und der Stoffumsatz ist in der Bilanz um etliche Größenordnungen in den reichen Ländern zu hoch.

Äußere Symptome der globalen Naturzerstörung

In den letzten 10.000 Jahren nach dem Ende der Eiszeit erwies sich das Erdklima als ungewöhnlich stabil. Dieser Umstand ist in der jüngeren Geschichte unseres Planeten einmalig und hat wohl entscheidend mit dazu beigetragen, daß der Mensch die jetzige Zivilisationsentwicklung einschlagen konnte. In den letzten 100.000 Jahren gab es nie eine vergleichbar lange Zeit, in der solch konstante und ausgeglichene Witterungsbedingungen herrschten. Immer wieder kam es zu Kälteeinbrüchen und Wärmeperioden, und mitunter änderten sich die Temperaturen sehr abrupt.[5] Jetzt besteht offenbar die Gefahr, daß der Mensch selbst diesem relativ stabilen Zustand ein Ende setzt.

Vier Grad unter der heutigen globalen Durchschnittstemperatur reichten aus, um ganz Nordeuropa unter einer dicken Eisdecke verschwinden zu lassen. Dies zeigt, wie gering die Temperaturänderungen nur ausfallen brauchen, um für die Menschheit katastrophale Szenarien zu erzeugen. Seit 1880 erhöhte sich durch die globalen Emissionen von Treibhausgasen, wie Kohlendioxid, Methan, verschiedene Fluorkohlenwasserstoffe, Distickstoffoxid, bodennahes Ozon u.a., die globale Durchschnittstemperatur um etwa ein Grad Celsius. Dies glaubt man mit 95prozentiger Sicherheit sagen zu können. Während sich die untere Atmosphäre erwärmt, nimmt in den höheren Luftschichten die Temperatur ab. Dort fehlt die Wärme, die im Treibhaus Erde gefangen ist. Seit 1979 kühlte sich die Stratosphäre im globalen Mittel um 0,6 Grad ab. Damit findet sich ein weiteres Indiz dafür, daß sich der Treibhauseffekt verstärkt. Wird die obere Atmosphäre kühler, werden die meteorologischen Voraussetzungen für die Zerstörung der nur 3 bis 5 Millimeter dicken Ozonschicht begünstigt. So könnte künftig auch die Arktis zu ihrem Ozonloch kommen.[6]

Die Jahre 1998, 1997, 1995 und 1990 waren die heißesten Jahre der letzten sechs Jahrhunderte auf der Nordhalbkugel der Erde. Soweit hat ein US-Forscherteam von der University of Massachusetts eine Vielzahl von Stellvertreterdaten zurückverfolgt. Nie stieg die Durchschnittstemperatur so an wie in den vergangenen acht Jahren.[7] Mobjib Latif vom Hamburger Max-Planck-Institut für Meteorologie geht davon aus, bis zum Ende des 21. Jahrhunderts kann sich die Erhöhung der globalen Durchschnittstemperatur auf drei Grad belaufen. Jedoch würde auf den Kontinenten eine Steigerung von bis zu fünf Grad im Jahresmittel möglich sein, da hier die Wärme nicht wie bei den Ozeanen in tiefere Schichten transportiert werden kann.[8]

Auf Grund von Szenarien geht der IPCC davon aus, daß am Ende des 21. Jahrhunderts vom wichtigsten Klimagas Kohlendioxid 5 bis 35 Milliarden Tonnen pro Jahr ausgestoßen werden könnten. Dies entspricht einem globalen Temperaturanstieg von 1,4 bis 5,8 Grad Celsius. Derzeit liegen wir bei einem jährlichen Ausstoß von Kohlendioxid von 6,3 Milliarden Tonnen.[9] In dieser Rechnung fehlt, wie gesagt, der Anteil der anderen Treibhausgase, wie zum Beispiel Methan, die Fluorkohlenwasserstoffe u.a. Zu berücksichtigen ist, diesem Bericht des IPCC mußten über 100 Regierungen ihre Zustimmung geben, genügend Spielraum für bezahlte und unbezahlte Skeptiker. An dem Bericht schrieben über 700 Autoren mit, und man wird annehmen dürfen, sie haben den kleinsten gemeinsamen Nenner formuliert.[10] Es ist durchaus wahrscheinlich, die reellen Auswirkungen schneiden sehr viel gravierender in unsere Lebensverhältnisse ein.

In den vergangenen 100 Jahren erhöhte sich der Meeresspiegel um ca. 10 bis 20 cm durch die thermische Ausdehnung des Wassers und abgeschmolzenes Festlandeis. Die Schätzungen für das nächste Jahrhundert schwanken zwischen weiteren 20 cm bis zu zwei Metern. Eine Fläche halb so groß wie Europa könnte zu Meer werden.[11] Für viele Inseln heißt es dann: Land unter, große Teile von Bangladesch verschwänden in den Fluten. Schmilzt jedoch langfristig das westantarktische Eisschelf, könnte sich der Meeresspiegel auch um mehr als fünf Meter erhöhen. Allein wenn es nur aufgeschwemmt würde, käme es zu einem kräftigen Anstieg.

Daß der Meeresspiegel keine Konstante ist, zeigt die letzte Eiszeit. Bis zu 120 Meter tiefer lagen damals die Ozeane, eine Fläche von der Größe Afrikas wurde zu Festland. 1.720 Meter dick schichtet sich heute im Schnitt der Eispanzer auf dem Südpol. Würden alle kontinentalen Eismassen zu Wasser, insbesondere die der Antarktis, läge der Meeresspiegel um 70 Meter höher.[12] Gewiß, eine solche Wasserwelt bleibt einstweilen die Fiktion von Filmemachern. Dennoch ist das ein Umstand, der Beachtung verdient.

Während sich allmählich die Temperaturen erhöhen, verändert sich aber auch der Wasserhaushalt der Erde. Die Niederschlagsmengen in den einzelnen Regionen werden sich neu verteilen. Sie gehören zu den Vorhersagen, über die die Modellrechnungen nur sehr vage Auskunft geben. Man rechnet jedoch damit, daß riesige Waldflächen in künftig trockneren Gebieten, nachdem sie einige Jahrzehnte standgehalten haben, plötzlich in kürzester Frist absterben. Von diesem Szenario könnten insbesondere auch Tropenwälder betroffen sein. In Biomasse gespeichertes CO_2 gelänge so zusätzlich in die Atmosphäre. Der in den noch verbliebenen Tropenwäldern gespeicherte Kohlenstoff entspricht der 70fachen Menge der jährlichen CO_2-Emissionen durch Industrie und Haushalte. Es sollte also besser gespeichert bleiben.

15 Millionen Tonnen Wolkenwasser zirkulieren um die Erde. Doch schon geringfügige Temperaturerhöhungen drücken diesen gigantischen Wasserkreislauf aus seinen bisherigen Abfolgen. Gerät die globale Wettermaschine in neue Zyklen, tauchen andere Luftströmungen auf, fruchtbare Ländereien verwandeln sich in Wüsten und in trockenen Gebiete gedeiht eine ungewohnte Pflanzenwelt. So sank zwischen 1975 und 1985 in der Sahelzone Afrikas der Niederschlag um 40%. Künftige Veränderungen könnten weitaus gravierender ausfallen.

Über den wärmsten Gebieten der Erde erhöhte sich der Wasserdampfgehalt in anderthalb Kilometern Höhe in den letzten drei Jahrzehnten um über dreißig Prozent. Etliche Wetterkapriolen dürften ihre Ursache diesem Umstand verdanken.[13] Erreicht die Temperatur der Meeresoberfläche 27,5 Grad Celsius und mehr, steigt die Zahl der Wirbelstürme stark an, weil bei dieser Temperatur der Aufwind über dem Meer stark zunimmt. Eine wichtige Frage wird sein, ob sich künftig mehr Wolkenarten bilden, die gegen die drohende Erwärmung eher kühlend wirken, oder ob das Gegenteil eintritt und mehr hochliegende Eiswolken entstehen, die die Wärmefalle verstärken. Darüber weiß man bisher sehr wenig. Aber auch gewöhnliche Regenwolken kühlen nur tagsüber, halten aber in der Nacht die Wärme. Zu beachten ist auch, Wolken entstehen aus Wasserdampf und dieser ist zu 60 Prozent am natürlichen Treibhauseffekt beteiligt, ohne den die Erde um 35 Grad kälter wäre. Bildet sich mehr Wasserdampf, ohne daß kühlende Wolken entstehen, verstärkt dies die Treibhauswirkung.

Die extrem starken El-Niño-Ereignisse 1982/83 und 1997/98 legen den Verdacht nahe, sie sind durch Menschenhand verstärkt. Die Klimaforscher rechnen auf Grund ihrer Modelle damit. Der Nachweis, ob dem so ist, wird vorläufig jedoch nicht zu erhalten sein. Zwischen April 97 und Juni 98 verursachte El Niño den Tod von 21.700 Menschen und richtete Schäden in Höhe von rund 60 Milliarden Mark an. Bleiben die Passatwinde im Pazifik aus, gelangt warmes Oberflächenwasser nicht wie üblich vor die Küste Asiens und Australiens, sondern drängt zurück zum amerikanischen Kontinent und trägt dort zur Wolkenbildung und darauf folgenden sintflutartigen Regenfällen etwa in Chile bei. Dafür bringt das Wetterphänomen in Südostasien Dürren, Mißernten und Waldbrände und hinterläßt auch an anderen Orten des Globus seine Visitenkarte.[14] Werden die bisherigen extremen El Niños nur das Vorspiel sein für bisher ungekannte Wetterexzesse? Was wird die Wetterküche erst zusammenbrauen, wenn die globalen Temperaturen weiter steigen?

Schon heute gibt es viele Anzeichen für den beginnenden Klimawandel. 95 Prozent der Gletscher in den Alpen sind auf dem Rückzug, die Hälfte ihres Eises ist bereits abgeschmolzen, und es deutet alles darauf hin, der Tauprozeß beschleunigt sich. Geht das ungebremst weiter, sind sie in wenigen Jahrzehnten verschwunden. Fast überall tauen die Gletscher der Erde. Gewiß spielt dabei nicht nur die Temperatur, sondern auch die Niederschlagsmenge u.a. mit hinein, aber die Warnzeichen sind eindeutig.[15]

Geschrumpft ist auch der Packeisgürtel um den antarktischen Kontinent. Anhand von Walfängerberichten gibt es Indizien, daß er in der zweiten Hälfte des 20. Jahrhunderts um ein Viertel zurückgegangen ist. Die Daten belegen insbesondere, zwischen Mitte der fünfziger Jahre und Anfang der siebziger Jahre verschob sich die sommerliche Packeisgrenze um fast drei Breitengrade nach Süden.[16]

Immer wieder brechen inzwischen auch vom Schelfeis riesige Kolosse ab. 1998 löste sich vom Filchner-Schelf ein 700 Milliarden Tonnen schwerer Eisberg, etwa so groß wie die Fläche Hongkongs. Schon 1995 trennte sich vom Larsen-Schelf ein Eispaket von doppeltem Ausmaß ab, und Anfang 1999 ging ein gigantischer Abbruch auf Reisen, diesmal samt einer Antarktisstation und allem zugehörigen Gerät. Man hatte nicht damit gerechnet. Der Dauerfrostboden in Alaska beginnt aufzutauen, und in Sibirien zeigten die Thermometer im März 1990 zehn Grad höhere Temperaturen an, als sie dort jemals gemessen wurden. Zu hohe Temperaturen in den tropischen Ozeanen lassen dort die Korallenriffe sterben, und so kommt ein Mosaikstein zum nächsten, die uns anzeigen könnten, wir sind dabei, etwas in Gang zu bringen, was hinterher niemand mehr aufhalten kann. Steigert die Menschheit das Temperaturniveau in den nächsten Dekaden noch einmal um ca. 1,5 Grad, überrollt uns die Klimakatastrophe bereits. Setzen wir unsere industriellen Errungenschaften in altbekannter Logik fort, dann ist in wenigen Jahrzehnten der Punkt erreicht, von dem es keine Rückkehr mehr gibt. Unter Umständen kann diese Situation aber auch schneller eintreten. Vielleicht haben wir diese Zeitschwelle auch schon überschritten. Einstweilen wissen wir das nicht. Kommen wir an jenem magischen Punkt an, muß das nicht heißen, die aussichtslose Lage ist dann schon offenkundig für jeden, aber bestimmte historische Prozesse sind dann sicher entschieden und können nur noch moduliert werden. Heute setzen wir die Grundpfeiler dafür, wie die Situation in 30, 50 oder noch mehr Jahren aussehen wird. Natürlich wissen wir herzlich wenig davon, wie weit wir die großen Gleichgewichte unserer irdischen Existenz bereits verletzt haben. Etliche Veränderungen sind aber inzwischen schon programmiert, nur die Intensität ist noch nicht klar. Ob wir für den endgültigen Crash eine oder drei Generationen brauchen, wenn wir so weitermachen wie bisher, ist offen.

Der Treibhauseffekt wird in jedem Falle verstärkt die Polarregionen der Erde erwärmen. Um 8 bis 12 Grad höher könnten in diesen Regionen die durchschnittlichen Temperaturen ausfallen. Dort lagern aber unter dem Eis und am Meeresboden riesige Mengen an Methanhydraten, die schon bei einer geringen Temperaturerhöhung binnen weniger Jahre freigesetzt würden. Dieses Methaneis entstand beim Verfaulen von Sumpfgras in der Urzeit.

Die gesamte Menge an Kohlenstoff in Form von atmosphärischem CO_2 und der in allem Leben der Erde enthaltene wird auf gut 1.500 Gigatonnen veranschlagt. Die niedrigste Schätzung der Größe der Methanhydrat-Reservoire liegt bei 10.000 Gigatonnen, wobei 400 davon unter Permafrostboden in Sibirien und Nordamerika vermutet werden. Die Schätzungen der Gesamtvorräte reichen aber bis zu einer Million Gigatonnen aufwärts.[17] Darüber hinaus besitzt Methan bei der Erwärmung eine bis zu 32fach stärkere Wirkung als das Kohlendioxidmolekül, wenngleich seine Verweildauer auf ca. 10-17 Jahre beschränkt ist. Allerdings, unter den Folgeprodukten sind auch wieder Treibhausgase - Kohlendioxid und Wasserdampf.

Damit zeichnet sich folgende Gefahr ab: Selbst wenn man Klimamodelle zugrunde legt, in deren Rechnungen sich durch das Absacken großer Wassermengen im Nordatlantik oder durch andere Prozesse die klimatischen Veränderungen verzögern, so muß doch in den Polarregionen mit einigen großen Gebieten gerechnet werden, in denen die durchschnittliche Temperatur sehr stark ansteigt. So könnte Schritt für Schritt ein Prozeß in Gang gesetzt werden, bei dem das Klima durch die ständig wachsende Methanzufuhr völlig außer Kontrolle gerät und die Klimakatastrophe im Selbstlauf über uns hereinbricht. Auch die radikalste Verminderung des Ausstoßes an klimawirksamen Substanzen kommt dann absolut zu spät. Trifft die eben beschriebene Option im vollen Umfang zu, würde das heißen, fast die gesamte Tier- und Pflanzenwelt der Erde stirbt ab, und unsere Heimstatt mutiert zu einem unbewohnbaren Planeten.

Wenn also z.B. im Bericht der Enquete-Kommission des Bundestages „Vorsorge zum Schutz der Erdatmosphäre" geschrieben steht, die Reduktion des Kohlendioxids müsse bis zum Jahr 2050 80% betragen, bezogen auf die Datenlage von 1990, um den Temperaturanstieg auf 1 bis 2 Grad (!) zu begrenzen, so könnte sich hinterher herausstellen, diese angeblich zulässige Gradspanne war viel zu groß, weil die Erwärmung je nach

Region sehr unterschiedliche Ausmaße annimmt und die Folgereaktionen unkalkulierbares neues Störpotential hervorbringen.

Verändern wird sich natürlich weit mehr, das ganze Wettergeschehen kippt aus den üblichen Abläufen, und das ruft weitreichende Veränderungen für die gesamte Biosphäre hervor. Wenn regelmäßig Orkane die Städte und Dörfer verwüsten, wird es für konstruktive Veränderungen zu spät sein. In den letzten Jahrzehnten nahmen die weltweiten Windaktivitäten im Schnitt bereits um 40% zu.

Das alle zwei Jahre besonders ausgeprägte Ozonloch über dem antarktischen Kontinent wird inzwischen mehr als doppelt so groß wie die Fläche der USA. Immer wieder werden neue Rekordmarken gesetzt. Führende Wissenschaftler, die sich mit der Ozonforschung befassen, sind der Meinung, daß es bereits fünf nach zwölf ist. Die Aufstiegszeit für FCKWs in die Stratosphäre beträgt bis zu 15 Jahren, und damit verzögern sich die Wirkungen entsprechend. Reißt uns die schützende Ozonschicht in der Stratosphäre auch über der Nordhalbkugel, wächst die Hautkrebsrate, Augenkrankheiten, die zu Blindheit führen, nehmen zu, und die Immunsysteme der Menschen und Tiere werden angegriffen. Gestört wird die Photosynthese. Dadurch verringert sich der Pflanzenwuchs. Das ist neben der Verschiebung der Klimazonen, dem Verlust von Bodenfruchtbarkeit u.a. ein Faktor, der den Menschen Stück für Stück die Ernährungsgrundlage entziehen könnte. Wann die im vergangenen Jahrzehnt erreichten Reduktionen an FCKWs u.a. zerstörerischen Stoffen Wirkung zeigen und die Situation sich langsam verbessert, ist bisher noch nicht absehbar.

Besonders empfindlich reagiert das Phytoplankton auf das zusätzliche UV-Licht. Es setzt mehr als die Hälfte des gesamten Kohlendioxids um, das die Pflanzen weltweit aufnehmen. Gegenwärtig werden ungefähr 40% aller CO_2-Emissionen durch die Ozeane entzogen, möglicherweise aber auch mehr. Fällt diese Senke immer weiter aus, ergibt dies einen gewaltigen Extraschub für den Treibhauseffekt. Tötet die ultraviolette Strahlung nur etwas mehr als zehn Prozent dieser Einzeller ab, so könnte sich das Tempo der globalen Erwärmung nahezu verdoppeln. 5 Milliarden Tonnen weniger Kohlendioxid würden gebunden. Ungünstig zudem: In der Nähe der Pole enthalten die Ozeane zehn bis hundertmal mehr Plankton als im tropischen Bereich. Dort ist es besonders gefährdet.[18]

Wird es wärmer, können die Ozeane weniger Kohlendioxid speichern. Da in den Ozeanen die fünfzigfache Menge an CO_2 wie in der Atmosphäre enthalten ist, erlangt dieser Umstand enorme Bedeutung. Würden die Ozeane nur zwei Prozent weniger Kohlendioxid in sich aufnehmen, so reicht dies langfristig aus, um den Gehalt in der Atmosphäre auf das Doppelte zu steigern, mit den entsprechenden Folgewirkungen. Auch diese Fakten liefern uns Indizien, wo nichtlineare Entwicklungen entstehen könnten, so unzufriedenstellend die Datenerhebungen selbst vielleicht noch sein mögen.

Uns können natürlich noch ganz andere Horrorszenarien blühen: Unter anderem aus der Analyse der Eemwarmzeit vor etwa 125.000 Jahren ergibt sich, das Klima könnte innerhalb kürzester Perioden anfangen, in verschiedene Extreme zu springen. Fällt die ozeanische Umwälzpumpe vor Island aus, da sich der Salzgehalt durch abschmelzende Eismassen verringert und dadurch die riesigen Wassermassen nicht mehr für Jahrtausende in den Ozeantiefen verschwinden, der Golfstrom zum Erliegen kommt, bekommen wir in Nordeuropa möglicherweise einen arktischen Kälteeinbruch. Zunächst erwärmt sich der Kontinent, dann schlägt die Situation um. Der ganze nördliche Atlantik vereist. Anderenorts auf der Erde geht die Erwärmung aber weiter. So werden wir regelmäßig Windgeschwindigkeiten bekommen, die alles, was auf der Erde steht und kreucht, wegrasieren. Sollten sich diese Trends weiter erhärten, wird der letzte Abschnitt der Menschheitsgeschichte zu einer finalen Geisterfahrt.

Zu solch einer neuen Eiszeit können wir aber auch auf ganz andere Weise kommen: Der Regenwald fabriziert dort, wo er verbreitet ist, sein eigenes Klima. Ein großer Teil der Niederschläge kommt nicht am Boden an, sondern verdunstet und bildet so neue Wolken. José Lutzenberger schreibt, wenn der Regen an den Andenhängen niedergeht, dann ist er über dem Regenwald sechs bis sieben mal verdunstet und niedergeregnet. Bei dieser Verdunstung und Kondensation von Wasser werden riesige Energiemengen freigesetzt. Diese Energien werden aus dem tropischen Gürtel nach Süd und Nord transportiert. Als mächtige Wärmepumpen sorgen die Regenwälder dafür, daß es in den Tropen nicht zu heiß wird und in den gemäßigten Breiten nicht zu kalt. Holzt man den Regenwald ab, brennt ihn nieder, wie dies heute in rasanter Geschwindigkeit passiert, bricht der eben beschriebene Wasserkreislauf zusammen, lange bevor der letzte Regenwald verschwunden ist.[19] Alle 90 Minuten rodet man im brasilianischen Regenwald ein Gebiet von der Größe Kölns ab. Bei dieser rasanten Geschwindigkeit könnte die Erde zwischen 2020 und 2030 vom Regenwald weitgehend „befreit" sein.

Das bedeutet für Europa schlechte Karten. Verschwindet der Regenwald im Amazonas, könnte der Golfstrom im atlantischen Ozean, der Europa beheizt, ausfallen. Dann würden wir in Nordeuropa arktische Temperaturen wie in Kanada bekommen können.[20] Um den 68. Breitengrad ist es in Norwegen 13 Grad Celsius im Jahresmittel wärmer, als es ohne Golfstrom sein würde.[21] In Nordeuropa erfriert dann die Saat auf dem Acker, und von Südeuropa her versteppt die Landschaft durch den Treibhauseffekt, die Wüste rückt vor. Beste Aussichten für einen vollständigen Zusammenbruch der Landwirtschaft und daraus folgende Hungerkatastrophen. Was noch irgendwo gedeihen mag, werden die neuen daraus resultierenden Wetterextreme zunichte machen. Da wird für Millionen von Menschen kein Platz mehr sein. Zwar ist nicht ganz klar, wie sich die Wassermassen des Golfstroms und die Luftströmungen aus dem Amazonasgebiet gegenseitig beeinflussen, aber wollen wir wirklich testen, was passiert, wenn der Regenwald verschwunden ist?

Diese knappen Beispiele markieren nur Teile der Todesspirale, in die wir hineinrasen. Sie sind nur die Spitzen. Jährlich verwandeln sich 6 Millionen Hektar der Erde in wüstenähnliche Gebiete. Das Waldsterben, das durch geschönte Schadensberichte heruntergespielt wird, gehört dazu. Mit 3.000 m² pro Sekunde vernichten wir global den Wald, mit 1.000 Tonnen pro Sekunde erodiert der Boden. Schätzungsweise 27.000 Tier- und Pflanzenarten sterben jedes Jahr aus, schrieb 1995 das Nachrichtenmagazin „Der Spiegel".[22] Tendenz steigend. Diese Zahl ist jedoch mit großen Unsicherheiten behaftet, weil man nicht so genau feststellen kann, wieviele Arten es auf der Erde überhaupt gibt. Bisher sind etwa 1,45 Millionen wissenschaftlich beschrieben. Zwischen 5 und 30 Millionen liegt der Gesamtbestand an Arten, inklusive aller Insekten, Würmer etc. Geht man für die Rechnung von 10 Millionen Arten aus, dann leben davon im Regenwald etwa 6 Millionen. Anfang der neunziger Jahre betrug die jährliche Vernichtung des Gesamtbestandes des Regenwalds 2,3 Prozent. Von daher rechnet Wolfgang Engelhardt mit 370 ausgestorbenen Arten pro Tag, also um die 135.000 im Jahr.[23] Gibt es mehr Arten als veranschlagt, oder wird vermehrt Regenwaldfläche zerstört, und nimmt das Sterben der Korallenriffe, das zweitartenreichste Refugium, das unmittelbar durch die Klimaerwärmung zerstört wird, zu, muß man die Zahlen nach oben korrigieren.

Krebs ist inzwischen die dritthäufigste Todesursache in Deutschland. Neben dem Rauchen, ungünstigen Ernährungsgewohnheiten und seelischen Einflüssen ist die Chemikalienflut in allen Bereichen menschlichen Lebens dafür ein besonderer Ursachenanteil. Jeder vierte erliegt heute in Deutschland einem Tumorleiden, jährlich 210.000 Menschen. Bald könnte der Krebs zur häufigsten Todesursache aufsteigen.[24]

Die Verdrängung der genetischen Vielfalt der menschlichen Ernährungspflanzen im Gefolge der modernen Landwirtschaft birgt erhebliche Gefahren. In Indonesien vernichtete in den siebziger Jahren eine bis dahin unbekannte Seuche große Teile der Reisernte. Mit Hilfe einer Wildreispflanze erreichte man eine neue Kreuzung, die einen resistenten Reis ergab. Über 6.273 Sorten mußten dafür durchprobiert werden. Je mehr Sorten bei den einzelnen Arten verloren gehen, desto sicherer sind die Hungersnöte in Zukunft.

Ein Vergleich von Pflanzensortenlisten vom Anfang des 20. Jahrhunderts mit aktuellen Bestandslisten des US-amerikanischen Landwirtschaftsministeriums ergab: Von 75 verschiedenen Gemüsearten waren rund 97 Prozent der Sorten ausgestorben. Von 7.098 Apfelsorten existierten mehr als 86 Prozent nicht mehr, und von 2.683 Birnensorten waren ganze 329 übriggeblieben.[25] Bauten indische Bauern einstmals 30.000 Reissorten an, so sind es heute kaum mehr dreißig. In dieser Situation gentechnisch veränderte Pflanzen einzusetzen, bedeutet eine unkalkulierbare Gefährdung der Artenvielfalt und der Ernährungsgrundlagen.

Ozon in Bodennähe, Dioxine und vieles andere greift die menschliche Gesundheit an. Wir haben es mit einer Totalkrise zu tun. Viele Wechselwirkungen zwischen den sehr komplexen je unterschiedlichen Zerstörungen von Ökosystemen sind unbekannt bzw. unzureichend erforscht. Die Überlagerung von mehreren Prozessen kann katastrophale nichtlineare Reaktionen auslösen, die bislang von der Wissenschaft nicht vorhergesagt sind. Da könnte so manche Wechselwirkung tragisch unterschätzt werden. Ganz neuartige Zerstörungsmechanismen überraschen uns vermutlich, die allgemeine Öffentlichkeit kommt zum wiederholten Male aus dem Mustopf und ist konsequenzlos betroffen. Die Politik rotiert in ihren eigenen Denkschemata und da haben ökologische Ziele bestenfalls dekorativen Charakter gegenüber den unmittelbaren sozioökonomischen „Erfordernissen" und „Sachzwängen", die uns immer tiefer in die Krise führen. Der Selbstbetrug regiert. Fakt ist: An welcher der überaus zahlreichen möglichen Stellen die Sicherungen durchbrennen, kann man erst hinterher genauer feststellen. Dann wird es keine Gnade mehr geben, unser moderner grüner Ablaßhandel wird uns nicht weiterhelfen. Eine solide Vorhersage, die über tendenzielle Grundaussagen und Varianten hinausgeht, wird es vorläufig nicht geben.[26]

Es sei hier in diesem Zusammenhang nur noch mal erinnert, wie es zur Entdeckung des antarktischen Ozonlochs kam. 1981 beobachtete Joseph Farman, der Leiter eines englischen Forschungsteams in der Halley Bay an der antarktischen Küste, erstmals den Ozonausfall. Anhand seiner Aufzeichnungen erkannte er, daß dieser sich bereits seit mehreren Jahren immer in den Frühjahrsmonaten einstellte. Doch er mißtraute seinen eigenen Daten, denn niemand anderem war die Anomalie bisher aufgefallen. Keine zweite Station, keine Satellitenmessungen oder wissenschaftliche Artikel bestätigten seinen Fund.

Im Frühjahr 1984 reichte das Ozonloch bereits bis zu dem äußersten Zipfel Argentiniens. Dort registrierte es auch eine zweite englische Forschungsstation. Farman und sein Team verfaßten daraufhin einen Bericht für die Zeitschrift „Nature". Im selben Jahr kam aber auch der vierte wissenschaftliche Bericht der amerikanischen Akademie der Wissenschaften heraus. Darin hieß es, der absolute Ozongehalt der Atmosphäre könnte sich sogar erhöhen, würde aber selbst im schlimmsten Fall nur geringfügig abnehmen. Dieser Bericht machte Schlagzeilen, und man nahm an, es gäbe kein Ozonproblem mehr. Die Presse ignorierte Farmans Erkenntnisse. Dennoch erreichte die Kunde auch die NASA-Wissenschaftler, und sie überprüften noch mal ihre Satellitendaten. Da man davon ausging, der Ozonschwund nehme gleichmäßig ab, war der Computer am Boden so instruiert worden, abweichende Daten herauszurechnen. Das hat er denn auch getan und so das antarktische Ozonloch unsichtbar gemacht.[27]

Diese kleine Episode kann uns darauf aufmerksam machen, wie sicher unsere wissenschaftlichen Erkenntnisse sind und daß uns noch mehr solcher unangenehmen Überraschungen bevorstehen könnten. Hätte sich das Ozonloch über Europa statt über dem menschenleeren Kontinent geöffnet, wir befänden uns bereits im ökologischen Notstand. In Australien muß jeder Dritte damit rechnen, an Hautkrebs zu erkranken. In Queensland leiden mehr als 75 Prozent der über fünfundsechzigjährigen Bevölkerung an Hautkrebs. Kindern ist gesetzlich vorgeschrieben, auf dem Schulweg große Sonnenhüte und Schals gegen die UV-Strahlung zu tragen.[28]

Der größte Teil aller Pflanzen und Tiere, die seit dem Entstehen des Lebens existierten, ist ausgestorben, weil sie sich an veränderte Naturbedingungen nicht mehr anpassen konnten. Innerhalb sehr langer Zeiträume entwickelten sich immer wieder neue Arten. Der Mensch als ein seiner selbst bewußtes Wesen, mit der höchst verfügbaren Summe an Reflexion und Verstand ausgerüstet, verstrickt sich inzwischen völlig in die selbst geschaffene Kunstwelt. Seine planetarische Praxis ist hoch spezialisiert. Wie ein blinder

Fleck verdeckt sie ihm die hochgradige Anpassung an seine eigengeschaffene Wirklichkeit und das Abdriften von den natürlichen Kreisläufen. Er legt es darauf an, sich in einen evolutionären Unfall zu katapultieren. Als bestorganisierter Parasit im Tierreich wähnt sich der Mensch als Krone der Schöpfung und bringt es doch nur zu einer Krönung an Dummheit. Die Endbilanz entscheidet.

Der Flop Ökomodernisierung

Zunächst muß man und frau nach den Grundlagen der gewöhnlichen Umweltpolitik und der Strategie der Ökologiebewegung fragen, wie wir sie heute vorfinden. Da streitet man um Grenzwerte und Richtlinien. Irgendwo ist es auch mehr als gut, wenn das Trinkwasser, Babynahrung usw. nicht durch europäisches Recht wieder stärker mit Pestiziden belastet sein dürfen als bisher. Es hat Sinn, den Ausbau der Havel als Schiffahrtsweg nach westlichem Vorbild zu verhindern. Die inzwischen regelmäßigen Überflutungen insbesondere des Rheins zeigen die Spitzen ungebremster Begradigungswut, ganz zu schweigen von der Zerstörung anliegender Biotope. Um das „Stelzenmonster" Transrapid als Spielzeug pubertärer Politiker stand es nicht besser. So mußte der einstige Verkehrsminister der CDU zudem noch mit gedopten Daten arbeiten, damit sich dieser Spleen dann finanzpolitisch rechnete.[29] Auch in China wird der Zug nicht ohne deutsche Subventionen fahren.

Der medienwirksame Boykott des arroganten Konzernmultis Shell wegen der beabsichtigten Versenkung der Ölplattform „Brent Spar" und der weltweite Protest gegen die Wiederaufnahme der Atomtests auf dem Mururoa-Atoll im Südpazifik durch den französischen Präsidenten Chirac markieren aber auch sehr deutlich eine strukturelle Sackgasse. Natürlich darf der bewußtheitsbildende Effekt keineswegs unterschätzt werden, auch wenn der eigentliche Rumpf des ganzen Dilemmas nicht aufsteigt und so über das Ausmaß der Gesamtkrise durch die Fixierung auf das jeweilige Symptom eben auch hinweggetäuscht wird.

Als in Lüchow-Dannenberg und anderswo gegen die Castor-Transporte mit Atommüll ins Zwischenlager Gorleben demonstriert wurde, mag sich die Initiative zunächst vordergründig auf ein Gegen reduziert haben. Sicher wäre es günstig gewesen, zugleich für die solaren Alternativen Flagge zu zeigen. So oder so mußte der unverfrorenen Arroganz von Regierung und Atomlobby ein deutliches Stoppzeichen gesetzt werden. Es war ungemein wichtig bei der Skandaltechnologie Kernkraft, die massenpsychologischen Fundamente für das Aus zu legen. Aber selbst wenn die Proteste auf die Frage nach den alternativen Energien übergegriffen hätten, der Kontakt mit dem Rumpf, mit der tödlichen Grundlast unserer Industriegesellschaft, kommt nicht zustande. Die verschiedenen Schadstoffeinträge, die Last an Energieverbrauch, an Beton, Stahl und anderer Infrastruktur pro Quadratkilometer greift das „Immunsystem" unserer jetzigen biosphärischen Gleichgewichte an, und es kann dann nicht mehr ausreichen, gegen eine hochgefährliche Risikotechnologie zu demonstrieren.

Allerdings würde es die Sicht auf den hier nur als Beispiel angeführten Atomwiderstand verengen, wollte man nur dieses Ungenügen ausmachen. Wenn bei Bauer Wiese zur Verpflegung der AktivistInnen vegetarische Kost zubereitet wird, so kommen durch diese beinahe nebensächliche Sache Hinweise für andere Fragen hoch. Die nach außen unsichtbaren vielfältigen Kontakte, die hier zwischen den Menschen entstehen können, sind auf die Richtung hin gar nicht so festgelegt, wie es der äußere Anlaß erscheinen lassen mag. Dazu kommt noch: Menschen, die sich möglicherweise ohne die direkte Betroffenheit gar nicht engagieren würden, sind in diesen Sog mit hineingezogen. Man und frau kommt im direkten Umkreis im Wendland gar nicht umhin, sich mit der Atomfracht auseinanderzusetzen. Jeder dritte oder vierte Wegweiser, Hauptstraßenschilder u.a. wurden zuweilen so dekoriert, daß es unmöglich war, sich nicht seine eigene Meinung zu bilden. An vielen Häusern vor Ort wird signalisiert: Hier wohnen Atomkraftgegner.

Diese Gedanken zu Gorleben, um zu erläutern, warum es Sinn macht, manches zu differenzieren. Klar sein sollte allerdings: So annehmbar umweltbewegte Erfolge in dieser weit fortführbaren Kette von Konflikten sind, so verhindern sie nicht mehr die ungehinderte Ausbreitung der Metastasen der ökoglobalen Krankheit. Maximal können sie noch Beschleunigungsfaktoren für Krisenszenarien ausschalten oder abschwächen.

So zählt z.B. Peter Schott in seinem Buch „Die Chance Umweltpolitik" die verschiedenen Gefahrenfelder und die jeweiligen Alternativen auf, und es ist ganz zweifellos wichtig, von der Gentechnik bis zur Flächenversiegelung über die ökologische Zerstörungskapazität der ökonomischen Globalisierung alles in Blick zu nehmen. Da lassen sich viele umweltschützerische Maßnahmen ergreifen. Allein von daher, von diesen „Außenphänomenen" her, ist die ökologische Rettung jedoch ein aussichtsloses Unterfangen. Und dies in zweifacher Hinsicht. Einmal weil wir den gigantischen Ballast der Technosphäre radikal zurückbauen müssen, und wenn ich das so sage, dann bleibt selbstverständlich zu berücksichtigen, der Supergau der Zivilisation kann uns auch über gentechnische Extravaganzen von Wissenschaftlern ereilen, inklusive der Profit- oder Prestigeinteressen, die dabei massiv fördernd wirken mögen. Ohne Frage, der partielle Einschlag vermag schon schlimm genug sein, und es zählt jedes einzelne Opfer.

Der zweite Punkt ist, die ökologische Krise beherbergt in ihrer tiefsten ursächlichen Schicht eine geistige, eine innere Krise des Menschen, sicher verstrebt durch den sozialgeschichtlichen Werdegang industriekapitalistischer Entwicklung. Am Ende entscheidet sich auf der gesellschaftspsychologischen Ebene, ob es eine alternative Kultur geben wird oder nur ein ewiges Scheitern möglich ist. Auch von dorther muß die Umkehr gefaßt werden.

Nun gibt es viele Leute, die der Meinung sind, mit dem umweltschützenden Umbau der Industriegesellschaft könne man die Sache noch deichseln. In der Politik läßt sich diese Argumentationsweise fast überall beobachten: mal offensiver - mal vornehm zurückhaltend - mal als verlogenes Alibi. Dieses Vorgehen insgesamt hat nur einen Pferdefuß: Sicher kann man durch Ökomodernisierung, nachträgliche Reparaturmaßnahmen und die effektivere Auslastung der wirtschaftlichen Kapazitäten den Kollaps oder schleichenden Tod noch hinauszögern. Demgegenüber steigt aber extrem die Gefahr, durch das „umweltschützende Wirken" wird die nötige ökologische Wende aufgeschoben, durch den Zeitverzug erhöht sich das lebenszerstörende Krisenpotential drastisch weiter, und die Risikozonen vermehren sich deutlich. Im vorherigen Abschnitt sahen wir besonders an den schlimmeren Ökozeitbomben: Immer ist eine beträchtliche Zeitspanne zwischen Verursachung und Wirkung im Spiel. Das sind riskante Jahre zum Verdrängen eigener Schuld. Der gewöhnliche Umweltschutz verschiebt in der Regel nur das Störpotential, macht die Gefährdung wieder unsichtbar, und die zunächst erreichte Besserung kann man als angenehm wahrnehmen. Dies betrifft viele Bereiche im vornehmlich technisch-infrastrukturellen Umweltschutz.

Das „Eins-Komma-fünf-Liter-Auto" verführt zwangsläufig dazu, Lösungen für eine Mobilität ohne Auto zu behindern, auch wenn es als überbrückende Notlösung für den Übergang denkbar scheint. Gar nicht wenige technische Neuerungen, die unter dem grünen Deckmantel daherkommen, sind neben ihrer partiellen Schutzfunktion noch mal ein Wachstumsschub für die tödliche Richtung. Der Industrialismus expandiert für die grüne Aufgabenstellung. So gehört der gewöhnliche Umweltschutz mit zu der Schlinge, die uns zu würgen droht.

Etwa der Schutz bedrohter Tierarten oder die Bewahrung von ursprünglichen Naturräumen dagegen ist eine wichtige Aufgabe, auf die man sich aber keineswegs beschränken darf, sonst bleibt es eine Beschäftigung in Sisyphusart. Die Zerschneidung von Landschaften durch Straßen, naturschädigende Landwirtschaft, die Ausbeutung von Bodenschätzen sind wichtiger als der Erhalt vieler Biotope - all die Faktoren des Artensterbens kann man nicht losgelöst von der Gewalt der menschlichen Umwälzungskraft betrachten und daran vorbei angehen wollen. Das kann im Einzelfall glücken, wird aber die Liste der ausgestorbenen Arten, das tägliche Fortschreibenmüssen dieser Liste, nicht beenden können. Im Regenwald holt man nur nach, was in den reichen Ländern längst umgesetzt ist. Allerdings wächst der zu erheblichen Anteilen auf völlig unfruchtbaren Böden und wird sich nach einer großflächigen Brandrodung und nachfolgender kurzzeitiger Nutzung nicht mehr regenerieren. Der angerichtete Artentod läßt sich ohnehin nicht rückgängig machen.

Wolfram Ziegler rechnete aus: Allein unsere Spezies bringt es in der Bundesrepublik auf 150 kg Masse pro Hektar, hinzu kommen noch mal 300 kg an von uns ausgebeuteten Haustieren. Die ganze übrige Tierwelt erreicht nur 8 bis 8,5 kg pro Hektar auf der Waage. Außerdem lasten zwei Tonnen baulicher und technischer Struktur auf dieser Fläche. Wie soll innerhalb dieses Rahmens noch ein ökologisches Gleichgewicht möglich sein oder das Artensterben beendet werden?[30]

Nachhaltige Entwicklung, wie sie im Brundtlandbericht der Weltkommission für Umwelt und Entwicklung oder im Bericht des Club of Rome zur ersten globalen Revolution favorisiert wird, mag einen Prozeß des Umdenkens befördern, gerade auch in Kreisen konservativen Selbstverständnisses. Das ist gut so. Nur die Reichweite kritischer Aufklärung über unsere Weltlage gründet sich noch zu sehr auf eine Wirtschaftsordnung, die an sinkendem Bruttosozialprodukt in die Brüche geht und deren asozialer Charakter dann voll zum Ausbruch kommt. Begriffen ist außerdem nicht die Massenlast industrieller „Nebenwirkungen". Im ersten Teil des Buches „Wege zum Gleichgewicht" beschreibt Al Gore recht präzise anhand der Symptome, wie eng wir in der Klemme stecken. Wenn es jedoch darum geht, den Zusammenhang zwischen den Fakten der zu erwartenden Naturzerstörung und der industriellen Ursache aufzuzeigen, beschränkt er sich wie viele andere Autoren darauf, die Verringerung der Emissionen von diesem und jenem zu benennen. Welche tiefgreifenden Konsequenzen das haben müßte, bleibt außen vor. Über konsequente Reduktionsquoten möchte man im Land der unbegrenzten Energieverschwendung nicht nachdenken. Al Gores bremsender Auftritt auf der Klimakonferenz in Kyoto zeigte, wie sehr im politischen Gefangensein Reformansätze schon im Anlauf erstarren. In seinem Buch bleibt die industrielle Grundlast, die letztlich untragbar ist, ausgeblendet. Insbesondere wenn man selbst mit großen Beschränkungen den Energie- und Materialverbrauch der Wohlstandsländer künftig für 8 bis 10 Milliarden Menschen hochrechnen wollte, zeigt sich die Aussichtslosigkeit partieller Eingriffe in die moderne Megamaschine. Es ist eben glatter Selbstbetrug, wenn Ernst Ulrich v. Weizsäcker und die Lovins doppelten Wohlstand mit halbiertem Naturverbrauch zusammenbringen wollen. Immerhin räumen sie in ihrem Buch „Faktor vier" selbst ein, ihre Vorschläge können nur ein Zeitgewinn für die Menschheit sein, um nach tiefgreifenderen Lösungen zu suchen, die über rein technische hinausgehen.[31]

Der asiatische Wirtschaftsboom als Nachhut euroamerikanischer Fehlentwicklung könnte uns künftig das Genick brechen. Etwa 20 Schwellenländer sind auf dem besten Weg, die Superindustrialisierung der Erde unumkehrbar zu machen.

Generell wird der gewöhnliche Umweltschutz primär von den Interessen her definiert, die aus den sogenannten Errungenschaften unserer Überflußgesellschaften resultieren. Das muß zwangsläufig auf ein am Wunschdenken orientiertes Verständnis des irdischen Naturhaushalts hinauslaufen. Dieser wird zu einer Angelegenheit, die man auch berücksichtigen muß. Als Ressort können alle diesbezüglichen Belange dann zum Anhängsel wirtschaftlicher und sozialer Entwicklung degradiert werden. Die zentrale Frage vom emanzipatorischen Überleben des Menschen und der Schöpfung ist ausgeblendet.

So belegte das deutsche Umweltministerium unter der CDU-Ägide in den neunziger Jahren immer mehr eine nach außen gerichtete Propagandafunktion, die den umweltschützenden Fassadenschmuck salonfähig hielt, wobei das Rad der Kenntnis auch mal zurückgedreht oder die Kluft zwischen Wirklichkeit und Schein gekittet wurde. Grenzen des Wachstums gibt es offenkundig nicht, und das scheint unabhängig davon zu gelten, welche Partei das Amt gerade innehat. Die getätigten Schritte, selbst wenn sie in die richtige Richtung weisen, sind unendlich weit von einer ökologischen Rettungspolitik entfernt.

Manche Unternehmen preisen ungeniert ihre Produkte als „grüne Vorbilder" an, wenn es sich für die eigene Kasse eben auszahlt. So liegen Umweltschützer, die uns kosmetische Verschönerungen offerieren, durchaus in Konjunktur. Fragen nach den Untergründen sind ausgeblendet. Jene aber, die auch an dem „alternativen" Fortschritt zweifeln, die unsere Wachstumsraten als generell abzustellendes Übel bezeichnen, können kaum hoffen, Zuspruch zu finden. Das paßt nun mal nicht in die gängigen Wahrnehmungsmuster. Man will sich noch ein wenig selbst betrügen.

Um das zivilisatorische Desaster noch offenkundiger zu belegen, ein paar weiterführende Zusammenhänge. Deutschland müßte flächenmäßig mindestens doppelt so groß sein, als es in Wirklichkeit ist, um all die Dinge anzubauen und zu produzieren, die in Deutschland konsumiert werden. So okkupiert es die Fläche und den Umweltraum anderer Länder.[32] In der Studie „Zukunftsfähiges Deutschland" bilanziert man: „Würden alle derzeit 5,8 Milliarden Menschen so viel CO_2-Emissionen verursachen wie der deutsche Durchschnittsbürger, so lägen die weltweiten CO_2-Emissionen aus der Verbrennung fossiler Energieträger nicht - wie heute - bei 23 Milliarden, sondern bei 67 Milliarden Tonnen. Anders ausgedrückt: Wenn, wie die Klimaforschung heute annimmt, Ozeane und grüne Pflanzen jährlich etwa 13 Milliarden Tonnen CO_2 einbinden können, dann bräuchte die Menschheit schon heute fünf Planeten vom Typ Erde."[33] Dabei ist anzumerken, auf die Pro-Kopf-Emissionen von Kohlendioxid muß man gegenüber den deutschen Verhältnissen in den USA noch mal über 60 Prozent aufschlagen. Wären die amerikanischen Verhältnisse der Ausgangspunkt, würden 7 oder 8 Planeten notwendig sein.

Die Studie „Zukunftsfähiges Deutschland" hält fest, in den reichen Ländern hätten wir bis 2050 90 Prozent des Treibhausgases CO_2 zu reduzieren und ebenfalls um 90 Prozent den Verbrauch von nicht erneuerbaren Ressourcen. Dabei wird davon ausgegangen, in Ländern, wo elementar soziales Elend herrscht, muß zumindest soviel Entwicklungsraum sein, dieses zu beseitigen, ohne das westliche Entwicklungsmodell jedoch nachzubauen. Berücksichtigt werden muß auch das starke Bevölkerungswachstum in vielen „Dritte-Welt"-Staaten. Unterm Strich kommt man, global gesehen, auf eine Kohlendioxidreduktion von 50 bis 60 Prozent. Nun ist die spannende Frage, wird das ausreichen? Jeden Tag schicken wir um die 100 Millionen Tonnen CO_2 in die Atmosphäre, und was davon bis in die oberen Luftschichten gelangt, bleibt dort ungefähr 100 Jahre klimawirksam. Wir packen also auf die bestehende Last jedes Jahr noch ein gigantisches Paket an Klimagasen drauf. Es ist wenig überzeugend, wenn wir nun in 50 Jahren erst nach und nach nur noch 40 bis 50 Millionen Tonnen CO_2 jeden Tag in die Luft blasen, daß dies uns ökologische Stabilität garantieren könnte. Diese Sicht dürfte sich als sehr blauäugig herausstellen.

Seit dem Beginn der industriellen Revolution stieg das Bevölkerungswachstum immer steiler an. Während es in den reichen Industrieländern inzwischen kein Wachstum mehr gibt, teilweise sogar Rückgänge, wenngleich von hohem Niveau, so erklimmt die Zuwachskurve in anderen Weltteilen immer höhere Marken, auch wenn der Wachstumspegel inzwischen nicht mehr ganz so schnell nach oben steigt. Mit jeder neuen Sekunde leben drei Menschen mehr auf der Erde, alle Stunde sind es 10.000 mehr und im Jahr etwa 91 Millionen. Alle $10^1/_2$ Monate kommt derzeit die Bevölkerungsmasse eines neuen

Deutschland hinzu.[34] Zu Beginn der Zeitrechnung lebten etwa 250 Millionen Menschen auf der Erde. Nach dem Ende des Dreißigjährigen Krieges stieg die Zahl auf 500 Millionen Seelen. Eine weitere Verdopplung konnte bis 1850 registriert werden. Bereits 1930 wurde die Zwei-Milliarden-Grenze überschritten. Fünfzig Jahre später, also 1980, folgte die nächste Dopplung auf 4 Milliarden. Im Jahr 2000 bevölkerten den Erdenball über 6 Milliarden. Wenn man bedenkt, innerhalb von 20 Jahren ein Anstieg um mehr als 2 Milliarden Menschen, dies läuft auf eine Verdopplungsrate der Weltbevölkerung von knapp 40 Jahren hinaus. Die 10-Milliarden-Marke dürfte in wenigen Dekaden erreicht sein, trotz der Millionenopfer durch Unterernährung und Kriege. Dieses Wachstum spult so lange weiter, wie die Biosphäre mitspielt. Wenn wir dazu den industriellen Durchbruch der Schwellenländer einbeziehen und all die anderen bereits benannten Krisenfelder, dann kann sich jeder Laie an seinen zehn Fingern abzählen, daß die weltgesellschaftliche Entwicklung voll gegen die Wand gefahren wird. Der Kollaps ist programmiert.

Verschiedene Publikationen suggerieren den Eindruck, die Erschöpfung der Bodenschätze aller begrenzten Ressourcen überhaupt zögere sich weiter hinaus, als frühere Rechnungen etwa des Club of Rome vermuten ließen. Dabei wird gar nicht bedacht, daß die Industriestaaten in den Nachkriegsjahrzehnten die Vorräte gleich für Hunderte von Generationen im voraus verpraßten. Selbst wenn man eine hohe künftige Recyclingrate annimmt, dort wo sie wie etwa bei Metallen möglich ist. Herbert Gruhl weist jedoch darauf hin, Wunder sind dabei nicht zu erwarten. Bei Eisen rechnet man nach einer 25jährigen Gebrauchszeit mit einer Verwertbarkeit von 30% des ursprünglichen Materials, bei Aluminium sind es 48% und bei Kupfer 61%.[35]

Unter dem Blickwinkel gerechter Verteilung zwischen den heutigen und unzähligen künftigen Generationen würde eine 90prozentige Reduktion der nicht erneuerbaren Rohstoffbasis der Industriegesellschaft langfristig als völlig unzureichend erscheinen, zumal sie durch die nachholende Entwicklung in den Ländern des Südens teilweise aufgesogen wird.

Aber auch ohne diese Sicht scheint manche allzu optimistisch bewertete Reichweite, z.B. die von Erdöl, unangebracht. Fast die Hälfte der bekannten Erdölreserven ist aufgebraucht. Der BP-Ölmulti rechnet noch mit 141 Milliarden Tonnen in der Erde. Bei einem jährlichen Verbrauch von 3,3 Milliarden Tonnen reichen die Reserven noch etwa 43 Jahre. Doch der Verbrauch wird nicht gleichbleiben. Wer Autos nach China verkauft, muß auch damit rechnen, daß sie Treibstoff verbrauchen. Und wenn deutsche Konzerne Spritsäufer exportieren, also antiquierte Technik - unweigerlich führt dies zu erhöhtem Weltverbrauch an Erdöl. Gleichbleibender Absatz ist also illusorisch. Vielleicht wäre dies erzielbar, wenn weltweit der Liter Benzin an den Fünf-Mark-Preis heranreichen würde, vielleicht aber auch nicht. Überdies, ohne Erdöl fallen ganze Industriesektoren in sich zusammen - wer wird da auf das schwarze Gold verzichten wollen? Nur äußerst hohe Ökosteuern könnten den Verbrauch abbremsen helfen.

Die Rate neu aufgefundener Lagerstätten sinkt immer weiter ab. Derzeit sind es 680 Millionen Tonnen jährlich - ein Fünftel des Verbrauchs. Allerdings gibt es manche Unsicherheit im Bewerten der Reserven, weil interessenbezogene Angaben im Umlauf sind. Höhere Reserven bedeuten auch höhere Produktionsquoten in der OPEC. Da kann manche Ölfördernation in der Absicht, höhere Einnahmen zu erwirtschaften, auf die Idee kommen, die eigenen Vorräte größer zu veranschlagen, als sie in Wirklichkeit sind. Zwischen 2010 und 2020 werden die Erdölfördermengen beginnen rückläufig zu werden. Das Angebot wird unter die Nachfrage sinken. Die Experten rechnen damit, dies dürfte sich zu einer gigantischen Energiekrise auswachsen, die aber nicht mehr wie 1973 behoben werden kann. Alle ist alle. Zwar kann man noch die Vorräte an Ölsänden nutzen, doch der Preis verdoppelt sich. Auch Ölschiefer wird noch abgebaut werden können.[36] Eine andere Alternative stellen Öl aus Raps, Ölpalmen u.a. Pflanzen dar. Unter den gegenwärtigen wirtschaftlichen Konstellationen führt dies insbesondere in den ärmeren Ländern dazu, daß statt dringend benötigter Lebensmittel Ölpflanzen für die bemittelteren Bürger dieser Welt angebaut werden. Der Deal wird heißen: Hungertote fürs Autofahren. Die Todesspirale läßt grüßen!

Noch einen weiteren Beleg dafür, warum die Technosphäre drastisch rückgebaut werden muß: Bei der Erzeugung von Elektroenergie läßt sich ein großer Teil der Klimagase durch eine solare Energiewende und Sparpotentiale bei effizienterem Umgang vermeiden. Ökologisch rentabler können selbstverständlich auch die Rohstoffe bis zum Fertigprodukt verarbeitet werden. Doch in vielen Bereichen lassen sich die Klimagase nicht verbannen. Bei der Herstellung von Metallen aller Art, von Glas, Beton oder auch Plaste bzw. anderen Folgeprodukten aus Erdöl wird bei den energetischen Umwandlungen Kohlendioxid unvermeidbar entstehen. Alle übrigen thermisch-industriellen Prozesse gehören dazu. Filtertechniken sind aussichtslos. Allein die Zementwerke setzen weltweit sieben Prozent der CO_2-Gesamtmenge frei, und das bei einer jährlichen Zunahme der Weltproduktion von Zement um fünf Prozent.[37]

Ob der Heizungsbedarf gänzlich über solares Potential abgedeckt werden kann, ist einstweilen offen. Bisher zeichnet sich ab, daß dies zwar möglich ist, jedoch erheblichen Materialaufwand erfordert. In riesigen Unterwasserspeichern könnte im Sommer aufgefangene Wärme für Heizzwecke im Winter gespeichert werden. Darüber hinaus gibt es auch andere technische Lösungen, die einen weit geringeren Aufwand zur Folge haben, wo die Energie beinahe wie in einer Art überdimensionaler Batterie gespeichert wird.

Damit die Konzentration von Kohlendioxid in der Stratosphäre nicht weiter rapide zunimmt und auf dem bestehenden Niveau stabilisiert werden kann, wäre mit Beginn der 90er Jahre eine sofortige Reduktion der globalen Emissionen von 50 bis 80 Prozent nötig gewesen, laut der „Klimaenquete-Kommission" des Bundestages.[38] Jeder kann sich mal in den nächsten Tagen zu Hause, auf der Arbeit und überall sonst umsehen, wo Metalle, Glas, Plaste, Gummi, Beton etc. benötigt werden, und was es heißen würde, nur noch näherungsweise ein Zehntel davon verwenden zu dürfen. Bedenkt man dazu, daß der größte Teil der Verkehrsströme eingestellt werden muß, so ist auch klar, daß man nicht mehr die Rohstoffe und andere Produkte aus aller Welt nach Deutschland karren kann. Erdöl und Erdgas können dann nicht mehr aus Rußland kommen oder der

Orangensaft aus Brasilien oder das Rindfleisch aus Argentinien. Man wird sich auf die Kapazitäten im eigenen Land konzentrieren müssen. Da es dann zu diversen Engpässen kommt, führt dies noch mal zu einem spezifischen Abbau von Konsummöglichkeiten, von dem sich detailliertere Reduktionsquoten ableiten.

Fakt ist, jeden Tag, an dem unser selbstmörderisches System weiterläuft, stehen unterm Summenstrich weitere 100 Millionen Tonnen Kohlendioxid, die unsere Atmosphäre aus dem Gleichgewicht bringen. Und wären es nur 30.000 Tonnen, so bräuchten wir für denselben Zerstörungseffekt nur länger, selbst wenn die Ozeane die geringere Menge besser aufnehmen könnten. Jedes in der industriellen Technosphäre erzeugte Produkt wiegt seine eigene Kombination an ökologischen Schattenlasten. Alle Ballastpäckchen, und seien sie noch so klein, müssen auf dem Schiff Erde abgeladen werden. Irgendwann ist aber der Laderaum voll, selbst wenn die Päckchen immer winziger werden. Dann beginnt das Schiff unaufhaltsam an der Überlast zu sinken.

Wird der ökologische Notstand unausweichlich?

Der industrielle Wohlstand im Zeichen von Wachstum und Fortschritt ist unser Götze geworden, eine Religion, die sich der Marxschen Interpretation zuordnen ließe: „Die Religion ist der Seufzer der bedrängten Kreatur, das Gemüt einer herzlosen Welt, wie sie der Geist geistloser Zustände ist. Sie ist das Opium des Volkes." Der größte Teil der Gesellschaft ist völlig in eine Existenzweise des Habens verwoben. In dieser Situation sind oftmals die inneren Werte des Menschen zurückgedrängt. Häufig werden sie Statusinteressen, Eitelkeiten und anderen „Wichtigkeiten" geopfert. Dieser Kulturkanon bricht nur in gesellschaftlichen Randgruppen bzw. Nischen auf. Die Risse zwischen den Fronten klaffen nicht selten in ein und demselben Menschen.

Schon die Preisgabe der privilegiertesten Konsumgewohnheiten wird gefährliche psychische Destruktivkräfte in der Bevölkerung entfachen. Je mehr an üblichem Komfort aufgegeben werden muß, desto schärfer treten diese hervor. Die Qualität der produzierten Gebrauchswerte in bezug auf eine effektive Lebens- und Arbeitsgestaltung wird zu einem wesentlichen Kriterium, um politische Schübe in Richtung Diktatur zu vermeiden. Es mag durchaus eine gesellschaftliche Atmosphäre geschaffen werden können, in welcher der Abbau der westlichen Privilegien von vielen Bürgerinnen und Bürgern befürwortet wird, dieser Kredit kann aber sehr schnell aufgebraucht sein.

So schreibt Herbert Gruhl in seinem letzten Buch „Himmelfahrt ins Nichts. Der geplünderte Planet vor dem Ende": „Auf welche Weise eine ökologische Überlebenspolitik auch immer versucht würde, die Folgen wären: verminderte Einkommen, teurere Waren, größere Arbeitslosigkeit. Eine solche Entwicklung könnten nur lebensmüde Politiker riskieren. Denn schon nach wenigen Monaten würden sie mittels der Dolchstoßlegende hinweggefegt werden. Allein ihnen würde man die ganze Schuld dafür aufbürden, daß es nicht mehr so fröhlich weitergehe wie vorher."

Wenn Gruhl sagt, die Menschen werden ihren privilegierten Wohlstand nicht aufgeben und von daher sei der Titanic-Kurs unvermeidlich, dann muß man und frau sich darüber im klaren sein, die Chancen, daß Gruhl recht behält, sind überwältigend groß. Die bittere Tragik eines neuartigen Totalitarismus zeichnet sich längst in den Gang der Geschichte ein. Dennoch, denke ich, darf das Prinzip Hoffnung nicht aufgegeben werden, denn wer resigniert, der hat schon verloren. Etwa die Arbeitslosigkeit kann bei veränderten gesellschaftlichen Rahmenbedingungen sehr weitgehend abgebaut werden. Müssen wir uns 1,9 Milliarden Überstunden in Deutschland im Jahr 2000 leisten? In einem ersten Schritt hätte die Vier-Tage-Arbeitswoche längst eingeführt werden können, dazu gehört gewiß auch die Veränderung steuerlicher Anreize, der Rentenbezüge usw.

Größere Arbeitslosigkeit wäre bei intelligenter Ordnungspolitik und einem sehr weitreichenden ökologischen Steuer- und Subventionsumbau auch in Verhältnissen, die auf einen Abbau von Industriestruktur orientieren, keine zwingende Folge. Natürlich kann man die Einkünfte nicht an eine, wenn auch gegenüber den Profiten nachholende Wachstumsspirale anbinden. Zugleich ist es sinnlos, zu bestreiten, die Chancen für eine alternative Kultur tendieren immer mehr gegen Null, jedenfalls solange Volksmehrheiten unser selbstmörderisches Programm in Form der Wohlstandsfalle unerkannt bleibt, der jetzige gesellschaftliche Weg in dieser oder jener Variation als allein selig machende Richtung angenommen wird. Gewiß, ein Stück weit sorgen dafür auch die einmal etablierten Verhältnisse. Kulturpessimismus hilft uns natürlich auch nicht weiter.

Da der schrittweise Abgang der menschlichen Gattung die wahrscheinlichste Option ist, mit der wir rechnen müssen, scheint es immer unumgänglicher, sich auch mit konsequenter Notstandspolitik zu befassen. Sie resultiert aus dem totalen Versagen der heutigen Generation für vorsorgende Weichenstellungen. Die allmähliche Kapitulation vor den anthropogen veränderten Naturgewalten, so makaber es klingt, verlangt letztlich hohe Kunst in der Politik. Wie können die schlimmsten Exzesse verhindert werden? Mit welcher Gesamtstrategie kann der drohende Crash der Biosphäre wenigstens abgemildert werden? Gerade letztere Fragestellung zeigt sich janusköpfig. Vermutlich erweist sich ein schnelleres Ende der Menschheit ohne Gnade als „humanere" Ausrottung als eine ewige Verzögerung in Siechtum und Elend hinein. So gerät noch die wohlmeinende rettende Absicht, wenn sie nicht die geballte Konsequenz, wenn sie nicht der große Wurf ist, zur Pflasterstraße durch die Hölle.

Erreicht der Verfallsprozeß der menschlichen Zivilisation das kritische Stadium, so votiert die geordnete Ökodiktatur als scheinbare Alternative zu Chaos und politischem Mafiatum. Insbesondere wenn die Bevölkerung die Laster der Wohlstandsgesellschaft nicht lassen kann, sich gegen die anstehenden Reformen sperrt, das regierende politische Establishment zum handlungsunfähigen Relikt wird, kann die „gute Diktatur" zum einzig möglichen Ausweg oder besser Irrweg werden. Egal unter welchen politischen Farben die neuen Regenten antreten würden, sie hätten gar keine andere Wahl als den diktatorischen Anlauf, wollten sie nicht von vornherein scheitern. Das Parlament würde in milden Diktatur-Varianten sicher weiterbestehen, es hätte aber die Auflagen der Regenten zu respektieren und damit stark eingeschränkten Spielraum. Die nötigen

Umbauten sind dann allerdings auch in letzter Instanz mit polizeistaatlichen Methoden verbunden. Dirk C. Fleck weist in seinem Roman „Die Öko-Diktatur" sehr prägnant darauf hin, daß sich so eine diktatorische Regentschaft, selbst wenn sie die verfahrene Situation so gut wie möglich regulieren will, in unzählige Widersprüche verstrickt und immer mehr Opfer der eigenen Kreisläufe wird. Reformaufbrüche aus dem eigenen elitären Klüngel scheitern oder versacken nach ersten Veränderungen. Erst äußere revolutionäre Bewegungen vermögen diese Konstellation aufzubrechen. Das Ergebnis ist aber wiederum ein politisches Fiasko, wenn nicht aufgeklärte Kräfte das Zepter in der Hand halten. So wird also jeder Weg zur Sackgasse, wenn nicht Bevölkerungsmehrheiten im ökologischen Notstand selbstloses Profil zeigen. Nur dieses vermag dem diktatorischen Zügel Einhalt gebieten. Die seelischen Tiefenkräfte, die in der Gesellschaft und an den Knotenpunkten der Macht wirken, entscheiden darüber, wie liberal die Politik ausfällt. Wir müßten alles dafür tun, daß auch im ökologischen Notstand das diktatorische Moment als Selbstläufer nicht zum Start kommt. Um es für Wortverdreher und andere Aufpasser/innen, von denen es mehr als genug gibt und wo dann immer einer vom anderen unhinterfragt abschreibt, unmißverständlich zu wiederholen: Ich bin entschiedener Gegner ökodiktatorischen Regiments.

Selbstverständlich können beim Notstand auch Situationen zutage treten, in denen die Konstellationen und Perspektiven von den eben benannten Reaktionstypen abweichen. Der ökologische Notstand wird sich in der Klimakatastrophe anders äußern als bei einem SuperGAU (Größter Anzunehmender Unfall) durch gentechnische Kokeleien oder einen globalen Atomkrieg.

Die Effizienzrevolution und der Faktor 10

Ohne den Auszug aus den Festungen euroamerikanischen Wohlstands bleibt ökosoziale Rettung eine Farce. Der Verzicht auf das kleine Auto und viele andere Luxusgüter dürfte unvermeidlich sein. Große Teile des Industriesystems müssen stillgelegt werden. Der Rückbau des derzeitigen Wirtschaftsvolumens bedarf einer sorgfältigen und detaillierten Planung sowohl regional wie zentral. In der Folge ist das zwangsläufig mit starken Eingriffen in die wirtschaftlichen Eigentumsverhältnisse verbunden. Erst dann wird Ökomodernisierung etc. effektiv greifen können. Mann und frau wird also versuchen müssen, mit minimaler Industriegrundlast viel materielle Lebensqualität zu bewahren. Dies setzt für die verbleibende umstrukturierte Wirtschaft auch eine sozial-technische Effizienzrevolution voraus, wobei es hier um Effizienz und Intelligenz im Gebrauchen von Produkten und Technologien geht, nicht um die Geldmenge, die sich auf den Bankkonten von Firmeneignern und Aktienbesitzern stapelt. Im Ganzen brauchen wir einen neuen sozialkulturellen Organismus, in dem sich die alten Gesellschaftsmuster lösen. Der Bezug des Menschen zur Arbeit, zum Wissen, zur Liebe etc. sollte sich auf einem neuen Fundament betten, sehr viel autonomer gegenüber gesellschaftlich herausgebildeten Strukturen werden und damit einen Wandel in Gang setzen.

Die Grundlast unserer Konsumgesellschaft müßte binnen weniger Jahrzehnte ungefähr auf ein Zehntel der heutigen Durchsätze an Material reduziert werden. Beim Energieverbrauch im Bereich der Stromerzeugung kann die Reduktionsquote wahrscheinlich geringer ausfallen wegen der solaren Alternativen. Sie wird aber auch bei etwa 10 bis 20 Prozent des heutigen Verbrauchs ankommen müssen.

Der Faktor Zehn in der Industriegrundlast ist ein Maß, das mindestens erreicht werden sollte, eine Senkung darüber hinaus ist wünschenswert. Es handelt sich um eine Näherungsgröße, die nicht schematisch auf jeden Lebenssektor übertragbar ist. Für Obst, Gemüse und Getreide besteht z.B. eher wachsender Bedarf, speziell wenn Bananen, Apfelsinen und anderes nicht mehr aus dem Süden eingeführt werden. Dies trifft auch auf Holz zu. Soweit industrielle Struktur im Verlauf der Verarbeitung etc. unbedingt erforderlich ist, dürfte hier nur mehr Ökoeffizienz in Anwendung kommen. Auf der anderen Seite wird es auch Totalverbote geben müssen. Etwa die Produktion von FCKWs und insbesondere auch der riskanten Ersatzstoffe muß weltweit vollständig eingestellt werden, und hier gibt es bereits jetzt einen beträchtlichen Fortschritt zu verzeichnen. Man wird nicht jedes Jahr Hunderte neue chemische Verbindungen in die Produktion einführen können, deren langfristige Gefährdungspotentiale kaum oder gar nicht geklärt sind. Darüber hinaus müssen ganze Industriezweige, wie der Rüstungssektor, abgewickelt werden.

Für jede Stoffgruppe wird es spezielle grobe Reduktionsstärken geben, die in die Ökosteuern hinein zu vermitteln sind. Diese Steuern sollten auch in erster Linie bei den Ausgangsstoffen ansetzen und erst dann korrigierend Spezialgebiete betreffen. Sie müssen insgesamt so konzipiert sein, daß sie als verläßlicher Bestandteil für den Rückbau der Industriegesellschaft wirken.

Perspektivisch sollten wir davon ausgehen, daß zehn Milliarden Menschen oder mehr gleichwertige Bedürfnisse in Anspruch nehmen, daß die Differenzen in der Lebenshaltung zwischen den Reichsten und Ärmsten in der Welt nicht immer weiter auseinanderklaffen, sondern sich auf einem nachhaltigen Niveau allmählich annähern. Sicher braucht man in Tropenregionen keine Heizungen wie in Europa und hierzulande sind Moskitonetze überflüssig. So ist also die Annäherung regionsspezifisch. Darüber hinaus gilt prinzipiell: Indigene Naturvölker sollten in keiner Weise dazu bewegt werden, ihre ursprüngliche Lebensweise aufzugeben. Gerade sie sind gegenwärtig mit einem hemmungslosen Ausrottungsfeldzug durch die Weltmächte konfrontiert, z.B. in Brasilien. Tropenhölzer, neue landwirtschaftliche Flächen, Erze, Gold etc. sind wichtiger als Menschenleben. Den einzigen Menschen, die heute noch im ökologischen Gleichgewicht mit der Natur leben, bräuchte man lediglich ihren Lebensraum belassen.

Von der Gleichwertigkeit der Ansprüche aller Erdenbewohner geht auch Friedrich Schmidt-Bleek aus. In seinem Buch „Wieviel Umwelt braucht der Mensch?" kommt er ganz analog zu meinen Ausführungen zu dem Schluß, die vermögenden Wirtschaften in der Welt müßten im Mittel ungefähr um den Faktor Zehn dematerialisiert werden, um die globalen Stoffströme zu halbieren.[39] Derzeit werden 80 Prozent aller industriellen

Güter von etwa 20 Prozent der Weltbevölkerung genutzt. Allerdings setzt er für diese Reduktion einen Zeithorizont von gut fünfzig Jahren an und beschreibt den hypothetischen globalen Verbrauch in einer graphischen Darstellung noch hundert Jahre weiter fort. Zu jenem fernen Zeitpunkt sind die Stoffströme gegenüber heute global um 95 Prozent reduziert. Sicher eine vage, aber durchaus notwendige Vorausschau.

Die Frage ist jedoch, ob die zeitliche Dehnung auf 50 Jahre nicht zu lang ist, um eine globale Halbierung anzustreben. Rechnen wir, daß die „Entwicklungs"länder tatsächlich auf das von Schmidt-Bleek zugestandene Wachstumspotential kommen, also die Stoffströme sich dort kurzzeitig mehr als verdoppeln, was im Bereich des Wahrscheinlichen liegt, so bleibt aber auch zu berücksichtigen, daß die Hälfte der heutigen Grundlast global nicht ausreicht, um die Erdgleichgewichte dauerhaft zu wahren. Zudem wird man fragen müssen, ob die Zuwachsraten der Weltbevölkerung nicht noch mal eine starke Erhöhung der Stoffströme mit sich bringen dürften. Leben 2050 mehr als 10 Milliarden Menschen auf der Erde, wird ein großer Teil der Reduktion von Stoffströmen, wie sie Friedrich Schmidt-Bleek vorschlägt, durch den Menschenzuwachs wieder zunichte gemacht werden, nicht zuletzt, wenn man sich noch mal die Annahme vor Augen hält, alle Menschen bewegen sich auf ein ungefähr gleichartiges Wohlstandsniveau zu. Sollte die Schere zwischen armen und reichen Völkern 2050 noch immer weit auseinander klaffen, wird selbst dann die Situation noch kompliziert genug sein. Vermutlich kommt unsere Katastrophenfahrt so oder so in Gang, und die Frage ist nur, wie lange man braucht, bis alles kippt.

Völlig richtig ist jedoch die Annahme von Schmidt-Bleek, daß der Faktor Zehn nicht mit Verbesserungen an den bestehenden Technologien zu erreichen ist. An erster Stelle steht der Abbau der Technosphäre, die Ökoeffizienz muß über diese mindeste Sicherheitsgrenze hinausführen. Wenn ich davon ausgehe, diese Entwicklung sollte in den Grundzügen in etwa drei Jahrzehnten erreicht sein, dann ist klar: Die Politik darf nicht länger im Tiefschlaf verharren. Sie muß klare Startsignale geben. Mancher mag einwenden, der hier vorgeschlagene Schnitt sei zu radikal. Zukunftsforschung darf sich aber nicht nach der Trägheit richten, in der fast alle Politiker und die Bevölkerungsmehrheit verharren. Sie ist dazu verpflichtet, unbequeme Wahrheiten auch auszusprechen.

Die eben geführte Grundlastdiskussion ist natürlich dadurch, daß sie sich auf zwei, drei Parameter beschränkt, höchst abstrakt. Eigentlich müßte das Ganze auf die Vielzahl der Gefährdungspotentiale aufgegliedert und dann am Schluß wieder zusammengerechnet werden. Daran wird aber auch der verwegenste Rechenmeister scheitern, weil zu viele weiße Flecken unser Wissen zieren. Selbst bei bekannten Gefahren sind die Wechselwirkungen in der gesamten Bilanz sehr schwer erfaßbar. Damit sind unsichere Ausgangsdaten durch die Komplexität der Zusammenhänge die Regel. Gewiß kann man hier jetzt erst mal festhalten, daß in der Studie „Zukunftsfähiges Deutschland" bis 2010 empfohlen wird, Kohlendioxid um 35%, Schwefeldioxid und Ammoniak um 80-90% zu reduzieren. Für 2005 ist des weiteren angegeben, auf synthetischen Stickstoffdünger und Biozide in der Landwirtschaft gänzlich zu verzichten u.a.[40] Das sind gewiß wichtige

Anhaltspunkte, aber sie können unserem Frontalangriff auf die Grenzen der Naturgleichgewichte nicht ausreichend gerecht werden, so notwendig es ist, zu konkreten Empfehlungen zu kommen.

Klar ist allerdings auch, hier gibt es umfassenden Forschungsbedarf, und eine Enquete-Kommission des Bundestages sollte dazu arbeiten, natürlich auch andere Institutionen oder Einzelpersonen. Mehr Präzision ist insbesondere notwendig, um die materiell-soziale Basis nachhaltiger Gesellschaften konkreter zu bestimmen und nicht wie üblich mit sehr nebulösen Vorstellungen und widersprüchlichen Fakten zu hantieren. Die aussichtsreichsten Vermittler sind dabei wohl konkrete Zukunftsmodelle.

Mit jedem Jahr, in dem der Status quo fortgeschrieben wird, summieren sich die zivilisatorischen Risiken zu immer riskanteren Altlasten. Zieht sich die politische Unbeweglichkeit noch jahrelang hin, könnte am Ende auch ein Faktor Zwanzig oder Faktor Dreißig bei der Materialgrundlast stehen oder gar kein Faktor mehr, sondern nur noch Sodom und Gomorrha. Mit jedem verschenkten Jahr wird diese Perspektive wahrscheinlicher.

Die solare Energiewende

Die Prognosen sagen, der globale Energiehunger steigt zwischen 1990 und 2010 um 50 Prozent. Innerhalb solcher Rahmenbedingungen ist es völlig illusorisch, an so etwas wie Klimaschutz auch nur zu denken. So schließen sich die Treibhausfenster immer weiter. Dabei schickt uns die Sonne alle acht Minuten so viel Energie, wie wir in einem Jahr verbrauchen. Auf jeden Quadratmeter Deutschlands strahlt die Sonne jährlich im Schnitt mit einer Energie, wie sie in 100 Litern Öl enthalten ist.[41] Doch noch immer werden die solaren Kräfte für eine Wende in der Energiepolitik nur marginal genutzt. Die Kriege im Golf 1991 und in Tschetschenien markieren nur das Vorspiel gewaltsamer Auseinandersetzungen, wenn die Ölquellen künftig nicht mehr so reichhaltig sprudeln. Eine vollständige solare Energiewende dürfte sich also auch als ein entscheidender Eckstein erweisen, um den Weltfrieden zu erhalten.

Spätestens zwischen 2025 und 2030 müßte das letzte fossilbetriebene Kraftwerk in Deutschland vom Netz gehen. Wenn man rechtzeitig in den achtziger Jahren die Weichen dafür gestellt hätte, wäre dies viel unkomplizierter erreichbar gewesen, als es jetzt sein wird. Aller Energieverbrauch, der nicht weggespart werden kann, wäre über dezentralen Solarstrom, Solarthermie, Wind- und Wasserenergie sowie in begrenztem Maß über Holz und andere Biomasse zu decken. Andere Arten erneuerbarer Energien könnten hinzukommen. Auf einen sinnvollen Mix kommt es an. Die Weichen sind natürlich global zu stellen. Noch basiert der statistisch erfaßte Weltenergieverbrauch zu 32% auf Erdöl, zu 25% auf Kohle, zu 17% auf Erdgas, zu 5% auf Atombrennstoff und zu 14% auf Biomasse.[42] Das muß sich radikal ändern.

Hermann Scheer gelangt zu dem Schluß, die Nutzungsketten erneuerbarer Energien sind kürzer als im fossil-atomaren Bereich. Damit meint er, die materiell-technischen Aufwendungen sind in der Gesamtbilanz für die Energiebereitstellung bei den solaren

Alternativen geringer. Der Weg von der Kohleförderung bis zum Strom aus der Steckdose und allen dabei vorausgesetzten industriellen Zulieferungen ist sehr viel länger und unökologischer als der Weg von der Photovoltaikanlage auf dem eigenen Dach bis zur Glühlampe im darunterliegenden Zimmer. Es ist also gegenüber der fossilen Energieproduktion nicht nur der unmittelbar wegfallende Kohlendioxidausstoß von Vorteil. Zu berücksichtigen ist dabei auch: Die eigentlichen Erzeugungskosten der elektrischen Energie belaufen sich nur auf 30 Prozent des Strompreises, der Hauptanteil von 70 Prozent muß für Kapazitäten und Netzinfrastruktur aufgewendet werden. Aus diesem Umstand ergeben sich erhebliche wirtschaftliche Spielräume für eine dezentrale Solarversorgung.[43]

Auf eine ökologische Innovation der alternativen Möglichkeiten zur Energieerzeugung sollte gesetzt werden, damit bestehende Negativpunkte abgebaut werden können. Schon 1995 entwickelten zwei Forscher aus Berlin Solarzellen mit einem Wirkungsgrad von fast 50 Prozent. Bis zum relevanten praktischen Einsatz ist es freilich ein langer Weg. In Amerika gibt es Forschungsergebnisse, wie mit Hilfe einer dünnen Folie überaus kostengünstig solarer Strom erzeugt werden kann. Heutige Photovoltaikzellen benötigen mit 0,3 mm Dicke relativ viel von dem teuren hochreinen Silizium. Dünnschichtzellen z.B. aus Kupfer-Indium-Selenid werden auf ein Basismaterial aufgedampft mit 0,005 Milimeter Dicke. Das bedeutet eine Materialersparnis von 90 Prozent und geringere Herstellungskosten.[44] Dies sollen nur ein paar Hinweise darauf sein, hier könnten ganz neue Technologien geboren werden, die sowohl in der Produktion als auch bei der Energieerzeugung optimalen Umweltbezug erreichen. Dies heißt z.B., die zugehörige technische Ausrüstung beruht auf minimalem Stoff- und Energieaufwand, die sonstigen mitbewegten Schattenlasten richten keinen gravierenden Schaden an.

Allerdings sollte man immer mitbedenken: Jede neue technische Generation, die eingeführt wird, jede optimale Wärmedämmung etc. treibt in der Bilanz die stoffliche Verbrauchsspirale des Industriesystems noch mal auf Hochtouren, also der zerstörerische Apparat läuft im Hintergrund weiter. Eine vollständige solare Energiewende würde ohne eine einschneidende Senkung des Energieverbrauchs einen gigantischen Verbrauch an Ressourcen verschlingen. Das kann nicht Ziel sein. Wir müssen uns auf einen Bruchteil des heutigen Energieverbrauchs einrichten. Das kann nicht allein durch ökologische Effizienz erreicht werden, selbstgenügsame Lebensformen müssen hinzukommen. Wir sollten uns hierzulande darauf orientieren, bis spätestens zur Mitte des angebrochenen Jahrhunderts mit ungefähr 10-20 Prozent des heutigen Energieverbrauchs auszukommen.

Während sich die Solarthermie bei der Aufbereitung von Warmwasser bereits rechnet, ist man bei der Stromerzeugung mit Solarzellen noch nicht soweit. Mit Preisen ab 1,50 DM pro kWh ist die Photovoltaik unter den gegenwärtigen Wirtschaftsbedingungen nicht konkurrenzfähig. Um das zu ändern, müssen die hohen Produktionskosten abgebaut werden. Dies kann durch die Großserienfertigung, staatliche Subventionen und Forschungsgelder geschehen. Eine wirksame ökologische Steuerreform, die bei den Ressourcen ansetzt würde die veralteten Methoden zur Energieerzeugung deutlich verteuern und damit erneuerbare Energien verbilligen. Allein durch die Massenfertigung der Solarmodule könnte binnen weniger Jahre der Preis auf bis zu 0,23 DM pro kWh auch unter den deutschen Klimabedingungen gesenkt werden. Franz Alt geht davon aus, der Preis wäre noch weiter zu drücken, auf bis zu 10 Pfennig pro kWh. Natürlich wäre ein Verbrauch von unbebauten Flächen zur Solarstromerzeugung unakzeptabel, aber es gibt genug Dächer und Fassaden, in die Module integrierbar sind.

Eine weitere Möglichkeit zur Anschubfinanzierung ist das Aachener Modell. Dabei wird die solare Energie kostendeckend dem Erzeuger vergütet. Die Mehrkosten können die Stadtwerke auf alle privaten und industriellen Stromkunden aufschlagen, jedoch darf der Energiepreis dadurch nur um 1 Prozent steigen. Etwa ein Vierpersonenhaushalt wird im Monat bei diesem Modell nur durch wenige Euro mehr belastet. Würde dieser Freiraum überall in der Bundesrepublik genutzt, dann ergäbe sich eine installierte Stromleistung von ca. 300 bis 400 Megawatt. Das entsprach 1994 der Leistung aller jemals in der Welt installierten Solaranlagen.[45] Im liberalisierten Strommarkt wird es jedoch zunehmend schwerer, diese Beträge auf den Kunden umzulegen, zudem erlischt der Fördereffekt, wenn das jeweilige Limit an Anlagen überschritten ist. Deshalb gibt es Bemühungen, eine kostendeckende Vergütung über das Stromeinspeisegesetz zu installieren.

Eine analoge Strategie verfolgte Greenpeace mit seiner Solarkampagne. Ende 1995 hatte der letzte größere Produzent von Solarmodulen in Deutschland die Herstellung abgebrochen. Dies war für Greenpeace Anlaß, in einer Kampagne zu beweisen, es gibt sehr wohl einen Markt für diese Produkte. Die Organisation wollte jährlich 2.500 Bestellungen für Photovoltaikanlagen einwerben, zunächst über eine Kaufabsicht. Dies würde ausreichen, um eine rentable Solarfabrik zu betreiben. Mehr als 4.000 Bestellungen kamen zusammen. Mit diesen Kaufabsichten wurde ein Investor gesucht. Inzwischen engagieren sich auch die Mineralölkonzerne BP und Shell in der Solarbranche.

Mit der Aktion Stromwechsel will Greenpeace erreichen, daß jeder Strom aus erneuerbaren Energien beziehen kann. Mit der Liberalisierung des Energiemarktes fielen die alten Strommonopole. Jeder kann jetzt selbst entscheiden, ob er Strom aus Atomkraftwerken bezieht oder die solare Energiewende unterstützen will. Seit Januar 2000 bietet ein von der Umweltorganisation ins Leben gerufenes Unternehmen einen Strommix an, der zu 50% aus regenerativen Energien gespeist wird, wobei ein Mindestanteil von 1% Solarstrom enthalten ist. Der übrige Anteil stammt aus Erdgas, das in Anlagen genutzt wird, die sowohl Strom als auch Wärme produzieren. Das ist zwar noch nicht optimal, führt aber dennoch zu einer sehr starken Reduktion von ausgestoßenem Kohlendioxid. Einstweilen ist der Ökostrom im Preis auch ein paar Pfennige teurer pro Kilowattstunde. Es gibt auch noch weitere Anbieter von Ökostrom, allerdings ist nicht jeder grüne Tarif mit einem Zubau von alternativen Energiekapazitäten verbunden, und nicht überall wird Strom aus Photovoltaik berücksichtigt. Dies jedoch ist das erklärte Ziel von dem Greenpeace nahestehenden genossenschaftlich organisierten Unternehmen.[46]

Auch in anderen Ländern bahnt sich die solare Perspektive ihren Weg. Japan kaufte eine

Vielzahl deutscher Solar-Patente auf. Die japanische Regierung erhöhte ihr 70.000-Solar-dächer-Programm von 1996 Anfang 1997 auf ein 100.000-Dächer-Programm. Soviele Haushalte bekommen einen Zuschuß für ihre Solaranlage. Auf diese Weise will das fern-östliche Land die preiswerte und massenhafte Produktion in Gang bringen. Schon in fünf Jahren soll Solarstrom in Japan so billig sein wie Kohle oder Atomstrom.

Franz Alt kommentiert: „Eher lassen sich die Herrschenden in Bonn - wieder einmal - von anderen einen Weltmarkt erobern - und das auch noch mit Hilfe deutscher Tech-nologie, als daß sie endlich die jetzt anstehenden politischen Entscheidungen gegen die alten Energiemonopolisten treffen." Er wirft der CDU/CSU und der FDP vor, sie hänge am Tropf der Atomwirtschaft, so wie die SPD am Tropf der Kohlelobby. Damit verspie-len die bundesrepublikanischen Altparteien den solaren Zukunftsstandort Deutschland. Die japanische Regierung erwartet, daß durch ihre Solarpolitik etwa eine Million neue Arbeitsplätze entstehen. Dieser Aufschwung wird sich insbesondere auf den riesigen Exportmarkt gründen, bei dem Deutschland bereits den Anschluß verpaßt hat.[47] Man darf gespannt sein, ob die rot-grüne Regierung in Deutschland den Rückstand aufzuho-len vermag.

Wenn die Studie „Zukunftsfähiges Deutschland" davon ausgeht, bis zum Jahr 2050 müßte weltweit alle Energie solar gewonnen werden, und wir eine Vorreiterrolle der Industriestaaten annehmen, dann muß der Umbau der nationalen Energiewirtschaft in dem benannten Tempo von etwa drei Dekaden erfolgen. Möglicherweise ist aber auch dieser Zeitplan für den Übergang noch zu langsam, immerhin kann ich dies nicht aus-schließen. Weltweit wird es genügend Nachzügler geben, die wirtschaftlich nicht umsteu-ern können bzw. dies nicht wollen. Aller Voraussicht nach wird die Umstellung der Ener-gieversorgung auf eine solare Basis auch hierzulande länger dauern, vielleicht zu lange.

Auch wenn derzeit durch eine widersinnige EU-Agrarpolitik Felder brachgelegt werden und es naheliegt, mit Energiepflanzen einen Aufschwung in der Landwirtschaft in Gang zu setzen, so sei noch mal daran erinnert: Deutschland nimmt zwei- bis dreimal mehr Umweltraum in Beschlag, als ihm auf Grund seiner eigenen Fläche eigentlich zustünde. Selbst wenn man in Betracht zieht, mann und frau könnte den Fleischkonsum drastisch einschränken, um zu einem geringeren Flächenverbrauch zu kommen, so bleibt die wich-tige Frage, ob es nicht angesichts begrenzter Ackerflächen sinnvoller wäre, Schilfgräser, Hanf u.ä. für Produkte auf alternativer Rohstoffbasis zu nutzen. Die Palette reicht von Kleidung bis zu Karosserieteilen. Dies würde in Bereichen helfen, den Ausstoß von Kli-magasen abzubauen, wo sie sonst zum Teil nur schwer vermeidbar sind, und zudem nicht erneuerbare Rohstoffe einsparen. Außerdem ist die energetische Nutzung z.B. von Schilfgras zwar CO_2-neutral, aber beim Verbrennungsprozeß entstehen auch andere Schadstoffe.

Produkte aus endlichen Bodenschätzen müssen nach und nach umfassend ersetzt werden durch solche, die sich aus Biomasse gewinnen lassen. Zum Beispiel können Kunststoffe auf Pflanzenbasis statt aus Erdöl hergestellt werden, Aluminium läßt sich oft durch Holz ersetzen. Für eine weitgehend solare Rohstoffbasis, die anzustreben ist, bleibt jedoch noch viel Forschungsarbeit erforderlich. Nichterneuerbare Rohstoffe sollten nur noch dort zum Einsatz kommen, wo sie nicht ersetzt werden können. Klar ist aber zugleich auch, ohne eine Senkung der materiellen Grundlast wird sich eine solare Rohstoffbasis nicht umsetzen lassen. Die Fläche dafür kann nicht geordert werden, wenn sich gleichzeitig der Verbrauch an Nahrungsmitteln auf Grund des hohen Bevölkerungswachstums in den armen Ländern global wenigstens verdoppeln wird. Auf der anderen Seite dehnen sich die Wüsten täglich um weitere 20.000 Hektar aus, und eine Schneise nach der anderen wird in den Regenwald geschlagen für einen Landbau, der nach drei Jahren unfruchtbare Erde zurückläßt. Die Erfordernisse des Naturschutzes verlangen, viel Fläche müßte auch aus der landwirtschaftlichen Nutzung herausgenommen werden.

Alternative Energieerzeugung kann nicht a priori als umweltverträglich bezeichnet werden. Da muß man fragen: Wie ökologisch wird die Solartechnik produziert und entsorgt? So ist es sicherlich auch nicht sinnvoll, alle geeigneten Landstriche mit Windrädern zu verspargeln, wenngleich man im Gegenzug sagen muß, viele Tausende Hochspannungsmasten könnten abgetragen werden, wenn regional die alternative Energieversorgung gesichert ist. Der Landschaftszerstörung durch Braunkohletagebaue sind Windräder gewiß vorzuziehen.

In den ersten sechs Monaten des Jahres 2001 gingen bundesweit 673 neue Windturbinen in Betrieb mit einer Gesamtleistung von 821 Megawatt, so der Bundesverband Windenergie. Das sind 50 Prozent mehr als im Vorjahreszeitraum. Damit produzieren in Deutschland bereits mehr als 10.000 Windräder Strom mit einer Gesamtleistung von 6.900 Megawatt.[48] Nebenbei bemerkt, erweisen sich auch Windräder auf dem Meer als interessante Alternative, zumal die Energieausbeute deutlich höher liegt als an Land. Besonders in Dänemark hat man damit begonnen.

Selbstverständlich - egal, wie man die Dinge dreht, die Beeinträchtigung des Landschaftsbildes dürfte nicht zu bestreiten sein, und der Einfluß der Räder auf das Brutverhalten von Vögeln ist nicht zu leugnen. In für den Naturschutz wertvollen Gebieten sollten sie nicht aufgestellt werden. Drei Windräder in Sichtweite des eigenen Dorfes sind gewiß eher zu verkraften, als wenn man von Windparks umstellt ist.

Auch kilometerweite Monokultur im Anbau von Energiepflanzen wie etwa Schilfgras kann nicht erwünscht sein. Dies gilt ebenso für Hanf. Nur ökologisch verträglicher Anbau sollte zugelassen werden, und die Pflanzungen dürften den übrigen ökologischen Landbau nicht einschränken. Dieser braucht mehr Fläche als die herkömmliche Landwirtschaft. Allerdings steht an erster Stelle die Reduzierung des Fleischkonsums, damit große Flächen, die für Futtermittel belegt sind, frei werden. Bedauerlich ist es, wenn alternative Möglichkeiten gebremst werden, so z.B. die Entwicklung von Windhamstern, die den Auftrieb nutzen und dadurch eventuell effizienter sein könnten als herkömmliche Windräder, vermutlich wird man weitere nicht realisierte Alternativtechnologien aufzählen können.

Die Stromgiganten gaben zu Beginn der 90er Jahre jährlich 150 Millionen Mark zur Werbung gegen die Solarenergie aus. Ein stückweit kann man das schon verstehen, sie werden in einer dezentralen Energieversorgung überflüssig. Anfang 1995 konnte man der ARD-Tagesschau entnehmen, Helmut Kohl hielt Kohle- und Kernkraftwerke damals auch in Zukunft bei einem vernünftigen Energiemix für unverzichtbar. Anhand der einzelnen politischen Entscheidungen kann man nach wie vor gut erkennen, die CDU und die FDP halten eisern an diesem Kurs fest.

Weltweit werden die konventionellen Energiesysteme mit jährlich 300 Mrd. Dollar subventioniert. Dabei berücksichtigt diese Zahl der Entwicklungshilfeorganisation der UN viele versteckte Subventionen nicht einmal. Von Ende der 90er Jahre bis 2005 werden in Deutschland noch 70 Milliarden Mark für die Kohleförderung ausgegeben.[49] Die Forschungsmilliarden, die für die Atom- und Kohleverstromung investiert werden, sind rausgeschmissenes Geld, mit dem die alternativen Energien profiliert werden könnten. In der EU erhält die Nuklearforschung zwischen 1998-2002 mit 1.260 Millionen Euro doppelt soviel Forschungsgelder wie die Erneuerbaren mit 625 Millionen Euro.[50] Trotz rot-grüner Regierung in Deutschland wird immer noch 60 Prozent der Energieforschung in den Großforschungszentren für die Atomenergie einschließlich der Fusion bereitgestellt. Nur zehn Prozent fließen in die Forschung für die erneuerbaren Energien.[51] Solange dies so bleibt, muß man davon ausgehen, die Regierung will gar keinen Atomausstieg und lügt der Bevölkerung etwas vor. Hier müßte grundsätzlich umgesteuert werden.

Der Atommülltranport im März 1997 ins Wendland kostete etwa 167 Millionen Mark und einen erheblichen moralischen Verschleiß des Staates. Für erneuerbare Energien gab der Bund im selben Jahr dagegen nur 18 Millionen Mark an Forschungsgeldern aus.[52] Das zeigt die Relationen der politischen Geistlosigkeit in unserem Land. Rot-grüne Transporte sind natürlich keinen Deut besser, zumal es wohl mit dem Abschluß des sogenannten Atomkonsenses 25 Jahre dauern wird, bis der letzte Atomreaktor vom Netz geht, vielleicht verzögert dies die CDU auch noch um ein paar Jahre, sie will ja weiter machen.

Der Anteil von erneuerbaren Energien in Deutschland liegt zur Jahrtausendwende in der Stromproduktion bei sechs Prozent. Das 100.000-Solardächer-Programm der rot-grünen Regierung mit einem Volumen von einer Milliarde DM, verteilt auf sechs Jahre, wird den solaren Aufschwung zumindest befördern. Für die Solaranlage gibt es einen zinslosen Kredit oder einen Investitionszuschuß beim Kauf der Anlage. Diese Förderung entspricht etwa 35 Prozent der Investitionskosten.[53] Mit 200 Millionen Mark jährlich wird aus einem Teil der Einnahmen der ökologischen Steuerreform auch die Energiegewinnung aus Biomasse und die Geothermie gefördert. Auch die Einspeisung des Stroms aus einer Photovoltaikanlage erfährt einen kräftigen Zuschuß, am Anfang sogar noch 99 Pfennig. Dies ist sicherlich einer der wenigen Bereiche, wo der Regierungswechsel 1998 etwas gebracht hat, aber auch nur, weil es ein paar Engagierte gab, die das durchgebracht haben. Das ist ein bescheidener Anfang, die globale Aufgabe einer Klimawende würde jedoch eine andere Dimension des Herangehens erfordern. Es bleibt also viel zu tun.

Auch wenn eine Reihe von Politikern, Wissenschaftlern und Managern noch immer im Tal der Ahnungslosen wohnen: Die Atomkraftwerke müssen sofort stillgelegt werden. Der Ausstieg ist selbst unter der hochgradig fraglichen Fortschrittsoption des Wirtschaftsstandortes Deutschland möglich. Das, was seit 2001 unterschrieben von vier Atomkraftbetreibern und Regierung als Ausstieg gehandelt werden möchte, bedeutet noch für mindestens ein Vierteljahrhundert die Gefahr eines SuperGAUs in Deutschland. Es wurde zugestanden noch einmal so viel Atomstrom in Deutschland produzieren zu können, wie von den deutschen AKWs bisher in die Netze geschickt wurde. Die Technik in den Kernkraftwerken wird sich auch nicht verjüngen, insofern werden die Sicherheitsgefahren eher größer werden. Der hoch radioaktive Müll wächst beim fristgerechten Abschalten noch mal auf zusätzliche 7.000 Tonnen an.

Auch bei einem relativ schnellen Atomausstieg würden nicht „die Lichter ausgehen". Der Höchstverbrauch an Stromleistung liegt in Deutschland bei 72,6 Gigawatt. Das ist eine Nachfrage, in deren Nähe man nur an besonders kalten Tagen kommt. Die 1998 installierte Stromleistung betrug rund 108 Gigawatt. Wir kommen also auf eine Reserveleistung von mehr als 35 Gigawatt.[54] Damit könnte man die atomaren Erzeuger vollständig ersetzen. Sie machen nur 20 Prozent des deutschen Kraftwerksparks, aufgegliedert nach Energieträgern, aus.[55] Eine weitere drastische Reduzierung des Höchstverbrauchs an Strom wäre durch effektive Energiesparpolitik ohne Probleme umzusetzen. Allein bei Verzicht auf sogenannte Stand-by-Schaltungen könnten mehrere Atomkraftwerke an Stromleistung eingespart werden. Eine Reserveleistung von 35 Gigawatt ist in jedem Fall reine Verschwendung. Japan leistet sich z.B. 7% Reserveleistung in bezug zur Gesamtstrommenge. Warum Deutschland dagegen mehr als 48% braucht, ist nicht einzusehen.

Wenn es trotzdem in der Politik noch Verfechter der Atomkraft gibt, so liegt das u.a. daran, weil man noch nicht so weit ist, man braucht erst einen zweiten GAU nach Tschernobyl zum Umdenken, und außerdem können die Energieunternehmen mit den heute abgeschriebenen Atomkraftwerken noch viel Geld verdienen. Fazit: Wenn die Politik wollte, könnte sofort klar sein - wir schalten den Atomstrom sofort ab. Für Frankreich mit seinen über 70 Prozent Stromanteil, der atomar erzeugt wird, ist der Ausstieg viel komplizierter. Aber will es noch irgendein deutscher Politiker riskieren, sich am Schlußlicht zu messen? Ohnehin geraten die atomaren Transporte immer mehr unter Druck. Jeder konnte 1998 sehen, wie es um die Sicherheit bestellt ist. Eine mehr als 3.000fach höhere Dosis, als die „zulässigen" Grenzwerte für atomare Partikel angeben, wurde am Castorenmantel gemessen. So gut, wie die Antiatombewegung derzeit in ganz Deutschland organisiert ist, wird irgendwann nicht nur wie 1997 eine ganze Streckenführung unpassierbar sein, sondern alles abgeriegelt. Die ansässigen Bauernwirtschaften hatten mit einer großen Treckerblockade den Weg nach Gorleben unpassierbar gemacht. Barrikaden aus Bäumen, Stroh, Straßenunterhöhlungen und zwei zu einem überdimensionalen X zusammengeschweißte Stahlträger, senkrecht eingelassen in die Straße, blockierten die atomare Fracht. Bevor sie auf eine Ausweichstrecke gelangen konnte, mußten erst noch 10 Stunden lang friedliche Demonstranten mit Wasserwerfern drangsaliert werden. Tausende hatten sich sitzend auf dem Transportweg zusammengekauert. Bei frostigen Märztemperaturen begann die Räumung um Mitternacht. Im März 2001 mußte der Atomzug erstmals rückwärts fahren wegen einer Aktion von vier Robin-Wood-Aktivisten, und danach war es notwendig, auch die Transporte nach La Hague und Sellafield zur Wiederaufbereitung des Atommülls mit sehr starken Polizeiaufgeboten zu bewachen.

Als sicher darf gelten, man kann hochradioaktiven Atommüll nicht über Tausende von Generationen ohne Schaden verscharren. Eine unbedenkliche Endlagerung wird es niemals geben. Wer könnte eine sichere Lagerung für viele Jahrtausende auch garantieren, nimmt man mal die hartgesottenen Ideologen aus? Die Halbwertszeit von Plutonium beträgt 24.400 Jahre. Nach ungefähr 10 Halbwertszeiten ist die Radioaktivität weitgehend abgeklungen. Allein eine realistische Versicherungspflicht für den möglichen GAU würde zur sofortigen Aufgabe der einst hochsubventionierten Atomtechnologie zwingen.

Ein wichtiger Bereich der Energiewende ist die Verkehrswende. Mit einem drastischen Anstieg des weltweiten Bestands an Personenwagen von 500 Millionen in der Mitte der neunziger Jahre um mehr als das vierfache auf 2,3 Milliarden bis zum Jahr 2030 rechnet das Heidelberger Umwelt- und Prognoseinstitut. In diesem Zeitraum werde der Autoverkehr rund 60 Milliarden Tonnen Erdöl verbrauchen, fast die Hälfte der derzeit bekannten Welterdölreserven.[56] Diese Aussagen verdeutlichen, wie dringend eine Verkehrswende angesagt ist. Die Industriestaaten müssen damit beginnen. Allein in Afrika gibt es auf dem Kontinent nur etwa soviel Fahrzeuge wie im Bundesland Rheinland-Pfalz. So gilt es dort nur, den Nachholwettbewerb einzuschränken.

Zum Jahr 2030 hin sollte sämtliche unverzichtbare Mobilität neben Fahrrädern über öffentliche Verkehrs- und Transportsysteme geleitet werden, wie Bahnen, Solarbusse und -schiffe usw. Privater Autoverkehr existiert dann nicht mehr. Ein solches alternatives Verkehrsmodell setzt aber auch eine völlig neu organisierte Arbeitswelt voraus, z.B. mindestens eine Halbierung der jetzigen Arbeitszeit für den formellen Erwerbssektor. Die Arbeitszeit richtet sich nach den Fahrplänen.

Unzählige Bahnhöfe und Nebenstrecken legte man in den vergangenen Jahrzehnten in Westdeutschland still. Die Preise für das Bahnfahren gehen in Wucher über. Zwischen 1950 bis kurz nach der Vereinigung baute die Bundesbahn 17% ihrer Strecke ab, der Straßenbau nahm dagegen um 40% zu.[57] In Ostdeutschland werden die Nebenstrecken reihenweise kaltgestellt, ein Ergebnis bahnfeindlicher Politik. Doch mit dem ökologischen Wandel könnte sich vieles ändern. Viele tote Strecken wurden wieder aktiviert und in Betrieb genommen. Autobahnen werden auf eine Fahrbahn zurückgebaut, in den Städten viele Straßenzüge in Parkanlagen oder Fußgängerzonen umgewandelt. Die Automanie hätte ausgedient. Das Gros aller Versorgung, also wenigstens zwei Drittel, wäre in einem Verkehrsradius von 30 bis 50 Kilometern abzudecken, einen Welthandel im heutigen Sinne würde es bis auf minimale Reste nicht mehr geben.

Grundriß für ein ökologisches Steuersystem

Der ökologische Umbau des Steuersystems markiert einen zentralen Meilenstein für die ökologische Zeitenwende. Produkte, für die viel Energie aufgewendet werden muß bzw. für die viel Rohstoff verbraucht wird, kosten dann künftig mehr. Im Gegenzug werden immer weniger herkömmliche Steuern vom Staat eingezogen. Diese Umgestaltung erfolgt in langfristig vorhersehbaren Schritten. Dies ermöglicht jedem, sich darauf einzustellen.

Bei einer ökologischen Steuerreform kann es nicht nur darum gehen, in der bisherigen Staatsfinanzierung einen kleinen Ökosteuersektor zu eröffnen, sondern ungefähr 80 Prozent aller Einnahmen des Staates sollten aus ökologisch positionierten Steuern resultieren. Der Rest ist vorwiegend als soziales Regulativ anzusetzen. Eigentum und Geldbesitz, so sich dies in einer Hand übermäßig konzentriert, müssen weit mehr besteuert werden als bisher, mit dem langfristigen Ziel, die gegenwärtig bestehende extreme soziale Stufung der Gesellschaft allmählich aufzuheben. Ohne diesen Schritt, ohne den konsequenten Versuch zu mehr sozialer Balance, verschärfen ökologische Steuern die Gegensätze zwischen armen, bemittelteren und superreichen Schichten der Bevölkerung und bauen darüber gesellschaftlichen Sprengstoff auf. Faktor Zehn ist nur mit einer soliden sozialen Rahmenplanung möglich, was aber nicht heißt, daß der heutige Sozialstaat weiter auf dem Rücken künftiger Generationen lasten darf - weder als gigantischer finanzieller Schuldenberg noch als ökologische Zerstörung.

Die Haupteinnahmequellen des Staates konzentrieren sich derzeit auf die Besteuerung der Arbeit. Das geschieht direkt durch die Lohnsteuern, indirekt z.B. durch die Mehrwertsteuer. Beide Posten zusammen stellen einen erheblichen Teil der Staatseinnahmen. Sie sind Lenkungssteuern und verteuern als solche den Faktor Arbeit.

So lohnt es sich finanziell nicht, eine Vielzahl technischer Geräte bei einem Schaden noch reparieren zu lassen. Das neu gekaufte Gerät ist billiger. Wird aber der Naturverbrauch deutlich teurer, rentiert sich manche Arbeit wieder, die vorher als gänzlich unökonomisch erschien. Parallel dazu sind viel längere Produktgarantien als heute erforderlich. In der Regel ist es für die Ökologie günstiger, nicht immer mehr Arbeitskräfte durch technische Infrastruktur zu ersetzen. Die Belastung von Rohstoffen und Energie ist die antreibende Motorik für eine ökosoziale Effizienzrevolution.

Wie das Beispiel Dänemark zeigt, kann eine ökologische Steuerreform auch innerhalb der jetzigen gesellschaftlichen Grenzen viel bewirken. Der Anteil der grünen Steuern betrug 1998 bereits 15 Prozent des gesamten Staatsaufkommens. Zwischen 1993 und 1997 sank die Arbeitslosigkeit in Dänemark von 12 auf 8 Prozent, und die sozialökologische Effizienz gewinnt erste Konturen.[58] Offenbar gehen Ökosteuern und konventionelle Wirtschaftsdaten besser zusammen, als manch pessimistische Stimmungsmache wird in seiner jetzigen Fassung keineswegs ausreichend sein, um uns vor der ökologischen Krise zu retten. Insofern ist es erforderlich, beständig über diesen Horizont hinauszudenken und auch Überlegungen kenntlich zu halten, die andeuten, wie wir über die unmittelbar möglichen Schritte hinausgehen können, auch wenn sie noch weit entfernt von realisierbarem Handeln liegen.

Innerhalb eines Anpassungszeitraumes von 10 bis 15 Jahren sollten zunächst die Lohnsteuern zugunsten von Ökosteuern in Schrittfolgen abgelöst werden, mit einigen wenigen Ausnahmen. Weitere Steuerposten müßten folgen. Die Ökosteuern wären vorrangig als Rohstoffsteuern einzuführen, etwa für Kohle, Erdöl, Erdgas, Erze usw. Eine ergänzende Energiesteuer käme hinzu, die in ihrer Konstitution jedoch erneuerbare Energien substantiell fördert und Kernkraft z.B. per Gefährdungsaufschlag abblockt, sofern sie noch nicht aus dem Rennen ist.

Außer den Rohstoff- und Energiesteuern müßten Spezialsteuern, z.B. für Fleisch und zumindest im gewerblichen Bereich für Stickstoffdünger, für Bodenversiegelung und Abfälle, erhoben werden. Sie sollen den Verbrauch bzw. bei letzterem das Aufkommen substantiell reduzieren. Die Fleischsteuer wäre so zu erheben, daß unwürdige Massentierhaltung gegenüber artgerechter Haltung deutlich benachteiligt wird und alsbald aufgegeben werden muß. Wer sich überwiegend vegetarisch ernährt, wird künftig nicht nur gesünder leben, sondern auch weniger Geld für die Nahrungsmittel ausgeben müssen. Ohnehin steht natürlich generell die Frage, wie ethisch unser Betrieb von Schlachthäusern ist, mal ganz abgesehen vom speziellen Sadismus, den wir den Tieren antun und der sofort unterlassen werden könnte.

Zur Zeit gibt es in Deutschland ca. 50 verschiedene Steueraufkommen für den Staat. Bei den meisten handelt es sich um Bagatellgrößen. Sie sind auf ihre Lenkungsrolle zu überprüfen. Überflüssige Ministeuern sollten generell entfallen, viel unnötiger bürokratischer Wust verschwände so. Etwa eine Tabaksteuer ist aber zweifellos nach wie vor angebracht. Übrig bleiben sollte auch ein Stumpf der Mehrwertsteuer, und zwar als Luxussteuer. Sie würde auf Produkte erhoben, die für den üblichen Lebensalltag nicht erforderlich sind und zudem besondere Umweltlasten nach sich ziehen.

Um eine Einkommensumschichtung zuungunsten der weniger Verdienenden zu vermeiden, könnte eine regulierende Lohnsteuer beibehalten werden. Diese setzt erst bei ca. 3.000 DM Nettoeinkommen ein und steigt dann exponentiell an. Ein solches Herangehen als ökologische Sozialpolitik auszubauen, um die generelle Schieflage zwischen Oben und Unten in der Bundesrepublik zu mildern, wäre ein überaus vernünftiges Herangehen für eine ökosoziale Politik. Späterhin könnte diese Konstellation ausgebaut werden als ein Standbein sozialer Fairneß, die das Extremgefälle im Einkommen der Menschen systematisch abbauen hilft.

Der weitgehende Wegfall der Lohnsteuern bedeutet auch, daß der Lohnsteuerjahresausgleich, der ohnehin mit einer unnötigen Belästigung der Menschen verbunden ist, entfiele. Viele nutzen ihn nicht, so daß der Fiskus dadurch im Schnitt noch mal etliche hundert Mark pro Kopf im Jahr einstreichen kann. Eine solche Praxis, die darauf spekuliert, daß der einzelne seine Ansprüche aus verschiedenen Gründen nicht geltend macht, ist nicht sehr überzeugend. Zudem kommen ohne eine Hilfestellung durch Vereine die meisten damit gar nicht zurecht. Die Wirkungen des Ausgleichs sind außerdem sehr widersprüchlich. Am Ende bedeutet das aber, dieses Finanzpotential muß in die neuen Ökosteuern ebenfalls einfließen und darf keine stille Reserve des Finanzministeriums werden, sondern muß denen zugute kommen, die sich umweltgerecht verhalten.

Viele Menschen müßten durch die Ökosteuern aber Einbußen hinnehmen, da ihre Geldmittel nicht durch wegfallende Steuerbeträge kompensiert werden. Ein Sozialausgleich muß beim BaföG, dem Arbeitslosengeld, der Arbeitslosenhilfe, der Rente und Sozialhilfe sowie beim Kindergeld automatisch eingerechnet werden. Er muß so gestaltet sein, daß kein schleichender Sozialabbau entsteht, da diese Gruppen ohnehin eher benachteiligt sind. Zu berücksichtigen ist auch, die Belastungen der ökologischen Verteuerung treffen Wenigverdienende und das untere Mittelfeld besonders stark im Verhältnis zum Einkommen.

Es kann bei den Reformvorschlägen, wie bereits vermerkt, nicht nur um eine reine Ökosteuerdebatte gehen, letztlich muß der Finanzierungsmodus des Staates in der gesamten Anlage verändert werden. Daraus resultierend wird auch der Verteilungsschlüssel der Steuereinnahmen zwischen Bund, Ländern und Gemeinden neu zu bestimmen sein. Die ganze Struktur des Steuersystems muß weitgehend vereinfacht werden, jedenfalls überall, wo dies möglich ist. Besonders wichtig ist auch, wie die Steueraufkommen der Unternehmen neu geregelt werden können. Die enormen Senkungen der letzten Jahre, die die astronomische Staatsverschuldung beschleunigten, können keinen ökologischen Standort Deutschland fördern. Zu prüfen wäre, wie die unternehmensbezogenen Steuern in ökologische Leitplanken umgewandelt werden könnten. Die Besteuerung von Gewinn, Eigentum und spekulativen Finanzströmen dürfte aber trotzdem ein besonderes Gewicht erlangen.

Sicher kann man auch die Beiträge zur Sozialversicherung in eine ökologische Besteuerung umwandeln, aus der dann die Kranken-, Renten-, Arbeitslosenkasse u.a. gespeist werden. Die rot-grüne Regierung nach Kohl wählte einen Weg in diese Richtung. Für den Anteil, den die Werktätigen an den Sozialbeiträgen zu zahlen haben, ist dies weitgehend unproblematisch. Natürlich verschwinden damit nicht die Schwierigkeiten künftiger Rentenentwicklung. Beim Anteil, den die Unternehmen für die Sozialversicherung zu leisten haben, muß jedoch gefragt werden, ob beim allgemeinen Überwälzen etwa der Rohstoff- und Energiesteuern von den Unternehmen auf die Verbraucherpreise nicht auch Lasten der aus dem Arbeitgeberanteil stammenden Kosten einfach auf den Rücken der Allgemeinheit abgeladen werden. Dieselbe Entwicklung könnte sich bei der Abschaffung der Mehrwertsteuern einstellen. Das würde sicher jeden Unternehmer begeistern, wenn man auf diese Weise Kostenballast abwerfen könnte. Einstweilen hat das sehr schnell dort seine Grenzen, wo die Konkurrenz der verschiedenen Betriebe der Preisspirale nach oben Einhalt gebietet. Dennoch muß man die Entwicklung in diesem Bereich sehr aufmerksam beobachten und gegebenenfalls gegensteuern.

Überdies sehen wir an der praktischen Einführung von Ökosteuern eine Vielzahl von Ausnahmen greifen, bei denen die Industrie von den Lasten der Ökosteuern befreit wird. So allerdings verwandelt sich das Ganze in eine versteckte Subventionsaktion. Nicht daß man Übergangsfristen völlig ausschließen muß, nur kann es nicht sein, daß ohne Not fast überall Ausnahmeregelungen geschaffen werden, wie zu Beginn der Schröder-Regierung.

Ganz sang- und klanglos sollte sich die Unternehmerschaft jedoch nicht aus der Finanzierung der Sozialversicherung verabschieden. Bei steigenden Sozialversicherungsausgaben müßte die Unternehmensseite nach wie vor berücksichtigt werden. Da die meisten Ökosteuern unmittelbar bei der Industrie ansetzen sollten, ist diese Maßgabe nicht allzu kompliziert. Das neue ökologische Steuersystem verlangt ohnehin, daß man sich von alten sozialen Kampflinien verabschiedet. Das Problem der paritätisch zu zahlenden Sozialversicherung wird sich dann verlagern in den Bereich - wo setzen die ökologischen Steuern an? Das ist unvermeidlich, und die Gewerkschaften müssen sich auf diese neue Situation einstellen. Günstiger wäre es aber gewesen, den ökologischen Finanzumbau im steuerlichen Bereich zu beginnen. Die Nebenwirkungen sind bei den Lohnsteuern einfach besser kalkulierbar. Auch in Dänemark startete man mit der ökologischen Steuerreform bei den Lohnsteuern als Ausgleichsfaktor. Das schließt aber nicht aus, in einem fortsetzenden Schritt die Sozialversicherungssysteme einzubeziehen.

Die staatlichen Subventionen bzw. Fördergelder sind ebenfalls in Gänze auf ihre strategische Wirkung hin zu untersuchen. In der Regel müssen sie auf sinnvolle Felder verlegt werden, soweit der Staatshaushalt nicht von Subventionen entlastet werden sollte. Das setzt aber oft auch eine vorhergehende arbeitsmarktpolitische Strukturänderung voraus. Wenn man z.B. die Subventionen für Steinkohle im Schnellgang wegkappt, ohne daß regional anderer Erwerb befördert wird, dann produziert man eine Arbeitslosenrate, die auch mit Arbeitszeitverkürzung u.a. nicht wieder ins Lot kommt. Völlig aberwitzig ist es allerdings, daß Ende der neunziger Jahre immer noch Bergarbeiter ausgebildet wurden.

Die Staatsausgaben dürfen in einer ökologischen Ordnung auch nicht mehr die heutigen Ausmaße annehmen, die zu gigantischen Anteilen künftigen Jahrgängen bzw. künftigen Generationen aufgebürdet werden. In diesem Bereich steht ohnehin eine generelle Revision an, bei der eine neue Konstellation entstehen muß, die ständig sinkende Staatshaushalte zur Folge hat. Vielleicht wird das Lügenspiel mit der Verschuldung aber auch erst nach einer großen Inflation mit einer Währungsreform beendet. Fakt bleibt: Der Staat ist finanziell bankrott. Jeder, der analog mit fremdem Geld umgehen würde, müßte längst mit „gesiebter Luft" vorlieb nehmen. Nur die verantwortlichen Politiker laufen noch frei herum.

Ein Nebeneffekt der Ökosteuern tritt erst nach und nach auf und kommt in einer späten Phase zu wachsendem Einfluß. Sie sind prinzipiell darauf angelegt zu schrumpfen. Erst so erfüllen sie auch ihren wichtigsten Zweck, die Stoff- und Energieströme zu reduzieren. Das heißt, es muß nach einer längeren Laufzeit überprüft werden, wie der stete erwünschte Ausfall an Steuerabgaben ausgeglichen werden kann. Für mindestens die ersten zwei, drei Jahrzehnte ist dies durch eine jeweilig differenzierte Erhöhung der Ökosteuern unkompliziert zu erreichen. Dabei würde die Aufkommensneutralität nicht verletzt, bzw. anders ausgedrückt, die Steuerlast für die Menschen erhöht sich nicht. Der ökologische Innovationsdruck auf die Industrie verstärkt sich dabei selbstverständlich, und manches Produkt wird aus guten Gründen nicht mehr hergestellt werden.

Um die heutige Industriepraxis und materielle Lebensweise um den Faktor Zehn zu dematerialisieren, kann es sich später sogar als notwendig erweisen, daß bei sinkender Wirtschaftskapazität der prozentuale Steueranteil am Gesamtvolumen des Volkseinkommens zeitweilig steigt. Soweit wie möglich sollte aber eine solche Entwicklung vermieden werden. Auf einen solchen Weg würden wir insbesondere geraten, wenn zu spät auf ökologische Rettungspolitik umgepolt wird.

In diesem Zusammenhang ist der Ansatz zu kritisieren, einen Teil der Ökosteuereinnahmen für ökologische Umbaumaßnahmen zu verwenden, also diese mit Steuererhöhungen zu bezahlen. Praktisch erledigte sich diese Vorstellung z.B. bei den Bündnisgrünen zwar einstweilen im Koalitionsbetrieb, dennoch kann die Idee jederzeit in mutierter Form wieder auftauchen.

Die Subventionen für Wirtschaftswachstum, Forschung, Strukturregulierung u.a. belaufen sich für 1997 in der Bundesrepublik auf 415 Milliarden Mark[59]. In einer Schätzung für 1995 geht das Institut für Weltwirtschaft an der Universität Kiel von 298 Milliarden Mark an staatlichen Subventionen in der Bundesrepublik aus.[60] (Die große Differenz innerhalb von zwei Jahren ergibt sich vermutlich auch aus unterschiedlichen Basisannahmen) Auf dieser Ebene werden ganz große Umsteuerungen notwendig sein, und aus diesen Töpfen müssen auch die Finanzen kommen für den ökologischen Umbau, sonst haben wir nachher die Situation: Atomtechnologie oder andere antiquierte Entwicklungswege werden gleichermaßen wie ökologische Zukunftstechnologien subventioniert, vorhandenes Geld verpulvert man aus allen Rohren, als ob man damit nichts sinnvolleres anstellen könnte.

Sicher ist das Grundproblem, die Leute wählen sich meist konventionelle Mehrheiten an die Macht, ob die CDU oder die SPD in einer Koalition regiert, macht dabei offenbar bisher nur recht wenig Unterschied, und wenn man alternative Möglichkeiten nicht finanziell zusätzlich aufsattelt, dann sind sie gleich aus dem Rennen. Das wäre ein Argument gegen die Aufkommensneutralität der ökologischen Steuerreform, das man erst mal akzeptieren müßte, was aber die prinzipiellen Bedenken nicht aus dem Weg räumen kann. Natürlich hat man im Bereich der Aufkommensneutralität auch Spielräume, die z.B. entstehen, wenn das Drei-Liter-Auto gekauft werden kann. Das Benzin kostet zwar innerhalb einiger Jahre dann fünf Mark, aber durch den geringen Verbrauch bezahlt der Bürger im Prinzip beinahe weniger wie früher für den Kraftstoff, behält aber die Vorteile durch die größtenteils abgeschaffte Lohnsteuer. Da könnte man sagen, ein Teil dieses doch sehr großen finanziellen Gewinns für den Bürger würde man, wenn die Zeit dafür herangekommen ist, zusätzlich beim Besteuern einnehmen. Aber Vorstellungen, wie sie auch bei der PDS auftauchen,[61] Ökosteuern auf den ganzen übrigen Steuerberg aufzusetzen, also der Gesellschaft noch mal fünf oder gar zehn Prozent mehr Steuerlast aufzubürden, um ökologischen Umbau finanzieren zu können, das sollte man sich wirklich abschminken.

Eine andere Sache wäre es, wenn man von den neuen Steuereinnahmen die Preise im öffentlichen Personenverkehr, also Bahn und Bus, fördert. So bekämen die Bürger die Gelder über die billigere Fahrkarte ins eigene Portemonnaie zurück. Solche Kreisläufe sind selbstverständlich sehr sinnvoll, hier im konkreten Fall muß man natürlich nur aufpassen, daß die Verkehrsunternehmen durch Fahrpreiserhöhungen diese Subventionen nicht als Pufferzone ausnutzen und hinterher nichts gewonnen ist. Die Subventionen müssen also an stabile, besser aber sinkende Preise der Verkehrsunternehmen gebunden sein.

Man könnte z.B. der Bahn-AG sagen: Wir wollen in mehreren Schritten eine Halbierung des Preisniveaus erreichen. Dazu ist es notwendig, die Spirale der Preiserhöhungen zu stoppen, und die Bahn-AG müßte einen Eigenanteil leisten. Sie hätte z.B. vertraglich geregelt auf zwanzig Prozent des Fahrpreises zu verzichten, und der Staat legt noch mal dreißig Prozent aus der Ökosteuer dazu, wodurch die Verluste mit dem Fahrgastzugewinn mehr als ausgeglichen würden, insbesondere auch bei steigenden Benzinpreisen. Und man muß gewiß nicht bei einer Halbierung der Bahnpreise stehenbleiben. 1997 sind z.B. in Dänemark die Kosten im öffentlichen Verkehr um 10 Prozent durch die Ökosteuer reduziert worden.

Am Anfang mag es eine untergeordnete Rolle spielen, doch es ist wichtig für den weiteren Verlauf: Zwar werden die Ökosteuern an anderer Stelle rückerstattet. Sie wirken auf eine Verteuerung für Produktionsgänge hin, die hohe Umweltlasten verursachen. Wenn jedoch andere Länder diesen Zug nicht mitgehen, wobei man sagen muß, Deutschland bewegt sich in Sachen Ökosteuern bislang nicht gerade als Vorreiter in der Welt, dann entsteht z.B. das Problem, daß Produkte, die bei uns eine hohe Besteuerung erhalten, von anderen Ländern auf unserem Markt viel billiger angeboten werden können und damit hierzulande die entsprechenden Wirtschaftszweige ausbluten. Das geschieht natürlich erst, wenn ökologische Steuern zu einem gewichtigen Faktor in der Staatsfinanzierung aufsteigen. Mit verschiedenen indirekten Zöllen könnten die gravierendsten Auswirkungen meist abgefedert werden. Der fortschreitende EU-Prozeß erschwert diesen Weg allerdings, wenn es aber gar nicht anders geht, dann müssen auf jeden Fall Korrekturen an den Verträgen zur europäischen Union vorgenommen werden. Nach den EU-Regeln dürfte etwa auch der vorgeschlagene Wegfall der Mehrwertsteuern nicht vorgenommen werden.

Einen indirekten Zoll stellt aber die Erhöhung der Mineralölsteuern dar. Wer Waren in Deutschland verkaufen will, nimmt längere Transportwege in Kauf und wird dadurch in besonderer Weise belastet. Deshalb ist es wichtig, daß gerade die Mineralölsteuern Jahr für Jahr langfristig vorhersehbar angehoben werden. Die vielkritisierten Spritkosten von 5 DM pro Liter sind dabei am Ende unausweichlich, zumal sie zunächst eine Autogeneration hervorrufen, die mit sehr geringem Spritverbrauch fahren. Dadurch reicht der reelle Preis im Grunde an diesen Betrag gar nicht heran, wie eben schon angedeutet. Wer künftig statt z.B. 9 Liter nur noch 3 Liter verbraucht auf hundert Kilometer, bezahlt dann kaum mehr als heute. Der reelle Vergleichspreis läge bei 1,67 DM pro Liter. Langfristig muß man aber von jeder Art privaten Autoverkehrs wegkommen. 5 DM pro Liter sind also eher ein Zwischenstand.

Die ökologische Steuerreform kann Handelsprobleme nach sich ziehen. Geringere Einfuhren an nicht erneuerbaren Rohstoffen zwingen die betreffenden Exportländer, über niedrigere Preise mehr abzusetzen. Ein dämpfender Einfluß geht zwar von den Schwellenländern aus. Er muß jedoch nicht längerfristig anhalten. Eine erhöhende Anpassung grüner Steuern wird dann erforderlich, aber auch andere Maßnahmen sind denkbar, um die Wirkung der Steuerreform im eigenen Land nicht durch Preisverfall zu schwächen. Einfuhrquoten oder, anders ausgedrückt, eine Mengenbegrenzung der eingeführten Rohstoffe, wie öfter behauptet, kann den Preisverfall nicht abwenden. Zudem bekommen wir die Schwierigkeit, daß bei einer künstlichen Inflation sich kein Ausgleich der Ökobelastungen mit anderen Steuern vornehmen läßt und der angestrebte Umbau der Finanzierungsstrukturen des Staates blockiert bleibt. Auch ergeben sich bei der Mengenreduzierung unkalkulierbare Preisentwicklungen. Überschaubare Steigerungen bei den Preisen sind aber wichtig, um für die ökologische Steuerreform langfristig Akzeptanz in der Bevölkerung zu sichern.

Viele arme Länder sind auf die Rohstoffexporte angewiesen, nicht zuletzt, um die Schuldendienste zu tilgen. So schadet eine erfolgreiche Ökosteuer in den Industrieländern am Ende den Ärmsten im Süden, indem dort mögliche Fortschritte zusätzlich eingeschränkt werden. Sicher treffen die Gewinnverluste zuerst die Eliten, aber die werden es schon verstehen, wenigstens einen Teil der Lasten über verschiedene Kanäle auf die Bevölkerung abzuwälzen. So muß also ein Ausgleichsfond für solche Einschnitte von den reichen Ländern bereit gehalten werden. Er sollte integral mit bestehenden Hilfen verbunden werden. Die Mittel sind in überdimensionierten Großprojekten, wie z.B. Staudämmen, fehlgeleitet. Viel wichtiger ist die Förderung regionaler Subsistenz und Infrastruktur, die die Abhängigkeit vom Weltmarkt zurückdrängt.

Langfristig stellt das neue ökologische Steuersystem ein zentrales Planungselement für die Begrenzungsordnung dar. Jedoch wenn es darum geht, die industrielle Megamaschine Schritt für Schritt zurückzubauen und einen hocheffektiven industriellen Restsektor, kombiniert mit leistungsfähiger Regional- und Subsistenzwirtschaft, zu etablieren, dann ergeben sich dafür Koordinierungschwierigkeiten, sofern nur auf das marktwirtschaftliche Element der Ökosteuer zurückgegriffen wird. Umfassende gesellschaftliche Rahmenplanung wird erforderlich.

Um das bildlicher klar zu umreißen: Der Betrieb X produziert eine bestimmte Produktpalette. Durch die neue Steuerstruktur wird für den Betreiber des Werkes diese Produktion zum Verlustgeschäft. Er macht den Laden dicht. Damit entsteht eine ganze Kette an Fehlstellen in der Wirtschaft, die immer mehr unkalkulierbare Produktionsausfälle nach sich ziehen. Das Ganze bekommt immer irrationalere Formen.

Eine koordinierte Umstrukturierung und Auflösung kann jedoch innerhalb des bestehenden Wirtschaftsrechts nicht gelingen. Eine Dreigliederung der Verfügungsmacht auf den wirtschaftlichen Organismus könnte hier die bisherige Praxis ablösen. Auf jeden

Fall braucht der Staat größere Eingriffsrechte, die jedoch parlamentarisch kontrollierbar sein müssen, durch Kompetenz abgesichert sind und ohne Seilschaften funktionieren. Es sei nur erinnert, die Treuhand führte einen ganzen Troß zwielichtiger Gestalten mit an Bord. Um Mißverständnisse zu vermeiden: Es geht zunächst um partielle Eingriffe, die auf das Nötige beschränkt sind, nicht darum, dem Bäcker zu zeigen, wie Brötchen gebacken werden.

Alternative Produktionssysteme sowie regionale Kleinwirtschaft müssen erst mal stehen, bevor die überholten Wirtschaftsformen mit Hilfe von Steuern und anderen staatlichen Eingriffen endgültig zurückgebaut werden können. Dabei bedarf es eines gleitenden Übergangs von einem Zustand in den anderen.

Andererseits müssen gegenüber den bestehenden Unternehmerrechten die Rechte der Arbeitnehmer erweitert werden, damit Entscheidungen nicht „treuhandmäßig" abgewickelt werden. Jedoch dürfen auf der anderen Seite betriebliche Sonderinteressen auch nicht zur Blockade ökologischer Umgestaltung führen. Auf lange Sicht sind allerdings neue politökonomische Gestaltungsformen erforderlich, jenseits möchtegernsozialistischer Apologetik und privatwirtschaftlichem Idealismus. Darauf kommen wir im Abschnitt zur ökotopianischen Zukunftsgesellschaft noch einmal ausführlich zurück.

Von der Schuld des Nordens

Der westliche Fundamentalismus fußt auf einer langen grausamen Historie, wenngleich er im Laufe der Zeit weitreichende Wandlungen erfahren hat. Er ist das geistige Extrakt von ungerechten Geschichtsordnungen, die in zivilisiertere Bahnen gelenkt wurden, ohne aber daß die Gründe der Gesellschaft neu gelegt wurden. In vielen Adern und Schichten unserer heutigen Ordnungen leben in Mutationen die vergangenen Zeiten weiter. Aggressive und herrschaftliche Initiative sind deren auffälligste Insignien, die heute als formierte Gesellschaftsstruktur sich zu einem nur noch schwer lösbaren Knoten zusammengezogen haben und die meisten anders gerichteten Kräfte auf ihre Umlaufbahn zwingen. Mit dem westlichen Fundamentalismus sind wir nicht nur zum führenden materiellen Fortschritt weltweit gelangt, dem nun mehr und mehr seine Schattenseiten außer Kontrolle geraten, sondern er birgt in sich auch ein Unmaß zerstörerischer Kapazität an den jeweiligen Rändern der eigenen Entwicklungsmarken.

Als einst die in Afrika geraubten Menschen unter unmenschlichen Bedingungen dicht gedrängt auf den Schiffen nach Nordamerika in die Sklaverei verbracht wurden, starben viele an den Bedingungen der Überfahrt. Manchmal reichten die Nahrungsvorräte nicht. Menschen wurden aneinandergekettet über Bord geschafft und durch eine Beschwerung in die Tiefe des Meeres gezogen. Im Grunde vollzieht sich diese grausame Prozedur nach wie vor Tag für Tag. Was früher noch „schwere Unrechtsarbeit" war, erledigen die heutige Weltwirtschaftsordnung und ihre nachgeordneten Hilfskräfte, fast ohne sich selbst die Hände schmutzig machen zu müssen. Dieses Massenmorden bewirkt jetzt das ganz gewöhnliche Wirtschaftsrecht inklusive der zugehörigen Vorteilsnahmen. An den

Dollarscheinen und den Aktienpaketen klebt nicht das Blut, das sie gekostet haben, nicht der Schweiß der Arbeiter und Arbeiterinnen, die für ein Almosen diesen Reichtum hervorbrachten, es klebt daran nicht das vielfältige Leid der in bitterer Armut gehaltenen Menschen.

Europa als Geburtsstätte der kapitalistischen Megamaschine hatte einige Beschleuniger als Aufstiegselexier. Ein sehr entscheidendes war die Kolonisierung vieler Völker rund um den Erdball. Fast überall finden wir die Eingriffe der europäischen Nationalstaaten. Zwei Kontinente wurden dabei für das alte Europa gänzlich in Besitz genommen. Nordamerika und Australien bekamen das Prägemal Europas ohne irgendeine Rücksicht auf die dort lebenden Völker. So schreibt Gerd von Paczensky: „Die Sklavenwirtschaft wurde zum Motor des Dreieckshandels: Alkohol, Tand und Waffen nach Afrika für die Sklavenbeschaffer, Sklaven von Afrika nach Westen, Zucker, Kaffee, Rum, Baumwolle von Westindien und Amerika nach Europa. Ihm verdankte Europa eine ungeheure Zunahme seines Wohlstandes. Ohne die Gewinne wären der Start zur industriellen Revolution und der Ausbau der westlichen Überlegenheit über andere Kontinente nicht so schwungvoll, vielleicht überhaupt nicht möglich gewesen."[62]

Überall nahmen sich die weißen Herren Land, das ihnen nicht gehörte, oft mit Hilfe von Verträgen, deren Sinn den Einheimischen gar nicht klar war. Der Bodenbesitz wechselte für ganz geringe Gegenleistungen, und häufig genug regelte Waffengewalt den Lauf der Dinge. Z.B. der Stamm, der da nur meinte, Nutzungsrechte eingeräumt zu haben, war sein Land plötzlich los, und dann galt unwiderruflich ein Stück Papier, ergaunert im Stil von Straßenräuberei. Aber viele Gebiete ließen sich nicht einfach besetzen, sondern mußten militärisch niedergerungen werden. Eine Spur blanken Völkermords blieb meist zurück. Selten wurden die edelsten Vertreter des europäischen Kontinents mit den kolonialen Aufgaben betraut. Im Mutterland hätte eine ganze Reihe von ihnen das Schicksal gewöhnlicher Krimineller geteilt. So geriet rohe Gewalt allzu oft zur wirklichen Botschaft aus der Fremde.

Riesige Ländereien gingen in den Besitz der Kolonialmächte über, und in der Regel waren das die fruchtbarsten Böden. Damit wurde auch der geschichtliche Grundstein für die späteren Hungersnöte und die Armut in der Dritten Welt gelegt. Die Hüttensteuer, die Kopfsteuer u.a. zwangen die Einheimischen dazu, für die Weißen zu arbeiten, auf ihren Plantagen und in ihren Bergwerken. Andernorts war die Vermessung des eigenen Landes so teuer, daß sie auf diese Weise enteignet wurden. So unterschiedlich die Methoden der Entrechtung, Ausbeutung und Vernichtung gewesen sein mögen, rund um den Erdball entpuppten sie sich als das Markenzeichen der europäischen Kultur.

Die Opferzahlen der Kolonialjahrhunderte dürften sich im dreistelligen Millionenbereich bewegen. Allein bei der Inbesitznahme des nordamerikanischen Kontinents durch die Europäer wurden 10 bis 14 Millionen der sogenannten Indianer, also der eigentlich ansässigen Bevölkerung, umgebracht, führt der Friedensforscher Johan Galtung aus.[63] Als die Engländer Australien in Besitz nehmen, wird die Zahl der Bevölkerung amtlich auf mindestens 250.000 geschätzt, andere Quellen sprechen von mehr als einer Million, in jedem Fall sind vor dem zweiten Weltkrieg nur noch etwas mehr als 50.000 übrig.[64] Gerd von Paczensky schätzt, es sind durch die Dreiecksfahrten dem afrikanischen Kontinent nicht weniger als 100 Millionen Menschen verloren gegangen, insbesondere wenn man die Begleitumstände der Deportationen bedenkt.[65] Es muß davon ausgegangen werden, ein beträchtlicher Anteil davon ist vor und während der Überfahrt ums Leben gekommen und auch in den Verhältnissen der Sklaverei gab es keine Überlebensgarantie. Allein durch die Zwangsarbeit in den letzten Jahrzehnten der Kolonialzeit in Afrika dürften etwa 15 bis 20 Millionen Menschen das Leben verloren haben. Dabei wird diese Anzahl eher zu niedrig angesetzt sein.[66]

Zur Vorbereitung des 500. Jahrestages der Entdeckung der neuen Welt schrieb Claude François Jullien, in einem halben Jahrhundert seien 75 Millionen Indianer verschwunden.[67] Enrique Dussel veröffentlichte eine Tabelle, die nur für einige Gebiete Mexikos den Rückgang der Bevölkerung von 1532 bis 1608 erfaßt. In dieser Zeit sinkt sie von 16,8 auf weniger als 1,1 Millionen.[68] Die Kombination von widrigen Lebensumständen unter dem Kolonialregime und das Einschleppen von europäischen Krankheiten, gegen die die einheimische Bevölkerung keine Abwehrkräfte besaß, dürfte in diesem Zusammenhang neben dem üblichen Völkermord eine große Rolle spielen. Der brasilianische Anthropologe Darcy Ribeiro schätzt, mehr als die Hälfte der ansässigen Bevölkerung Amerikas, Australiens und der ozeanischen Inseln ging aufgrund von Ansteckungen nach dem ersten Kontakt mit den Weißen zugrunde.[69]

All jene Umstände, welche die von Europa ausgehende Weltherrschaft begleiteten, legten das Fundament für die asoziale globale Ordnung, mit der wir es heute zu tun haben. Hätte Europa je einer so überlegenen Machtkonstellation gegenübergestanden, wie sie der Kontinent selbst darstellte, er wäre kaum in der Lage gewesen, sich davon wieder zu erholen, zumal sich die Ketten, in die große Teile der Welt gefesselt wurden, auf neue Weise fortzeugen. Die Entkolonialisierung bahnte sehr oft nur den Weg für neue Abhängigkeiten, die mit der Geschichte im Prinzip schon programmiert waren. Sicher kann man nicht von einer feststehenden Entwicklung ausgehen, was sich zum Beispiel in der sehr unterschiedlich verlaufenden wirtschaftlichen Entwicklung einstiger Kolonialländer zeigt. Freilich sagen auch im konventionellen Sinne gute oder schlechte Wirtschaftsdaten nicht alles über die Altlasten des Kolonialregimes aus. Dieser Blickwinkel wäre überaus eng.

Ein ausschnitthaftes Beispiel zu den Langzeitwirkungen. Algerien ist durch die französische Kolonialmacht mehr als ein ganzes Jahrhundert lang malträtiert worden und konnte sich erst durch einen langwierigen Unabhängigkeitskrieg befreien. Die französische Fremdherrschaft brachte weder industriellen Aufschwung noch Bildung ins Land, wohl aber Konflikte, die noch heute schwelen und einen friedlichen Fortgang sehr schwierig gestalten. Weniger als 5 Prozent der Einheimischen im französischen Schwarzafrika konnte lesen und schreiben. In Algerien, Vietnam, Burma und weiteren Staaten gab es vor der europäischen Eroberung einen besseren Bildungsstand als danach.[70] Höhere Schulen und Universitäten waren in allen Kolonien mehr oder weniger Raritäten.

Der Weg vieler armer Länder zu billigen Rohstofflieferanten und zu agrarischer Mono-
kulturwirtschaft ist oft das Erbe kolonialer Unterdrückung, und damit kann auch die
gegenwärtige Schuldenkrise nicht unabhängig von dieser geschichtlichen Entwicklung
betrachtet werden. Ohne Frage, die Logik der modernen Weltwirtschaft stellt jetzt natürlich das unmittelbarere Problem dar, wenngleich das auf dem alten Unrecht aufsitzt. Das
Schuldenreglement ist die moderne Form kolonialer Ausplünderung.

Hatten die sogenannten „Entwicklungs"länder 1970 70 Milliarden Dollar Schulden, so
wuchsen sie innerhalb von 15 Jahren auf mehr als eine Billion an und überschritten
1995 die Zwei-Billionen-Grenze, also 2.000 Milliarden Dollar.[71] Wie kommt ein solches
Horrorwachstum zustande? Ganz offenkundig wurde dieses Szenario durch ein ganzes
Knäuel von Ursachen befördert. Dazu gehören ein rapider Verfall der Preise für Agrarprodukte und Rohstoffe. Die Wirtschaftsergebnisse vieler armer Länder hängen häufig
von zwei oder drei Exportprodukten ab, aber es gibt auch noch extremere Fälle. So
erwirtschaftet Uganda 95% seiner Exporteinkünfte durch Kaffee, Nigeria ebenfalls zu
95% durch Erdöl, Guinea mit 93% durch Erz. In Ecuador sind es 66% durch Erdöl, in
El Salvador 54% durch Kaffee und in Sri Lanka 39% durch Tee. [72]

Zwischen 1980 und 1993 sind die Rohstoffpreise im Schnitt um mehr als die Hälfte gefallen. Nach Weltbankschätzungen beläuft sich der jährliche Exporterlösverlust auf fast hundert Milliarden Dollar.[73] Zwar nützt dies beim Import auch den „Entwicklungs"ländern,
aber aufgrund der vielfach desolaten Wirtschaftslage nur in sehr begrenztem Maße.
Gewiß, die Situation in Sambia oder Niger wird eine andere sein als etwa in Südkorea mit
seinen ganz anderen wirtschaftlichen Kapazitäten.

Ein weiterer Faktor bei der Verschuldung war die Hochzinspolitik der USA zu Beginn
der achtziger Jahre. Der Rüstungswahn riß riesige Löcher in den Staatshaushalt, die
Zinsen sollten Anleger aus aller Welt anlocken, bedeuteten aber im Gegenzug auch hohe
zinsbedingte Zuwächse bei den Auslandsverbindlichkeiten. Nach Schätzungen verschiedener Institute sind über 40 Prozent des Anstiegs der Auslandsschulden zwischen 1979
und 1982 auf die höheren Zinssätze in den USA und anderen westlichen Industriestaaten zurückzuführen.[74] Als ebenfalls schuldentreibend erwiesen sich in der Vergangenheit
die Erdölpreise für Länder, die dieses importieren mußten. Hinzu kommt der zunehmende Protektionismus der reichen Staaten, also Handelshemmnisse verschiedenster
Art für den Export von Waren in die reichen Staaten, die ihrerseits z.B. subventionierte
Agrarprodukte in ärmere Länder verkaufen und dort dann damit die Landwirtschaft
ruinieren. Die weiße Raubwirtschaft der vergangenen Jahrhunderte hinterließ natürlich
keine blühenden Landschaften und schon gar nicht so etwas wie eine demokratische
Kultur. Damit ist es kaum verwunderlich, daß sich oft auch Machteliten herausbildeten,
denen vor allen Dingen die eigenen Pfründe wichtig erschienen, nicht jedoch das Wohl
der eigenen Bevölkerung. Die Korruption wucherte im Gefolge in weiten Teilen der
Gesellschaft. Kapitalflucht und verfehlte Wirtschaftspolitik taten ein übriges, um die
Lage zu verschlechtern. Von den wenigen vorhandenen Fachkräften wandern viele ab in
die reicheren Länder, wenn sie sich dort besser verdingen können.

Außerdem tragen hohe Rüstungsausgaben in den armen Ländern einen großen Anteil an der Schuldenfalle, wobei auch hier ererbte Konflikte durch willkürliche Grenzziehungen der Kolonialmächte, aber auch die Sicherung der Unabhängigkeit eine wichtige Rolle spielten. Einfluß hatte zudem der Ost-West-Konflikt und die Absicherung der eigenen Machtareale. Im übrigen erwiesen sich in Sachen Abrüstung die reichen Industrienationen als außerordentlich schlechtes Vorbild. Ganz abgesehen davon, verdienten diese bestens an den Waffenverkäufen. Europa und Amerika haben also keinen Grund, mit moralischen Vorwürfen zu kommen, bevor nicht eigene Schritte zu konsequenter Abrüstung und zum Verbot von Rüstungsexporten eingeleitet werden. Trotzdem, ein Drittel aller Schulden stammen aus Rüstungsausgaben der „Dritte-Welt"-Länder, und die meisten Kriege nach 1945 fanden in solchen Regionen statt. Den Preis jedenfalls mußte am Ende die Bevölkerung zahlen. All diese Faktoren greifen beim Würgegriff der Schulden ineinander, sicher in jedem betroffenen Land spezifisch gewichtet.

An den Folgen von Unterernährung sterben jeden Tag 55.000 Menschen, das sind 20 Millionen im Jahr.[75] Rechnet man die Toten durch Krankheiten, Bürgerkriege u.a. mit ein, die am Ende aus sozialer Desintegration und Unterentwicklung herrühren, dürften die Opferzahlen noch höher liegen. Wo es kein Gesundheitswesen gibt, ca. 1,5 Millionen haben keinen Zugang dazu, stirbt man früh, und viele Todesursachen könnten vermieden werden bei besserer medizinischer Versorgung, vorausgesetzt, die Ernährung ist gesichert, sauberes Trinkwasser vorhanden und hygienische Erfordernisse werden beachtet. Paul R. Ehrlich, ein amerikanischer Ernährungsexperte, erklärte 1992, im vergangenen Vierteljahrhundert seien 200 Millionen Menschen verhungert. Nach Angaben der FAO für 1994 leiden in 24 Ländern der Erde schätzungsweise etwa 800 Millionen Menschen an Hunger und 50 Millionen sind akut vom Tod bedroht. Die Weltbank geht für 2000 von einer Milliarde Hungernder aus.[76]

Ein Schlüsselproblem bei dieser Situation ist die fortwährende Zerstörung der Selbstversorgung in der Landwirtschaft. Um die Schulden zurückzuzahlen, werden Kaffee, Kakao, Erdnüsse, Baumwolle, Bananen, Orangen und andere Pflanzungen für den Export angebaut, währenddessen die eigene Bevölkerung hungert. Die reichen Länder nutzen de facto für ihre Versorgung riesige Flächen in der Dritten Welt. Mexiko verfüttert knapp ein Drittel seines Getreides an das Vieh, etwa für Hamburgerfleisch zum Verzehr in den USA, und mehr als ein Fünftel der eigenen Bevölkerung ist unterernährt. Die Nachfrage der Reichen nach Fleisch verdrängt die Nahrungsmittelproduktion für die Armen in vielen Ländern. Indirekt verzehrt das Viertel der Menschheit, das sich von Fleisch ernährt, fast vierzig Prozent der Welternte an Getreide. Für ein US-amerikanisches Rind gilt: Ein Kilogramm Fleisch erfordert fünf Kilogramm Getreide und die Energie von neun Litern Benzin.[77]

In Afrika sinkt die Produktion von Nahrungsmitteln, während die Menschenzahl stetig zunimmt. Christian v. Ditfurth fragt: Warum werden immer weniger Nahrungsmittel produziert?, und führt aus: „Weil die Wirtschaft Afrikas nicht mehr dazu dient, die Afrikaner zu ernähren, sondern uns. In den vergangenen zwei Jahrzehnten hat sich die afrikanische Kaffeeproduktion mehr als vervierfacht, die Tee-Ernte wuchs um das Sechsfache, und es wurden doppelt soviel Kakao und Baumwolle produziert."[78] Hinzu kommen die Verluste durch Bodenerosion und die Ausdehnung der Wüsten. Während die reichen Staaten Getreide und Milchpulver nach Afrika schafften, um die Dauerhungerepidemie zu bekämpfen, nahmen die Schiffe, die die Hilfsgüter befördert hatten, große Mengen von Exportfrüchten, aber auch Fleisch mit nach Europa und in die USA.[79] So pervers ist die Logik. Die Schuld steht auf unseren Eßtischen, sicher geschützt von den Armeen des Nordatlantikpaktes. Obendrein schöpfen die Konzerne hohe Gewinne ab.

In Indien arbeiten zur Zeit 70% der Erwerbstätigen in der Landwirtschaft. In der Zange von Kreditgebern bleibt der indischen Regierung nur, für die internationalen Agrarmultis rote Teppiche auszulegen. Unter dem Druck der Importliberalisierung und der Strukturanpassung verdrängt subventioniertes US-Getreide die einheimischen Bäuerinnen und Bauern. Beim Reis dasselbe Trauerspiel. Die USA senkten die Weltmarktkosten für Reis von ca. 18 Dollar auf weniger als 9 Dollar durch eine aberwitzige Subvention der landeseigenen Ausfuhren von 17 Dollar. Demgegenüber wird Indien durch Strukturanpassungsprogramme oktroyiert, die eigenen Agrarsubventionen zu senken.[80] Wird dies nicht realisiert, verliert Indien die eigene Kreditwürdigkeit.

Bis Mitte der achtziger Jahre versorgte sich Kenia selbst mit Nahrungsmitteln. Bezuschußtes Getreide aus Europa und den USA änderte dies. 1992 wurde der EU-Weizen in Kenia 39% unter dem Verkaufspreis angeboten, den die EU-Bauern erhielten, und ein Jahr später sackte er auf unter 50% des Verkaufspreises. Damit lag der nach Kenia importierte Weizen ein Drittel unter dem Weltmarktpreis. Mais aus den USA wurde für 77% unter den amerikanischen Produktionskosten verkauft. Die Auflagen des Internationalen Währungsfonds, seine Strukturanpassungsprogramme machten die Importe möglich. Kenia wurde dazu gezwungen, sie zuzulassen. Da die Preise jetzt durch die Importware bestimmt werden, können die kenianischen Bauern nicht mehr die eigenen Produktionskosten erwirtschaften, das Einkommen sank im Schnitt auf 220 Dollar im Jahr, Schätzungen zufolge.[81] Zwar sorgte die Uruguayrunde des GATT für eine leichte Entspannung auf den Agrarmärkten, jedoch ist die verbrecherische Subventionspolitik des Nordens noch lange nicht vom Tisch.

Mit neuen Klauseln sollen den Bauern Lizenzgebühren für Saatgut und Pflanzenmaterial abgepreßt werden. Der amerikanische Cargill-Konzern, der 60% des indischen Saatgutsektors kontrolliert, forcierte diese Entwicklung besonders. Den Bauern wird sogar verboten, ihre Ernte zur Wiederaussaat zu verwenden. Für das Recht, ihr Saatgut selbst zu produzieren, zu modifizieren und zu verkaufen, demonstrierten im März 1993 in New Delhi 500.000 Bauern. Sie forderten die Agrarmultis auf, Indien zu verlassen. [82] Im Oktober 1993 gingen im indischen Bangalore nochmals eine halbe Million Menschen auf die Straße, um gegen das neue Welthandelsabkommen, mit dem der Bewegungsspielraum der Agrarmultis verbreitert worden war, zu demonstrieren.[83] Wie mir Hermann Scheer bei einem Gespräch erzählte, stimmten im Deutschen Bundestag gegen dieses Welthandelsabkommen seinerzeit gerade mal fünf Abgeordnete. Da kann man nur hoffen, die Bündnisgrünen, die PDS und aufgeklärte Sozialdemokraten u.a. waren sich über die Tragweite der Abstimmung nicht im klaren, die rote Karte gilt es hierbei so oder so zu zeigen.

Setzen sich die Großkonzerne und ihre Fürsprecher bei der Liberalisierung des Weltagrarmarktes durch, führt das zu dem größten Bauernsterben in der Geschichte der Menschheit. José Lutzenberger hält es für sicher, bei Fortsetzung der jetzigen globalen Wirtschaftspolitik wird von den über drei Milliarden Menschen, die derzeit noch in traditionellen Strukturen leben, mindestens eine Milliarde entwurzelt werden. Dies bedeutet eine explosionsartige Zunahme der weltweiten Armut, als ob die vorhandene nicht schon groß genug wäre, dies bedeutet millionenfach zusätzlicher Menschentod durch die Folgen von Unterernährung.

Überall dort, wo für den Export gearbeitet wird, ist immer ein hochgradig ungleicher Austausch von Werten im Spiel, und am härtesten trifft diese Schieflage den unmittelbaren Produzenten, der mit seiner Arbeitskraft die Ware herstellt, die dann verkauft wird. Gewiß bedarf es auch der Investitionen. Da ist z.B. die Tasse Kaffee, die man in der Gaststätte bestellt und die dort vielleicht zwei Mark kostet, und diejenigen, die die Kaffeesträucher anpflanzten und die Bohnen pflückten, werden davon gerade mal einen Pfennig Anteil haben. Bei einem Streik im Süden Guatemalas 1989 forderten 50.000 Kaffeepflücker einen höheren Tageslohn, doch sie konnten sich nicht durchsetzen. Auch danach verdiente ein Pflücker, der ca. 46 Kilo Kaffeekirschen erntet, am Tag umgerechnet ungefähr drei Mark.[84]

Im Laufe der Jahre wurden immer mehr Produktionskapazitäten von den reichen Industriestaaten in „Dritte-Welt"-Länder ausgelagert bzw. Erweiterungen gleich dort angesiedelt. Dies geschah vor allen Dingen in der Textil- und Kleidungsindustrie sowie in der Elektronik- und Spielwarenindustrie. Die Fabriken gehören in aller Regel den europäischen, amerikanischen und japanischen Konzernen.[85] Dort kann bei langen Arbeitszeiten und sehr niedrigen Löhnen hervorragend Profit gemacht werden, die Transportkosten fallen nicht ins Gewicht, weil billige Transportmöglichkeiten zu den Axiomen heutiger Marktwirtschaft gehören. Wir sind inzwischen zu einem Weltsystem gelangt, wo die reichen Stände dieser Welt auf Kosten der Mehrheit der Erdbevölkerung leben. Der Wohlstand der reichen Industriestaaten beruht zu gar nicht so geringen Anteilen auf der Ausbeutung der arbeitenden Bevölkerung in Brasilien, Mexiko, Indien und anderen armen Ländern.

Es ist richtig, die großen Konzerne raffen für sich innerhalb dieser Austauschverhältnisse gigantische Gewinne zusammen, jedoch partizipiert daran auch der allgemeine Bürger. Der niedrige Preis für Südfrüchte, Kakao und Kaffee bedeutet immer auch Ersparnis in der eigenen Haushaltskasse zu Lasten von Familieneinkommen in armen Regionen. Und wir hatten auch schon erörtert, daß dadurch, vermittelt über die ungerechten Landstrukturen, nicht nur Armut gefördert wird, sondern auch ganz direkt die Unterernährung. Mit dem Steak oder dem Schnitzel auf unserem Mittagsteller geht auch immer wieder eine Todesbotschaft einher, wenn das Vieh hierzulande mit Futtermitteln aus Afrika,

Südamerika etc. aufgezogen wurde oder es direkt aus diesen Regionen stammt. Dafür verhungern Tag für Tag Menschen. Bestialisch - aber wahr. Der Computer aus Südkorea oder China, die Schuhe aus Indonesien und so fort, bei all diesen Einkäufen erhalten wir einen Rabatt, der den Arbeiterinnen und Arbeitern anderswo genommen wird. Auf der anderen Seite fördert diese Entwicklung aber auch die hohe Massenarbeitslosigkeit in Europa und den anderen Zentren des Reichtums.

Zu einer ökologisch-sozialen Weltordnung kommen wir nicht, wenn wir diese Art der internationalen Arbeitsteilung fortsetzen. Das ist unmöglich, und irgendwann wird das auch die Politik begreifen müssen, sofern sie nicht von inhumanen Zukunftsvorstellungen ausgehen will. Da sich genau dies über Jahrhunderte gehalten hat, dürfte ein übermäßiger Optimismus kaum angebracht sein. Jedes Stück Wandel hin zu einer sozialen Weltinnenpolitik wird schwer erkämpft werden müssen, nicht zuletzt, weil diese Interessenlagen aus unserem demokratischen Ambiente ausgeschlossen sind, und es wird in Zukunft auch die Aufgabe bestehen, dafür Sitz und Stimme in den politischen Organen des Nordens zu schaffen. Der IWF und die Weltbank müssen einer sozialökologischen Weltinstanz weichen, die sich nicht um einen zerstörerischen Freihandel sorgt und dabei viele Menschen ins Unglück stürzt, sondern eine Rückordnung auf regionale Wirtschaftskreisläufe ermöglicht. Es geht darum, die Schäden ausbeuterischer Modernisierung mit Hilfe von in sich stimmigen Lebensmodellen zu überwinden, und dabei ist zu beachten, diese können nicht einfach nur nach vorgegebenen Schemata von einer Überbehörde instruiert werden, sondern es muß sich um Hilfe handeln, die erst mal eigenen Freiraum schafft. Das setzt voraus, daß die gesellschaftlichen Strukturen tiefgreifend verändert werden, weil sonst die eigene Versorgung der Menschen immer wieder unterminiert wird. In vielen „Dritte-Welt"-Ländern kann eine Bodenreform gar nicht umgangen werden, wenn man zu einer sich selbst tragenden Wirtschaftsweise kommen will, die die Menschen vor Ort ernährt und die darüber hinaus auch ökologisch verantwortbar ist. Es ist sicher sinnvoll, über Hilfsorganisationen z.B. Wasserpumpen zu installieren, wo kein sauberes Wasser mehr erreichbar ist, und dafür Geld zu spenden. Nur wenn auf der anderen Seite ökonomische Zwänge dazu führen - überall fließen Ressourcen ab -, dann muß man dort zwingend Veränderungen herbeiführen. Daran kann kein Weg vorbeigehen. Ohne Frage tut es not, soweit wie möglich die Schulden zu erlassen. Hafez Sabet führt gute Gründe an, warum wir diesen Weg gehen müssen. Er macht anhand der Nettoressourcenflüsse von Nord nach Süd sowie von Süd nach Nord kenntlich, daß der Süden weit über seine bisherigen Auslandsschulden hinaus eigentlich große Guthaben bzw. finanzielle Ansprüche an den Norden hätte. An der Spekulation, wie hoch diese seien, will ich mich nicht beteiligen, nur ein weitgehender Erlaß der Schulden muß unbedingt in Gang kommen. Nimmt man dabei aber nicht Kurs auf eine konsequente weltweite Friedenspolitik und kommt es weiterhin zu umfassenden Rüstungskäufen von „Dritte-Welt"-Staaten, dann häuft eine Entschuldung sogar weiteres kriegerisches Risikopotential an. Es wird auch kaum zu begrüßen sein, wenn diese Entlastung zu weiteren Großstaudämmen oder anderen überdimensionierten Projekten führt.

220

Insgesamt kann es kein Weg sein, eine nachholende Entwicklung in Richtung Amerika und Europa zu fördern. Wir sehen, die reichen Staaten sind zwar reich, aber mit ihrem Latein am Ende, was eine zukunftsfähige Ordnung betrifft. So kann auch eine bloße Erhöhung der Entwicklungshilfe nicht die Erlösung von allem Übel schaffen. Überall dort, wo damit Exportorientierung und Industrialisierung auf den konventionellen Pfaden verfolgt wird, wirkt sie eher kontraproduktiv als im helfenden Sinne. Viel klüger ist es, unmittelbar Subsistenzverhältnisse zu unterstützen. Über medizinische Einrichtungen, Schulen, sanitäre Einrichtungen u.a. erreicht man viel eher eine Verbesserung der Lebensverhältnisse als über großindustrielle Wundertaten, deren Ergebnisse bei der normalen Bevölkerung fast nie ankommen. Sicher ist dabei zu berücksichtigen, Volksstämmen, die noch weitgehend unabhängig von der modernen Zivilisation leben, sollte man vor allen Dingen erst mal ihren Lebensraum belassen. Sie müssen selbst entscheiden können, wie weit sie mit der übrigen Welt Kontakt pflegen oder auch nicht.

Eine Allianz gegen den Selbstmordkurs

Überblicken wir die Repräsentanten der staatstragenden Parteien in Deutschland, so muß man zu dem Schluß kommen, bislang ist kein Kandidat zu entdecken, der als Kanzler der ökologischen Wende auftreten könnte, welcher also auch das ganze Ausmaß der zivilisatorischen Grundlagenkrise begriffen hätte. Wenn hier von Kanzler die Rede ist, so schließt das eine Kanzlerin selbstverständlich nicht aus. Sowohl die Politiker der CDU als auch die jetzige SPD-Führung repräsentieren den Geist der Epoche des großen Irrtums.

Überdies sind die meisten Kräfte der Altparteien entscheidend verantwortlich für den drastischen Niedergang an politischer Kultur im vereinten Land, wenngleich dieser aus einer tragischen Kontinuität hervorgeht. Schon der westdeutsche Aufbruch nach der von außen militärisch niedergerungenen braunen Diktatur verweist auf eine gehörige Portion an zwiespältiger politischer Ethik. Nehmen wir nur als Beispiel die antidemokratische Weise, in der das Grundgesetz als deutsche Verfassung am Volk vorbei beschlossen wurde und 1990 auch der einstigen DDR ungefragt übergestülpt wurde, obwohl alternative Entwürfe vorlagen. Gar nicht erst reden wollen wir von den Nazifiguren, die im demokratischen Mäntelchen die Bundesrepublik gesellschaftspolitisch mitformten. Ein dunkles Kapitel.

Ohne einen kompletten Wechsel des oberen Parteienpersonals und der zweiten Reihe sind vorläufig keine substantiellen Impulse für eine ökosoziale Rettungspolitik zu erwarten, die den Gang für eine systemimmanente Selbstbegrenzung öffnen. Dabei ist klar, daß es zunächst nur einzelne bzw. Minderheiten sein werden, die den parteidoktrinären Stahlbeton durchbrechen. Es kommt auf die an, die sich der allgemeinen Sektiererei und den üblichen Machtkämpfen so weit entwinden, daß sich in ihnen die politische Souveränität für einen neuen Anfang entfalten kann. Gestandene Politiker, die die Kraft für diesen Sprung nicht mehr aufbringen, können sich immerhin noch als Schutzpatrone für solchen Nachwuchs einsetzen. Zugegeben, die benannte Möglichkeit setzt voraus, daß die verschiedenen politischen Etagen nicht völlig vom Macht- und Geltungsvirus zerfressen sind, kreative Kräfte nicht so gründlich weggebissen, wie einstens in der SED. Davon nicht auszugehen, dürfte vermutlich eine gewagte Annahme sein. Doch das Mikroklima in speziellen Zusammenhängen läßt sich aus der Ferne nur schwer diagnostizieren. Grundsätzlich darf man und frau nicht quasi gesetzmäßig auf so einen Aufbruch hoffen. Er kann auch niemals stattfinden, zumal er heute in der politischen Sphäre nicht im geringsten benannt ist. Darüber hinaus sollte klar sein, in jedem Falle braucht es mehrere personelle Anläufe. Damit ist dann allerdings für nichts eine Garantie gewonnen, lediglich der gesellschaftspsychologische Grund gelegt für die eigentliche große Transformation, zu der der Weg dann nicht mehr ganz so brachial wie heute verlegt sein mag. In der ganzen politischen Arena lassen sich bislang fast keine Personenkreise aufspüren, die ernstzunehmende Maßstäbe für die fundamentlegenden Vorarbeiten setzen könnten. Um Irritationen zu vermeiden: Hier muß man davon ausgehen, daß viele Schritte und Schlüsse der neuen Akteure noch nicht die nötige Richtung tragen, mitunter sogar kontraproduktiv wirken. Vordenker wie Franz Alt, Ernst Ullrich von Weizsäcker und Hermann Scheer, um Beispiele zu nennen, haben in den Spektren, denen sie entwachsen sind, bestenfalls Exotikwert, sofern sie denn überhaupt ernsthaft wahrgenommen werden. Gewiß gibt es auch an ihren Positionen manches kritikwürdige, dennoch repräsentieren sie modellhaft die Möglichkeit einer Reform aus der politischen Mitte der Gesellschaft. Warum sollte nicht der SPD-Bundestagsabgeordnete Hermann Scheer, der in seinem Buch „Zurück zur Politik" einen durchgreifenden Wandel für einen sozialökologischen Generationenvertrag einfordert und auch sonst viele progressive politische Gedanken einzubringen weiß, etwa in bezug auf die solare Energiewende und den ökologischen Steuerumbau, eher geeignet sein als nächster Kanzlerkandidat der SPD? Zumindest dürfte er Gerhard Schröder in der strategischen Zukunftspolitik haushoch überlegen sein. Schröder hielt vor seiner Wahl als Kanzler eine ökologische Steuerreform für nicht sinnvoll, und das, was er nach der Wahl im Zugzwang durch die Grünen als ökologische Steuerreform präsentierte, ist nur ein winziger Millimeterschritt, der zudem noch durch seine soziale Unwucht wenig angenehm auffällt. Die Wirtschaft darf sich über so manche Ausnahmeregelung freuen. Und als Oskar Lafontaine noch SPD-Spitzenpolitiker und Parteichef war, begann seine Brücke ins Solarzeitalter damit, daß er im Saarland als Ministerpräsident ein neues Kohlekraftwerk favorisierte, für das, wegen der Überkapazitäten in Deutschland, kein Bedarf bestand. Solche Scharlatanerie macht die erforderlichen CO_2-Reduktionsziele zu Makulatur. Die Öffentlichkeit wird hinters Licht geführt.

Wenigstens installierte die rot-grüne Regierung nach dem Machtantritt 1998 ein Solardächerprogramm und folgend das Erneuerbare-Energien-Gesetz. Das ist zwar auch nur ein sehr bescheidener Anfang, aber vielleicht kann die SPD sich im Laufe der Zeit noch zu einer weit umfassenderen Förderung von erneuerbaren Energien und ökoeffizienter Infrastruktur durchringen. Die Verlängerung des atomaren Irrlaufs um weitere 25 Jahre dämpft da die Hoffungen. Der Ausstieg aus der Kernenergie entpuppte sich als Lizenz zum Weiterbetrieb.

Nehmen wir mal an, eine Kanzlerkandidatur Hermann Scheers würde irgendwann glücken und sich genügend personelles Stützwerk finden, so könnte eine erste Tür für weitergehende staatspolitische Umbauten zur ökologischen Rettung aufgestoßen sein. Aber selbst wenn es nur gelänge, ihn als Alternative öffentlich zu präsentieren, ohne Aussicht auf Erfolg, so wäre es immerhin noch ein deutliches Warnsignal insbesondere an Gerhard Schröder oder auch andere, die im alten Stil fortfahren wollen, die eigenen Positionen zu überdenken.

Wenn ich Hermann Scheer als Vorschlag einbringe, so heißt dies nicht, es könnte dafür nicht auch jemand in Frage kommen, der/die noch nicht das Licht der Medienwelt erblickt hat. Ich denke, mann und frau muß die Frage nach einem idealtypischen Kandidaten wenigstens stellen. Das größte Manko bei Scheer ist, er hat die Problematik um den Faktor Zehn nicht hinreichend begriffen und daß eine Wirtschaftsweise, die nach dem Prinzip des Nimmersatt funktioniert, in einer ökologischen Begrenzungsordnung an einem Punkt anlangt, wo sie auf Grund läuft. Gerade von letzterem her ist er noch zu sehr konventioneller Sozialdemokrat. In der jetzigen Krise reicht das nicht mehr hin.

Was kann man zur CDU/CSU sagen? Sie haben über 16 Jahre als Regierungsparteien sehr eindrucksvoll gezeigt, wie man erfolgreich ökologische Politik verhindert. Sehr wohl weiß ich, es gibt auch dort Parteimitglieder, die ausscheren, aber das, was am Ende rauskommt, zählt. Kann man das arrogante Auftreten von Frau Merkel und Herrn Kanther vergessen, wie sie die Atomtransporte durchgepeitscht haben, gegen breiten Widerstand im Wendland und in der Bundesrepublik insgesamt? Da wurden skrupellos von ihrer Armada die Reifen von den blockierenden Treckern der Bauern zerstochen. Ich besichtigte den Tatort ihrer Politik mit eigenen Augen. Beim dritten Castortransport ins Wendland im März 1997 war ich fünf Tage vor Ort und beobachtete das Geschehen. Innenminister Schily hatte dann 2001 nichts besseres zu tun, als in die Fußstapfen seines CDU-Vorgängers zu schlüpfen. Mein Kompliment: Man kann der eigenen Bevölkerung kaum wirksamer zeigen, wie verwerflich die eigene Politik ist. Die Menschen empfingen die politischen Gewalttaten mit dem gebührenden, in aller Regel friedlichen und phantasievollen Widerstand. Das war auch ein Symbol für eine Gesellschaft mit menschlichem Antlitz, wie sie von unten wachsen kann. (Ich verweise hier auf die Bildbände zum Castorwiderstand im Wendland, in denen viel von dieser Atmosphäre festgehalten ist, bzw. auf den Film „ausgestrahlt" oder die Videodokumentation „Der Castor kommt - die Demokratie geht" von 2001.[86])

Vor allen Dingen konnte man sehr gut sehen, in unserem Land gibt es im Zweifelsfall doch keine Demokratie, denn das, was dort aufgefahren wurde, entpuppte sich als perfekter Polizeistaat. An jeder Ecke waren die Bürger blaulichtgeschützt und die Hubschrauber überkreisten in der Nacht die Dörfer mit Suchscheinwerfern. Man fühlte sich in einen Kriegszustand versetzt.

Die CDU/CSU will an der Atomenergie festhalten und lehnt die notwendige solare

Energiewende ab. Der fossil-atomare Energiesektor wird von ihr hofiert. Die Atomkraft will sie ausbaufähig halten, um in anderen Ländern, wie Rußland z.B., die eigene Sicherheitstechnik einsetzen zu können. Daß man mit dem eigenen Ausstieg aus der Hochrisikotechnologie auch anderen Vorbild sein könnte, kommt im Denken der CDU nicht vor. Munter soll weiter gefährlicher Atommüll produziert werden, wo man ganz genau weiß, es wird an keinem Ort eine sichere Endlagerung über unzählige Jahrtausende hinweg geben. Mit der atomaren Energieproduktion will man Klimaschutz betreiben. Christdemokraten nehmen also atomare Strahlenschäden in Kauf, um das Klima zu schützen? Vielleicht sind sie auch nur gut bezahlt, die Verflechtung von Politik und Energiewirtschaft ist bekanntlich an einigen Stellen sehr eng.

An der Regierung, verordnete die CDU eine Autobahn nach der anderen, von Verkehrswende keine Spur. Durch die von ihnen durchgesetzte Bahnprivatisierung ist Zugfahren so teuer geworden wie nie zuvor - ein Luxusgut. Ihre Politik förderte die Verlagerung des Verkehrs von der Schiene auf die Straße massiv. Besser kann man den Autokonzernen nicht zuarbeiten und damit mehr „wirtschaftliche Dynamik" entwickeln.

Die CDU wird nicht müde, die bescheidenen Ansätze der minimalen Ökosteuerreform von Rot-grün zu kritisieren, und man sollte gewiß einige Mängel abstellen. Die Frage ist nur die, in den Steuerreformplänen der Partei, als man noch Regierungsämter innehatte, tauchte eine ökologische Steuerreform nie auf. Nun war es wirklich spannend, wie Wolfgang Schäuble seinerzeit als CDU-Oberhaupt und zuvor als Fraktionsvorsitzender für die ökologische Steuerreform eintrat.[87] Man sollte doch annehmen, wer über anderthalb Jahrzehnte die Geschicke dieses Landes leitet, wäre vom Versprechen auch zum Handeln gekommen, wenn je die ernsthafte Absicht bestanden hätte, grüne Steuern einzuführen. Wie wir aber gesehen haben, sind Konservative inklusive der FDP dazu nicht in der Lage. Wird die CDU, wenn sie mal wieder die Regierungsmacht gewinnt, den begonnenen ökologischen Umbau des Steuersystems zurücknehmen oder zumindest stagnieren lassen? Es ist wohl damit zu rechnen.

Wenn Wolfgang Schäuble in einem Interview ausführt: „Es darf nicht sein, daß Jugendliche nicht mehr CDU wählen, weil sie das Gefühl haben, daß wir beispielsweise das Thema Nachhaltigkeit nicht energisch genug vertreten",[88] so muß seine Partei erst mal ernsthaft glaubhaft machen, daß sie nicht mit wahltaktischer Kreide operiert und die gewisse Pfote weiß gefärbt hat. Auf der anderen Seite schadet es nichts, wenn die CDU/CSU nicht nur die Benutzung des Adjektivs „ökologisch" lernt, sondern noch ein wenig mehr. Das zwingt die SPD zu einem deutlicheren Profil, als sie es bisher an den Tag legt.

Dennoch kann man nur hoffen, daß die CDU/CSU, aber auch die FDP, solange sie sich gegen ökologische Zukunftspolitik wenden und damit die Sicherheit nachfolgender Generationen gefährden, durch das Volksvotum von den Regierungsgeschäften im Bund ferngehalten werden und daß der nächste Machtwechsel innerhalb der SPD stattfindet. Gewiß gibt es auch in der CDU weiterdenkende Politiker. Sehr wohl sehe ich, daß Kurt Biedenkopf das ökologische Lebensgut Pommritz bemerkenswert gefördert hat, aber ich übersehe auch nicht, daß er zur selben Zeit zusammen mit Manfred Stolpe von der SPD die Einweihung eines neuen Kohlekraftwerkes befeierte. Dafür gibt es auch bei verbesserter Effizienz nicht den geringsten Grund mehr. Wenig begrüßbar sind auch die militaristischen Untertöne in Biedenkopfs Buch „Zeitsignale", aber die CDU ist eben, wie man auch an Schäubles Buch „Der Zukunft zugewandt" sehen kann, eine anti-pazifistische Partei, die friedensstiftende Maßnahmen nur halbherzig oder gar nicht wahrnimmt. Erinnert sei in diesem Zusammenhang an die politische Unpäßlichkeit, als ein Abrüstungsvorschlag nach dem anderen in der Gorbatschow-Ära den Westen erreichte und auch die alte Bundesrepublik unfähig war, die Friedenspolitik in der neuen Geschwindigkeit des Ostens zu erwidern.

Bündnis 90/Grüne und die PDS sind bislang zu feige, die Matrix ihrer Politik Stück für Stück umzupolen. Der Wechsel von einem Weltbild, das den Menschen unumschränkt in den Mittelpunkt stellt, zu einer Weltsicht, die die Beziehungen zwischen Natur und Mensch als zentral versteht, also der Natur ihren Eigenwert zugesteht, ist auf den meisten Politikfeldern kaum ansatzweise vollzogen. Allzuoft bestimmt Klientelpolitik die Raster des Reagierens. Die Bündnisgrünen, die in Deutschland bereits öfter als Mehrheitsbeschaffer in Landesregierungen auftraten, gingen dabei durch die zahlreichen Kompromisse endgültig an das System verloren. Die Regierungsbeteiligung im Bund scheint auch die letzte kritische Potenz abzuschleifen. Dies ist besonders bedauerlich vor dem Hintergrund, daß vielleicht auch in dieser Konstellation mehr politische Veränderung möglich gewesen wäre. Natürlich seien die kartellösenden Effekte im parlamentarischen Betrieb und andere innovative Neuerungen hier nicht wegdiskutiert. Aber der Machttrip für grüne Bundesminister und die nachfolgende Regierungsarbeit zerstörte weiträumig Dissidenz.

Petra Kelly wußte von diesem Zusammenhang noch und schrieb in ihrem Buch „Mit dem Herzen denken": „Wenn man sich auf die alte Macht einläßt, Ämter einnimmt und sozusagen Juniorpartner spielt, kann man nicht mehr so radikal sein und muß auch Kompromisse in Lebens- und Überlebensfragen eingehen. Und von dem Punkt, wo die Kompromisse eintreten, bis zu dem Punkt, wo man alle Positionen aufgibt, ist es nicht sehr weit. Dann kommt wieder eine neue Opposition, die wieder von vorn anfängt und radikalere Forderungen stellt. Ich habe grundsätzlich eine große Abneigung davor, mich den sogenannten Sachzwängen zu unterwerfen, wenn ich sie moralisch nicht verantworten kann." Dabei schloß Petra Kelly keineswegs aus, daß für die Grünen der Tag kommen könnte, an dem sie ihre grüne Utopie in der Regierungsverantwortung in die Praxis umsetzen müßten. Sie meinte, ohne eine grundlegend umgestaltete Regierung, die nicht auf dem heutigen Modell beruht, sei dies nicht zu bewerkstelligen.[89]

Joschka Fischer hatte zweifellos recht, als er einst sagte, für das System Kohl zahlen wir mit Stillstand, nur der eigene Rückschritt im Poker um die Regierungsmacht geriet ihm offenbar nicht mehr ins Gesichtsfeld. Grüne Realopolitik ist ein Deal mehr, warum wir zu Rettungspolitik nicht kommen. Dies ist kein Plädoyer gegen die kleinen Schritte, gegen das Machbare, wohl aber gegen Politik, die nicht von der Dimension einer zukunftsfähigen Ordnung ausgeht, die den Bogen nach Ökotopia mit menschlichem Antlitz nicht spannt und daraus ihre Prioritäten ableitet. Es ist einfach nicht wahr, daß man sich derart zum Diener der globalisierten Wirtschaftsmächte erklären muß, wie dies Fischer in seinem Buch „Für einen neuen Gesellschaftsvertrag" kenntlich macht. Eine ökologische Weltordnung heißt, regionale Kreisläufe sind das eigentliche Fundament wirtschaftlicher Entwicklung. Gewiß, man braucht Übergänge von der jetzt verfahrenen Situation, aber ich halte nichts davon, eine falsche Grundstruktur sozial-ökologisch ausgestalten zu wollen. Das ist Selbstbetrug. Gleichermaßen traurig ist es, daß die Grünen ihre einstigen pazifistischen Positionen im Schnelldurchgang abstreiften. Der Krieg im Kosovo wäre vermeidbar gewesen, wenn man es denn gewollt hätte. Schon scheint zivile Konfliktbewältigung ein Fremdwort geworden zu sein. Wo bleiben die europäischen Abrüstungsbemühungen unter Rot-Grün? Nicht daß es niemals notwendig sein könnte, sich auch militärisch zu Konflikten zu verhalten, aber ein solcher Schritt kann nur Legitimität gewinnen, wenn eine Politik der radikalen Abrüstung in Richtung null Waffen und Konfliktvermeidung betrieben wird. Selbst dann ist es noch problematisch genug, weil Tucholskys Hinweis, daß Soldaten Mörder sind, eben wahr ist, unabhängig von Recht oder Unrecht bei kriegerischem Eingreifen. Da kann man sich drehen oder wenden, wie man will, bei Kampfeinsätzen ist der Tod immer mitgebucht. Das begreift die PDS bislang besser als die Grünen, auch wenn man zu SED-Zeiten trotz des reichlichen Friedensvokabulars den militärischen Duktus sehr gern pflegte, sosehr die Verteidigungssituation real war, trotz Afghanistan.

Der PDS ergeht es mit der Systemanpassung nicht anders als den Bündnisgrünen. Spätestens der Testfall in Mecklenburg-Vorpommern zeigte das auf sehr klare Weise. Während in Berlin sich viele Genossen gegen den Ausbau von Schönefeld als Großflughafen engagieren, denkt Minister Holter laut darüber nach, wie man im Küstenland die Flugzeugindustrie ansiedeln kann. Das bedeutet im Klartext: Zukunftsfähige Politik stürzt ab. Gewiß, in der Sparte Umweltpolitik setzt die PDS bessere Zeichen als vorher die CDU, aber die Ostseeautobahn wird auch unter rot-roten Verhältnissen gebaut. Bahnstrecken werden auch mit PDS-Verantwortung stillgelegt. Es wird also nichts mit der alternativen Politik, überall will die PDS nur noch prinzipienlos an die Macht. Mit den paar erreichten sozialen Bonbons beruhigt man sich und denkt nicht mehr an das Großeganze. Mag sein, die PDS ist noch nicht ganz in „Badgodesberg" angekommen, doch ihre pragmatische Anpassung wächst sich zum Sündenfall aus. Längst ist das Hinwenden zu gesellschaftlichen Alternativen auf das Abstellgleis geschoben. Die Machtfrage wird in der PDS nur noch auf recht niedrigem Niveau gehandhabt. Da war man nach dem 89er Absturz in der Diskussion schon weiter.

Man kann finden, eine rot-grüne Bundesregierung, notfalls PDS-toleriert, mag sehr viel besser sein als die Koalition der Ellenbogenparteien. Doch solange es nur um Veränderungen im Mikrobereich geht, solange sich alles darum dreht, daß die Wirtschaft floriert und dabei ein paar mehr Arbeitsplätze abfallen, ist solch eine Regierung nur ein Markenzeichen für den Ausverkauf der Zukunft. Sie ist das kleinere Übel, aber so, wie die SPD agiert, werden wohl kaum die Weichen für den Ausstieg aus der Selbstmordgesellschaft gestellt, obwohl dies potentiell wenigstens begonnen werden könnte und man diese kleinen Schritte begrüßen dürfte.

Schon in dem Status als konsequente Oppositionskraft kam die PDS über grünen Tapetenwechsel kaum hinaus. Da müssen erst noch jede Menge metropolitane Arbeitsplätze geschaffen werden, die in dieser Form ohnehin weg müssen. Der Osten Deutschlands soll an mittleres westliches Wirtschaftsniveau heranentwickelt werden, obwohl doch klar sein dürfte, daß dies dann auch allen anderen Völkern der Erde logischerweise zusteht und dies nun mal ein völlig unakzeptables Szenario ist. Die Massenkaufkraft soll erhöht werden. Dabei ist doch einsehbar, wenn ich z.B. mein Mobiliar nicht mehr alle 15 Jahre wechsle, sondern es so produziert wird, daß es über viele Jahrzehnte hält, dann senke ich damit zwangsläufig die Binnennachfrage und in der Folge das Wirtschaftsvermögen. Die kurzfristigen gesellschaftlichen Egoismen erhalten in der PDS beständig Vorfahrt gegenüber den langfristigen Interessen, meist jedenfalls. Auch die vielen nützlichen kommunalen Aufgaben fesseln in geradezu ohnmächtiger Weise an den selbstzerstörerischen Wettlauf.

Großen Teilen der Basis der grünen Partei mag der Umweltgedanke noch näher stehen, als das bei den PDS-Mitgliedern der Fall ist. Bei den Sozialisten gibt es noch eine breite Front der Ignoranten, doch sie bröckelt. Zwar ist der grüne Pol in der PDS weit schwächer als bei den Bündnisgrünen ausgebildet, doch langsam, aber stetig ist auch der ökologische Flügel der PDS im Wachsen. Z.B. engagierte die Partei sich gegen den Havelausbau und den Transrapid, wo die SPD noch völlig auf falschem Kurs lag.

So wie es bei den Sozialdemokraten ein Umweltforum gibt, bildete sich in der PDS eine Ökologische Plattform heraus. Sie sorgte dafür, daß das ökologische Thema in der Partei, nicht zuletzt auch auf Parteitagen, nicht ganz abgedrängt wurde. Aber auch viele EinzelkämpferInnen haben daran Anteil. Ein Buch unter dem Titel „Reformalternativen" zeigt erste Konturen, wie die PDS sich zu einer grünen Partei wandeln könnte.[90] Die strategischen Abschnitte zum sozial-ökologischen Umbau im ersten Teil des Bandes konzipierte der PDS-Vordenker Dieter Klein. Das ist ein zu begrüßender Anfang, wenn auch ein sehr bescheidener. Selbstverständlich ist es nicht ausgemacht, daß die Partei nicht wieder in ihre alten musealen Vorstellungen zurückfällt bzw. eine ganze Reihe Akteure dort verhaftet bleiben, trotz Solarkonferenzen und vieler anderer sinnvoller Ansätze.

Die bundesrepublikanischen Parteien sind gekettet an den Wählerstimmenfang, und damit läßt sich zunächst nur wenig aus dem Rahmen von „Leuteabholen"-Politik ausbrechen. Die antidemokratische Fünf-Prozent-Hürde bewirkt dann ein übriges, um Bündnisgrüne und PDS in schön brav angepaßten Bahnen zu halten, damit man nicht aus dem Bundestag und den Landesparlamenten fliegt und damit auch die wichtigen Geldquellen nicht versiegen. Der Hinweis auf das alternative Programmpapier ist wenig hilfreich, wenn die praktische Politik auf anderen Gleisen läuft. So existiert in Deutschland nicht mal ein Ansatz für eine Opposition, die sich der epochalen Herausforderung der ökosozialen Weltkrise konsequent stellen würde. Es wäre schlicht und einfach Schönfärberei, diesen Tatbestand zu verdrängen. Ein hoffnungsvoller Ansatz könnte sein, wenn sich aus dem Spektrum von Bündnisgrünen, der PDS, grünen Sozialdemokraten und anderen gesellschaftlicher Bewegungen Reformbestrebungen herausbilden würden, die den langfristigen sozialen Interessen die oberste Priorität einräumen. Das schließt nicht aus, daß die Menschen sich möglicherweise erst neu zusammenfinden müßten. Auf jeden Fall schiene es außerordentlich hilfreich, wenn alle künstlichen Barrieren zwischen den verschiedenen politischen Parteien und Bewegungen fallen würden, der nötige geistige Aufbruch wird vermutlich ohnehin quer zu den bestehenden Organisationsstrukturen verlaufen. Warum sollte im Oppositionsspektrum langfristig nicht eine neue Kooperationsstruktur, womöglich sogar eine neue Parteienlandschaft entstehen können, die den Anforderungen des 21. Jahrhunderts, dem Jahrhundert der Ökologie, besser gewachsen ist?

Wichtiger aber noch wäre eine umfassende kulturelle Volksbewegung, die den „modernen" Fortschritts- und Wachstumskult zur Disposition stellt. Dabei sind sehr unterschiedliche Formen gefragt, die sich gegenseitig ergänzen können, von einer Ökodorfbewegung, Zukunftswerkstätten verschiedener Ausrichtung bis zum Literaturzirkel usw.

Ganz zentral wichtig wäre wohl ein intellektuelles Netzwerk, das den fundamental-ökologischen Ansatz trägt und aus sich selbst heraus zur ständigen Innovation antreibt, ausgereiftere Zukunftsvorstellungen entwickelt. Leider gibt es noch nicht mal Rudimente einer solchen Struktur. Würde hier etwas entstehen, so könnte das ein genauso gravierender Vorteil sein wie eine intellektuelle Veränderung im Parteienspektrum. Gewiß sind Arbeiten wie im „Holon-Netzwerk" u.v.a. sehr zu begrüßen, man muß damit aber auf eine öffentliche Ebene kommen, wie sie die Anti-AKW-Bewegung heute schon erreicht hat. Die besagte Kulturbewegung und politische Opposition müßte die konservativen Kräfte durch ihre eigene visionäre Ausstrahlung in die ökologische Richtung treiben. Ihr käme eine Katalysatorfunktion zu.

In einer Situation, wo den Beharrungskräften jeder denkbare politische Soforterfolg zufällt und selbst die Pannen und Pleiten am Ende noch zu einer positiven Bilanz umgerechnet werden, scheint dieser Schluß eine illusionäre Träumerei. Doch sind erwartete Niederlagen auf Grund gemachter Erfahrungen ein Stück weit auch Fiktion, eine Chancenlosigkeit, die man und frau sich selbst nur einredet. Es sollte die sprengende psychosoziale Dynamik der apokalyptischen Situation nicht unterschätzt werden. Wenn die Trägheitskräfte an ihren Fundamenten angeschlagen werden, kommt das gesamte gesellschaftliche Gefüge ins Rutschen. Die Frage ist dann, ob diese Verschiebungen produktiv kanalisiert werden können. Dann kommt es auch auf die intellektuelle und kulturelle Stärke der alternativen Kräfte an.

Klar sei aber herausgehoben: Laut Grundgesetz, Artikel 21, Absatz 2, sind alle maßgeblichen Parteien der Bundesrepublik Deutschland verfassungswidrig, da sie den Bestand einer lebenswerten Ordnung elementar preisgeben. Durch ihr Wirken für den todbringenden ökonomischen Wachstumsmoloch, in wessen Interesse auch immer, ob kapitalgünstig, kurzfristig sozial oder auch scheinökologisch, wird eine freie volksbestimmte

Ordnung unterminiert und die Existenzgrundlage zukünftiger Generationen vernichtet. Damit werden gleich reihenweise Grundrechte in Frage gestellt. So ausgerichtete Politik verkommt zu organisiertem Verbrechen, auch wenn das von den Akteuren nicht beabsichtigt ist.

Seit 1994 gibt es auch den Artikel 20a, der die natürlichen Lebensgrundlagen in Verantwortung für die künftigen Generationen als Schutzgut im Rahmen der verfassungsmäßigen Ordnung ansieht. Nur wenn man sich nicht ernsthaft damit auseinandersetzt, wo die Belastungsgrenzen unseres Planeten liegen, wie Schaden, durch uns verursacht, von den zukünftigen Generationen abgewendet werden kann, wenn wir weiter in der Verfaßtheit des Plünderns und Ausbeutens den zukünftigen Menscheninteressen begegnen, dann ist das nur Lippenbekenntnis und nichts wert.

Ein Bundesverfassungsgericht, das diesen Namen verdient, müßte also den Parteien innerhalb einer ultimativen Frist klare Auflagen zur Rettung der ökologischen Gleichgewichte erteilen und ihnen bei mangelnder Umsetzung ihre Legitimität entziehen. Natürlich wäre es damit in seiner institutionellen Stellung als auch in der Sachkompetenz überfordert, und sehr wahrscheinlich bedarf es neuer politischer Organe, worauf wir noch zu sprechen kommen werden, also eine Art politischer Instanz für die Weltökologie.

Da die Parteien bislang keine soliden bzw. hinreichenden Neuformierungen in der Gesellschaft in Gang bringen, die uns aus dem Sog der Todesspirale herausziehen könnten, muß man konstatieren, der westdeutsche Parlamentarismus gerät mit dem offenkundigen Aufkommen ökoglobaler Naturzerstörung in die schwerste Krise seit dem Neubeginn nach der faschistischen Ära in Deutschland. Dies ist unabwendbar in dem Moment, wo unsere Wohlstandsfestung existentiell ins Wanken gerät. Es steht also weit mehr zur Debatte als die heute oft benannte Politikverdrossenheit. Die konzeptionell-strategische Stagnation der Altparteien, ihre bedingungslose Hingabe an den westlichen Fundamentalismus, ebnet geradezu den geschichtlichen Strom in eine totalitäre Ökodiktatur. Dieses Resultat wird sich nicht von heute auf morgen einstellen, sondern eher in allmählichen Wandlungen und Schritten, die selbst bei kräftigen Reformimpulsen im Notstand enden können.

Die bundesdeutschen Altparteien ziehen Kraft ihrer Vermittlungsmacht immer mehr institutionellen Raum im staatlichen und kommunalen Gefüge unter ihre Fittiche und mutierten zu einer eigenen Kaste mit privilegiertem Sonderstatus, den sie sich im offiziell-parlamentarischen und informellen Beutezug eroberten. Nur wenige Instanzen, wie etwa das Bundesverfassungsgericht oder eine kritische Öffentlichkeit, vermochten allzu üppiger Gier Grenzen zu setzen.

Dennoch wuchert der parteipolitische Filz in beachtlichen Größenordnungen als System. Dazu gehört insbesondere die Aufteilung von absolut spitzenbezahlten Posten bis hin zu Pöstchen per Vorteilsnahme in kommunal gebundenen Betrieben und dem öffentlichen Dienst durch Parteienklüngel, möglichst noch im Einvernehmen mit dem politischen Kontrahenten.[91] Hans Herbert von Arnim bezeichnet die Ämterpatronage, also die Vorteilsnahme durch Parteibuchwirtschaft, als schlimmste Ausbeutung des Staates durch die Parteien, als fortschreitendes Krebsgeschwür im Körper von Staat und Verwaltung. „Täglich werden in Hunderten von Fällen Einstellungen und Beförderungen nicht zugunsten des persönlich und sachlich Befähigten, sondern aufgrund des Parteibuchs vorgenommen. Diese Form der Korruption steht im Zusammenhang mit vielen anderen Arten parteilicher Begünstigungen: der Vergabe von günstigen Krediten und Grundstücken, von öffentlichen Aufträgen und Subventionen an parteiliche Bau- und andere Unternehmen, an Architekten, Notare etc."[92] Zur Parteipatronage kommt die Verbands- und Konfessionspatronage hinzu.

Sowohl die Scheuchs in ihrer Studie über den Verfall der politischen Parteien als auch Arnim kommen außerdem zu dem Schluß, daß die Auswahl des politischen Personals durch das Nominierungsmonopol der Parteien die Mittelmäßigkeit der Akteure in besonderer Weise fördert. Wer auf vorderen Listenplätzen plaziert ist bzw. in wahlsicheren Kreisen antritt, braucht sich um seine Wahl keine Sorgen mehr zu machen. Nichts wird seinen Einzug ins Parlament verhindern, eine tatsächliche Wahl gibt es nicht mehr. Diesbezüglich werden die Wahlmodalitäten grundsätzlich zu ändern sein, der Proporz der Parteien wird also ausschließlich in Form von Personenwahlen bestimmt werden müssen. Nach wie vor würde auch die Wahl von Kandidaten verschiedener Parteien ermöglicht. Die Auswahl des prozentual stärksten Wahlkreiskandidaten könnte entfallen. Praktisch heißt das, auf dem Wahlzettel stünde eine recht umfangreiche Personenliste, und die Parteizugehörigkeit wäre hinter dem Namen in Klammern gesetzt. Der Wähler kann dann zwei oder drei KandidatInnen ankreuzen.

Die Parteien, ihre Fraktionen und die Parteistiftungen genehmigen sich gegenwärtig die höchsten Finanzzuschüsse in der Welt. Dabei bedienen sich die großen Parteien überproportional aus der Staatskasse. Die Parteien mit kleinerer Wählerklientel können sich die Reste zusammenklauben, wenn sie nicht gleich von vornherein vom Hauptposten der Finanzen, den Geldern für die Parteienstiftungen, ausgeschlossen werden.

Mit dem Grundsatz der Gleichheit kann dies wenig zu tun haben, abgesehen davon, daß ein Großteil der Finanzen an anderer Stelle zweckmäßiger eingesetzt wäre. Zusammen mit der Fünf-Prozent-Klausel, die lästige Konkurrenz schon im Anfangsstadium ausschalten soll, sichert die heutige Form der Parteienfinanzierung die Allmachtsansprüche der etablierten Parteien. Gerade aber in der heutigen Zeit, in der die politischen Inhalte und parlamentarischen Sachbelange völlig neu ausgerichtet werden müssen, wären politische Minderheiten gefragt, die zunächst erst mal den Anstoß für andere Zukunftsoptionen geben könnten, als die vielfach leeren Formeln, technizistischen Wundertäterschaften und das Anbeten von Wachstumsraten fürs Bruttosozialprodukt, was uns das Establishment verkündigt.

Sicher birgt dies die Gefahr, etwa neofaschistischem Gedankengut und Autofahrerparteien etc. mehr Terrain zu geben. Dieses Risiko muß man eingehen, zumal eine Reihe von Dämpfeffekten aufbaubar wäre. Die muß man dann sicher auch wollen und mit der jeweils eigenen Parteipolitik entsprechende Signale setzen. Parteien ohne Mitgliedschaften sollten sich nicht zur Wahl aufstellen dürfen. Das wäre immerhin ein Instrument, alternativ zum Sinn der Fünf-Prozent-Klausel, der Zersplitterung des Parteiensystems entgegenzuwirken.

Zur Umgestaltung des Regierungssystems

Da Parteien sich stets im Vier-Jahres-Rhythmus durchwursteln und Wahlen zum eiskalten Geschäft um Stimmenfang und Politposten verkommen, dabei aber die zwingenden Kursänderungen auf der Strecke bleiben, ist es, meine ich, erforderlich, darüber nachzudenken, wie durch eine Veränderung des parlamentarischen Systems diese Schwächen gemildert werden können. Überdies gehen alle irdischen Belange, die aus sich heraus keine soziale Macht bilden können, nicht in den politischen Werdeprozeß ein. Man berücksichtigt sie nur so weit, wie diese in den Ringkämpfen der verschiedenen Interessenhaufen zu einer relevanten Größe aufsteigen. Diese Systemschwäche bringt über kurz oder lang jedes noch so stabile Gemeinwesen in einen Schlingerkurs, insbesondere wenn die Korrekturmöglichkeiten so extrem beschnitten sind wie in den heutigen Massengesellschaften.

Die Fragen um die Rückbindung der Gattung Mensch an ökologische Kreisläufe, an die Gesetze der irdischen Naturordnung, sollten sich als Zentralgestirn politischer Praxis herauskristallisieren. Die grundsätzlichen Entscheidungen in den gesellschaftlichen Rahmenbedingungen müssen über den metropolitanen Verteilungskämpfen stehen, die heute den Bundestag so übermäßig beschäftigen. Das Gemisch aus Partialinteressen darf nicht mehr den zivilisatorischen Gang der Staatspolitik im Blindgang lenken. Diese Situation ist auch erheblich daran beteiligt, weitgehende Reformbestrebungen, die über die üblichen Minimalschritte in der allgemeinen Stagnation hinausgehen, erfolgreich zu verhindern. Das Politische muß über dem Ökonomischen den Rahmen geben und darf nicht Opfer des expansionistischen Antriebs der Gesellschaft werden.

Schon wegen der historischen Erblast der europäischen Nationalstaaten durch die beinahe globale Kolonialisierung der Völker in den vergangenen Jahrhunderten gehört das außenpolitische Verhältnis zu den Menschen in den armen Regionen dieser Welt zu den prioritären Belangen, die auf eine höhere Stufe der Staatsaufgaben gehören. Der Hauptgrund für diese Aufwertung liegt aber in der aktuellen Schuld der reichen Länder durch das von ihnen getragene mafiose Weltwirtschaftssystem, das jegliche soziale Gerechtigkeit gegenüber den Schwächsten auf dieser Erde ausradiert. Zu sprechen ist über den dadurch wesentlich mitinduzierten Völkermord, der meist im blinden Fleck westlicher Wahrnehmung verschwindet. Demokratie, die nur die reichen Stände dieser Welt einbezieht, ist ein Lügengespinst. Eine ökologische Weltordnung kann niemals zustande kommen, wenn die Schritte für ein gerechtes Süd-Nord-Verhältnis und die radikale Abrüstung aller Militärpotentiale nicht mit Vehemenz und Ausdauer angegangen werden. Neben der erforderlichen zivilisatorischen Transformation sind in der heutigen parlamentarischen Demokratie die seelischen Grundlagen zukunftsfähiger Lebensweisen, ist die spirituelle Dimension gesellschaftlicher Entwicklung, völlig ausgeklammert. Mehr noch: wenn man sich die Zwischenbemerkungen zu manchen Bundestagsreden anhört, in bezug auf den Vernunftquotienten, kann einem nur Angst und Bange werden über das Ausmaß an kulturellem Verfall. Überhaupt scheint der gegenwärtige Politikbetrieb sehr dafür geeignet zu sein, die Feinheiten inneren Menschseins zusammenzustauchen. Insofern ist es zwiespältig, aber dennoch notwendig, diese Ebene in der politischen Sphäre neu zu initiieren. Die Politik muß sich auf den Gegenpol ihrer gegenwärtig so oft repräsentierten Selbstsucht einlassen. Sie sollte ihren Anteil auf dem Weg zu einer seelischen und geistigen Hochkultur beitragen. Integrale Weisheit muß zu den obersten Schichten im Staat vordringen können, ohne vorher durch das politinterne Klima abgedrängt zu werden, so daß die Träger ausfallen oder sich opportunistisch verhalten.

Im ganzen steht die Frage, ob die in der zivilisatorischen Entwicklung ausgegrenzten Sektoren wieder Sitz und Stimme in einer eigenen Institution erhalten, sozusagen der parlamentarischen Demokratie überbaut werden und dadurch die in ihr richtig gefaßten Schlüsse stärken. Wir brauchten ein übergeordnetes Ethik- und Ökoparlament. Unter dem Titel Ökologisches Oberhaus und ähnlichen Bezeichnungen ist eine solche politische Institution bereits in der Diskussion. Rudolf Bahro brachte sie mit seinem Buch „Logik der Rettung" in den öffentlichen Diskurs.[93]

Wen das Mal des problematischen historischen Bezugs im Namen zu sehr stört, der könnte es auch Ökologisches Bundeshaus nennen. Da erstere Bezeichnung aber bereits im Umlauf ist und das „Ober-" auch signalisiert, es handelt sich hier um das oberste Organ des Staates, will ich mich der gängigen Bezeichnung anschließen. Mitunter taucht für die gleiche Idee auch die Bezeichnung „Ökologischer Rat" auf. Beachten muß man aber: hinter diesem Begriff verbergen sich zwei verschiedene Konzeptionen. Unter Ökologischem Rat wird häufig auch ein Gremium aus Experten verstanden, die den bestehenden demokratischen Institutionen beigeordnet werden, maximal ein Vetorecht erhalten und Vorschläge einbringen dürfen, aber keine gestaltende bzw. gesetzgebende Funktion haben. Davon soll hier nicht die Rede sein.

Für die Konstitution eines übergeordneten Ethik- und Ökoparlaments finden sich in der Bundesrepublik immer mehr Fürsprecher, so auch der Präsident des Wuppertal-Instituts für Klima, Umwelt und Energie, Ernst Ulrich v. Weizsäcker. Er meint, wir brauchten einen Anwalt für die kommenden Generationen, aber auch für die nichtmenschliche Natur. Es könne nicht angehen, daß nur die Übermacht der Jetztzeit regiert und die schnelle Mark und die Arbeitsplätze für heute, egal, was später aus dieser Entwicklung heraus passiert.

Ein konstruktives Wechselspiel zwischen den bestehenden Institutionen und den Zukunftsinteressen müsse zustandekommen, bei dem letztere das nötige Gewicht bekommen. Die bisherige Wahlpraxis könne diese Intention nicht einlösen. Es drohe, daß die jetzige Generation die materielle Substanz aufbrauche, die kommende Generationen zum Leben benötigen.

Ein Teil des Erfolgs der bestehenden Demokratie liege auch darin, meint Weizsäcker, daß sie die langfristigen Anliegen abstreifte. Dies muß korrigiert werden, ohne in die

Fehler der Monarchie zurückzufallen. Daran kritisiert Rupert Scholz, Mitglied der Verfassungs-Kommission, daß ein Ökologischer Rat doch sehr an die Wirtschafts- und Sozialräte erinnere und diese jeweils nur von den Sonderinteressen ausgingen. Ein Ökologischer Rat läge genau in derselben Spur. Daß diese Annahme völlig verquer ist, dürfte aus den bisherigen Ausführungen hinlänglich klar geworden sein. Einen wunden Punkt trifft aber sein zweites Argument. So sagt Scholz, wenn ein solcher Rat aus der allgemeinen Politik herausgelöst würde, dann werden Entscheidungsbefugnisse, die eigentlich dem Parlament zustehen, an ein Gremium gegeben, das demokratisch nicht legitimiert ist. Dies verstoße gegen das Demokratieprinzip.[94]

Nun ist es zweifellos so, daß man denjenigen, die die Vorschläge für so eine übergeordnete Instanz ins Leben gerufen haben, zur Last legen muß, sich um die demokratische Architektur nicht entschiedener gekümmert zu haben. Dabei geht es nicht um das demokratische Wollen, das ist sehr wohl artikuliert, aber es gibt fast keine Vorschläge, wie sich dies in konkreter Struktur niederschlagen soll. Man muß sich darüber im klaren sein, mit der demokratischen Anbindung steht und fällt die Idee des Ökologischen Oberhauses, und ich meine, es gibt sehr wohl Wahlmodalitäten, die diesen Anspruch einlösen können, ohne daß ein Bundestagsdouble dabei herauskommt. Findet sich für dieses Problem eine optimale Lösung, wären dann auch die Befürchtungen von Rupert Scholz hinfällig, die demokratischen Spielregeln seien in Gefahr. Nur müßte man ihn dann fragen, welches Argument noch dagegen spräche, wenn er bei seiner Gegenposition bliebe, und er müßte die Annahme entkräften, er wolle nur, daß alles beim alten bleibt. Andere Äußerungen von ihm hinterlassen da einen begründeten Verdacht.

Desweiteren zu einem Vorschlag von Alexander Solschenizyn. Beinahe ähnlich der Oberhauskonstruktion, aber erst mal nicht direkt auf das Natur-Mensch-Thema bezogen, liegt seine Überlegung, für die russischen Verhältnisse eine Sobornaja Duma zu begründen, als ethische Instanz des Staates, die das Parteiengerangel begrenzt. Er hält es nicht für möglich, daß sich ein hohes Niveau der Tätigkeit aller staatlichen Gewalten einstellt, wenn man nicht zu einer solchen Einrichtung käme. Diese Behauptung wäre doch mal eine spannende Denkanregung für die Verfassungs-Kommission? Immerhin verfügen wir in Deutschland über eine demgemäße politische Einrichtung nicht, obwohl man meinen könnte, das deutsche Regierungssystem sei ausgereifter als die russischen Gehversuche.

Solschenizyn möchte in der Sobornaja Duma das Volksgewissen versammelt sehen, zusammengesetzt aus angesehenen Personen, die sich als moralisch integer, weise und lebenserfahren erwiesen haben. Wie er selbst einräumt, kann er sich aber keine wirklich unanfechtbare Auswahlmethode vorstellen. So scheint mir dann auch sein Vorschlag, diese KandidatInnen aus den verschiedenen Ständen der russischen Gesellschaft zu rekrutieren, nicht sehr schlüssig.[95] Wie könnte nun aber der Umbau des deutschen Regierungssystems aussehen? Das Ökologische Oberhaus wäre also dem Bundestag übergeordnet, kann durch Vetorechte und verfassungsrechtliche Vorgaben Rahmen für dessen Arbeit setzen. Ihm stünde außerdem zu, der Regierung Beschlußinitiativen zu unterbreiten. Gesetzesvorlagen sowie Ge- und Verbote kann es sowohl dem Bundestag, dem Bundesrat als auch den Länderparlamenten verordnen. Außerdem würden Themen für Volksabstimmungen festgelegt und perspektivische Alternativen ausgearbeitet. Für Volksentscheide muß das parlamentarische Gremium jedoch ähnlich wie andere Initiatoren eine stattliche Anzahl von Unterschriften beibringen, von Bürgerinnen und Bürgern, die das Anliegen unterstützen.

Mit Zweidrittelmehrheit darf das Oberhaus beschließen, Entscheidungen, die im Regelfall im Bundestag oder in einem Landtag behandelt werden, an sich zu ziehen. Jedoch die Auflösung des Bundestages etc. sollte es nicht verfügen können. Genauer müssen noch die Trennlinien fixiert werden, welche Kompetenzen den verschiedenen parlamentarischen Häusern zustehen, wo dies noch nicht eindeutig ist.

Die Funktion des Bundespräsidenten könnte künftig über rein repräsentative Aufgaben hinausgehen. Als Staatsoberhaupt würde er zusammen mit einem Präsidialrat dem Öko logischen Oberhaus vorsitzen. Bislang wird der deutsche Bundespräsident durch eine Bundesversammlung gewählt, die sich zu gleichen Teilen aus Mitgliedern des Bundestags und der Länderparlamente zusammensetzt. Mit der Umgestaltung des deutschen Regierungssystems fiele diese Aufgabe den Abgeordneten des Ökologischen Oberhauses zu, die sowohl den Bundespräsidenten als auch den ihm beigeordneten Präsidialrat, der aus etwa sechs bis acht Abgeordneten bestünde, aus ihrer Mitte heraus wählen. Im Gegensatz zu Rudolf Bahro plädiere ich nicht für eine Präsidentschaftswahl, sondern für eine Direktwahl aller Abgeordneten des Oberhauses. Eine zusätzliche Präsidentschaftswahl würde dieses Volksvotum elementar schwächen, wenn dem Bundespräsidenten überproportionale Machtbefugnisse zugestanden würden, und nur dann wäre eine solche Wahl auch hinreichend sinnvoll. Nicht nur wegen der Rolle des Reichspräsidenten bei der Aufgabe der Weimarer Republik scheint mir eine so übermäßige Machtkonzentration in den Händen einer Person als ungünstig. Selbst wenn man idealtypisch voraussetzt, man hätte volksabgestimmt den Präsidenten, der den gesellschaftspolitischen Kurs und die Wahl der Mittel optimal trifft, so bleibt er als einzelner immer ein Opfer der eigenen persönlichen Grenzen. Der Präsident des Ökologischen Oberhauses müßte über weniger Machtbefugnisse verfügen als etwa der amerikanische, der russische oder der französische Präsident, aber weit mehr als der heutige deutsche Bundespräsident.

Über die hier dargelegte Position sprach ich auch mit Rudolf Bahro und machte ihm meinen Kritikpunkt an seiner Konzeption kenntlich. Wie er mir sagte, wäre ihm die von mir monierte Regelung nicht unbedingt verteidigenswert, wichtiger sei ihm das prinzipielle Anliegen des Ökologischen Oberhauses.

Die Legislaturperioden des Öko- und Ethikparlaments auf 10 bis 15 Jahre zu dehnen, wie Jens Reich meint, scheint mir wenig sinnvoll, weil dies einer konzeptionellen Stagnation Vorschub leisten würde und neue verkrustete Politstrukturen zeugen könnte.[96] Man braucht sich bei seiner parlamentarischen Arbeit nicht mehr anzustrengen, weil der eigene Sitz auf Jahre hinaus sicher bleibt. So ist festzuhalten: Die optimale Dauer der Legislaturperiode läge bei etwa sechs oder sieben Jahren, sie dürfte aber auch nicht unter dieser Zeitspanne liegen, um zu vermeiden, daß das Agieren für kurzfristige Absichten zu sehr in den Vordergrund tritt und die Ambitionen zur Wiederwahl die eigentliche Arbeit behindern. In erster Linie hängt das Ausmaß dieses Problems selbstverständlich von der Motivation der Akteure und Akteurinnen ab und dem parlamentarischen Arbeitsstil, in dem sie wirken.

Alle gesellschaftlichen Gruppierungen sollten durch Einzelpersonen für dieses Oberhaus kandidieren können. Parteien wären nicht zugelassen. Damit ließe sich der verfassungsmäßige Auftrag der Parteien, an der Willensbildung der Gesellschaft teilzunehmen, besser gewährleisten als in der bisherigen Konstellation, die auf eine überproportionale Beherrschung der öffentlichen Meinungsbildung und Gesellschaftsentwicklung hinausläuft, was zu Recht als Parteiendiktatur kritisiert wird.

Zudem müßten die Gehälter der Parlamentarier dem Durchschnitt des normalen Einkommens der Arbeitnehmer angepaßt sein. Es kann nicht sein, wie es heute der Fall ist: in allen Lebensbereichen, die den normalen Bürger betreffen, werden die finanziellen Flüsse gekürzt, aber die Parlamentarier beschließen sich auf Kosten der Steuerzahler einen Goldesel, der immer üppigere Diäten für die Taschen der Abgeordneten abwirft. Über 12000 DM pro Monat reichen für einen Bundestagsabgeordneten nicht, es müssen Schritt für Schritt immer noch zusätzliche Tausender her.

Es fragt sich nur, welche Unabhängigkeit in Sachen Bestechlichkeit dem Bundestagsabgeordneten bleibt, wenn er nun so unabhängig und verwöhnt ist, daß er mit den Geldsummen des normalen Alltags nicht mehr rechnen kann? Maßgehaltene Diäten und Rentenversorgungen etc. sind das eine; angegangen werden muß auch der Lobbyismus für wirschaftliche und andere antiökologische Sonderinteressen. Auch hier sind tiefgreifende Veränderungen vonnöten, und ein kritischer Blick auf die Nebeneinkünfte der Abgeordneten ist unbedingt geboten.

Über eines sollte man sich jedoch keine Illusionen machen: Das Ökologische Oberhaus als neue politische Institution wird erst zur Realität, wenn an wichtigen Schaltstellen der heutigen Gesellschaft die Scheuklappen fallen. Davon sind wir heute noch sehr weit entfernt. Eine provisorische Vorwegnahme des Ökologischen Oberhauses könnte dieses Ansinnen beschleunigen. Warum sollten nicht Umweltverbände und andere NGOs, möglicherweise unter Schirmherrschaft des Bundespräsidenten, einen Ökologischen Rat heranbilden, der die Funktion der angestrebten neuen Institution erst mal symbolisch übernimmt, ohne die verfassungsmäßigen Rechte, und insofern nur als öffentliches Forum ohne staatsjuristische Verbindlichkeit fungiert. Diese Einschränkung ist zunächst mal notwendig, da im ersten Schritt auch keine demokratische Wahl der Delegierten ermöglicht werden kann, dies aber für das eigentliche Oberhaus unerläßlich ist.

Gegenüber dem Wahlmodus zum Bundestag und den Länderparlamenten gäbe es gravierende Unterschiede, da Parteien bei diesem obersten Organ nicht direkt antreten können, sondern nur einzelne Personen. Mit diesem Verfahren soll gesichert werden, daß ein möglichst großer Anteil an unabhängigen Persönlichkeiten Zugang hat, sowie auch NGOs, die insgesamt über eine größere Mitgliederbasis verfügen als Parteien.

Gewählt würde nicht nach regionalen Wahlkreisen, sondern nach einer bundesweiten zentralen Liste, so daß also jeder Wähler und jede Wählerin alle zur Abstimmung stehenden Personen durch das eigene Votum für das Ökologische Oberhaus nominieren bzw. im Einzug begünstigen kann. Indem nicht nur über eine regionale Personenliste mit wenigen Wahlmöglichkeiten entschieden wird, ist die demokratische Reichweite größer gefaßt, was dann aber auch bedeutet, daß der Wahlakt selbst nicht mehr mit Kreuzchenmachen und Zettelfalten erledigt sein kann. Damit wird der Wähler nicht nur erheblich einflußreicher, sondern der Wahlakt selbst fällt auch anspruchsvoller aus.

Dem Ökologischen Oberhaus sollten etwa zwischen 80 und 120 Abgeordnete angehören. Dies würde bedeuten, daß für eine Wahl wenigstens 200 Kandidatinnen und Kandidaten zur Debatte stünden, die auf den Wahlformularen alphabetisch ohne Zugehörigkeitsdaten und Titel verzeichnet wären. Konkret könnte der Wahlmodus so gestaltet werden: Jeder Wahlberechtigte vergibt zehn Kreuze. Diese kann er je nach Belieben für eine einzelne Person einsetzen oder auf verschiedene aufteilen. Damit erhöht sich die Verantwortung der Wählerinnen markant, da nicht mehr nur nach dem einen oder anderen Parteiblock entschieden werden kann. Auch wenn nur zehn Kreuze zu vergeben sind, so ist eine solche Auswahl nicht mehr in der Wahlkabine zu bewerkstelligen, die Unterlagen müßten, wie bei der Briefwahl, vorher zugesandt werden.

Vorteilhaft an dem Wahlverfahren ist auch, daß die Medienpräsenz für den Bewerber zwar günstig ist, jedoch auch weniger bekannte Bewerber eine Chance haben. Zweifellos wird die Rolle der Medien sehr richtend ausfallen, und sie birgt dadurch problematische Züge in sich. Aber sowohl derjenige, der etwa 5 Millionen Kreuze auf sich ziehen kann, als auch der, der nur einige hunderttausend Kreuze bekommt, wäre gleichwertiges Mitglied des Oberhauses, solange er zu den 80 bis 120 Personen zählt, die die meisten Stimmen bekommen.

Zu Recht verweist Tine Stein darauf, daß regionale Autoritäten bei der Kandidatur für das Ökologische Oberhaus eine Chance erhalten sollten.[97] Dazu folgender Vorschlag: Wenn jemand regional, bezogen auf das jeweilige Bundesland, besonders viele Stimmen erhält im Gegensatz zum Bundesergebnis, dann kann er über das regionale Votum in das Oberhaus einziehen, zusätzlich zu der amtlich vorgesehenen Mandatsanzahl. Man könnte so vorgehen, daß man sagt, der Kandidat oder die Kandidatin im betreffenden Bundesland, welche die meisten Stimmen auf sich vereinen können, ziehen zusätzlich in das Oberhaus ein, auch wenn sie bundesweit nicht die erforderliche Stimmenanzahl erhalten. Mindestens müßten jedoch zehn Prozent der Kreuze im eigenen Bundesland gewonnen werden.

Tine Steins Überlegung, das Oberhaus nicht über bundesweite Listen wählen zu lassen, sondern generell nach dem Territorialprinzip, also daß für eine bestimmte Region nur regionale Vertreter gewählt werden können, bringt einige Probleme mit sich. Es würde bedeuten, der Wähler müßte mit der Regionalliste vorlieb nehmen, könnte also z.B. nicht Vertreter einer anderen Region wählen oder eine überregional bekannte Persönlichkeit. Diese Einschränkung der Wahlmöglichkeiten, so daß ich am Ende möglicherweise jemanden wählen muß, den ich eigentlich nicht für die günstigste Wahl halte, ist nicht akzeptabel. Auch eine Kombination von Bundes- und Regionallisten würde bedeuten, daß diese Einschränkung nur zum Teil aufgehoben ist und der Schwierigkeitsgrad der regionalen Vertreter in das Oberhaus zu gelangen, weit geringer wäre als für diejenigen, die bundesweit antreten. Damit würde es zwei Klassen von Abgeordneten geben. Deshalb scheint mir die Wahl nach bundesweiten Listen als die beste Lösung, auch wenn sie Spielraum für mediale Verzerrungen läßt und von den technischen Details wie dem Umfang der Wahllisten umständlicher ist.

Um die problematischen Auswüchse in der Art des Sichdarstellens beim Personenwahlkampf zu begrenzen, wäre Wahlkampf, analog wie ihn die Parteien heute betreiben, nicht zugelassen. Dies beträfe z.B. Wahlplakate, Postwurfsendungen, Fernsehspots und Infostände etc. Lediglich öffentliche Veranstaltungen wären in begrenztem Ausmaß zulässig und könnten auf genormten Veranstaltungsplakaten angekündigt werden. Wer sich nicht daran hält, wird disqualifiziert.

Mindestens ein halbes Jahr vor dem Wahltermin würden im Handel Materialien erhältlich sein, in der die vorläufige Kandidatenliste ohne Zusätze abgedruckt wäre. Ebenfalls könnte in sehr preiswerter Buchform eine Kurzdarstellung der Kandidaten und Kandidatinnen erworben werden, die auf ca. zwei Seiten kurze Angaben zu ihrer inhaltlichen Position enthält, zudem einige kurze Angaben zum Lebenslauf. Außerdem sollte es eine Anlaufstelle geben, von der individuell ausführliche Materialien der Kandidatin oder des Kandidaten abgefordert werden können. Dies muß ganz einfach und ohne Umständlichkeiten für jeden abfragbar sein. Ein Anruf sollte genügen.

Auf den ersten Blick mag es so aussehen, als ob es nur auf schwerfälligen Wegen möglich ist, zu ausgewogenen Informationen zu gelangen, auf wen ich als Wähler die zehn Kreuze verteile. Zugleich muß man aber auch zugeben, daß es weit weniger mit Demokratie zu hat, wenn ich nur dem einen oder anderen ideologischen Haufen meine Stimme zuschlage. Über die Personen, die daraus folgend Politik ausführen, erfährt man dann höchstens über die Spiegelungen der Medien noch etwas. Wie objektiv diese sind, ist unter anderem von den Redakteuren abhängig.

Von denjenigen Kandidaten, die man per Abstimmung in den Bundestag hievt, weiß der Wähler größtenteils nicht mal den Namen. Wenn man sich die regionalen Spitzenvertreter merkt, ist man schon gut informiert. Insofern ist der vorgeschlagene Modus zur Oberhauswahl um ein Vielfaches intelligenter als bisherige Wahltypen. Natürlich können dafür dann nicht mehr die bequemen Schwarzweiß-Entscheidungen herhalten. All diese neuen Schritte müssen u.a. durch die Medien sorgfältig eingeführt werden, damit in der Bevölkerung der Sinn und die Logik dieser Maßnahmen bestmöglich verständlich wird. Mediale Effekthascherei, die auf emotionales Aufputschen setzt statt auf wahrheitsfindende Aufklärung, dürfte als gefährliches Gift wirken. Gleiches gilt für AutorInnen, die Vorschläge denunzieren, jedoch keine Gegenangebote vorstellen. In diesem Zusammenhang erinnere ich mich z.B. an einen entsprechenden Artikel von Oliver Geden.[98] Nicht minder schwierig ist das Problem: Wie kommt man zu den kandidierenden Abgeordneten, aus denen das Volk dann auswählen kann? Bei den üblichen Wahlen bestimmt die Parteibasis die KandidatInnen für die Regionalversammlung, auf der diese dann bestimmen, welche Personen für den Wahlparteitag des Landes delegiert werden. Auf diesem Parteitag bestimmen dann die Delegierten die KandidatInnen, die für die Wahl gegen die anderen Parteien antreten. Über mehrere Stufen von Stellvertreterdemokratie kommen also die Namen auf den Wahllisten und die Direktvertreter zustande. Dies kann man nun nicht unbedingt als Musterbeispiel basisbestimmter Entscheidung auffassen. Es sind nur noch sehr schwache Spuren demokratischen Verfahrens diagnostizierbar.

Das Wahlverfahren der Vertreter/innen für das Ökologische Oberhaus gestaltet sich dadurch, daß es dieses Selektionsverfahren der Parteien nicht zur Voraussetzung haben kann, grundsätzlich anders als die bisherigen Wahlsysteme. Zwei Möglichkeiten dazu: Eine Variante der Vorauswahl bestünde darin, daß jede Kandidatin und jeder Kandidat eine hohe Anzahl an Stimmen von wahlberechtigten Personen, die ihre Kandidatur für das Ökologische Oberhaus befürworten, vorlegen müßte. Das Mindestlimit könnte um 3000 UnterzeichnerInnen liegen. Es müßte aus der direkten Erfahrung heraus geprüft werden, ob das optimale Limit eher höher oder niedriger ausfallen sollte. Damit Frauen chancenreicher in politische Ämter gelangen können und das Oberhaus nicht zu einer reinen Männergesellschaft gerät, ließe sich hier eine Begünstigung einbauen. Sie brauchten gegenüber ihren männlichen Kollegen ein Drittel weniger Unterschriften für ihre Kandidatur zu sammeln. Im hier angeführten Beispiel wären dies 1000 Stimmen weniger.

Kandidaten, die eine zweite Legislaturperiode anstreben, bedürfen dafür 50 Prozent mehr Unterschriften. Sind also für den Antritt 3000 Unterschriften erforderlich, wären es nach sechs oder sieben Jahren dann 4500. Für eine dritte Legislaturperiode wären schon 6000 aufzubringen. Diese Regelung ist aus zwei Gründen sinnvoll. Einerseits verfügt der bzw. die Abgeordnete über eine Mitarbeiterin oder einen Mitarbeiter, welche/r dabei unterstützen kann, außerdem ist er/sie bekannter, so daß er/sie gegenüber den Neuen eindeutig im Vorteil ist. Zudem soll der Hang, an einem Oberhaussitz über mehrere Amtsperioden zu kleben, nicht gefördert werden.

Eine zweite Möglichkeit für die Vorauswahl der Kandidaten wäre eine Doppelwahl. Zunächst würden die Vertreter/innen gewählt, die auf einem Wahlkongreß bestimmen, wer für den zweiten Wahlgang für das Ökologische Oberhaus nominiert wird. Mit dieser Variante würde die hohe Hürde der Unterschriftensammlung auf einen weit niedrigeren Level gesenkt werden können oder auch ganz wegfallen können. Der Ausleseprozeß, der heute durch die Parteien bei Wahlvorgängen diktiert ist, würde in die Bevölkerung hineingegeben mit allerdings nur einer Stufe an Stellvertreterdemokratie.

Die zuerst beschriebene Variante zur Vorauswahl der Oberhauskandidaten weist jedoch einen entscheidenden Vorzug auf. Die Entscheidungsmacht bei der Auswahl wird nicht an Stellvertreter delegiert, von denen der Wähler nicht wissen kann, welche Entscheidungen sie für oder gegen die jeweiligen Bewerber für die Oberhauswahl treffen. Nachteil dieser Variante ist, daß Personen, die an Parteien oder Organisationen gebunden sind, eine bessere Infrastruktur haben, um zu den nötigen Unterschriften zu kommen, und damit leichter diese Hürde überwinden können. Hier muß man wahrscheinlich Hilfestellungen für Bewerber/innen in Betracht ziehen, die sich nicht auf Großorganisationen stützen können.

Heute erklären uns viele Politiker, sie würden sich um den Erhalt der Umwelt sorgen, obwohl sie in Wirklichkeit die Spielräume der Wirtschaft beständig weiten und für sie die Grenzen des Wachstums dort liegen, wo Umweltauflagen nicht die finanziellen Ergebnisse bei wirtschaftlichen Unternehmungen behindern. Wenn es darum geht, zu einem sozialökologischen Generationenvertrag über eine Begrenzungsordnung zu gelangen, dann stellt sich sehr schnell heraus, daß die meisten Politiker nicht auf eine nachhaltige Lebensweise setzen, sondern auf nachhaltige Dummheit.

Natürlich ist das kein Privileg dieser Kaste, speziell Wirtschaftsmanager, aber auch große Teile der Bevölkerung sehen viel mehr den kurzfristigen Vorteil als den dauerhaften Erhalt des Gemeinwesens. Das gesellschaftliche Klima ist durch die Verdrängung der Gefahren des drohenden ökoglobalen Holocausts geprägt, unmittelbare Probleme regieren die Arena der Aufmerksamkeit. Die alte Zeitrechnung ist noch nicht aufgegeben, ihr Takt bestimmt noch das menschliche Selbstverständnis.

Solange in der bundesdeutschen Gesellschaft nicht begriffen ist, wie tief die Einschnitte sein müssen, um eine tatsächliche ökologische Umkehr zu initiieren, bedarf es für das Ökologische Oberhaus einer Zugangsbeschränkung. Dieses neue oberste Staatsorgan Deutschlands wäre nur eine Karikatur des Bundestags, wenn es nicht ein Organ der ökologischen Zeitenwende wird. Ohne diesen Jahrhundertauftrag wäre es nur eine leere politische Konstruktion. Allerdings besteht bislang auch wenig Sorge, daß es als Instrument zur Legitimation der verbrauchten Kräfte eingespannt wird. Erst wenn uns der ökologische Notstand auf den Pelz rückt, könnte auf eine analoge Institution zur Befestigung von Unrechtsstrukturen unter Wahrung des äußeren Anscheins, es würde der richtige Weg vertreten, zurückgegriffen werden. Dies setzt aber einen anderen inneren Aufbau voraus, als er hier von mir aufgezeichnet ist. Einstweilen wird sich das Parteienkartell nicht auf einen derart umfassenden Entzug seiner eigenen Macht einlassen. Das Ökologische Oberhaus müßte schon von einer größeren Volksbewegung eingefordert werden. Am Ende wird es nur die Einsicht richten, daß eine neue politische Gesamtlösung ansteht und mit den Konzepten von gestern nichts mehr zu retten ist.

Jede höher qualifizierte Arbeitstätigkeit setzt heute ein Studium voraus. Ohne umfassende Fachkenntnisse operiert kein Arzt einen Patienten. Hilfsarbeiter zeichnen keine Brückenbauten aufs Reißbrett. Auch nichtakademische Berufe sind an eine mehrjährige Ausbildung gebunden. Wenn es aber um die Steuerung der Gesellschaft geht, dann ist plötzlich all dies Nebensache. Dann herrscht ein anderer Fahrplan: Wie kann man sich in der Polithierarchie hochdienen? Kenntnisreichtum zählt nur bedingt, viel wichtiger ist es, beim Machtpoker die richtigen Karten in der Hand zu halten.

Nun macht es sicher keinen Sinn, einen speziellen Studiengang für künftige Abgeordnete des Öko- und Ethikparlamentes zu entwerfen, jedenfalls nicht als Pflichtveranstaltung. Gegen frei angebotene Kurse mit verschiedener Ausrichtung ist nichts zu sagen. Das kann durchaus sinnvoll sein, um sich besser in die künftige Aufgabe einarbeiten zu können. Angebracht ist aber unbedingt eine Art Prüfung, die eine profunde Bildung auf den Gebieten Ökologie und Ethik belegt, insofern diese die Drehscheibe jeglicher Politik bilden, ihr den Rahmen geben. Etwa Politiker wie Scharping, Schröder, Westerwelle, Merkel und viele andere dürften wegen ihrer mangelhaften ökologischen Kompetenz keinen Platz in so einem Oberhaus erhalten. Letztlich muß eine intelligente Form der Zugangsbeschränkung gefunden werden, die als Hilfsinstrument fungiert, jedoch nicht nach hinten losgeht und dann z.B. sortiert, welche ökologische Sicht die dem Zeitgeist gerade genehme ist.

Eine Möglichkeit für diese Beschränkung wäre eine Art kurze Dissertation, die vorgelegt und mündlich vor einer Qualifizierungs-Kommission verteidigt werden müßte, wobei auch alle anderen schriftlichen Quellen des Kandidaten bzw. der Kandidatin einzubeziehen wären. Speziell Aussagen, aber auch Handlungen, die ökologischer Intention als auch einer gerechten Weltordnung entgegenstehen, wären zu berücksichtigen, insbesondere wenn der begründete Verdacht besteht, daß die vorgelegte Arbeit in Widerspruch zu anderen eigenen Aussagen steht oder der Bewerber sie für sich hat anfertigen lassen. Ohnehin müßte eine Sammlung von Richtlinien, die mindestens einzuhalten wären, Ausgangspunkt sein, um übermäßig subjektive Beurteilungen zu vermeiden. Die Richtlinien würden dann auch für eventuelle Disqualifizierungen als Begründungsmaßstab herangezogen werden.

Derzeit könnte z.B. die Agenda 21 wichtige Anhaltspunkte für die Richtlinien abgeben, spätere Papiere werden ganz sicher weiter sehen. Anträge, die sich für den Ausschluß eines speziellen Kandidaten aussprechen, können mit ausführlicher Begründung auch formell aus der Bevölkerung heraus an die Kommission gestellt werden.

Die Qualifizierungs-Kommission selbst könnte sich nach der ersten Legislaturperiode zu je einem Drittel aus Oberhausabgeordneten, Vertretern aus NGOs und mit dem Themenfeld befaßten Fachwissenschaftlern zusammensetzen. Für die erste Konstitution müßte man nach einer speziellen Lösung suchen. Offen ist, nach welchen Schlüsseln die Kommission zu ihrer personellen Besetzung kommt, auch hier sind weitergehende Vorschläge gefragt. Wünschenswert wäre, wenn diese Art der Zugangsbeschränkung langfristig an Bedeutung verlöre, weil die geforderten Grundeinstellungen von selbst eingehalten werden.

Rudolf Bahro sieht Ökologische Räte als Verfassungsorgane für das Verhältnis zur Natur von der Gemeinde bis zur UNO für nötig an[99], wobei die Abhängigkeit des Oben vom Unten so geregelt werden sollte, daß ein leichtes Übergewicht für die unteren Ebenen entsteht.[100] Bezogen auf die Gemeinde- und die Landesebene halte ich eine gemeinsame Institution für sinnvoll. Wie wir gesehen haben, ist der Aufwand, um das Ökologische Oberhaus personell zu konstituieren, recht hoch. Vor diesem Hintergrund scheint es sinnvoll, einen regionalen Ökorat auf der Landkreisebene zu institutionalisieren, der die unmittelbaren ökologischen Belange der Region im Blick behalten muß. Für jeden Landkreis würden etwa zehn Personen gewählt, die zusammen mit den anderen Kreisen die Landesversammlung der Ökoräte bilden. Sie würden gegenüber dem Landesparlament und den Gemeinderäten biosphärische Stabilitätsforderungen vertreten und die ökologische Neugestaltung der Region mit Vorschlägen voranbringen bzw. gegen negative Entwicklungen ihr bindendes Veto einbringen. Im Landesparlament können Vorschläge der regionalen Ökoräte nur mit zwei Dritteln der Abgeordneten abgewiesen werden, Gleiches gilt für die Gemeindeebene. Auflagen der Landesversammlung der Ökologischen Räte sind nicht abweisbar.

Gestärkt werden müßten auch die Rechte der Gemeinden. Wenn auf dem Areal der Gemeinde (darunter fällt nicht nur das gemeindeeigene Land) z.B. Bauten geplant werden, dann können diese nicht gegen den Gemeindewillen vorgenommen werden. Anders ausgedrückt am konkreten Beispiel: Wenn der Gorlebener Gemeinderat beschließt, das Zwischenlager für hochradioaktiven Müll wird abgerissen, dann muß die Bundesregierung die finanziellen Mittel dafür bereitstellen.

Wenn Horno und Hoyersdorf nicht wegen der Braunkohle weggebaggert werden wollen, dann kann wie im Fall Horno keine Brandenburger SPD kommen und diesen Willen mit einem selbstgestrickten Gesetz brechen. Politische Schmiergelder, die zuweilen bei Problemfällen fließen, wie dem im Wendland, sollten zum Straftatbestand erhoben werden. Seit 1977 wurden vom Bund an das Land Niedersachsen und die Gemeinden im Umkreis des atomaren Zwischenlagers eine halbe Milliarde Mark „Akzeptanzgelder" gezahlt.[101]

Die Institution des Ethik- und Ökoparlaments beruht wie auch alle üblichen Parlamente auf einem Entscheidungsmodus, der Mehrheiten den längeren Arm verleiht, unabhängig davon, ob diese Mehrheiten näher an der Wahrheit verortet sind oder nicht. Tatsache ist aber: Neue kreative Gedanken und Entwürfe formieren sich immer aus Minderheiten heraus bzw. werden von einzelnen entwickelt. Dieser Einsicht könnte ein Staatsforum Rechnung tragen. Es würde einen Ort konstituieren, an dem kreatives Gedankengut zur Gestaltung der Zukunft eingebracht und diskutiert werden kann, ohne Amt bzw. Mandat innezuhaben. Aus diesem Forum heraus gäbe es über verschiedene Wege die Möglichkeit, Reden an das Ökologische Oberhaus zu halten, die dann auch öffentlich verbreitet würden. Mindestens alle zwei Monate sollte ein ganzer Tag dafür angesetzt werden. Zahlreiche Konferenzen und Einzelveranstaltungen würden die hauptsächliche Tätigkeit des Staatsforums ausmachen. Abgeordnete aller Parlamente können im Staatforum auch initiativ tätig werden. Prüfen muß man, inwieweit Lobbyisten, insbesondere aus der Wirtschaft, hier zum Problem werden können, und welche Maßnahmen dagegen zweckmäßig sind.

Insgesamt läuft das Staatsforum auf eine Art unkonventionelle Universität bzw. höherrangigen Verständigungsort für gesellschaftliche Umgestaltung hinaus. Diese Idee ist nicht an das Ökologische Oberhaus gebunden und könnte im Prinzip sofort praktisch aufgebaut werden, sofern sich genügend Unterstützer/innen finden. Allerdings kann ich mir schwerlich vorstellen, daß sich die Christdemokraten, aber wohl auch die Sozialdemokraten nicht alle zwei Monate Reden von VordenkerInnen anhören würde, selbst wenn diese aus den eigenen Reihen kämen.

Ein Wort zu dem Vorschlag Erich Fromms, einen obersten Kulturrat ins Leben zu rufen.[102] Von der Anlage her würde er einzelne Aufgaben innehaben, die dem Ethik- und Ökoparlament und dem Staatsforum hier zugebilligt sind. Angedacht ist von Fromm, daß dieses Gremium aus Vertretern der geistigen und künstlerischen Elite des Landes bestünde, deren Integrität über jeden Zweifel erhaben ist. Sie sollen die Regierung, die Politiker und die Bürger in allen Angelegenheiten, die Wissen und Kenntnis verlangen, beraten. Da ein qualitativ hohes Niveau der Informationen entscheidend ist für den Weg zu einer echten Demokratie, wären sie insbesondere beauftragt, ein System zur Verbreitung von objektiven Informationen zu etablieren. Zudem sollte der Kulturrat Untersuchungen über verschiedene Spezialprobleme in Auftrag geben können.

Beide Anliegen könnten auch in dem von mir vorgeschlagenen Staatsforum wahrgenommen werden. Allerdings ist Vorsicht geboten, was die objektive Informationsverbreitung betrifft. Man sollte sie ganz sicher anstreben, aber auch ernst nehmen, daß objektive Informationen nicht an den Bäumen wachsen, und ein offenes Forum mag dem Anliegen nach objektiver Information förderlich sein, aber garantieren kann es dies keinesfalls. In jedem Falle scheint mir aber ein Staatsforum mit offenen Türen sinnvoll. Ein Kulturrat, der sich auf eine doch eher informelle Auswahl von geistig-kulturellen Spitzen stützt, scheint mir zu eng gefaßt. Natürlich wird man und frau sich gründlicher damit auseinandersetzen müssen, welche Befugnisse im Staatsforum auf welche Weise von wem wahrgenommen werden können. Jedenfalls sollte man auf so viel Selbstorganisation wie möglich setzen.

Der neue Bundesrat

Ein struktureller Umbau ist auch für den Bundesrat unbedingt nötig. Ich hatte schon darauf verwiesen, daß sich die staatstragenden Parteien mit der Fünfprozentklausel und der Finanzierungspraxis gravierende Machtprivilegien verschaffen, um unter anderem neue politische Konkurrenz so weit wie möglich auszuschließen. Der innere Aufbau des Bundesrates unterstützt diese Logik ebenfalls strukturell.

Um das zu verstehen, müssen wir uns zunächst mit der Rolle und den Aufgaben des Bundesrates im deutschen Regierungssystem befassen. Die Bundesländer wirken in Deutschland bei der Gesetzgebung und Verwaltung mit. Über den Bundesrat sind sie an der Regierungspolitik beteiligt. Die Regierung ist an die Zustimmung des Bundesrates gebunden, wenn Bundesgesetze in allgemeine Verwaltungsvorschriften für die Länder überführt werden. Der Bundestag und der Bundesrat wählen durch einen Wahlmännerausschuß je zur Hälfte die Richter des Bundesverfassungsgerichtes, der Bundespräsident wird ebenfalls je zur Hälfte von beiden politischen Institutionen durch die Bundesversammlung gewählt.[103] Die große Bedeutung des Bundesrats kommt auch dadurch zum Ausdruck, daß der Bundespräsident durch den Präsidenten des Bundesrates vertreten

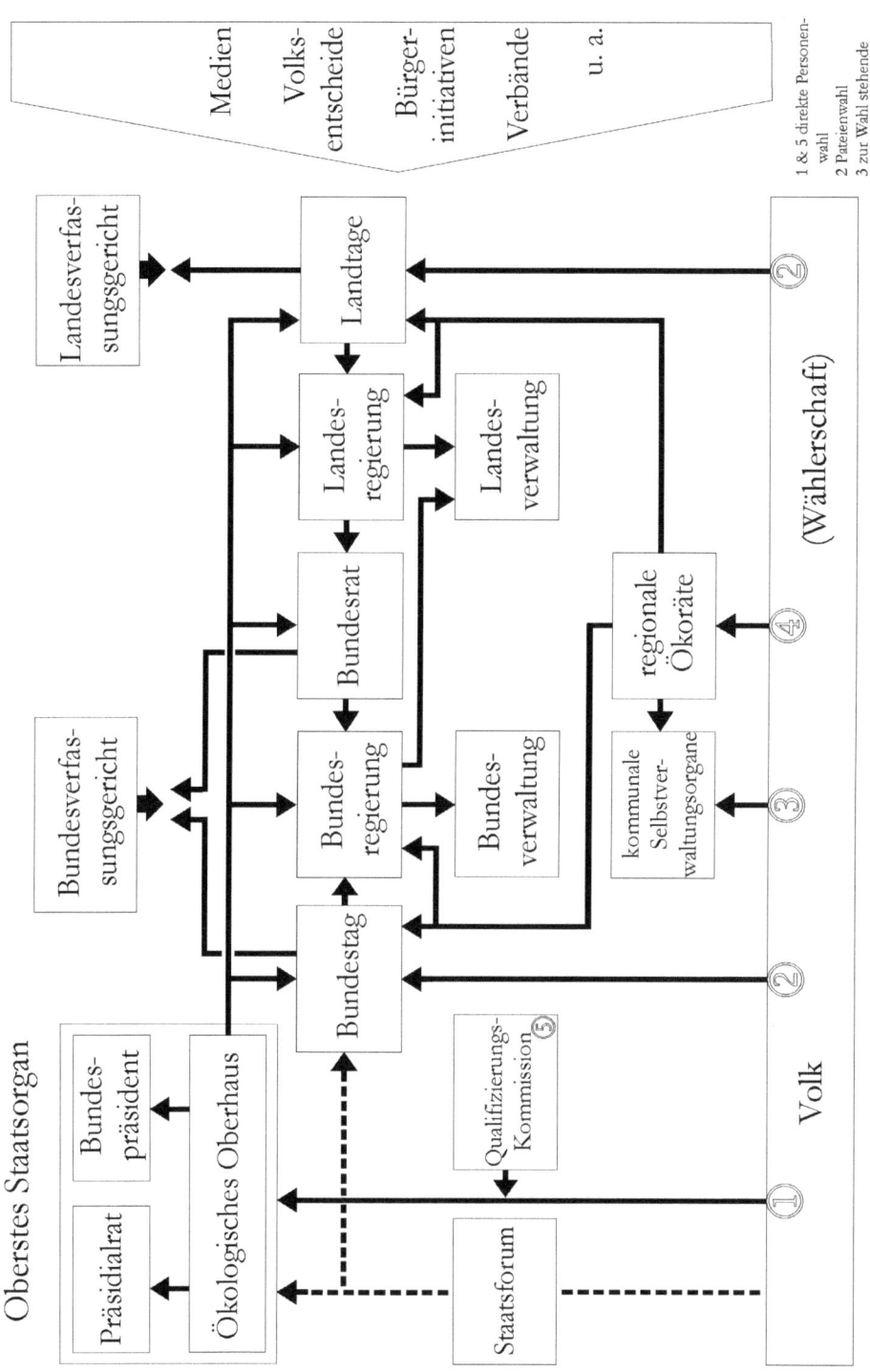

Schema des deutschen Regierungssystems nach dem politischen Umbau

1 & 5 direkte Personenwahl
2 Parteienwahl
3 zur Wahl stehende Parteien und freie Wählervereinigungen
4 direkte Personenwahl

Oberstes Staatsorgan

Präsidialrat

Bundespräsident

Ökologisches Oberhaus

Landesverfassungsgericht

Bundesverfassungsgericht

Landtage

Landesregierung

Landesverwaltung

Bundesrat

Bundesregierung

Bundesverwaltung

regionale Ökoräte

kommunale Selbstverwaltungsorgane

Bundestag

Qualifizierungs-Kommission

Staatsforum

Medien

Volksentscheide

Bürgerinitiativen

Verbände

u. a.

(Wählerschaft)

Volk

243

wird, wenn er verhindert ist. Dieser Auszug an Rechten mag verdeutlichen, wie wichtig der demokratische Aufbau des Bundesrats wäre. Davon kann aber keine Rede sein, denn im Bundesrat dürfen nur Mitglieder der einzelnen Landesregierung vertreten sein. Diese setzen sie selbst ein oder nehmen sie zurück. Die Bundesratsvertreter eines Landes müssen ihre Stimmen einheitlich abgeben, Abweichungen sind nicht zulässig. Die Opposition ist von vorherein ausgeschaltet, sie kann sich nicht zu Wort melden. Dies widerspricht den elementarsten Grundsätzen eines Rechtsstaats, ist mit demokratischem Ambiente nicht vereinbar.

Der Bundesrat trägt also in seiner jetzigen Konstitution, in seinem faktischen Mitregieren zur radikalen Beschneidung der Oppositionsrechte bei. Speziell trifft das in Deutschland die kleineren Parteien, also derzeit die FDP, die Bündnisgrünen und die PDS. Auch die Situation, daß CDU/CSU und SPD sich gegenseitig als wählerstärkste Parteien in Regierung und Bundesrat mitunter ausbalancieren, bringt die Oppositionskräfte nicht ins rechte Maß. Wenn wir davon ausgehen, daß es weiterhin eine Ländervertretung geben soll mit den bisherigen Befugnissen, beschränkt durch die Richtlinien des Ökologischen Oberhauses, dann muß der Bundesrat von seinem Aufbau her neu begründet werden. Bisher ist es so, daß jedes Bundesland über mindestens drei Stimmen im Bundesrat verfügt. Länder mit mehr als zwei Millionen Einwohnern erhalten vier Stimmen und Länder mit mehr als sechs Millionen Einwohnern fünf Stimmen.

Um den Bundesrat demokratischer zu gestalten, müssen alle Parteien eines Landesparlamentes dort vertreten sein - und nicht nur Regierungsmitglieder. Das bedingt, die Stimmenanzahl der einzelnen Länder muß sich erhöhen, damit diese Verfahrensweise praktikabel wird. Man könnte die Differenzierung der Länderstimmen entsprechend den Einwohnerzahlen beibehalten, jedoch in weniger abgestufter Form. Dies würde dann bedeuten, das Saarland oder Bremen erhielte statt bisher drei dann acht Stimmen, oder Niedersachsen dann zehn statt bisher fünf Stimmen. Um das noch mal aufzuschlüsseln: Länder mit weniger als zwei Millionen Einwohnern erhalten acht Stimmen, die mit mehr als zwei Millionen neun Stimmen bzw. ab sechs Millionen Einwohner dann zehn Stimmen. Daß dieses Modell auch in moderaten Abwandlungen bestandsfähig bleibt, sei nur am Rande erwähnt.

Die Wahl der Vertreter für den Bundesrat würde dann durch die einzelnen Fraktionen in geheimer Abstimmung vorgenommen. Die Fraktionen können ihre Vertreter jederzeit, wenn das Anliegen in der Fraktion bei Abstimmung die Mehrheit bekommt, austauschen. Logischerweise werden dann die Vertreter eines Bundeslandes ihre Stimmen nicht mehr einheitlich abgeben müssen.

Einer besonderen Regelung bedarf es für die Aufteilung der Stimmen für den Bundesrat unter den einzelnen Parteien. Alle Oppositionsparteien sollten generell einen Sitz bekommen. Hätten wir ein Bundesland mit neun Stimmen, so fiele maximal je eine Stimme auf Bündnisgrüne, PDS und FDP. Meist ist aber wenigstens eine der drei Parteien nicht im Parlament vertreten. Im schlechtesten Falle blieben den Großparteien SPD und CDU sechs Stimmen, die sie sich je nach Prozentlage aufteilen müßten. Sollte die Fünfprozentklausel fallen, dann könnten sehr schnell recht kleine Parteien in die Landesparlamente einziehen, wie z.B. die ÖDP oder die Republikaner. Um nicht im falschen Umkehrschluß das Gewicht der wählerstarken Parteien zu neutralisieren, ist es dann notwendig festzulegen, daß die größeren Parteien ein Mindestlimit an Stimmen erhalten, zugleich aber auch Parteien mit geringem Stimmenanteil nicht vertreten sein können.

Versuchen wir das an einem fiktiven Fallbeispiel transparent zu machen. Wir nehmen ein Bundesland mit zehn Stimmen an, und das Wahlergebnis sieht vereinfacht wie folgt aus: SPD 40%, CDU 37%, Bündnisgrüne 9%, FDP 6%, PDS 5%, ÖDP 2%, und der Rest 1%. Ginge man rein formal vor, bekämen nur die beiden großen Parteien Sitze und würden sich damit zusätzlich die Prozentpunkte aller kleinen Parteien einverleiben. Keine von diesen erreicht in unserem Beispiel 10 Prozent, die für einen Sitz im Bundesrat notwendig wären. Um diese Situation zu vermeiden, sollten alle Parteien, die im Landtag mit mehr als fünf Prozent vertreten sind, in der Regel eine Stimme erhalten. Wählerstärkere Parteien erhalten nur dann einen zusätzlichen Platz, wenn sie ihn auch prozentual abdecken. Die SPD kann dies in unserem Fallbeispiel, für die CDU reicht es nicht, weil ihr drei Prozentpunkte fehlen, die ihr einen vierten Sitz sichern würden.

Die Aufschlüsselung für die Sitze im Bundesrat sähe dann so aus: SPD 4, CDU 3, Bündnisgrüne 1, FDP 1, PDS 1. Die ÖDP fiele heraus. Wenn man dieses Modell an sehr unterschiedlichen Konstellationen mal durchrechnet, wird man feststellen: zuweilen bleibt ein Platz übrig, oder es ist einer zuwenig. Bei Überhang bekommt den Platz diejenige Partei, welcher die wenigsten Prozentpunkte bis zum zusätzlichen Sitz fehlen. Fehlt ein Platz, muß diejenige große Partei maximal einen abtreten, deren Sitz sich auf den geringeren Prozentanteil stützt. Damit sind im Grunde alle Fälle, die in der Bundesrepublik auftreten können, geregelt. Würde man es plötzlich mit unzähligen kleinen Parteien zu tun bekommen, wie das hierzulande nicht der Fall ist, müßte man nur festhalten: sie können je nur eine Stimme der größeren Parteien beanspruchen. Darüber hinaus fällt die prozentual schwächste Partei heraus.

Im ganzen nimmt dieses Regelverfahren zwar den wählerstarken Parteien ihre Übermacht, ändert aber nichts an den Mehrheitsverhältnissen der Wahlaussage, sichert im Gegenzug aber das Stimmrecht wählerschwacher Parteien und macht aus dem Bundesrat keine Diktatur der Landesväter. Zu überprüfen wird auch die Rolle des Vermittlungsausschusses sein, der bei Meinungsverschiedenheiten zwischen den beiden Bundeskammern angerufen wird.

Mit dem neuen Bundesrat wäre eine weitere Schwachstelle im Staatssystem der Bundesrepublik überbrückt. Damit ist nun nicht gesagt, daß der Bundesrat im Gefüge des Regierungssystems für alle Zeiten das sinnvollste Instrument bleiben muß. Vielleicht weiß jemand irgendwann eine bessere Idee vorzuschlagen. In einer Reihe von Staaten gibt es keine Institution analog zum Bundesrat, dafür aber mitsprachestärkere Kommunen.

Solange der Mensch auf dieser Erde weilt, wird er gut daran tun, seine politischen Institutionen zu verbessern. Andernfalls würden wir vielleicht heute noch in der Ära der Sklaverei leben und hielten diese für die einzig mögliche Ordnung. Dem Grundgesetz dürfte es da nicht anders ergehen. Es ist in etlichen Punkten antiquiert, vom Geist einer vergangenen Zeit getragen und insofern hochgradig modernisierungsbedürftig. Es ist längst überfällig, eine neue Verfassung zu erarbeiten, in der das Natur-Mensch-Verhältnis im Mittelpunkt steht.

Wann wird Europa demokratisch?

So wünschenswert eine stärkere europäische Einigung nach den Erfahrungen der beiden von Deutschland angezettelten Weltkriege war, so kann diese Einigung trotzdem nicht das Allheilmittel sein, insbesondere nicht, wenn dieser Prozeß auf eine Wirtschaftsgemeinschaft verengt wird, die in der Regie von großen Konzernen und verselbständigten Bürokratien liegt. So erwachsen unter Umständen aus der Zentralisierung der Macht in Europa Gefahren, die die Nachteile der heutigen nationalstaatlichen Zersplitterung als gering erscheinen lassen müssen.

Insbesondere begleitet die Europäische Union eine mangelnde demokratische Legitimation. Das meint, die gewachsene Entscheidungsmacht der europäischen Organe müßte durch ein neues Zusammenspiel der politischen Institutionen getragen werden, um rechtsstaatlichen Ansprüchen zu genügen.

Zwar wird seit 1979 das Europäische Parlament nicht mehr durch Abgesandte aus den nationalen Parlamenten besetzt, sondern durch direkte Wahl konstituiert, aber im Grunde genommen besitzt es nur eine Alibifunktion, es ist ein Scheinparlament. Es verfügt über keine Gestaltungs-, keine Initiativrechte und auch nur über unzureichende Kontrollrechte. Die parlamentarischen Möglichkeiten beschränken sich im wesentlichen auf Anhörungsrechte, Kommentare zur europäischen Politik, manchmal lassen sich Entscheidungen abwandeln.[104] Die Spielregeln für solche Entscheidungsprozesse weisen eine große Beliebigkeit auf. So resümiert Christian Hey: „Je strategisch und politisch bedeutungsvoller ein Bereich ist, desto schwächer ist die Rolle des Parlaments und desto höher ist die Entscheidungshürde."[105]

Die wirkliche politische Macht konzentriert sich im Ministerrat der EU. Hier haben die nationalen Regierungen das Sagen. Minister oder Staatssekretäre der Mitgliedsstaaten nehmen in diesem beschlußfassenden Organ Platz. Die konkrete Zusammensetzung hängt von den zu beratenden Themen ab.[106] Die jeweilige parlamentarische Opposition ist ausgeschlossen. Die Kommissionen als Verwaltung der EU erarbeiten Vorschläge und Richtlinien an den Ministerrat, führen dessen Beschlüsse durch und überwachen die EU-Rechtsvorschriften und -Verträge. Die eingebrachten Richtlinien und Vorschläge können von der Kommission wiederholt geändert werden. Sie verwaltet Fonds und Programme der EU und damit den größten Teil des Haushalts.

Die Kommission verfügt über viel weitreichendere Rechte als das Parlament und bedarf keinerlei demokratischer Legitimation. Das Personal dafür wird von den nationalen Regierungen entsandt und durch den Ministerrat bestätigt. Die Kommissare fungieren insofern als Trittbrettfahrer der nationalen Regierungen. Die inzwischen eingeführte

Wahl des Kommissionspräsidenten durch das Parlament baut das demokratische Defizit ab, kann aber nur ein Zwischenschritt sein. Ein entscheidender Reformschritt müßte darin bestehen, die Rechte der Europäischen Kommission an das Parlament zu übergeben. Natürlich wird weiterhin ein Verwaltungsapparat gebraucht, aber die bisherige Tätigkeit der Kommission erlischt. Nicht weniger problematisch ist die Rolle des Ministerrates. Auch er sollte der Vergangenheit angehören. Im Grunde stellen beide Institutionen eine Entrechtung des Parlaments dar, einen Verstoß gegen elementare demokratische Regeln. Die mangelnde Transparenz der Entscheidungsprozesse macht dann das Maß voll. Diese Regentschaft im Schatten zog inzwischen über 10.000 Lobbyisten an, die dafür sorgen, daß die Interessen der Wirtschaft optimal gewahrt werden. Die Korruptionsskandale, die 1999 zum Rücktritt der gesamten Kommission führten, dürften kaum verwundern. Eine nicht kontrollierbare politische Obrigkeitsstruktur brachte in der Vergangenheit immer wieder recht ähnliche Phänomene hervor.

Aus dem europäischen Parlament selbst heraus sollten die Aufgaben artikuliert werden, die für eine sinnvolle europäische Integration zweckmäßig sind, ohne daß sich neue zentralisierte politische Organe dazwischen stellen. Dazu könnte sich das Europaparlament Gremien aus den eigenen Reihen wählen, die aber nicht losgelöst vom parlamentarischen Willen agieren können. Ihnen würden analog wie der einstigen Kommission Ressorts zugeordnet sein. Die nationalen Parlamente müßten die Beschlußbestände des europäischen Parlamentes mit einfacher Mehrheit bestätigen, soweit es nicht tragende Säulen des Nationalstaates betrifft, für die eine weit höhere Hürde genommen werden sollte, in aller Regel ein Volksentscheid. Das hätte z.B. die Währungsunion mit der Einführung des Euro betreffen müssen.

Die Überlegung, aus den nationalen Parlamenten Abgeordnete für eine zweite Kammer zu entsenden - Hermann Scheer nennt sie Europäischen Senat - hatte ich zunächst auch, also eine Art Bundesrat auf Europaebene, ohne die kritikwürdigen politischen Verzerrungen selbstverständlich, die wir bereits erörtert haben. Angesichts der Tragweite der übernationalen Entscheidungsbefugnis scheint mir diese halbe Lösung nicht auszureichen. Zwar führt die direkte parlamentarische Verantwortung zu einem Mehraufwand in den nationalen Parlamenten, der aber in Kauf genommen werden muß. Eher wäre zu überprüfen, ob nicht eine Umstrukturierung der parlamentarischen Arbeitspraxis zu einer Zeitersparnis führen könnte, ohne daß dabei wichtige Rechte vom Parlament wegdelegiert werden. Hier gibt es ohnehin schon genug eklatanten Demokratieabbau.

Wenn der Bundestag einen mitentscheidenden Einfluß auf die Europapolitik bekommt, inwiefern also europäische Maßgaben angenommen werden oder nicht, so führt das dazu, daß die europäische Entwicklung ungleichzeitiger wird. Das läßt aber auch den Eigeninitiativen der Staaten für ökologische und soziale Umsteuerungen mehr Raum. Kurskorrekturen werden nicht durch eine Brüsseler Bürokratie blockiert. Ohnehin kann ein zentralisierter europäischer Superstaat keine erstrebenswerte Perspektive sein. Spätestens im ökologischen Notstand könnte er uns das Fürchten lehren, denn alle Weichen in Europa sind auf Diktatur gestellt, vor diesem Faktum darf man nicht die Augen verschließen. So ist es wohl auch eher angemessen, die europäische Integration zumindest so lange auf Eis zu legen, bis die gravierendsten Fehler im Fundament korrigiert sind.

Auch in einer ökologischen Ordnung - Europa ist davon galaxienweit entfernt - wird es sinnvoll sein, übernationale politische Organe zu haben. Eine gemeinsame Währung muß nicht falsch sein, sogar eine Weltwährung wäre vorstellbar, sofern dann die wirtschaftlichen und sozialen Folgeprozesse nicht zusätzlich zum Ausverkauf ärmerer Regionen einladen. Ökologische Planung sollte im übrigen ohnehin mit den überregionalen Strukturen rechnen, auch wenn diese dann nur noch einen Bruchteil des heutigen Volumens ausmachen. Daher muß viel umsichtiger mit dem dann noch Bestehenden umgegangen werden. Die Aufteilung der parlamentarischen Arbeit auf zwei Institutionen wäre auch für den europäischen Rahmen sinnvoll. Was in Deutschland das Ökologische Oberhaus repräsentiert, könnte für die EU das Ökologische Europahaus sein. Es würde ebenso als oberstes politisches Organ agieren. Es ginge darum, daß diese politische Einrichtung sich über das tägliche parlamentarische Klein-Klein erhebt, über die so raumgreifende Artikulation der verschiedenen Besitzstandskämpfe, sich maßsetzend für die strategischen Zukunftsaufgaben engagiert und der geistig-seelischen Sphäre der Gesellschaft mehr Rückhalt für das höhere Selbst im Menschen einräumt, ja von dorther den politischen Gestus des neuen Europa speist.

Das Ökologische Europahaus fungiert als Instanz für die zukünftigen Generationen, denen wir mit unserer jetzigen Produktions- und Lebensweise über Jahrhunderte Elend und Siechtum bereiten werden, wenn keine durchgreifenden Änderungen mehr zum Zuge kommen. Ihre Anliegen, die bisher aus dem Demokratieprozeß ausgeschlossen sind, sollen dort ihren Platz finden, ebenso wie die Anliegen der von Europa aus im kolonialen Zugriff geschädigten Völker, die heute dem Zugriff ungerechter Weltwirtschaftsbeziehungen ausgeliefert sind. Ihre Stimme bekommen sollen dort auch die Tiere und Pflanzen, die nicht für sich selbst sprechen können. Der Bruch mit dem rein anthropozentrischen Weltbild muß auch auf der parlamentarischen Ebene vollzogen werden.

Im Grunde kann das Ökologische Europahaus analog nach den vorgestellten Bedingungen für das deutsche oberste Regierungsorgan konstituiert werden. Die KandidatInnen würden jedoch nur aus dem eigenen Land gewählt. Auch dürfte sich das Ökologische Europahaus nicht als Allmacht über nationale Entscheidungen hinwegsetzen, zumindest nicht über deren oberste Instanzen. Acht geben muß man darauf, daß hier nicht eine zusätzliche Politikverflechtungsfalle eröffnet wird. Am Beispiel erläutert: Das Europahaus kann meinen, Entscheidungen treffen zu müssen, die eigentlich dem deutschen Oberhaus zuständen. Sind die Kompetenzen nicht klar und eindeutig getrennt, entsteht schnell ein unüberschaubarer Entscheidungscocktail.

Die Grenzen von Mehrheitsentscheidungen

Zu den hohen Gütern in vielen Industriegesellschaften gehört das demokratische Grundgerüst, und zweifellos ist dies ein Vorzug gegenüber Staaten, in denen die Willkür gegen

Andersdenkende oder Minderheiten ausgeprägter ist oder wo gar eine kleine politische Clique dem Volk ihren Willen diktiert. Trotzdem verspricht das demokratische Reglement auch in seinen besten Formen nicht mehr als nur ein Trugbild. Der Regierungskurs wie auch der Parlamentswille spiegeln eher das Interessengemenge der Parteieliten wider als die artikulierte Volksmeinung, auch wenn diese nicht auf der ganzen Linie ignoriert, sondern parteispezifisch aufgenommen und modifiziert wird. Selbst wenn wir uns die Unmöglichkeit vorstellen, jeder Einzelwille möge an der Staatsspitze versammelt sein, so kann uns diese Annahme mindestens darauf verweisen, es würde vielmehr darauf ankommen, ob solcher Wille dem Gemeinwohl auch langfristig dient. So scheint die große Gegenspielerin der Demokratie die Prophetie zu sein, die aber meist chancenlos am Rand der Geschichte zurückbleibt. Schon in unserem Denken verliert sie ihren Raum, bevor sie überhaupt die Chance hatte, sich zu einer erkennbaren und korrigierbaren Gestalt zu entfalten.

Nur die mit den gewachsenen Gegebenheiten kompatiblen Veränderungswünsche erhalten überhaupt Zugang in die Arena des Interessenkampfes, wenn sie intensiv genug dorthin lanciert werden. In den demokratischen Mehrheitsentscheidungen fällt aber wiederum die Option der Minderheit heraus, die ohnehin schon ein Produkt vielfältiger Anpassungsprozesse ist. Kreative Neuerungen bleiben so die Ausnahme. Selbstverständlich artikuliert nicht jede Minderheit zukunftsfähige bzw. emanzipatorische Wege. Es scheint sogar so, daß ursprünglich verbessernde Absichten schnell zur Fassade werden, hinter der ein ganz anderer Kampf tobt, in dem Moment, wo ihren Trägern vermittelnde Macht zukommt. Sicher hängt dabei viel von der individuellen Charakterstruktur der Akteure ab, doch liegen die Ursachen dafür zudem in der Beschaffenheit der Entscheidungshierarchien, wenngleich auch diese materialisierte Psychostruktur sind.

Mehrheiten stecken natürlich erst recht in dem Kreislauf, wo eigene Grundsätze dem Mainstream preisgegeben werden. Sie zehren auf den politischen Ebenen von ihrer Machtsubstanz, die sich durch den allgemeinen Konformismus ständig erneuert. Nicht zuletzt parteipolitische Mehrheiten fußen nicht unbeträchtlich auf psychologisch unfreien bzw. subalternen Bewußtseinsanteilen in der Bevölkerung. Dies ermöglicht es, verbessernde Absichten dem eigenen ideologischen Horizont dienstbar zu machen, sie dahingehend abzuwandeln. Die allumfassenden Großkrisen, die wie ein düsterer Schatten über der angebrochenen Epoche liegen, sind u.a. auch ein Ergebnis demokratischen Wirkens, so sehr die industrielle Megamaschine, die sie antreibenden Sozialstrukturen und nicht zuletzt die geistige Verfassung der Gesellschaft insgesamt den Boden für dieses Wirken bilden.

Die große Wertschätzung, die besonders von der Politik dem magischen Wort Demokratie beigegeben wird, trägt geradezu Züge eines infantilen Glaubensbekenntnisses, man betet sie wie eine göttliche Macht an und vergißt darüber die Schranken, die demokratischer Struktur gesetzt sind. Man macht sich gar nicht erst die Mühe einer kritischen Analyse, einer Bestandsaufnahme, die zu Reformen führen könnte. Es bleibt nur Götzendienst.

Offenkundig ist z.B.: Demokratie in einem Staat mittels einer gewählten Vertretungskörperschaft auszuüben ist einigermaßen unmöglich. Wie soll beispielsweise der Abgeordnete im Bundestag den Willen der mehr als 100.000 Menschen repräsentieren, die er zu vertreten hat? Hinzu käme auch der Wille noch ungeborener Generationen, der Kinder und in gewisser Weise auch die Interessen der Menschen, die nicht zu diesem Staat gehören, durch diesen aber in ihren Potentialen beeinflußt oder eingeschränkt werden. Da könnte sich unser Bundestagsabgeordneter noch so sehr mühen, es würde ihm nicht gelingen, die verschiedenen Einzelinteressen zu vertreten, da er sie nicht einmal in ihrer Gesamtheit kennen kann. Selbst wenn er nur ein einziges Anliegen befördern wollte, so würde ihm das noch schwer genug fallen, sobald es nicht auf große Unterstützung im Parlament stößt. Im Grunde weiß der Wähler so gut wie nie, ob der Abgeordnete, der mit Hilfe seiner Kreuze ins Parlament einzieht, überhaupt daran interessiert ist, sich für seine Belange einzusetzen, wie es auf Plakaten und Veranstaltungen bekundet wird, mal abgesehen davon, daß der deutsche Wähler in der Regel den Gewählten nicht kennt. Auch beim Direktmandat kann von Kennen - im Sinne von wissen, ob derjenige mich wirklich vertritt - keine Rede sein. Offen ist dann auch die Frage, wie weit sich der einzelne seiner eigenen Interessen bewußt ist und ob die, die er meint zu haben, ihm nicht in irgendeiner Form suggeriert wurden. Ebenfalls diskussionswürdig ist, welche Einzelinteressen gegenüber den Gesamtinteressen tolerierbar sind. Wie wir bereits festgestellt haben, sind die Grenzen außerordentlich eng gezogen.

Die Bezeichnung „Demokratie" alias „Volksherrschaft" ist zudem sprachlich nicht von schlüssiger Logik. Zu jeder Herrschaft gehören auch die Beherrschten. Ohne diese kann es keine Herrschaft geben. Selbst wenn Herrschaft nur auf Sachen bezogen wird, so ist doch mit dieser in jeder Gesellschaft mit umfassender Arbeitsteilung und patriarchalen Grundmustern eine Herrschaft über Menschen verbunden. Schon „Demokratie" als Wort erweist sich damit als bedenklich, wenn es derart ungenau bezeichnet, was es eigentlich meint. So dient es dann auch als Deckmantel für allerlei fragwürdige Vorhaben. Allerdings erweist es sich als schwierig, eine günstigere Bezeichnung zu finden. Alternative Wortschöpfungen lassen sich nur bedingt verwenden.

In kleinen Gruppen, in denen die Individuen annähernd gleichberechtigt sind, kann es noch relativ basisbestimmte Entscheidungen geben. Für deren Qualität ist es nötig, daß jeder die Wirklichkeit über sich selbst und sein Umfeld kennt. Spätestens wenn bei Entscheidungen Individuen ausgeschlossen werden, deren Interessensphären dabei berührt sind, kann von volksbestimmter Vorgehensweise keine Rede mehr sein. Innerhalb einer megatechnischen Gesellschaft ist eine solche durch die notwendige Zentralisierung der verschiedenen Funktionen ausgeschlossen.

Dieser Umstand führt uns zu der Frage, ob Großgesellschaften, organisiert in Staaten, die zweckmäßigste Form sind, wie menschliche Gesellschaft sich zusammenfinden sollte, oder ob regionalere Gebilde nicht angebrachter wären. Zweifelsfrei ist es wünschenswert, wenn auf der lokalen Ebene wieder alle Entscheidungen fallen, die die Fragen vor Ort betreffen, und alle höheren Instanzen die Fragen, die nur dort getroffen werden können, und das wird für „Oben" weniger Entscheidungsbefugnis bedeuten als heute. Jedenfalls dürfte kein Euro-Bürokrat mehr auf die Idee kommen, man müsse alle Landstriche mit Getränken aus Büchsen und Einwegflaschen versorgen, wegen des marktwirtschaftlichen Einmaleins, da dies aus guten Gründen besser unterbleiben sollte. Man kann aber auch eine brisantere Frage aufwerfen: Können wir ohne Staat auskommen? Es ist richtig, wenn p.m. in seinem Buch „bolo`bolo" aufzeigt, daß der Staat seit seinem Aufkommen immer Krieg und Ausbeutung im Gepäck hatte, und die Hochrüstung der vergangenen Jahrzehnte wie die Ungerechtigkeit des Weltmarktes etc. mag uns daran erinnern, daß dies immer noch ein Markenzeichen staatlicher Gewalt ist. Auch wahr ist, daß der Staat als Diener der Todesspirale fungiert und mit dafür sorgt, daß die planetare Arbeitsmaschine sinnvolle Lebensbahnen sehr erschwert bzw. sie mehr und mehr unmöglich macht. Aber der Staat repräsentiert immer auch menschlichen Geist, und es wäre viel zu einfach zu meinen: Weil er Jahrtausende lang eher ein Organ der Repression und der Habgier war und auch in seiner jetzigen Verfassung noch ist, wenn auch anders als etwa noch im vergangenen Jahrhundert oder zu Zeiten des römischen Imperiums, muß er dies für alle Zeiten bleiben. Damit sei nicht bestritten, daß die Trägheitskräfte gerade in den politischen Machtzentren außerordentlich zählebig sind und kritisch-emanzipatorischen Einfluß in der Staatstätigkeit sehr effektiv verschleißen.

Zum Beispiel die sowjetische Perestroika und Glasnost könnte uns darauf aufmerksam gemacht haben, wieviel Umdenken in doch sehr kurzer Zeit möglich ist. Ihr Anliegen selbst vermochte praktisch nicht eingelöst werden bzw. hatte einen am Anfang nicht beabsichtigten Ausgang, und sie war ökonomisch noch voll auf der Achse des Verderbens angelegt, was nicht verwundern muß, angesichts der unmittelbaren materiellen Nöte. Aber den spätstalinistischen Beton zu brechen durch eine Umgestaltung von Oben und die Geschwindigkeit und Konsequenz der Abrüstungsvorschläge zeigen einen geistigen Impuls an, der weit über das gewöhnliche Terrain hinausreichen kann, wenn die Aufmerksamkeit darauf gerichtet würde. So sollte uns dieser mißlungene Aufbruchsversuch im einstigen Ostblock darauf hinweisen: Staat ist nicht gleich Staat, und er könnte auch das Instrument sein, mit dem wir uns aus dem Sumpf ziehen. Unterm Strich ist dies aber noch nicht das entscheidende Argument, das für den Staat als Ordnungsrahmen spricht.

Mit dem Beginn des Industriezeitalters, viel, viel mehr noch aber jetzt, zweihundert Jahre später, ermöglichten die zunehmende Arbeitsteilung und Spezialisierung der Produktion den heutigen Wohlstand. Auch nach einer ökologischen Zeitenwende wird man nicht jeden Bedarf im örtlichen Kreis produzieren können. Unter ungünstigen Bedingungen würde man dazu gezwungen sein, nur wäre das weder effizient im ökologischen wie ökonomischen Sinne und müßte mit aberwitzigen Verzichten erkauft werden. In dem Moment aber, wo ich der Meinung bin, überregionale Produktionsstätten sind nötig, und jedes Dorf sollte nicht sein eigenes Steuer- und Gesetzsystem erheben, da stößt man automatisch auf die Frage nach dem besseren Staat, selbst wenn man die Sache unter anderem Titel führen will. Und mit dem Slogan „Keine Macht für niemand" ist sie nicht zu beantworten und auch nicht damit, daß man in mittelalterliche deutsche Verhältnisse zurückfällt, also Kleinstaaterei, selbst wenn man mal einen vorteilhaften Aufbruch unter diesem Vorzeichen für möglich hält, ohne Ausbeutungsverhältnisse irgendeiner Art.

p.m. schreibt in seinem Zukunftsentwurf, daß der unfriedliche Charakter unserer Zivilisation mit den aus dem Gleichgewicht geworfenen Größenverhältnissen in unseren Gesellschaften zu tun hat. Dies ist zweifellos ein Ursachenanteil. Als Konsequenz will p.m. die Menschen größtenteils in Bolos, sprich: Gruppen von etwa 500 Individuen, versammelt wissen. Die Bolos sind autonom bis autark. Mitunter finden sie sich nach den speziellen Interessen der Bewohner zusammen. Sie sollen ermöglichen, daß die Megamaschine in ihrer Existenz überflüssig wird und ein freierer Lebenswandel Einzug halten kann. Als größere geographische Einheit, weil manches eben doch nur überörtlich koordiniert werden kann, benennt er das Fudo, eine Region, die etwa 200.000 Menschen fassen möge. Neben den Volksversammlungen der Bolos gibt es auf verschiedenen Ebenen Nachbarschaftstreffen, zu denen die Bolos stimmberechtigte Vertreter/innen entsenden. Die schwache Legitimation dieser Treffen soll verhindern, daß die fast natürliche Neigung gesellschaftlicher Einrichtungen, eine Eigendynamik zu entwickeln und ihre Mitglieder zu „verraten", durchträgt.[107]

Sicher ist es so, daß Zusammenarbeit Macht erzeugt und es immer Gruppen gibt, die sich diese Macht aneignen wollen. Innerhalb heutiger Staaten ist dieses Prinzip sogar auf die Spitze getrieben und meist im schlechtesten Sinne. Dennoch besteht ein großer Unterschied, wie man zu der Macht kommt, ob es die offiziellen Reglements sind oder ob eher Kungeleien, Intrigen oder gar offener Kampf den Verlauf der Dinge ausrichten. Daß dabei die offiziellen Reglements keineswegs einen Heiligenschein tragen, versteht sich von selbst. Hier spielt auch wieder die Frage nach der Prophetie bzw. Vision mit hinein. Also man muß mit fragen: Macht wofür bzw. welche Ohnmacht wogegen? Oder anders: Bringt die allgemeine Anarchie wirklich optimale Lösungen hervor und zweitens, welche informellen Hierarchien fördert die von p.m. aufgezeigte Verfaßtheit? Hält die von ihm vorgeschlagene Struktur, was sie verspricht? Kann man die Staaten dieser Erde einfach auflösen, ohne daß sich gefährlichste Spannungen entladen bzw. wie sähen Übergangsstrukturen aus? Oder müßte man und frau nach einer ganz anderen Synthese suchen?

Vielleicht kann die letzte Frage ein Schlüssel sein. Dies würde bedeuten, so wenig Staat wie nötig und so viel basisbestimmte Strukturen wie möglich in Umlauf zu bringen. Allerdings nutzt basisbestimmtes Vorgehen wenig, wenn es nur proklamiert wird, aber sich real informelle Gruppen bilden, weil der übliche Bürger sich für die Angelegenheiten, die außerhalb seines Gartenzauns oder seiner Haustür liegen, eher selten als häufig interessiert. Freilich verhält sich das nicht in jedem Falle so, man nehme nur die vielen Bürgerinitiativen, aber unbestreitbar ist, wenn man den Arbeitstag hinter sich hat und die Aufgaben, die im eigenen Heim anfallen, dann hält die Energie, sich auch noch im Ort oder Stadtteil zu engagieren, verständlicherweise in Grenzen. Da geht frau oder mann dann wohl eher noch speziellen Interessen oder Hobbys nach, nimmt mit dem Fernseher vorlieb oder gönnt sich einfach mal Ruhe. Zweifel sind auch angebracht, ob sich das ändern würde, wenn jeder mehr Zeit hätte, sich um diese Angelegenheiten zu kümmern. Wahrscheinlich würde man durch direkte Mitbestimmungsmöglichkeiten, die als Angebot gemacht werden, manche/n aktivieren können. Auf diese Weise ließe sich demokratisches Ambiente noch am ehesten ausweiten.

Beziehen wir die übrigen Ebenen des Staates mit ein, so können wir ohnehin nicht erwarten, daß der Bürger als ständig kritischer und aufgeklärter Korrektor sich am Staatsgeschehen beteiligt, auch wenn dies wünschenswert ist und befördert werden muß. So sollten wir den Staat nicht nur als Machtmagnet begreifen, sondern auch in seiner Rolle als Dienstleister ernst nehmen. Funktionen des sozialen Ausgleichs, die er u.a. wegen des kapitalistischen Prinzips, der bedingungslosen Jagd nach wirtschaftlichem Gewinn und dem damit einhergehenden Schutz des parasitären Reichtums der Oberschichten heute nur eingeschränkt wahrnimmt, könnte er eigentlich besser realisieren als jeder regional ansetzende Versuch. Ein ökologisches Steuersystem, das den sozialen Ausgleich einschließt, Existenzgeld und ein Rentensystem bezeichnen weitere markante Punkte der dienstleisterischen Seite. Wir hätten guten Grund, darauf zu achten, sie im ökologischen Reformwerk zielgenau einzusetzen. Neigt sich aber die Waage zuungunsten von solidarischer Rettungspolitik, und bekommt Notstandspolitik die Oberhand, wo diejenigen siegen, die ihre Sonderinteressen am besten durchsetzen können, da wird dann die Gefahr akut, daß uns die dienstleisterische Seite allmählich abhanden kommt. Wo dies enden kann, beschreibt Doris Lessing ganz anschaulich z.B. in ihrem Roman „Die Memoiren einer Überlebenden". Dort nimmt der Staat seine Verantwortung für ihm übertragene Dienstleistungen erst gar nicht mehr wahr. So kann der Ruf nach weniger Staat auch Folgen auslösen, die keineswegs beabsichtigt waren.

Kommen wir zu einem Vorschlag Erich Fromms, wie die heutige passive „Zuschauerdemokratie" zu einer aktiven „Mitbestimmungsdemokratie" gewandelt werden könnte. Als einen Zugang dafür sieht er die Bildung von Nachbarschaftsgruppen mit je etwa 500 Mitgliedern. Sie sollen als Beratungs- und Entscheidungsgremien wirken und über die grundsätzlichen Fragen in der Wirtschaft, Außenpolitik, des Gesundheits- und Bildungswesens und den Erfordernissen für das Wohl-Sein entscheiden. Über die jeweiligen Sachfragen würde abgestimmt, und die Gesamtheit dieser Gruppen würde ein Unterhaus bilden. Dies hätte entscheidenden Einfluß auf die Gesetzgebung.[108] Die Intention Fromms, echte Demokratie müsse mehr sein als das Kreuzemachen für den jeweiligen politischen Akteur, teile ich voll und ganz. Nach meiner Einschätzung ist aber das Mittel des Volksentscheids die leichter handhabbare Methode. So könnte, wie bereits kurz erwähnt, das Ethik- und Ökoparlament dazu beitragen, Volksentscheide auf den Weg zu bringen. Gleichermaßen sollten aber auch von den Bürgern selbst gewünschte Fragestellungen artikuliert werden. Für die deutschen Verhältnisse wären aber etwa 500.000 Stimmen zu sammeln für eine solche Volksabstimmung, unabhängig davon, wer sie in die politische Arena bringt. Werden durch die politischen Institutionen jedoch Verfassungsänderungen oder die Übertragung von Hoheitsrechten vorgenommen, so müssen diese in jedem Fall dem Volk zur Abstimmung vorgelegt werden. Wird von einer Bevölkerungsinitiative eine Fragestellung aufgeworfen, so sollte vorab in einer Volksinitiative den Parlamenten signalisiert werden: Hier ist eine Problemstellung, die der Behandlung bedarf. Die parlamentarischen Repräsentanten können das Anliegen übernehmen, unter Umständen modifiziert, und damit eine weitere Abstimmung, so die Initiatoren das Ergebnis als zufriedenstellend betrachten, überflüssig machen. Ignoriert die Politik die Forderungen, oder kann dem Anliegen nicht folgen, so ist die erfolgreiche Volksinitiative auch die Eintrittskarte für die finanzielle Förderung der Initiatoren, damit die nötigen Stimmen für den Volksentscheid gesammelt werden können und man nicht ausschließlich auf Spenden angewiesen ist. Ungefähr ein Zehntel der Stimmen sollte jedoch in der Volksinitiative bereits zusammengekommen sein. Zu prüfen ist in diesem Zusammenhang vorab auch die verfassungsmäßige Zulässigkeit des Frageinhalts.

Auf der Ebene der deutschen Bundesländer gibt es bereits in unterschiedlichster Ausführung das Instrument Volksentscheid. Die übliche Praxis, daß die Parlamente Gegenentwürfe mit zur Abstimmung stellen können, ohne sich dem Prozedere der Stimmensammlung zu unterziehen, sollte künftig nicht mehr statthaft sein. Die Einführung des Volksentscheids in Deutschland steht trotz vielfachen Zuspruchs auch aus der Politik noch immer als unerledigt im Raum - und selbst wenn es zu einer Volksgesetzgebung kommt, steht zu befürchten, daß sie wenig bürgerfreundlich ausgerichtet sein könnte. Mehr direkte Demokratie wäre in jedem Fall ein Gewinn für die politische Kultur des Landes. Das Volk könnte ein Stück weit die Zuschauerränge verlassen, von denen aus es bisher die politischen Züge der Parteien beobachten durfte. Die jetzige politische Klasse wird durch die Volksgesetzgebung gezwungen, öffentlich über ihre Politik Rechenschaft abzulegen. Sie muß viel stärker den Dialog mit dem Bürger pflegen, das gesamtgesellschaftliche Dazulernen muß kultiviert werden. Direkte Demokratie trägt dazu bei, kollektive Artikulationsfähigkeit auszuprägen und damit die Sprachlosigkeit der Gesellschaft zurückzudrängen. Sie hilft, Erfahrungshorizonte und Sichtweisen zu erweitern, und trägt mit dazu bei, die Politikverdrossenheit zu überwinden.[109] Darüber hinaus bewirkt sie - die schweizerischen Verhältnisse verweisen darauf - daß sich prekäre politische Entscheidungsprozesse beschleunigen, die in rein repräsentativ verfaßten politischen Systemen recht oft verschleppt werden. Damit kann ein erheblicher Effizienzgewinn in den politischen Entscheidungsprozessen einhergehen. Für Stagnationserscheinungen im politischen Betrieb ergibt sich eher die Chance, sie durch Entscheide aufzubrechen.

Volksentscheide dürfen nicht den Ausnahmefall darstellen, sondern müssen zum Regelfall werden. Zweimal im Jahr, soweit erforderlich, sollten Volksentscheide abgestimmt werden. Eine Höchstzahl von 10 bis 12 abzustimmenden Sachverhalten je Wahlgang wäre jedoch zu berücksichtigen, damit die Übersicht nicht verlorengeht. Die Anzahl der zu sammelnden Stimmen sollte also für den Volksentscheid so gewichtet sein, daß es nicht nur alle drei Jahre zu einer Abstimmung im Bund kommt. Beachtung finden müßte auch, daß durch aufwendige Plakataktionen oder Werbeblöcke im Fernsehen, etwa von der Industrie bezahlt, nicht eine Wahlbeeinflussung auftritt, die auf dem Boden üppiger

Finanzzuwendungen wächst. Hier müßten generelle Verbote wirken, wenngleich Informationsveranstaltungen u.ä. natürlich davon nicht betroffen sein dürfen. Zumindest in den öffentlich-rechtlichen Medien wäre auch eine ausgewogene Darstellung der verschiedenen Positionen zu wünschen, in einem Herangehen, das über eine einfache Diskussionssendung hinausreicht.

Insbesondere von seiten der Politik sollten Behinderungsstrategien gegen Volksentscheide vermieden werden, auch wenn das Anliegen nicht geteilt wird. Wenn in Schleswig-Holstein nach der Devise verfahren wird: Wir Politiker machen eh, was wir für richtig halten, auch wenn in einer Volksabstimmung etwas anderes die Mehrheit gewonnen hat, dann stimmt im Küstenland mit dem Politikverständnis etwas nicht. Die Bevölkerung hatte entschieden, wir plädieren für die Beibehaltung der alten Rechtschreibung. Dieser Tatbestand wurde von der Regierung jedoch unterlaufen.

Etwa im Land Brandenburg lief es bei der Unterschriftensammlung zum Volksbegehren über den Havelausbau so, daß man im zentralen Gemeindeamt zwar seine Unterschrift dafür geben konnte. Da aber persönliches Erscheinen zu den Öffnungszeiten unabdingbar war, fielen die normal Arbeitenden schon mal aus, wenn sie nicht unmittelbar vor Ort tätig sind bzw. sich nicht extra freinehmen. Noch pikanter wird die Sache, wenn z.B. das zentrale Gemeindeamt 20 Kilometer vom Wohnort entfernt ist und die Fahrt mit öffentlichen Verkehrsmitteln zur Tagesreise ausartet. Da brauchte sich der damalige Bundesverkehrsminister wirklich keine Sorgen mehr machen, daß ihm jemand sein Projekt Havelausbau vermasseln könnte. Ohnehin sollte jede/r die Möglichkeit haben, seine Zustimmung für einen Volksentscheid - ebenso die Abstimmung selbst - auch auf dem Postweg vornehmen können.

Volksentscheide sollten auf allen Ebenen, vom Bund bis zur Gemeinde, ein völlig normaler politischen Vorgang sein. Die Rahmenbedingungen für solche Entscheide bedürfen sehr genauer Reglements. Zu berücksichtigen ist z.B.: Wer wird in den Entscheid mit einbezogen? Hierbei kann es Konflikte geben. Etwa eine Minderheit, die aber in ihrem Umkreis die absolute Mehrheit stellt, wird auf Grund des weit größeren Territoriums, auf dem die Entscheidungsfindung angesetzt ist, kaltgestellt. Solche Konstellationen sind freilich illegitim. Allerdings können sich die Grenzen als fließend erweisen, und eine absolute Scheidung ist mitunter nur schwer möglich.

Insgesamt sind Volksentscheide gewiß kein Garant für emanzipatorische Politik, spiegeln aber direkter die „geistige Verfaßtheit" in der Gesellschaft wider. So gab es beispielsweise in der Schweiz einen Entscheid, der ökologischer Landwirtschaft den Weg ebnete. Entschieden hat man aber auch, nach wie vor soll es Rüstungsexporte geben. Volksentscheide beinhalten potentiell die Möglichkeit, gesellschaftliche Umbrüche schneller als bisher zu vollziehen, und wenn sich die Weitsicht in der Volksmehrheit durchsetzen kann, so erleichtert dies den nötigen gesellschaftlichen Wandel ungemein. Erinnert sei nur an die machtvolle Bewegung für den Weltfrieden und gegen den Hochrüstungswahn der Regierungen in den achtziger Jahren. Entsprechende Volksentscheide in der alten BRD hätten den damaligen Regierungen mit ihrem mangelhaften Abrüstungswillen unweigerlich Beine gemacht. Volksentscheide bieten noch einen weiteren Vorteil. Parteien müssen sich bei den Wahlen verkaufen, sich wie ein neues Waschmittel oder ein neues Automodell preisen, und dabei kann es nur gut sein, das Volk mit Halbwissen bzw. „kultivierter" Dummheit zu umgarnen und die niederen Instanzen im Menschen für die eigene Politik einzuspannen. Selbst wenn die Politik von Partei X objektiv besser sein mag als die von Y, so bleibt es doch ein Geschäft, und der Machtwille wie der hierarchische Parteiaufbau sorgen dafür, daß sich dies nur noch schwer ändern läßt. Bei Volksentscheiden braucht man auf diese Systemschwäche keine Rücksicht zu nehmen. Allerdings gilt auch: Die Entscheide bringen Mehrheiten auf die Waage, nicht unbedingt die wahrheitsnäheren, mit weniger Illusion behafteten politischen Schlüsse. Es herrschen die Ambitionen der Jetztzeit, soweit der Einzelne nicht über diesen Horizont hinaus sieht. Der Grundkonflikt zwischen Demokratie und Vorsorge bzw. zukunftsfähiger Vision löst sich beim Volksentscheid so wenig wie bei den parlamentarischen Spielregeln des Bundestages. Spitzen wir das Szenario zu. Volksmehrheiten könnten befinden, ökologische Anforderungen gingen ihnen zu weit bzw. es dürfte ein Leichtes sein, daß konservative Politik dies instrumentalisiert. Damit könnte das Plebiszit den Boden für eine künftige Ökodiktatur bereiten, die in diesem Falle als Resultat zu späten ökologischen Handelns zu verstehen ist.

So muß eine neue Verfassung das Grundgesetz als notdürftiges Provisorium aus der unmittelbaren Nachkriegszeit ablösen, ohne die progressiven Elemente gleich mit verschwinden zu lassen. In dieser neuen Verfassung sollte auch festgehalten sein, daß Volksentscheide, die gegen eine zukunftsfähige Ordnung gerichtet sind, vom Ökologischen Oberhaus zurückgewiesen werden können. Das Bundesverfassungsgericht entscheidet jedoch in letzter Instanz, wenn es angerufen wird.

Die Schlüsselfrage, da kann ich Erich Fromm nur zustimmen, sind objektive Informationen. Sie sind die Grundbedingung für ethische Politik. Ohne sie kann auch der Konflikt zwischen Demokratie und vernünftiger Zukunftsvision nicht entschärft werden. Volksentscheide ohne eine gut informierte Bevölkerung bieten einen hervorragenden Ansatzpunkt für rein manipulative Einflußnahme. Die seriösen Medien mögen in einem Fall in der Tendenz aufklärend wirken, im anderen Fall verzerren ihre Schlagzeilen die Tatsachen. Selbstverständlich liegt das nicht gleich immer in der Absicht des Verantwortlichen. Informationen können nur so objektiv sein, wie sie durch die Redakteure und Autoren gesehen werden. Diese müssen sich zudem an die Linie der Zeitung oder des Magazins halten oder bei den großen Fernsehsendern daran, ob es Quote bringt.

Am Ende zählt dann die verkaufte Zahl an Zeitungen oder die Menge der Fernsehkunden für die Höhe der Werbeeinnahmen. Wenn wie z.B. beim „Spiegel" jede Woche der Verkaufsstand des Blattes markiert wird, so kann man sich ausrechnen, nur die Themen, die für guten Absatz sorgen oder von denen man es glaubt, finden in die Druckwelt Einlaß. Sicher gibt es auch von Zeitung zu Zeitung Unterschiede. Viele Informationen, die wir aus den Nachrichtensendungen im Fernsehen oder im Radio erfahren, sind nur Bruchsegmente einer weit vielschichtigeren Situation, meist noch untersetzt mit unterschwelligen Bewertungen. Analytischer Tiefgang kann dabei unmöglich zustande kommen. Aber auch bei ausführlichen Berichten oder Artikeln garantieren die umfassenderen Fakten und Zusammenhänge keineswegs ein objektives Gesamtbild. Die Motivation, aus der heraus sie geschrieben werden, entscheidet vielmehr, welche Bestandteile mit welcher Interpretation Eingang finden. Dabei kommt dem Kenntnisstand des Autors eine entscheidende Bedeutung zu.

Selbst dort, wo das Bemühen um die Suche nach den besten Wegen für die Gesellschaft fruchtbarste Ergebnisse zeitigt, werden wir immer wieder Aspekte oder sogar ganze Bezugsrahmen finden, die frau oder mann in Frage stellen kann. Gar nicht so selten ergibt sich, daß auf Grund der komplexen Wechselwirkungen in der Gesellschaft zufriedenstellende Lösungen nur schwierig zu erreichen sind bzw. häufig muß man erst mal darauf kommen, was denn eigentlich sinnvoll ist. Vielfach sind wir so umstellt von unserer gängigen Art, die Probleme und Dinge wahrzunehmen, daß uns gar nicht mehr auffällt, sie könnten auch in einem ganz anderen Lichte gesehen werden, was dann auch andere Veränderungswünsche hervorbringt.

Meine Argumentation will hier auch verdeutlichen, wahrheitsgemäße Informationen stellen zwar ein wertvolles Gut dar, sie können aber die intuitive Suche nach den günstigsten Veränderungen nicht ersetzen. Zugleich führen selbst die objektivsten Informationen immer Wertigkeiten mit sich. Die von jeder Subjektivität gereinigte Information gehört ins Reich der Fabelwesen.

Diese Ausgangslage muß erst mal ernst genommen werden, wenn man ein wirksames System zur Verbreitung von objektiven Informationen etablieren will. Mir scheint dies eine weit verzwicktere Angelegenheit, als Erich Fromm annimmt, soweit man das aus seinem Text herauslesen kann. Zunächst mal hätte ich keine Schwierigkeiten zu sagen, bedeutende geistige und künstlerische Vertreter unseres Landes unter Einschluß oppositioneller Stimmen mögen ein Gremium bilden, das die Schirmherrschaft für solch eine Einrichtung übernimmt. Wenn sich dafür etwa dreißig bis fünfzig Personen bereit fänden, würde das völlig genügen. Sie könnten Studien in Auftrag geben, alternativ Nachrichtenreporter ordern bzw. Nachforschungen zu unklaren Tatbeständen veranlassen. All das geschieht in der Absicht, das allgemeine Informationsniveau in der Gesellschaft zu erhöhen. Bei Volksabstimmungen wärenPro und Kontra mit Hintergrundinformationen zu belegen. Zugleich könnte dieses Gremium auch die inneren organisatorischen Aufgaben des Staatsforums betreuen. Allerdings sei noch mal darauf verwiesen: Diese koordinierende Funktion unterscheidet sich grundsätzlich von der Aufgabe, die Fromm seinem Obersten Kulturrat zubilligt. Das schließt gewiß nicht aus, daß etwa Günter Grass eine Rede vom Verlust und vom Niedergang politischer Kultur in Deutschland in das Staatsforum einbringt oder vor dem Ökologischen Oberhaus hält, nur als Beispiel, auch wenn er sie dort vielleicht anders nuanciert vorgebracht haben würde. Aber eine zentrale übergeordnete Rolle im Staate sollte dieses Koordinierungsgremium nicht erhalten. Etwas anderes ist es, wenn Berichte oder Analysen etc. die Aufmerksamkeit der Gesellschaft auf sich ziehen und sich damit zugewachsene Autorität entfaltet. Eine solche Entwicklung wäre sehr zu begrüßen. Sie erweist sich in jedem Fall besser als ein per Aufgabenstellung proklamierter Anspruch auf objektive Wahrheitssuche.

Schwierig bleibt die Auswahl der Personen für dieses Gremium. Erich Fromm schlägt in seiner Konzeption vor, mit einem Kern von drei, vier Personen zu beginnen und es dann allmählich zu erweitern. Wohl ist mir bei diesem Herangehen nicht gerade. Es wäre z.B. besser, über eine Hälfte des Gremiums durch das Ökologische Oberhaus geheim abstimmen zu lassen. Gewählt sind diejenigen ca. zwanzig Personen, welche die meisten Stimmen bekommen, unabhängig davon, ob es eine Mehrheit der Parlamentarier war, die ihre Zustimmung gaben. Den Rest des Gremiums ergänzen die gewählten Mitglieder selbst durch eine geheime Abstimmung. Das führt zu einer größeren Variabilität bei der Auswahl, auch wenn man unerwünschte Nebenwirkungen durch die Entscheidungsbefugnis des Ökologischen Oberhauses nicht ausschließen kann. Der Zeitraum der Tätigkeit müßte begrenzt sein, wenngleich eine Wiederwahl auch in Betracht kommen kann. Ein Großteil der finanziellen Mittel, die sich bislang vor allem die Stiftungen der Großparteien einverleiben, wäre für ein wirksames System zur Verbreitung von objektiven Informationen sicher besser angelegt.

An den parlamentarischen Spielregeln gibt es zweifellos noch mehr Korrekturanlässe, als sie bis hierhin aufgeführt wurden. Sicher kann man an der einen oder anderen Neuerung noch Verbesserungen vornehmen oder vielleicht sogar einen Vorschlag einbringen, der eine noch günstigere Reform der demokratischen Institutionen garantieren könnte. All die Hinweise, selbst Bruchstücke dazu muß man sehr sorgfältig sammeln und abwägen. Die vielen Querverbindungen, auf die das dann Einfluß nimmt, gehören unter das Mikroskop gesellschaftswissenschaftlicher Beobachtung. Jedoch dürfen die Schwierigkeiten, die beim Ausjustieren des neuen Gefüges ganz zwangsläufig entstehen können, nicht dafür herhalten, antiquierte Elemente der demokratischen Reglements zu verteidigen. Wir kennen ja unsere Politiker. Die meisten hängen lieber viele Jahre alten Rezepten nach, als daß sie kreative Umgestaltungen fördern. Diese Mentalität, sich auf Abstellgleisen wohlzufühlen, können wir beim Umbau des Regierungssystems nicht gebrauchen.

Gründlicher untersucht werden müßte das Verhältnis von Regierung und Bundestag. Die Spielregeln der parlamentarischen Arbeit gehören insgesamt überprüft. So dürfen internationale Verträge nicht den parlamentarischen Willen kappen bzw. durch ihre Einzelbestimmungen die bestehende innenpolitische Gesetzgebung aushebeln. Hermann Scheer meint: „Die parlamentarische Demokratie wird damit durch eine faktische Diktatur von Regierungsausschüssen zum Teil fast ausgeschaltet."[110] Bei internationalen Verträgen kann im Ratifizierungsverfahren das Parlament nur ablehnen oder zustimmen. Es vermag keine Änderungsvorschläge mehr einzubringen. Ebenso problematisch ist die Überlagerung der Kompetenzen verschiedener politischer Institutionen und die labyrinthartige Zerstückelung von Verantwortung in der Staatsverwaltung. Gerade mit Blick darauf, daß das Ökologische Oberhaus, das Ökologische Europahaus und die regionalen Ökologischen Räte zusätzliche politische Instanzen sind, kann die Annahme fördern, sie würden die Desintegration bei der Umsetzung der Staatsaufgaben noch verschärfen. Bei diesem Argument vergißt man jedoch, daß sie auf eine klare Arbeitsteilung hin angelegt sind. Etwa der Bundestag gerät gegenüber dem Ökologischen Oberhaus in eine Unterhausfunktion. Diese klare Hegemonie des neuen obersten Staatsorgans zusammen mit der Möglichkeit, jede Entscheidung mit demokratischem Votum an sich zu ziehen, minimiert zumindest Reibungsverluste, die aus Mischkompetenzen heraus entstehen könnten. Diese Arbeitsteilung ist auf jeden Fall effektiver, als das bislang z.B. zwischen Bundestag und Bundesrat Praxis ist. Das verhandelnde Element spielt nur eine marginale Rolle.

Die von Hermann Scheer beklagte Abnahme politischen Einflusses durch die Abgeordneten muß über eine Ausweitung ihrer Entscheidungsrechte schrittweise zurückgedrängt werden. Der Parlamentarier muß erst noch in den Stand eines tatsächlichen Parlamentariers gebracht werden. Generell geheime Abstimmungen, demzufolge auch die Abschaffung des Fraktionszwanges, dürften die Entscheidungsfreiheit des Einzelnen erheblich erhöhen. In der Konzeption des Ökologischen Oberhauses steht dieses Problem von vornherein nicht, da es faktisch in seiner Konstellation keine Regierung gibt - bzw. anders ausgedrückt: keine Gruppierung mit weitgehenden Vorrechten bei der Entscheidungsstiftung, wie dies im Bundestag der Fall ist. Der einzelne Abgeordnete im Ökologischen Oberhaus genießt also eine viel größere Freiheit. Das entlastet uns natürlich nicht von der Aufgabe, die staatliche Verwaltung zu entfilzen, sie überschaubarer zu gestalten, entsprechend den Erfordernissen, die künftig gefragt sein werden.

All die Vorschläge zur Veränderung der politischen Institutionen etc., die zur Sprache gekommen sind, sollten uns aber nicht den Ist-Zustand verdecken, in dem sich das parlamentarische System heute befindet, und dies gilt ganz gewiß nicht nur für Deutschland. Durch die enge Kopplung an den Verteilungskampf, wirtschaftliche Expansion und die Werte des westlichen Fundamentalismus verkommen unsere parlamentarischen Institutionen zu treibenden Kräften im Netzwerk der Selbstausrottung. Schlimmer noch: Sie sind Wegbereiter für eine totalitäre Ökodiktatur, sie sind darauf angelegt, jeglichen Spielraum für politisches Handeln zu vernichten, sie entpuppen sich als integraler Bestandteil der tiefsten Zivilisationskrise seit Menschengedenken.

Medien und ökologische Krise

Zappt frau oder mann sich durch die gegenwärtige Fernsehlandschaft, kann es passieren, dabei nicht nur einmal, sondern gleich mehrfach in Schußnähe zu geraten. Die offene wie verdecktere Verherrlichung von Gewalt findet kaum noch Grenzen. Zweifellos gibt es von Programm zu Programm Unterschiede. Nichts gegen einen gehaltvollen Krimi. Nur der beständige „Beschuß" mit mehr oder minder geistloser Kost, die privaten Sendeanstalten haben darin einen gewissen Vorsprung, sollte sehr kritisch betrachtet werden. Hier ist einiges aus dem Gleichgewicht geraten, und ein korrigierender Eingriff wäre angebracht.

Dies spricht nicht unbedingt generell gegen Filme, deren einziger Zweck die Unterhaltung ist. Zur Ablenkung von den eigenen Realitäten, vom eigenen Gesichtskreis, zum einfach Wegschalten mögen sie geeignet sein. Die Vitalität etlicher Filme zieht Publikum an. Dieser Wirkung kann man sich auch nur schwer entziehen. Kritisch wird es, wenn solcher Filmstoff ernste Themen, die auch nur ernsthaft behandelt werden sollten, auf unverträglich seichtes Niveau senkt oder die ideologische Bemutterung allzu offenkundig zur Schau gestellt wird. Um am Beispiel zu bleiben: Eine gewisse Art von Kriegsfilmen, die man auch nur bei bestimmten Sendern antrifft, gehört nicht ins Fernsehprogramm. Propaganda für militaristisches Gedankengut hat dort nichts zu suchen.

Zweifellos gibt es auch viele subtile Faktoren der Beeinflussung beim Fernsehen, die man nicht begrüßen kann; teils sind die Wirkungen ambivalent. Da will ich noch gar nicht vom Skandal der Werbelawinen reden. Mag sein, es gibt noch Talkshows, bei denen man hinterher etwas für sich gewonnen hat, und wenn es nur eine bestimmte Aussage war, die es sich lohnte zu merken. Beim Gros der Talkshows dürfte es aber über oberflächliches Geplätscher nicht mehr hinausgehen. Es haftet wohl ein Stück Wahrheit daran, wenn der Medienwissenschaftler und einstige PDS-Chef Lothar Bisky in den Talkshows das Denkmal vom Ende der Aufklärung gekommen sieht.[111] Auch bestimmte Arten von Serien senken kontinuierlich das geistige Niveau des Mediums Fernsehen und werden mit den anderen Auswüchsen im Sendebetrieb auch zu einer Gefahr für das geistige Niveau der Gesellschaft.

Wie steht es nun aber mit der Zukunftsfähigkeit im Medium Fernsehen? Möchte man der „Tagesschau" oder auch anderen Nachrichten glauben, gibt es gar keine ökologische Krise. Natürlich sagt das niemand so. Aber genau darin liegt das Problem. Sie kommt nicht vor. Die unzähligste Folge zum Thema Steuerstreit, Renten und ähnliches - oft geht es nur um minimale Unterschiede zwischen Koalition und Opposition - ist für die „Tagesschau" wichtiger als die weltgeschichtlichen Fragen um Sein oder Nicht-Sein. Die aber werden täglich drängender. Da kann es nicht ausreichen, daß hier mal eine kurze Sentenz zu neuen Ergebnissen bei Klimamodellen, da mal ein Hinweis auf El Niño gesendet wird und das mit Abstand von Monaten. Hier sollten die Maßstäbe bei der „Tagesschau", bei den ntv-Nachrichten, bei „heute" und wie die Nachrichtensendungen alle heißen, gründlich umgerückt werden. Dies kann zunächst mit kleinen Schritten beginnen. Um nicht nur zu monieren: Als Michael Succow der alternative Nobelpreis für sein Engagement verliehen wurde, erfuhren in diesem Zusammenhang der Ausbau der Havel und der Bau der Autobahn A20 in Mecklenburg-Vorpommern eine kritische Reflexion in der Tagesschau. Warum gelingt ein solcher Blick so selten in den Nachrichten?

So kann ich dann auch nur die Meinung des Fernsehmoderators Franz Alt unterstützen. Er schreibt: „Wenn es heute abend in einem der vielen Fernsehprogramme eine ökologisch realistische Tagesschau gäbe, müßten uns die Sprecher sagen: Auch heute sind 100 Tier- und Pflanzenarten ausgestorben - wurden 55.000 Hektar Tropenholz abgeholzt - haben sich die Wüsten um 20.000 Hektar ausgedehnt - haben wir weltweit 100 Millionen Tonnen Treibhausgase in die Luft geblasen."[112] Auch wenn das morgen und übermorgen, jeden einzelnen der 365 Tage im Jahr, so weitergeht, so kann man sicher nicht jedesmal dieselben Informationen über den Bildschirm schicken, wohl aber könnte es gelingen, vorausgesetzt, der Wille ist dafür vorhanden, regelmäßig den Blick auf diese Problemzonen zu richten.

Nachrichten müssen in Zukunft die ungeheure Vielfalt unserer zivilisatorischen Zerstörung spiegeln, berichtenswerte Anknüpfungspunkte dürften sich mehr als genügend finden, insbesondere wenn man etwas gründlicher auf Suche geht. Und selbstverständlich brauchen auch die verschiedenen Alternativen mehr Öffentlichkeit - nicht erst, wenn alternative Nobelpreise verliehen werden. Die Nachrichtenzunft in unserem Lande könnte sehr viel mehr dazu beitragen, das Nachhinken bei weltökologischen Fragen in der öffentlichen Wahrnehmung zurückzudrängen. Die Macher sollten immer öfter riskieren, aus dem eingefahrenen Trott auszuscheren - selbst auf die Gefahr hin, daß diverse „Verantwortungsträger" dies vor allem als ein Problem auffassen und davon nicht begeistert sind. Aber Verantwortung für Wort und Bild darf auch für die Nachrichtenmacher kein Fremdwort sein. Sie sollten sich nicht hinter diversen Sachzwängen verstecken wollen.

Fernsehen auf den verschiedenen Kanälen, als ein zentrales Medium der Meinungsbildung in der Gesellschaft, steht für die Mitgestaltung der ökologischen Zeitenwende ganz entscheidend in der Pflicht. Zusammen mit den Zeitungen repräsentiert es die Hauptquelle gesellschaftlicher Information. So schreibt Rudolf Bahro: „Wir brauchen jetzt die Massenmedien, voran das Fernsehen, als Organ jener letzten Aufklärung. Es gehört zu unserem Verhängnis, daß wir uns da eine Satanskirche halten (und sie womöglich noch von links verteidigen, weil die Zensur gegen den Gewaltkrimi auch irgendeinen kritischen Essay miterfassen könnte). Es würde sofort vieles Gewaltanbetende und Triviale weichen, wenn die Medien klar auf einen sozialen Auftrag verpflichtet würden, der Selbstverständigung über unsere Situation und der Verbreiterung des Zugangs zu der Praxis und den Praktiken der spirituellen Selbstveränderung zu dienen."[113]

Kommen wir zu einigen Gedanken zum Stand ökologischer Information im Fernsehen. Sie können selbstverständlich nur Ausschnitte betreffen. Fangen wir mit dem öffentlich-rechtlichen Fernsehen an. In der ARD suggeriert man, hier säße man in der ersten Reihe, doch nicht mal ein richtiges Ökomagazin bringt der Sender zustande. Will man „Monitor" im Zukunftsformat sehen, muß man schon zum Brandenburger Regionalsender ORB umschalten. Einmal im Monat geht dort Helmut Henneberg mit „Ozon" auf Sendung. Seit dem Umbruch in der DDR moderiert er sie. Leider konnte sie lange Zeit nur regional empfangen werden. Von den Sendungen, die ich gesehen habe, gewann ich den Eindruck, die konventionelle Ökoszenerie wird exzellent abgedeckt, doch strategische Zukunftsgestaltung bleibt zu oft den unmittelbaren Geschehnissen geopfert. Der Rumpf der ökoglobalen Krankheit bleibt weitgehend unkenntlich. Zweifellos hatte z.B. eine Spezialsendung zu den Ureinwohnern in den sibirischen Weiten höchsten Bildungswert, ebenso wie die daran geknüpfte Frage, wie fortgeschritten die euroamerikanische

Zivilisation wirklich ist. Aber das kann erst der Anfang sein, die Dinge so zu betrachten. Trotz alledem fände ich eine Dreiviertelstunde „Ozon" um 20.15 Uhr im Abendprogramm der ARD besser aufgehoben. Die Verantwortlichen in der ARD sollten sich mal einen Ruck geben. Sie hätten ohnehin Grund genug dafür. Eine Untersuchung der Medienwissenschaftlerin Sabine Ledzbur ergab, daß in den letzten zehn Jahren zwei Drittel der Sendezeiten für Umweltthemen innerhalb der Sender der ARD abgeschafft wurden.[114] Das ZDF verfügt immerhin über eine eigene Ökosendung unter dem Titel „Planet e". Jedoch wirkt sich der fehlende feste Programmplatz ungünstig aus, weil man nie weiß, wann die Sendung kommt.

Richtige Konkurrenz vermochte 1997 den öffentlich-rechtlichen Sendern nur RTL mit dem „Greenpeace-Magazin" zu bieten. Konnte man jedenfalls für ein paar Wochen denken. In der angenehmen Moderation von Sandra Maischberger hangelte sich das Magazin immer an der Symptomebene der Naturzerstörung entlang. Viel mehr ist wohl in zwanzig Minuten auch nicht zu machen, die dann auch noch von der Werbung der Autokonzerne unterbrochen wird. Immerhin bot das Greenpeace-Magazin einen, wenn auch überaus kurzen Nachrichtenüberblick, wie ihn Franz Alt einfordert. Allerdings konnte sich die RTL-Ökosendung nicht lange halten. Auf meine telefonische Anfrage bei RTL, wo denn das „Greenpeace-Magazin" abgeblieben sei, erhielt ich zur Antwort, dieses sei nicht als ständige Sendung geplant gewesen. Weiter hakte ich nach, ob bei RTL irgendwo eine andere Ökosendung ins Programm genommen werde. Die Auskunft war, daß dies nicht der Fall sei. Wäre es denn für RTL so ein unüberwindbares Hindernis, jeden Monat eine Dreiviertelstunde für eine Ökosendung bereitzustellen und den Sendetermin nicht kurz vor Mitternacht zu legen, wie beim „Greenpeace-Magazin", sondern ihn im normalen Abendprogramm unterzubringen? Nicht nur Greenpeace, sondern auch der BUND oder andere Ökogruppen könnten an solch einem Projekt beteiligt werden, jedenfalls ein Team, das Ökologie und Imagepflege für die Industrie auseinanderhalten kann.

Die Sender SAT 1 und Pro Sieben bekundeten auf meine Nachfrage in unterschiedlichen Jahren, keine Ökosendung, welcher Natur auch immer, im Programm zu haben. Es gäbe jedoch Informationssendungen, in denen kurze Einzelbeiträge vorkommen können. Gibt es denn keinen einzigen Privatsender, der sich in seinem Programm eine etablierte Ökosendung vorstellen kann? Im Lern- und Arbeitsbuch Umweltpolitik kommt man jedenfalls zu der Auffassung, daß die weitgehende Kommerzialisierung der Fernsehlandschaft in den 80er Jahren durch die neu hinzugekommenen Privatsender und die damit einhergehende Entpolitisierung der Berichterstattung mit dazu beigetragen hat, den Stellenwert ökologischer Probleme zurückzudrängen.[115]

Sehen wir uns sonst in der Fernsehlandschaft um, so finden wir viel gähnende Leere zu den zivilisatorischen Großproblemen. Hier und da erwischen wir mal einen Kurzbeitrag, auch mal eine spezielle Sendung. Zu untersuchen, wie sich das im einzelnen verhält, ist hier an dieser Stelle natürlich unmöglich. Dennoch kann man feststellen: Ein Spielfilm wie „Nach uns die Sintflut" zur Hauptsendezeit ab 20.15 Uhr in der ARD im Herbst

1996 stellt eher die ganz seltene Ausnahme dar. Gelegentlich gelingt es, einen Dokumentarfilm mit ökologischem Thema zu erwischen, da muß man jedoch die Programmzeitschriften zuvor gut studiert haben.

Allein wenn in bestehenden Magazinen nicht nur die tagespolitischen Anliegen zur Sprache kämen, sondern mehr auch die Dinge, die auf das Großeganze gerichtet sind, könnte im ersten Ansatz schon viel gewonnen sein. Da wir vorhin die Seichtigkeit der Talkshows ansprachen: Wie wäre es mit einer ernsthaften Diskussionssendung zu den brenzligen Zukunftsthemen? Und vielleicht gelingt es auch, die Leute heranzuholen, die dazu wirklich Substantielles sagen können, auch wenn sie eher wenig bekannt sind? In der Vergangenheit zeigte die 3sat-Sendung „Drei Länder - ein Thema" von Franz Alt: Dies alles liegt in Reichweite. Befördern sollte man auch die Verfilmung von Romanstoffen, die sich mit der zivilisatorischen Krise, die zugleich eine Krise der menschlichen Verfaßtheit ist, auseinandersetzen. Nur um Beispiele zu nennen: Der Roman „GO! Die Ökodiktatur" von Dirk C. Fleck oder auch „Die Richtstatt" von Tschingis Aitmatow dürften sich vorzüglich dafür eignen. Sicher läßt sich in dieser Richtung noch viel mehr finden. Till Bastians Roman „Tödliches Klima" gäbe gewiß einen quotentauglichen Ökokrimi ab.

Wenn man über Ökologie und Medien schreibt, dann muß auch über die Zeitsprung-Reihe geredet werden. Filme wie „Fluchtweg aus dem Treibhaus" oder „Mobil ohne Auto" von Franz Alt dürften zu den zukunftsweisendsten gehören, die in den 90er Jahren in Deutschland über die Bildschirme flimmerten. Auch ist angenehm zu sehen, wie eben auch Lernprozesse stattfinden, und das beim Fernsehen. Ich denke z.B. an die Entwicklung zwischen dem -Zeitsprung- „Biofleisch statt Rinderwahn" und dem -Querdenker- „Haben Tiere eine Seele?". Während in der ersten Sendung von einer Ökolandbauwende ausgegangen wird, von einer Fleischproduktion ohne Chemie, ohne Tierquälerei und ohne Rinderwahn, stellt der „Querdenker" unseren Fleischverbrauch aus ethischer Sicht grundsätzlich in Frage. Die Brisanz dieser Herangehensweise ist klar, nicht zuletzt wenn man bedenkt, nur 3 bis 5 Prozent der Bevölkerung in den Industrieländern ernähren sich rein vegetarisch.[116]

Wenn ich hier nun einige Zeilen Lob zollte, so ist aber auch kritische Reflexion nötig. Eine Grundfrage, die ich mir bei den Zeitsprung-Sendungen immer wieder stellte: Können wir die industrielle Grundlast, die materiell-technische Infrastruktur, die für das Jahr 2030 filmisch ausgewiesen wird, noch riskieren? Oder verzögern wir den Absturz des Menschengeschlechts nur um die Länge von ein oder zwei Menschenleben? In einem Interview stellte ich Franz Alt die Frage so: „Kann es sein, daß, wenn man heute sagt, so und so müssen wir unsere Lebens- und Wirtschaftsweise verändern, dann später vor der Einsicht steht, wir haben uns das zu einfach gemacht, weil wir die menschengemachten Wirkungen auf die Naturgleichgewichte zu oberflächlich wahrnahmen, zu viele Aspekte außer acht ließen?" Franz Alt: „Wir sehen vieles anders als die Generationen vor uns. Wahrscheinlich geht es den Generationen nach uns ähnlich. Alles andere wäre ja sterbenslangweilig."[117] Gegen die Antwort ist erst mal nichts einzuwenden. Zugleich dürfte sie aber auch ein gelungenes Ausweichmanöver sein. Die jüngere Generation, kann sich mit dieser Antwort nicht mehr zufriedengeben, die Brüche einfach wegdrücken oder überspielen, die damit angezeigt sind. Wir werden abstürzen, wenn wir nur vier Meter springen, die zu überwindende Kluft aber fünf Meter mißt. Gut gesprungen, aber doch gescheitert - und das, weil wir uns das Areal, in dem wir handeln, nur im Schnelldurchgang angesehen haben, zu sehr die Beschränktheit unserer Wahrnehmungsmuster zum Maß machen, die Menschheitsprobleme nicht in ihrem ganzen Horizont neu besehen und erforschen. Wer sagt uns denn, daß die Bilanzen und Reduktionsquoten der einzelnen Schadstoffe etwa in der Studie „Zukunftsfähiges Deutschland" hinreichend sind und vor allen Dingen aber, ob sich die dargestellten Leitbilder mit den Bilanzen decken? Da kommt mir mancher Zweifel.

Um auch gegen mich selbst zu sprechen: Die Umrisse für den Rück- und Umbau unserer technischen Zivilisation, deren Abmaße ich versuchte, konzentriert in dem Abschnitt „Effizienzrevolution und Faktor Zehn" auszubreiten und andernorts mitzureflektieren, reichen vorne und hinten nicht hin. Sie stellen nicht mehr dar als ein notdürftiges Provisorium, ein Zwischenstadium im Erkenntnisprozeß. Mir ist die Abgrundtiefe dieses Ansinnens klar. So könnte die Auseinandersetzung über das Wie unserer Rücknahmen und die darauf zugeschnittenen Alternativen, erst mal nur, was die materielle Ausgangsposition betrifft, tausendfach Professorenleben füllen. Wir müssen uns diesem Faktum stellen und dürfen es nicht an die nächste Generation überweisen, lieber Franz Alt, auf daß sie intelligenter sein mögen als wir. Wir haben geradezu die Pflicht, unsere eigene Borniertheit, unsere eigene Beschränktheit beim Umgang damit aufzudecken. Dies ist der erste Schritt, um zu einem integraleren Verständnis zu kommen. Wir dürfen es uns nicht zu einfach machen.

Jedenfalls bezweifle ich, wenn späterhin jeder Haushalt bei zukünftig 10 oder mehr Milliarden Erdenmenschen über seinen eigenen Fernsehapparat, den Ökokühlschrank, die Ökowaschmaschine usw. verfügt, dies könnte gut gehen. Das ist eine Illusion. Genau die aber wurde durch einige „Zeitsprung"-Sendungen genährt. Es wird also noch einmal ein neuer Durchgang zu dem Thema Selbstbegrenzung gebraucht.

Genauso brisant stellt sich die Frage nach den künftigen sozialen und ökonomischen Strukturen. Auf Grund der gegebenen Verhältnisse in den Industriestaaten wird man zunächst auf eine ökologisch-soziale Marktwirtschaft orientieren. Auf längere Sicht kann dies aber nur ein Übergangsstadium sein. Eine Produktionsweise, die das Prinzip vom Nimmersatt fortzeugt, kann sich menschheitsgeschichtlich gesehen nur für einen kurzen Zeitraum halten. Der in ihr angelegte Widerspruch vermag nur in einer neuen, zukunftsfähigen Wirtschaftsordnung lösbar sein oder mit dem Untergang der menschlichen Gattung enden. Die gängige Verklärung mit dem Raster „uneffiziente Planwirtschaft im ehemaligen Ostblock - gute westliche Marktwirtschaft" hält wissenschaftlicher Betrachtung nicht stand. Beide Pole signalisieren das Produkt antiquierter Weltzustände. Eine sozialökologische Wirtschaftsordnung muß sich auf eine höherentwickelte politökonomische Struktur gründen. Immerhin scheint es auch den Autoren der Studie „Zukunftsfähiges Deutschland" zu dämmern, es könnte Probleme geben mit dem kapitalistischen Getriebe. Aber so genau wollten sie es dann offenbar doch nicht wissen.[118] Wäre doch mal ein spannendes Thema für eine Fernsehsendung? Immerhin schien mir die Reflexion dieses Konflikts z.B. in der „Zeitsprung"-Sendung „Arbeit für alle - Das ökologische Wirtschaftswunder" ungenügend.

Und ein Drittes. Natürlich weiß ich, ich laufe da auf offene Türen zu. Um Franz Alts eigene Worte zu benutzen: „Die wirklichen Revolutionen sind die Revolutionen des Herzens".[119] Seine Auseinandersetzung mit dem Psychologen Carl Gustav Jung mag ein zusätzlicher Hinweis sein. Worum es geht, ist eine Evolution menschlichen Geistes, des inneren kulturellen Raumes. Wie gelangen wir zu einer geistigen und seelischen Hochkultur? Dies ist eine Kernfrage der künftigen Menschheitsentwicklung, denn sie ist in jeder politischen, aber auch persönlichen Aktivität mit aufgegeben. Ich würde mir wünschen, dieses Anliegen bekäme in den Sendungen mehr Gewicht. Ohnehin finden sich Sendeminuten zu der Sphäre von Psyche und geistiger Entwicklung im Fernsehen nur äußerst selten.

Noch ein abschließender Gedanke zur „Zeitsprung"- und „Querdenker"-Reihe. Immerhin scheint das Experiment, aus konventioneller Fernsehwelt ein Stück weit auszubrechen, mehrfach gelungen. Darin steckt ein zukunftsfähiger Ansatz, der erhalten bleiben sollte, der in sich aber auch die Chance trägt, neue Höchstqualitäten zu erreichen. Man sollte dafür Sorge tragen, daß es Fernsehideen analoger Art auch künftig gibt. (Die erwähnten Filmreihen sind im übrigen als Filmkassetten erhältlich.[120] Dies nur als Hinweis für diejenigen, die mehr darüber wissen wollen.)

Wenden wir uns nun dem geschriebenen Wort zu, speziell dem der Zeitungswelt. Trotz Medienkonzentration und anderer weniger angenehmer Erscheinungen finden wir eine weite Blättervielfalt vor, und es liegt nicht in meinem Vermögen, hier nun in irgendeiner Weise eine hinreichende Querschnittsanalyse zu geben. Dennoch möchte ich anhand einiger Indizien versuchen, ein wenig auf die allgemeinen Umstände zu sprechen zu kommen. Gewiß kann man festhalten, die „Frankfurter Rundschau" und das „Neue Deutschland" leisten sich regelmäßig Umweltseiten. Auch die „tageszeitung" räumt Umweltthemen verhältnismäßig viel Raum ein. In der Wochenzeitschrift „Der Spiegel" kann man von Zeit zu Zeit fündig werden, wenn man nach Informationen über Klimaproblematik, Artensterben u.a. sucht. Die „Berliner Zeitung" behandelt Analoges auf ihren Wissenschaftsseiten, auch etwa Themen wie die solare Wärmewirtschaft u.a.

Selbstverständlich reflektieren die verschiedenen Zeitungen, die einen weniger, die anderen mehr, wenn gerade das Thema - Ozonloch - sich angesichts von Daten anbietet, oder am Nordpol das Eis mal unerwarteterweise abhanden gekommen ist. Doch über diesen Mindestanspruch geht es selten hinaus. In der Regel werden ökologische Themen und die wirtschaftlichen Konsequenzen, die Fragen des Lebensstils so behandelt, als würde es zureichen, hier und da eine Reihe von Umbauten vorzunehmen, und dann löst sich im Laufe der Zeit das Problem. Intelligente gesellschaftliche Selbstbegrenzung, als Aufgabe und Problemstellung formuliert, findet man in Zeitungszeilen höchst selten. Das ist schon ein Tabuthema. Eher trifft man auf Hinweise zu technischen Innovationen im

Dienste des Umweltschutzes. Das ist nicht verkehrt und ist auch nützlich, aber kaum hinreichend zur Verständigung über die Sackgasse, in die wir geraten sind. Es reicht auch nicht aus, konventionell mal etwas Kritisches zum Autobahnneubau, zu verletztem Naturschutz oder zum Energiesektor etc. einzuschieben. Damit ist noch nichts gewonnen, auch wenn es gut ist, daß es überhaupt zu Drucke kommt.

In den Zeitungen würde es darauf ankommen, das Phänomen ökologische Weltkrise in seiner Komplexität praktisch und gesellschaftstheoretisch zu reflektieren. Das ist selten von Autoren und Autorinnen zu erwarten, die dies bisher auch nicht getan haben. Insofern muß man sich schon mal umschauen, wo Leute gründlicher mit ökologischen Themen befaßt sind. Von der naturwissenschaftlichen Seite her ist es wichtig aufzuzeigen, wie die „Fieberkurve des Planeten" steigt, welche Prozesse im Gang sind nicht nur in Bezug auf das Klima, sondern auch auf das Artensterben oder den stratosphärischen Ozonschwund u.v.a. Neue Erkenntnisse auf all diesen Gebieten bergen immer die Chance, daß man die Themen noch mal in Gänze aufrollt. Dies sollte permanent getan werden. Wichtig ist dabei, daß auch die politischen Schlüsse daraus kenntlich gemacht werden und nicht zurückgefallen wird in die angebliche Sachzwanglage, die mit unserer totalitären Wirtschaftsverfassung mitgegeben ist. Gerade bei dieser Überbrückung muß ein Qualitätssprung stattfinden in der Darstellung in unseren Zeitungen. Oftmals werden an diesem Punkt die notwendigen Konsequenzen wenn nicht mit Schweigen, so mit allerlei umweltschutztechnischem Kleinwerk verstellt und damit der Durchgang zu einer neuen öffentlichen Wahrnehmung verhindert. Das wäre zu ändern. Wenn dies jedoch keine Auswirkungen auf das Gesamtprofil der Zeitung erhält, dann bleibt es allerdings eine Trockenübung. Da kann es Rezensionen zu Büchern geben, die bisher kaum Beachtung fanden, oder eine regelmäßige Rubrik zu Ökothemen. Da können neue solare Techniken oder alternative Lebensformen portraitiert werden u.v.a.

Wenn 95 Prozent der Beiträge weiterhin suggerieren, oft eher unterschwellig als direkt, alles bleibt im bisherigen Bannkreis, dann kann man nichts erreichen. Das gleiche gilt für das Fernsehen. Da kann die eine Ökosendung zwischendurch auch nicht die ganze Schieflage richten. Ein grundsätzlich anderes Herangehen ist also gefragt - und wenn es denn auf leisen Sohlen daherkommt, so ist das immer noch besser, als der bisherige höchst unbefriedigende Stand.

Man muß es in den Medien darauf anlegen, hier ein Tor aufzuweiten für einen neuen geistigen Impuls, für die Logik einer rettungsfähigen Lebensordnung. Da sollte man nicht mit Ausflüchten kommen. Beiträge sind gefragt, die bekunden: Wir sind auf dem Weg, wir versuchen das Unmögliche! Nur so wächst das Rettende! Das sollten sich die Zeitungsredaktionen an ihre Merkbretter klemmen. Die Larmoyanz, von wegen das Thema - Ökologie - ist gerade nicht in, darf grundsätzlich als unakzeptabel gelten. Meinungsanalysen ergeben: Fragt man nach dem aktuell wichtigsten Thema, dann sagen 80 Prozent der Deutschen: die Massenarbeitslosigkeit. Wenn jedoch gefragt wird, was ist mittelfristig das wichtigste Thema, dann antworten ebenfalls 80 Prozent: die ökologische Krise.[121]

Generell gehören die Medien an den Pranger, denn sie sind nicht ganz unschuldig daran, daß die bestehende Sackgasse hier nicht aufgebrochen wird, denn wer will, kann auch anders. Aber man und frau muß wollen. Das ist die Voraussetzung. Zu oft wird nicht gewollt, zu oft auch gar nicht erst gesehen. So habe ich mir die Zeit genommen, vom Herbst 1998 bis Herbst 1999 den „Spiegel", „Focus" und den „Stern" zurückzuverfolgen, insbesondere unter dem Schwerpunkt Wissenschaft und Forschung - und das bestätigte erst mal meinen Eindruck, den ich eben schon über den „Spiegel" schilderte, wenngleich auch nicht durchgängig. Als äußerst mangelhaft würde ich die analogen Bemühungen im „Focus" und im „Stern" bewerten. Das kann dann auch der eine gute Beitrag nicht mehr rausreißen, der bei über 50 Heften dann mit dabei ist. Beide Redaktionen sollten also darüber nachdenken, wie sie sich von diesem Negativ-Image lösen könnten. Eigentlich dürfte das doch nicht so schwer sein?

Von Schuld, Sühne und den Zwischentönen

Als jetzt lebende Generation in den reichen Staaten stehen wir auf der falschen Seite. Mit beinahe allem, was wir tagtäglich tun, laden wir uns ein Stück mehr Schuld auf. Längst wäre sie uns unerträglich, würden wir die Wirkungen unseres Handelns sehen und spüren können. Uns grauste davor, noch einen Tag länger arbeiten zu gehen, und beim Einkaufen wäre das schlechte Gewissen unser ständiger Begleiter. Würden uns die Produkte den Leidensweg erzählen können, der in all ihren Bestandteilen angereichert ist, wir könnten keine Nacht mehr ruhig schlafen, wenn wir nicht schon so abgestumpft sind, daß uns dies sowieso nicht interessiert. Die Erkenntnis, wie tief wir in der Sackgase stecken, daß Veränderungsschritte innerhalb des ganzen Falschen nur noch wie das Zappeln im Fischernetz wirken, hat natürlich Kehrseiten. Insofern die Hoffnung auf bessere Zustände arg zurechtgestutzt wird, im Grunde eine auf die gesellschaftliche Umgebung abgestimmte Lebenspraxis ins Absurde abgleitet, muß man achtgeben, daß man als Mensch in der Balance bleibt und nicht abstürzt. So sehr jeder durch sein Quantum an Autofahren, Wohnungseinrichtung, den Dingen des täglichen Bedarfs usw. zum Angeklagten wird, so kann man die Schuldfrage nicht darauf reduzieren. Zentrale Weichenstellungen verpaßten Politik und Wirtschaft in den achtziger und neunziger Jahren. Sie wurden allzu oft absichtsvoll nicht gewollt.
In dem Film „Crash 2030. Ermittlungsprotokoll einer Katastrophe" von Joachim Faulstich wird z.B. angedeutet, wieviel man bereits heute wissen könnte über die Zerstörung unserer Lebensgrundlagen. In einem Megaprozeß, wie es z.B. die Nürnberger Prozesse gegen die Nazigrößen waren, werden die Hauptverantwortlichen an dem Weltkrieg gegen die Natur in Europa zur Rechenschaft gezogen. Der europäische Gerichtshof kommt in dem Film zu dem Schluß: Staatspolitiker wie z.B. Helmut Kohl, Francois Mitterrand und John Mayor, Margaret Thatcher u.a. hätten große Einflußmöglichkeiten gehabt, in ihren Ländern die Politik umzusteuern, da sie besonders lange im Amt waren. Ihr Schuldkonto ist deshalb extrem hoch. In diesem Sinne sind sie zu verurteilen. Daß dies auch auf alle nachfolgenden Staatspolitiker zutrifft, die ähnlich vorsätzlich schuld-

haft Politik betreiben, versteht sich von selbst. Kohls Nachfolger im Kanzleramt sollten sich also gründlich Gedanken machen, ob sie eine Politik fortführen wollen, die künftige Generationen als Kriegserklärung auffassen müssen, als eine Taktik der verbrannten Erde. Schwieriger verhält sich die Sache freilich, wenn kommende Regenten zwar ernsthaft ökologische Reformen anstreben, jedoch die Distanz zwischen dem notwendigen und dem tatsächlichen Handeln beträchtlich bleibt, zumal die Zielabsichten unterschiedlich bewertbar sind und Politik immer von Interessengeflechten umrankt ist, auf die sie in der einen oder anderen Weise Rücksicht nehmen muß, nicht zuletzt, um über Wahlen dem konservativer orientierten Kontrahenten nicht den Sieg in die Hände zu spielen. Dies wird ein Urteil auch abwägen müssen.

Ebenso wie die Politikgrößen gehören aber gleichermaßen die Wirtschaftsbosse auf die Anklagebank. Auch hierin teile ich die im Film aufgezeigte Position. Wenn jemand wider besseres Wissen Spritsäufer produziert, obwohl er Alternativen hätte, dann kann er nicht auf mildernde Umstände rechnen. Oder wenn Siemens eine neue Generation Atomkraftwerke (Druckwasserreaktoren) zusammen mit Frameatome entwickelt, dann sollte der Konzern besser nicht damit rechnen, daß künftige Juristen ihn ungeschoren lassen. Die Verbrechen der Energiekonzerne wurden schon ausführlich angesprochen.

Was in diesen Zeilen noch wie reine Spekulation anmutet, könnte in wenigen Dekaden harte Realität werden. Im Film jedenfalls sitzen sämtliche Auto-, Energie- und Chemiekonzerne auf der Anklagebank. Da gehören sie zweifellos auch hin. Die Ausflüchte der Konzernanwälte, die gesamte Gesellschaft habe sich auf einen Irrweg begeben, und deshalb können nicht einzelne zu Sündenböcken gestempelt werden, weisen die Richter zurück. Sie berufen sich auf das Verursacherprinzip, und das liegt ganz klar bei den Produzenten. Sie werfen den Konzernspitzen vor, aus Gründen persönlicher Bereicherung der Gesellschaft einen untilgbaren Scherbenhaufen hinterlassen zu haben.

Pikant auch, wie sich Faulstich vorstellt, welche Strafe die Angeklagten erwartet. Den Politikern wird ihr gesamtes Vermögen konfisziert. Ergänzend schlage ich vor, obwohl dies vielleicht selbstverständlich erscheinen mag, daß den Verurteilten jegliche politische und wirtschaftliche Tätigkeit untersagt wird. Bei letzterem geht es nur darum sicherzustellen, daß ihnen keine leitende Funktion mehr übertragen werden darf. Überdies steht ihnen bei entsprechendem Alter eine Mindestrente zu. Bei den überreichlichen Rentenansprüchen, die Politiker als Kaste sich selbst zuschieben können, darf man nicht im Ernst erwarten, daß bei dem vorliegenden Totalversagen der „Volksdiener" diese überhöhten Ansprüche einlösbar sind.

Egal, welche Strafvollzüge man unterstützt oder verwirft - eines muß auf jeden Fall sichergestellt werden. Personen, die wegen der hier benannten Vergehen schuldig gesprochen wurden, müssen aus dem öffentlichen Verkehr gezogen werden und dürfen nicht plötzlich als Ministerpräsident eines Bundeslandes auftauchen, auch nicht als einfacher Abgeordneter, oder ihr bisheriges Amt weiterführen oder in irgendeinem Aufsichtsrat einen Platz einnehmen. Diese Linie muß konsequent durchgezogen werden, weil man sich sonst die ganze Prozeßführung sparen kann. Ohnehin signalisieren die Prozesse nur eine symbolische Absicht. Eine wirkliche Abrechnung würde bedeuten, daß man alle Bürger/innen in den reichen Ländern eine Zeit lang mit gesiebter Luft konfrontiert, ganz wenige nur einige Monate, die meisten lebenslänglich. Daß dies offenkundig unpraktikabel ist, braucht nicht weiter erläutert zu werden. Trotzdem bleibt festzuhalten: Hier würden komplette Generationen auf die Anklagebank gehören.

Wichtiger scheint jedoch die Frage: Wie weit geht die politische und ökonomische Verantwortlichkeit? Findet sich am Ende jeder Kleinunternehmer und Dorfbürgermeister im Fadenkreuz der neuen Justiz? Kommen wir am Ende zu Zuständen, die das berechtigte Anliegen in eine despotische Richtung umlenken? Neu wäre dies immerhin nicht. Auch in der einstigen Sowjetunion ging es nach der roten Wende 1917 darum, eine bessere Ordnung zu errichten, ohne ausbeuterische Züge. Doch wie wir sehen mußten, konnte die gute Absicht nicht in praktische Realitäten einmünden. Äußere Intervention, mangelnde demokratische Verkehrsformen und die ererbten sozialpsychologischen Muster aus der Zarenzeit setzten dem Experiment schnell eine gräßliche Maske auf. Nachdem sich Stalin als Oberhaupt durchgesetzt hatte, wurden z.B. die Großbauern (Kulaken) als Volksfeinde ausgemacht, sind millionenfach umgebracht worden. Und mit der Zeit weitete sich der Strom der angeblich Schuldigen immer mehr aus, bis sich eines der verwerflichsten Terrorsysteme seit Menschengedenken mit einem ausgeprägten Sadisten an der Spitze der Hierarchie und vielen Stiefelknechten etabliert hatte. Warum erwähne ich das hier? Rettungspolitik, die den großen Wurf wagt, wird notwendigerweise eine Gratwanderung sein, ein Balanceakt, der schnell in ökodiktatorisches Hantieren umschlagen kann, und es ist nicht einmal sicher, ob es eine künftige Regierungsriege wirklich in der Hand hat, dies unter allen Umständen zu verhindern. Nehmen wir an, die Gesellschaft rutscht ab, und die politischen Verhältnisse werden unkalkulierbar. Gerät die angestrebte Prozeßführung z.B. in den Gravitationsbereich von selbstsüchtigen Machtinteressen, den anderen äußeren Schein kann man vielleicht sogar eine Weile wahren, welche verheerenden Folgen könnte dies haben! Das wäre ein phantastisches Spielfeld für allerlei dunkle Gestalten, nicht zuletzt, weil der Übergang von scheinbar sinnvoll diktatorischen Wegen zu einem tyrannischen Gesellschaftsgeschwür unter Umständen im Eiltempo vollzogen sein kann. Korrigierende Kräfte wären bei solch einer Entwicklung sowieso schnell ausgeschaltet, wenn sie nicht noch wichtige Machtknotenpunkte gegen den eingeschlagenen Kurs zu mobilisieren vermögen. Außerdem sollte man den Blick hier auch gar nicht nur auf Deutschland richten. In der Welt gibt es schon heute viele zwielichtige Veranstaltungen unter dem Titel Regierung.

Da mir der diktatorische Abgang keineswegs als eher unwahrscheinliche Möglichkeit erscheint, sondern als permanente Gefahr, spreche ich mich strikt gegen Strafen aus, die über die aufgeführten Möglichkeiten hinausweisen. Mag sein, dieses Vorgehen befinden künftige Generationen als zu lasch, dem Ausmaß des Verbrechens nicht gerecht. Insbesondere, wenn etwa die Klimaänderungen den bisherigen Lebenszyklus sprengen und unzählige Opfer zu beklagen sind, wird der Ruf nach Vergeltung lauter werden. Wer wollte auch bestreiten, insofern gewöhnlicher Mord viele Jahre Gefängnis nach sich zieht, daß es als ungerecht empfunden werden kann, wenn dies plötzlich nicht mehr gilt? Setzt sich diese Anschauungsweise durch, und dafür spricht einiges, werden eine ganze Reihe von Leuten sich wünschen, daß sie den Sargdeckel rechtzeitig von innen zumachen können.

Aber ich sage, Vergeltung, so verständlich sie sein mag, bringt uns keinen Millimeter vorwärts, auch wenn sie sich ohne jeden Zweifel im Recht wähnen kann. Wir müssen lernen, aus einem Geist der Versöhnung heraus zu handeln. Steuern wir eine unendliche Abrechnungslawine an, vergiftet dies das politische Klima und wird einem neuen Anfang eher schaden als nutzen. Es wäre nur ein Anziehungspunkt, an dem gesellschaftliche Spannungen abreagiert würden. Dies kann wiederum nicht bedeuten, daß wir Friede, Freude, Eierkuchen spielen und die Verbrechen zwischen den Generationen dem Vergessen anheimgeben, als wäre nichts gewesen, als wäre dieses unermeßliche Unrecht tolerierbar. Wir brauchen einen reinigenden Durchgang, insbesondere dann, wenn der gesellschaftliche Todeskurs, wie er heute gefahren wird, sich noch länger fortsetzt.

Wie weit soll nun aber die Zone reichen, in der Verantwortliche zur Rechenschaft gezogen werden? Bei den Ministern einer Bundesregierung kann man noch mit einem unverfänglichen „Ja" antworten, und sicher können auch die Landesregierungen nicht alles auf den Bund abschieben, schon wegen ihrer Möglichkeiten im Bundesrat. Wie steht es mit den Abgeordneten? Können sie tun und lassen, was sie wollen? Gibt es keine Grenzen des Anstands? Oder wenn die großen Unternehmen belangt sind, kann man die nächstfolgenden in der Hierarchie der Sünder ungeschoren lassen? Dies würde bedeuten, mit zweierlei Maß zu messen. Das alles sind äußerst schwierige Aufgaben für eine künftige Justiz, die nicht mehr im Dienst der alten Ordnung steht, will sie ausgewogene Urteile fällen.

Dabei könnte es ein guter Leitfaden sein, so weit wie möglich sich auf öffentlichen Schuldbefund zu beschränken, ohne strafrechtliche Konsequenzen. Auch wenn dieser Level nicht mehr hinreicht, ist eine ausgesprochene Milde der beste Umgang. Ohne Frage darf dabei die Tragweite der ganzen Destruktivität nicht aus dem Blick geraten. Daß sich der Film „Crash 2030" so sehr auf die Verantwortung der Spitzen konzentriert, hat nach meiner Vermutung nicht nur damit zu tun, daß dort unbestreitbar größtes Fehlverhalten vorliegt, sondern auch, daß die notwendigen Veränderungen anders als in meinen Ausführungen gewichtet werden. Wenn man davon ausgeht, mit solarer Energiewende, Drei-Liter-Auto, Ökosteuer u.a. wären die Eckpunkte für einen zukunftsfähigen Lebensstil im wesentlichen markiert, dann ergibt sich freilich ein viel krasserer Schuldbestand für diejenigen, die dies hätten ändern können. Die Rolle der Last des Einzelnen würde zumindest weit geringer ausfallen, da sie außer durch das Wahlkreuz, öffentliche Bekundung und partielle Konsumverweigerung relativ wenig Einfluß auf diese Entwicklung hätten nehmen können. Wäre es so einfach, wir würden uns der schwersten Bleigewichte, die uns im alten Zustand halten, relativ schnell entledigen können. Aber leider ist das eine Illusion. Grundproblem bei diesem Film ist wie bei vielen anderen Wortmeldungen, unser zivilisatorischer Ballast wird unterschätzt und damit die Lage vereinfacht dargestellt. Glücklicherweise fällt das bei „Crash 2030" nur durch die Eigenart der Spurensuche nach der Schuld auf.

Nehmen wir mal eine völlig fiktive Situation an. Zukünftigen Generationen gelänge es, umfassend Einfluß auf unsere Zeit zu nehmen. Gehen wir davon aus, sie tun dies auf demokratische Weise. Alle Parlamente bis hin zur Vertretung im Dorf müßten plötzlich den unmittelbaren Zeithorizont überschreiten. Mit an den Tischen säßen die nächsten Generationen in der Spanne von zehn Menschenleben, also die Nachfahren, die in den kommenden 700 bis 800 Jahren die Erde bevölkern. Sie sind die unmittelbar Leidtragenden unserer heutigen Killergesellschaft. Sie stünden stellvertretend für die gesamten jemals nachfolgenden Generationen, deren Wohl uns so gar nicht interessieren will. Die faktische Mehrheit zukünftiger Generationen spiegelt sich dann real in den Parlamenten wider. Etwa zehn Prozent aller Stimmkraft verbliebe also den jetzt Lebenden. Allerdings, wir hätten dieselbe materielle Ausgangsbasis, dieselben Trägheitskräfte in der Gesellschaft usw.. Aber ich gehe jede Wette ein, es dauert keine zehn Jahre, bis unsere selbstzerstörerische Industriezivilisation einem lebensnäheren Modell gewichen ist, das die Rettung des Menschengeschlechts garantiert. Viele Wunden aus der Zeit des großen Irrtums wären selbstverständlich noch nicht geheilt, aber alles liefe auf dem besten Wege dorthin. Sicher würden auch Fehler gemacht werden, insbesondere dann, wenn man nur den Wissensstand zur Verfügung ließe, der aus der heutigen Zeit heraus erreichbar ist.

Mit Sicherheit dulden die Abgeordneten künftiger Generationen auch keine Verzögerungstaktik über mehr als ein halbes Jahrhundert, wie man sich dies etwa in der Studie „Zukunftsfähiges Deutschland" vorstellt, aber auch in fast aller sonstigen Literatur, die sich damit ernsthaft auseinandersetzt. Die guten Gründe, die die Autoren heute dafür haben, würden sie wohl kaum akzeptieren.

Die hier aufgezeigte Fiktion bezeichnet natürlich ein Diktat unserer Kinder, Kindeskinder usw. Speziell die Ewiggestrigen aller Couleur seien aber daran erinnert, in diesem Konstrukt scheinen ihre Lügen am hellsten auf. Schon wenn alle Parlamente nur paritätisch besetzt wären, hätte die heute so zählebige Front derjenigen, die häufig schon wider besseres Wissen gegen den ökologischen Erhalt der Erde arbeiten, keine Chance mehr.

Aber woher wissen wir eigentlich so genau, ob nachfolgende Generationen uns gegenüber friedlich gesinnt sind? Was, wenn uns die blanke Rache entgegen schlägt? Was, wenn unsere Generation dafür verantwortlich sein wird, daß die heutigen gesellschaftlichen Exzesse, die viele für normal halten, mit denen wir täglich leben, mehr Menschenleben fordern als die Nazibarbarei und die Stalinschen Knochenmühlen des Gulag zusammen? Was, wenn unsere Generation als Betriebspersonal eines gigantischen „Auschwitz global" fungiert? Schuld und Gnade im gesellschaftlichen Ganzen würden zu den Schemen einer vergangenen Zeit gehören. Sie bilden keinen Sinn mehr, wenn sich das Menschengeschlecht am eigenen Halse erwürgt, wenn es nur noch darum geht, jeweils den nächsten Tag dem eigenen Tod abzuringen. Was würde sein, wenn diese Menschen, unsere Kinder und Kindeskinder, die Zeitenmauern überwinden? Könnte es sein, sie beantragen kollektiv Asyl in unserer Welt? Schicken wir sie zurück? Wie sicher werden die von uns geplünderten Refugien sein? Reden wir von der Sicherheit eines globalen Zwangslagers mit „Gaskammern" der besonderen Art?

Was läge da näher, als seinen Peinigern aus der Vergangenheit eine militärische Abreibung zu verpassen und auf diese Weise seinem Ziel näherzukommen. Hoffen wir, daß der Wechsel von Zeitdimensionen für ewig Science Fiktion bleibt. Es täte uns gut, rechtzeitig zu erkennen, wir leben in einem politischen System, das unmenschliche Züge trägt, so sehr uns diese durch unser privilegiertes Wohlstandsdasein verdrängt sein mögen. Wir sind Mitläufer und Mittäter. Auf ganz andere überraschende Weise wandeln wir längst in den Fußstapfen der Nazizeit. Daß aus der Geschichte gelernt worden sei, lasse man besser stecken. Es war zumindest unzureichend. Die Indizien sprechen eine andere Sprache. Wir sollten unsere Nachfahren um Verzeihung bitten für das, was wir ihnen antun, und uns schnellstens aufraffen, den Gang der zivilisatorischen Entwicklung in eine zukunftsfähige Richtung zu lenken.

Evolution von Innen

Jede Veränderung der Gesellschaft beginnt im Menschen, hat dort ihren Vorlauf. Auch die Rettung vor den Folgen unserer heutigen Lebensweise beginnt in der seelischen Arena jedes einzelnen. Mit den Umschaltungen in der Psyche gedeihen neue Keime, die heranwachsen können. Sie sind am Ende die einzige Hoffnung, mit der wir uns verbünden können. Dort liegen die Fundamente für eine gesellschaftliche Ordnung, die auf Herz und Geist gebaut ist. Fraglos stellen die gesellschaftlichen Strukturen Muster, die gewisse Perspektiven blockieren und andere fördern. Die politisch-ökonomischen Verhältnisse prägen den Menschen zuinnerst mit. Doch er ist nicht nur Marionette der bestehenden Verhältnisse. Bewußtseinshaltungen erweisen sich als entscheidend für den Lauf der Geschichte.

Bei aller Destruktion der faktischen Supermächte, die heute wirken: Im Gemenge des psychologischen Energiefeldes der Gesellschaft beginnt ihre Erosion, dort werden die Möglichkeiten, ob etwas Neues gesehen wird und welche Formen es annehmen kann, entschieden. Die materielle Grundstruktur und die durch sie hindurchwirkenden Herrschaftsfügungen mögen noch so festgeformt sein, kristallisiert sich eine alternative Entwicklung heraus und wird sie aus der Bevölkerung heraus unterstützt, geraten alte Glaubenssätze und ihre Stein gewordenen Zeugnisse ins Wanken.

Sicher gewannen in der Geschichte der menschlichen Zivilisation die glücklichen Wendungen nur selten die Oberhand, und wenn, dann nur für kurze Zeit und beschränkt auf einzelne Phasen oder Elemente des gesellschaftlichen Prozesses in dieser oder jener Region der Welt. Uns ist die Aufgabe gestellt, die unheilvolle Kontinuität, die darin liegt, dauerhaft zu überwinden. Es mag sein, dies bleibt für ewige Zeiten in entrückter Ferne. Aber der Versuch muß mit aller Konsequenz gewagt werden. Dies sollten wir uns und den nachfolgenden Generationen schuldig sein.

Die zerstörerische Überlast des Industriesystems bildet nur die unmittelbarste Ursache des ökologischen Desasters. Das ökonomische System des Nimmersatt mit dem Geldvermehrungstrieb im Mittelpunkt hält diese expansive Megamaschine am Laufen und in fortgesetzter Entwicklung. Die kapitaldominierte Gesellschaftsformation ist mit ihren Zwängen, ihrer Ausprägung als Raff- und Giergesellschaft eine weltumspannende Mißbildung. Sie durchwirkt alle sozialen Verhältnisse. Sie ist aber nicht die tiefste Ursachenschicht für die ökologische Krise. Der kapitalistische Antrieb wurzelt in einer kolonialistischen Weltsicht und Praxis, ist aus ihr hervorgegangen. Europa erwies sich als die beste Brutstätte dieser aggressiven, herrschaftlichen Weltbezogenheit.

Demgegenüber ist das Patriarchat eine ältere Schicht und zugleich die ursprünglichste Entgleisung, die hier aber nur auf den menschlichen Geist selbst zurückgehen kann. Die Herrschaft des Projektemachens ist männlicher Natur. Der Entwicklungsweg, der jetzt im Weltkapitalismus kulminiert, wurde in letzter Instanz immer durch den Menschen mitformiert, so sehr die im Schlepptau der Verhältnisse liegenden, aber auch die jeweils wertsetzenden Menschen immer mehr vom eigentlichen gesellschaftlichen Prozeß vergewaltigt wurden, sich in ihn hinein entfremden mußten.[122]

Insofern jedoch bei jedem gesellschaftlichen Tun unsere geistige und seelische Wirklichkeit eingeht, die Qualität der Resultate von dort her entscheidend mitbestimmt wird, ist es von besonderer Bedeutung, welche Reife in unserer Psyche erreicht werden kann, mit welcher Verfaßtheit wir in der Welt agieren.

Die Krise der westlichen Kultur kann nicht nur von den äußeren Mächten her verstanden werden. Sie ist wesentlich auch eine Krise der inneren Verfassung des Menschen. Jegliche Zivilisation hat historisch wie gegenwärtig den Menschen als Ausgangspunkt ihrer Entstehung, so sehr gesellschaftlich bestimmende Schichten auch den Kurs absteckten. Das kapitalgetriebene Wirtschaftssystem bescherte uns nicht eine göttliche Vorsehung, sondern Menschen mit habenorientierten Interessen, die diese im besonderen Maße kultivieren konnten. Innerhalb der heutigen Megamaschine sind diese Intentionen zu einem Macht-, Zwang- und Suchtgefüge geronnen. Der ökoglobalen Situation liegt also eine In-Weltkrise und eine gravierende Fehlkonstruktion der sozialen Systeme zugrunde. Ein Übermaß an aggressiver faustischer Bewußtseinsprägung und zugleich ein Mangel an zu sich gekommenem Geist verbiegt tendenziell die gesellschaftliche Kommunikation und daraus folgend auch die vergegenständlichte soziale Praxis. Die ökologische Praxis sollte in eine kulturell-seelische Zeitenwende eingebettet sein. In einer zukunftsfähigen Ordnung müssen die Werte des „Seins" über denen des „Habens" stehen. Wir brauchen den Übergang vom fortschrittssüchtigen Wohlstandsstaat zur in sich ruhenden Wohl-Seins-Gesellschaft. Vom Herzen und von geistiger Klarsicht aus hätten wir die Welt neu einzurichten und kalter, dumpfer Machthybris den Weg zu verengen, soweit sie unmittelbar nicht am konkreten Menschen erlöst werden kann.

Die Aufrichtigkeit sozialer Beziehungen, das innere Karma des Menschen ist die unmittelbarste Quelle für die Heilung unserer kranken Gesellschaft. Der Begriff Karma bezieht sich hier nicht streng auf herkömmliche asiatisch-religiöse Vorstellungen, sondern auf die Frage, mit welchen psychischen Energiefeld der Mensch in seinem Umfeld wirkt. Wenn ein Mann seine Frau wegen Nichtigkeiten anschreit, so entsteht gewiß kein gutes Karma, währenddessen in einer aufrichtig-liebevollen Beziehung ein gelungenes Energiefeld wachsen kann. Damit sind nicht alle Schwierigkeiten aufgelöst, aber die Atmosphäre ist eine andere.

Die Kernfrage steht so: Wie kann die Gesellschaft mit all ihren Institutionen und Strukturen so gebaut sein, daß die Möglichkeit zum höheren Selbst im Menschen optimal gestützt wird? Wie vermag sie sich allmählich in eine geistig-seelische Hochkultur wandeln bzw. einem solchen Anspruch näher gelangen? Die geistigen Möglichkeiten des Menschwerdens würden stärker ins Sichtfeld zu rücken sein. Heute liegen solche Lebensfragen eher am Rande gesellschaftlichen Geschehens. Jeder soll sie für sich ausmachen, wenn er denn meint, sich überhaupt damit befassen zu müssen. Dabei gibt es keinen politischeren Boden als die innerste Wahrheit über uns selbst, wie wir in der Welt wirken. Daraus folgt auch eine bestimmte Qualität an sozialer Aktivität. Es geht unter anderem um Fragen: Wie kann Humanität ohne seelische Verdrängungsraster gedeihen? Wie kann Sanftmut sich mit unseren innersten Lebensenergien verbünden und als gesellschaftliche Qualität herauswachsen?

Diese knappen Hinweise auf die seelischen Grundlagen einer neuen Gesellschaft verweisen zugleich auf ein anderes Problemfeld. Die heutigen Sozialstrukturen, in denen wir lernen, arbeiten und lieben, stehen zu einem nicht unerheblichen Teil im Widerspruch zur inneren Weisheit unserer Lebensenergien. Wir passen uns in die vorgegebenen Zwänge, so weit wir es müssen, ein, und häufig ist uns nicht mal mehr bewußt, daß es Anteile in unserer Psyche gibt, die dagegen rebellieren. Die Arbeitsmodi, denen wir uns unterwerfen, verstümmeln uns als Mensch, und zwar nicht nur wegen der „undemokratischen" Anlage unserer wirtschaftlichen Einheiten. Der Achtstundentag, Woche für Woche, im Leistungsstreß ist mit Sicherheit jenseits menschlicher Maßgabe verortet. Die Anfrage nach neuen Lebensformen steht hier auf jeden Fall an. Vielfach sind wir auf unser Funktionieren als Arbeitszombies zurückgeschnitten. Der Zyklus des eigentlichen Seins geht an uns vorbei, wir leben allzuoft außer uns, um der Brötchen willen, die wir uns verdienen müssen. Der Kontakt zu unverstellter Wirklichkeit ging verloren im Getriebe unseres Funktionierenmüssens für die Gesellschaft. Im Grunde bedeutet menschliches Existieren in der heutigen Welt von vornherein eine Erpressung des Individuums. Ohne zu hinterfragen möchte es sich bitte an die vorgezeichneten Erwartungen in der ein oder anderen Weise halten. Jeder Protest bleibt ein stummer Schrei, er riskiert eine Unwirklichkeit, die von den umgebenden Normalitäten mühelos überwältigt wird. Sicher ist Arbeit auch sinnvolles In-der-Welt-Sein. Wenn Arbeit sich mit den eigenen inneren Ambitionen deckt, eine Allianz eingeht, kann sie höchstes Glück bedeuten. Nur das innere Maß dafür, wo Sinn in Unsinn umschlägt, fehlt uns allzu häufig. Es muß erst wieder entdeckt werden. Wahrscheinlich gibt es dafür auch unterschiedliche Lösungen, die aber mit dem je eigenen Lebensentwurf harmonieren sollten.

In gesellschaftlichen Zuständen, wo jeder Handgriff zur Webstruktur des Todesnetzes gehört, ist sinnerfülltes Arbeiten unmittelbar nicht erreichbar oder doch wenigstens mit vielen „Wenn" und „Aber" verknüpft. Ohnehin läßt sich die Entfremdung von der eigenen Arbeit in einer Gesellschaft mit großteiligen Strukturen und genereller Arbeitsteilung für die Masse der Menschen nur sehr partiell zurückdrängen.

Das heutige Schulsystem zieht uns als Zahnräder für unser selbstmörderisches Getriebe heran. Schule im heutigen Sinne gehört abgeschafft. Vielmehr geht es darum zu lernen, wie man lernt, also die Logik, mit der man lernt, zu durchdringen. Sammelt man primär Wissen an für Zensuren, Prüfungen etc., dann können letztlich nur Funktionäre für die Megamaschine am Ende herauskommen. Aufgesetzte Leistungsnormen und Bildung im Zeichen suchenden Geistes vertragen sich nur sehr vereinzelt miteinander. In der Tendenz geht es um den Ausstieg aus der permanenten Leistungsgesellschaft hin zu einem lebensenergetischen Aufbruch, der Leistung neu ordnet.

Wir sind also mit der Frage konfrontiert: Was wollen wir wirklich als Menschen in unserem tiefsten Wesen, und welchen Spielraum haben wir dafür im Rahmen der nötigen ökologischen Neugestaltung der Gesellschaft? Also auch die Ökologie des menschlichen Geistes, wie wir mit unserer naturgegebenen inneren Verfaßtheit im Kulturprozeß haushalten, gehört auf die Waagschale.

Der emanzipierte Mensch als Ziel

Die vom Ich nicht wahrgenommenen inneren Anlagen, Triebanteile und seelischen Inhalte werden im Sammelbegriff „Schatten" genannt. Er repräsentiert das Unbewußte als ein vom Ich geschiedenes psychisches System. Mittels Unterdrückung und Verdrängung spaltet das Ich, das vom Kulturkanon mehr oder weniger stark geformt ist, die nicht mit dem eigenen Wertesystem übereinstimmenden Inhalte, das Negative bzw. Unerwünschte ab. All dies läuft zu großen Teilen auf einer dem Individuum kaum oder gar nicht präsenten Ebene ab. Damit wird der Sinn verschiedener Aspekte des eigenen Lebens, Verhaltens und Denkens falsch interpretiert oder ausgegrenzt. Im wechselseitigen Austausch von Inhalten operiert man und frau dann mit Teilwahrheiten, stellt eine Scheinperson aus sich heraus. Durch Bewußtmachen und Annehmen der verdrängten bzw. abgespaltenen Schatteninhalte und Begreifen ihrer Entstehungsgeschichte wird die Scheinperson zugunsten des wirklichen Menschen abgebaut. Seelisch-geistige Hochkultur beginnt jenseits der Illusionen über uns selbst und die Welt. Häufig verbergen Rationalisierungen bei scheinbar vernünftigem Handeln unbewußte Motive, die gar nicht mehr so vernünftig sind.[123] In der menschlichen Geschichte verbargen solcherart Täuschungen nur zu oft verbrecherisches Handeln, im privaten Bereich sind sie oft genug der Nährboden für Konflikte.

Erkenntnisteile, die auf gedanklichen Abstraktionen von realen Vorgängen beruhen, trennt der Mensch häufig von dieser ursprünglichen Voraussetzung. Es entstehen Teilwahrheiten, die miteinander nicht mehr in Einklang zu bringen sind. So gleitet Erkenntnis schnell zur Selbstsicherung ab, man hält sich in seinen eigenen Anschauungen gefangen. Dieser menschliche Zug befördert auch ein Gegensatzdenken, das etwa im einstigen

Ost-West-Konflikt eine markante politische Ausprägung fand. Es käme im Alltag wie in der Politik auf eine Synthese möglicher Gegensätze an, allerdings nicht im Sinne verklärenden Vermischens, sondern souveräner Neubetrachtung. Dazu müssen immer wieder auch alte Denkmauern fallen.

Als widerstandsfähiger gegenüber aufarbeitender Einsicht erweisen sich Übertragungen von eigenen Gefühlen, Wünschen, Vorstellungen o.ä. auf andere Personen oder Sachverhalte. Dem Anderen wird eine Verkleidung fabriziert, die selbstgestrickt ist und einen objektiven Blick verstellt. Der Betrachter erkennt dabei seine eigene Projektion nicht.

Allzu häufig überbewertet der Mensch seine Kenntnisse über Sein und Lauf der Dinge. Dabei ist es doch so, daß er nichts weiß, außer dem, was er in sein Bewußtsein aufnehmen konnte. Sigmund Freud erkannte, daß der größte Teil dessen, was in uns real ist, uns nicht bewußt ist, und daß das meiste von dem, was uns bewußt ist, nicht real ist.[124] Wir rechnen grundsätzlich mit einer geordneten, zusammenhängenden Welt, die sich durch Kontinuität auszeichnet, in der hinter jedem Vorgang Sinn und Zweck steht, stellt Irenäus Eibl-Eibesfeldt sinngemäß fest.

Zwar brauchen wir immer wieder fixierte Vorstellungsrahmen, um Erfahrungen zu reproduzieren und Gelerntes anzuwenden, jedoch umstellen wir uns allzu oft mit einer unwirklichen Kunstwelt. „Die Notwendigkeit im Leben, Hauptursachen zu erkennen, verführt uns zu linearem, monokausalem Denken."[125] Wir projizieren die Logik menschlicher Denk- und Handlungsschemata in unsere Sicht und unser Verhalten gegenüber der übrigen Mitwelt.

Ein zentrales Feld bei der Veränderung des menschlichen Bewußtseins ist die Befreiung aus der Abhängigkeit der Lebensqualität von primär materiellen Werten. Dabei darf eine existenznotwendige Grundsicherheit allerdings nicht negiert werden. Sie ist vielmehr Bedingung, um ein vernunftorientiertes Gleichgewicht zwischen geistigen und materiellen Werten herzustellen. Sozial chaotische Zustände, gepaart mit ökodiktatorischem Schliff, werden kaum dazu beitragen, die kulturell-seelische Evolution des Menschen zu fördern. Die allzu häufig egozentrische Perspektive, mit der wir, eingebunden in die Industriegesellschaft, die Naturverhältnisse immer effektiver aus dem Gleichgewicht bringen, muß durch den Weg zum höheren Selbst abgelöst werden. „Das Selbst ist eine dem bewußten Ich übergeordnete Größe. Es umfaßt nicht nur den bewußten, sondern auch den unbewußten Psycheteil und ist daher sozusagen eine Persönlichkeit, die wir auch sind."[126]

Auf dem Weg zum Selbst werden die vom Bewußtsein gesetzten Grenzverläufe zwischen den verschiedenen Inhalt, Positionen relativiert, jedoch nicht beseitigt. Alles soll aufsteigen, um es auch wieder loslassen zu können. Das Ich ordnet sich in eine ganzheitliche Weltrealität vermittelnd ein. Das Zentrum liegt überall. Entsprechend der jeweiligen Situation sollte der Mensch bewußt über eine ich-lose, wir-hafte bzw. ich-hafte Art zu sein entscheiden können.[127] Der abstrakte Verstand des Ich darf unser wahres Selbst nicht im Schlepptau haben.[128] Die Welt sollte zum Selbst des Menschen werden, einem Selbst, das sich liebend der Welt gleichsetzt, wie es bei Laudse heißt.[129] Der Mensch gelangt zu einer Tiefenwandlung des Bewußtseins nur, wenn er alle kurzfristigen Interessen bzw. ich-besorgten Verhaftungen mit den Einsichten in die allgemeinmenschlichen Notwendigkeiten abwägt und zumindest als ersten Schritt ihren Vorrang anerkennt. Im praktischen Leben türmen sich vielerorts auch Barrieren dagegen auf, wichtig ist aber, wenigstens auf der Verstandesebene zunächst mal dieses Prinzip richtig zu finden.

Wenn etwa alle Menschen die Konsequenzen aus ihrem Verhalten ziehen würden, wie sie Nechljudow in Lew Tolstois letztem großen Roman „Auferstehung" aus dem seinen zieht, dann wären wir mit dieser Welt schon in hoffnungsvollerer Lage. Man stelle sich vor: Jeder wäre von seiner eigenen inneren Instanz angerufen, Ungerechtigkeiten, Schicksalsschläge, die er einem anderen Menschen beifügt, auch durch die eigene Existenz auszugleichen oder zu sühnen. Kämen z.B. viele der ganz gewöhnlichen Geschäftsaktivitäten zur Sprache, die aus den reichen Ländern heraus unternommen, in ärmeren Regionen praktiziert werden, da wären verantwortliche Konzernmanager oder auch kleine Aktienbesitzer in schwieriger Position, wenn sie sich selbst Reue und praktisches Wiedergutmachen abverlangen wollten.

Nur als Beispiel: Ich erinnere mich an einen Fernsehbeitrag, in dem ein indigener Stamm in Ecuador gegen die Eingriffe der Ölmultis kämpfte. Der Stamm hatte gesehen, wie in Nachbarregionen das Wasser akut mit Öl verschmutzt wurde und viele andere Zerstörungen ihren Lauf nahmen, wie der soziale Zusammenhalt angrenzender Stämme sich auflöste, nachdem sie sich kaufen ließen. Wie sähe hier Reue und Wiedergutmachen aus? Dabei reichten die Ölvorkommen in diesem Gebiet gerade dafür aus, um die nordamerikanische Autoflotte für knapp vierzehn Tage in Gang zu halten. Es würde also auch an der Zapfsäule nach Schuld und Sühne gefragt werden müssen. Erkannt werden sollte, wie weit wir selber für den heutigen Weltzustand mitverantwortlich sind, insbesondere ich selbst. Welchen Anteil habe ich am Ganzen? Es ist nicht hilfreich, alle Schuld ausschließlich an die bösen Firmeneigner, Politiker und die sonstigen Sündenböcke zu verteilen. Selbstverständlich ballt sich dort die Verantwortung in besonderer Weise. Wichtig scheint mir zu sein, alle Ursachenaspekte für die gesellschaftliche Krise am Ende wieder transparent ineinanderzufügen.

Wir brauchen heute überall Menschen mit einer ähnlichen inneren Verfassung, aus der heraus Awdi Kallistratow in Aitmatows Roman „Die Richtstatt" zunächst aussichtslos Rauschgiftsammler und skrupellose Wildjäger von ihrem Treiben abzuhalten suchte. Dabei will ich die naiven Seiten, die man in seinem Tun auch sehen kann, nicht überhöhen. Wohl muß man aber zur Kenntnis nehmen, eine Welt, in der im übertragenen Sinne nur Rauschgiftsammler, Wildjäger und stille Teilhaber am Zuge sind, wo die Kräfte innerer Erneuerung zu schwach bleiben, ist ein Bund zum Sterben. Die so bequeme Sicht, sich nur noch um sich selbst, um das unmittelbare eigene Wohlergehen zu kümmern, wird welthistorisch jetzt als Sackgasse erkennbar, selbst wenn wir noch einmal einen „Glanzauftritt" dieser geistigen Kräfte beim ökoglobalen Niedergang erleben sollten.

Es gilt, im Sinne des ökologischen Kulturumbruchs die unablässige Bindung an die eigenen unmittelbaren Interessen zu überwinden. Gesellschaftlich muß sich ein Wertesystem herauskristallisieren, das diese innere Einstellung trägt und begünstigt und herkömmliches Vorteilsstreben in Mißkredit bringt. Zwar fordern die gegenwärtigen gesellschaftlichen Strukturen permanent den egozentrischen Schub heraus, so daß einem gespaltenen Verhältnis zunächst nicht auszuweichen ist. Doch Änderung ist möglich, und auch die kleinen Schritte sind wichtig. Je mehr der Mensch zu sich selbst findet, desto eher ist er in der Lage, diesem Anspruch näherzukommen. Unter diesem Level ist auch Rettungspolitik und Rettungsbewegung nicht zu haben. Von dort her wächst ihr innere Stärke zu.

Bewußter zu leben ist heute ein zwingendes Gebot. Das beschränkt sich nicht darauf zu wissen, wie man und frau in die ökologische Selbstzerstörung mit den täglichen Aktivitäten eingebaut ist. Es kommt darauf an, die Wirklichkeit über die eigene Person allumfassend zu reflektieren, das Leben in seiner Gesamtheit bewußter wahrzunehmen und von dort aus im Rahmen der vorhandenen Möglichkeiten auch bewußter zu gestalten. Das heißt, aus der eigenen Mitte heraus zu leben und sich nicht außengelenkt manipulieren zu lassen. Man wird nicht vom allgemeinen Strom der Dinge getrieben.

In sehr unterschiedlichem Maße streben das sicherlich nicht wenige Menschen an. Doch es existieren auch viele Hürden, die im Individuum und mit den gesellschaftlichen Konventionen in unserer Kultur aufgerichtet sind. Schnell schleicht sich die Macht der Gewohnheit ein. Lebendiger Geist erstarrt oder kommt erst gar nicht zu seinen Möglichkeiten. Das Bewußtsein schottet sich gegen störende Gedanken ab, die die eigene Existenz verunsichern. Zum Beispiel wird die Ichfestigkeit häufig mit einem distanzierenden oder gar aggressiven Verhalten ausgebaut, als Reaktion auf die Bedingungen, die im Alltag eingegangen werden müssen. Das Ich gerät in unterschiedlichen Variationen zu einer Art Verteidigungssystem, und häufig drängt es über diese Funktion hinaus. Dieser Prozeß führt unter anderem auch dazu, Probleme unaufgearbeitet zu lassen bzw. sie zu verharmlosen, wie das in der Krise zwischen Natur und Mensch besonders offenbar wird.

Die riesige Fülle von Teilinformationen, deren Streuung durch die Markt-, Macht- und Stimmungslogik beherrscht wird, fördert eine pathologische Art und Weise bei der Wahrnehmung der Mitwelt. Jeder Versuch einer ganzheitlichen Betrachtungsweise wird dadurch sehr erschwert. Auf der anderen Seite bringen die Zwänge der Arbeits- und Lebenswelt eher ein Weltverständnis hervor, das auf die unmittelbar umgebenden Realitäten gerichtet ist und Wünsche, die sich daraus ergeben. Was innerhalb dieses Musters keinen Platz findet, fällt durch bei der Konkurrenz um Aufmerksamkeit. Wir könnten auch von der Subalternität des „normal angepaßten Menschen" gegenüber den gesellschaftlich-irdischen Prozessen sprechen. Subalternität bedeutet soviel wie Abhängigkeit, Unselbständigkeit, bezeichnet Verhaltensmomente bis hin zu Unterwürfigkeit und Untertänigkeit, deckt also ein ganzes Spektrum ab. Deutlich unterstrichen sei, es geht hier nicht darum, allein das Ungenügen des einzelnen Menschen auszumachen, sondern auch die Subalternität als gesellschaftliches Phänomen zu verdeutlichen. Sie wird gefördert durch die immer größere Differenzierung unseres Gemeinwesens und bestehende Machtvorteile und Verblendungszusammenhänge.

Die Normalität der Anpassung scheint zweckmäßig und notwendig, geradezu ein Omen für seelische Gesundheit. Daß unsere Gesellschaft durch und durch fehlgeleitet ist, besitzt dabei eine sehr untergeordnete Rolle für den einzelnen. Solch eine Frage kommt vielen erst gar nicht in den Sinn. Sie taucht nicht auf, sie existiert nicht - und wenn dann doch, wirken gar nicht so selten akrobatische Verdrängungskünste. So bekam ich zu hören, die ökologische Krise würde in meiner Lebenszeit sowieso nicht mehr hereinbrechen, also wäre es doch besser, sich darüber keine Gedanken zu machen. Ich frage mich, woher man das so genau wissen will, auch angesichts der schleichenden Boten, wie steigende Krebsraten, das Waldsterben und die ständige Atomgefahr etc., ganz zu schweigen von der täglich ablaufenden Realapokalypse, wenn ich an die Tausende Menschen denke, die an den Folgen von Unterernährung sterben, oder an die Kriegs- und Minenopfer.

Wissen, das die eigene unmittelbare Lebensart in Frage stellt, ist zutiefst bedrohlich und abweisenswert. Das Ganze könnte man auch als einen Zustand kollektiver Geistesschwäche interpretieren. Er scheint höchst sinnvoll, um auf der Arbeit, aber auch sonst im Leben nicht auf eine schiefe Bahn zu geraten, um einfach zu funktionieren. Die Erkenntnis, damit eine perverse Kulturverfassung künstlich zu erhalten, wäre eher schädlich für das eigene Wohl. Seelische Gesundheit kann in einem solchen Klima nur auf Sparflamme gedeihen.

Zwei psychologische Phänomene, die besonderen Einfluß auf die gesellschaftliche Entwicklung zu besitzen scheinen, sind der Marketing-Charakter und die emotionelle Pest. Der von Erich Fromm geprägte Begriff des Marketing-Charakters meint, daß der einzelne Mensch sich selbst als Ware und den eigenen Wert nicht als „Gebrauchswert", sondern als „Tauschwert" erlebt.[130] Ob er für die jeweilige Arbeitsstätte geeignet ist oder nicht, hängt vielfach auch davon ab, ob sein Typ gefragt ist. Sicher können besondere berufliche Fähigkeiten von Vorteil sein und geringe Fähigkeiten von Nachteil. Aber wer dem Wunschprofil seines Chefs als Person am besten entspricht, hat bei der nächsten Entlassung die besseren Karten. Der Mensch wird zur Ware auf dem „Persönlichkeitsmarkt". Das Bewertungsprinzip ist dasselbe wie auf dem Warenmarkt, mit dem einzigen Unterschied, daß hier „Persönlichkeit" und dort Waren angeboten werden. Der „Gebrauchswert" ist eine notwendige, aber keine hinreichende Vermarktungsbedingung.[131]

Der Mensch wird über weite Strecken abhängig vom Wohlwollen seines Vorgesetzten, aber auch vom Klima in seiner Arbeitsstätte oder bei seinen Kontakten, die er zu pflegen hat. All dies läuft zu Teilen auf eine schwere Störung des inneren Menschen hinaus. Er wird zum Zerrbild seiner selbst. Er verpaßt seine eigentlichen Möglichkeiten. Der Markt regelt den Menschen. Der Charakter gerät unter die Räder von Angebot und Nachfrage. Erfolg knüpft sich an falsche Maßstäbe. „Der Wert des Menschen liegt in seiner Verkäuflichkeit begründet und nicht in seinen menschlichen Fähigkeiten zu Vernunft und Liebe und auch nicht in seinen künstlerischen Qualitäten."[132]

Zudem dürfte sich die Marketing-Orientierung nicht nur auf die Arbeitssphäre beschränken. Schon im Kindergarten ist jener, der sich nicht genügend an die Gruppennorm anpaßt, ein Außenseiter. Das setzt sich in der Schule fort. Auch wenn in der Familie bei Kindern und Eltern unterschiedliche Charaktere oder Wertauffassungen aufeinandertreffen, kann der Schaden für die eigene Identität der Kinder beträchtlich ausfallen. Wer sich im Bekanntenkreis etc. nicht an die gängigen Gepflogenheiten hält, findet sich schnell in abschüssiger Position wieder. Die Unsicherheit und Hilflosigkeit, die dann hochkommen, bewegen in der Regel schnell zum Einlenken. Ich meine also, die Marketing-Orientierung des Menschen erstreckt sich weit über die Arbeitswelt hinaus, auch wenn sie dort am extremsten hervortritt und in der Regel die unmittelbar existentiellsten Wirkungen hat.

Die emotionelle Pest, so benannt von Wilhelm Reich, besagt als einen wesentlichen Grundzug, daß Handeln und die Begründung des Handelns auseinanderfallen. Das wirkliche Motiv ist verdeckt, und ein scheinbares Motiv ist vorgeschoben. Insoweit wächst sie auf dem Boden von Rationalisierungen. Sehr auffällig ist, meint Reich, daß Menschen, die starke Pestreaktionen hervorbringen, gegen andere Lebensweisen ankämpfen, auch dort, wo sie die eigene Person gar nicht berühren. Das Motiv dieses Kampfes ist die Provokation, die andere Lebensweisen durch ihre bloße Existenz darstellen. Zudem sieht Reich in der katholischen Inquisition des Mittelalters oder dem Faschismus epidemische Ausbrüche der emotionellen Pest in der Art einer Seuche.[133]

Jede menschliche Verhaltensweise, die darauf hinausläuft, eine entspannte Lebenshaltung zu unterminieren, aggressive Impulse einzuspeisen, ist im Grunde genommen der Nährboden emotioneller Pest. Selbst die in der innersten Motivation gute Absicht kann schon den Schatten ungünstigen Karmas in sich tragen, in der Art, wie sie vorgetragen oder gehandhabt wird. Wie ein feingliedriges Wurzelsystem durchziehen die verschiedenen Erscheinungsweisen von Feindseligkeit die Gesellschaft. Sie durchsetzen die sozialen Beziehungen und verselbständigen sich in der gesellschaftlichen Struktur. Aber auch in den schwächeren Ausläufern verschlechtert feindseliges Verhalten das Klima unter den Menschen. Die emotionelle Pest umgreift im Grunde viele Schichten sozial schlechter Umgangsformen. Jedes Verhalten, jeder Verhaltenskreislauf, der uns einmal mehr die Tür zuschlägt für den Weg zu unserem eigenen inneren Oben, vermehrt nur den Sud schnellen psychischen Gewinns, nicht aber den wirklichen Gewinn für menschliche Emanzipation. Wir sind dann einmal mehr in der falschen Freiheit gefangen. Nun sei dahingestellt, ob der Begriff der emotionellen Pest hinreichend geeignet ist, all das Aufgezeigte zu umfassen, zumal auch meine Ausführungen nur eine umreißende Näherung sein können. Einstweilen sehe ich keinen hinreichend schlüssigen Begriff, der dieses ganze psychosoziale Spektrum in sich binden könnte.

Auf dem Weg zu einer hohen, liebevollen Kultur

Zuweilen mag es uns gar nicht mehr auffallen, aber die helle Seite der menschlichen Existenz scheint allzu oft in unserem täglichen Tun zu entfliehen. Gewiß, sie ist aufgespeichertes gutes Karma, und sie wird nur dort wachsen können, wo ihr lebendiges

Geflecht bewahrt und gepflegt wird. Wo rauhe Bemerkungen zum guten Ton gehören, der schlechte Witz die Normalität bezeichnet, kann man sich dabei auch noch gut fühlen, aber man ist nur auf einer sehr niedrigen Ebene erfolgreich. Worauf es ankommt, ist, die Freiräume zu schaffen, in denen sich eine herzzugewandte Lebensweise entfalten kann, wo ein Öffnen dafür möglich ist. Unablässig sind wir mit wichtigen Aufgaben beschäftigt, müssen arbeiten gehen, dies und jenes erledigen. Hier und dort tauchen Sorgen und Probleme auf, und in diesem ganzen Gemenge wird der liebebetonte Umgang geradezu automatisch weggedrückt. In unserem unablässigen Machen fehlt, oder ist wenigstens zu schwach ausgeprägt, eine innere wie gesellschaftliche Instanz, die liebendem Werden eine einbettende, das Ganze durchwirkende Aura verleiht.

Im täglichen Lauf der Dinge verliert bei vielen Menschen der Himmel sein wirkliches Blau, und die Natur wird zu einer bloßen Kulisse, wir atmen nicht mehr durch den Reichtum des Lebens. Die eigene Existenz gerinnt zu einer immergleichen Masse von festgefügtem Handeln und Denken. Es nimmt sich selbst gefangen. Für eine alternative Kultur kommt es darauf an, das Streben nach Konsum, Karriere, Leistung und Sicherheit zunächst einmal zurücktreten zu lassen, ohne die damit verbundenen Risiken zu ignorieren. Uns ist aufgegeben, in den Zyklus des immerwährenden inneren Geborenwerdens einzutauchen.

Ohne Frage schränken die gängigen Alltagsstrukturen und -zwänge den eigenen geistigseelischen Radius ein. Die ganze Gesellschaft läuft in ihrem Aufbau einer hohen Liebeskultur zuwider. Jedoch wirken wir auch aktiv mit unserer ganzen Persönlichkeit auf die Gesellschaft ein. Indem wir unseren eigenen Beitrag herunterrechnen, mag er denn auch noch so klein sein, unterschätzen wir die Großmacht, als die die psychische Wirklichkeit des Menschen hervortritt. Jeder einzelne Mensch verfügt über das Potential, das für einen neuen Anfang einsetzbar ist. Zunächst bedeutet das, sich selbst aus dem Automatismus des Gelebt-Werdens beziehungsweise des Sich-Leben-Lassens wenigstens ein Stück weit auszuklinken. Peter Lauster schreibt: „Die Wahrnehmungsfähigkeit stumpft im täglichen Einerlei ab, denn die Gedanken kreisen immer um dieselben Probleme wie Erfolg, Leistung, Konsum und Sicherheit. In dieser Stumpfheit, Eintönigkeit und Gleichförmigkeit erschöpft sich der Mensch, und er fühlt sich gestreßt von seinen Zwangsgedanken, die täglich gleich sind und deshalb ermüdend wirken und ihn nicht erfrischen und beleben können."[134] Wenn wir uns nicht in den üblichen Weg der Abstumpfung, Sicherheit und Langeweile einreihen wollen, müssen wir lernen, den Pfad zum Herzen zu suchen, empfindsamen Wahrnehmen und seelischer Lebendigkeit den Vortritt lassen, wo bisher routiniertes Handeln üblich war.

Liebe und Freude als Lebensstimmung muß sich verbinden mit kritischem Denken und einer Alltagsrealität, in der sich das schöpferische Potential des Menschen entfalten kann. Gelingt dies nicht oder nur zum Teil, greifen destruktivere Elemente im Gefüge der Psyche und diktieren ihre Regeln. Mit liebebetonter Existenzweise zur Mitwelt und zu sich selbst ist natürlich nicht gemeint, das eigene Verhalten in der gesellschaftlichen Atmosphäre zu beschönigen, es sich besser zu retuschieren, als es tatsächlich ist. Zuweilen neigt der Mensch dazu, sein Handeln und die eigenen Fehler mit größerer Nachsicht zu begutachten. Demnach kann es nicht das Ziel sein, mit dem Anspruch einer neuen Kultur die Widersprüche im eigenen Leben und der Gesellschaft zuzukitten.

Wir müssen auf ein Zeitalter der Sanftmut zugehen, auf ein Auferstehen dieser menschlichen Wesenskräfte. Jenes Gebot aus dem neuen Testament: Liebe deinen Nächsten wie dich selbst, besitzt größte Aktualität, unabhängig davon, ob man dem herkömmlichen Gottesbegriff folgen will oder nicht. Unsere allzu stur-rationalistische Kultursicht muß aufgebrochen werden, hinter der der Homo oekonomicus lauert mit seiner genormten Arbeitswelt, der Gottheit Geld und dem Ideal, wie sich der Mensch als flinkes Rädchen der Megamaschine zu verhalten habe. Zudem ist es wichtig, die eigene innere Natur anzunehmen und sie zu genießen, statt vor ihr zu fliehen.[135] Dazu gehört aber auch die Bewußtheit, was ich in mir kultivieren möchte.

Daß der Mensch zu einer liebegeleiteten inneren Verfassung gelangt gegenüber einer permanent besitzorientierten Existenzweise, ist ein maßgebliches Moment der Tiefenwandlung unseres Bewußtseins. Das Haben darf das Mensch-Werden nicht abschnüren. Als Voraussetzung für die Existenzweise des Seins bezeichnet Erich Fromm Unabhängigkeit, Freiheit und Vorhandensein kritischer Vernunft. „Ihr wesentlichstes Merkmal ist die Aktivität, nicht im Sinne von Geschäftigkeit, sondern im Sinne eines inneren Tätigseins, dem produktiven Gebrauch der menschlichen Kräfte. Tätigsein heißt, seinen Anlagen, seinen Talenten, dem Reichtum menschlicher Gaben Ausdruck zu verleihen, mit denen jeder - wenn auch in verschiedenem Maß - ausgestattet ist. Es bedeutet, sich zu erneuern, zu wachsen, sich zu verströmen, zu lieben, das Gefängnis des eigenen isolierten Ichs zu transzendieren, sich zu interessieren, zu lauschen, zu geben. Keine dieser Erfahrungen ist jedoch vollständig in Worten wiederzugeben."[136]

In der Verfaßtheit des Besitzen-Müssens von Sachen und Menschen kann der Mensch sich selbst nie genug sein. Er engagiert sich unablässig für weiteres Haben. Gewiß muß man dafür Sorge tragen, Essen auf dem Tisch und ein Dach über dem Kopf zu erlangen. Aber überall steckt schon der Keim darin, das angemessene Maß zu verlassen. Die ganze patriarchal-kapitalistische Gesellschaft richtet sich weitgehend darauf aus, beständig die Schranken niederzureißen, die zukunftsfähige und humane Ziele setzen müßten. Sie kennt nur das äußere Wachstum, inneres Wachstum ist ihr weitgehend wesensfremd. Der geschaffene Reichtum wird ihr zur tödlichen Falle, weil es offenkundig nicht gelingt, die Ausgewogenheit zwischen materiellem und geistigem Reichtum zu erreichen. Haben-Müssen ist zu großen Anteilenwie ein Pflichtgebot in unsere Gesellschaft integriert. Erich Fromm weist darauf hin, Gewinnstreben ist nicht nur ein persönlich psychologischer Zug von habgierigen Menschen, auch wenn dies vorkommt. Es gilt insbesondere als ein Maßstab für die Richtigkeit ökonomischen Verhaltens. Der Gewinn ist Beleg für eine erfolgreiche ökonomische Bilanz.[137]

Für künftige gesellschaftliche Veränderungen wird von entscheidender Bedeutung sein, wie viele einzelne Individuen sich auf einen alternativen Weg begeben. Die Qualität des zugrundeliegenden Bewußtseinswandels wird prägend für das Niveau eines möglichen Kulturumbruchs ausfallen. Wir stehen heute vor der Situation, daß die geistig-seelische Wirklichkeit in der ganzen Welt entscheidenden Einfluß auf das ökologische Überleben der Menschheit gewinnen wird. Ökologischer Strukturwandel, wenn kosmetische Verbesserungen am Bestehenden nicht mehr ausreichen, sondern ein gravierender Einschnitt in die Lebensverhältnisse unausweichlich ist, wird nicht allein von technisch-politischen Sachverstand her bewirkt werden können, sondern er muß sich mit einer inneren Umkehr verbinden. Wir müssen den ungeheuren Ernst der Lage erkennen, ohne uns von der Angst des Untergangs paralysieren zu lassen, unsere Motivation zu sehr von dort her abhängig zu machen.

Die großen Weltreligionen - vom Buddhismus über den Islam bis zum Christentum und andere - artikulierten das höhere Selbst im Menschen. Gewiß wurden sie immer wieder auch für niedere Beweggründe instrumentalisiert und boten die geistige Staffage für ungeheure Verbrechen. Hier sei nur die Inquisition stellvertretend genannt. Gewiß sind auch die Ausdrucksformen der Religionen nicht unbedingt geeignet, um in der heutigen Welt als angemessen zu erscheinen.

Aber das sinnmachende Moment der Religionen ist bei der Kritik an ihnen zu oft ausgespart worden. Wenn man Jesus oder Buddha als Vorboten für ein zukünftiges Zeitalter begreift, so tragen sie eine andere Botschaft als wenn man sie in ihrer Rolle beläßt, religiöse Statussymbole zu sein. Dem Glauben an Gott wird nur der Gläubige folgen. Eine spirituelle Erneuerung jenseits konventioneller Religion eröffnet einen weiteren Raum. Dies erfordert ein kulturelles Fundament, daß heute nur in sehr wenigen Ansätzen vorliegt. Aber gerade darauf kommt es an. Wir müssen uns bemühen, nach einer besseren inneren Gestalt unseres kulturellen Eingewobenseins zu suchen. Wie gelingt es, in eine freudig festliche Stimmung uns einzuwohnen, die zugleich höchste Verantwortung mit lebendiger Kreativität verbindet? Kann der „göttliche Funken" im Menschen stärkeren Einfluß gewinnen auf ihn selbst und das gesellschaftliche Geschehen?

Vielen Zeitgenossen reicht es festzuhalten, der Mensch ist wie er ist und alle Geschichte möge beweisen, nichts wird sich daran ändern. Das klingt einfach und klar und doch ist die Wirklichkeit schon immer komplizierter gewesen. Auch künftig werden nicht alle Menschen und auch nicht jeder Mensch in Gänze das ideale Bild abgeben. Ein solcher Anspruch wäre nicht einlösbar.

Wohl aber könnten sich innerhalb der gesamten Gesellschaft Verschiebungen einstellen, wenn ein sozialökonomischer und seelisch-geistiger Wandel Fuß fassen würde. So etwas geschieht natürlich nicht im Selbstlauf, dies muß errungen werden und ganz klar ist: Das geistige Klima einer Gesellschaft kann sich auch verschlechtern, wenn die inneren und äußeren Umstände darauf hinwirken. Wir sollten dabei nicht aus den Augen verlieren, jeder einzelne ist mit verantwortlich. Die Evolution von Innen gehört zu den entscheidenden Eckpfeilern auf dem Weg in eine ökologisch lebende Gesellschaft.

Die ökotopianische Zukunftsgesellschaft

Wir müssen uns also zunächst noch einmal in aller Klarheit vor Augen führen: Es gibt nicht viel Hoffnung, daß wir dem Sog der geschichtlich beispiellosen Trägheitskräfte entrinnen. Eigentlich spricht zuviel dagegen. Die ökologische Weltkrise scheint unser selbstbereitetes Schicksal zu sein, der Endpunkt des evolutionären Experiments Mensch. Vielleicht wird es ein jahrhundertelanges Ringen geben, um die biosphärischen Gleichgewichte zurückzugewinnen. Der selbsterlittene Absturz öffnet womöglich Wege, die im Umfeld wohlbehüteter Sattheit nur ein müdes Lächeln oder einfach stures Ignorieren hervorrufen. Offenbar sind wir als Gattung noch nicht soweit, den geschichtlichen Weg mit mehr Bewußtsein zu gehen. Ohne diesen Schlüssel bleibt aber alle Aussicht auf Rettung eine Illusion.

Die günstigste Situation wäre, wir würden uns täuschen über das Ausmaß des tödlichen Netzes. Dann könnte uns der ökomodernistische Weg im Sinne der Studie vom „Zukunftsfähigen Deutschland" noch einmal vor dem Schlimmsten bewahren. Vielleicht kämen wir mit ein paar heftigen Schrammen davon. Das ist mit der größte Hoffnungsschimmer, den ich sehe.

Sicher, in dem Rahmen, den die Studie vom „Zukunftsfähigen Deutschland" zieht, kann so oder so nicht jeder Schaden abgewendet werden. Aber womöglich verfügen wir über mehr Zeit, als es zunächst scheinen mag. Schon könnten wir uns etwas beruhigter zurücklehnen, die Welt mit anderen Blicken mustern. Aber vergessen wir nicht: Das ist eine Spekulation, nicht mehr und nicht weniger, und wer z.B. den Erkenntnisprozeß etwa im Bereich Klima in den letzten Jahren mitverfolgt hat, der wird sich vor eilfertigen Sicherheitsgarantien hüten. Niemand weiß, wann wir mit dem Testen zu weit gegangen sein werden. Auf den zweiten Blick gibt es leider sehr viele Warnzeichen, die uns darauf aufmerksam machen, wenn erst mal an einer Stelle die Hürde genommen ist, kommt eine Vielzahl destabilisierender Faktoren ins globale Spielfeld. Am Ende könnte das auch sehr schnell „Schachmatt" bedeuten, für den Menschen, wie er nun mal ist.

Feststehen dürfte, die neunziger Jahre sind in bezug auf die globale Vorsorge ein verlorenes Jahrzehnt. Dieser Trend setzt sich möglicherweise noch sehr lange fort. Hier und dort wird es vielleicht Verbesserungen geben, aber so umwälzend sie uns für die eigene Alltagswelt erscheinen mögen, in der großen Natur hinterlassen sie kaum rettende Spuren. Zugleich verringert sich Jahr um Jahr der Spielraum, der uns als Gattung Mensch zum Abbremsen bleibt. Veränderungen, für die wir einst Jahrzehnte zur Verfügung gehabt hätten, müssen dann in kürzestmöglicher Frist erreicht werden. Viel materieller Wohlstand bleibt dabei unweigerlich auf der Strecke. Dies befördert auch einmal mehr die Gelegenheit, die Spaltung der Gesellschaft zwischen Arm und Reich zu vertiefen. Mauer und Stacheldraht wird vielerorts die Trennlinie sein, dann nicht nur etwa in Brasilien, um sich vor den Slumbewohnern zu schützen, sondern auch wieder in Deutschland, mitten unter uns.

Sollte es so kommen, daß die Gesellschaften und Staaten die ökologische Weltenwende über viele Jahre im Kriechgang vor sich hin blockieren - vielleicht läuft der dann nötige Verzicht sogar darauf hinaus, daß wir uns von der Industriegesellschaft in Gänze verabschieden müssen. Es könnte passieren, Rudolf Bahro und Carl Amery behalten auf diese Weise doch recht mit ihrer Forderung nach einem Ausstieg aus der Industriegesellschaft.

Wenn wir nach einer Alternative zu unserer heutigen Gesellschaft fragen, dann kommen wir nicht umhin, diese materiellen Aspekte und die damit verbundenen Unwägbarkeiten mit einzubeziehen. In jedem Falle ist dies kein einfaches Feld, weil der Vorwurf, reine Spinnerei zu betreiben, so naheliegen mag, gerade für diejenigen, die noch mit den Augen der alten Ordnung zu sehen gewohnt sind.

Stück um Stück müssen wir zusammensuchen, welche Konturen die neue Gesellschaft annehmen könnte. Unsere Phantasie wird dabei zu einer radikalen Kritik an den bestehenden Zuständen. Aber wir schleifen in uns selbst immer wieder auch den Pfuhl alter Vorstellungen mit. Mit der Alltagswirklichkeit, die wir leben, nähren wir ständig aufs neue, auch den rückwärts Blickenden in uns, in einem Falle mehr im anderen weniger. Wir tun also gut daran, auch die neuen Antworten sehr kritisch unter die Lupe zu nehmen. Vieles will auch erst einmal aufgeschrieben sein, damit es weitergedacht werden kann. Ich verweise auf das Buch „Ökotopia" von Ernest Callenbach oder die Sozialutopie „Reise in ein Land unserer Hoffnung" von Robert Havemann in seinem Buch „Morgen", die Mitte der siebziger bzw. zu Beginn der achtziger Jahre versucht haben, über einen Zeitsprung bzw. Kunstgriff zukünftige Gesellschaft zu beschreiben. Manches wird man aus heutiger Sicht verwerfen, anderes ist hochaktuell geblieben. Einige Bewertungen hängen ganz sicher auch vom Standpunkt des Betrachters ab, wie er die Welt und die sich in ihr aufwerfenden Probleme betrachtet. In jedem Falle empfehle ich, sich mit diesen beiden Arbeiten auseinanderzusetzen.

Mag sein, die Chancen für eine ökotopianische Zukunftsgesellschaft mit menschlichem Antlitz sind sehr gering. Doch es ist kontraproduktiv, in den Chor derer einzustimmen, die meinen, es macht keinen Sinn, sich dafür zu engagieren, weil man und frau sowieso nichts ändern kann, und schon gar nicht in so großem Stile. Das nutzt nur den Ewiggestrigen aller Coleur und womöglich auch den Ausläufern eigener Depression. Es könnte sein, wir unterschätzen die eigene Kraft, vor allen Dingen, wenn sie sich mit Gleichgesinnten verbünden würde. Unternehmen wir also eine kurze Reise in die ökotopianische Zukunftsgesellschaft, in das Deutschland von morgen und die neue ökologische Weltordnung.

Was einem sofort auffällt: Es gibt in der neuen Zeit viel mehr Bäume und Hecken, viel mehr Grün. Die ganze Natur scheint in einem urwüchsigeren Zustand. Am Wegesrand findet man wieder Pflanzen, die vormals auf roten Listen als gefährdete Arten gestanden hatten. Ein Großteil der Tiere, die nur noch in seltenen Refugien heimisch waren, vermehrt sich wieder und siedelt sich an vielen neuen Orten an. Seit in Norwegen und Japan die Walfangschiffe verschrottet wurden, können auch künftige Generationen die großen friedlichen Meeressäuger bewundern. Haifischflossensuppe sucht man vergeblich auf den Speisekarten rings um den Globus. Früher wurden vieltausendfach Haien oft nur dafür die Flossen bei lebendigen Leibe abgeschnitten. Manövrierunfähig verendeten sie in den Weltmeeren. Es dauerte lange, bis sich die endlose Kette menschengemachten Aussterbens im Tier- und Pflanzenreich allmählich verlangsamte. Inzwischen geht aber nur noch selten eine Art für immer verloren. Der Frühling ist nicht mehr ganz so stumm wie zu den Blütezeiten technokratischen Fortschritts. Die Menschen greifen nur noch mit äußerster Zurückhaltung in die Landschaft ein. Vogelgezwitscher, das Rauschen des Windes und all die anderen Laute der Natur weben wieder den Ton der Welt. Die Wälder konnten sich inzwischen vom sauren Regen, von Ozonbelastungen und anderem Umweltstreß erholen, nur die fortgesetzte Klimaerwärmung bringt sie in Schwierigkeiten. Die „Streichholzwälder", in denen z.B. Kiefer neben Kiefer stand, gibt es heute nicht mehr. Viel mehr Mischwald ist herangewachsen, große Flächen wurden neu aufgeforstet.

Auch die Felder von heute sehen anders aus. Wurde früher jedes Unkräutchen totgespritzt und in Unmassen Kunstdünger ausgeworfen, so kann zwar ohne diese Maßnahmen weniger geerntet werden, doch die daraus produzierten Nahrungsmittel sind weit gesünder, der Schaden für die Pflanzen- und Tierwelt fällt geringer aus. Die übergroßen Felder mit Monokulturen sind einem etwas bunteren Flickenteppich gewichen. Geerntet wird heute z.B. mit solar betriebenen Kleinmähdreschern, die den Boden weit weniger verdichten. Die gleiche Maschine wird zum Pflügen nur umgebaut. Viele Transporte im dörflichen Bereich wurden auch wieder von Pferdewagen übernommen. Dennoch, eine Rückkehr zu mehr schwerer Arbeitslast in der Landwirtschaft konnte über weite Strecken vermieden werden.

Alles, was heute angeschafft wird, von Möbeln über Geschirr bis hin zur Kleidung, man produziert sie so, daß es weit länger hält als eure analogen Produkte. Schränke und Tische begleiten uns gut und gerne wieder ein Menschenleben lang. Sie sind so gebaut. Nirgendwo werden heute noch Produkte hergestellt, deren schneller Verschleiß voraussehbar ist oder gar kalkuliert wurde. Viel Forschungskapazität verwendet man darauf, jedes Erzeugnis so langlebig wie möglich zu gestalten. Garantien gibt es für Produkte heute über viele Jahre. So bemüht sich jeder Betrieb um eine maximale Haltbarkeit. Außerdem stellt man heute alles so her, daß Schäden leicht reparierbar sind bzw. defekte Teile unkompliziert ausgewechselt werden können. Niemand schmeißt mehr schnell etwas weg. Das war auch so eine schlechte Gewohnheit aus eurer Zeit. Müllkippen kennen wir nur noch als gefährliche Altlasten. Schönen Dank übrigens noch für euren Dreck! Auch die Müllverbrennungsanlagen wurden längst abgerissen.

Mülltonnen oder gar gelbe Säcke für den Verpackungsmüll sind bei uns unbekannt. Mit dem Verpackungswahn wurde ein für alle mal Schluß gemacht. Viele Lebensmittel und die Getränke werden in Gläsern, Flaschen und Behältnissen aus pflanzlichen Rohstoffen mit Pfand verkauft. Jede Verkaufsstelle nimmt sie wieder zurück. Wer vom Bäcker Brot und Brötchen holt, bringt seinen eigenen Beutel mit. Hat man keinen dabei, kann man sich einen leihen. Wenn es gar nicht anders geht, wird das Eingekaufte in papierähnliches pflanzliches Material eingewickelt. Auf dem Kompost verwandelt es sich dann in gute Gartenerde. Die wenigen Abfälle, die dennoch anfallen, können auf den Recyclinghof zur weiteren Verwertung gebracht werden.

In vielen Orten und Städten existieren heute sogenannte Tauschbörsen. Während der eine anbietet, bei Maurerarbeiten behilflich zu sein, kann ein anderer Haare schneiden, und der nächste hat einen Überschuß an im eigenen Garten geernteten Kartoffeln anzubieten. So wird Ware gegen Ware verrechnet, und jeder hat einen Gewinn.

Alles, was man sonst für den täglichen Bedarf benötigt, kauft mann und frau wieder im Dorfladen oder um die Ecke im Kietz. Die großen Einkaufszentren mitten auf der grünen Wiese sind aus dem Landschaftsbild verschwunden. Viele Lebensmittel kommen vom Acker nebenan direkt auf den Ladentisch. Natürlich gibt es nicht von jedem Artikel unzählige Varianten zu kaufen. Dafür reicht der Platz nicht. Da das meiste im unmittelbaren Umkreis hergestellt wird, wäre dies auch nicht verkraftbar. Jedoch kann auch alles, was gebraucht wird für Haus, Hof und Garten, im Laden bestellt werden, wenn es nicht am Ort selbst verfügbar ist, es z.B. beim Schlosser oder Tischler erhältlich ist.

Niemand würde bei uns auf die wahnwitzige Idee kommen, Blumen aus Brasilien, Äpfel aus Neuseeland oder Autos aus Japan heranzutransportieren oder Hemden zum Knöpfeannähen in ferne Länder zu verschicken. Der Austausch von Waren über große Entfernungen findet kaum noch statt. Selbst die Rohstofftransporte sind auf einen winzigen Bruchteil zurückgegangen. Jeder besinnt sich so weit wie möglich darauf, die regionalen Ressourcen zu nutzen. Rohstoffe oder Erzeugnisse aus fernen Ländern kosten ein Vielfaches an Geld. Statt Orangensaft aus Südamerika trinkt man z.B. Birnensaft, der ganz in der Nähe gepreßt wird, aus Obst, das im eigenen Garten geerntet wurde bzw. von Bäumen, die in heimatlichen Gefilden wuchsen.

Insbesondere alle landwirtschaftlichen Erzeugnisse stammen fast ausschließlich aus dem unmittelbaren Umkreis, aber auch vieles andere, was vor Ort hergestellt werden kann, bezieht man nicht mehr von weit her. Zwar gibt es einige große teilautomatisierte Fabriken, doch der Schwerpunkt liegt auf dezentralisierter Produktion. Siebzig bis achtzig Prozent aller Waren werden im Bereich des eigenen Bundeslandes hergestellt. Alles wurde so zueinander geordnet, daß die Transportwege so kurz wie möglich ausfallen, aber auch die anderen ökologischen Rucksäcke im Kleinformat bleiben. Ziel war es, die industrielle Technosphäre auf das unbedingt notwendige Maß zu beschränken.

Zwar ist der unmittelbare Arbeitsaufwand dadurch oft größer, da aber viel Infrastruktur, die früher unausweichlich schien, heute nicht mehr erforderlich ist, wird dies durch Gewinne an anderer Stelle zum Teil wettgemacht. Ohnehin läuft vieles höchst ökoeffizient ab und braucht von daher weniger Arbeitsvermögen und Umweltraum. Hochproduktive Werkzeugsysteme vor Ort und teilautomatisierte zentraler gelegende Fabriken greifen organisch ineinander über. Es würde auch ökologisch völlig unsinnig sein, ökonomisch ohnehin, jedem größeren Wohnort seinen eigenen Hochofen zu verpassen, oder daß jede größere Stadt ein eigenes Lokomotivwerk etabliert. Es mußten also dezentrale und zentrale Struktur sinnvoll miteinander verwoben werden. Manche Technologie aus dem Mittelalter wurde weiterentwickelt und kombiniert mit Erfindungen aus dem Industriezeitalter und leitete so eine alternative Entwicklung ein. Die Wassermühlen, die Strom erzeugen, sind nur ein frühes markantes Beispiel dafür.

Wurde einst Bekleidung oft aus Baumwolle und chemischen Fasern hergestellt, so nutzt man heute in der Regel nur noch die heimischen Faserpflanzen für die Herstellung von Textilien. Sie werden regional angebaut und verarbeitet. In den traditionellen Anbauländern der Baumwolle wird diese selbstverständlich weiter angepflanzt, wo es die Wasserverhältnisse zulassen. In Kasachstan und Usbekistan mußte der Anbau z.B. stark eingeschränkt werden, da die Bewässerung der riesigen Baumwollfelder und verschwenderischer Umgang mit dem Wasser zum großräumigen Austrocknen des Aralsees geführt hatten, mit katastrophalen Folgen für die Menschen, die im Umfeld dieses einst viertgrößten Sees der Welt wohnten.

Als Monokultur war die Baumwolle besonders anfällig für Parasiten und Krankheiten. Jährlich wurden rund 50 Prozent der Welternte dadurch vernichtet. Zum Schutz besprühte man die Baumwolle 19- bis 25mal mit Pestiziden. Das machte sieben Prozent des Weltverbrauchs aus. Und zur Ernte wurde sie auch noch chemisch entlaubt, damit automatische Erntemaschinen zum Einsatz kommen konnten. All dies änderte sich.

In den deutschen Breitengraden wurde auf zahlreichen Flächen u.a. die Faserpflanze Hanf wieder angebaut. Jahrzehntelang war der Anbau verboten, bis man erkannte, daß diese Entscheidung verfehlt war. Nicht nur als robustes und langlebiges Textilmaterial kommt sie zum Einsatz. Auch für Seile, Teppiche, Farben, Lacke, als Waschmittel und als Dämmaterial wurde Hanf verwendet. Von besonderem Interesse war die Faserpflanze auch für die Papierherstellung. Weil Lignine, Harze und Gerbstoffe nicht wie beim Holz entfernt werden mußten, konnte viel Chemie bei der Herstellung eingespart werden. Darüber hinaus waren die Papiere auch haltbarer, reißfester und weniger feuchtigkeitsempfindlich. Neben Hanf wurden auch wieder Flachs und die Nessel umfangreich angepflanzt. Insbesondere aus Flachs, auch Lein genannt, werden hochwertige textile Stoffe hergestellt. Zum Teil fand man neue ökoeffiziente Verarbeitungsmöglichkeiten.

Viele Farbstoffe basieren inzwischen auf pflanzlichen Möglichkeiten. Synthetische Farbstoffe, die aus Erdöl hergestellt wurden, verschwanden allmählich aus den Produktionspaletten. Der fossile Rohstoff Erdöl ging immer mehr zur Neige, neue Lagerstätten konnten nur noch mit extrem hohem Aufwand erschlossen werden. So wurden z.B. die Färbepflanzen Krapp, Färberwau u.v.a. für Textilien wieder angebaut.[138]

In aller Welt butterten Unternehmen Milliardenbeträge in die Werbung. 1994 wurden allein in Deutschland für Reklame mehr als 50 Milliarden Mark ausgegeben.[139] Schon von einem Bruchteil dieser Gelder hätte man die gröbsten Mißstände in den ärmsten Gegenden der Welt lindern können. Die Werbung für Autos, Parfüms, Urlaubsreisen und das neueste und beste Waschmittel heizte in besonderer Weise im Konkurrenzgebaren gegenüber anderen Unternehmen das wirtschaftliche Wachstum an. Die Absicht der Werbung war, den Kaufwillen für das eigene Produkt immer mehr anzukurbeln.

Permanent ließ sich damit der erforderliche Grundkonsens einer Begrenzungsordnung in der Gesellschaft untergraben. Die Werbung förderte das Geltungs- und Besitzstreben der Menschen, gaukelte eine Zerrwelt von Statussymbolen vor und wirkte in dieser Eigenschaft der kulturellen Erneuerung fatal entgegen. Der ökotopianische Bundestag beschloß deshalb vor vielen Jahren, die Werbeflut Stück um Stück abzubauen.

In einer ersten Stufe wurde eine Extrasteuer auf Werbemittel eingeführt, die sich in mehreren jährlichen Schritten erhöhte, so daß es für die Unternehmen immer weniger rentabel war, in diesen Sektor zu investieren. Zugleich gab es eine Neuerung folgender Art: Kataloge zu je speziellen Sparten an Produkten wurden unabhängig von den jeweiligen Firmen zusammengestellt. Verbraucher - zusammen mit Umweltverbänden und „Dritte-Welt"-Gruppen - erarbeiteten staatlich maßgerecht gestützt diese Materialien. Darin wurden neben dem Aussehen und den technischen Daten auch die Umweltschädigungen bei den einzelnen Produktionsverfahren für den Verbraucher mit aufgezeigt. Außerdem bestand die Pflicht, in Billigarbeit in den armen Ländern der Welt hergestellte Waren oder Produktteile detailliert aufzuführen. So die Firmen in diesen in Zukunft einzig zugelassenen Katalogen aufgeführt werden wollen, wurden sie verpflichtet, diese Angaben wahrheitsgemäß zu übermitteln, und waren gezwungen, Kontrollen zuzulassen. Es dauerte nur wenige Jahre, bis die schlimmsten Auswüchse der alten „Marktwirtschaft" überwunden waren.

Die Kataloge wurden allerdings nicht, wie einstmals insbesondere von namhaften Versandhäusern üblich, breit unter die Massen gestreut, sondern sie konnten nur in den Fachgeschäften und Kaufhäusern eingesehen werden. Einige Jahre später wurde sämtliche übrige ökonomische Werbung verboten. Natürlich gab es einige abweichende Regelungen. So konnte jede Firma ihr Betriebsgelände nach wie vor entsprechend kenntlich machen, und der Wegweiser für die Gaststätte verschwand nicht. Auch interne Informationsmaterialien der Firmen wurden natürlich nicht ausschließlich werbetechnisch ausgelegt. Zudem halfen die immer wirksameren Ökosteuern auch, den übrigen Papierverbrauch, der nicht eindeutig als Werbung erkennbar war, einzudämmen.

Mit der bunten Neonleuchtenwelt in den Städten war es jedoch vorbei. Keine kruden Großplakate verschandeln mehr die Gegend. Das galt auch für die Papierschlacht in Wahlkampfzeiten. Segensreich war für den Zuschauer auch das Löschen der Reklame aus den Fernsehprogrammen. Doch hatte dies auch für viele weniger überzeugende Seiten. Sämtliche private Programme gingen vom Sender, da sie sich in erster Linie aus den Werbeeinnahmen finanzierten. Zwar wurden einige Sendungen im öffentlich-rechtlichen Fernsehen fortgeführt, doch auch diese Sendeanstalten bekamen erhebliche Schwierigkeiten mit den schmaleren Budgets. Überhaupt wurde das Fernsehen als Mittel der Freizeitgestaltung in seiner dabei überragenden Rolle zurückgedrängt. Der Kampf um Quoten verlor völlig an Bedeutung.

Bei dem heutigen Bevölkerungsstand in der Welt kann nicht jeder zweite oder dritte Mensch einen eigenen Fernseher besitzen. Auch dieses Privileg der reichen Länder wurde nicht aufrecht erhalten. Heute gibt es in jedem Dorf oder Stadtteil ein eigenes

Kinofernsehen. Daneben existieren weiterhin auch die gewöhnlichen Kinos. Dort werden vielfach Wunschfilme und nicht wie früher nur die Streifen großer Filmverleihe gezeigt. Auch Dokumentarfilme kann man heute im Kino sehen. Die rein kommerzielle Einbindung des Kinos wurde überwunden.

Knapp ein Drittel aller Werbung erschien 1993 in Tageszeitungen.[140] Allein für deutsche Zeitschriften holzte man alle zehn Minuten ein fußballgroßes Stück Wald ab.[141] Der Wegfall von Werbeeinnahmen sorgte dafür, daß viele Boulevardblätter verschwanden, deren einziger Zweck es war, Geld zu erbringen. Jedoch wurde darauf geachtet, daß höhere Papierpreise, bewirkt durch ökologische Steuern und fehlende Werbeeinnahmen, nicht riesige Lücken in die Presselandschaft rissen. Allerdings mußte von der guten alten Tageszeitung Abschied genommen werden. Durch die Bank erschienen diese nur noch wöchentlich. Zu speziellen Themen kommen heute einmalige Zeitschriften unabhängig von den Zeitungshäuscrn hcraus.

Dennoch, die Generationen nach euch mußten lernen, ohne den verführerischen Glanz der Warenwelt von einst auszukommen. Zwar gibt es nach wie vor alles Lebensnotwendige, aber den Überschwang an Warenfülle würdet ihr bei uns nicht finden. Überhaupt war für die ökotopianische Zukunftsgesellschaft die Verlagerung des Lebensschwerpunktes sehr entscheidend. Immer weniger ging es darum, materielle Werte anzusammeln. Selbstverständlich kümmerte man sich nach wie vor darum, daß die eigenen vier Wände in Ordnung gehalten wurden, das Dach repariert, wenn es nötig war usw. Aber man verwendete weniger Energie auf das materielle Schaffen. Im Mittelpunkt standen viel mehr die Balancen der Seele, gelungene menschliche Kommunikation und der liebende Kontakt mit der Welt.

Natürlich nutzen wir die Gaben der Mitwelt auch heute. Doch unsere Generation müht sich darum, Maß zu halten und nicht jede natürliche Ressource als Knecht für unseren eigenen Wohlstand einzuspannen. Dem maximalen Gewinn werden bei uns nicht mehr alle anderen Werte geopfert. Der schöpferische Ineinanderklang alles Lebendigen findet in unserer Kultur viel mehr Aufmerksamkeit. Wir sind bestrebt, jedem Sproß der Schöpfung einen eigenen Raum zu belassen und unseren Gattungsegoismus so weit wie möglich zurückzunehmen.

Der neuen Zeit fehlte der Lärm der bisherigen menschlichen Zivilisation. Selbst in den Städten fasziniert die angenehme Stille. Am lautesten gebärden sich dort nicht Motorengeräusche, sondern das Menschengewimmel auf den großen Märkten. Auch die Ära der alten Städte war vorbei. Die steinernen Ungetüme verloren in den letzten Jahrzehnten viel von ihrer Unwirtlichkeit. Wo sich einst gestaute Autokolonnen durch Häuserschluchten quälten, befinden sich heute Parks, Märkte und Straßencafes.

Jedoch die neuen Städte sind nicht mehr die alten. Solche Riesengebilde wie z.B. Mexico-City mit mehr als 20 Millionen Einwohnern waren nicht zu halten. Wegen ihres gigantischen Wasserverbrauchs sackte die Megastadt um bis zu neun Meter ab und provozierte gewaltsame Auseinandersetzungen mit den Bauern bis weit ins Umland. Gaben die Bauern ihren angestammten Boden wegen des fehlenden Wassers auf, vermehrten sie die Slums am Rande der Stadt. Ein teuflischer Kreislauf. Unsere heutigen Städte sind zumeist weitaus kleiner als früher. Dies liegt auch daran, die Bevölkerungszahl ist deutlich zurückgegangen. In Deutschland halbierte sie sich im Laufe der Jahrzehnte und würde ohne die Zuwanderung von außen noch tiefer liegen.

Oft riß man ganze Häuserzeilen ab, und es entstanden weiträumige Parkanlagen. Dort, wo der Boden nicht kontaminiert war, reihen sich Gärten aneinander. Zuweilen wurden aber auch ganze Stadtviertel als Steinbruch zum Verwerten von Altbaumaterialien ausgewiesen und später dann dem Erdboden gleichgemacht. Inzwischen wachsen dort städtische Wälder. Mancherorts blieben aber auch Geisterstädte zurück, die allmählich vom Grün überwuchert wurden.

Das Auto schien aus eurem Alltag kaum noch wegdenkbar zu sein. Ohne fahrbaren Untersatz lief nichts mehr. Wer keinen Führerschein hatte, bekam schwer eine Arbeit, wenn überhaupt. Öffentliche Verkehrsmittel waren teuer, wenn man den eigenen Wagen dennoch in der Garage zu stehen haben mußte. Aber nur auf den ersten Blick war das Auto eine bequeme Angelegenheit, denn der Tod fuhr immer mit. In den neunziger Jahren starben auf Deutschlands Straßen jährlich um die 8.000 Menschen, in Westeuropa 60.000 und weltweit 300.000. Allein durch den Autoverkehr in Deutschland wurden jedes Jahr 30.000 Menschen dauerhaft verstümmelt.[142] Vielfach hieß die Endstation Rollstuhl. Weltweit war der Verkehr mit 15 Prozent am anthropogenen CO_2-Ausstoß beteiligt, in der Bundesrepublik betrug der Verkehrsanteil 20 Prozent.[143] Jedes Auto hinterließ in seinem Leben im Schnitt 26,5 Tonnen ökologische Nebenlasten, 30 Bäume erkrankten durch die Abgase, und drei starben daran.[144]

Einst wurde eine Autobahn nach der anderen durch die Landschaft gefurcht, erneuert und verbreitert. Längst sind diese überbreiten Beton- oder Bitumenbänder zurückgebaut worden. Man benötigte sie nicht mehr. Die Dörfer verbinden oft nur noch schmale Pfadstraßen. Heute reist man mit solar betriebenen Zügen oder Schiffen. Auf kurzen und mittleren Strecken fahren auch Busse. Da Wohnen, Arbeit und Freizeit vielfach wieder nah zueinander gerückt wurden, fallen viele Wege, die früher bewältigt werden mußten, weg. Die erforderlichen Verkehrsströme sind dadurch um ein Vielfaches zurückgegangen. Statt Autolandkarten kann man heute nur noch Karten für das Fahrradwegenetz und für Wanderwege erwerben. Dort, wo keine Buslinien vorbeiführen, insbesondere in dünn besiedelten ländlichen Bereichen, gibt es auch kleine Bustaxis, die auf Bestellung fahren. Etabliert hat sich auch eine Güterpost, um größere Gegenstände ohne das private Auto von A nach B transportieren zu können. Gibt es viel einzukaufen, fährt man und frau heute mit schnellen Lastenfahrrädern. In einem verschließbaren Gepäckaufbau kann der Einkauf verstaut werden. Trotzdem ist es möglich, die Fahrräder auch in der Bahn mitzunehmen.

Flugzeugverkehr gibt es heute nicht mehr. Der schnelle Trip nach Ibiza oder anderswohin ist out. Weite Reisen sind heute sehr viel zeitaufwendiger. Auf den Kontinenten bewegt man sich in der Regel mit der Bahn fort, und etwa den Atlantik überquert man per Schiff. Wer es unbedingt eiliger hat, fliegt mit den neuen Luftschiffen. Sie benötigen nur einen Bruchteil des Energiebedarfs eines Flugzeugs und schädigen dabei die obere Atmosphäre sehr viel weniger. Will man an einen weit entfernten Ort der Welt, muß man schon mal zwei, drei Flugtage einplanen.

Die Schule im alten Sinne, wie sie bei euch gang und gäbe war, existiert nicht mehr. Sicher war sie vormals ein wichtiger Schritt, um den Volksmassen überhaupt den Zugang zu Bildung zu ermöglichen. Doch sie hatte ihre Grenzen. Als Pflichtveranstaltung erwies sie sich zugleich als eine Zwangsjacke. Vielfach lief der Unterricht auf ein entfremdetes Lernen hinaus, das schöpferisches Lernen geradezu ausschloß. Entfremdung meint hier, man ist nicht mehr Akteur des Lernens, sondern nur noch Befehlsempfänger, es entspringt nicht wirklichem Interesse, daß ich lerne, sondern man hat einfach Interesse zu haben für das, was der Lehrplan vorschreibt. Die Zensuren und deren Ausschlag für die späteren beruflichen Perspektiven schneiden jedes Ausscheren jedenfalls soweit ab, daß sich doch die Mehrheit der Schüler und Schülerinnen dem Lauf der Dinge fügt.

Die Schule enteignete zugleich die Heranwachsenden von der Motivation, unabhängig ihren Weg zu gehen. Ivan Illich hatte völlig recht, wenn er äußerte, daß Menschen, die auf das richtige Maß heruntergeschult worden sind, unkalkulierbaren Erlebnissen aus dem Weg gehen. Jeder nimmt seinen Platz ein oder wird auf ihn verwiesen, wie er es gelernt bekommen hat, bis alles und jedermann „paßt". Ist erst einmal die Vorstellung eingeimpft, man könne Werte produzieren und messen, so neigt der Mensch dazu, alle möglichen Rangordnungen zu akzeptieren.[145] Der Einzelne verkümmert zum Zahnrad in der selbstmörderischen Megamaschine. Er bzw. sie funktioniert einfach.

Heute gibt es keine Zensuren und Prüfungen mehr beim Lernen. Ebensowenig kennen wir Schulklassen, wie es sie bei euch gab, noch haben wir Lehrpläne, an die sich jeder Lehrer halten muß. Lesen, Schreiben und Rechnen kann man durchaus auf verschiedene Weise lernen, jedoch sind Grundkenntnisse darin häufig Voraussetzung, um an den vielfältigen Kursen teilzunehmen, unter denen man auswählen kann. Niemand wird heute mehr gezwungen, sich etwa mit komplizierterer Mathematik zu befassen oder sportliche Übungen zu absolvieren, wenn er dies nicht selbst will. Ebenso wenig ist er einem Lehrer auf Gedeih und Verderb ausgeliefert, wenn die kommunikative Chemie nicht stimmt. Möglicherweise ist es viel sinnvoller für jemanden, ein Musikinstrument zu erlernen, auch für sein späteres Leben, als z.B. irgendein langes Gedicht auswendig zu lernen für den Vortrag, oder ein vorgeschriebenes Buch zu lesen. Dem Nächsten käme es gar nicht in den Sinn, eine Gitarre auch nur anzufassen.

Allerdings verlangen die verschiedenen Berufslehren eine Reihe Spezialabschlüsse, die abgelegt werden müssen. Dennoch bleibt ein weiter Freiraum. Die Berufsausbildung selbst ist in einigen Fällen mit zumeist geregelten Lernstrukturen verbunden, in anderen erfolgt der Zugang ins Berufsleben lockerer. Dasselbe Phänomen treffen wir auch auf den Universitäten an. Während der zukünftige Arzt ein recht strenges Lernpensum absolvieren muß, sind die Freiräume etwa in der Politikwissenschaft oder Soziologie sehr weitreichend. Allzu enge Vorschriften wären hierbei wohl eher hemmend, wohingegen bei einer Operation am Menschen jeder Fehler schwerwiegende Folgen haben kann.

Aber ganz klar: Auch dabei kann nicht per Scheuklappensystem gelehrt werden.

Bei allem Lernen geht es nicht mehr darum, einen Wust lexikalischen Wissens mit sich herumzutragen, sondern allgemeines theoretisches Verständnisniveau herauszubilden, wie Robert Havemann ganz richtig feststellte.[146] Überdies war die neue Schule und die neue Universität nicht ausschließlich auf den Lebensabschnitt fixiert, in dem man und frau heranwächst. Es stellte sich als keine besonders kluge Idee heraus, die Mehrzahl der Schülerinnen und Schüler nach zehn Jahren Verschulung und anschließender Lehre (wenn man Glück hatte) in die ewige Lernleere zu schicken. Gewiß, das ist zugespitzt, weil man sich in der Regel noch diese oder jene Fertigkeit selbst beibringt. Beim Hausbau z.B. kann man verschiedene handwerkliche Arbeiten ausführen, oder im Beruf muß man erneut dazulernen. Doch das klassische Schulwissen versandet über weite Areale sehr schnell. Wenn man einmal testen würde, wieviel von dem mühsam gelehrten Lernstoff zehn Jahre nach Schulabschluß noch übrig ist, alle Bildungsbefaßten müßte das blanke Grauen überkommen. Sicher mag bei denjenigen, die eine universitäre Laufbahn einschlagen, das Resultat etwas besser ausfallen, dennoch bleibt festzuhalten: Aufwand und Nutzen eurer Schulpraxis standen in krassem Mißverhältnis.

Heute ist es völlig normal, auch mit 35 oder 50 Jahren noch gelegentlich die Schule oder Universität zu besuchen. Sicher gab es auch früher schon die Volkshochschule. Dort holt man nun nicht mehr das Abitur oder andere Klassenstufen nach. Jetzt besteht das Angebot nur noch aus freien Kursen. Eine weit vielfältigere Auswahl hat man heute zur Verfügung, und zudem sind nur sehr wenige Kurse mit einer geringen Gebühr belegt. Die ökotopianische Gesellschaft leistet sich im Vergleich zu anderen Ausgabenposten einen sehr hohen Bildungsetat. An den Universitäten gibt es heute ein ausgeprägtes Informationssuchsystem. Übersichtlich kann man erfahren, wer zu welchen Themen Bildung vermitteln kann bzw. auch, welche Bücher zu einem bestimmten Stoffgebiet Hinweise enthalten. Dabei kann Zugriff genommen werden auf weltweite Bildungsnetze.

Nach dem Ende der Blockkonfrontation zwischen Ost und West waren zwar die Ausgaben für die weltweite Aufrüstungsspirale um etwa ein Drittel zurückgegangen, doch nach wie vor wurde auf einem hohen Level weitergerüstet. In Deutschland und anderen europäischen Ländern flossen Milliardensummen in den Bau eines neuen Kampfflugzeuges. In den Zeiten des kalten Krieges hatte man 1,6 Millionen Dollar pro Minute in den militärischen Wahnsinn gesteckt, rund ein Viertel aller Ausgaben für Forschung und Entwicklung dienten militärischen Zwecken.[147]

Einst schlug der sowjetische Initiator der Perestroika, Michail Gorbatschow, in einem umfassenden Friedensplan vor, alle Atomwaffen sollten bis zum Jahr 2000 vom Erdball verschwunden sein. Auch sämtliche anderen Waffenarsenale wollte er in eine radikale Abrüstung einbezogen wissen. Zwar kam es zum INF-Vertrag, doch nach der Implosion der östlichen Systeme stellte sich heraus, die Atommächte waren wenig geneigt, das Faustpfand Atombombe aus der Hand zu geben. Immer neue Atommächte kamen hinzu, wie Indien und Pakistan, aber bald gelangten noch unsicherere Kantonisten in den Besitz der atomaren Bombenkräfte.

Erst im Zuge der ökologischen Weltenwende rollten die Staaten das Thema einer vollständigen Abrüstung wieder auf. Die reformierte UNO verabschiedete einen globalen Abrüstungsplan, der in Stufen die völlige Befreiung der Erdenvölker von militärischem Gerät vorsah. Mehr als zwei Drittel aller Länder stimmten diesem ehrgeizigen Plan zu, nur wenige Staaten sprachen sich gänzlich dagegen aus.

In einem ersten Schritt wurden alle Massenvernichtungsmittel aus dem Verkehr gezogen und in gemeinsamen Anlagen vernichtet. Mit der Annahme des Friedensplanes trat auch ein generelles Verbot von Waffenexporten in Kraft. Nach und nach wurde begonnen, auch die konventionellen Waffenbestände zu verringern. Wirtschaftsembargos wurden gegen Länder verhängt, die sich dem Abrüstungswillen der planetaren Mehrheit nicht beugen wollten. Gleichzeitig bot man den ärmeren Staaten unter den Verweigerern an, sie bei der Umnutzung ihrer militärischen Potentiale für friedliche Zwecke zu unterstützen. Die letzte Wegstrecke auf dem Abrüstungspfad gestaltete sich am schwierigsten. Viele Jahre dauerte es, bis auch die restlichen bewaffneten Konflikte beigelegt werden konnten. Heute stehen noch ein paar Sicherheitskräfte unter UNO-Kommando. Das ist alles. Militärisches Requisit kann man nur noch im Museum in Augenschein nehmen.

Jahrtausendelang hatte in der Gesellschaft und im wirtschaftlichen Gefüge das Prinzip geherrscht, daß ein Pol auf Kosten des anderen entwickelt wird. Burgen, Schlösser, prunkvolle Kirchen und Kriegszüge fußten auf der Mühsal, dem Blutzoll und dem Elend großer Bevölkerungsmassen. Später waren es dann mehr die Fortschrittsmarken der bürgerlichen Gesellschaft, in die die Leistungen der kleinen Leute hineingezogen und aufgespeichert wurden.

Die Logik ausbeutender Gesellschaftsverhältnisse konnte in der zweiten Hälfte des 20. Jahrhunderts in den reichen Industriestaaten durch die wissenschaftlich-technische Revolution zwar mit einem hohen, aber parasitären Wohlstand weitgehend überdeckt werden. Die eigentliche Fehlkonstruktion blieb jedoch in neuer Gestalt erhalten. Die bürgerliche Gesellschaft vermochte nicht die geschichtliche Aufgabe zu lösen, wie die allgemeine Gerechtigkeit als Kultursystem gedeihen könnte. Der moderne Sozialstaat manifestierte zwar ein höheres Niveau im Gerechtigkeitssinn, die notwendige ökologische Begrenzung und die soziale Insellösung für die reichen Industriestaaten ließen jedoch durchscheinen, er war bei aller berechtigter Intention eine nicht hinreichende Lösung. Der Sozialstaat mußte von Grund auf neu konstituiert werden, geradezu neu erfunden, wie so vieles andere auch.

Zu jener Zeit, in der wir den Waffengang des Menschengeschlechts gegen die Biosphäre in seinem ganzen Ausmaß zur Kenntnis nahmen, wurde großen Teilen der Bevölkerung klar: Gesellschaftliche Zustände, die permanent Gewinnsucht fördern und Reichtum dorthin umverteilen, wo davon schon mehr als genug angehäuft ist, sind nicht mehr zukunftsfähig. Bei einer begrenzten Erde, auf der nicht länger „auf Teufel komm raus" ein Warenüberfluß produziert werden durfte, sind politisch-ökonomische Systeme, die gerade diese Bestimmung in sich tragen, eine Garantie für das Scheitern des Menschen. Sicher hätte der turbokapitalistische Weg beibehalten werden können, wenn die ökologischen Korrekturen nicht so gravierend ins Gewicht gefallen wären. Das wäre dann sicher gegangen. Allerdings würde dies auch nicht das intelligenteste Vorgehen gewesen sein, sondern nur der Weg des geringsten Widerstandes. Zudem war der immer mehr um sich greifende Marktradikalismus kaum geeignet, den erreichten demokratischen und ethisch-sozialen Bestand zu wahren. In den armen Ländern erwies sich dies ohnehin als eine komplette Illusion.

Da sich die ökozivilisatorische Lage als weitaus prekärer erwies, wurde die Suche nach Neuland zwingender, als sie je zuvor in der Geschichte der Menschheit war. Die westliche Freiheit stellte sich als eine nicht zu Ende gedachte Idee heraus. Es war die Freiheit des Habens, des Besitzens, der Raffgier - bei aller demokratischer Umrahmung, der innere Kern war faul. Diese Freiheit war gegründet auf ein egozentrisches Persönlichkeitsprofil, förderte entlang der Sachzwänge diese Verhaltensmuster. Der bewußtseinsmäßige Aufstieg der Gattung Mensch geriet nicht ins Sichtfeld. Das interessierte gar nicht. Gemeint war nicht die Freiheit, die in Gestalten wie Buddha oder Jesus schon einmal als eine - wenngleich wohl noch verlarvte - Möglichkeit aufleuchtete. Von vornherein waren die Tore zugeriegelt, wenn es um eine neue Gesellschaftsordnung gehen sollte, die sich aus einer seelisch-geistigen Hochkultur heraus entwickeln könnte und die ihrerseits durch neue gesellschaftliche Strukturen gefördert würde.

Im Klima des westlichen Fundamentalismus erschien alles, was von den eigenen Glaubenssätzen abwich, als völlig unakzeptabel. Diese Denkblockade stellte sich zu Beginn der Zeitenwende als ein noch immer sehr gefährlicher Gegenpol heraus. Nur langsam ließ er sich abbauen.

Die untergegangenen Politbürokratien der östlichen Systeme waren keinen Deut besser als die westliche Hemisphäre. Die geistige Bevormundung drehte den Freiheitsgrad im politischen Bereich noch viel stärker zurück. Die pyramidale Hierarchie im Gesellschaftsaufbau, die Ein-Partei-Regentschaft in engster Verflechtung mit der Staatssicherheit war die langfristige Versicherung für die eigene Bruchlandung. Dazu kam die geringere ökonomische Effizienz, die darüber hinaus die Sogwirkung gen Westen in der Orientierung vieler Menschen beförderte. Ein trügerisches Bild, wie wir heute sehen können, der „siegreiche" Wohlstand gehört zum Instrumentarium der Selbstzerstörung. Wie wir von der sozialen Fügung her zu ähnlichen Lebenschancen kommen könnten, war ansatzweise versucht, aber zu selten durchgehalten und mit mancher Tücke verbunden, wenn man etwa an die Spezialläden denkt, die nur für einschlägige Personenkreise zugänglich waren, oder die Lohnstruktur betrachtet, wie sie auseinanderklaffte.

Ob Prager Frühling oder Perestroika, das waren Hinweise auf einen alternativen Weg, jedoch konnte die erste Schwelle zu einer Gesellschaft mit menschlichem Antlitz in beiden Fällen kaum überschritten werden. Es blieben abgebrochene Möglichkeiten. Dabei trug gerade der Prager Frühling immerhin die Chance einer Alternative in sich, jenseits eingefahrener Wege in Ost und West. Man mag vermuten, hätte es den Piratenakt des militärischen Einmarschs in die Tschechoslowakei nicht gegeben, dann würde sich am ehesten eine Anpassung an westliche Verhältnisse durchgesetzt haben. Sicher lag dies im Bereich nächstliegender Wahrscheinlichkeit, wenngleich wohl manche weitreichende gesellschaftspolitische Innovation mit eingehen hätte können. Dennoch kann man nicht ausschließen, kluge Vordenker würden auch andere Perspektiven aufgezeigt haben. So festgelegt war der geschichtliche Prozeß nicht, trotz des gewaltigen Sogs, den der westliche Wohlstand erzeugte und der nahelegte, dieses Erfolgsmodell kompensatorischer Bedürfnisse im eigenen Land nachzubauen. Auch das Abrutschen der sowjetischen Politik von Perestroika und Glasnost in politisches und ökonomisches Delirium wäre vermeidbar gewesen. Zumindest hätte es unterm Strich gelingen können, bessere Verhältnisse zu schaffen, als sie dann zustande gekommen sind.

Der Slogan der Politbürokraten, nach dem jeder mitarbeiten, mitplanen und mitregieren solle, war nichts weiter als ein propagandistischer Schwindel. Das vielgepriesene Volkseigentum an den Produktionsmitteln gab es in der Realität nicht. Es wäre sonst auch kaum möglich gewesen, das „volkseigene" Inventar so zu verhökern, wie es die Treuhand getan hat.[148]

Im Prozeß der ökologischen Zeitenwende mußte auf neue Weise die Frage gestellt werden, welche Art von Kultursystem wir anstreben wollen. Da wurde Abstand genommen von den alten Gewißheiten, jedoch die Erfahrungswelten in kapitalistischem Überfluß, scheinsozialistischer Unbeweglichkeit und den armen Ländern kritisch ausgewertet, jenseits ideologischer Gefechte. Damit hatten sich einstmals die Vertreter der verschiedenen Anschauungen selbst ein Brett vor den Kopf genagelt. Deren politisch engstirniger Blick lenkte ab von den wirklich großen Herausforderungen. Von dort her konnte der Geist einer neuen Zeit nicht wachsen. In der ökotopianischen Gesellschaft wurde an vieles auf grundsätzlich neue Weise herangegangen. Es kam immer wieder auch zu Fehlern im Prozeß der ökologischen Umgestaltung, jedoch konnte meist schnell reagiert werden, und Alternativen gelangten in den weiteren politisch-kulturellen Werdeprozeß.

Die ökotopianische Wirtschaft kennt viele neuartige Strukturen, sie steht unter einem anderen Leitstern. In ihr gelten auch wieder die Maße und Umgrenzungen des menschlichen Lebens, die Geldvermehrung ins schlicht Unendliche verlor unter den neuen Bedingungen das absolute Diktat. Der Marketingcharakter, der sich u.a. aus den Arbeitsumständen heraus ständig erneuerte, verlor allmählich seine überragende Rolle. Der Mensch wurde an seiner Arbeitsstätte mehr und mehr ein ganzer Mensch, er agierte nicht wie früher als latenter Untertan, als Ware Arbeitskraft.

Aber schauen wir uns die neue ökonomische Ordnung etwas näher an. Einst hatte der abhängig Beschäftigte in seinem Betrieb nichts zu sagen. Er war gehalten, seine Arbeitsaufgaben gewissenhaft wahrzunehmen, als Person sollte er den Wünschen seines Vorgesetzten entsprechen, sonst konnte er sich seine Papiere abholen und beim Arbeitsamt anmelden. Was und wie gearbeitet wurde, entschied man über die Werktätigen hinweg. Dies ist heute gänzlich anders. Jeder ist Mitunternehmer in dem Betrieb, wo er arbeitet. Demokratische Mitbestimmung gehört zur Tagesordnung. Durch die wirtschaftliche Demokratie gelangte die politische Demokratie erst auf ein Niveau, wo von demokratischen Verkehrsformen überhaupt gesprochen werden konnte. Im allgemeinen bezeichnen unsere Wissenschaftler eure gesellschaftlichen Zustände als ein vordemokratisches Stadium. Sie waren einfach zu unvollkommen.

Je zur Hälfte ist heute die Belegschaft und auf der anderen Seite die Gesellschaft Eigentümer der Betriebe. Jeder einzelne Beschäftigte ist so an der Gewinnausschüttung beteiligt. Die Ergebnisse der Produktion schlagen sich in seinem Einkommen nieder. Auf der anderen Seite wählt jede Betriebseinheit ihren Vertreter oder ihre Vertreterin für den regionalen Wirtschaftsrat, der sehr weitgehend über die ökonomischen Perspektiven bestimmt. Er managt den gesellschaftlichen Bereich des Eigentums. Den Gemeinden und Städten sind dabei Mitspracherechte eingeräumt. Aus den regionalen Wirtschaftsräten konstituiert sich der nationale Wirtschaftsrat. Das Ökologische Oberhaus und das Bundesparlament bestimmen gegenüber den Wirtschaftsräten die Rahmenbedingungen für die ökonomischen Entwicklungen. Sie können dabei sehr weitgehende Rechte wahrnehmen. Die Begrenzungsordnung gewinnt von dort her ihr prägendes Gesicht. Aber auch die regionalen Ökoräte und Landesparlamente sind mit einbezogen, wenn es um die Belange der Region geht. Über Arbeitgeberverbände wird nur noch in den Geschichtsbüchern berichtet. Die Gewerkschaften nehmen, soweit sie noch existieren, andere Aufgaben als früher wahr.

Finanzmärkte, wie es sie um die Jahrtausendwende gab, existieren inzwischen nicht mehr. Nur ein bis zwei Prozent der dort abgewickelten Umsätze entsprachen dem realen internationalen Handel.[149] Der überwältigende Anteil, also 98 bis 99 Prozent bestand aus scheinwirtschaftlichen Aktivitäten. Das Schwungrad Finanzmarkt wurde angetrieben durch Spekulation, Absicherungsgeschäfte und Geldhandel. In unserer ökologischen Ordnung war ein solcher Magnet für legal geraubtes Geld nicht mehr länger hinnehmbar. Am Ende speiste diesen Elfenbeinturm Finanzmarkt immer aufs neue die Arbeitskraft der kleinen Leute, und dieses ganze Karussell geldvermehrender Superpotenz blutete die Basiskräfte der Natur aus.

Das extreme weltweite soziale Gefälle, wie es zu eurer Zeit zugelassen wurde, hätte die ökologische Neugestaltung der Gesellschaft schnell zum Absturz bringen können. 358 Milliardäre verfügten über soviel Geld wie 2,5 Milliarden übriger Erdenmenschen, also knapp die Hälfte der Weltbevölkerung.[150] Wenn Reichtum solche Höhen erklimmen kann und dabei fatale soziale Ungerechtigkeiten produziert, dann mußte nach einer neuen Verteilung unweigerlich gefragt werden. Das gleiche Bild ergab sich beim Landbesitz. Weltweit gehörten 75 Prozent des Landes, das unter Privatbesitz fällt, nur 2,5 Prozent der Landbesitzer.[151] Um zu gerechteren Verhältnissen zu kommen, mußte so manche Wertauffassung der Wirtschaftswelt in Frage gestellt werden. Jedenfalls war klar, wenn in der Bundesrepublik die eine Bürgerhälfte 4 Prozent aller Geldvermögen besitzt und die zweite Bürgerhälfte 96 Prozent, dann bedarf es einschneidender Korrekturen, um diesen asozialen Zustand zu bereinigen.[152] Von 1983 bis 1989 stieg die Zahl der Einkommensmillionäre in der Bundesrepublik von 33.000 auf 56.000, um im größeren Deutschland bis 1996 nahe an 100.000 heranzukommen. Über 1.000 davon verdienen jährlich mehr als zehn Millionen Mark.[153]

Praktisch ging man Veränderungen so an: Schritt für Schritt wurden überdurchschnittliche Einkommen immer stärker besteuert, ebenso lohnte sich innerhalb von zehn, zwanzig Jahren Geldbesitz über den gesellschaftlichen Durchschnitt nicht mehr. Gleiches passierte im Bereich des Landbesitzes. Weiterhin konnte jeder sein Haus auf eigenem Grund und Boden bauen, doch wer mehr besitzen wollte als die Masse der Leute, mußte darauf hohe Steuern bezahlen. Andererseits vermochte sich jetzt mancher eigenes Land leisten, für den das vormals unbezahlbar war. Landwirtschaftliche Flächen und Wälder gehörten wieder der angrenzenden Gemeinde. Die Äcker und Wiesen wurden verpachtet.

Diese soziale Umwälzung konnte natürlich nicht im nationalen Alleingang bewerkstelligt werden. Mehrere Länder hatten sich zu einer Allianz verbündet, um diesen Weg einigermaßen gefahrlos gehen zu können. Sie schotteten sich gegenüber den Blockierern so weit wie nötig ab, damit wirtschaftliche Instabilitäten von vornherein vermieden werden konnten, die durch Abwanderung von Produktionskapazitäten ins Ausland entstehen konnten. Längst hatte aber auch der ökologische Steuerumbau dafür gesorgt, daß die Ökonomie der weiten Wege immer unrentabler wurde, vieles also im eigenen Land hergestellt werden mußte, damit es sich rechnete. Auch von dieser Seite wurde die soziale Umgestaltung mit geschützt.

Für die ökologische Umgestaltung der Industriegesellschaft war über einen Zeitraum von etwa zwanzig Jahren eine Reihe von Sonderverfügungen erforderlich, die der Rettungsregierung eingeschirrt vom Oberhaus weitgehende Vollmachten zur ökologischen Sanierung der Volkwirtschaft verlieh. In einigen Bereichen genügte die maßsetzende Zäsur von Ökosteuern und neuer Gesetzgebung. Viele Industriezweige mußten aber vollständig abgewickelt, andere in ihrem Grundaufbau völlig neu konzipiert werden. Hier war staatliche Einflußnahme geboten. Dies konnte man nicht dem Selbstlauf überlassen. Dafür war solide Planung unausweichlich. An diesem grundlegenden Umbau der Volkwirtschaft entschied sich am Ende die Möglichkeit einer gesellschaftlichen Alternative. Hätten wir damals nicht mit äußerster Konsequenz neue Strukturen gesetzt, die ökologische Rettung wäre gescheitert. Mit dem Abstand der Jahre wird das immer sichtbarer. Ein wichtiger Grundsatz war: Erst mußte die neue Regionalwirtschaft intakt sein, bevor anderswo die Werktore geschlossen werden konnten. Im verbleibenden überregionalen Industriesektor dagegen konnte der Wandel sich über einige Etappen hinziehen. Während der Transformation wurde die volle Beteiligung der Beschäftigten als Mitunternehmer in Gesetzesform gegossen und überall, wo es sich bereits realisieren ließ, umgesetzt. Natürlich konnte die Mitunternehmerschaft nicht in allen Arbeitsverhältnissen in Betracht kommen. Der Lehrer, die Bürgermeisterin oder der Polizist etc. kann selbstverständlich nicht nach kommerziellen Gewinnen eingestuft werden. Demokratische Verkehrsformen zogen allerdings an allen Arbeitsorten ein.

Wir halten aber noch einmal fest: Die erste Phase der Umgestaltung wurde in einer ökologischen Marktwirtschaft vorgenommen, in der sich die ökonomischen Rahmenbedingungen stark veränderten. Im weiteren Verlauf wurden die Werktätigen schrittweise reale

Miteigentümer der Produktionsstätten, bis gesetzmäßig vorgeschrieben wurde, daß jede Belegschaft zu je 50 Prozent Eigentümer zu sein habe. Bei Konkursfällen traten Versicherungen ein, um die gröbsten finanziellen Einbußen abzufedern. Zug um Zug führte man auch die schon erwähnten Wirtschaftsräte ein. Per Wandel im Rechtssystem kam die im einstigen Grundgesetz festgehaltene Sozialpflichtigkeit des Eigentums immer mehr zu Geltung. Die alten Eigentümer, Aktiengesellschaften etc. mußten stufenweise weitreichende Verfügungsrechte an die Gesellschaft zurückgeben, bis sie faktisch keinen Einfluß mehr nehmen konnten.

Lange vor diesen Reformschritten wurde der Finanzmarkt auf die notwendigen Geldflüsse zurückgefahren, damit die Anarchie dieser Einrichtung nicht das ökonomische Geschirr zerschlägt. Enge Verfahrensregeln dämmten den zerstörerischen Charakter des Finanzmarktes immer weiter ein. Aber nach wie vor können Aktien und Investmentfonds als Wertanlage erworben werden auf den Bereich, der nicht in der Verfügung der Beschäftigten liegt. Damit ist jedoch keinerlei Einflußnahme auf das Betriebsgeschehen mehr möglich.

Die zweite Achse des neuen politökonomischen Systems betrifft die Reichtumsbegrenzung auf allen Ebenen. Viel „haben" lohnt sich nicht mehr. Von daher wird auch der noch erhaltene kapitalistische Expansionsschub kulturell domestiziert. Die Zwei-Drittel-Gesellschaft existiert faktisch durch vielfachen sozialen Ausgleich nicht mehr. Jedoch ist das Gewinnmotiv in der Wirtschaft auf vielen Ebenen erhalten. Das führt z.B. nicht zu der weitgehenden Interesselosigkeit am hergestellten Produkt und Eigentum, wie im Scheinsozialismus des Ostens. Auf der anderen Seite versklavt das Profitmotiv nicht den gesamten Gesellschaftskörper, wie das in der westlichen Hemisphäre der Fall war und wie das nach der Öffnung der Berliner Mauer weltweit unangefochtenen Einzug hielt.

Hatten einst Arbeitgeberverbände wüste Beschimpfungen auf diejenigen niedergehen lassen, die die 35-Stunden-Woche einführen wollten, so ist diese heute längst überwundene Vergangenheit. Niemand würde heute noch fünf Tage in der Woche, je acht Stunden pro Tag arbeiten wollen, dazu vielleicht noch ein paar unbezahlte Überstunden für die bessere Bilanz des Betriebes. Zu eurer Zeit geriet die Arbeit geradezu in die Stellung eines anzubetenden Heiligtums. Alles drehte sich um dieses Thema, und vernünftiges Nachdenken um den Sinn und Wert dieses „Lebenselixiers" gab es kaum. Parteien verstiegen sich auf die Idee zu plakatieren: „Arbeit, Arbeit, Arbeit!", oder „Arbeit muß her!" Dabei war es gerade auch das Zuviel an Arbeit innerhalb der tödlichen Gesamtstruktur, die euch aus der Bahn zu drücken drohte. Ihr fragtet gar nicht: Wieviel und welche Arbeit verträgt die Erde? Geradezu Kopfschütteln löst es bei uns aus, wenn wir uns anschauen, wie unintelligent ihr die Arbeit verteilt hattet. Die in Lohn und Brot standen, mußten oft viele Überstunden leisten. An der Jahrtausendwende wurden jährlich 1,9 Milliarden Überstunden geleistet. Auf der anderen Seite waren in Deutschland offiziell mehr als vier Millionen Arbeitslose registriert (1998), nimmt man alle verdeckte Arbeitslosigkeit dazu, Umschüler oder diejenigen, die keinen Anspruch auf Gelder des Arbeitsamtes hatten, käme man auf sieben bis acht Millionen.

Heute arbeiten viele Menschen nur noch drei Tage in der Woche und legen außerdem drei Monate Pause ein. Natürlich gibt es auch andere Arbeitszeitregelungen. Mancher arbeitet auch unentwegt, um sich sehr frühzeitig auf sein Dasein im Ruhestand zu freuen. Alle Zeiten im offiziellen Sektor werden in ein Arbeitsbuch eingetragen. Wer zuviel arbeitet, wird hoch besteuert, erhält jedoch diese Gelder zurück, wenn er dann später längere Auszeiten einlegt. Wer mehr arbeitet, erlangt auch keine gesteigerten Rentenansprüche. Dennoch kann z.B. der Wissenschaftler auch seiner Berufung nachgehen, aber er wird es nicht um des finanziellen Vorteils wegen mehr tun, wenn er zeitlebens forscht. Selbstverständlich ist z. B. das Haareschneiden oder die Klempnerarbeit im Tauschring in der genannten Arbeitsbilanz nicht berücksichtigt, wie auch alle andere Tätigkeit, die außerhalb des offiziellen Sektors liegt.

Jedem steht auch, wenn er nicht arbeitet, ein Existenzgeld zu, ohne dafür auf nahestehende Personen angewiesen zu sein, mit dem er zumindest ein bescheidenes eigenes Zimmer und alles unbedingt Lebensnotwendige bestreiten kann. Sowohl armutsbedingte Obdachlosigkeit als auch Mietwucher sind unbekannt. Die meisten Menschen leben in der eigenen Wohnung und können sie sich ohne Schwierigkeit leisten.

Heute gibt es nicht nur ein Recht auf Arbeit, das jedem gewährt wird, sondern auch ein Recht auf Faulheit, wie es schon Paul Lafargue einforderte. Innerer Frieden, Ruhe und Genügsamkeit sind die Insignien der heutigen Lebenswelt. Hektik und Streß in ihrem Übermaß blieben die Übel der untergegangenen kapitalistischen Industrieepoche. Es entstand der innere Raum, nach dem Atem des Ewigdauernden zu spüren. Lebensfreude und Spiritualität gehen Hand in Hand. Nach wie vor gibt es aber auch das ganz profane Leben.

Mehr als die Hälfte aller verrichteten Arbeit stellte zu eurer Zeit keine bezahlte Arbeit dar. Bezogen auf die weltweite Situation, wird der Anteil unbezahlter Arbeit noch viel höher zu veranschlagen sein. Solche Arbeit ist sehr häufig Frauenarbeit, vom Kinderbetreuen bis zum Wäschewaschen. So brachte die ökologische Abspeckkur gerade auch hier zusätzliche Lasten. Die technische Hochrüstung mit Haushaltsgeräten mußte ihr Ende finden. Konnte man dies bei der elektrischen Brotschneidemaschine oder der Mikrowelle noch einsehen, fiel die Einsicht, Wäsche nicht zu Hause, sondern in einem Waschsalon in der Nähe zu reinigen, schon schwerer, wenngleich das auch nur eine Sache der Gewöhnung ist. Brauchte man früher das saubere Geschirr nur aus dem Spüler nehmen und in den Schrank räumen, muß man es nun wieder selbst abwaschen.

Gegessen wird immer seltener zu Hause. Meist kann man preiswerter als daheim in einer nahegelegenen Essenküche - insbesondere Mittag - zu sich nehmen. Man kann es sich aber auch nach Hause holen oder bringen lassen. Das entlastet oft von der eigenen Herdarbeit, die früher doch meist von den Frauen erledigt wurde. Vom Äußeren her unterscheiden die Küchen sich kaum von gewöhnlichen Gaststätten. Dort findet außerhalb der üblichen Essenzeiten auch viel an Kommunikation statt - vom Kartenspiel über das Hauskonzert bis zum politischen Gespräch. Hier pulst das Leben, hier beginnt der Faden für eine große Liebe, hier spricht man ab, wer gerade Hilfe braucht bei Hausbauarbeiten.

Am Infobrett kann man entnehmen, welche Arbeiten im Tauschring gerade benötigt oder angeboten werden.

Heute ist es gang und gäbe, daß auch mal der Mann mit dem Wäschewaschen an der Reihe ist und die Toilette putzt. Auf der anderen Seite kann man viel häufiger auch Frauen beobachten, die sich auf Aufgaben eingespielt haben, die als reine Männerdomäne galten. Ebenso zählt im Betrieb: Gleicher Lohn für gleiche Arbeit. Zwar gibt es nach wie vor Unterschiede beim Lohn, je nachdem, ob jemand z.B. als Arzt oder als Reinigungskraft arbeitet, doch die Differenz ist deutlich geringer geworden. Auch Hilfsarbeiten werden nicht „mit einem Appel und einem Ei" entlohnt.

Insgesamt sind wir zu femineneren Arbeitsstrukturen gekommen, die Arbeit, die durch Haushalt und Kinder anfällt, wird gerechter zwischen Mann und Frau aufgeteilt, und es ist gar nicht mehr ungewöhnlich, daß die Frau Chefpositionen bekleidet und der Mann für die Kinder zuständig ist. Mitunter wurde manche Hausarbeit auch weggespart, mancher Garten so angelegt, daß wenig Pflegearbeiten anfielen.

Bekamen früher die Kinder im Alltagsgeschiebe oft zu wenig Zuwendung oder wurden gar lästig, weil Eltern auch mal ihre Ruhe haben wollten, so ist heute der Umgang und die Beschäftigung mit den Kindern viel flexibler eingerichtet. Fast in jedem Ort gibt es Kinderhäuser. Oft sind sie schon an ihrem bunten Äußeren zu erkennen. Dort entfaltet sich das Reich der Kinder. Sie entscheiden über die Gestaltung der Räume und des Umfeldes. Dies trifft nicht immer auf Gegenliebe bei den Erwachsenen, aber hier regeln die Kinder viele Belange selbst. Auch übernachten können sie im Kinderhaus. Für Konfliktfälle im Haus stehen Erwachsene beratend zur Seite. Werden schwächere Kinder drangsaliert bzw. kommt blanke Zerstörungswut zum Ausbruch, wird jedoch rigoros eingegriffen.

Heute suchen sich die Kinder viel stärker ihre Bezugspersonen mit aus. Manchmal gibt es Situationen, in denen Kinder und Eltern in ihrem Wesen nicht zusammenpassen, oder auch nur Zeiten, in denen sich gegensätzliche Interessenlagen aneinander reiben. Dies wirkt sich auf die Lebensentwicklung beider Seiten ungünstig aus. Da ist es wichtig, daß unabhängige Bezugspersonen die Konfliktlage mit entlasten können. Recht üblich geworden ist auch, daß sich Familien in der Kinderbetreuung aushelfen, dort, wo sie noch notwendig ist. Nicht immer wohnen die Großeltern um die Ecke oder im gleichen Haus. Durch dieses Zusammenspiel wurde auch der Freiraum für die Eltern größer.

Schon mit 14 oder 15 Jahren können die Jugendlichen ein eigenes Quartier beziehen und Verantwortung für sich selbst übernehmen. Häufig wohnen sie in Wohngemeinschaften, geben sich selbst die Regeln ihres Zusammenlebens. Das milderte den Generationenkonflikt ungemein, förderte die Partnerschaft zwischen junger und älterer Generation. Natürlich schlägt auch in unserer Gesellschaft mal der eine oder andere arg über die Stränge. Aber den überhandnehmenden Vandalismus - man denke nur an die Vielzahl farbbesprühter Wände und Verkehrsmittel-, die Gewalt gegen Schwächere, Kriminalität, überhaupt all das kommt bei uns viel seltener vor. Wir denken, es dürfte auch damit zu tun haben, daß die Kinder und Jugendlichen viel mehr Freiraum haben, ihren eigenen Weg zu gehen, daß die ganze Atmosphäre, in der sie heranwachsen, durch einen liebevollen Umgang geprägt ist. Sicher spielt auch eine Rolle, daß das unbändige Machen, Machen und nochmals Machen in einem von Gier durchzogenen Gesellschaftssystem, Gier nach Karriere, Reichtum und anderen begehrenswerten Dingen, daß diese Matrix in unseren ökotopianischen Verhältnissen an den Rand gedrängt wurde.

Heute wird immer häufiger in offenen Familien zusammengelebt. Freundeskreise knüpfen ein dichtes Netz kommunikativen Austauschs. Viele leben aber weiterhin in traditioneller Weise in der Kleinfamilie, andere ziehen kommunitäres Gemeinschaftsleben vor. Der Trend zum Singledasein ist deutlich rückläufig. Unsere ganze Gesellschaft nahm im Laufe der Zeit erotischere Farbtöne an. So manche Zwiespältigkeit im Umgang mit der menschlichen Liebe und Sexualität verlor den Boden, auf dem sie gewachsen war. Die innere Wahrheit zählt inzwischen viel mehr als althergebrachte Konventionen. Längst gab es die Ehe als staatlich sanktionierte Institution nicht mehr, wohl aber Menschen, die ein Leben lang einander Frau und Mann sind, sich vertrauen und lieben. Die Herausforderung blieb, nicht eine dicke Schicht von Alltäglichkeit über die Beziehung wachsen zu lassen, die unter sich die eigentlichen Dinge begräbt und innere Erneuerung nicht mehr zuläßt.[154]

Allerdings ist die monogame Zweierbeziehung nicht die einzige Form des Zusammenlebens. Auch bleibt niemand mehr mit seinem Partner aus wirtschaftlichen Erwägungen, verklemmten Pflichtgefühl oder Angst vor Einsamkeit zusammen, wenn die Liebe erloschen ist. Nach wie vor spielen die eigenen Kinder eine große Rolle beim Zusammenhalt. Jedoch wird die Romanze nebenher meist tolerant akzeptiert. Ohnehin erfreuen sich Mehrfachbeziehungen großen Zuspruchs, oft ohne daß die eine große Liebe dabei in Frage gestellt würde. Zu eurer Zeit war dies gesellschaftlich tabuisiert, jetzt steht im Vordergrund, in solchen Lebensformen offener und harmonischer miteinander umzugehen, auch die tiefen Dinge des Umgangs miteinander auszuloten. Das ist sehr viel schwieriger und sicher auch einer der Gründe, warum die lebenslange Zweierbeziehung immer noch hoch im Kurs steht. Viele Treffpunkte und Netzwerke bieten ein erotisches Flair, in dem man sich frei begegnen kann, wo die Reife für eine spirituelle Liebeskunst zu wachsen vermag. Daß bei uns der Eros stärker in den Mittelpunkt rückte, mag vielleicht auch seinen Anteil daran haben, warum die menschliche Kultur friedvoller geworden ist.

Ökologische Zukunftsforschung

Bei unserem Ausflug in die Zukunft setzten wir viele Dinge als feststehende Tatsachen voraus. Für jede aufgeführte neue Entwicklung mußte eine Entscheidung getroffen werden, die in manchem Fall mehrere andere Optionen ausschließt, und die eine oder andere hätte vielleicht verdient, diskutiert zu werden. Aber hier konnte es auch nur um einen ersten Einblick in die ökotopianische Gesellschaft gehen, der manche Seiten des neuen Lebensgefüges erst einmal im Dunkeln läßt. So muß man z.B. sehr genau hinterfragen, welche Probleme die neue politökonomische Ordnung in sich mitführen kann. Wie werden Ungleichmäßigkeiten zwischen den Betrieben bei den finanziellen Gewinnen ausgeglichen, die nicht aus geringerer oder höherer Leistung der Beschäftigten herrühren, sondern die gewollt, aus ökologischen Prämissen verschieden sind? Weitere Fragen könnten sicher aufgezeigt werden. Oder auf welche Schwierigkeiten trifft das neue Schulsystem? Gewiß ist in der aufgezeigten Perspektive nicht alles berücksichtigt. Wir werden uns also damit auseinandersetzen müssen, wie wir die ökotopianische Zukunft präziser fassen können. Die Schwachstellen dieses Entwurfs werden genauer zu beleuchten sein, nicht, um festzustellen, was alles nicht geht und damit die Sache bewenden zu lassen, sondern um unsere Möglichkeiten, die wir haben, umfassender auszuloten. Jeder wird erst einmal zugeben müssen, die Situationsfelder, in denen unser übliches Leben abläuft, sind herzlich wenig dafür geeignet, die Kreativität für einen neuen Kulturaufbruch anzusammeln, zu sehen, wie das Neue aussehen könnte. Praktisch leben wir in einem Denkkäfig, unsere Alltagsstrukturen umstellen uns, lassen eigentlich nur die Kapitulation vor dem Seienden zu. Da den eigenen Bühnenvorhang zu öffnen, neuen Ideen einen Raum zu geben, den gesellschaftlichen Austausch darüber öffentlich herzustellen, wäre ein sehr entscheidender Schritt.

So will ich hier die gleiche Bitte wie einst Robert Havemann äußern, nämlich mitzuhelfen, daß aus diesem notdürftig skizzenhaften Bild von einer sozialen Utopie ein vielfarbigeres Ensemble wird. Aber vielleicht sollte man noch einen Schritt weitergehen. Immerhin wäre es doch denkbar, daß der eine oder die andere in einem speziellen Bereich Vorschläge dafür hätte, wie dieses oder jenes in der ökotopianischen Zukunft gestaltet sein könnte?[155]

Möglicherweise beschäftigt sich jemand intensiv mit ökologischem Landbau oder alternativen Technologien und kann darüber vielleicht auch einiges zu Papier bringen. Ein anderer hat sich intensiv mit Spiritualität und Mystik auseinandergesetzt und vermag uns etwas mehr darüber sagen, welche Formen und Gestalten als Möglichkeit uns offen stünden, jenseits althergebrachter religiöser Bekenntnisse. Und so mag ein vielfältiges Geflecht aus Ideen zusammenkommen.

Nicht alle Mosaiksteine werden zunächst zusammenpassen, aber ein Diskussionskreis würde die Möglichkeit eines Gedankenaustauschs darüber bieten. Dabei könnte man auch die Idee der Zukunftswerkstätten einbeziehen, wie sie von Robert Jungk und Norbert R. Müllert formuliert wurde. Solche Werkstätten sind ein Forum, bei dem wenig erkundeten Visionen mehr Leben eingehaucht werden kann, wo auch ganz neue gedankliche Verknüpfungen entstehen können.

In der ersten Phase der Zukunftswerkstatt, auch Kritikphase genannt, sollen die Einwände und Fragen gegenüber den bisherigen Vorstellungen einer zukünftigen Gesellschaft artikuliert werden. Das kann dann auch ein neu vorgestellter Text sein.

Die zweite Phase baut auf den Kritikergebnissen auf und stellt spontane Lösungseinfälle, die in der Teilnehmerrunde gesammelt werden, in den Mittelpunkt. Bei diesem erfinderischen Abschnitt geht es nicht darum, seine Äußerungen an politische Realitäten etc. anzupassen, sondern der Phantasie freien Lauf zu geben. Selbst auf den ersten Blick weithergeholte oder phantastisch anmutende Dinge dürfen zur Sprache kommen. Eine

Zensur ist verboten. Viel hängt hier von der spontanen Kreativität der Teilnehmer ab. Bewertung und Kritik an den neuen Gedanken sind erst in der Verwirklichungsphase zugelassen, in der Lösungen konkretisiert werden und über die verschiedenen Möglichkeiten debattiert wird. Vorab wird geheim abgestimmt, welche Punkte weiter behandelt werden.

Der eben erläuterte Dreierzyklus kann dann zu spezifischen Fragestellungen wiederholt werden. Es geht nicht darum, dieses Vorgehen engbemessen festzuschreiben, sondern mit diesen Formen differenziert zu modellieren. Experimentierfreudigkeit dürfte in der Regel nicht schaden. Bereichert werden sollte die Werkstatt durch verschiedene Übungen, die die gar nicht so selten streßanziehende, menschlich kalte Atmosphäre bei theoretischem Disput auflösen helfen und den wahrhaftigen Kontakt zum eigenen Selbst fördern.

In der vierten und letzten Phase wird darüber zu befinden sein, wie die gewonnenen Überlegungen genutzt werden können. Mit den gefundenen Urteilen wird frau und mann sich nicht zufrieden geben dürfen, erreichte Antworten provozieren geradezu neue Fragen. Zur Debatte steht dann auch: Ist der gewählte Rahmen der Zukunftswerkstatt produktiv genug, was könnte wie verbessert werden etc.

Auf dem Auftakt-Umweltfestival 1993 in Magdeburg nahm ich an einer Zukunftswerkstatt unter dem Titel „Ökologisch leben in der Industriegesellschaft" teil. Sie entwickelte sich thematisch unverzüglich dahin, wie jenseits der heute gewohnten materiell-technischen Ausstattung Alternativen gelebt werden könnten. Trotz der engen Begrenzung auf vier Stunden war die Kreativität der ausschließlich jungen Leute bemerkenswert. Beim Münsteraner Jugendumweltkongreß 1997 beteiligte ich mich an einer Kurzwerkstatt, moderiert durch Norbert R. Müllert. Zudem veranstaltete ich auch selbst Zukunftswerkstätten, und meine Erfahrung aus dem Ganzen ist: Will man den Schwerpunkt auf gesellschaftliche Zukunftsmodelle richten, ist es günstig, von vornherein diesen Horizont zu setzen. Ein gewisses Vorwissen ist jedenfalls sehr förderlich für die Ergebnisse einer derartigen Zukunftswerkstatt.

So wie ich es einschätze, wird der Bruch zwischen dem jetzt vorherrschenden Diskurs, wie er in der medialen und politischen Öffentlichkeit zum Ausdruck kommt, und der ökotopianischen Werteordnung, wie sie angestrebt werden muß, so gravierend ausfallen, wie Robert Jungk es beispielhaft am allgemeinen Paradigmenwechsel erläutert: „Nach meiner Definition gibt sich schöpferische Imagination nicht damit zufrieden, bereits bestehende Trends auszuweiten, zu kombinieren oder zu negieren. Indem sie aus den existierenden Systemen (oder Gegensystemen) ausbricht, versucht sie einen vollständig neuen Kurs einzuschlagen und mit den vorherrschenden Konzepten radikal zu brechen. Schöpferische Imagination gebiert ein neues Zeitalter, wann und wo immer sie auftaucht. Sie markiert eine Epoche. Und sehr oft siedelt sie das neue Bewußtsein jenseits der Kontroversen an, die für die Vergangenheit charakteristisch und unausweichlich schienen."[156]

Gewiß nicht in allen Bereichen des gesellschaftlichen Lebens wird es auf solche Aufbrüche ankommen, dort aber, wo sich die Sackgassen überdeutlich abzeichnen, werden sie unvermeidlich sein. Mitunter reicht es aus, bislang getrennt gedachte Wissensstränge miteinander integral zu verbinden und damit eine neue Qualitätsstufe zu gewinnen.

Aber kommen wir zu einem praktischen und unmittelbar umsetzbaren Schritt: Es gäbe in jedem Falle die Möglichkeit, eine Zukunftswerkstatt durchzuführen, wie ich sie eingangs skizziert habe, es käme nur darauf an, daß genügend Menschen ihr ernsthaftes Interesse daran bekunden und sie mit organisieren. Wer dazu weitere Ideen hätte, sollte sie aufschreiben und einbringen. Gesammelt und aufbewahrt wird selbstverständlich auch jeder Zukunftsbericht, der bei mir eingeht.

Doch rücken wir den Gedanken der ökologischen Zukunftsforschung stärker in den Rahmen perspektivischer Notwendigkeiten für die Gesellschaft. Zunächst ein naheliegender Schritt in diese Richtung. So wie das Wuppertaler Institut im Auftrag von BUND und Misereor respektable Schrittfolgen in eine zukunftsfähige Entwicklung aufgezeigt hat - die Kritik an der Studie mag hinzugenommen sein - wäre gleichermaßen darüber zu forschen, wie eine dauerhafte Weltordnung, eine dauerhafte Gesellschaft als erreichter Zustand im Ganzen gegründet sein könnte. Dies leistet die Studie, wie auch die meisten anderen Arbeiten nicht.

Von diesem Ziel wären dann aber auch die einzelnen Umgestaltungsschritte von heute her zu benennen. Sie werden zwangsläufig in erheblichem Konflikt mit den realpolitischen Gegebenheiten liegen, würden uns in besonderer Weise auf unser heutiges Staats- und Gesellschaftsversagen aufmerksam machen. Entlang dieser Problemstellung müßte ökologische Zukunftsforschung heute etabliert werden, also ein eigenes Institut mit weitreichenden Arbeitsmöglichkeiten. Es ginge nicht darum, ein paar hochgelehrte Professoren möglichst elfenbeinturmartig an unserer Zukunftsperspektive herumdoktern zu lassen, aber auch nicht darum, sich alles kompatibel zurechtzuforschen, so daß das Wünschbare immer mehr in den für gangbar gehaltenen Wegen versackt. Solch ein Institut müßte sowohl an Zukunftsforschung interessierte Menschen als auch die aufgeschlossene Wissenschaft versuchen einzubeziehen.

Die Struktursysteme der menschlichen Lebenswelt wären in ihrer Gänze zu untersuchen. Die geschichtlichen Wurzeln der Weltkultur, ihre gewordene Tektonik, gehören umfassend mit in diese Analyse. Von dieser Panoramasicht auf die menschliche Entwicklung her wäre der Sprung nach Ökotopia zu unternehmen und dann zu fragen, wie aus dieser Sicht die Neugestaltung unserer heutigen Gesellschaft in ihren einzelnen Schritten beschaffen sein müßte.

In solcher Logik hätte sich ökologische Zukunftsforschung zu bewegen, wie es die Zeichnung noch mal zusammenfaßt. Gewiß ist es unsinnig, alles in diese Bahnen pressen zu wollen, erfinderische Kreativität sucht sich ihre zuweilen auch völlig abwegig scheinenden Schleichwege. Dennoch kann es vorteilhaft sein, auf Ordnungsprinzipien nicht zu verzichten. Es gibt Gründe dafür, warum man heute höchst selten auf ausgereifte Vorstellungen für eine zukunftsfähige Gesellschaft trifft, und ich meine schon, dies hat auch mit dieser Frage zu tun.

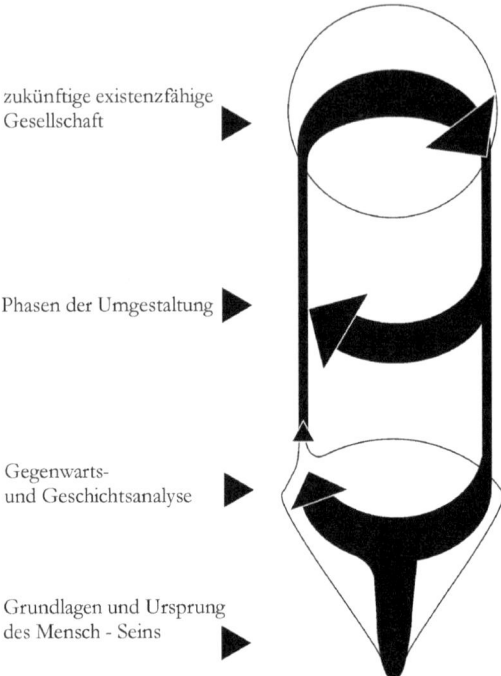

zukünftige existenzfähige
Gesellschaft ▶

Phasen der Umgestaltung ▶

Gegenwarts-
und Geschichtsanalyse ▶

Grundlagen und Ursprung
des Mensch - Seins ▶

Logik beim Vordenken alternativer Gesellschaft

Nun erhält man für so ein Plädoyer, das dazu motivieren will, sich zukünftige Gesell-
schaftszustände vorzustellen oder sie gar zu erforschen, nicht nur Beifall. So schreibt z.B.
Christina Thürmer-Rohr: „Wir sollten leben lernen in der Gegenwart. Unsere Situation
zwingt uns zu erkennen, daß wir unsere Ansprüche an uns selbst und andere nicht auf-
schieben und vertagen können. Wir können es uns nicht leisten, das, was wir tun und sein
könnten, auf eine Zukunft zu verlagern. Die Bewährungsprobe findet jetzt statt. Alles,
was wir zu tun haben, haben wir jetzt zu tun." Das ist gewiß so. Daran setze ich zunächst
nichts aus. Wenn es dann heißt, Hoffnungen halten bei der Stange und helfen die Unzu-
mutbarkeiten irgendwie überbrücken, sie lassen durchhalten, auch wenn die Gegenwart
schwer erträglich sei, so ist der Kern dieser Aussage auch erst mal nicht falsch. An anderer Stelle schreibt sie: „Wir sollten die Paradiese auf sich beruhen lassen. Es sind keine
Zufluchtsstätten."[157] Auch dies würde ich ganz ähnlich sehen, wenngleich mir fernliegt,
die ökotopianische Zukunftsgesellschaft als paradiesischen Zustand zu verklären. Sie
kann nur ein wohlausgewogener Kompromiß mit den uns auferlegten Naturschranken
sein und die gesellschaftlichen Strukturen so beeinflussen, daß die freie emanzipatorische Entwicklung aller Individuen das innere und soziale Maß des Lebens wird. Dies
darf selbstverständlich nicht länger von einem anthropozentrischem Weltbild durchwirkt bleiben.

Allerdings steckt, sagen wir spiegelverkehrt, in den Aussagen von Christina Thürmer-Rohr der Gedanke, wir brauchten gar keine Vorstellungen für eine soziale Utopie. Dem würde ich vehement widersprechen. Wer keine Ideen für die Zukunft hat, kann sie auch nicht gestalten. Wir sind dann dem unheilvollen Lauf der gegebenen Zustände ausgeliefert. Da hilft auch nicht der Verweis auf die Vergangenheit. Man wird erst mal zugeben müssen: Das neue Testament ist kaum dafür geeignet, die Architektur für Zukünftiges abzugeben. Die innere Dimension des Menschen wird im Blick bleiben müssen, aber die bisherigen Formen dieser sehr alten Utopie haben sich überlebt. Jesus war ein Vorbote für einen neuen Geist, und die menschliche Substanz, die um diese Figur herum angesammelt wurde, wird bleibend sein. Doch für eine ökologisch-kulturelle Neugestaltung der Gesellschaft kann das in keiner Weise hinreichend sein. Ganz analog verhält es sich mit dem kommunistischen Anlauf. Erich Fromm zeigte in mehreren Büchern sehr klar die Leistungen und Grenzen des Marxschen Entwurfs auf[158], und wir werden auch in anderer Lektüre wichtige Hinweise dazu finden. Wenn wir aber danach fragen, welche Hinweise wir auf den strukturellen Aufbau einer besseren Gesellschaftsformation bekommen, so gehen die Aussagen kaum über erste Ansätze hinaus. Wer von Lenin „Staat und Revolution" oder „Die nächsten Aufgaben der Sowjetmacht" bzw. auch andere Schriften gelesen hat, der wird wissen, es gab im Grunde höchst wenig konkrete Vorstellungen darüber, wie das sozialistische Gemeinwesen beschaffen sein könnte. Jedenfalls sind die Auskünfte über die strukturelle Neugestaltung der Gesellschaft recht unbefriedigend. Diese Konstellation und die sozialpsychologische Situation des damaligen Rußland begünstigten den totalitären Weg dieses Experiments ganz maßgeblich, neben der mangelnden demokratischen Einbettung und den damit verbundenen Verwerfungen.

Der Kardinalfehler aller bisherigen gesellschaftlichen Zukunftsvorstellungen liegt darin, daß sie nicht mit konkreten Plänen für die einzelnen Sphären des menschlichen Daseins verbunden wurden, von der Wirtschaft bis zum geistigen Klima. Es wird in Zukunft viele Modelle und Entwürfe geben müssen, wie wir die Dinge angehen wollen, und es muß dafür Sorge getragen werden, daß die klügsten Optionen politisch zum Zuge kommen. Das wird ganz gewiß nicht einfach, und es gibt keine hohe Wahrscheinlichkeit, daß dies gelingt. Aber jeder Mensch, der sich innerlich neu ausrichtet, zählt, ist ein Lichtblick.

Die Frage an Christina Thürmer-Rohr wäre also: Wird unsere Sicht nicht genauso unscharf, ist sie nicht ebenso eine Flucht aus der Gegenwart, wenn wir uns nur auf die unmittelbare Realität beziehen? Ist unsere ganze Jetztzeit nicht ein Sprung ins Irrationale, ein gespenstisches Projekt? Kann es wirklich reichen, mit zu großen Anteilen antiquierter bzw. weitgehend unzureichender Utopie gegen eine lebensfähige Alternative zu argumentieren? Können wir uns überhaupt noch leisten, so heranzugehen, wo wir uns täglich mehr den Boden unter den Füßen wegziehen? Ich glaube kaum. Festhalten an Althergebrachtem bedeutet, den Menschen als evolutionäre Möglichkeit preiszugeben. Wir haben aber die Einwände, die angezeichnet wurden, im Auge zu behalten. Jedoch finden wir in der öffentlichen Debatte immer wieder Argumente, die gegen das utopischen Element sprechen, um die angeblich bewährte Ordnung zu erhalten. Dieser Art von Anpassung an die bestehende Unrechtsordnung sollte man schon äußerst kritisch gegenüberstehen.

Neue Lebensformen in ihrer Entwicklungslogik

Bezogen auf die Gesamtgesellschaft und die Bundespolitik mögen ausgereifte Optionen für eine ökologische Zeitenwende vorläufig nur geringe Chancen haben. Dies darf aber nicht dazu führen, sich auf die bloße Kritik dieses Zustandes und geringfügige Veränderungsforderungen zu beschränken. Es gilt, eine Vielzahl von Türen zu öffnen, es wenigstens zu versuchen. Manche Tür will erst gesucht sein.

Ein Beispiel dafür sind ökoalternative Siedlungen. Am leichtesten mögen unmittelbar noch autofreie oder autoarme Siedlungen umsetzbar sein, obwohl schon dies schwierig genug ist. Man muß eben mit den Anforderungen rechnen, die so eine untergehende Industriegesellschaft an ihre Insassen stellt. Aber es gilt auch, Weiterreichendes abzustecken. So gibt es gerade in Ostdeutschland viele Gegenden auf dem Lande, wo bereits bebaute, aber vor sich hin gammelnde Flächen Plätze für ökoalternative Lebenssiedlungen abgeben könnten, ohne damit die Landschaft erneut weiter zu zersiedeln. Im Kern geht es darum, Menschen, die verstehen, daß unsere heutige Existenzweise ein einziges Todesnetz ist, den Freiraum zur Verfügung zu geben, wenigstens zu versuchen, mit neuen Lebensformen zu experimentieren. Dabei wird es sinnvoll sein, sehr unterschiedliche Varianten zu tolerieren. Wohl ginge es aber auch darum, die Werte des „Seins" über die des „Habens" zu stellen, also um eine sozialpsychologische Veränderung der Gesellschaft. All dies wird nicht im Schnelldurchgang zu gewinnen sein, das braucht Reife und ein gut durchdachtes Herangehen, womöglich mehrere Anläufe.

Für den Wandel der inneren menschlichen Verfassung bietet ein stärker gemeinschaftlich ausgerichtetes Leben in der Regel einen günstigeren Ausgangspunkt. „Es entsteht der Raum, in dem wir unsere egozentrischen, ichverkrampften, macht-bzw. ohnmachtorientierten Tendenzen, Inszenierungen, Spiele abbauen bzw. erst einmal bewußt wahrnehmen und im günstigsten Fall durch rituelle Formen geschützt behandeln können", schreibt Rudolf Bahro.[159]

Der Mensch ist die längste Zeit seiner Existenz an Kleingruppen gebunden gewesen. Die Familie als ein Produkt, das unmittelbar mit der Entstehung des Patriarchats verknüpft ist und gegenwärtig als kleinste systemerhaltende Zelle der kapitalistischen Kultur, als Festung für das patriarchale Ego dient, bedarf zumindest einer Öffnung nach außen. Für die Daseinsweise des Menschen spielt der Kontrast zwischen der anonymen Massengesellschaft und der auf sich verwiesenen Kleinfamilie eine problematische Rolle. Seelische Konflikte und Fehlentwicklungen des Verhaltens begünstigt das.

Gemeinschaftliches Leben, wie es hier gemeint ist, bedeutet einen freiwilligen Zusammenschluß mehrerer Personen zu einer lockeren Wohn- und Wirtschaftsgemeinschaft, die der Isolierung des Einzelnen in den herkömmlichen Existenzformen begegnen will. Die emotionale wie tätigkeitsbezogene Überlastung der Kleinfamilie soll entschärft werden. Die Kindererziehung durch einen größeren Kreis von Bezugspersonen vermindert die übermäßige Inanspruchnahme, mit der die Eltern konfrontiert sind, insbesondere die Mutter. Das patriarchale geschlechtliche Arbeitsteilungsmuster kann effektiver aufgehoben werden. Etwa die stark frauenbezogene Erziehung läßt sich besser abbauen.

Rein praktisch ist zwischen mehreren Familien unproblematisch ein kommunitäres Band knüpfbar. Ziemlich schnell bekommt man und frau dabei aber wieder Brüche hinein. Nicht zuletzt bringt die teils erforderliche Geschäftigkeit in der heutigen Zeit schnell Spannungen auf, aber auch unterschiedliche Wertvorstellungen etc. können dafür sorgen. Die Freiheit des einzelnen darf aber die Freiheit der anderen nicht in Frage stellen. Sehr schnell kann Gemeinschaft zur nervenaufreibenden Angelegenheit geraten, im Streitgeflecht kollektiver und individueller Interessen. Zu starke soziale Kontrolle und die Selbstaufgabe des einzelnen sollten keine wünschenswerten Ergebnisse sein. Schnell bilden sich auch unproduktive Rangordnungen heraus, selbst wenn es ausdrücklich nicht gewollt ist.

In einer zukünftigen Gesellschaft sind jedoch sehr unterschiedliche Formen von Kommuneleben denkbar, so auch neue Formen des Zusammenlebens in der Nachbarschaft, im Freundeskreis, die vermutlich eine stärkere Anziehungskraft haben, weil die Bindungsmöglichkeiten flexibler sind als festergefügte Modi des Beisammenseins. Nicht zuletzt spiegelt die starke Zunahme an Singlehaushalten einen Trend wider, der darauf hinweist, daß ein selbstbestimmtes Leben auch große Freiräume braucht, die andere Formen des Zusammenlebens sehr schnell einschränken. Gemeinschaftsleben kann Menschen nicht aufgedrängt oder gar von irgendwem verordnet werden.

Es wird angebracht sein, Gemeinschaft so zu gestalten, wie es den gegenwärtigen und projektgebundenen Lebensnotwendigkeiten entspricht. In verschiedenen Phasen eines gesellschaftlichen Wandels kann es angemessen sein, die strukturellen Beziehungen der Gemeinschaft zu verändern. Momentan scheint es mir nicht primär darauf anzukommen, daß möglichst viel Materielles aufgebaut wird. Die Ausgangsbedingungen dafür sind insbesondere durch die Bodenpreise wenig günstig. Selbst ansatzweise wirtschaftliche Autarkie für ökologisch verantwortbares Arbeiten läßt sich ebenfalls nur schwer umsetzen. Der Schwerpunkt dürfte mehr auf der Selbstveränderung liegen.

Jedoch zeichnet sich die Möglichkeit ab, die materiellen Hürden könnten künftig niedriger ausfallen. Sachsens Ministerpräsident Kurt Biedenkopf hatte 1991 in einer Vorlesung in der Humboldt-Universität zu Berlin definitiv zugesagt, die Startbedingungen für kommunitäre Alternativen aus Staatsmitteln zu stützen.[160] Rudolf Bahro, der ihn in seine Vorlesungsreihe eingeladen hatte, insistierte auf diese Fragestellung hin in der anschließenden Diskussion. So entstand daraufhin der Text von Bahro „Über kommunitäre Subsistenzwirtschaft und ihre Startbedingungen in den neuen Bundesländern", und es kam dann vom 12. bis zum 14.6.92 das Treffen „Neue Lebensformen" auf dem Hof Frohberg bei Schönnewitz zustande, wo Staatssekretär Hermann Kroll-Schlüter sich dem

Anliegen widmete. Aus dieser Initiative entwickelte sich das Lebensgut Pommritz. Inzwischen existieren dort ein eigenes Bildungzentrum, eine Bäckerei, eine Käserei, und auch ökologischer Landbau wird betrieben. Dabei ist es gewiß kein konfliktfreier Raum.

In Schöneiche, am östlichen Rand von Berlin, entstand nach der Einheit Deutschlands die ökologische Siedlung „Landhof". Die Berliner Zeitung titelte: „Kompost-Klo und grüne Dächer". Hier wurde das Problem Wohnungsnot mit ökologischem Bauen verbunden. Die finanzielle Situation aller beteiligten Familien war ungünstig, daran konnte auch das Kommunalparlament nicht vorbei. Die Kirche stiftete das Land in Erbpacht. Später kamen Fördermittel vom Bundesbauministerium dazu.[161]

Die Initiative zur Gemeinschaftsbildung in verschiedenen Formen sollte auf jeden Fall auch an vielen anderen Orten Schule machen. Die konkreten Ergebnisse werden aufscheinen lassen, wieviel Illusion dem anhaftet und wo sich Substanz entfaltet. Die angestrebte Variante, die in dem Papier zu den Startbedingungen aufgezeigt ist, die kommunitäre Praxis mit Hilfe staatlicher Aufwendungen für Land, Gebäude und Arbeitsmittel unter Gewährung von ABM-Stellen umzusetzen, wirft aber Fragen auf. Wie steht das begonnene Projekt dann unter staatlicher Aufsicht? Welche Verfügungsrechte haben Staat und die Beteiligten?

Festzuhalten gilt: Nicht zuletzt das Beispiel Pommritz zeigt, es gibt eventuell weiterführende Wege. Dafür lohnt es sich, konkretere Überlegungen vorzunehmen, als Angebot an eine Politik, die den Versuch wagen will, zeitgemäße Wegmarkierungen mit zu setzen. Für den Normalverdiener ist es jedoch schwer, überhaupt erst den Grund und Boden zu bezahlen, den man und frau für eine Wohngelegenheit in ländlicher Gegend braucht, selbst wenn die Preise dort tiefer liegen als im städtischen Raum. So wäre es denkbar, daß hier staatliche Instanzen den Engpaß überbrücken, indem sie die Anlage ökologischer Kommunesiedlungen fördern. Jedoch darf das nicht zu einer weiteren großräumigen Zersiedlung der Landschaft führen. Darüber hinaus muß gewährleistet sein, die Möglichkeiten dieses alternativen Ansatzes für jeden und jede zugänglich zu machen und nicht nur für Vorzeigeprojekte. Dieser Schritt wäre als Nächstes zu vollziehen. Wie soll nun aber die Förderung jener Siedlungen aussehen? Das jeweilige Bundesland könnte dafür bestimmte geeignete Gebiete ausmachen und zum Verkauf bieten, sagen wir, zu einem Solidarpreis von zehn Prozent des gegenwärtigen Marktwertes. Jeder volljährigen Person würden in diesem Rahmen bis zu 500 m² Boden zustehen. In Verbindung damit kann zusätzlich vorhandene Bausubstanz verkauft werden, so sich dies als zweckmäßig erweist. Über Sonderkredite mit günstigen staatlichen Konditionen sollte ökologisches Bauen oder Sanieren gefördert werden.

An diesen Kauf knüpfen sich aber Bedingungen auf beiden Seiten. Stünde etwa ein erneuter Verkauf an, so besitzt der Staat Eingriffsrechte, damit auch hier der Solidarpreis gewährt bleibt. Der Verkaufsvertrag verpflichtet die neuen Besitzer, kein motorisiertes Fahrzeug zu halten. Wenn es innerhalb einer größeren Menschengruppe sinnvoll erscheint, sich einen Wagen zu leisten, so würde dieser mit einer jährlichen Zusatzsteuer belegt.

Außerdem müßte es ein Stromverbrauchslimit geben. Wird dieses überschritten, erfolgt eine exponentielle Zusatzbesteuerung pro mehr verbrauchter Kilowattstunde. Die Höhe sollte so bemessen sein, daß sich der Verbraucher von vornherein darum bemüht, diese Besteuerung zu vermeiden. Über weitere oder abgewandelte Regelungen lohnt es sich nachzudenken. Wie das rechtlich gestaltet werden kann, muß man natürlich austarieren. Insgesamt sollten die Regelungen so geformt sein, daß für den konsumorientierten Bürger dieses Angebot an Bauland völlig unakzeptabel erscheint. Es muß aber Raum bleiben für die Kreativität der Bewohner.

Von Seiten staatlicher Instanzen ergibt sich die Verpflichtung, einen effektiven Anschluß an Nahverkehrsmittel sicherzustellen. Etwaige Vorschriften, die eine effektive ökologische Gestaltung der Kommunesiedlungen behindern, müßten so weit wie möglich unwirksam gemacht werden. Zum Beispiel wird eine dezentrale Pflanzenkläranlage oft die bessere Bilanz zeitigen als der Anschlußzwang an eine Großkläranlage. Im Rahmen der jeweiligen Möglichkeiten sollten ökologisch orientierte Arbeitsplätze geschaffen werden, sofern die scheinökologische Hürde wenigstens in Ansätzen überwunden werden kann.

Über die bisherigen Regelungen hinaus gäbe es auch tragende Wertevorstellungen. Sie sind keine Verpflichtung, aber wünschenswerte Prinzipien. Das betrifft den Wandel der menschlichen Bewußtseinsverfassung, den Abbau habenbestimmter Tendenzen im Menschen und einer mehr gemeinschaftlich orientierten Lebensweise gegenüber Abkapselung in der Kleinfamilie. Dazu gehört außerdem Sparsamkeit im Sinne ökologischen Schutzes. Sicher verbleibt zwischen den sofort realisierbaren Maßnahmen und fundamentalökologischer Notwendigkeit eine beträchtliche Differenz. Solange die ganze übrige Gesellschaft sich selbstmörderisch organisiert, sind solche Erfordernisse aber auch in den gesellschaftlichen Zwischenräumen nur begrenzt umsetzbar.

Wichtig ist, daß ökologische Kommunesiedlungen nicht von der Gunst der jeweils Regierenden in ihren Existenzbedingungen abhängen. Das wäre völlig unakzeptabel. Auch ohne aufmerksam hinzusehen, kann man feststellen, wieviel Kleingeisterei an manchen Orten das politische Klima in Deutschland bestimmt. Diese Siedlungen müssen also vor subtiler Repression seitens des Staates sicher rechtlich geschützt werden. Regierungen wechseln eben auch mal, und was die eine Partei für zukunftsweisend erkannt hat, muß bei einer anderen noch lange nicht angekommen sein.

Aufbauend auf der Idee ökologischer Lebensstandorte stünde natürlich auch die Frage nach einem sozialökologischen Wirtschaftssektor und dabei eingeschlossen die nach ökologischem Landbau, der einen solchen Namen auch verdient. Dieser Sektor wird sich stark auf Bedürfnisse der umliegenden Region orientieren. Er bedarf eines anderen inneren Maßes als der heutige Turbokapitalismus und wird sich in vielen Fällen nicht nach dem Diktat des gegenwärtigen Marktes rechnen. Rechnen muß er aber wohl mit den Eckdaten der Material- und Energiereduktion, die eine zukunftsfähige Weltordnung verlangt. Der Stoffdurchsatz muß allmählich auf unter ein Zehntel sinken. Eine ganze Technikentwicklung, die seit dem späten Mittelalter mehr und mehr ausgefallen ist und durch die weltumspannende Massenproduktion endgültig abgewürgt wurde, wäre mit dem Horizont des heutigen Wissens neu zu entwerfen. Die sozialökologische Regionalwirtschaft könnte teilweise durch einen öffentlichen Beschäftigungssektor gefördert werden. In anderen Fällen genügt eine Anschubfinanzierung. Die günstigsten Varianten muß man von Projekt zu Projekt abwägen und gegebenenfalls korrigieren.

Um durch die Begrenzung der Energienutzung alternative Produktion nicht zu erschweren, wäre denkbar, daß man davon ausgeht: Sobald eine der erwerbsfähigen Personen nicht mehr konventionell arbeitstätig ist oder bei mehreren keine Vollbeschäftigung vorliegt, fällt diese Begrenzung weg. Auf diese Weise kann man zunächst unmittelbare Subsistenzproduktion der Gefährdung entziehen. Für weitergefaßte Regionalwirtschaft muß es dann Sonderregelungen geben. Diese kann man nicht zum häuslichen Bereich addieren.

Das alles sind natürlich nur behelfsmäßige Konstruktionen für die heutigen Umstände, und es steht immer die Frage, ob einem intelligentere Verfahrensweisen einfallen. Praktisch muß es darum gehen, so wenig wie möglich bürokratische Aufwände zu erzeugen, jedenfalls nur soviel, daß Mißbräuche abgewendet werden. Die aufgeführten Regularien machen selbstverständlich nur Sinn, wenn daraus strategische Politik wird, die Sache im großen Rahmen gedacht wird, denn es ist wenig zweckmäßig, drei einzelne Ökobauern auf ihren Stromverbrauch hin zu überprüfen etc.

Alle Ideen, die über ökoalternatives Wohnen hinausgehen, sind natürlich einstweilen nur im Schutz geförderter Maßnahmen oder auf Kosten der eigenen sozialen Substanz umsetzbar, oder andere günstige Konstellationen kommen vorteilhaft hinzu. Das ist ganz klar. Eine Politik der ökologischen Zeitenwende heißt aber: Brücken bauen ans andere Ufer. Da kann der eine oder andere Pfeiler vorab schon mal ganz nützlich sein.

Was sich hier zunächst unter den Stichworten „ökoalternative Siedlungen" und „sozialökologische Regionalwirtschaft" nur als ein zweiter Weg neben dem zentralen von solarer Energiewende, dem ökologischen Umbau des Steuersystems und der grünen Effizienzrevolution etc. andeutet, würde in einem fortgeschrittenen Stadium der ökogesellschaftlichen Transformation zu einem zentralen Segment heranwachsen müssen. Die gesamte Infrastruktur der Industriegesellschaft wäre auf die Erfordernisse der ökotopianischen Zukunftsgesellschaft zuzuschneiden und in vielen Teilen rückzubauen. Wir werden mit einem Bruchteil an großindustrieller Produktion gegenüber heute auskommen müssen, wenngleich sie dort, wo sie sinnvoll ist, den neuen Gegebenheiten gemäß weiterentwickelt werden muß. Das Lebensgut Pommritz, die Kommune Niederkaufungen oder der Lebensgarten Steyerberg etc. aus den je unterschiedlichen Erfahrungen, die dort gewonnen wurden, kann man auch für den Fortgang auf der politischen Ebene Schlüsse ziehen.

Verwiesen sei hier auch auf Karl-Heinz Meyer, der in seinem Buch „Zukunftswerkstatt Gemeinschaftsprojekte" versucht hat, einen Überblick über ökologisch-alternative Kommunen zu erarbeiten. Einen recht analogen Anspruch hat Ulrich Grober in seinem Buch „Ausstieg in die Zukunft. Eine Reise zu den Ökosiedlungen, Energiewerkstätten und

Denkfabriken" umgesetzt. Des weiteren zu empfehlen ist das „KommuneBuch". Dort werden u.a. die Alltagerfahrungen in Gemeinschaftsprojekten ausführlich beschrieben. Zu guter Letzt sei noch auf den Band „Apokalypse oder Geist einer neuen Zeit" von Rudolf Bahro u.a. aufmerksam gemacht. Er enthält auch Texte, die im Zusammenhang mit dem Lebensgut Pommritz entstanden sind.

Die spannende Frage ist, kann es gelingen, in der politischen Landschaft erneut die Diskussion um neue Lebensformen zu entfachen, wenn sie denn Bausteine für eine zukunftsfähige Ordnung sind, oder doch wenigstens symbolhaft einen Weg dorthin andeuten? Können verschiedene politische Konstellationen in den Bundesländern nicht auch dafür gut sein, alternative Wege in Sachen ökologischer Siedlungen zu öffnen?

In Mecklenburg-Vorpommern etablierte z.B. die rot-rote Koalition auf Initiative der PDS einen öffentlich geförderten Beschäftigungssektor. Dieser würde sich auch für die Förderung eines sozialökologischen Wirtschaftsektors eignen. Das setzt natürlich voraus, man ist sich über den grundlegenden Unterschied zwischen herkömmlichen Umweltschutz und dauerhafter Bewahrung der Weltökologie im klaren. Dennoch dürfte der Weg vom Wort bis zur Praxis ein langer sein. Ob überhaupt solche Optionen eine Rolle spielen, wird davon abhängen, wie weit die politischen Akteure diese Idee aus sich selbst heraus weiter vorantreiben.

Zu erfolgreichem Vorgehen gehört sicherlich auch die Resonanz aus der Bevölkerung, von Menschen, die Interesse an einer ökoalternativen Neuorientierung haben. Das setzt auf der anderen Seite auch eine öffentlichkeitswirksame Publizität der Regierung voraus. Wenn man von den hier angedeuteten Möglichkeiten nur aus irgendwelchen Amtsblättern erfährt, die dem Normalsterblichen nur durch Zufall in die Hände geraten können, wird das sicherlich nicht gelingen. Gewiß, ohne eine gründliche Vorarbeit kann die Idee nicht praktisch werden, aber wo ein Wille ist, könnte auch ein Weg sein. Gelänge es, in irgendeinem Bundesland ökoalternative Lebensplätze zu schaffen, und das auf eine Weise, die ausstrahlende Wirkung erlangt, so könnten diese Initiative bald auch andere Länder übernehmen, in denen die Grünen oder die PDS mit in der Regierung sitzen, wenngleich man in der Vergangenheit sehen konnte, in Sachsen wurde der erste zögerliche Schritt getan. Die Farbenlehre ist also so sicher nicht, es kommt immer auf einzelne Menschen an, die bereit sind, etwas weiter zu denken.

Wechseln wir die Perspektive und nehmen wir einen längerfristig orientierten Zeithorizont in Augenschein, dann sollte auch über größer angelegte Experimente nachgedacht werden, die auf internationaler Kooperation gründen. Es ginge darum, eine ganze Region modellhaft unter allen realisierbaren sozialen, geistigen und technischen Bedingungen zu gestalten, die eine ökotopianische Ordnung abverlangen würde. Sicher kann man viele Rahmenbedingungen nur schwer künstlich herstellen. Dieses Experiment wäre natürlich auch ein Forschungsgegenstand allererster Güte, insofern man hier wichtige Erkenntnisse für die in Teilen vorweggenommene Neugestaltung der Gesellschaft sammeln könnte. Dies gilt wohl auch gerade dann, wenn der Mensch mit seinem zivilisatorischen Ballast die Kurve nicht mehr bekommt und Stück um Stück seine Lebensgrundlagen verliert. Dünn besiedelte Gebiete etwa in Rußland, wo man nicht allzusehr mit bestehenden Besitzständen zu kämpfen hat und zudem viele technische Errungenschaften noch nicht als Standard gelten, könnten recht günstige Ausgangsbedingungen für das skizzierte Megaexperient abgeben. Ohne jahrelange Vorbereitung und eine sehr umfassende Stützung, unter anderem auch finanzieller und forschungspolitischer Art, ist so etwas natürlich eine völlige Illusion. Für den Flug zum Mond oder die Erfindung der Atombombe wurden in der Vergangenheit gigantische Kapazitäten eingespannt. Um diese Größenordnung geht es, allerdings mit dem Unterschied, wir müßten uns verabschieden von den geistigen Haltungen, die dabei als erobernd-aggressiver Impuls Pate standen. In einem solchen Zusammenhang kann es dann auch nicht mehr um ein kleines Institut gehen, das ökologische Zukunftsforschung betreibt. Da ist dann ein ganz anderer Rahmen, ein ganz anderes Ausmaß an Forschungskapazität gefragt.

Sicher muß das logistische und gesellschaftstheoretische Ambiente tiefgründiger ausgelotet werden, wie etwa in den Sozialutopien von Robert Havemann in seinem Buch „Morgen" oder Ernest Callenbach in „Ökotopia". Manches wird man verwerfen, manches in eine neue Synthese bringen müssen. Auch meine eigenen Überlegungen gehören auf den Prüfstand. Vieles andere wird mit auf die Waagschale zu legen sein, wo bereits jetzt schon weiter gedacht worden ist. Aber man sollte sich diese Denkprovokation einfach leisten, der übliche Opportunismus in der Naturfrage hilft uns jedenfalls nicht weiter. Er bürgt nur für die Sicherheit unseres tragischen Untergangs.

Die Regierungserklärung

Nehmen wir an, die geistigen Gewichte in unserer Gesellschaft verschieben sich, weil immer mehr Menschen einsehen: Die bisherige Politik läßt zukünftige Generationen ins offene Messer laufen. Sie ist eine Politik, die langfristig auf Massenmord hinausläuft, demokratisches Handeln verhindert und jenseits jeglicher vernünftigen Verfassung liegt, einschließlich der des Grundgesetzes.

Also ist nicht nur bekannt, sondern auch erkannt, wir brauchen eine Politik der ökologischen Zeitenwende, die eine zukunftsfähige Republik ansteuert, wenn immer mehr Menschen dies denken und auch öffentlich artikulieren und immer mehr ExponentInnen auch in Knotenpunkte der gesellschaftlichen Verstärkung gelangen, alternative Projekte an Ausstrahlung gewinnen, dann kann auch die rückwärtsgewandteste Regierung nicht an diesem Fakt vorbei. Sie muß sich auf das gewachsene neue geistige Klima einstellen. Trotz aller festgefügten gesellschaftlichen Struktur hängt es von jedem einzelnen ab, ob wir zu einer Rettungspolitik kommen oder im Notstand verenden. Der Wandel in der Bevölkerung wird sich dann ansatzweise auch in Wahlergebnissen ausdrücken, wenngleich an dieser Schnittstelle über die Perspektive nicht in erster Linie entschieden werden wird.

Die Grundvoraussetzung, daß ein Kanzler der ökologischen Wende die politische Bühne betreten kann, ist eine neue geistige Verfaßtheit der Bevölkerung, sonst bekommt er keinen Fuß vor den anderen gesetzt. Um dies zu erreichen, ist vor allen Dingen eine radikalisierte Minderheit erforderlich, die dieses Umdenken beständig neu in die öffentliche Debatte bringt. Die verschiedenen Ökologen müssen unabhängig von politischen oder anderen Frontbildungen versuchen, miteinander zu kooperieren. So können sie auch den eigenen Spielraum erweitern. Man muß sich gegenseitig die Bälle zuwerfen, um die Ewiggestrigen ins Aus zu spielen. Unter dem wird nichts zu machen sein. Wir brauchen eine starke Ökologiebewegung, die auch bereit ist, strategisch-politisch die ökologische Neugestaltung der Gesellschaft entscheidend mitzuformieren. Es genügt nicht, Unternehmen das Drei-Liter-Auto etc. anzuempfehlen, hier gentechnisch veränderte Lebensmittel versuchen aus den Verkaufsregalen zu verbannen oder da ein Stück Landschaft vor der Zersiedlung zu retten. Das muß eingebunden sein in das Großeganze, darf nicht vergessen lassen, es geht hier um Sein oder Nichtsein der menschlichen Gattung.

Ein neues politisches Klima in der Bevölkerung wird zumindest fördern, daß ein Kanzler der ökologischen Wende auftreten kann bzw. daß der potentiell bessere Kandidat die Chance bekommt. Hermann Scheer hätte 1998 als Kandidat für die Kanzlerschaft nicht nur die schlechteren Voraussetzungen gehabt als Gerhard Schröder, selbst wenn es eine Mitgliederabstimmung in der SPD gegeben hätte. Das würde nicht nur daran gelegen haben, daß die Genossen noch nicht so weit sind, wobei das wohl auch zutrifft, aber der entscheidende Punkt ist, in großen Teilen des Massenbewußtseins der Bevölkerung dürfte eine radikale ökologische Wende eher als unzumutbare Angelegenheit in der eigenen Wahrnehmung verankert sein, so sehr man andererseits davon ausgehen mag, daß in Sachen Umweltschutz etwas getan werden müßte. An diesem Dilemma können die Medien einen hohen Anteil für sich verbuchen, aber natürlich auch alle anderen, die Multiplikatoren für Meinungsbildung sind. Der Änderungsbedarf, der hier besteht ist bereits ausführlich angemahnt worden.

Nehme ich nur die erste Regierungserklärung von Gerhard Schröder als SPD-Bundeskanzler am 10.11.1998, so zeigt sich, er hat von der ökologischen Zivilisationsproblematik rein gar nichts begriffen. Es geht ihm um eine Modernisierung der Gesellschaft, die in der Konsequenz den Niedergang des menschlichen Geschlechts bedeutet. Umweltpolitik kommt bestenfalls als Schmieröl für einen pathologisch ökonomischen Wachstumskurs vor. Künftige Generationen werden eine solche Herangehensweise nur als Anschlag auf ihre Lebensgrundlagen begreifen können. All dies heißt natürlich nicht, daß man die eine oder andere Detailfrage der Rede nicht einer Lösung zuführen müßte. Aber wenn der politische Rahmen nicht stimmt, ist das alles auf Sand gebaut.

Rudolf Bahro meint sinngemäß, wir bräuchten eine elterlich-liebevolle Regierung, die sich aktiv die Zustimmung für die notwendigen Maßnahmen zur Rationierung organisiert. Darüber hinaus müsse der Kampf der Interessenhaufen soweit zurückgedrängt werden, daß der Raum und die Zeit freibleiben, um eine andere Kultur aufzubauen. Im Gespräch mit Günter Gaus äußerte er darüber hinaus den Gedanken, die Selbstbegrenzung werde sich in der Art durchsetzen können, wie heute Verkehrssünder durch die Polizei zur Ordnung gerufen werden. Darüber ist der Autofahrer auch nicht so begeistert, aber er weiß, daß er eine Übertretung begangen hat, und akzeptiert die Strafe in der Regel.[162] Jedenfalls werden terroristische Ökodiktaturen keine Lösungen für unsere Problematik erbringen. An anderer Stelle führt Rudolf Bahro folgenden Gedanken aus, den ich für sehr wichtig halte: „Macht überhaupt darf für eine ökologische Rettungspolitik nur „negativ“, nur zur Begrenzung und Verhinderung des überhandnehmenden Unheils eingesetzt werden. Positive Zwecke kann sie nicht setzen, höchstens subsidiär stützen. Keine noch so wohlmeinende Tyrannis würde eine gute, heile Gesellschaft schaffen.“[163] Schon als ich Rudolf Bahros Buch „Logik der Rettung“ 1990 zum erstenmal las, fiel mir die Stelle, wo der angenommene Ökokanzler eine Fernsehansprache hält, als besonders interessant auf. Diesen Gedanken möchte ich hier aufgreifen. Mir scheint es angebracht, das Thema erneut aufzurollen und noch dichter an den Ernstfall heranzurücken. Die Rede ist exakt so formuliert, wie sie tatsächlich gehalten werden könnte, geradezu als Vorlage für einen tatsächlich existierenden Ökokanzler geschrieben. Daß es sich dabei auch um eine Kanzlerin handeln kann, versteht sich hier von selbst. Einzelne Überlegungen, die mir in Rudolf Bahros Fassung gut gefallen haben, sind in die neue Rede eingearbeitet. Gerade im materiell-technischen Bereich setze ich aber die Schwerpunkte etwas anders als Bahro, wie auch in einigen anderen Aspekten. Im übrigen kann man an den einzelnen Formulierungen sicher noch dies und jenes verbessern, klar hervortreten muß das Grundanliegen. Und es ist natürlich erst mal nichts weiter als nur eine Rede und noch kein praktisches Handeln. Aber sie signalisiert einen Anfang, der untersetzt werden muß durch eine handhabbare Reformstrategie. Der neue Ökokanzler könnte also, nachdem die Tagesschau bereits darauf vorbereitet hat, um 20.15 Uhr im ersten Programm auf Sendung gehen und etwa folgendes erklären:

„Wir sind zu laut geworden. Unsere Kultur ist zu laut geworden, zu mächtig, zu übermächtig, zu kriegerisch. Die Menschheit steht vor der größten Bewährungsprobe ihrer gesamten Geschichte. Wir laufen auf eine ökoglobale Weltkrise zu, die ganze Zivilation steht auf dem Spiel, und die weitere Existenz der Menschheit ist in Frage gestellt. Nach allen Informationen, die wir besitzen, müssen wir früher oder später damit rechnen, daß die Ökosysteme dem menschlichen Ausbeutungsdrang nicht mehr standhalten werden. Niemand vermag zu sagen, wo die Sicherungen zuerst durchbrennen.
Die beginnende Klimakatastrophe unterwirft viele Lebensräume zunächst erheblichen Veränderungen, bis die Belastungen so stark werden, daß unkalkulierbare Zerstörungen Raum greifen können. Täglich gelangen weltweit Millionen Tonnen Kohlendioxid, Methan und anderer Treibhausgase durch unser Industriesystem in die Atmosphäre und schließen die Wärmefalle immer weiter, drei- bis vierhundert Tier- und Pflanzenarten sterben täglich aus.[164] Der artenreiche Regenwald wird Opfer ungebremster Brandrodung und Vernutzung, durch die Erwärmung der Weltmeere sterben die ebenfalls artenreichen Korallenriffe ab. In immer kürzeren Abständen verdoppelt sich die Bevölkerungszahl auf der Erde. Die Wüstenregionen wachsen alle 24 Stunden um 20.000 Hektar, 86 Millionen Tonnen fruchtbarer Boden gehen weltweit durch Erosion verloren[165]. Die

schützende Ozonschicht der Erde wird dünner, und weit über die Antarktis hinaus reißt sie regelmäßig gänzlich auf. Hautkrebs, Immunschwäche und geringerer Pflanzenwuchs sind die Folge. Wie weit wird sich das Ozonloch über die Antarktis hinaus noch ausdehnen und die Ausdünnung der schützenden Hülle sich auch andernorts fortsetzen? Innerhalb weniger Generationen werden die nicht erneuerbaren Rohstoffe aufgebraucht, die in Jahrmillionen Erdgeschichte entstanden. Etwa das immer knapper werdende Erdöl potenziert die Gefahr eines neuen Weltkrieges, nicht zuletzt auch, weil die solaren Alternativen in der Vergangenheit zu langsam gefördert wurden. Dies sind nur die dramatischsten Warnzeichen, wie wir die irdischen Belastungsgrenzen verletzen.

Zwischen Ursache und Wirkung sozialökologischer Destabilisierung liegen häufig lange Zeiträume. Ziehen sich die verschiedenen Konfliktpotentiale zu einem unlösbaren Knoten zusammen, läßt sich das zerstörerische Potential nicht mehr abwenden, auch wenn die auslösenden Gründe längst beseitigt sind. In den nächsten Jahrzehnten drohen regionale und globale Zusammenbrüche der Ökosysteme. Deshalb muß alles getan werden, damit die Zeit zur radikalen Umgestaltung der Produktions- und Lebensweise nicht unwiederbringlich verlorengeht. Wir stehen in der Pflicht, nachfolgenden Generationen einen intakten Planeten zu hinterlassen. Möglicherweise ragen wir bereits zu Teilen über der Kliffkante dank der Übermütigkeit, mit der wir in den vergangenen Jahrzehnten den Marken eines angeblichen Fortschritts nachgejagt sind.

Die bisherige Politik fortzuführen, auch wenn es in den letzten Jahren bereits einige Verbesserung gegeben hat, würde eine totalitäre Entwicklung unvermeidlich nach sich ziehen. Wir riskierten damit ein jahrhundertelanges Schreckensszenario. Eine solche Entwicklung könnte mehr Todesopfer fordern als der Erste und der Zweite Weltkrieg zusammen. Wenn wir das nicht wollen, müssen wir der Gefahr jetzt begegnen, wo wir eine vielleicht gerade noch hinreichende Bremsstrecke haben. Allerdings vermag niemand zu sagen, ob wir noch ohne zumindest kleinere Crashs durchkommen. Es kann auch sein, daß unsere Wende in der Politik schon zu spät einsetzt, und es wird wohl auch keine ausgestorbene Art je wieder auferstehen.

Der Vorschlag meiner Regierung an Sie, liebe Bürgerinnen und Bürger, wäre, daß wir uns auf einen Plan einigen, wie wir zu einer ökologischen Zukunftsordnung gelangen. Ein Weg aus der jetzigen Sackgasse könnte noch gelingen, wenn wir unsere Vernunft zusammennehmen und unseren Egoismus zügeln. Denkt jeder zuerst jedoch an seine Besitzstände, die er verteidigen will, bleibt eine Rettung unmöglich. Und ich sage es ganz deutlich: Es kommt auf jeden einzelnen an, der sich für ein zukunftsfähiges Deutschland engagiert, der mithilft, daß die kleine Chance, die wir noch haben, genutzt wird. Auch der kritische Blick auf unsere Politik wird gebraucht. Nicht alles kann auf Anhieb gelingen, und wir bemühen uns nach Kräften, auftretende Schwächen zu beheben.

Wir werden Schritt für Schritt vorgehen und nicht alles auf einmal bewältigen können, aber wir werden zügig voranschreiten. Nicht gebrauchen können wir aber Stammtischreden, Zeitungsartikel, provinzpolitische Predigten usw., die uns darüber aufklären, wir hätten alles beim Alten lassen sollen, maximal bei geringfügigen Korrekturen. Von diesen

Leuten dürfen wir uns nicht irre machen und uns vom Ziel einer fundamentalen ökologischen Neugestaltung der Gesellschaft abbringen lassen. Sonst haben wir endgültig verloren.

Deutschland beginnt als erster Staat mit einer Politik der ökologischen Zeitenwende in der Hoffnung, daß andere Länder, auf welchem Kontinent auch immer, mitziehen oder wenigstens doch sympathisieren mit unseren Anstrengungen. Wir machen uns aber nicht von der Nachfolge anderer Länder abhängig, richten unseren Reformprozeß jedoch auf die äußeren Umstände ein.

Wir werden uns von den Strukturen der Europäischen Union zunächst ein Stück weit lösen, damit wir mehr Spielraum für unsere eigenen Maßnahmen gewinnen. Zugleich wollen wir aber darauf hinwirken, die Europäische Union für unseren ökologischen Kurs zu gewinnen und die nichtdemokratischen Elemente in ihr abbauen helfen, dabei jedoch die nationalen und regionalen Befugnisse stärken. Die EU Strukturen dürfen nicht zum Hemmnis für die ökologische Umgestaltung werden.

Unsere ökologische Reformpolitik orientiert sich auf eine radikale Abrüstung. Jedes Jahr wollen wir etwa zehn Prozent des bisherigen Potentials abrüsten. Nur ein kleiner Restbestand an verteidigungswirksamem militärischem Gut soll zunächst noch bestehen bleiben, damit unsere neue Friedenspolitik nicht als Einladung zu Aggressionen gegen uns mißverstanden wird. Mit unseren bisherigen Partnern werden wir verhandeln, daß alle Atomwaffen von deutschem Boden abgezogen werden. Deutschland proklamiert sich dann als eine atomwaffenfreie Friedenszone. Wir wollen der Weltöffentlichkeit zeigen, wir sind bereit, aus den von Deutschland angezettelten Weltkriegen und dem Mittragen der verbrecherischen Hochrüstungsspirale Lehren zu ziehen.

Bemühen werden wir uns darum, daß möglichst viele Staaten unserer Abrüstungspolitik folgen. In die UNO bringen wir einen Weltfriedensplan ein, der vorsieht, in den nächsten zehn Jahren alle Atomwaffen, die auf der Erde stationiert sind, abzurüsten, darüber hinaus aber auch alle anderen Massenvernichtungsmittel. Ebenso enthält die Initiative Vorschläge zum Abbau der konventionellen Militärpotentiale. Um unsere neue Friedenspolitik noch ein Stück mehr zu untermauern, bieten wir allen armen Ländern an, die an Deutschland Schuldenbeträge zu zahlen haben, diese teilweise oder sogar vollständig zu erlassen, wenn sie ihre Militärpotentiale gegen Null abrüsten. In Verhandlungen können auch landesspezifische Vereinbarungen getroffen werden. Als einen weiteren Schritt regen wir an, ein weltweites Friedensbündnis zu schaffen, damit die Abrüstungspolitik im äußersten Notfall auch gegen Aggressoren verteidigt werden kann. Dazu laden wir alle interessierten Nationen zu einer internationalen Konferenz nach Berlin ein.

Als Mitgliedsland der NATO liegt uns viel daran zu erreichen, das Bündnis in unsere neue Friedenlogik hineinzuziehen. Das bedeutet einen grundlegenden Wandel in der Funktion der NATO. Wir benötigen keine militante Weltpolizei, sondern ein Organ, das den Abrüstungskurs absichert. Gelingt dieser Kurswechsel in der NATO nicht, ziehen wir daraus Konsequenzen und verlassen den Pakt. Überdies wird sich Deutschland an keinerlei kriegerischen Auseinandersetzungen mehr beteiligen und sich zukünftig als neutraler Staat verhalten. Auch Menschenrechte sind nicht wirklich mit Bomben zu schützen.

Friedenspolitische Deeskalation ist für uns ein Unterpfand für eine Politik der ökologischen Zeitenwende. Eine wirksame Vorsorge steht für uns an aller erster Stelle, und dies ist auch die wirksamste Methode, um die Menschenrechte zu wahren. In vielen Ländern auf unserer Erde herrscht Krieg oder Bürgerkrieg. Gelingt es uns nicht mehr, das Ruder für eine lebenswerte Zukunft herumzureißen, werden alle diese Brandherde zu potentiellen Zündstellen für den zu befürchtenden Weltbürgerkrieg oder gar einem Weltkrieg um Existenzmittel zwischen einer Vielzahl von Nationalstaaten. Millionenfach würden Menschen getötet werden.

Unsere ökologische Reformpolitik setzt sich für eine vollständige solare Energiewende ein. In den nächsten Monaten werden wir alle noch am Netz befindlichen Atomkraftwerke abschalten. Die Energiekonzerne erhalten dafür keine Entschädigung. Industrielle Anlagen, die den Bestand der Republik als Lebensort gefährden, sind verfassungsrechtlich nicht hinnehmbar. Zudem werden wir ein Gesetz erlassen, das die Produktion und den Export atomarer Kraftwerkstechnologie untersagt. Die Bundesregierung wird sich dafür einsetzen, daß insbesondere auch die unsicheren Atomkraftwerke in Osteuropa abgeschaltet werden, aber auch die Meiler in anderen Teilen der Welt. Wir bieten den Regierungen eine enge Zusammenarbeit auf dem Gebiet der solaren Energiewende an. In den nächsten zwanzig Jahren werden wir alle Energie, die wir zukünftig nicht wegsparen können, aus Solarzellen, Wasser- und Windkraft sowie aus abfallender Biomasse gewinnen. Das ist ein sehr ehrgeiziges Programm, und es kann nur durch die aktive Mithilfe aller Beteiligten umgesetzt werden.

Darüber hinaus streben wir einen ökologischen Umbau des gesamten Steuersystems an. Im Laufe der nächsten Jahre werden die Mehrwertsteuer und die Lohnsteuer u.a. weitgehend abgeschafft. Dafür wird der Energie- und Rohstoffverbrauch dementsprechend höher besteuert werden. Der Faktor Arbeit wird in ganz erheblichen Maße preiswerter werden und damit Arbeitslosigkeit abgebaut. Langfristig wollen wir etwa achtzig Prozent aller Staatseinnahmen aus Steuern auf den Naturverbrauch gewinnen. Drastisch beschnitten werden in Zukunft die Subventionen für konventionelle Wirtschaftstätigkeit. Nur Unternehmen, die rundum ökologisch produzieren wollen, deren Produkte zukunftsfähig ausgerichtet werden, können noch Förderungen erwarten.

Unser Grundproblem ist: Wir müssen in den nächsten Jahrzehnten die stofflich-energetische Last, auf der unser Industriesystem aufgebaut ist, auf mindestens ein Zehntel heruntersenken. Wir verwendeten über Jahrzehnte Rohstoffe, die eigentlich nachfolgenden Generationen zugestanden hätten. Jeder Deutsche spannt im Schnitt 60 Energiesklaven für seinen Wohlstandsbedarf ein.[166] Im Weltvergleich nutzten wir in einem Übermaß Energie und Rohstoffe, die uns ein höheres Quantum an Einsparungen auferlegen, als Länder, die auf einem weit geringeren Pro-Kopf-Level liegen. Die solare Energiewende und die sozialökologische Effizienzrevolution, die wir vor allen Dingen mit dem ökologischen Steuerumbau und dem Abbau sowie der Umschichtung der Wirtschafts- und

Forschungssubventionen in Gang bringen wollen, werden viel unnützen Ballast einsparen.

Das wird aber nicht ausreichen, um zu einer dauerhaften Lösung zu gelangen. Sicher verschafft uns das einen Zeitgewinn, aber die Gefahren potenzieren sich hinter unserem Rücken weiter. Ungenügende Veränderungen in der technisch-materiellen Infrastruktur unserer Gesellschaft würden getroffen, angebliche ökologische Vorzeigeprojekte kämen in Verruf, weil sie dem gesellschaftlichen Korrekturbedarf nicht weit genug entsprochen haben. Wir müssen auch viele Abstriche machen von uns lieb gewordenen Gewohnheiten, müssen uns einwohnen in ein neues Lebensmodell. Ob aber am Ende eher ein Gewinn an Lebensglück entsteht, hängt von unserer Kreativität und Intelligenz ab. Sozialökologische Lebensqualitäten müssen im Mittelpunkt politischer Anstrengungen liegen.

Die Werte des Mensch-Werdens sollten über denen der Habgier angesiedelt sein. Wir brauchen den Übergang von der Wohlstands- zur Wohlseins-Gesellschaft. Die eigentliche Chance für eine Rettung aus der selbstverschuldeten Epoche des Untergangs erwächst aus dem geistigen Lebensniveau der Gesellschaft. Materieller Reichtum und Wohlstandssucht können nicht den Gipfel menschlichen Daseins begründen. Die Aufrichtigkeit sozialer Beziehungen, der Weg des Herzens ist die unmittelbarste Quelle für die Heilung unserer kranken Gesellschaft.

An immer mehr Orten in Deutschland testen Menschen Formen alternativen Lebens. Die neue Regierung will ökoalternative Lebensorte fördern und insbesondere darauf hinwirken, die Startbedingungen dafür zu verbessern. Menschen, die sich auf den Weg machen wollen zu einem ökologischen Lebensstil, schneller als dies die übrige Gesellschaft vermag, erhalten dafür den erforderlichen Freiraum. Sozialökologisches Wohnen betrachten wir als ein hohes soziales Gut, nicht zuletzt auch, um Armut zu vermeiden. Die Sozialpolitik wird darauf hinwirken, die unbedingt erforderlichen Güter des täglichen Lebens im Preisniveau niedriger zu halten, durch Regulierungen verschiedener Art. Güter, die eher dem Luxus dienen dagegen, müssen mit zusätzlichen Lasten im Preis rechnen.

Über einen öffentlichen Beschäftigungssektor wollen wir alternativ-ökologische Methoden regionalen Wirtschaftens unterstützen, zumindest für einen begrenzten Zeitraum als Anschubfinanzierung. Darüber hinaus stellen wir langfristige Kredite für den Start in ganzheitliche neue Lebenszusammenhänge zur Verfügung. Solche Initiativen vermögen aus sich selbst heraus viele Hinweise auf alternative Lebensstile und neue Formen des Zusammenlebens geben, die teilweise auch für die gesamte Gesellschaft bedenkenswert sind, in jedem Fall aber eine Bereicherung unseres Erfahrungsschatzes darstellen. Wir möchten erreichen, daß immer mehr Menschen ökologische Lebensplätze wählen, und werden versuchen, die Rahmenbedingungen dafür so optimal wie möglich zu gestalten. International arbeiten wir bereits daran, ein Großexperiment vorzubereiten. Alle gesellschaftlichen und infrastrukturellen Bedingungen für eine zukunftsfähige Gesellschaft sollen dort in ihrem integralen Zusammenspiel erprobt werden. Dies wird verbunden werden mit dem umfassendsten Forschungsprogramm, das jemals auf der Erde initiiert worden ist. Wir gehen davon aus, daß es sich über mehrere Jahrzehnte erstrecken wird. Es laufen bereits Verhandlungen mit verschiedenen Regierungen über die Möglichkeit, ein großräumiges Territorium für dieses internationale Experiment zur Verfügung zu erhalten, ohne allzusehr in angestammte Verhältnisse eingreifen zu müssen, andererseits aber auch keine großräumige Naturzersiedlung zu praktizieren und Naturschutzansprüche zu verletzen. Die vorhandene Siedlungsstruktur soll integriert werden, was voraussetzt, die ansässige Bevölkerung stimmt dem Vorhaben ausdrücklich zu.

Im Laufe der nächsten Monate und Jahre werden alle staatlichen Forschungsgelder, die noch zum Ziel haben, unser bisheriges Höher, Weiter und Schneller fortzusetzen, eingestellt und in ökologische Zukunftsforschung umgelenkt. Aufgerufen sei dazu, Forschungsbeiträge, die helfen könnten, die neue Zukunftsgesellschaft besser zu justieren, mit in das neuzuschaffende Staatsforum einzubringen. Alle Möglichkeiten, um die Rahmenbedingungen für eine zukunftsfähige Forschung zu schaffen und zu verbessern, sollen möglichst zügig umgesetzt werden.

Wir haben auch über unsere demokratischen Fundamente nachzudenken. Bisher ist der Mensch im Grunde nicht über oligarchische Strukturen hinausgekommen. Künftig wird es regelmäßig zu vielen wichtigen Fragen gesellschaftlicher Entwicklung Volksabstimmungen geben, die in erster Linie durch die Bevölkerung selbst eingeleitet werden können bzw. exponierte Bürgerinitiativen.

Einrichten wollen wir ein Ökologisches Oberhaus, demokratisch gewählt, das die langfristigen politischen Entwicklungen festlegt und dem Bundestag und dem Bundesrat gegenüber weisungsbefugt ist. Es repräsentiert das Mensch-Natur-Verhältnis und wird gegenüber den anarchischen Partialinteressen der Gesellschaft die Maße ökologischer Begrenzung durchzusetzen haben. Es ist der institutionelle Ausdruck, daß die Ökonomie ein Untersystem des Naturhaushalts ist und Marktgesetze sich nicht gegen Naturgesetze zum Schaden der zukünftigen Generationen durchsetzen dürfen. Jedoch werden ins Ökologische Oberhaus keine Parteien gewählt, sondern es konstituiert sich über eine Personenwahl. Eine neue ökologische Verfassung wird das in weiten Teilen antiquierte Grundgesetz ablösen. All dies soll bereits in der begonnenen Legislaturperiode ins Werk gesetzt werden.

Wir werden auch zu prüfen haben, ob die bisherige expansiv ausgerichtete ökonomische Ordnung nicht überwunden werden muß. Es wird zu fragen sein, ob wir nicht eine Wirtschaftsverfassung bräuchten jenseits pseudosozialistischem Staatsmonopolismus und gesellschaftlich institutionalisierter Habgier. Kann es sein, wir müßten eine Entwicklung anstreben, die auf Beteiligung der Werktätigen am Unternehmensgewinn fußt, aber auch ihre demokratische Teilhabe am Werden des Ganzen sichert? Markt um jeden Preis gefährdet die ökologische und soziale Stabilität. Alles deutet darauf hin, wir brauchen ökologische Planung in der Ökonomie. Es wird eine gesellschaftliche Planung sein müssen, d.h. sie sollte früher oder später auch so verankert werden. Und es wird die Frage der Selbstbegrenzung durchgängig einzubeziehen sein, gekoppelt mit dem Prinzip der Gleichheit, und zwar im Sinne der Gleichartigkeit der sozialen Ansprüche, Bedürfnisse und Lebenschancen aller Menschen. Erworbene Sonderrechte wird eine neue Steuergesetzgebung schrittweise aufzuheben haben. Wir werden also eine neue Sozial- und Eigentumsordnung ansteuern müssen, weil anders soziale Gerechtigkeit unter den Verhältnissen ökologischer Genügsamkeit nicht hergestellt werden kann. Die ökonomische Globalisierung erwies sich als eine Sackgasse, in die uns die hemmungslose Profitgier der Konzernwelt hineinstürzte, flankiert und zum Teil unterstützt von einer bedenkenlosen Politik. Ökologische Ökonomie ruht auf den Fundamenten der Regionen.

Der bevorstehende sozialökologische Strukturwandel wird umfassender und schwieriger sein als alle vorhergehenden Umwälzungen und Reformen in der Menschheitsgeschichte. Sie dürfen damit rechnen, daß meine Regierung alle Register zu ziehen bereit ist, um die erforderliche Umgestaltung zu beginnen. Eine lebenswerte Zukunft wird es aber nur geben, wenn genügend Menschen nicht nur zuschauen und sich darüber auslassen, wie verquer sich die politische Klasse wieder anstellt, sondern wir brauchen aktive Bürgerinnen und Bürger, die mitdenken und mitanpacken, das ihrige tun, damit die ökologische Neugestaltung der Gesellschaft eine gelungene Kontur gewinnt. Bitte denken Sie darüber nach, welchen eigenen Beitrag Sie dazu leisten könnten. Prüfen Sie, welche Möglichkeiten Ihnen gegeben sind, und lassen Sie diese nicht ungenutzt! Setzten sie sich auch gegen Widerstände durch. Nur gemeinsam können wir es schaffen. Ich danke Ihnen für Ihre Aufmerksamkeit.“

ausgewählte Literatur als Empfehlungen zur <u>kritischen</u> Auseinandersetzung

* zum Verständnis der ökologischen Zivilisationskrise

Swetlana Alexijewitsch; Tschernobyl. Eine Chronik der Zukunft, 2000

Franz Alt; Fluchtweg aus dem Treibhaus. Energien für das nächste Jahrhundert, 1993 (Film) *

Franz Alt; Agrarwende jetzt. Gesunde Lebensmittel für alle, 2001

Franz Alt; Die Sonne schickt uns keine Rechnung. Die Energiewende ist möglich, 1994

Franz Alt; Das ökologische Wirtschaftswunder, 1997

Carl Amery; Die Botschaft des Jahrtausends. Von Leben, Tod und Würde, 1994 *

Carl Amery; Die ökologische Chance. Das Ende der Vorsehung. Natur als Politik, 1985

Rudolf Bahro; Logik der Rettung. Wer kann die Apokalypse aufhalten? Ein Versuch über die Grundlagen ökologischer Politik, 1987 *

Rudolf Bahro; Rückkehr. Die In-Weltkrise als Ursprung der Weltzerstörung, 1991

Rudolf Bahro u.a.; Apokalypse oder Geist einer neuen Zeit, 1995

Wilhelm Bode, Martin Hohnhorst; Waldwende. Vom Försterwald zum Naturwald, 1994

BUND, Misereor (Hrsg.); Zukunftsfähiges Deutschland. Ein Beitrag zu einer global nachhaltigen Entwicklung, 1996

Ernest Callenbach; Ökotopia, 1975 *

Fritjof Capra; Wendezeit. Bausteine für ein neues Weltbild, 1982

Hoimar v. Ditfurth; So laßt uns denn ein Apfelbäumchen pflanzen. Es ist soweit, 1985

Eugen Drewermann; Der tödliche Fortschritt. Von der Zerstörung der Erde und des Menschen im Erbe des Christentums, 1991

Joachim Faulstich; Crash 2030. Ermittlungsprotokoll einer Katastrophe, 1994 (Film) *

Dirk C. Fleck; Go! Die Ökodiktatur (Roman), 1994 *

Anton-Andreas Griesebach; Der Planet schlägt zurück. Ein Tagebuch aus der Zukunft, 1993

Ulrich Grober; Ausstieg in die Zukunft. Eine Reise zu den Ökosiedlungen, Energiewerkstätten und Denkfabriken, 1998

Herbert Gruhl; Himmelfahrt ins Nichts. Der geplünderte Planet vor dem Ende, 1992

Herbert Gruhl; Ein Planet wird geplündert. Die Schreckensbilanz unserer Politik, 1975

Robert Havemann; Morgen. Die Industriegesellschaft am Scheideweg. Kritik und reale Utopie, 1980 *

Michael Succow, Lebrecht Jeschke, Hans Dieter Knapp; Die Krise als Chance - Naturschutz in neuer Dimension, 2001

Ulrich Kluge; Ökowende. Agrarwende zwischen Reform und Rinderwahnsinn, 2001

Carsten Krebs, Danyel T. Reiche, Martin Rocholl; Die Ökologische Steuerreform. was sie ist. wie sie funktioniert. was sie uns bringt, 1998

p.m.; bolo' bolo, 1983 (Paranoia City Verlag, Bäckerstr.9, PF 406, CH 8026 Zürich)

Rüdiger Mörsdorf; Das jüngste Gericht. Zukunftsfähiges Deutschland, 1996 (Film)

Henrik Paulitz; Solare Netze. Neue Wege für eine klimafreundliche Wärmewirtschaft, 1997

Hans Joachim Rieseberg; Verbrauchte Welt. Die Geschichte der Naturzerstörung und Thesen zur Befreiung vom Fortschritt, 1988

Christina Thürmer-Rohr; Vagabundinnen. Feministische Essays, 1987

Saral Sakar; Die nachhaltige Gesellschaft. Eine kritische Analyse der Systemalternativen, 2001

Hermann Scheer; Solare Weltwirtschaft. Strategie für die ökologische Moderne, 1999

Hermann Scheer; Sonnenstrategie. Politik ohne Alternative, 1993

Friedrich Schmidt-Bleek; Wieviel Umwelt braucht der Mensch? MIPS. Das Maß für ökologisches Wirtschaften, 1994

Peter Schott; Die Chance Umweltpolitik. Fakten, Zusammenhänge, Schritte in die Zukunft, 1998

Walter Witzel, Dieter Seifried; Das Solarbuch. Fakten, Argumente, Strategien, 2000

Michael Succow; Erhalten und Haushalten - zur Zukunftssicherung der menschlichen Gesellschaft (Zur Verleihung des Alternativen Nobelpreises; Greifswalder Universitätsreden Nr. 85), 1998

Michael Succow; Wir brauchen Leute aus der Stadt, die auf dem Land etwas bewegen wollen (tarantel Nr.9), 1999

Ernst Ulrich von Weizsäcker; Erdpolitik. Ökologische Realpolitik an der Schwelle zum Jahrhundert der Umwelt, 1989

Ernst Ulrich von Weizsäcker, Amory B. Lovins, L. Hunter Lovins; Faktor Vier. Doppelter Wohlstand - halbierter Naturverbrauch, 1995

Otto Ullrich; Forschung und Technik für eine zukunftsfähige Lebensweise, in: Werner Fricke (Hrsg.): Jahrbuch Arbeit + Technik 2001/2002, Grenzüberschreitungen, Stillstand und Bewegung in der Gesellschaft, 2001

Otto Ullrich; Regionalisierung: Die räumliche Grundlage für eine zukunftsfähige Lebensweise, in: Lutz Finkeldey (Hrsg.); Tausch statt Kaufrausch, Selbstverlag des Sozialwissenschaftlichen Instituts der Evangelischen Kirche in Deutschland, Bochum

Otto Ullrich; Gefangen im Mythos der Arbeitsgesellschaft? In: W. Bierter und U. v. Winterfeld (Hrsg.); Zukunft der Arbeit - Welcher Arbeit?, 1998

Plädoyer für ökologische Rettungspolitik. Die PDS muß die Weichen für das Jahrhundert der Umwelt stellen, 1997 (Thesenpapier; Ökologische Plattform, Bestellung: Kleine Alexanderstr.28, 10178 Berlin, www.oekologische-plattform.de)

* Symptome der ökologischen Krise

Reinhard Behrend, Werner Paczian; Raubmord am Regenwald. Vom Kampf gegen das Sterben der Erde, 1990

John E. Brandenburg, Monica Rix Paxson; Wie der Erde die Luft ausgeht. Das Ende unseres blauen Planeten, 1999

Martin Butzin u.a.; Klimawende. Schritte gegen den Treibhauseffekt, 1998

Wolfgang Engelhardt; Das Ende der Artenvielfalt. Aussterben und Ausrottung von Tieren, 1997

Pat Mooney, Cary Fowler; Die Saat des Hungers. Wie wir die Grundlagen unserer Ernährung vernichten, 1990

Karl Otto Henseling; Ein Planet wird vergiftet. Der Siegeszug der Chemie: Geschichte einer Fehlentwicklung, 1992

Jonathan Weiner; Die Klimakatastrophe. Wie der Treibhauseffekt unser Leben verändern wird, 1990

Global Warming. Der Greenpeace-Report, 1991

Enquente-Kommission „Vorsorge zum Schutz der Erdatmosphäre" (Hrsg.) Schutz der Erdatmosphäre. Eine internationale Herausforderung, 1990; siehe auch; Schutz der Erde. Eine Bestandsaufnahme mit Vorschlägen zu einer neuen Energiepolitik. Teilband 1, 1991 (es ist schwierig im Augenblick aktuelle und kritische Publikationen zu diesem Themen zu finden, in der Regel ist die systematische Suche nach Zeitungsbeiträgen etc. dazu erfolgreicher)

* Der Süd-Nord-Konflikt und seine Geschichte

Christian v. Ditfurth; Wachstumswahn. Wie wir uns selbst vernichten, 1995

Hannelore Gilsenbach; Hochzeit an der Transamazonica, 2000

Uwe Hartwig, Uwe Jungfer; Zum Beispiel Verschuldung, 1992

Ekkehard Launer; Datenhandbuch Süd-Nord, 1992

Maria Mies; Patriarchat und Kapital. Frauen in der internationalen Arbeitsteilung, 1986

Vandana Shiva, Maria Mies; Ökofeminismus. Beiträge zur Praxis und Theorie, 1995

Veronika Bennholdt-Thomsen, Maria Mies, Claudia v. Werlhof; Frauen, die letzte Kolonie. Zur Hausfrauisierung der Arbeit, 1983

Günter Neuberger u.a.; Zum Beispiel Kaffee, 1991

Helena Norberg-Hodge; Lernen von Ladakh, 1993 (Film und Buch)

Gerd v. Paczensky; Weiße Herrschaft. Eine Geschichte des Kolonialismus, 1979 (Bestellung: W. Hädecke Verlag, Lukas Moser Weg 2, 71263 Weil der Stadt (11,80 DM))

Gerd v. Paczensky; Teurer Segen. Christliche Mission und Kolonialismus, 1991

Hafez Sabet; Die Schuld des Nordens. Der 50-Billionen-Coup, 1992

Christa Wichterich; Die globalisierte Frau. Berichte aus der Zukunft der Ungleichheit, 1998

Michael Windfuhr; Zum Beispiel Rohstoffe, 1996

* Psyche und Gesellschaft

Tschingis Aitmatow; Die Richtstatt (Roman), 1989

Carl Amery, Hermann Scheer; Klimawechsel. Von der fossilen zur solaren Kultur, 2001

Rainer Funk, Marko Ferst, Burkhard Bierhoff u.a.; Erich Fromm als Vordenker. „Haben oder Sein" im Zeitalter der ökologischen Krise, 2002

Patricia Carrington; Das große Buch der Meditation, 1977

Dieter Duhm; Angst im Kapitalismus. Zweiter Versuch zur Begründung zwischenmenschlicher Angst in der kapitalistischen Warengesellschaft (Bibliothek), 1972 **

Dieter Duhm; Aufbruch zur neuen Kultur. Von der Verweigerung zur Neugestaltung. Umrisse einer ökologischen und menschlichen Alternative, 1982

Dieter Duhm; Der unerlöste Eros, (überarbeitete Neuauflage) 1998 (kritisch lesen!)

Matthew Fox; Revolution der Arbeit. Damit alle sinnvoll leben und arbeiten können, 1994

Erich Fromm; Haben oder Sein. Die seelischen Grundlagen einer neuen Gesellschaft, 1976 **

Erich Fromm; Die Furcht vor der Freiheit, 1941

Erich Fromm; Das Menschenbild bei Marx. Mit den wichtigsten Teilen der Frühschriften von Karl Marx, 1961

Erich Fromm; Wege aus einer kranken Gesellschaft. Eine sozialpsychologische Untersuchung, 1955

Erich Fromm; Anatomie der Destruktivität, 1974

(Gesamtausgabe (10 Bände) erhältlich: E. Fromm-Archiv, zu Hdn. Rainer Funk, Ursreiner Ring 24, 72076 Tübingen (85 DM), inzwischen gibt es eine Ausgabe in 12 Bänden)

Rainer Funk, Helmut Johach, Gerd Meyer (Hg.); Erich Fromm heute. Zur Aktualität seines Denkens, 2000

Jean Gebser; Ausgewählte Texte, 1987

Jean Gebser; Vorlesungen und Reden zu „Ursprung und Gegenwart" GA 5/1, 1986

Carl Gustav Jung; Welt der Psyche, 1985

Verena Kast; Freude, Inspiration, Hoffnung, 1997

Ayya Khema; Der Pfad zum Herzen, 1988

Stephan Krawczyk, Terrormond, CD, 1993

Laudse; Daudedsching, 1978 (entstanden ca. 500 bis 300 v.u.Z)

Peter Lauster; Die Liebe. Psychologie eines Phänomens, 1980

Peter Lauster; Wege zur Gelassenheit. Die Kunst, souverän zu werden, 1984

Karl-Heinz Meyer; Zukunftswerkstatt Gemeinschaftsprojekte, 1990 (Bestellung: Lebensgarten, Ginsterweg 13-14, 31595 Steyerberg; 20,- DM)

Erich Neumann, Tiefenpsychologie und neue Ethik, 1964

Horst-Eberhard Richter; Der Gotteskomplex. Die Geburt und die Krise des Glaubens an die Allmacht des Menschen, 1979

Christina Thürmer-Rohr; Verlorene Narrenfreiheit, 1994

Ken Wilber; Wege zum Selbst. Östliche und westliche Ansätze zu persönlichem Wachstum, 1979

Kollektiv KommuneBuch (Hrsg.); Das KommuneBuch. Alltag zwischen Widerstand, Anpassung und gelebter Utopie, 1996

c/o Beaulieu; Holon-Papier. Ökologische, soziale, spirituelle und politische Orientierungen, 1996 (Bestellung: c/o Beaulieu, PF 5401, CH-3001 Bern)

* Demokratie, Gesellschaft und Reformalternativen

Carl Amery; Global Exit. Die Kirchen und der Totale Markt, 2002

Hans Herbert v. Arnim; Staat ohne Diener. Was schert die Politiker das Wohl des Volkes?, 1995

Klaus Bosselmann; Im Namen der Natur. Der Weg zum ökologischen Rechtsstaat, 1992

Friedrich Engels; Der Ursprung der Familie, des Privateigentums und des Staats, 1884

Hermann K. Heußner, Otmar Jung (Hrsg.); Mehr direkte Demokratie wagen. Volksbegehren und Volksentscheid: Geschichte - Praxis - Vorschläge, 1999

Ivan Illich; Entschulung der Gesellschaft. Eine Streitschrift, (erweiterte u. überarbeitete Aufl.) 1995

Ivan Illich; Selbstbegrenzung. Eine politische Kritik der Technik, (erweiterte Aufl.) 1998

Martin Jänicke; Staatsversagen. Die Ohnmacht der Politik in der Industriegesellschaft, 1986

Robert Jungk; Norbert R. Müllert; Zukunftswerkstätten. Mit Phantasie gegen Resignation und Routine, 1981

Dieter Klein u.a.; Reformalternativen. sozial. ökologisch. zivil, 2000

Hans Kronberger; Blut für Öl. Der Kampf um die Ressourcen, 1998

Beate Kuhnt, Norbert R. Müllert; Moderationsfibel Zukunftswerkstätten, 1996

Doris Lessing; Die Memoiren einer Überlebenden, 1974 (Roman)

Hans-Peter Martin, Harald Schumann; Die Globalisierungsfalle. Der Angriff auf Demokratie und Wohlstand, 1996

Lewis Mumford; Die Verwandlungen des Menschen, 1956

Lewis Mumford; Mythos der Maschine. Kultur, Technik und Macht. Die umfassende Darstellung der Entdeckung und Entwicklung der Technik, 1977

Hermann Scheer. Zurück zur Politik. Die archimedische Wende gegen den Zerfall der Demokratie, 1995

Erwin K. und Ute Scheuch; Cliquen, Klüngel und Karrieren. Über den Verfall der politischen Parteien, 1992

Tine Stein; Demokratie und Verfassung an den Grenzen des Wachstums. Zur ökologischen Kritik und Reform des demokratischen Verfassungsstaates, 1998 (Bestellung: Tine Stein, OSI, Ihnestr.22, 14195 Berlin)

Paul Tiefenbach; DIE GRÜNEN. Verstaatlichung einer Partei, 1998

Besonders interessante Publikationen für das ökologische Thema sind mit einem Sternchen markiert [*], für das sozialpsychologische Thema mit zwei Sternchen [**].Die Jahreszahlen geben in der Regel das Jahr der ersten Veröffentlichung bzw. einer überarbeiteten Fassung an. Wenn das Buch im Handel nicht mehr erhältlich ist, unter www.sfb.at oder www.zvab.de suchen. Alle Filme können bestellt werden über: fechnerfilm, Schwarzwaldstr. 45, 78194 Immendingen, Tel. 07462/923920-0.

Anmerkungen

[1] vgl.u.a.in: Heide-Göttner Abendroth; Das Matriarchat. Band 1. Geschichte seiner Erforschung

[2] Erich Fromm faßt die Bezeichnung „Megamaschine", die von Lewis Mumford stammt, folgendermaßen zusammen: „Er meint damit eine neue Form der Gesellschaft, die sich so radikal von der bisherigen Gesellschaft unterscheidet, daß die Französische Revolution und die Russische Revolution im Vergleich zu dieser Veränderung verblassen: eine Gesellschaftsordnung, in der die Gesamtgesellschaft zu einer Maschine organisiert ist, in der das einzelne Individuum zum Teil der Maschine wird, programmiert durch das Programm, das der Gesamtmaschine gegeben wird. Der Mensch ist materiell befriedigt, aber er hört auf zu entscheiden, er hört auf zu denken, er hört auf zu fühlen und er wird dirigiert von dem Programm. Selbst jene, die die Maschine leiten..., werden vom Programm dirigiert."

[3] vgl.in: Carl Amery; Die Botschaft des Jahrtausends. Von Leben, Tod und Würde, S.171

[4] Hermann Scheer; Zurück zur Politik. Die archimedische Wende gegen den Zerfall der Demokratie, S.31,34

[5] Paul J. Crutzen u.a.; Atmosphäre, Klima, Umwelt. Beiträge aus Spektrum der Wissenschaften, S.42

[6] Andrea Meyer u.a.; Klimawende. Schritte gegen den Treibhauseffekt, S.28

[7] Berliner Zeitung, 29.4.1998

[8] Greenpeace-Magazin, 1/1999

[9] Neues Deutschland, 29.1.2001

[10] ebenda

[11] Spiegel 12/1995

[12] Herbert Gruhl; Himmelfahrt ins Nichts. Der geplünderte Planet vor dem Ende, S.283

[13] Geo, 8/1996

[14] Greenpeace-Magazin, 1/1999; Spiegel 42/1997

[15] Focus, 33/1998

[16] Spiegel 37/1997

[17] Global Warming. Die Wärmekatastrophe und wie wir sie verhindern können, S.70

[18] bild der wissenschaft, 2/1994

[19] José Lutzenberger; Das Verschwinden der Regenwälder könnte zu einer neuen Eiszeit führen (Beitrag für den Weltethik Kongreß im November 2000)

[20] ebenda

[21] Brockhaus Enzyklopädie in 24 Bänden, Bd.8, S.658

[22] Spiegel, 48/1995

[23] Wolfgang Engelhardt; Das Ende der Artenvielfalt. Aussterben und Ausrottung von Tieren, S.19 u. 66

[24] Stern, 45/1997

[25] Christian v. Ditfurth; Wachstumswahn. Wie wir uns selbst vernichten, S.220

[26] der ganze Abschnitt baut unter anderem auch auf Ausführungen in meiner Schrift „Die Totalkrise" auf

[27] Jonathan Weiner; Die Klimakatastrophe. Wie der Treibhauseffekt unser Leben verändern wird, S.162-166

[28] Al Gore; Wege zum Gleichgewicht. Ein Marshallplan für die Erde, S.93; Wochenpost 43/1992

[29] ARD-Journal „Monitor" vom 25.1.1996

[30] Rudolf Bahro; Logik der Rettung. Wer kann die Apokalypse aufhalten? Ein Versuch über die Grundlagen ökologischer Politik, S.30

[31] Ernst Ulrich Weizsäcker, Amory B. Lovins und L. Hunter Lovins; Faktor Vier. Doppelter Wohlstand halbierter Naturverbrauch, S.235

[32] nach: Friedrich Schmidt-Bleek; Wieviel Umwelt braucht der Mensch? MIPS - Das Maß für ökologisches

Wirtschaften S.148

[33] BUND, Misereor (Hrsg.); Zukunftsfähiges Deutschland. Ein Beitrag zu einer global nachhaltigen Entwicklung, S.128

[34] Jörg Tremmel; Der Generationsbetrug. Plädoyer für das Recht der Jugend auf Zukunft, S.97, 98

[35] Herbert Gruhl. Ein Planet wird geplündert. Die Schreckensbilanz unserer Politik, S.116

[36] Daten u.a. aus: Erdöl - Schluß mit dem Überschuß; Klaus Thews, Stern 18/1998

[37] Der Spiegel, 31/1997

[38] Enquete-Kommission „Vorsorge zum Schutz der Erdatmosphäre" des Deutschen Bundestages (Hrsg.); Schutz der Erde. Eine Bestandsaufnahme mit Vorschlägen zu einer neuen Energiepolitik. Teilband I, S.183

[39] Friedrich Schmidt-Bleek; wieviel Umwelt braucht der Mensch? MIPS - Das Maß für ökologisches Wirtschaften, Kapitel: Der Faktor 10, S.159-176

[40] BUND, Misereor (Hrsg.); Zukunftsfähiges Deutschland. Ein Beitrag zu einer global nachhaltigen Entwick-lung, S.80

[41] Franz Alt; Der ökologische Jesus. Vertrauen in die Schöpfung, S.108; Walter Witzel, Dieter Seifried; Das Solarbuch. Fakten, Argumente, Strategien, S.7

[42] Hermann Scheer; Solare Weltwirtschaft. Strategie für die ökologische Moderne, S.13

[43] ebenda, S.246

[44] Walter Witzel, Dieter Seifried; Das Solarbuch. Fakten, Argumente, Strategien, S.37

[45] BUND, Misereor (Hrsg.); Zukunftsfähiges Deutschland. Ein Beitrag zu einer global nachhaltigen Entwicklung, S.183,184

[46] Informationen unter www.greenpeace-energy.de

[47] Franz Alt; Das ökologische Wirtschaftswunder. Arbeit und Wohlstand für alle, S.62 (Die Hinweise zum japanischen Solarprogramm stammen aus dem Abschnitt „Japan auf dem Weg zur Sonne" S.61-63)

[48] Neues Deutschland, 13.6.2001

[49] Franz Alt; Der ökologische Jesus. Vertrauen in die Schöpfung, S.126

[50] Walter Witzel, Dieter Seifried; Das Solarbuch. Fakten, Argumente, Strategien, S.101

[51] Carl Amery, Hermann Scheer; Von der fossilen zur solaren Kultur, S.26

[52] die tageszeitung, 6.3.1997; Carl.A.Fechner; Ausgestrahlt. „X-tausendmal quer" in Gorleben. Widerstand gegen Castor (Film)

[53] Walter Witzel, Dieter Seifried; Das Solarbuch. Fakten, Argumente, Strategien, S.91

[54] Michael Müller; Der Ausstieg ist möglich. Eine sichere Energieversorgung ohne Atomkraft, Bonn, S.181

[55] ebenda, S.180

[56] Der Tagesspiegel, 16.9.1995

[57] Franz Alt; Die Sonne schickt uns kein Rechnung. Die Energiewende ist möglich, S.116

[58] Karsten Krebs, Danyel T. Reiche, Martin Rocholl; Die ökologische Steuerreform. was sie ist. wie sie funktioniert. was sie uns bringt, S.116-120

[59] Neues Deutschland, 12.3.1997

[60] Karsten Krebs, Danyel T. Reiche, Martin Rocholl; Die ökologische Steuerreform. was sie ist. wie sie funktioniert. was sie uns bringt, S.161

[61] Heidemarie Ehlert; Positionen der PDS zur Ökosteuer (Berlin, Januar 1999)

[62] Gerd von Paczensky; Teurer Segen. Christliche Mission und Kolonialismus S.36

[63] Johan Galtung; Tiefstrukturen einiger abendländischer Zivilisationen; Vortrag im Rahmen der Vorlesungsreihe für Sozialökologie an der Berliner Humboldt-Universität; dokumentiert in: Rudolf Bahro u.a.; Rückkehr. Die In-Weltkrise als Ursprung der Weltzerstörung, S.264

[64] Gerd von Paczensky; Weiße Herrschaft. Eine Geschichte des Kolonialismus, S.137

[65] ebenda, S.165

[66] ebenda, S.213

[67] Gerd von Paczensky; Teurer Segen. Christliche Mission und Kolonialismus S.149

[68] ebenda, S.64

[69] Jan Philipp Reemtsma; Cortez et al, in: Das fünfhundertjährige Reich. Emanzipation und lateinamerikanische Identität 1492-1992, S.49

[70] Gerd von Paczensky; Teurer Segen.Christliche Mission und Kolonialismus, S.168-170

[71] Angaben nach: Christian v. Ditfurth; Wachstumswahn. Wie wir uns selbst vernichten, S.238 ; Michael Windfuhr; Zum Beispiel Rohstoffe, S.38

[72] Ekkehard Launer; Datenhandbuch Süd-Nord, S.140

[73] Michael Windfuhr; Zum Beispiel Rohstoffe, S.60

[74] Hafez Sabet; Die Schuld des Nordens. Der 50-Billionen-Coup, S.41; vgl. auch: Uwe Hartwig, Uwe Junfer; Zum Beispiel Verschuldung, S.31

[75] Christian v. Ditfurth; Wachstumswahn. Wie wir uns selbst vernichten, S.10 und S.193

[76] ebenda, S.10, 193

[77] Ekkehard Launer; Datenhandbuch Süd-Nord, S.74

[78] Christian v. Ditfurth; Wachstumswahn. Wie wir uns selbst vernichten, S.201

[79] ebenda, S.202

[80] Maria Mies, Vandana Shiva; Ökofeminismus. Beiträge zur Praxis und Theorie, S.305, 306

[81] Michael Windfuhr; Zum Beispiel Rohstoffe, S.43, 44

[82] Maria Mies, Vandana Shiva; Ökofeminismus. Beiträge zur Praxis und Theorie, S.322

[83] Hermann Scheer; Zurück zur Politik. Die archimedische Wende gegen den Zerfall der Demokratie, S.81

[84] Günter Neuberger u.a.; Zum Beispiel Kaffee, S.12

[85] Maria Mies; Kapital und Patriarchat. Frauen in der internationalen Arbeitsteilung, S.143

[86] Castor-Widerstand in Gorleben (1994-1997).3 Bildbände (Bestellung: Tolstefanz, Wendländisches Verlagsprojekt, 29439 Jeetzel 41, Tel./Fax 05841/4521; zusammen 80,- DM, Bände aber auch einzeln erhältlich) Film „ausgestrahlt" erhältlich über focus-Film (Adresse in der Literaturliste), „Der Castor kommt - die Demokratie geht" Bestellung: Tel. 05861-4440

[87] Wolfgang Schäuble; Und der Zukunft zugewandt, S.148,149

[88] Berliner Zeitung, 10.3.1999

[89] Petra Kelly; Mit dem Herzen denken. Texte für eine glaubwürdige Politik, S.242, 243, 266, 267

[90] Dieter Klein, Judith Dellheim, Florian Weiß u.a.; Reformalternativen. sozial, ökologisch, zivil

[91] in: Erwin K. und Ute Scheuch; Cliquen, Klüngel und Karrieren. Über den Verfall der politischen Parteien

[92] Hans Herbert von Arnim; Staat ohne Diener. Was schert die Politiker das Wohl des Volkes?, S.135

[93] siehe in: Rudolf Bahro; Logik der Rettung. Wer kann die Apokalypse aufhalten? Ein Versuch über die Grundlagen ökologischer Politik S.490-494

[94] diese Ansichten wurden vertreten in dem Film „Zukunftsfähiges Deutschland. Das jüngste Gericht"

[95] siehe: Alexander Solschenizyn; Rußlands Weg aus der Krise. Ein Manifest, S.67-70

[96] siehe: Jens Reich, Der Spiegel, 14/1995, S.42ff.

[97] siehe: Tine Stein; Zur Rekonstruktion einer ökologisch motivierten Kritik am demokratischen Verfassungsstaat (Arbeit im Rahmen der Magisterprüfung der Philosophischen Fakultät der Universität zu Köln), S.128-130

[98] Neues Deutschland, 30.9.1996

[99] vgl.: Rudolf Bahro; Ökologische Räte als „Über"- Verfassungsorgane, Neues Deutschland, 18.4.1994

[100] vgl.: Rudolf Bahro; Es gibt keine Instanz für das Naturverhältnis; Ökovision. Reader der Ökologischen Plattform, Band 1

[101] Gorlebener TurmbesetzerInnen (Hrsg.), Leben im Atomstaat. Im atomaren Ausstiegspoker ist unser Widerstand der Joker, S.165

[102] siehe: Erich Fromm; Haben oder Sein. Die seelischen Grundlagen einer neuen Gesellschaft, S.185

[103] Diese Aussagen und die weiteren Ausführungen zum Aufbau und zur Funktionsweise des Bundesrats stützen sich u.a. auf folgende Quellen: Brockhaus Enzyklopädie in 24 Bänden, Bd.4, S.151, 152 (19.Auflage); Meyers Kleines Lexikon Politik, S.76,83,84; Wie funktioniert das? Der moderne Staat; S.144, 145, 154 u.a.

[104] Christian Hey; Umweltpolitik in Europa. Fehler, Risiken, Chancen, S.30

[105] ebenda, S.35

[106] vgl.: Harenberg Lexikon der Gegenwart. Aktuell-96, S.160 ; Brockhaus Enzyklopädie in 24 Bänden, Bd.6, S.655 (19.Auflage)

[107] vgl.; p.m.; bolo' bolo, S.142-144

[108] Erich Fromm; Haben oder Sein. Die seelischen Grundlagen einer neuen Gesellschaft, S.174,175

[109] bei diesen Überlegungen stützte ich mich auch auf Ausführungen von Andreas Gross in: Hermann K. Heußner, Otmar Jung (Hrsg.); Mehr direkte Demokratie wagen. Volksbegehren und Volksentscheid: Geschichte-Praxis-Vorschläge, S.98, 99

[110] Hermann Scheer; Zurück zur Politik. Die archimedische Wende gegen den Zerfall der Demokratie, S.118

[111] geäußert in der Podiumsdiskussion: „Scheitern die Parteien an der ökologischen Krise? Welche Vision stünde an?" Lothar Bisky, Rudolf Bahro und Marko Ferst (12.4.1996, Humboldt-Universität zu Berlin)

[112] Frankfurter Rundschau, 5.10.1993; siehe auch: Franz Alt; Der ökologische Jesus. Vertrauen in die Schöpfung, S.25, 26

[113] Rudolf Bahro; Logik der Rettung. Wer kann die Apokalypse aufhalten? Ein Versuch über die Grundlagen ökologischer Politik, S.315

[114] Neues Deutschland, 13.11.2000

[115] Martin Jänicke, Philip Kunig, Michael Stitzel; Lern- und Arbeitsbuch Umweltpolitik. Politik, Recht und Management des Umweltschutzes in Staat und Unternehmen, S.33

[116] Ingolf Bossenz; Das Vieh der Reichen frißt das Brot der Armen; Neues Deutschland, 9.11.1996

[117] Originalfassung in: Ökovision. Reader der Ökologischen Plattform, Band 2, S.40

[118] vgl. dazu auch: Rudolf Bahro; „Tugend des Unterlassens" oder von den Erwartungen an den Staat, Vorlesung vom 14.10.1996 im Auditorium maximum der Berliner Humboldt-Universität

[119] Ökovision. Reader der Ökologischen Plattform, Band 2, S.41

[120] Alle Filme können bestellt werden über: fechner-film, siehe Anzeige S.340

[121] Franz Alt; Das ökologische Wirtschaftswunder. Arbeit und Wohlstand für alle, S.13

[122] Die hier in sehr kurzer Form vorgestellte Ursachentektonik der ökologischen Krise beruht auf der Sicht, die Rudolf Bahro in „Logik der Rettung" auf den Seiten 101-197 vorstellt. Das bezieht sich jedoch nur auf die Grundstruktur.

[123] nach: Erich Fromm; Jenseits der Illusionen. Die Bedeutung von Marx und Freud, S.121

[124] ebenda, S.83

[125] Irenäus Eibel-Eibesfeldt; Der Mensch – Das riskierte Wesen. Zur Naturgeschichte menschlicher Unvernunft, S.128

[126] Jean Gebser; Urspung und Gegenwart. Zweiter Teil: Die Manifestationen der aperspektivischen Welt. Versuch einer Konkretion des Geistigen, S.533/534 (Gebser zieht hier C.G.Jung heran)

[127] Jean Gebser; Ausgewählte Texte, S.32/33

[128] Rudolf Bahro; Logik der Rettung. Wer kann die Apokalypse aufhalten? Ein Versuch über die Grundlagen ökologischer Politik, S.308

[129] Laudse; Daudedsching (mit einer Einführung von Ernst Schwarz), S.63

[130] siehe dazu: Erich Fromm; Haben oder Sein. Die seelischen Grundlagen einer neuen Gesellschaft, S.141-145 und Erich Fromm; Psychoanalyse und Religion, S.89-91

[131] ebenda

[132] Erich Fromm; Humanismus als reale Utopie. Der Glaube an den Menschen, S.38

[133] siehe dazu: Wilhelm Reich; Charakteranalyse; Kapitel VI., Die emotionelle Pest, S.330-337

[134] Peter Lauster; Die Liebe. Psychologie eines Phänomens, S.38

[135] Wilhelm Reich; Charakteranalyse, S.654

[136] Erich Fromm; Haben oder Sein. Die seelischen Grundlagen einer neuen Gesellschaft, S.89

[137] Erich Fromm; Über die Liebe zum Leben. Rundfunksendungen, S.181

[138] etliche Detailinformationen zu den hier angesprochenen Themen entstammen u.a. den Büchern: „Hanf

& Co. Die Renaissance der heimischen Faserpflanzen" und „Farbstoffe aus der Natur. Geschichte und Wiederentdeckung", beide herausgegeben vom Katalyse Institut

[139] Märkische Oderzeitung, 27.3.1995

[140] ebenda

[141] Greenpeace-Magazin 1/1995

[142] Franz Alt; Die Sonne schickt uns keine Rechnung, S.113; Franz Alt; Das ökologische Wirtschaftswunder, S.90

[143] Andrea Meyer u.a.; Klimawende. Schritte gegen den Treibhauseffekt, S.77

[144] Franz Alt; Mobil ohne Auto. Verkehrswege in die Zukunft (Film)

[145] diese Hinweise entsprechen in geraffter und ausgewählter Form den Überlegungen in: Ivan Illich; Entschulung der Gesellschaft. Eine Streitschrift, S.66, 67, siehe zu dem Thema Entschulung auch: „Was wir an Schule falsch finden"; KONTRA Medienwerkstatt für Nichterwachsene; Ökovision, Band 1, S.89/90 „Meine Traumschule", Bettina Pech; Ökovision, Band 2, S.6, 7; Marina Kallbach u.a.; Alternative Schulmodelle. Kindgemäß leben und lernen

[146] Robert Havemann; Morgen. Die Industriegesellschaft am Scheideweg. Kritik und reale Utopie, S.132

[147] Ekkehard Launer; Datenhandbuch Süd-Nord, S.152

[148] ausführlich befaßte ich mich mit den östlichen Systemen in dem Text „Zur Anatomie der spätstalinistischen Systeme" (das Manuskript kann man für 3,- Euro bei mir bestellen)

[149] Detlef von Larcher (MdB der SPD); Bundestagsrede vom 15.1.1998

[150] Hans-Peter Martin, Harald Schumann; Die Globalisierungsfalle. Der Angriff auf Demokratie und Wohlstand, S.40

[151] Ekkehard Launer; Datenhandbuch Süd-Nord, S.116

[152] Margrit Kennedy; Geld ohne Zinsen und Inflation. Ein Tauschmittel das jedem dient, S.80, 81 (Da die Angabe von 1983 stammt, muß man insbesondere durch die Angliederung der DDR damit rechnen, daß sich diese Proportion noch weiter in Richtung sozialer Ungleichheit verschoben haben dürfte. Aber auch der fortgesetzte Umverteilungsprozeß von Unten nach Oben wird eine solche Entwicklung stark befördert haben, wie dies auch der im Text nachfolgende Hinweis aufzeigt.)

[153] Gregor Gysi; Nicht nur freche Sprüche, S.19

[154] unter Verwendung einer Überlegung aus „Der unerlöste Eros" von Dieter Duhm, S.176

[155] So liegt mir von Anne-Kathrein Petereit ein „Bericht aus dem Jahre 2049" vor. Darin beschreibt sie die Formen des menschlichen Zusammenlebens in dieser Zeit.

[156] Robert Jungk; Zukunft zwischen Angst und Hoffnung. Ein Plädoyer für die Politische Phantasie, S.95

[157] Christina Thürmer-Rohr; Feministische Essays, S.24, 25

[158] eine differenzierte Auseinandersetzung mit dem marxschen Werk findet sich in folgenden Büchern von Erich Fromm: Jenseits der Illusionen. Die Bedeutung von Marx und Freud; Meister Eckart und Karl Marx. Die reale Utopie der Orientierung am Sein (in: Humanismus als reale Utopie); Das Menschenbild bei Marx. Mit den wichtigsten Teilen der Frühschriften von Karl Marx

[159] Rudolf Bahro; Apokalypse oder Geist einer neuen Zeit, S.180

[160] ebenda; S.168-172 (Im Rahmen der Vorlesungsreihe „Grundlagen ökologischer Politik" 1991: „Eine Wirtschaftsordnung für GAIA. Plan und Markt vor der Belastungsgrenze des Planeten")

[161] Berliner Zeitung, 30.5.1996

[162] das Gespräch sollte ursprünglich abgedruckt werden in: Günter Gaus; Zur Person, Band 5, Ignaz Bubis, Egon Bahr, Rudolf Bahro u.v.a. (Ob es irgendwo anders erscheinen wird, ist mir derzeit nicht bekannt.)

[163] Rudolf Bahro; Logik der Rettung. Wer kann die Apokalypse aufhalten? Ein Versuch über die Grundlagen ökologischer Politik, S.314

[164] Wolfgang Engelhardt; Das Ende der Artenvielfalt. Aussterben und Ausrottung von Tieren, S.66

[165] Franz Alt; Der ökologische Jesus. Vertrauen in die Schöpfung; S.25

[166] siehe: Hans-Peter-Dürr; Die Zukunft ist ein unbetretener Pfad. Bedeutung und Gestaltung eines ökologischen Lebensstils, S.156, 157

FRANZ ALT

geboren 1938 in Untergrombach bei Bruchsal. Studium der Geschichte, Politischen Wissenschaften, Theologie und Philosophie in Freiburg und Heidelberg. 1967 Promotion. Seit 1968 Fernsehjournalist. 20 Jahre Leiter und Moderator von „Report Baden-Baden" (bis 1991), danach in der ARD-Zukunftsreihe „Zeitsprung". Bei 3sat moderierte er die Sendungen „Querdenker", „Drei Länder - ein Thema" und seit 2000 die Reihe „grenzenlos". Daneben produzierte Franz Alt viele Dokumentarfilme zu ökologischen und sozialen Zukunftsthemen sowie zu Menschenrechten, so z.B. den Film „Tränen über Tibet" oder „Kadhizas Weg zum Licht"

1979 wurde ihm der „Adolf-Grimme-Preis" verliehen. Für sein Engagement im Zusammenhang mit ökologischen Themen erhielt Franz Alt u.a. den Umweltpreis „Goldene Schwalbe" (1992) sowie den „Europäischen Solarpreis" (1997). Er veröffentlichte zahlreiche Bücher mit über 2 Millionen Auflage in acht Sprachen. Er ist Herausgeber von 13 Bänden mit von ihm ausgewählten Texten des Tiefenpsychologen und Psychotherapeuten Carl Gustav Jung.

Bücher:

Argarwende jetzt. Gesunde Lebensmittel für alle, 2001, (mit Brigitte Alt)
Der ökologische Jesus. Vertrauen in die Schöpfung, 1999 (mit Brigitte Alt)
Handbuch der Feuerbeschau, 1999 (mit Ferdinand Tretzel)
Tibet. Schönheit, Zerstörung, Zukunft, 1998 (mit Klemens Ludwig und Helfried Weyer)
Windiger Protest. Konflikte um das Zukunftspotential der Windkraft, 1998 (mit Hermann Scheer und Jürgen Claus)
Das ökologische Wirtschaftswunder. Arbeit und Wohlstand für alle, 1997
Wasser. Eine globale Herausforderung, 1996 (mit Anne-Marie Boulmer und Sebastian Büttner)
Die Sonne schickt uns keine Rechnung. Die Energiewende ist möglich, 1994
Schilfgras statt Atom. Energien für eine friedliche Welt, 1992
Jesus - der erste neue Mann, 1989
Liebe ist möglich. Die Bergpredigt im Atomzeitalter, 1985
Frieden ist möglich. Die Politik der Bergpredigt, 1983

aktuelle Artikel, Fernsehsendungen und weitere Informationen über Franz Alt unter:
www.sonnenseite.com

Rudolf Bahro

geboren 1935 in Bad Flinsberg (heute: Swieradow Zdroj) in Niederschlesien, Philosophie-studium in Berlin an der Humboldt-Universität, 1960-1962 Redakteur bei der Universitäts-zeitung in Greifswald, 1962-1965 beim Zentralvorstand der Gewerkschaft Wissenschaft tätig. 1965-1967 stellvertretender Chefredakteur des „Forum". Dort wurde er entlassen, weil er den Urlaub des Chefs nutzte, um die Erzählung „Kipper Paul Bauch" von Volker Braun abzudrucken. 1967-1977 ingenieurökonomische Rationalisierungsarbeit in der Industrie, 1972-1975 Dissertation zum größten Teil neben der Arbeit. Anfang 1977 trotz Befürwortung durch positive Gutachten abgelehnt, „da die wissenschaftlichen Vor-aussetzungen nicht vorliegen". Seit 1972 arbeitete Bahro an dem Buch „Die Alternative". Nach der Veröffentlichung eines Artikels über Bahro und eines Auszuges aus dem Buch im „Spiegel" verhaftete ihn der Staatssicherheitsdienst am 23. August 1977 wegen des Ver-dachts „nachrichtendienstlicher Tätigkeit". Am 30. Juni 1978 Verurteilung zu acht Jahren Freiheitsentzug. Die Verhaftung Bahros und das fragwürdige Urteil gegen ihn bewirkten weltweite Solidaritätsbekundungen und hatten seine Freilassung im Herbst 1979 zur Folge. 1978 wurde ihm von der Internationalen Liga für Menschenrechte, Sektion Berlin, die Carl-von-Ossietzky-Medaille verliehen, 1979 der Isaac-Deutscher-Memorial-Preis.
1979 konnte Bahro nach Westdeutschland übersiedeln. Dort begründete er die grüne Partei mit, verließ sie jedoch 1985 wieder und brachte 1987 sein zweites Hauptwerk „Logik der Rettung" heraus. 1989 kehrte er in die DDR zurück. Er erhielt eine Professur und begann 1990 seine Vorlesungsreihe für „Sozialökologie als Studium generale" an der Ber-liner Humboldt-Universität, die er mit Unterbrechungen bis zum Sommer 1997 hielt. Am 5. Dezember 1997 starb er in Berlin an Blutkrebs.

Bücher:

Vorarbeiten zur Transmoderne. Ansätze zu einer sozial-ökologischen kritschen Theorie, erscheint voraussichtlich 2003 (zusammen mit Claudia von Werlhof, Ken Wilber u.a.)
Außerordentlicher Parteitag des SED/PDS. Protokoll der Beratungen am 8./9. und 16./.17. Dezember 1989 in Berlin, 1999 (Hrsg. Lothar Hornbogen, Detlef Nakath, Gerd Rüdiger Stephan)
Das Buch von der Befreiung aus dem Untergang der DDR, 1995 (z.Zt. noch unveröffent-licht)
Apokalypse oder Geist einer neuen Zeit, 1995 (mit Dorothee Sölle, Kurt Biedenkopf u.a.)
Rückkehr. Die In-Weltkrise als Ursprung der Weltzerstörung, 1991 (mit Johan Galtung, Michael Succow u.a.)
Die Zukunft der Demokratie. Entwicklungsperspektiven in Ost und West, 1988 (mit Leonhard Neidhart, Norbert Leser, Michael Voslensky)
Logik der Rettung. Wer kann die Apokalypse aufhalten? Ein Versuch über die Grundlagen ökologischer Politik, 1987
Radikalität im Heiligenschein. Zur Wiederentdeckung der Spiritualität in der modernen Gesellschaft, 1984 (mit Jan Foudraine, Adolf Holl, Erich Fromm)

Pfeiler am anderen Ufer. Beiträge zur Politik der GRÜNEN von Hagen bis Karlsruhe, 1984

From Red to Green. Interviews with New Left Review, (London) 1984

Wahnsinn mit Methode. Über die Logik der Blockkonfrontation, die Friedensbewegung, die Sowjetunion und die DKP, 1982

Was da alles auf uns zukommt.. Perspektiven der 80er Jahre, 2 Bände, 1980 (mit Ernest Mandel und Peter von Oertzen)

Elemente einer neuen Politik. Zum Verhältnis von Ökologie und Sozialismus, 1980

Plädoyer für eine schöpferische Initiative. Zur Kritik von Arbeitsbedingungen im real existierenden Sozialismus, 1980

... die nicht mit den Wölfen heulen. Das Beispiel Beethoven. Und sieben Gedichte, 1979

„Ich werde meinen Weg fortsetzen". Eine Dokumentation, 1977

Die Alternative. Zur Kritik des real existierenden Sozialismus, 1977

Hinweis:

Die von Rudolf Bahro entwickelten Konzepte sozialökologischer Wissenschaft und zukunftsfähiger Praxis werden von Freunden und Schülern erhalten und weitergeführt. Zum einen im Rahmen des Rudolf-Bahro-Archivs an der Humboldt-Universität zu Berlin, zum anderen im Rahmen des von Bahro und Biedenkopf initiierten sozialökologischen Modellprojektes „LebensGut Pommritz" in Sachsen. Dort entsteht auch eine Ausstellung zum Gedenken an Bahro.

Rudolf Bahro Archiv, HUB, Landwirtschaftlich-Gärtnerische Fakultät, Philippstr.13, 10999 Berlin, Tel. 030-2093-6127, email: bahro-archiv@rz.hu-berlin.de

LebensGut, 02627 Pommritz, Tel. 035959-81385, email: lebensgut@t-online.de, www.lebensgut.de

Marko Ferst

geboren 1970 in Rüdersdorf bei Berlin, beruflich als Tischler/Bilderrahmer gearbeitet. Seit Frühjahr 2000 Studium der Politischen Wissenschaften an der Freien Universität Berlin, von 1990 bis 1997 die Vorlesungsreihe „Sozialökologie" an der Berliner Humboldt-Universität besucht und an begleitenden Seminaren und einigen Wochenendkursen teilgenommen. 1994 die Ökologische Plattform mitbegründet. Veröffentlichungen in Tages- und Umweltzeitungen. Arbeit an einer Erzählung über die Castortransporte nach Gorleben in Kombination mit Lebenswegen nach der Reaktorkatatrophe in Tschernobyl.

Bücher

Erich Fromm als Vordenker. „Haben oder Sein" in der ökologischen Krise, 2001 (mit Burkhard Bierhoff, Rainer Funk u.a.)
Ohne gezüchtete Dornen. Politische, ökologische und spirituelle Gedichte. CD, Gedichte gelesen vom Autor, 2000 (erscheint als Buch 2003)
Neue Lebensformen als Experiment, 1995 (Aufsatz in: Rudolf Bahro u.a.; Apokalypse oder Geist einer neuen Zeit)

aktuelle Informationen unter:
www.umweltdebatte.de

Kontakt für die Zukunftswerkstatt und die Texte zur ökotopianischen Zukunfsgesellschaft (siehe dazu die Einleitung und den Abschnitt „Ökologische Zukunftsforschung"):
Marko Ferst, Kennwort: Zukunftsforschung, Köpenicker Str.11, 15537 Gosen
Texte auf der Homepage

Bücher von Rudolf Bahro, Marko Ferst, Franz Alt u.a.

Rainer Funk, Marko Ferst, Burkhard Bierhoff u.a.

Erich Fromm als Vordenker
„Haben oder Sein" im Zeitalter der ökologischen Krise

Als Psychotherapeut, Sozialwissenschaftler und Philosoph gehört Erich Fromm zu den wegweisenden Gestalten des 20. Jahrhunderts. Er ist ein prominenter Diagnostiker der Krisen der westlichen Welt, ein Kritiker unseres konsumistischen Lebensstils und von gesellschaftlichen Zuständen in denen nicht der Mensch sondern das schnelle Plus-machen im Mittelpunkt steht. Die Werte des Seins wollte Fromm über denen des Habens angesiedelt wissen. Er dachte so unterschiedliche Geisteswerke wie die von Sigmund Freud, Karl Marx, Baruch de Spinoza und Meister Eckhart zusammen, im Sinne des Hegelschen Aufhebens. Eine erneuerte Psychoanalyse und marxistische Soziologie bekommen bei ihm ganz eigene Wesenszüge.

In dem vorliegenden Band wird eine Auswahl von Beiträgen vorgestellt, die sich mit dem Spannungsfeld „Haben oder Sein" auseinandersetzen und welche Potentiale die innere Aufklärung, sozialpsychologischer Wandel bereithalten könnte, um die drohende ökologische Selbstzerstörung des Menschengeschlechts vielleicht noch abzuwenden zu können. Aber auch Themen wie Religion, Schule und ein alternatives Wirtschaftssystem kommen zur Sprache. Die Beiträge setzen sich mit dem Gedankengut Erich Fromms auseinander und ziehen dabei eigene Schlüsse für zukünftige gesellschaftliche Perspekti-ven.

Autoren des Bandes sind: Burkhard Bierhoff, Marko Ferst, Erich Fromm, Rainer Funk, Helmut Johach, Maik Hosang, Heike Koall, Roman Kotliar, Milan Machovec, Rainer Otte, Johannes Rau, Hans Jürgen Schultz, Helmut Wehr

Edition Zeitsprung, 2002, 15,90 Euro
Leseproben unter: **www.umweltdebatte**

Rudolf Bahro, Claudia von Werlhof, Ken Wilber u.a.
Vorarbeiten zur Transmoderne
Ansätze zu einer sozial-ökologischen kritschen Theorie (erscheint voraussichtlich 2003)

Guntolf Herzberg, Kurt Seifert
Glaube an das Veränderbare
Rudolf Bahro. Leben - Werk - Wirkung (erscheint im September 2002 im Links-Verlag)

Franz Alt

Agrarwende jetzt
Gesunde Lebensmittel für alle

BSE-Rindfleisch, Schweinemastskandal, Dioxinhühner - Was kann man heute noch gefahrlos essen? Franz Alt zeigt Wege für eine zukunftsorientierte Landwirtschaft. Er räumt auf mit den Mythen der Landwirtschaftslobby und fordert konsequentes Handeln von Politikern und Verbrauchern gleichermaßen. Seine kühne Prognose: Im Jahr 2030 wird es in der EU nur noch Biobauern geben.
Goldmannverlag, 2001, 187 Seiten, 8,18 Euro
weitere Informationen zur Agrarwende: **www.sonnenseite.com**

Rudolf Bahro

Logik der Rettung.
Wer kann die Apokalypse Aufhalten? Ein Versuch über die Grundlagen ökologischer Politik

„Mich interessiert nur noch in zweiter Linie, was wir alles tun könnten, obwohl ich noch einmal kenntlich und verständlich machen will, mit der nötigen Zuspitzung, was not tut: der Ausstieg aus der großen Megamaschine und aus dem kleinen Auto, die einseitige militärische Abrüstung. Wenn wir alles das nicht wenigstens erst einmal ernsthaft in Betracht ziehen möchten, sagen wir damit, daß wir sterben wollen.
Indem wir Umwelt sagen, wollen wir außen etwas ändern, wollen dem Außen etwas verursachendes zuschieben, das in Wirklichkeit in uns liegt. Als wäre die Bombe nicht von weither unser und wüßtens wir´s nicht genausogut wie Einstein, der zuletzt gesagt hat, nach soviel Befassung mit Physik, das wirkliche Problem sei das menschliche Herz.“
1990, 527 Seiten 15,25 Euro

Außerdem lieferbar:
Rudolf Bahro; Die Alternative. Zur Kritik des real existierenden Sozialismus
1990, 560 Seiten, 15,25 Euro
Rudolf Bahro u.a.; Apokalypse oder Geist einer neuen Zeit
1998, 272 Seiten, 12,68 Euro

die Bücher sind erhältlich solange der Vorrat reicht, Leseproben und Rezensionen unter:
www.umweltdebatte.de

Bestellung: M. Ferst, Köpenicker Str.11, 15537 Gosen (Vorkasse)

338

Marko Ferst

Ohne gezüchtete Dornen
Politische, ökologische und spirituelle Gedichte, CD

Die Gedichte des Autors gehören zu den provokativsten politischen Gedichten seit Erich Fried. Eine lebensnahe Mystik geht bei ihm fast nahtlos in radikale Gesellschaftskritik über. Er fragt nach einem Zeitalter, das über herkömmliche religiöse Vorstellungen hinausweist, schreibt über die Musik Arvo Pärts, nimmt uns mit in den wendländischen Widerstand gegen einen unbändigen Atomstaat. Darüber hinaus kritisiert er politische Zustände in den USA und in dem von China besetzten Tibet. Unbequeme Fragen stellt er an die NATO-Länder zum Kosovokrieg und prangert die Strukturen an, die in weiten Teilen der Welt zu Verelendung führen. Die deutsche Einheit gerät in seinen Blick, und die Sorge um den Erhalt der ökologischen Gleichgewichte bleibt in vielen Passagen des Bandes überaus deutlich präsent. Liebesgedichte und Gedichte zu innerem Wachstum nehmen umfangreichen Raum ein. Spannend vom Anfang bis zum Ende.
Gedichte vom Autor gelesen, Edition Zeitsprung, 2000, 12,90 Euro
Leseproben unter: **www.umweltdebatte.de**

CD-Bestellung: M. Ferst, Köpenicker Str. 11, 15537 Gosen (Vorkasse)
(Anfang 2003 erscheint der Band in Buchausgabe, ergänzt durch die Erzählung „Der Freund und das Fensterkreuz", durch Stimmungsbilder sowie die neuesten Gedichte)

Rudolf Bahro

Rückkehr. Die In-Weltkrise als Ursprung der Weltzerstörung

Umweltkrise? Ein Ablenkungsmanöver, selbstbetrügerisch. Ist nicht der Mensch selbst die erste und letzte Ursache der Zivilisation? Warum stört, ja sprengt der Menschengeist das irdische Gleichgewicht. Die Weltzerstörung kann nur begriffen, kann, wenn überhaupt, nur aufgehalten werden, wenn der Mensch die In-Weltkrise meistert, aus der sie hervorgeht. Dieses Werk ist aus den berühmten Berliner Vorlesungen Rudolf Bahros an der Humboldt-Universität hervorgegangen.
336 Seiten, Altis-Verlag, 1991, 14,32 Euro
Bestellung: Altis-Verlag, Luchweg 18a, 16515 Friedrichsthal, Tel. 03301/205758
www.altis-verlag.de

Die computertechnischen Arbeiten für das Cover und die Grafiken für den Band wurden von Heike Müller und Thomas Ferst bearbeitet;
Firma Ferst Computer **www.ferst.de** *Tel. 03362/820097 (Computerfachhandel)*

Vor**Bilder** zu ökologischem Handeln.

fechnerMEDIA zeigt:
Filme über die Faszination des Weges
vom pyromanen Energiesystem zur solaren Weltwirtschaft.
Mitreißende Bilder, überzeugende Fakten
und Lösungen für das globale Energieproblem.

Edition Erneuerbare Energien

Strom aus der Sonne: Fotovoltaik weltweit ■
Film von Carl-A. Fechner und Nicola Enderle, 43 Min.

Der Stoff, aus dem die Zukunft ist: Wasserstoff ■
Film von Carl A. Fechner und Martin Pehnt, 43 Min.

Wärme, die aus der Sonne kommt: SolarThermie ■
Film von Carl-A. Fechner und Gabriele Ammermann, 43 Min.

Kraft aus der Sonne: Biomasse als Energiequelle ■
Film von Carl-A. Fechner, 43 Min.

Die neue Schöpfung ■
Film von Carl-A. Fechner und Nicola Enderle, 13 Min.

Die Edition Erneuerbare Energien
jetzt im Paket bestellen:
5 VHS-Videos für zusammen nur €75.–

Weitere Filme zum Buch

Zeitsprung ins 21. Jahrhundert ■
TV-Serie mit Franz Alt

Crash 2030 – Ermittlungsprotokoll einer Katastrophe ■
Film von Joachim Faulstich, 44 Min.

Fluchtweg aus dem Treibhaus ■
Film mit Franz Alt, 42 Min.

Ausgestrahlt. X-tausendmal quer in Gorleben ■
Film von Carl-A. Fechner, 40 Min.

Zukunftsfähiges Deutschland – Das Jüngste Gericht ■
Film von Rüdiger Mörsdorf, 43 Min.

Mehr Medien in unserem Webshop:
www.fechnermedia.de

fechnerMEDIA: Verlag
Schwarzwaldstr. 45 • D–78194 Immendingen
Tel.: +49– (0) 74 62 / 92 39 20 –0 • Fax: –20
info@fechnermedia.de

fechner**MEDIA**: Verlag